AGFA AKTIENGESELLSCHAFT FÜR PHOTOFABRIKATION

MITTEILUNGEN AUS DEN FORSCHUNGSLABORATORIEN DER AGFA LEVERKUSEN-MÜNCHEN

BAND I

MIT 221 ZUM TEIL MEHRFARBIGEN ABBILDUNGEN

SPRINGER-VERLAG BERLIN HEIDELBERG GMBH

1955

URSPRÜNGLICH ERSCHIENEN BEI SPRINGER-VERLAG OHG., BERLIN · GÖTTINGEN · HEIDELBERG 1955
SOFTCOVER REPRINT OF THE HARDCOVER 1ST EDITION 1955

ISBN 978-3-662-22169-3 ISBN 978-3-662-22168-6 (eBook)
DOI 10.1007/978-3-662-22168-6

HERRN GENERALDIREKTOR

PROFESSOR DR. DR. E. H.

ULRICH HABERLAND

DEM TATKRÄFTIGEN FÖRDERER

DES AGFA-AUFBAUES IN LEVERKUSEN

IN DANKBARKEIT ZUGEEIGNET

Vorwort

Vor 25 Jahren, im Jahre 1930, erschien der erste Band der „Veröffentlichungen des wissenschaftlichen Zentral-Laboratoriums der photographischen Abteilung Agfa". Mit ihm begann, unter der Redaktion von Herrn Professor Dr. JOHN EGGERT, eine Reihe von Veröffentlichungen, in der die wesentlichsten Forschungsergebnisse des Zentrallaboratoriums der Öffentlichkeit mitgeteilt wurden. Diese Bände haben in steigendem Maße das Interesse der Fachwelt gefunden und sich einen wichtigen Platz in der photographischen Literatur gesichert. In ihnen spiegelte sich die Entwicklung der Photographie innerhalb eines Jahrzehntes, denn es gibt wohl kaum ein in den dreißiger Jahren diskutiertes photographisches Problem, welches hier nicht behandelt wurde.

Der Ausbruch des Krieges unterbrach das Erscheinen, nachdem Band VI herausgekommen war. Erst nach Kriegsende wurde die Reihe von der Filmfabrik Wolfen durch die Bände VII und VIII fortgesetzt.

Die auf westdeutschem Gebiet liegenden Werke der Agfa, die Photopapierfabrik in Leverkusen und das Agfa Camera Werk in München verfügten zunächst über keine Forschungslaboratorien, und wissenschaftliche Arbeiten mußten in diesen Werken zunächst hinter vordringlicheren Aufgaben zurückstehen.

Es ist vor allem der Initiative von Herrn Generaldirektor Professor Dr. Dr. E. h. ULRICH HABERLAND zu danken, dem der vorliegende Band gewidmet ist, daß der Aufbau in Leverkusen in einer verhältnismäßig kurzen Zeit so weit fortgeschritten war, daß auch die Fabrikation photographischer Filme aufgenommen werden konnte. Schließlich war es möglich, wieder wissenschaftliche Forschungen in Angriff zu nehmen.

Einige Ergebnisse dieser Forschungsarbeiten sind in dem vorliegenden Band zusammengestellt, welcher der erste Band einer Reihe ist, der zum Unterschied von den „Wissenschaftlichen Veröffentlichungen" Wolfens als „Mitteilungen aus den Forschungslaboratorien der Agfa Leverkusen und München" bezeichnet wird. Im wesentlichen handelt es sich bei den hier wiedergegebenen Arbeiten um Originalarbeiten. Nur ein kleiner Teil ist bereits in Zeitschriften erschienen.

Die Anordnung des Stoffes folgt etwa der Reihenfolge, wie sie in den „Wissenschaftlichen Veröffentlichungen" üblich war: Am Anfang stehen Artikel über die Theorie des photographischen Prozesses, Emulsionsherstellung, Sensitometrie und Entwicklung. Dieser Teil wird traditionsgemäß eingeleitet durch einen Überblick über neuere Theorien des photographischen Prozesses. Dann folgen Arbeiten über Sensitometrie und Diffusionslichthof. Im Anschluß daran wird die Farbenphotographie behandelt, und zwar nicht nur ihre theoretische Seite, sondern auch eine Reihe praktischer Probleme. Arbeiten über neuere Verfahren und Anwendungen der Photographie folgen. Schließlich finden sich noch Arbeiten über das Magnettonverfahren und die Verwendung der Photographie beim Fernsehen.

Leverkusen, im November 1955

Hellmut Frieser

Inhaltsverzeichnis

Neuere Anschauungen über den photographischen Elementarprozeß

Von H. FRIESER und E. KLEIN

1. Einleitung

Unsere Kenntnis von dem photographischen Elementarprozeß ist in der letzten Zeit durch eine große Reihe von experimentellen und theoretischen Arbeiten wesentlich erweitert worden. Man ist jedoch heute von einer allgemein gültigen Theorie noch weit entfernt, weiter vielleicht als man in verschiedenen früheren Stadien der Entwicklung zu sein glaubte.

So konnte die GURNEY-MOTT'sche Theorie in ihrer ursprünglichen Fassung [*1*] bereits eine so große Anzahl von Erfahrungen erklären, daß man vielfach annahm, in ihr eine allgemein anwendbare Theorie gefunden zu haben. Später wurden aber vor allem von O. STASIW und J. W. MITCHELL gegen einige Grundlagen der Theorie Bedenken geäußert (siehe dazu [*2*]). Die Theorie wurde modifiziert und als MITCHELL bei der photographischen Konferenz in Bristol (1951) eine neue Theorie vorlegte [*3*], schien es wieder, als ob ein gewisser Abschluß erreicht worden war, vor allem weil auch andere Forscher wie O. STASIW [*4*] und H. PICK [*2*] ähnliche Formulierungen des Elementarprozesses angaben.

Kurze Zeit später (1953) veröffentlichte MITCHELL [*5*] [*6*] selbst eine Reihe von sehr aufschlußreichen Versuchen, die wieder zu einer Änderung des Bildes zwingen. Und nicht nur das, es scheinen auch eine Reihe von Prozessen eine Rolle zu spielen, die früher nur wenig beachtet wurden und deren Verlauf uns noch wenig bekannt ist. Dadurch kommt eine große Unsicherheit in die Theorie, so daß trotz einer Reihe von wertvollen Ansätzen eine ausreichende Kenntnis der Vorgänge heute noch bei weitem nicht vorliegt.

2. Theorie von GURNEY-MOTT

Nach der Theorie von GURNEY-MOTT erfolgt der photographische Elementarprozeß in den folgenden zwei Stufen:

I. Elektronenprozeß

a) Durch Absorption eines Lichtquants wird von einem Br^--Ion ein Elektron mit großer Beweglichkeit in Freiheit gesetzt. Dieser Teilprozeß ist von der Temperatur abhängig.

b) Die Elektronen können an bestimmten Stellen des Kristalles eingefangen werden, denen sie eine negative Ladung erteilen.

II. Ionenprozeß

Die durch die Elektronen negativ geladenen Zentren ziehen Silberionen an und entladen sie unter Bildung von Silber.

Daß durch Lichtabsorption ein Elektron in Freiheit gesetzt und beweglich wird, zeigt die Tatsache, daß Silberbromid bei Belichtung eine erhöhte Leitfähigkeit zeigt (Photoleitfähigkeit, innerer photoelektrischer Effekt). Das Einfangen der Elektronen soll durch Silber, Schwefelsilber und andere vorwiegend beim Reifen der Emulsion im Kristall oder an seiner Oberfläche eingebauten Fremdstoffe erfolgen. Der chemische Sensibilisator soll also als Elektronenfalle dienen. Die Wanderung der Silberionen im Bromsilber beim Anlegen eines äußeren elektrischen Feldes ist aus Überführungsversuchen bekannt. Die größeren Bromionen bewegen sich dagegen nicht. Die Bewegung der Silberionen ist möglich, da bei Zimmertemperatur immer eine gewisse Fehlordnung vorliegt, bei Bromsilber eine „Frenkelsche Fehlordnung", bei der ein Teil der Silberionen sich auf Zwischengitterplätzen befinden und Silberionenlücken zurücklassen. Je höher die Temperatur, um so mehr Silberionen befinden sich auf Zwischengitterplätzen und um so größer ist die Ionenleitfähigkeit.

Die Theorie kann erklären, warum das bei der Belichtung entstehende Silber sich an einigen wenigen Punkten ausscheidet, d. h. warum die Silberabscheidung nicht dort erfolgt, wo das Licht absorbiert wird. Sie erklärt auch die Abnahme der photographischen Wirksamkeit bei tiefen Temperaturen, und zwar durch die Verringerung der Ionenleitfähigkeit. Auch die von WEBB u. EVANS [*7*] für den photographischen Prozeß mit Entwicklung, von MEIDINGER [*8*] für die Bildung des photolytischen Silbers gefundene Tatsache, daß die Wirksamkeit einer bei tiefer Temperatur ausgeführten Belichtung um so größer ist, je öfter die Belichtung durch Pausen unterbrochen wird, in denen eine Erwärmung auf Zimmertemperatur erfolgt, steht mit der Theorie in Einklang. Durch wenige, sehr einleuchtende Zusatzannahmen lassen sich auch viele andere Beobachtungen deuten, wie die Abweichungen vom Reziprozitätsgesetz, Wirkung von Doppelbelichtungen, Herscheleffekt und andere mehr.

Ein besonders wichtiger Punkt bei jeder Theorie des photographischen Elementarprozesses ist das Schicksal des von seinem Elektron befreiten Bromions, des „positive hole" oder Defektelektrons. Dieses stellt also eine gegen die Umgebung *positiv geladene* Stelle (positive Raumladung) im Gitter dar und könnte genau so wie das Silberion zu der durch Einfangen eines Elektrons negativ geladenen Elektronenfalle wandern und dort ein Elektron aufnehmen. Damit wäre der Prozeß rückgängig gemacht. GURNEY und MOTT nehmen nun an [*1*], daß die Beweglichkeit des positive hole wesentlich geringer ist als die des Silberions, so daß die Entladung durch das Silberion und die Ausscheidung von Silber schon erfolgt, bevor das positive hole in die Nähe gekommen ist. Die positive holes diffundieren dann an die Oberfläche und können als Brom entweichen. Für ihre geringe Beweglichkeit können GURNEY und MOTT keinen Beweis bringen. Sie sagen aber ausdrücklich, daß sie unerläßlich für die Gültigkeit ihrer Auffassung ist ([*1*], S. 231).

Um den Unterschied gegenüber den in den folgenden Abschnitten behandelten Erweiterungen möglichst klar herauszustellen, sind im folgenden einige wesentliche Punkte der Theorie zusammengestellt.

1. Die Beweglichkeit eines Elektrons im Gitter ist wesentlich höher als diejenige des gleichzeitig entstehenden Defektelektrons („positive holes", chemisch identisch mit atomarem Brom), wodurch eine Rekombination weitgehend ausgeschlossen wird. Die Silberionen auf Zwischengitterplatz sind im Gitter durch Lochleitung beweglich.

2. Als Elektronenfänger wirken solche Gitterstellen, in denen das höchste Energieniveau des Leitfähigkeitsbandes unter dem des Bromsilbers liegt; diese Verhältnisse treffen z. B. zu für elementares Silber und Schwefelsilber, die entweder bei der „chemischen Reifung" bereits als sogenannte Reifkeime gebildet wurden, oder im Falle des Silbers auch schon durch Lichteinwirkung entstanden sind. Die Reifkeime sind identisch mit den *Sensibilitätszentren*, und ihre wesentliche Funktion ist das Einfangen des *Elektrons.*

3. Erst von einer gewissen Größe an kann ein Keim als Entwicklungskeim (also als latenter Bildkeim) wirken; der Reifkeim wächst durch photochemisch gebildetes Silber zum Entwicklungskeim.

4. Von den Gitterstörstellen sind im wesentlichen die Silberionen auf Zwischengitterplatz am photochemischen Prozeß beteiligt, indem sie eingefangene Elektronen neutralisieren. Die Defektelektronen lagern sich teilweise mit Silberionenleerstellen zusammen; diese Aggregate verschieben sich zur Oberfläche, und das Brom entweicht oder erhält ein Elektron von einem adsorbierten Fremdmolekül (Bromakzeptor).

Gegen die Gurney-Mott'sche Theorie sind verschiedene Bedenken erhoben worden, die sich vor allem auf folgende Punkte beziehen:

1. Die Beweglichkeit der Defektelektronen (positive holes) ist keineswegs so gering als Gurney und Mott angenommen hatten, sondern etwa in der Größenordnung der Beweglichkeit der Elektronen. Damit wird ein Punkt ungültig, der von Gurney und Mott als unerläßlich für ihre Theorie angesehen worden war.

2. Eine Silberausscheidung im Innern des Kristalls, wie sie bei der photolytischen Zersetzung auftritt und auch als inneres latentes Bild nachgewiesen wurde, ist aus Raumgründen nicht möglich.

Verschiedene neuere Theorien beschäftigen sich nun damit, die Gurney-Mott'sche Theorie so umzugestalten, daß sie auch diesen Tatsachen Rechnung trägt. Der Grundgedanke der Theorie, die Dualität des photochemischen Elementarprozesses, d. h. die Aufspaltung in einen Elektronen- und einen Ionenvorgang, bleibt davon unberührt. Er bleibt auch die Grundlage der veränderten Theorien.

3. Theorien von Stasiw und Teltow. Ältere Theorie von Mitchell

Diese beiden Theorien sollen die Schwierigkeiten beseitigen, die entstanden, als man erkannte, daß die Beweglichkeit der Defektelektronen größer ist als ursprünglich angenommen wurde. Es läßt sich dann nicht mehr erklären, warum nicht sofort nach der Abspaltung des Elektrons Rekombination eintritt und die Reaktion wieder rückgängig gemacht wird. Darauf hatte Stasiw schon sehr früh aufmerksam gemacht. Dieser Tatsache Rechnung tragend forderte Mitchell aus theoretischen Gründen die Existenz von Bromionenlücken. Danach soll also die Fehlordnung im Kristall teilweise auch vom Schottky'schen Typ sein, d. h. im Kristall existieren Anionen- und Kationenleerstellen. In einer Reihe von Arbeiten vertraten vor allem Stasiw und Teltow den Standpunkt, daß eine Schottky'sche Fehlordnung optisch nachweisbar ist. Sie soll jedoch nur einen kleinen Teil der gesamten Fehlordnung darstellen [*4*], während die Fehlordnung vom Frenkel'schen Typ vorherrschend ist (nur Kationenleerstellen und Kationen auf Zwischengitterplätzen). Es werden eine

Reihe von Spekulationen über den Ablauf des Elementarprozesses durchgeführt, welche von PICK [2] zusammengefaßt und kritisch betrachtet wurden. Die wesentliche Annahme ist, daß Bromionenleerstellen ein Elektron einfangen können und dabei in Farbzentrum übergehen, so genannt durch seine neue mehr im langwelligen liegenden Absorptionsbande (F-Zentrum = Elektron auf Anionenleerstelle). Diese können ihrerseits weitere Bromionenlücken anziehen und mit Photoelektronen F-Zentren bilden. Die so entstehenden Aggregate von F-Zentren werden schließlich von Silberionen entladen. Auf diese Weise kann ein Entwicklungskeim auch im Innern des Kristalls entstehen.

Die Elektronen entstehen durch Lichtabsorption in Aggregaten mit Schwefelionen (langwellige Belichtung) oder im Bromion (kurzwellige Absorption). Das in letztem Fall übrigbleibende Brom kann mit Reifzentren reagieren, wodurch die Gefahr der Rekombination verringert wird.

Zusammenfassend bestand folgende Formulierung des Elementarprozesses:

Vorhandene Störstellen: (Das Ladungszeichen gibt die Raumladung im Gitter an).

Silberionen auf Zwischengitterplatz Ag_o^+, Silberionenlücken Ag_o^-, Bromionenlücken $Br_\square^+$, Schwefelionen auf Gitterplatz S_G^-, Aggregationen $[Ag_o^+ S_G^-]^o$, $[Br^+ S_G^-]^o$, (Reifkeim), $Br_\square = F$ (F = Farbzentrum).

Elektronenreaktionen:

a) Möglichkeiten der Quantenabsorption

$$[Ag_o^+ S_G^-]^o + h\nu \longrightarrow S_G + Ag_o^+ + \ominus, \text{ oder}$$
$$Br^- + h\nu \qquad\qquad Br + \ominus$$

b) Einfangen des Elektrons

$$[Br_\square^+ S_G^-]^o + \ominus \longrightarrow [Br_\square S_G^-]^- = FS_G^- \text{ (Bande 650 m}\mu\text{)}$$
$$Br_\square^+ + \ominus \longrightarrow F \qquad (F = \text{Farbzentrum})$$
$$F + \ominus = F' \quad (F' = 2 \text{ Elektronen auf Anionenplatz})$$

c) Reaktion des Broms

$$Br + S_G^- \longrightarrow Br^- + S_G \text{ (Elektronenersatzleitung)}$$
$$Br + Br_\square \longrightarrow Br^- + Br_\square^+$$

Ionenreaktionen:

a) Neutralisation

$$[FS_G^-]^+ + Ag_o^+ \longrightarrow [FS_G^- Ag_o^+]^o = [Ag Br_\square^+ S_G^-]^o \text{ (Bande 560 m}\mu\text{)}$$
$$[FS_G^-]^- + Br_\square^+ \longrightarrow [2\, FS_G]$$
$$F' + Br_\square^+ \longrightarrow 2\, F$$

b) Umladung (nach PICK)

$$2\, FS_G + Br_\square^+ \longrightarrow [Br_\square^+ 2\, FS_G]^+$$

Das Wachsen erfolgt durch weiteres Einfangen von Elektronen. Indem aus diesen Aggregationen der F-Zentren schließlich durch umliegende Silberionen der Silberkeim gebildet wird, verschiebt sich die Absorptionsbande zur Kolloidbande bei 690 μ.

4. Die neue Theorie von MITCHELL über die Entstehung des latenten Bildes in Silberhalogenidkristallen

In den letzten Jahren veröffentlichte J. W. MITCHELL mit seinen Mitarbeitern umfangreiche Untersuchungen über die Photochemie von Bromsilberkristallen. Es wurden Experimente über die Struktur der Kristalle und ihre Sensibilisierung mittels Silber, Gold und verschiedenen Sulfiden [*9*] [*10*] [*17*], Versuche über Entwicklung der Kristalle unter variierten Bedingungen [*11*] sowie über das chemische Verhalten dünner Filme von Silber, Silbersulfid und Gold gegenüber Brom [*12*] angestellt und für eine neue Theorie des photographischen Primärprozesses ausgewertet [*13*]. Die durch diese Modellversuche gewonnenen Ergebnisse sind nur mit gewissem Vorbehalt auf das Bromsilberkorn einer normalen photographischen Emulsion zu übertragen. Sie geben jedoch eine Reihe von wichtigen Erkenntnissen, an denen eine moderne Theorie des latenten Bildes nicht vorbeigehen darf.

a) Die Substruktur des Bromsilberkristalles. Aus der Schmelze lassen sich Bromsilbereinkristalle gewinnen, wenn man mittels eines wandernden Temperaturgefälles erreicht, daß sich eine Kristallisationsfront langsam durch die Schmelze schiebt. Tempert man solche Kristalle zwischen 150 und 300° C, so bildet sich eine Substruktur aus, die durch Photolyse mikroskopisch sichtbar wird. Eine *starke* Belichtung bewirkt nämlich eine Silberausscheidung entlang den Begrenzungsflächen der Mikrokristalle, die die Substruktur ausmachen. Auch eine *kurze* Belichtung hat eine latente Silberausscheidung zur Folge, die unter der Oberfläche liegt. Man erkennt das aus der Tatsache, daß eine Entwicklung erst dann möglich ist, wenn die Oberfläche des Kristalles weggelöst wird [*9*]. Es entsteht also ein Innenbild. Dicht unter dem Schmelzpunkt getemperte Kristalle zeigen keine Substruktur, sind nur wenig lichtempfindlich und bilden ein schwaches Oberflächenbild.

Behandelt man reine Bromsilberkristalle bei 60—70° C mit einer Lösung von Bromionen, so sinkt die Fähigkeit des Kristalles, bei Belichtung ein inneres latentes Bild anzulegen [*13*]; ferner kann der Kristall nicht mehr wie ursprünglich chemisch sensibilisiert werden (etwa mit Reifkörpern).

Diese beiden Tatsachen wird man darauf zurückführen müssen, daß durch die Behandlung mit einer wäßrigen Bromionenlösung der Bau des Kristalles sowohl im Inneren wie an der Oberfläche verbessert wird, vor allem wohl dadurch, daß Subkristalle zusammenwachsen und Unregelmäßigkeiten der Oberfläche verschwinden. Behandelt man Jod-Bromsilberkristalle mit der gleichen Bromidlösung, so geht die Veränderung des Kristalles wesentlich langsamer vor sich, d. h. der Einbau von Silberjodid stabilisiert die Substruktur.

Von großer Bedeutung ist bei diesen Versuchen der experimentelle Befund, daß sowohl die Lichtempfindlichkeit des unsensibilisierten Kristalles wie auch die Möglichkeit, ihn chemisch zu sensibilisieren, aufs engste mit der Struktur und der Güte des Kristallgitters verbunden ist; dieser Zusammenhang wurde von MITCHELL [*13*] ausdrücklich betont.

b) Die Wirkungsweise des chemischen Sensibilisators. Modellversuche zur chemischen Sensibilisierung wurden von MITCHELL in der Weise durchgeführt, daß die Bromsilberkristalle im Hochvakuum mit Silber, Gold oder verschiedenen Sulfiden bedampft und dann auf ihr Verhalten bei Belichtung und Entwicklung untersucht wurden [*9*]; auf diese Weise erhält man möglicherweise Bedingungen, die den drei bekannten chemischen Sensibilisierungsmöglichkeiten, der Reduktionssensibilisierung, der Goldsensibilisierung und der Schwefelsensibilisierung (z. B. durch schwefelhaltige Reifkörper der Gelatine) vergleichbar sind. Allgemein findet man, daß im Gebiet von $^1/_{10}$ bis 1 molekularer Oberflächenbedeckung der Kristall in einen Zustand übergeht, in dem er *ohne* Belichtung bereits entwickelbar wird; bei geringer Oberflächenbedeckung ist der Kristall schleierfrei, d. h. bei der Entwicklung wird keine Silberausscheidung erhalten. Da beim Aufdampfen Konglomerate entstehen, die in ihrer Größe einer statistischen Schwankung unterworfen sind, so ist also erwiesen, daß erst von einer bestimmten Größe an die Sensibilisatorkonglomerate als Entwicklungskeime wirken können.

Eine nicht schleiernde Oberflächenbedeckung eines Kristalles mit Sensibilisator bewirkt bei Belichtung die Ausbildung eines latenten Oberflächenbildes. Durch fortgesetzte Belichtung kann man dieses Oberflächenbild ins Innere des Kristalles verlegen; ebenso wird durch eine starke Belichtung eine schon schleiernde Sensibilisatorschicht beseitigt und gleichzeitig ein Innenbild angelegt (Solarisation). Hieraus muß eindeutig der Schluß gezogen werden, daß der Sensibilisator als Defektelektronenfänger oder Bromakzeptor wirkt und nicht, wie früher angenommen, als *Elektronen*fänger (Gurney-Mott). Wenn auch von Hickmann [*14*] sowie Stasiw und Teltow [*15*] bereits früher eine solche Wirkungsweise für Schwefelsilber angenommen wurde, so ist doch erst durch die Mitchell'schen Versuche ein experimenteller Beweis erbracht worden. Der Mechanismus der Silber- und Goldsensibilisierung wurde von Mitchell auf die gleiche Weise gedeutet. Die chemischen Reaktionen, die der Bromakzeptorwirkung des Sensibilisators zu Grunde liegen, wurden durch Einwirkung von Brom auf dünne Filme von Gold, Silber und Silbersulfid bei niedrigem Druck untersucht [*12*]. Es zeigte sich, daß gleichzeitige Anwesenheit von Stickstoff, Sauerstoff und Feuchtigkeit *ohne Einfluß* auf die Reaktionen ist.

Dünne Filme von Silber werden unter den angegebenen Bedingungen in bekannter Weise durch Brom in Silberbromid übergeführt. Silbersulfid zerfällt unter Einwirkung von Brom in Silber, Silberbromid und Schwefel. Überschüssiges Brom reagiert dann mit dem Silber zu Silberbromid, mit dem Schwefel zu Schwefelmonobromid. Überzieht man eine Glasoberfläche mit dünnen Filmen aus Silber und Silbersulfid, so wird durch Brom *zuerst* das gesamte Schwefelsilber umgesetzt; hierbei ist die Reihenfolge der Überschichtung gleichgültig. Dieselben Ergebnisse gelten für Filme aus Gold- und Silbersulfid; Gold wird jedoch von überschüssigem Brom auch angegriffen, und zwar entsteht zunächst Aurobromid und hieraus schließlich Auribromid. Es ist also bemerkenswert, daß Schwefelsilber als Bromakzeptor vor den reinen Metallen Gold und Silber sogar bevorzugt ist.

c) Die Entstehung des latenten Bildes. Die Einteilung des photographischen Elementarprozesses in einen Elektronen- und Ionenvorgang im Sinne der Gurney-Mott'schen Theorie wird von Mitchell übernommen und durch ein aufschlußreiches Experiment bestätigt. Belichtet man einen Bromsilberkristall durch den Spalt, den zwei ihn bedeckende Elektroden miteinander bilden, so entsteht das latente Bild *nur* unter der Anode [*9*].

Die *Absorption* des Lichtquants erfolgt im allgemeinen durch ein Bromion im Inneren der Subkristalle, energieärmere Strahlung wird von Bromionen oder Sensibilisatormolekülen an der Oberfläche absorbiert (langwellige Eigenabsorption des Kristalles). Es entstehen Elektronen und äquivalente Mengen Bromatome (positive holes, Defektelektronen), die beide im Kristall *sehr* beweglich sind. Die Wanderung des *Elektrons* kann aus räumlichen Gründen sehr leicht erfolgen, das *Bromatom* bewegt sich durch Elektronenersatzleitung. Nach MITCHELL muß das Defektelektron schneller als das Elektron eingefangen werden, und somit wird eine Rekombination um so unwahrscheinlicher, je mehr Sensibilisator als Bromakzeptor zur Verfügung steht. Im nicht sensibilisierten Kristall wandert das Defektelektron zur Oberfläche und wird wegen seiner positiven Ladung (Raumladung) von einem Bromion eingefangen, das an einer Kante des Subkristalles sitzt und somit eine negative Überschußladung besitzt, weil es nicht, wie im Inneren des Gitters, von 6 Silberionen umgeben ist; die vorher negative Raumladung wird in eine positive verwandelt. Das Elektron wird entsprechend von einem Silberion an einer Kante eingefangen, ohne daß eine Reaktion zu Silber eintritt. Die zuvor positive Raumladung wird negativ. Der Ladungsausgleich erfolgt durch Wanderung von Silberionen; es entsteht schließlich aus dem Elektron und einem hineingewanderten Silberion ein Silberatom. Dieses diffundiert an der Oberfläche des Subkristalles und konglomeriert dann mit anderen Silberatomen. Die kritische Größe der Silberatomgruppe wird dort am schnellsten erreicht, wo die größte Konzentration an Silberionen mit nicht abgesättigter Raumladung vorhanden ist, also z. B. an Kanten und Ecken an inneren und äußeren Oberflächen.

Für verschieden sensibilisierte Kristalle wird von MITCHELL der Reaktionsmechanismus diskutiert [*12*] [*13*], z. B. soll für den Fall, daß die Sensibilisierung sowohl mit Schwefel als auch mit Gold erfolgte, der Prozeß folgendermaßen verlaufen: Das Einfangen des Defektelektrons durch ein Bromion der Oberfläche des Kristalles geschieht unter Bildung eines Bromatoms und einer positiven Raumladung in Form eines überschüssigen Silberions. Das Elektron hält sich aus elektrostatischen Gründen in der Nähe des Silberions auf. Das Bromatom reagiert mit Silbersulfid zu Silber, Silberbromid und Schwefel; das Silberatom konglomeriert mit einem Goldatom und dem überschüssigen Silberion zu einem Dreierkomplex, der nun durch das Elektron neutralisiert wird, so daß aus der Absorption *eines* Lichtquants ein stabiles Konglomerat von 3 Metallatomen resultiert. Lagert auch dieser Komplex wiederum ein Silberion an, so kann er direkt durch ein Elektron neutralisiert werden, und auf diese Weise bildet sich der Entwicklungskeim.

Durch den Sensibilisator wird also einerseits die Rekombinationswahrscheinlichkeit für Elektronen und Bromatom herabgesetzt, andererseits die Ausbildung eines Oberflächenbildes ermöglicht. An sich soll im Kristall mit Substruktur das Innenbild bevorzugt sein. Im Sinne MITCHELLS ist ein solches Innenbild ein Oberflächenbild auf inneren Oberflächen, und hiermit entfällt die Frage nach dem Raum für die Silberausscheidung im Inneren eines Bromsilberkristalles, die die GURNEY-MOTT'sche Theorie nicht beantworten konnte.

Ist der Sensibilisator an der Oberfläche des Kristalles verbraucht, so soll bei weiterer Belichtung nun das gleichzeitig an der Oberfläche gebildete latente Bild von den Bromatomen angegriffen werden, und die Silberablagerung erfolgt im

Inneren des Kristalles an den Grenzen der Substruktur. Das Endresultat ist die Verlagerung des Oberflächensilbers ins Innere des Kristalles; dieser Vorgang wird zur Erklärung der Solarisation herangezogen und stimmt mit der Tatsache überein, daß man bei Entwicklung mit Innenkeimentwicklern keine Solarisation findet. MITCHELL versucht auch einige andere photographische Effekte, vor allem Abweichungen vom Reziprozitätsgesetz, im Sinne seiner Vorstellungen zu deuten [*11*].

Die Schwierigkeiten, die bei diesen theoretischen Spekulationen auftreten, sind offensichtlich. Die Reaktionsmöglichkeiten sind zu groß, und es ist gerade auf Grund der MITCHELL'schen Untersuchungen sicher, daß es sich beim photographischen Elementarprozeß um äußerst komplexe Vorgänge handelt.

Exakte Begründungen für die Bildungstendenz von Metallkonglomeraten, wobei das Silber-Goldpaar gegenüber dem Silber-Silberpaar stabiler sein soll, ferner für die Bildungstendenz weiterer Konglomerate mit Silberionen müßten noch genauer untersucht werden. Schwierigkeiten bestehen ebenfalls bei der theoretischen Deutung des experimentellen Befundes, daß durch fortgesetzte Belichtung sogar ein schon ausgebildetes Oberflächenbild wieder verschwindet und das Silber ins Innere verlagert wird. Es entsteht die Frage, wodurch das Innenbild, das sich eigentlich von dem Oberflächenbild des gesamten Kristalles nur dadurch unterscheidet, daß es an die Oberfläche der Substruktur gebunden ist, bevorzugt ausgebildet wird, warum also offensichtlich die Rekombinationswahrscheinlichkeit auf einer inneren Oberfläche geringer wird als auf der äußeren Oberfläche.

Es muß allerdings bei solcher Diskussion berücksichtigt werden, daß über das Quantitative der Vorgänge auf Grund der MITCHELL'schen Arbeiten sehr wenig ausgesagt werden kann und daß der Befund, ein latentes Bild entwickeln zu können, noch die Möglichkeit in sich birgt, daß quantitative Unterschiede in bezug auf die Menge des Latentsilbers um einige Größenordnungen bestehen. In diesem Zusammenhang sei z. B. daran erinnert, daß normalerweise ein Bromsilberkorn einer photographischen Emulsion schon bei *einem* Entwicklungskeim vollständig durchreduziert wird, daß man für den großen Einkristall ohne weiteres aber keine Grenze angeben kann, wie weit er durch *einen* Keim entwickelbar gemacht wird.

Während GURNEY und MOTT verlangen mußten, daß die Defektelektronen nur eine geringe Beweglichkeit gegenüber den Elektronen besitzen, wird MITCHELL dem experimentellen Befund gerecht, daß die Defektelektronen sehr beweglich im Gitter sind und große Strecken zurücklegen können. Wir konnten den Befund MITCHELLS bestätigen, wonach auf Bromsilberkristalle aufgedampftes Silber bei Belichtung über die Belichtungsgrenze hinweg verschwindet, weil es mit Bromatomen reagiert, die in der belichteten Zone entstanden sind. Wir fanden das gleiche Ergebnis an Bromsilber- und Chlorsilberplatten, die mit *Silberjodid* bedampft waren. Offenbar reagiert gebildetes Brom oder Chlor mit Jodsilber an der Oberfläche unter Ausscheidung von Jod, was mit Ergebnissen von POURADIER und CHATEAU [*16*] in Übereinstimmung ist.

Die Ausbildung einer Substruktur im Emulsionskorn wäre sehr gut denkbar, wenn man das Kornwachstum auf Konglomeration kleiner Körner zurückführen könnte. ARENS [*18*] wies schon auf diese Art des Kornwachstums hin. Auch wir haben bei der Reifung äußerst feiner Mikratemulsionen die Konglomeration nachgewiesen, sind aber auf Grund weiterer elektronenmikroskopischer Untersuchungen der Ansicht, daß bei der Fällung normaler Emulsionen der Wachstumsmechanismus, der auf die Zusammenballung mehrerer kleiner Körner zurückgeht, höchstens im Anfangsstadium der Fällung größere Bedeutung hat, im weiteren Verlauf jedoch von untergeordneter Natur ist; vielmehr lagert sich während der Fällung neu entstehendes Silberbromid immer wieder an der Oberfläche der schon vorhandenen Körner ab, während gleichzeitig eine Ostwaldreifung stattfindet, indem große Körner auf Kosten von kleinen wachsen.

Ob im normalen Emulsionskorn eine Substruktur existiert, wird wesentlicher Gegenstand weiterer Untersuchungen bleiben. Wenn also auch nach den neuseten Arbeiten der photographische Elementarprozeß keineswegs geklärt ist, so erscheint er durch die MITCHELL'schen Erkenntnisse über die Bedeutung der Kristallstruktur und die Wirkungsweise des Sensibilisators doch in einem völlig neuen Blickfeld.

Literatur

[1] MOTT, N. F., u. R. W. GURNEY: Electronic processes in ionic crystals. The Clarendon Pres Oxford (1940).
[2] PICK, H.: Naturwissenschaften 38, 323 (1951).
[3] MITCHELL, J. W.: Phot. Sens. 242.
[4] STASIW, O.: Z. f. Physik 127, 522 (1950).
[5] HEDGES, J. M., u. J. W. MITCHELL: Phil. Mag. (7) 44, 357 (1953).
[6] MITCHELL, J. W.: J. Photogr. Sci., Vol. 1, 110 (1953).
[7] WEBB, J. H., u. C. H. EVANS: J. O. S. A. 28, 249 (1938), Comm. 674.
[8] MEIDINGER, W.: Physik Z. 40, 73 (1939).
[9] HEDGES, J. M., u. J. W. MITCHELL: Phil. Mag. (7) 44, 223 (1953).
[10] MITCHELL, J. W.: J. Phot. Sci., 1, 110 (1953).
[11] KEITH, H. D., u. J. W. MITCHELL: Phil. Mag. 44, 355 (1953), 877.
[12] BURROW, J. H., u. J. W. MITCHELL: Phil. Mag. (7) 45, 208 (1954).
[13] MITCHELL, J. W.: Zeitschr. f. Physik 138, 381 (1954).
[14] HICKMAN, K. C. D.: Abridged Scientific Publications from Kodak Research Laboratories XI, 43 (1927).
[15] STASIW, O., u. J. TELTOW: An. Physik (5) 40, 181 (1941).
[16] POURADIER, J., u. H. CHATEAU: Sc. Ind. Phot. 25, 188 (1954) Nr. 5.
[17] KLEIN, E.: Phot. Korr., Nr. 4, 52 (1954).
[18] ARENS, H.: Agfa Veröffentlichungen VII, 253 (1951).

Elektronenmikroskopische Untersuchungen an photographischen Emulsionen

Von E. Klein

Die Tatsache, daß das Halogensilberkorn einer normalen photographischen Schicht in der Größenordnung von 1 μ liegt, hat zur Folge, daß für genaue Untersuchungen das Lichtmikroskop nicht ausreicht. Es bieten sich eine Reihe von Anwendungsmöglichkeiten für das Elektronenmikroskop, und es sei hier auf die ersten Arbeiten verwiesen, die sich mit der elektronenmikroskopischen Untersuchung von photographischen Körnern befassen [*1—4*].

Die so wesentliche Frage nach der absoluten *Größe des Halogensilberkorns* kann nur durch die elektronenmikroskopischen Aufnahmen beantwortet werden, zumal doch stets in einer Emulsion eine Korngrößenverteilung vorliegt, die sich über ein verschieden weites Spektrum erstreckt und im allgemeinen bei Emulsionen von 1 μ mittlerem Korndurchmesser nach kleinen Körnern hin bis zu etwa $^1/_{10}\,\mu$ reicht. Die im Gegensatz zum lichtmikroskopischen Bild von jeglichen Beugungsfehlern freien elektronenmikroskopischen Aufnahmen lassen sich für eine *Statistik* in bezug auf die Größe exakt auswerten. Auch die genaue Korn*form*bestimmung läßt sich nur an Hand der elektronenmikroskopischen Aufnahme durchführen, ebenso das Studium des Kornwachstums während der Emulsionsherstellung.

Eine gewisse Schwierigkeit bei der elektronenmikroskopischen Untersuchung von Halogensilber liegt in der Tatsache, daß das photographische Korn durch den Elektronenstrahl angegriffen wird. Einmal tritt eine direkte *Photolyse* ein, d. h. durch den Elektronenstrahl und die durch ihn im Kristall erzeugten Sekundärelektronen wird das Halogensilber zu Silber und Halogen zersetzt; das so gebildete Silber schießt im allgemeinen aus dem Korn heraus (Eruptionen). Es entsteht außerdem bei der Absorption des Elektronenstrahls im Korn eine hohe Beweglichkeit der Gitterbausteine, die zu Formveränderungen führen kann, die rein äußerlich einem Schmelzen völlig analog sind. Bei hohen Intensitäten entsteht ferner eine beträchtliche Wärmemenge im Objekt, die bei dem im Elektronenmikroskop herrschenden Vakuum von etwa 10^{-4} bis 10^{-5} mm Hg zu *Verdampfung* und Zersetzung führen kann. Es wird im folgenden noch über eigene Experimente zu diesem Thema berichtet.

Die genannten Objektveränderungen im Elektronenstrahl machen es notwendig, zu Abdruckverfahren überzugehen. In diesem Zusammenhang haben wir uns besonders mit der Methode der Kohleumhüllung durch Zersetzung von Kohlenwasserstoff mittels Glimmentladung beschäftigt (s. w. u.). Man erreicht durch dieses Verfahren, daß auch die Unterstruktur eines Kornkonglomerates sichtbar wird.

In letzter Zeit von F. A. Hamm und J. F. Comer [*5*] sowie von H. Hoerlin [*6*] veröffentlichte Arbeiten zeigten, daß durch geeignete Präparationsmethoden auch die *Gelatinehülle* des Halogensilberkornes und der Sitz der *Entwicklungskeime* sichtbar wird, also mit Hilfe des Elektronenmikroskops Untersuchungen zur Aufklärung des photographischen Elementarprozesses durchgeführt werden können.

Die Form des *entwickelten Silbers* einer photographischen Schicht ist ebenfalls von größtem Interesse. Die Präparationsschwierigkeit liegt hier in der Notwendigkeit, das entwickelte Silber von der Gelatine zu befreien, da die Gelatine den Elektronenstrahl stark streut und somit Unschärfen bzw. Kontrastverminderung hervorruft. Man muß also entweder das von Gelatine befreite Korn entwickeln — eine Bedingung, die von der Praxis stark abweicht — oder man muß die Gelatine nach der Entwicklung durch Abbau entfernen; hierbei ist die Gefahr sehr groß, daß man die unter Umständen sehr feinfaserige Struktur des entwickelten Silbers zerstört. Um auch hier unverfälschte und der Praxis vollkommen entsprechende Verhältnisse zu bekommen, wurden Dünnschnitte mit einem Ultramikrotom angefertigt [*7*]; hierzu wird in diesem Buch an anderer Stelle ausführlich berichtet.

Im folgenden sollen einige eigene Ergebnisse im Zusammenhang mit den obenerwähnten Problemen mitgeteilt werden.

1. Die Kornform

Die Form der unentwickelten Halogensilberkörner ist abhängig von der Art der Emulsionsherstellung und von der Zusammensetzung. Als häufigste Kornformen sind bekannt die Kugel, der Kubus und das plattenförmige Dreieck oder Sechseck. In Abb. 1 bis 3 sind Emulsionskörner mit den charakteristischen Formen elektronenmikroskopisch aufgenommen. Wir fanden, daß sehr kleine Körner, wesentlich unter $^1/_{10}\ \mu$, immer nur Kugelform aufweisen. Man wird das so zu verstehen haben, daß der Kristallisationskeim zunächst durch allseitige Herandiffusion von Ionen aus der Lösung wächst und dabei zunächst die Kugelform beibehalten wird. Bei weiterem Wachsen des Kristalles besteht aber immer mehr die Möglichkeit, daß sich Ecken und Kanten neben kleinen Flächen ausbilden; dann aber sind für das Wachstum die Ecken und Kanten bevorzugt, da sich die in ihrer Umgebung entstehende Konzentrationsverarmung durch Nachdiffusion von allen Seiten her schneller ausgleicht als in der Nähe der Fläche. Im übrigen gelten die von Sheppard und Trivelli durchgeführten Überlegungen, wonach die Kapillaritätskonstanten zwischen Kristallfläche und Mutterlauge von maßgebender Bedeutung sind [*18*]. Kugelform bei relativ großen Körnern (1 μ und größer) fanden wir nur bei sogenannten Ammoniakemulsionen, hier aber auch nur, wenn eine bestimmte Fällungsgeschwindigkeit eingehalten wird, anderenfalls werden bei Ammoniakemulsionen auch sehr ausgeprägte Dreieck- und Sechseckformen gebildet.

Zur Ausbildung von kubischen Körnern neigen vor allem Emulsionen mit hohem Chlorsilbergehalt, jedoch kann man auch dann bei einer reinen Bromsilberemulsion Kubenform erhalten, wenn man die Fällung so durchführt, daß in keinem Moment ein starker Überschuß irgendeiner Ionenart auftritt.

Die Form des entwickelten Halogensilberkorns ist ebenfalls von vielen Faktoren abhängig: Von der Art des Entwicklers (vgl. Arbeit Dünnschnitte), von der Gelatine und ihrem Härtungsgrad und schließlich von der Beschaffenheit des Emulsionskornes selbst, das z. B. durch Zusätze während der Fällung in seinem Verhalten bei der Entwicklung beeinflußt werden kann. Im allgemeinen ändert das Korn bei

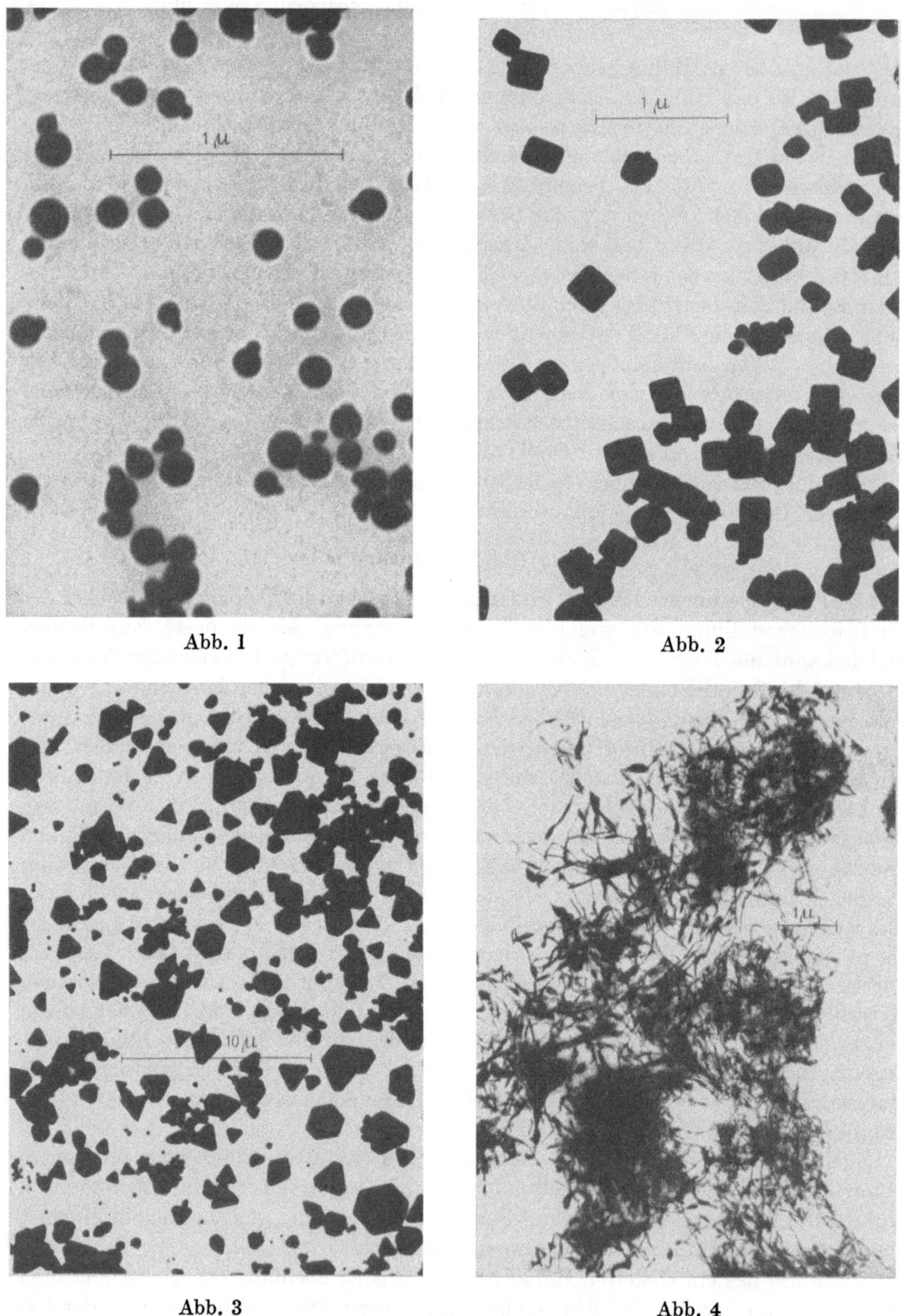

Abb. 1 Abb. 2

Abb. 3 Abb. 4

Abb. 1—3. Elektronenmikroskopische Aufnahmen von Emulsionskörnern mit den am häufigsten vorkommenden Kornformen: Kugelform, Kubusform, plattenförmige Dreiecke und Sechsecke. — Abb. 4. Elektronenmikroskopische Aufnahme von entwickelten Bromsilberkörnern.

der Entwicklung sehr stark seine Form, es entsteht ein Knäuel langer Silberfäden. Andererseits kann das entwickelte Korn aber auch sehr kompakt sein, so daß man kaum eine Formveränderung zum unentwickelten Korn feststellt. In Abb. 4 sind entwickelte Körner wiedergegeben, die besonders gut eine faden- oder bandartige Struktur des entwickelten Silbers zeigen. Es sind deutliche Dickenunterschiede innerhalb der Fäden zu sehen, die man wohl als Verdrillung von bandartigen Fäden zu deuten hat.

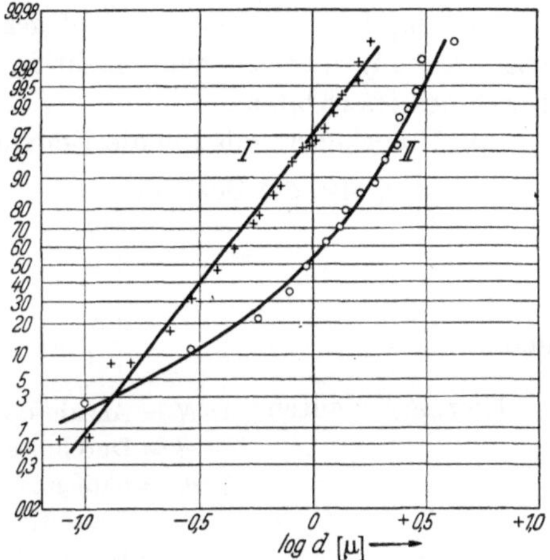

Abb. 5. Die Summenhäufigkeit in Abhängigkeit vom Durchmesser für zwei verschiedene photographische Emulsionen I und II.

2. Die Korngröße

Die Charakterisierung der Korngröße ist dadurch erschwert, daß die verschiedenen Kornformen unter Umständen die Angabe zweier Größen erforderlich machen. Zunächst gibt man den Durchmesser des Kornes an, und da die plattenförmigen Teilchen fast immer flach auf der Unterlage, z. B. dem elektronenmikroskopischen Objektträger, liegen, berechnet man auch von ihnen den leicht zugänglichen Wert für den Durchmesser *der* Kreisfläche, die inhaltsgleich mit der Dreieck- bzw. Sechseckfläche ist. Außerdem muß man die Dicke dieser Teilchen angeben, die durch eine Schrägbedampfung zu messen ist (vgl. Abb. 9 u. 10). Es ist möglich, daß die Höhe eine Funktion des Durchmessers ist, wir fanden aber im allgemeinen, daß die Höhe *unabhängig* von der Größe der Teilchen ist. Hatte das Teilchen also eine bestimmte Dicke im Laufe des Kornwachstums erreicht, so wächst es im wesentlichen nur noch in zwei Dimensionen.

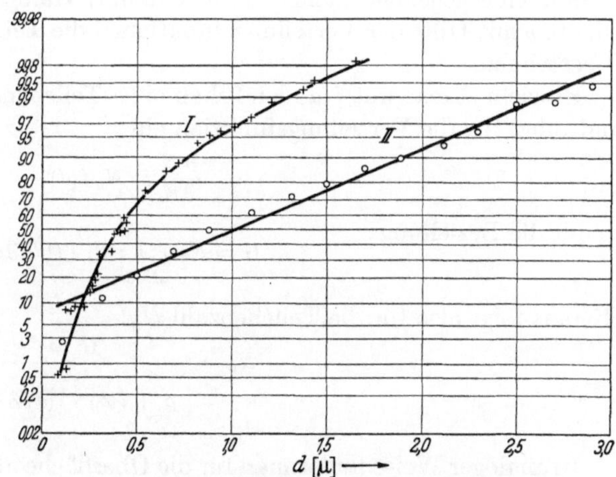

Abb. 6. Die Summenhäufigkeit in Abhängigkeit vom Logarithmus des Durchmessers für die Emulsionen I und II (vgl. Abb. 5).

Es ergibt sich nun [*8—11*], daß zwei Verteilungsfunktionen zur analytischen beschreibung der Größenverteilung der Körner in Frage kommen, entweder eine Gaußverteilung in bezug auf den *Durchmesser* oder eine Gaußverteilung in Bezug auf den *Logarithmus des Durchmessers*. Wir fanden ebenfalls, daß in manchen Fällen in sehr ausgeprägter Form die Größenverteilung in der Emulsion entweder der einen oder der anderen analytischen Darstellung folgt. In Abb. 5 und 6 sind die Summenhäufigkeiten von zwei verschiedenen Emulsionen einmal in Abhängigkeit vom Durchmesser (Abb. 5) und einmal in Abhängigkeit vom Logarithmus des Durchmessers (Abb. 6) in einem Wahrscheinlichkeitsnetz aufgetragen, in dem Gauß-verteilungen Geraden ergeben. Man erkennt sofort, daß die Emulsion II schon in der Darstellung der Summenhäufigkeit gegen den Durchmesser diese lineare Beziehung zeigt (Abb. 5), dagegen nicht mehr in der Darstellung gegen den Logarithmus des Durchmessers (Abb. 6).

Das Umgekehrte gilt für die Emulsion I.

Es gelten also die Beziehungen:

$$\frac{\partial N}{\partial d} = N_0 \frac{b}{\sqrt{\pi}} e^{-b^2 (d-d_0)^2} \tag{1}$$

und

$$\frac{\partial N}{\partial d} = N_0 \frac{b}{\sqrt{\pi}} e^{-b^2 \left(\log \frac{d}{d_0}\right)^2} \tag{2}$$

Hierbei bedeuten: ∂N = Anzahl der Körner im Meßintervall
d = Durchmesser
d_0 = häufigster Durchmesser
N_0 = Gesamtanzahl der Körner
b = Konstante.

Die mittlere quadratische Streuung σ des relativen Korndurchmessers $\frac{d}{d_0}$ errechnet sich aus b zu: $\sigma = \frac{1}{\sqrt{2} \cdot b}$

Mit den Größen d_0 und b und im Falle plattenförmiger Teilchen noch zusätzlich der Höhe h bzw. der Funktion $h = f(d)$ kann man also die Korngrößenverteilung quantitativ beschreiben.

Für eine gegebene Menge G (in Gramm) Halogensilber läßt sich nun über die Dichte ϱ mit Hilfe der Verteilungsfunktionen die Teilchenzahl N_0 und die Oberfläche O berechnen.

Bezeichnet man mit $i(d)$ den Inhalt eines Teilchens als Funktion des Durchmessers und führt für die Verteilungsfunktion ein

$$\frac{\partial N}{\partial d} = N_0 f(d)$$

so gilt die Beziehung:

$$G = N_0 \varrho \int_{d=0}^{+\infty} i(d) \cdot f(d)\, \partial d \tag{3}$$

Hieraus folgt also für die Teilchenzahl N_0:

$$N_0 = \frac{G}{\varrho \int_{d=0}^{+\infty} i(d) \cdot f(d)\, \partial d} \tag{4}$$

In analoger Weise findet man für die Oberfläche aller Teilchen, wenn man mit $o(d)$ die Oberfläche eines Teilchens als Funktion von d einführt:

$$O = N_0 \int_{d=0}^{+\infty} o(d)\, f(d)\, \partial d = \frac{G \int_{d=0}^{+\infty} o(d)\, f(d)\, \partial d}{\varrho \int_{d=0}^{+\infty} i(d)\, f(d)\, \partial d} \tag{5}$$

Für den Grenzübergang $b \to \infty$ gehen Gleichung 3 bis 5 in die Beziehungen über, die für den Fall gelten, daß keine Kornverteilung vorliegt, also nur Teilchen einheitlichen Korndurchmessers vorhanden sind.

In der Tabelle sind die Lösungen der Gleichungen 3 bis 5 für die verschiedenen Verteilungsfunktionen und Kornformen mitgeteilt.

Tabelle 1

Verteilung und Kornform	Anzahl der Teilchen	Oberfläche der Teilchen
I. Gaußverteilung in bezug auf d		
a) kugelförmige Teilchen	$N_0 = \dfrac{G}{\varrho \dfrac{\pi}{6}\left(\dfrac{3\,d_0}{2\,b^2} + d_0^3\right)}$	$O = \dfrac{G\left(\dfrac{1}{2\,b^2} + d_0^2\right)}{\dfrac{\varrho}{6}\left(\dfrac{3\,d_0}{2\,b^2} + d_0^3\right)}$
b) plattenförmige Teilchen mit konst. Höhe h	$N_0 = \dfrac{G}{\varrho \dfrac{\pi}{4} h \left(\dfrac{1}{2\,b^2} + d_0^2\right)}$	$O = \dfrac{G\left(\dfrac{1}{4\,b^2} + \dfrac{d_0^2}{2} + h\,d_0\right)}{\varrho \dfrac{h}{4}\left(\dfrac{1}{2\,b^2} + d_0^2\right)}$
II. Gaußverteilung in bezug auf log d		
a) kugelförmige Teilchen	$N_0 = \dfrac{G}{\varrho \dfrac{\pi}{6} d_0^3 \cdot e^{\frac{9}{4\,b^2}}}$	$O = \dfrac{G}{\dfrac{\varrho}{6} d_0\, e^{\frac{5}{4\,b^2}}}$
b) plattenförmige Teilchen mit konst. Höhe	$N_0 = \dfrac{G}{\varrho \dfrac{\pi}{4} e^{\frac{1}{b^2}} \cdot h\, d_0^2}$.	$O = \dfrac{G\left(\dfrac{1}{2} d_0 + h\, e^{-\frac{3}{4\,b^2}}\right)}{\dfrac{\varrho}{4} \cdot h \cdot d_0}$
III. Einheitlicher Korndurchmesser der Teilchen (keine Verteilung)		
a) kugelförmige Teilchen	$N_0 = \dfrac{G}{\varrho \dfrac{\pi}{6} d_0^3}$	$O = \dfrac{G}{\dfrac{\varrho}{6} d_0}$
b) plattenförmige Teilchen	$N_0 = \dfrac{G}{\varrho \dfrac{\pi}{4} h\, d_0^2}$	$O = \dfrac{G\left(\dfrac{d_0}{2} + h\right)}{\dfrac{\varrho}{4} h \cdot d_0}$

3. Korngröße und Empfindlichkeit

Es besteht ein enger Zusammenhang zwischen der Korngrößenverteilung und der photographischen Eigenschaft einer Emulsion [*11*]. Wir haben uns vor allem mit den Beziehungen beschäftigt, die zwischen der Korngröße und der photographischen Empfindlichkeit existieren [*12*].

Zur Charakterisierung der Korngröße wurde das arithmetische Mittel der Korndurchmesser $\bar{d}$ (kugelförmige Teilchen) gewählt; es handelt sich zwar (vgl. Abb. 7) bei den Kornverteilungen um Gaußfunktionen in bezug auf den *Logarithmus* des Korndurchmessers, jedoch weichen in diesem Falle häufigster und mittlerer Korndurchmesser nur wenig voneinander ab.

Als Maß für die Empfindlichkeit dient der reziproke Wert der Lichtmenge $(I \cdot t)$ (Intensität $\times$ Zeit), die der sogenannten Inertia entspricht; sie ist definiert durch den Schnittpunkt des verlängerten geradlinigen Teiles der Schwärzungskurve mit einer in Höhe des Schleierwertes verlaufenden Parallelen zur Abszisse.

Die in bezug auf ihre Empfindlichkeit miteinander verglichenen Emulsionen dürfen sich nur in ihrer Korngröße unterscheiden. Zu diesem Zwecke wurde das

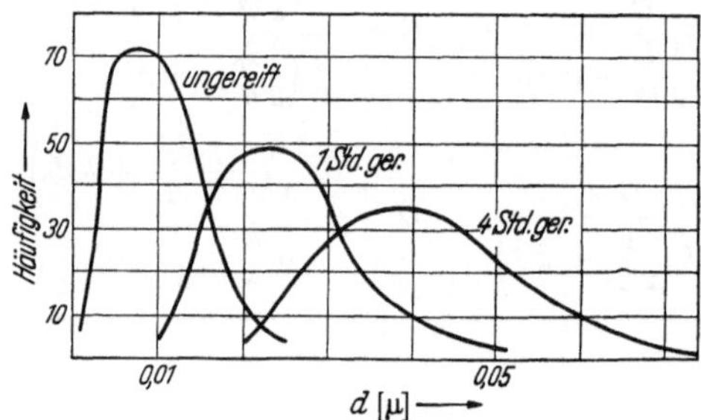

Abb. 7. Die differentielle Häufigkeit in Abhängigkeit vom Logarithmus des Durchmessers für verschieden lang gereifte Emulsionen.

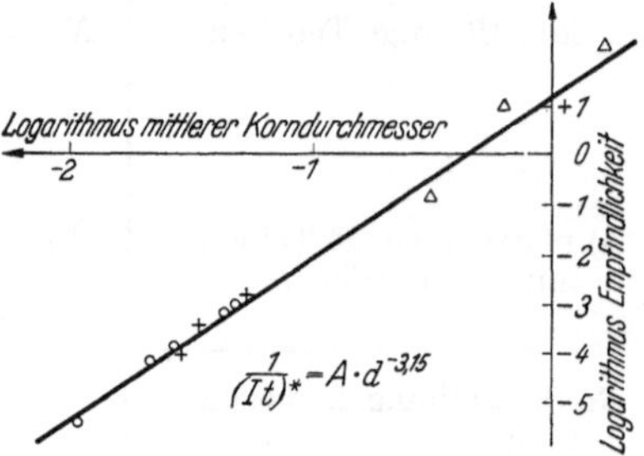

Abb. 8. Die Abhängigkeit des Logarithmus der Empfindlichkeit vom Logarithmus des mittleren Korndurchmessers.

Verhältnis Gelatine zu Halogensilber konstant gehalten, ferner mit äußerst feinkörnigen sogenannten Mikratemulsionen gearbeitet, die zwar mit zunehmender Korngröße auch eine steigende aber zu vernachlässigende diffuse Streuung des Lichtes zeigen. Weiterhin war der sogenannte chemische Reifungszustand der Emulsionen gleich, was vor allem daraus folgt, daß die Empfindlichkeit der Emulsion von der Art der verwandten Gelatine (aktiv oder inaktiv) unabhängig war.

Die Meßergebnisse sind in Abb. 8 wiedergegeben.

Man erhält in guter Näherung für die Empfindlichkeit die Beziehung:

$$\frac{1}{(I\,t)_*} = A \cdot \bar{d}^3 \tag{6}$$

Hiernach wächst die Empfindlichkeit mit dem Volumen des Kornes.

Bisher unerklärt bleibt, daß die in die Darstellung von Abb. 2 mit eingetragenen Werte für normale grobkörnige Emulsionen auch um die gefundene Gerade streuen, obwohl für diese Emulsionen die obengenannten Voraussetzungen nicht erfüllt sind, daß sich die Emulsionen *nur* in ihrer Korngröße unterscheiden.

Das Ergebnis Gl. (6) sagt aus, daß für die Absorption eines Lichtquantes das Korn zunächst getroffen werden muß, wofür die Wahrscheinlichkeit mit der Fläche des Kornes steigt, daß dann aber die Wahrscheinlichkeit der Absorption mit der Dicke des Kornes zunimmt, womit insgesamt das Volumen eingeht.

4. Zersetzungen im Elektronenmikroskop

Wie bereits erwähnt, erleidet das Halogensilberkorn unter der Einwirkung des Elektronenstrahls eine starke Veränderung [*1*] [*19*]. Das photolytisch gebildete Silber wächst oft aus dem Kristall heraus und läßt sich an runden Körnern besonders gut beobachten; aus flachen Körnern, die im allgemeinen parallel zur Unterlage liegen, wächst es fast immer aus den großen Flächen, so daß es in der Aufsicht nur selten erkennbar ist. In Abb. 9 und 10 sind Emulsionskörner vor der Elektronen-

Abb. 9

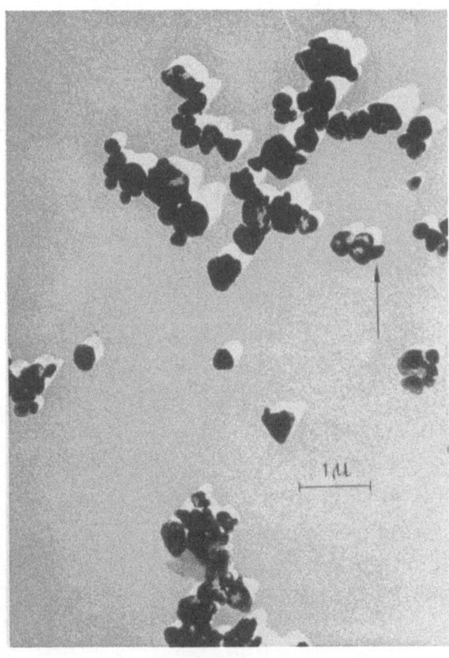

Abb. 10

Abb. 9 und 10. Elektronenmikroskopische Aufnahmen von schräg bedampften Körnern (45°, SiO) photographischer Emulsionen. Die durch Pfeile markierten Stellen sind *nach* der Bedampfung entstandene Veränderungen durch den Elektronenstrahl.

bestrahlung im Hochvakuum mit Platin-Palladium schräg bedampft (unter 45°). Durch den Elektronenstrahl entstehen nun z. B. die Veränderungen, die durch den Pfeil näher markiert sind. Die Auswüchse werfen keinen Schatten, so daß also ganz sicher ist, daß sie zur Zeit der Schrägbedampfung noch nicht vorhanden waren. Wir fanden nun bei genauer Untersuchung dieser Einwirkung der Elektronen auf das Halogensilber, daß das Korn bei starker Bestrahlung zu einzelnen Tropfen zusammenläuft, die dann mit fortschreitender Bestrahlung verschwinden. Zum Teil schlägt sich aus der Dampfphase die Substanz wieder in der kalten Umgebung des Kornes in Form kleinster Tropfen nieder (Abb. 11). Man kann nun zeigen, daß man dieses

Experiment auch mit einem entwickelten Korn, also mit reinem Silber, durchführen kann, so daß also die Möglichkeit besteht, daß das Halogensilber im Elektronenmikroskop zunächst vollständig zu Silber zersetzt wird, was dann durch die hohe Beweglichkeit der Silberatome bei Elektronenbeschuß zusammenläuft, dann schmilzt und verdampft. Andererseits ist aber mit Sicherheit anzunehmen, daß auch das Halogensilber selbst verdampft; hierfür spricht auch die Tatsache, daß im Elektronenstrahl z. B. Silberrhodanid wesentlich schneller verdampft als Silberbromid, was nicht zu verstehen wäre, wenn erst das Silber verdampfen würde.

Abb. 12 bis 15 zeigen, wie sich im Laufe der Elektronenbestrahlung ein Bromsilberkorn verändert. Man erkennt nun, daß eine Hülle zurückbleibt, die die Begrenzungen des Kornes auch nach Wegdampfen des Silbers und des Bromsilbers noch deutlich sichtbar macht. Hamm und Comer [5] deuteten diese Hülle als Gelatine- bzw. Silbergelatinathülle, die das Korn umgibt. (Die Gelatinehülle wird durch den Elektronenstrahl in ein Gerüst aus kohlenstoffreicherer Substanz übergeführt.) Die Forscher konnten zwar (vgl. w. u.) den eindeutigen Beweis für die Existenz von Gelatinehüllen auf andere Weise erbringen, jedoch erscheint uns die obenerwähnte Deutung als unrichtig. Auch Kristalle, die nicht in Gelatine hergestellt waren, hinterlassen eine Hülle beim Verdampfen. Es sind nämlich im Elektronenmikroskop stets Kohlenwasserstoffe vorhanden, die durch die Elektronenbestrahlung hochpolymere Verbindungen bilden und dann schließlich zu sehr kohlenstoffreichen Substanzen zersetzt werden, die sich sehr feinkörnig um das Objekt legen und durch weitere Bestrahlung nicht mehr zu entfernen sind, sondern einen guten Oberflächenabdruck liefern, wenn das Objekt verdampft. Man erkennt deutlich in Abb. 13, wie sich das verdampfte Silber oder Silberhalogenid in unmittelbarer Nähe des Kornes in Form kleinster Tropfen niedergeschlagen hat, die Tropfen wachsen (Abb. 14), und bei noch stärkerer Bestrahlung verdampfen sie wieder, hinterlassen aber eine Kohlehülle (Abb. 15), obwohl sie sicher nicht mit Gelatine überzogen waren. So wird sich die Hülle, die beim Verdampfen des Halogensilbers im Elektronenmikroskop zurückbleibt, zusammensetzen aus der verkohlten Gelatinehülle und der aufgedampften Kohleschicht aus Kohlenwasserstoffresten im Vakuum, so daß man also hieraus nicht auf die Existenz einer Gelatinehülle schließen kann. In Abb. 16 wird die Struktur eines Konglomerates dadurch sichtbar, daß durch starke Elektronenbestrahlung das gesamte Halogensilber verdampft wird und nur die Kohlehüllen übrigbleiben.

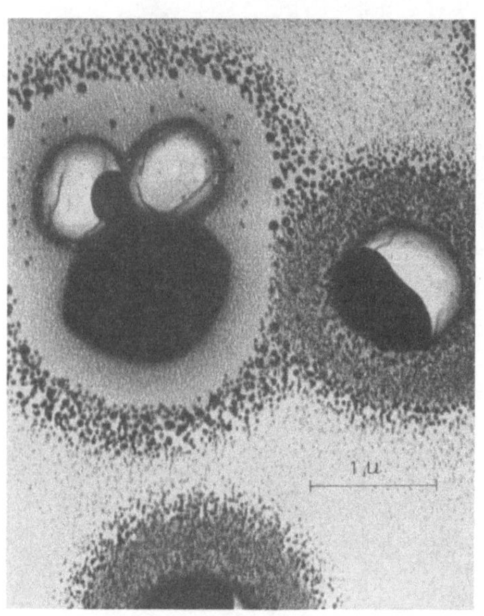

Abb. 11. Elektronenmikroskopische Aufnahme von Emulsionskörnern nach starker Elektronenbestrahlung.

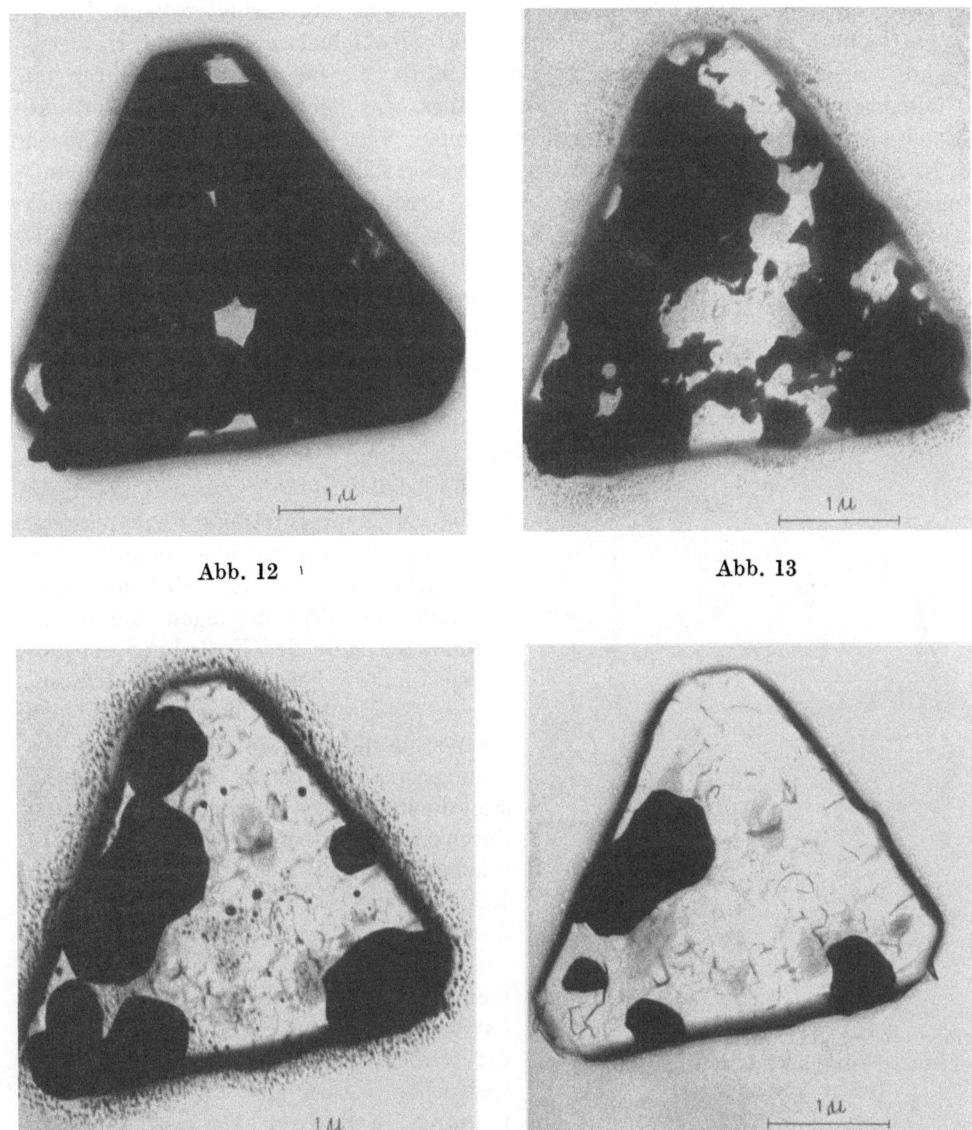

Abb. 12 Abb. 13

Abb. 14 Abb. 15

Abb. 12—15. Veränderungen des Emulsionskorns im Laufe intensiver Elektronenbestrahlung.

somit bei sehr hohen Vergrößerungen mit hohen Intensitäten arbeiten kann. BRADLEY [*13*] führte zu diesem Zwecke eine direkte Kohlebedampfung von Halogensilberkörnern einer photographischen Emulsion durch. Bei diesem Verfahren ist die Belichtung durch den Kohlebogen allerdings sehr hoch, so daß photolytische Zersetzungen in starkem Maße auftreten können. Wir haben mit dem Verfahren von KÖNIG [*14, 15*] mit Erfolg gearbeitet; hiernach kann man eine Kohlehülle aufbringen, indem man eine Glimmentladung in verdünnter Kohlenwasserstoffatmosphäre durchführt. Es entsteht aber hierbei zunächst eine Hülle aus kohlenstoffreichem Material, das man erst durch eine intensive Bestrahlung im Elektronenmikroskop in Kohlenstoff überführen muß, damit es für die weitere Behandlung genügend Stabilität besitzt. Bei dieser Elektronenbestrahlung können nun wiederum starke Veränderungen am Korn auftreten. Wir erhielten nur dadurch sehr stabile Hüllen, daß wir bei möglichst niedrigem Druck die Glimmentladung durchführten. Man muß dann zwar über eine längere Zeit beglimmen, es zeigte sich jedoch, daß photolytische Veränderungen durch die automatisch mit der Entladung verbundenen Lichterscheinung nicht auftraten. Die so erhaltenen Hüllen erwiesen sich als so stabil, daß sie einer Fixage des Halogensilbers mittels Thiosulfatlösung standhielten ohne gesonderte Härtung durch einen Elektronenbeschuß. In Abb. 17 erkennt man die Kohlehüllen von Körnern, die durch die Hülle hindurch fixiert wurden, neben unfixierten Körnern (schwarz). Die Unterstruktur der Konglomerate wird durch dieses Verfahren sichtbar. Die Fixierlösung greift am Konglomerat immer zuerst an, Einzelkörner sind wesentlich schwieriger durch die Hülle hindurch zu fixieren. Daraus kann man folgern, daß die Fixage durch kleine Spalte oder Lücken der Kohlehülle hindurch erfolgt, da die Wahrscheinlichkeit für schwache Stellen in der Hülle bei einem Konglomerat wesentlich größer ist als bei einem Einzelkorn. Die Dicke der Hüllen kann man unmittelbar aus der Abb. entnehmen, wenn man voraussieht, daß die Kanten der Körner senkrecht zur Unterlage hin abfallen; man berechnet dann etwa 500 Å.

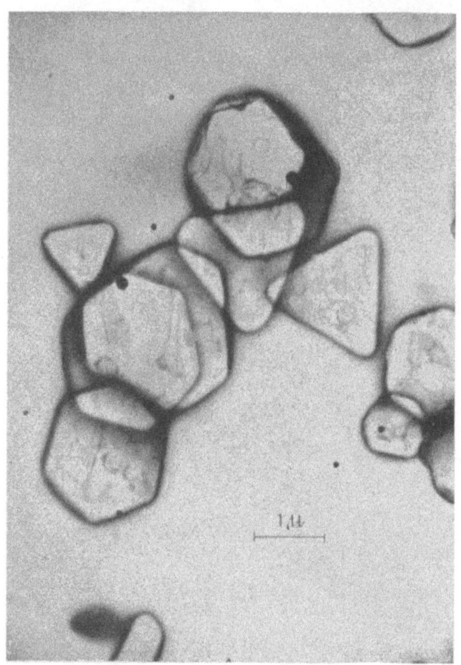

Abb. 16. Kohlehüllen von Emulsionskörnern, dadurch entstanden, daß durch intensive Elektronenbestrahlung das gesamte Halogensilber verdampft ist.

6. Gelatinehüllen

CARROLL und HUBBARD [*16*] konnten auf Grund potentiometrischer Messungen den Nachweis eines Gleichgewichtes zwischen Gelatine und Silberionen liefern und

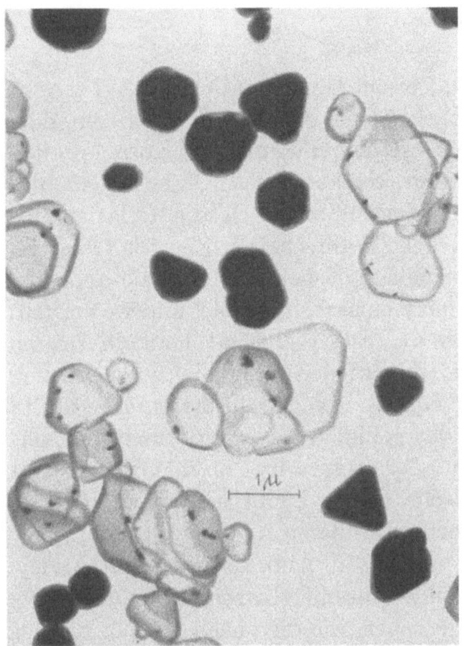

Abb. 17. Durch Glimmentladung in Benzolatmosphäre aufgebrachte Kohlehüllen von Emulsionskörnern. Bei den hellen Körnern ist bei der Fixage das Halogensilber durch die Kohlehülle hindurch entfernt worden.

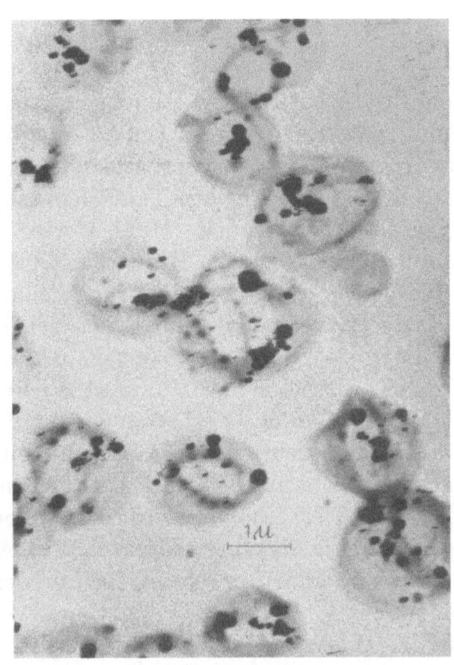

Abb. 18. Gelatinehüllen von Emulsionskörnern mit photolytischem Silber.

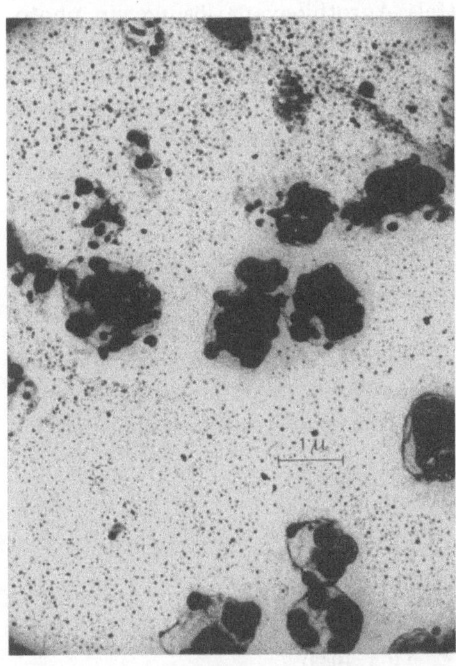

Abb. 19. Emulsionskörner nach Beginn der Fixage; die Gelatinehülle wird bereits sichtbar.

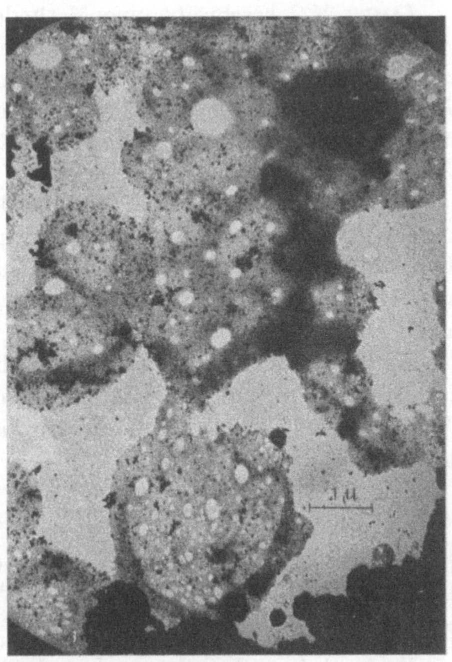

Abb. 20. Durch Goldentwicklung vergrößerte Keime von Emulsionskörnern. Die Keime sind mit der Gelatinehülle fest verbunden, das Halogensilber wurde durch Fixage entfernt.

somit die Existenz eines Silbergelatinates nachweisen. HAMM und COMER [5] zeigten dann, daß bei der Entfernung der Emulsionsgelatine durch Zentrifugieren oder durch schwachen enzymatischen Abbau die Gelatinehülle um das Korn erhalten bleibt. Das Korn wurde auf dem elektronenmikroskopischen Objektträger mit Fixierlösung behandelt. Hierbei wird das Halogensilber durch die Gelatinehülle hindurch aufgelöst, die Hülle selbst bleibt zurück. Wahrscheinlich ist die Gelatinehülle wie die Gelatine selbst für Lösungen durchlässig, chemisch muß sie aber von Gelatine verschieden sein, da sie sich beim enzymatischen Abbau anders verhält. Es liegt also nahe anzunehmen, daß es sich um Silbergelatinat handelt, dessen Existenz CARROLL und HUBBART nachwiesen. Wir wiederholten die Versuche von HAMM und COMER, belichteten nur die Körner vor der Fixage sehr stark. In Abb. 18 erkennt man deutlich die Gelatinehüllen und das gebildete photolytische Silber, das entweder nicht aus der Hülle entweichen kann oder unmittelbar an der Hülle haftet und somit festgehalten wird. Das photolytische Silber bildet sich bevorzugt an bestimmten Stellen des Kornes und wächst dort zu größeren Aggregaten heran.

Ein Stadium kurz nach Beginn der Fixage ist in Abb. 19 festgehalten. Die Gelatinehülle wird schon sichtbar, weil in ihrer unmittelbaren Umgebung das Halogensilber bereits aufgelöst ist. Es ist nicht sicher, wie die vielen kleinen Körner auf dem Bild zu deuten sind, bei denen es sich sicher *nicht* um Emulsionskörner handelt. Entweder sind es kleine Partikel Halogensilber, die noch nicht gelöst sind, sich aber vom Korn durch Löcher in der Gelatinehülle hindurch schon entfernen konnten, oder es sind Rückstände vom Fixierprozeß, die beim Auswaschen nicht entfernt wurden.

JAMES [17] beschreibt eine Methode, mittels Aurothiocyanatlösung ein photographisches Bild zu entwickeln; wahrscheinlich handelt es sich um eine Art physikalischer Entwicklung, der genaue Mechanismus ist wohl nicht bekannt. Auf diese Weise konnten HAMM und COMER [5] sowie HOERLIN [6] die latenten Bildkeime so stark vergrößern, daß sie elektronenmikroskopisch sichtbar wurden. Wir haben das Verfahren in ganz ähnlicher Weise auf unbelichtete aber chemisch gereifte Emulsionskörner angewandt (Abb. 20). Man kann deutlich im Bereich der Gelatinehüllen kleine schwarze Punkte erkennen, die wir als Goldpartikel ansprechen. Wir vermuten, daß es sich um die vergrößerten Keime handelt, die im Laufe der chemischen Reifung angelegt worden sind. Hiermit konnten über die Lage und Anzahl der Keime erstmalig Aussagen gemacht werden.

Die elektronenmikroskopischen Aufnahmen wurden im anorganisch physikalischen Laboratorium der Farbenfabriken Bayer von Herrn Dr. KIRCHER angefertigt. Wir möchten Herrn Dr. KIRCHER an dieser Stelle für seine Unterstützung herzlich danken.

Literatur

[1] v. ARDENNE, M.: Z. angew. Phot. **2**, 14 (1940).
[2] HALL, C. E., u. A. L. SCHOEN: J. O. S. A. **31**, 281 (1941).
[3] AHRENS, H.: Z. wiss. Phot. **43**, 120 (1948).
[4] KÜSTER, A.: Agfa Veröffentlichung **VII** (1951).
[5] HAMM, F. A., u. J. J. COMER: J. appl. Physics **24**, 1495 (1953).
[6] HOERLIN, H., u. F. A. HAMM: J. appl. Physics **24**, 1514 (1953).
[7] FRIESER, H., I. JOHANN u. E. KLEIN: Naturwissenschaften **20**, 475 (1954).

[8] WIGHTMAN, E. P., A. P. H. TRIVELLI u. S. F. SHEPPARD: Abridged Scientific Publications **125** (1922).
[9] SILBERSTEIN, L.: Abridged Scientific Publications **78** (1943).
[10] LOVELAND, R. P., u. A. P. H. TRIVELLI: J. Frankl. Inst. **204**, 193 (1927).
[11] MEES, C. E. K.: The Theory of the Photographic Process.
[12] FRIESER, H., u. E. KLEIN: Z. f. Elektrochemie **58**, 655 (1954).
[13] BRADLEY, D. E.: J. appl. Physics, B. V, **3**, 96 (1954).
[14] KÖNIG, H., u. G. HELWIG: Z. Physik **129**, 491 (1951).
[15] GRASENICK, F., u. R. HAEFER: Monatshefte für Chemie **83**, 1069 (1952).
[16] CARROLL, B. H., u. D. HUBBARD: Bur. Stand. J. Res. **7**, 811 (1931).
[17] JAMES, T. H.: Col. Sc. **3**, 447 (1948).
[18] MEIDINGER, W.: Die theoret. Grundl. des photogr. Prozesses, Springer (1932).
[19] MESTER, H.: Z. f. wiss. Photogr. **49**, 138 (1954).

Dünnschnitte durch Körner photographischer Schichten

Von I. JOHANN und E. KLEIN

Es sollen im folgenden einige Ergebnisse mitgeteilt werden, die bei der Anwendung einer erst seit kurzer Zeit zur praktischen Brauchbarkeit entwickelten Präparationsmethode für die Elektronenmikroskopie, *des Dünnschnittverfahrens* auf photographische Schichten gewonnen wurden [*1*].

Die Dünnschnittmethode fand zunächst ihr größtes Anwendungsgebiet in der Biologie. Der Dünnschnitt kann im Elektronenmikroskop direkt durchstrahlt werden, was bei den Schnitten, die mit einem gewöhnlichen Mikrotom hergestellt sind (Dicke von etwa 1 μ) nicht möglich ist. Wenn auch in einem Schnitt von 1 μ Dicke die Streuung der Elektronen örtlich verschieden ist, so ist die Streuung an der hauptsächlich vorhandenen Materie, etwa den Eiweißkörpern, schon so stark, daß nach Durchstrahlung keine Kontrastunterschiede mehr resultieren, die photographisch aufgezeichnet werden könnten. Etwa unterhalb $^1/_{10}$ μ Dicke wird dann die Durchstrahlbarkeit besser, und es sind in den letzten Jahren mehrere Typen von sogenannten Ultramikrotomen gebaut worden, mit denen Schnittdicken von wesentlich weniger als $^1/_{10}$ μ erreicht werden.

Die photographische Schicht besteht nun im wesentlichen aus Gelatine, also eiweißähnlicher Substanz, und Halogensilberkörnern. Die Streuung der Elektronen im Halogensilber ist wegen seiner hohen Dichte bedeutend höher als in der umgebenden Gelatine, so daß durch einen genügend dünnen Schnitt, durch den also die Streuung in der Gelatine klein wird, ein gutes kontrastreiches Bild entstehen muß.

Wir haben das von v. BORRIES und HUPPERTZ entwickelte Mikrotom verwandt [*2*], das sich für unseren Anwendungszweck sehr bewährte und sehr gute Ergebnisse lieferte.

Die Abb. 1 zeigt Halogensilberkörner einer photographischen Emulsion. Die Körner sind vor der Präparation durch enzymatischen Abbau von Gelatine befreit worden. Schneidet man nun die photographische Schicht, die mit der gleichen Emulsion (wie in Abb. 1) hergestellt ist, ohne daß die Gelatine entfernt wird, im Ultramikrotom, so erhält man Bilder, wie sie in Abb. 2 dargestellt sind.

Die Präparationsmethode für die Schnitte ist die folgende: Ein kleines Stück Film wird ohne vorherige Einbettung, wie das bei biologischen Objekten im allgemeinen notwendig ist, auf den Objekthalter des Mikrotomes aufgeklebt. Als Schneide dient ein frisch gebrochenes Glas. Der Schnitt wird in diesem Falle parallel zur Schicht geführt. Es ist dabei möglich, daß sowohl das Filmstück als auch die Schneide nicht ganz genau parallel zur Schnittebene eingespannt sind, so daß, obwohl die Schneide im wesentlichen parallel zur Oberfläche geführt wird, der Schnitt selbst nicht exakt in dieser Richtung liegt. Starke Abweichungen liegen jedoch

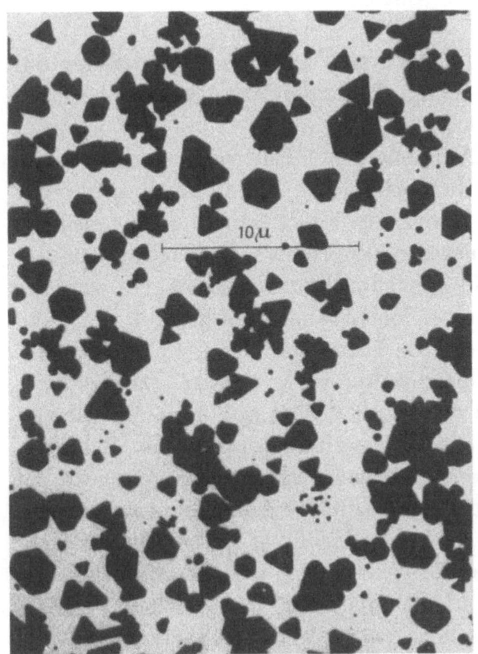

Abb. 1. Körner einer photographischen Emulsion ungeschnitten.

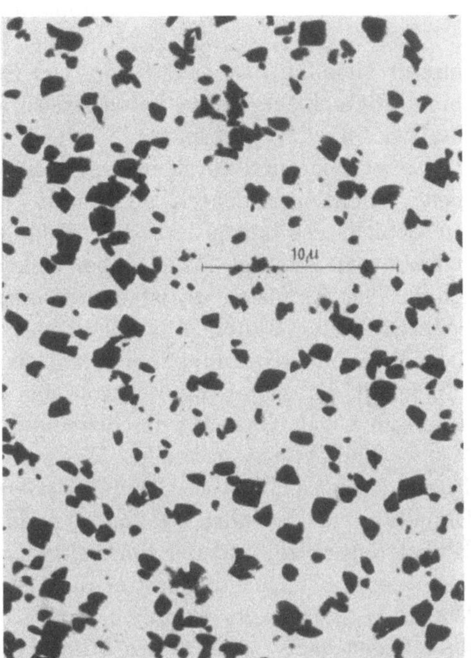

Abb. 2. Dünnschnitt durch eine photographische Schicht der Emulsion von Abb. 1.

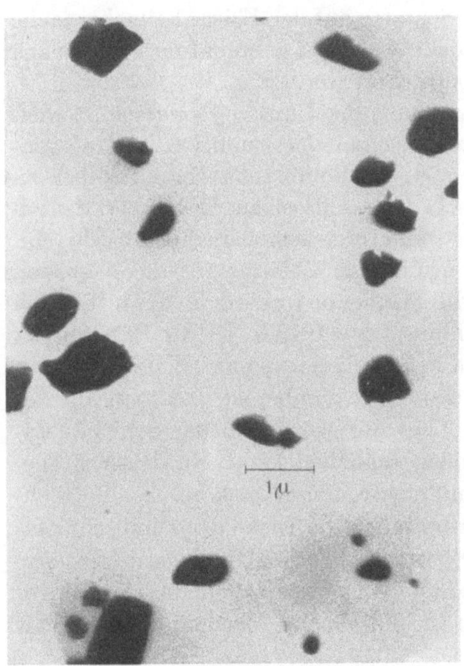

Abb. 3

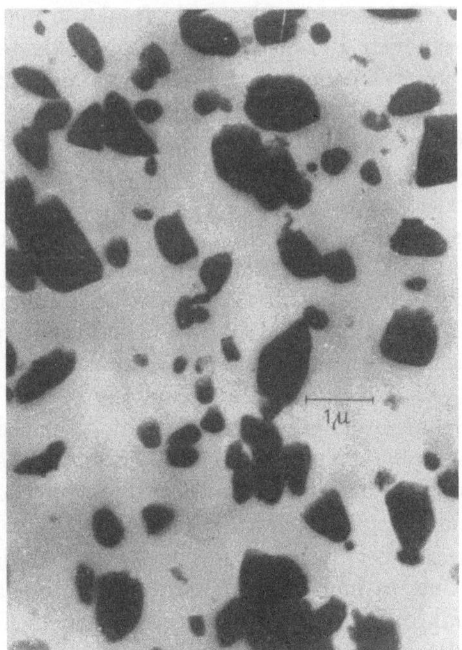

Abb. 4

Abb. 3 und 4. Dünnschnitte durch photographische Schichten mit verschiedenem Halogensilbergehalt.

unserer Meinung nach nicht vor. Der Schnitt wird sich auf den Objektträger auf seine größte Fläche legen, seine Breite und Länge betragen 100 μ und mehr, über die Dicke wird noch berichtet.

Es wurden auch durch immer erneutes Aufgießen und Eintrocknen etwa 1 mm dicke Emulsionsschichten hergestellt, die der Schneidenführung nach senkrecht zur Schicht geschnitten wurden. Solange es sich um kugelförmige Halogensilberteilchen handelt (vgl. Arbeit über elektronenmikroskopische Untersuchung photographischer Emulsionen), ist das Schnittbild des Einzelkorns unabhängig von der Schnittführung. Bestehen die Emulsionskörner jedoch aus plattenförmigen Teilchen, die sich bei Eintrocknung bevorzugt flach auf die Unterlage legen, so ist eine Abhängigkeit der Schnittfiguren von der Schnittrichtung zu erwarten. Die Schnitte liegen im allgemeinen auf der Schneide und werden von dort auf ein Gemisch von Wasser und Aceton gebracht. Hier spreizen sich die zuvor aufgerollten Schnitte. Dieses Verfahren hat sich bei in polymerem Methacrylsäureester eingebetteten Objekten auch bewährt. Es beruht wohl auf Oberflächenkräften, die zwischen dem Einbettungsmittel und der Spreizflüssigkeit wirken. Hierbei ist zu berücksichtigen, daß Aceton ein Quellungsmittel für Polymethacrylsäureester ist, die Mischung mit Wasser reguliert wahrscheinlich nur den Grad der Quellung. Die gleichen Verhältnisse liegen beim Spreizen des Filmschnittes vor. An Stelle des Einbettungsmittels tritt hier die Gelatine, für die Wasser das Quellungsmittel ist, so daß wieder die wirkenden Kräfte an der Grenzfläche Gelatine/Wasser für die Spreizung verantwortlich sind.

Bei geeigneter Beleuchtung kann man die Schnitte auf der Flüssigkeitsoberfläche erkennen. Der Schnitt wird auf ein kleines Objektträgernetz gebracht und kann nach kurzer Trocknung im Elektronenmikroskop betrachtet werden.

In Abb. 2 sind nun (Schnitt parallel zur Schicht) die Umrisse der geschnittenen Körner genau zu erkennen; man kann aus dem Gehalt der Emulsion an Halogensilber berechnen, welche Flächenbedeckung man im Schnitt an Halogensilber zu erwarten hat; hierbei kann man die Schnitt*dicke* vernachlässigen. Der experimentell gefundene Wert für die Flächenbedeckung stimmt mit dem berechneten überein. So ist z. B. das Volumenverhältnis von Bromsilber zu Gelatine für die Emulsion der Abb. 2 etwa 0,2. Dieser Wert muß auch die Flächenbedeckung im Schnitt durch Halogensilber sein; wir fanden durch Auszählung etwa 0,189. Dieses Ergebnis ist äußerst wichtig, denn es besagt, daß eine etwa bei der Spreizung auf Wasser-Aceton-Gemischen auftretende Quellung bei der Trocknung reversibel ist und man aus der Schnittaufnahme direkt auf die gegenseitige Lage der Körner in der Schicht (statistische Anhäufungen und Zusammenballungen) schließen kann. Zu dieser Fragestellung liefert also die Dünnschnittmethode mit elektronenmikroskopischer Betrachtung erstmalig einwandfreie Antworten. Es ist nämlich die Dicke des Dünnschnittes gegenüber der Korngröße vernachlässigbar, wodurch also Überlagerungen von Körnern innerhalb des Schnittes unmöglich sind, und ferner bringt die elektronenmikroskopische Auflösung bei hohem Kontrast die genaue Wiedergabe auch der kleinsten Körner mit sich.

Auf die Größenverteilung der Körner kann nur bei Auswertung einer sehr großen Anzahl von Schnittbildern geschlossen werden, denn der eigentlichen Korngrößenverteilung überlagert sich ja die Verteilung, die dadurch entsteht, daß das Korn in verschiedenen Ebenen geschnitten wird. Prinzipiell ist eine solche Auswertung möglich, wie F. Lenz [3] jedenfalls für kugelförmige Teilchen zeigte. Andererseits ist jedoch die Auszählung an ganzen Körnern wesentlich bequemer, und da man dazu die alte Präparationsmethode für Filmemulsionen mit Gelatineabbau verwenden kann, bietet in diesem Punkte das Dünnschnittverfahren keinen Vorteil.

In Abb. 3 und Abb. 4 sind die Schnittbilder zweier Emulsionen wiedergegeben, deren Halogensilbergehalt pro Volumeneinheit der fertig vergossenen Schicht verschieden hoch ist.

Es ist an anderer Stelle dieses Buches über die Veränderung des Halogensilbers im Elektronenstrahl ausführlich berichtet. Danach muß man annehmen, daß zunächst

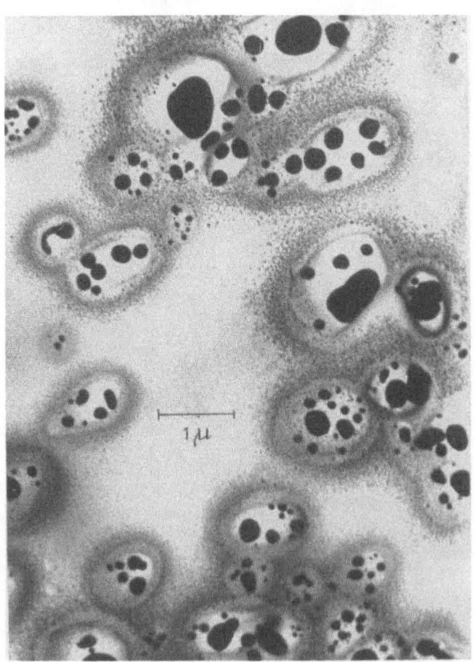

Abb. 5

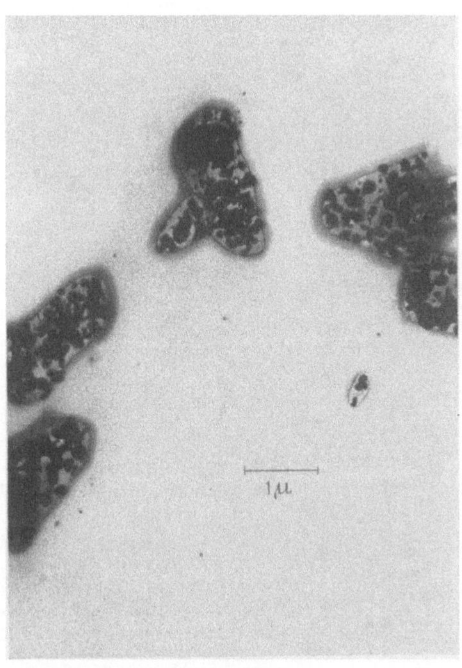

Abb. 6

Abb. 5 und 6. Dünnschnitte durch Körner einer photographischen Emulsion nach schwacher (Abb. 6) und starker (Abb. 5) Elektronenbestrahlung.

bei kleiner Strahlintensität eine erhöhte Beweglichkeit der Gitterbausteine auftritt, die zum Zusammenlaufen des Halogensilbers oder Silbers zu kleinen Tropfen führt, falls das Halogensilber nicht schon in Kugelform vorliegt. Dieser Effekt ist also kein eigentliches Schmelzen durch Temperaturerhöhung, obwohl die Erscheinungsformen ganz analog sind. Natürlich kann man durch sehr starke Bestrahlung auch ein echtes Schmelzen und sogar Verdampfen erreichen. Hierbei kondensiert sich dann der Dampf, der wahrscheinlich aus Silber und Halogensilber besteht, in der unmittelbaren Umgebung des Kornes, die ja gegenüber dem Silberbromid selbst wesentlich kälter ist (Abb. 5). Bei vorsichtiger Bestrahlung kann man den zuerst beschriebenen Fall erreichen, bei dem der Schnitt aus Halogensilber zu Einzeltropfen zusammenläuft (Abb. 6), aber noch keine Verdampfung eintritt, was wir daraus schließen, daß noch keine Kondensation in der Umgebung des Halogensilberschnittes stattgefunden hat. Man erkennt nun, daß die ehemalige Korngrenze sehr deutlich als dunkler scharfer Strich sichtbar bleibt. Wir vermuten [*1*], daß es sich hierbei um die Silbergelatinathüllen handelt. Über die Hüllen ist in der Arbeit über elektronenmikroskopische Untersuchungen genau berichtet. Die Ansicht, daß die Gelatinehülle aus durch Anlagerung von Silberionen chemisch veränderter Gelatine besteht, wird hier dadurch gefestigt, daß im Schnitt der hohe Kontrast erscheint, den reine, an der Kornoberfläche absorbierte Gelatine nicht liefern kann. Die entstandenen Bromsilbertropfen liegen z. T. so, daß sie über die scharf markierte Grenze der Halogen-

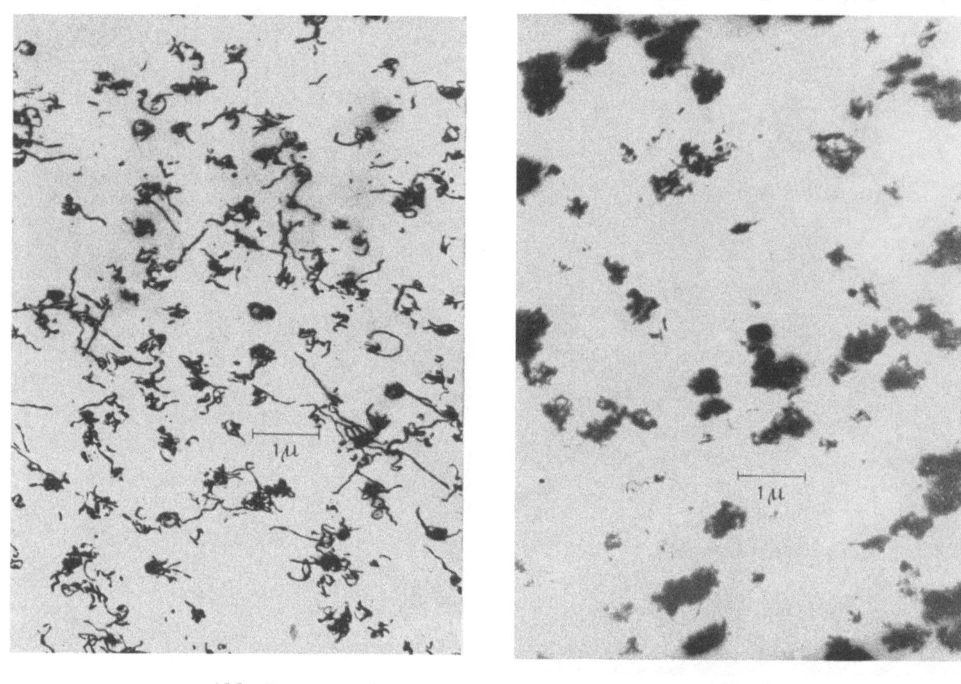

Abb. 7 Abb. 8

Abb. 7 und 8. Dünnschnitte durch die gleiche photographische Schicht mit verschiedenen Entwicklern entwickelt.

silberkörner hinausragen; das spricht für die Vorstellung, daß durch die hohe Beweglichkeit der Gitterbausteine unter Elektronenbeschuß das Halogensilber zusammenläuft und nicht etwa an den Stellen verdampft ist, wo innerhalb des Kornes jetzt Lücken entstanden sind. Wenn man nun näherungsweise annimmt, daß die Tropfen Kugelform besitzen, so ist die Abschätzung der Schnittdicke möglich, indem man die Summe der Kugelinhalte mit dem Inhalt des Schnittes durch das Korn gleichsetzt [*1*]. Man berechnet auf diese Weise eine Dicke von etwa 300 Å. Das entspricht der Tatsache, daß z. B. Eiweißkörper erst unterhalb $^1/_{10}$ μ durchstrahlbar sind.

Es wurden auch Schnitte von entwickelten Schichten angefertigt. Dabei war von Interesse, wie sich die Form des entwickelten Kornes gegenüber der des unentwickelten Kornes ändert, inwieweit Körner zusammenwachsen und Konglomerate entstehen.

Wir fanden, daß die Form des entwickelten Silbers sehr stark von der Zusammensetzung des Entwicklers abhängig ist. So zeigen Abb. 7 und 8 Schnitte durch die gleiche Schicht, die mit zwei verschiedenen Entwicklern entwickelt wurden. Ein p-Phenylendiaminentwickler erzeugt ein sehr fadenförmiges Silber (Abb. 7), wogegen ein Metol-Hydrochinon-Entwickler ein wesentlich kompakteres Korn liefert (Abb. 8). Man muß allerdings bei der Beurteilung dieser Bilder bedenken, daß auch das Silber selbst unter Einwirkung von Elektronenstrahlen äußerst beweglich ist und daß z. B. in Abb. 8 kleine Silberpartikel sicher dadurch zustande kommen, daß Fäden zu Tropfen zusammenlaufen. Abb. 7 gibt einen Beweis für die Güte des Schnittes; die Fäden zeigen keine Vorzugsrichtung, sind also nicht etwa durch schlechtes Schneiden in eine Richtung gezogen worden.

Wir fanden weiter bei der Untersuchung entwickelter Schichten, deren Silber bei *gleicher* Größe des unentwickelten Kornes einmal einen schwarzen und einmal einen braunen Bildton lieferte, stets einen Unterschied in der Kornform, wie er in Abb. 7 und 8 wiedergegeben ist. Dabei entspricht der Faserstruktur von Abb. 7 ein brauner, dem kompakten Korn von Abb. 8 ein schwarzer Bildton. Der optische Grund ist wohl darin zu suchen, daß sich mit kleiner werdendem Teilchenradius die Wellenlänge des durchfallenden Lichtes von Blau nach Rot verschiebt.

Es ergeben sich also eine große Anzahl von wichtigen Anwendungsmöglichkeiten der Dünnschnittmethode auf die unentwickelten und entwickelten photographischen Schichten, die vor allem dadurch neuartige Ergebnisse liefern werden, daß man nicht mehr auf die Beseitigung der Gelatine angewiesen ist und eindeutige Aussagen über die Lage und Eigenschaft innerhalb der Schicht machen kann. Man kann photographische Einzelprozesse an *fertigen Schichten* durchführen und ohne weiteren Eingriff die Schicht elektronenmikroskopisch betrachten.

Literatur

[1] Frieser, H., I. Johann u. E. Klein: Naturwiss. **41**, 475 (1954).
[2] v. Borries, B., u. J. Huppertz: Tagung f. Elektronenmikroskopie 1955 (Münster).
[3] Lenz, F.: Optik **11**, 524 (1954).

Die Arbeit entstand aus einer Zusammenarbeit des Wiss. Photogr. Laboratoriums der Agfa Aktiengesellschaft für Photofabrikation (E. Klein), Leverkusen-Bayerwerk, und dem Rhein.-Westf. Institut für Übermikroskopie (I. Johann), Düsseldorf, das der Leitung von Herrn Prof. v. Borries untersteht.

Wir möchten an dieser Stelle Herrn Prof. v. Borries für die großzügige Unterstützung danken, die er uns in experimenteller Hinsicht gewährte, sowie für ausführliche und anregende Diskussionen.

Über die Konzentrationsverhältnisse bei der Herstellung und Verarbeitung photographischer Emulsionen

Von E. KLEIN

I. Die Bedeutung der Konzentrationsverhältnisse für die Herstellung und Verarbeitung einer photographischen Emulsion

Eine photographische Emulsion enthält immer ein Gemisch von schwerlöslichen Silbersalzen; hierzu gehören neben den verschiedenen Silberhalogeniden und anderen anorganischen Silbersalzen (z. B. Silberrhodanid, Silberferricyanid usw.) auch die schwerlöslichen Verbindungen, die die Silberionen mit Stabilisatoren [*1*] und mit der Gelatine [*2*] bilden.

Liegen in der fertigen Emulsion diese schwerlöslichen Silbersalze nebeneinander in reiner Form vor, so stellen sich zwischen den Bodenkörpern und den Anionenkonzentrationen Gleichgewichte ein, die über die konstante Silberionenkonzentration gekuppelt sind.

Diese Gleichgewichte sind von der Temperatur abhängig und verschieben sich im Falle der Silbersalze organischer Substanzen im allgemeinen auch noch mit dem p_H-Wert. Während der Herstellung der Emulsion und ihrer weiteren Verarbeitung (Gießen, Trocknung und Entwicklung) werden nun vor allem die Konzentrationsverhältnisse, aber auch Temperatur und p_H-Wert laufend verändert, womit also auch eine laufende Veränderung des Bodenkörpers stattfindet. Inwieweit *während* dieser Prozesse die Gleichgewichte sich tatsächlich einstellen oder nur angestrebt werden, ist eine Frage der Kinetik.

Die Beschaffenheit des Bodenkörpers, also des Emulsionskornes, ist nun von ausschlaggebender Bedeutung für die photographischen Eigenschaften einer Emulsion. Es ist bekannt, daß z. B. schon Zusätze in einer Menge, die nur zu teilweiser monomolekularer Bedeckung des Kornes ausreichen (z. B. Goldeffekt, optische Sensibilisierung), wesentliche Veränderungen der photographischen Eigenschaften mit sich bringen. Gerade an den Oberflächen eines Emulsionskornes spielen sich aber in erster Linie *die* Veränderungen ab, die notwendigerweise zur Erreichung des stets von der Emulsion angestrebten Gleichgewichtes der Ionenkonzentrationen auftreten müssen; eine Gleichgewichtsverschiebung auf Grund einer Konzentrationsänderung wird nämlich erreicht, indem Bodenkörper gebildet werden und Ionen dafür in Lösung gehen. Die Ablagerung der Bodenkörper findet natürlich in erster Linie an schon vorhandenen Bodenkörpern statt, die Lösung andererseits geht ohnehin von der Oberfläche aus.

Die genaue Analyse der *Konzentrationsverhältnisse* während der Herstellung und Verarbeitung der photographischen Emulsion ist daher die Grundlage zur theoreretischen Erfassung des Emulsionsprozesses und der damit verbundenen photographischen Effekte. Es sei zunächst kurz zusammengefaßt, an welchen Stellen des Prozesses Konzentrationsänderungen auftreten und wann man eine Beeinflussung des Emulsionskornes erwarten muß; zur einfacheren Darstellung sind hierzu einige quantitative Überlegungen angedeutet, die im einzelnen im theoretischen Teil genau ausgeführt werden.

Im allgemeinen werden bei der Herstellung einer Emulsion in einer Gelatinelösung einige Anionen (Halogenionen) unter Umständen auch Stabilisatoren in bestimmter Konzentration vorgegeben. Zu dieser Lösung fließt eine Silberionenlösung zu, und es bilden sich Bodenkörper. Setzt man die Einstellung des chemischen Gleichgewichtes zwischen Bodenkörper und Anionenkonzentration voraus, eine Bedingung, die im einzelnen noch diskutiert wird, so ist die Reihenfolge des Ausfallens eine Funktion der Löslichkeitsprodukte L und der Anionenkonzentrationen c. Das Anion mit der Konzentration c_1, das mit Silber eine schwerlösliche Verbindung bildet, der das Löslichkeitsprodukt L_1 zukommt, fällt dann von allen vorliegenden k-Anionen *zuerst* aus, wenn die Beziehung besteht:

$$\frac{L_1}{c_1} < \frac{L_2}{c_2} < \cdots \frac{L_k}{c_k}\,, \tag{A}$$

und zwar beginnt die Fällung, wenn für die Silberionenkonzentration gilt:

$$c_{\mathrm{Ag}^+} = \frac{L_1}{c_1}\,. \tag{B}$$

Hieraus folgt sofort, daß dann das zweite Anion *neben* dem ersten Anion ausfällt, wenn die Konzentration des ersten Anions so weit gesunken ist, daß die Beziehung erreicht ist:

$$\frac{L_1}{c_1} = \frac{L_2}{c_2}\,. \tag{C}$$

Entsprechendes gilt für die weiteren Anionen. Wird die Fällung an einer beliebigen Stelle beendet, so folgt:

$$\frac{L_1}{c_1} = \frac{L_2}{c_2} = \cdots \frac{L_i}{c_i}\,, \tag{D}$$

wobei im Falle einer normalen Emulsion im allgemeinen $i = k$ ist, d. h. alle Anionen haben schwerlösliche Bodenkörper gebildet.

Die praktisch angewandten Fällungsmethoden sind nun von Emulsion zu Emulsion verschieden; so wird vor allem die Einlaufgeschwindigkeit zusammen mit der Durchmischung bestimmend dafür sein, ob sich während der Fällung das Gleichgewicht immer einstellt. Eine Unterbrechung der Fällung mit erneuter Anionenzugabe verschiebt das Gleichgewicht in einer berechenbaren Form. Ebenso sind Gleichgewichtsverschiebungen durch Temperaturvariation theoretisch noch verhältnismäßig leicht zu erfassen, sie sind durch Einführung neuer Löslichkeitsprodukte berechenbar, die sich über die Lösungswärmen ergeben.

Im Anschluß an die Fällung folgt im allgemeinen eine Digestionszeit (Vorreife) unter Zugabe von Gelatine. In geringer Weise wird hierdurch das Gleichgewicht durch Bildung von Silbergelatinat beeinflußt; außerdem spielen Halogenionenverunreinigungen (im allgemeinen Chlorid) der Gelatine eine Rolle.

Die Emulsion wird hierauf bis zur Erstarrung abgekühlt (Änderung der Löslichkeitsprodukte und damit aller Konzentrationen) und gewässert.

Hierbei werden sich bis auf die Gelatinekonzentration alle Anionenkonzentrationen ändern, und zwar entsprechend den Diffusionsgesetzen wohl nahezu im gleichen Verhältnis. Hieraus resultiert eine Änderung der Oberfläche des Emulsionskorns, damit Gl. (4) gewahrt bleibt.

Der Waschprozeß wird wesentlich komplizierter, wenn im Waschwasser z. B. eine konstante Halogenionenkonzentration c_A vorhanden ist; werden nämlich im Laufe der Wässerung die in der Emulsion vorhandenen Anionenkonzentrationen so stark sinken, daß schließlich gilt:

$$\frac{L_A}{c_A} = \frac{L_k}{c_k},$$

so finden Umsetzungen mit dem Anion im Waschwasser statt; die Kornoberfläche wird verändert. Hierbei genügen also mengenmäßig äußerst geringe Umsetzungen, um die Oberfläche schon völlig umzubauen.

Es folgt die Nachreife (Digestion) mit erneuter Temperaturerhöhung und Zusatz von mehreren Anionen, Halogenionen usw. Die hierdurch hervorgerufene Kornveränderung ist für die Eigenschaft der Emulsion von ausschlaggebender Bedeutung. Die Digestionszeit ist so groß, daß sich sicher das Gleichgewicht entsprechend Gl. (4) einstellen wird. Hierbei findet eine allgemeine Erhöhung der Ag^+-Ionenkonzentration statt; es kommen Anionen zur Reaktion, die bisher auf Grund ihrer geringen Konzentration am Gleichgewicht nicht teilnahmen, z. B. die Reifkörper der Gelatine. Die Reaktionsgeschwindigkeit für die Bildung der entsprechenden schwerlöslichen Silberverbindungen nimmt mit steigender Silberionenkonzentration zu, so daß man also die Steuerung der Nachreife durch Halogenzusatz erklären kann.

Während des Gießvorganges, — Verdünnung der Emulsion, Zusätze verschiedener Art und schließlich das Eintrocknen — wird nun der Gleichgewichtszustand, den die Emulsion in der Nachreife erreichte, wieder völlig verändert, wohl am meisten durch die Konzentrationsänderung bei der Trocknung, die in der Größenanordnung 1 : 5 liegt, und somit die Silberionenkonzentration im gleichen Verhältnis ändert.

Das *nun* vorliegende Emulsionskorn ist in seinen Eigenschaften für die Lichtempfindlichkeit *bestimmend.* Man beurteilt aber die Lichtwirkung durch eine Entwicklung des Kornes, und hierbei finden nun außer einer Verdünnung und einem teilweisen Konzentrationsausgleich mit der Entwicklerlösung eine starke Konzentrationsänderung bei Reduktion des Halogensilbers statt. Es werden dabei Halogenionen frei, die dem entwickelten Silber äquivalent sind, wobei die Konzentration örtlich auf etwa 1—2 Äquiv./Liter zeitweise steigen kann.

Die theoretische Beherrschung der oben im einzelnen angeführten Eingriffe in die chemischen Gleichgewichte in der Emulsion ist zwar verwickelt, aber im wesentlichen möglich, wie im theoretischen Teil gezeigt wird. Es existieren eine Reihe von störenden Reaktionen, die die Lage des Gleichgewichtes beeinflussen können und die daher zunächst kurz besprochen werden sollen. Wie komplex und kompliziert diese an sich grundlegenden Probleme der photographischen Emulsion sind, geht gerade aus dem folgenden eindeutig hervor.

II. Beeinflussung von Gleichgewichten durch Nebenreaktionen

Es ist bekannt, daß je nach Halogenionenkonzentration lösliche Komplexe mit Silberionen gebildet werden, die der allgemeinen Formel $Ag_m Hal_n^{(m-n)}$ entsprechen. Für AgBr sind diese Verhältnisse sehr genau aufgeklärt [*3*, *4*]; hiernach liegen in gesättigten Lösungen (*AgBr* als übersch. Bodenkörper) im Gleichgewicht Komplexe vor, bei denen entsprechend obiger Formulierung $m=1$ und $n=2, 3, 4$ beträgt. (Der Fall $m>1$ entspricht mehrkernigen Komplexen, die nicht sicher nachgewiesen sind und also nur in äußerst geringer Konzentration vorliegen können). Da die Bildung der Komplexe nach der Gleichung

$$Ag\ Br + (n-1)\ Br^- \rightleftarrows Ag\ Br_n^{(1-n)}$$

verläuft, die Beziehung $[Ag^+] \cdot [Br^-] = L$ aber bestehen bleibt, so folgt also sofort

$$\left[Ag\ Br_n^{(1-n)}\right] = k_{1,(n-1)} \cdot \left[Br^-\right]^{n-1}.$$

Nach der angegebenen Literatur (3) betragen die Löslichkeitskonstanten k für die Komplexe $Ag\,Br_2^-$ bis $Ag\,Br_4^{---}$ etwa 10^{-5} bis 10^{-4}, d.h. bei einer Bromidkonzentration von 10^{-1} bis 10^{-3}, wie sie in reifenden oder fertigen Emulsionen vorkommen, ist die Komplexionenkonzentration äußerst gering.

Eine weitere Abweichung bei der Einstellung des theoretischen Gleichgewichtes bringt die bereits erwähnte Tatsache mit sich, daß eine gewisse *Zeit* zur Erreichung der Gleichgewichte notwendig ist, die aber bei dem Fällungsvorgang nicht immer zur Verfügung steht. An der Eintropfstelle entstehen momentan Konzentrationsverhältnisse, denen Bodenkörper anderer Zusammensetzung entsprechen als *den* Konzentrationen, die nach Konzentrations-*Ausgleich* in der Lösung vorliegen. So werden im Moment des Einlaufens schon Anionen ausgefällt, die nach Einstellung des Gleichgewichtes wieder in Lösung gehen würden; werden diese schwerlöslichen Verbindungen aber zunächst bei der Fällung mitgerissen und eingeschlossen, so stellt sich das Gleichgewicht mit den an der Oberfläche des gefällten Kristalls vorhandenen Verbindungen ein und entspricht dann nicht mehr dem berechneten Gleichgewicht. Es werden im übrigen auch immer Fremdionen in das Gitter eingebaut, die bei der Fällung mitgerissen werden und sich nicht mehr aus dem Kristallverband lösen können (5). Hierzu zählen dann auch Anionen, die laut Gleichgewichtsberechnung noch keine schwerlösliche Verbindung mit Silberionen bilden würden.

Hinzu kommt, daß z. B. Silberhalogenide Mischkristalle miteinander bilden, wobei Silberbromid und Silberchlorid im gleichen Gittertyp kristallisieren und miteinander lückenlos mischbar sind.

Auch die Veränderung der Löslichkeit durch verschiedenen Salzgehalt der Lösungen ist von Einfluß auf die Gleichgewichtslage. Quantitative Messungen zeigen jedoch, daß keine großen Abweichungen auftreten; so ändert sich z. B. das Löslichkeitsprodukt von Silberbromid von $8 \cdot 10^{-13}$ bei der Ionenstärke 0,1, auf $2{,}4 \cdot 10^{-13}$ bei der Ionenstärke 5 [*4*].

In der Arbeit von Carroll und Hubbard [*2*] wird darauf hingewiesen, daß Silberionenmessungen bei Konzentrationen über 10^{-2} nur sehr schwer durchführbar sind, da die Silberelektroden durch koagulierte Gelatine vergiftet werden. Es wird gezeigt, daß ein Gleichgewicht zwischen Silberionen und Gelatine existiert, das stark p_H-abhängig ist; so mißt man z. B. bei $p_H = 7$ in $1^0/_0$iger Gelatinelösung bei einer Silberionenkonzentration von 10^{-3} eine Aktivität von $2{,}5 \cdot 10^{-4}$. Es setzen sich also durchaus beträchtliche Mengen Silberionen zu Gelatinatkomplexen um.

Schließlich sei noch auf die Adsorption von Ionen an der Oberfläche des schwerlöslichen Bodenkörpers hingewiesen. Mehrere photographische Effekte vor allem bei der Entwicklung können durch die Annahme einer adsorbierten Bromidschicht gedeutet werden, und die Existenz einer solchen Schicht ist recht wahrscheinlich gemacht. Diese adsorbierten Ionen gehen für die Beeinflussung des Gleichgewichtes verloren.

Es ist schwierig abzuschätzen, welche von all den aufgeführten Reaktionen das Gleichgewicht wirklich merkbar verschiebt. Noch schwieriger aber wird es sein zu entscheiden, welche Verschiebung von photographischer Wirkung ist. Sicher aber ist, daß eine allgemeine theoretische Behandlung der Fällung und der Konzentrationsgleichgewichte eine Voraussetzung für das tiefere Verständnis der Emulsionsherstellung ist, daß damit auch in vielen Fällen die chemischen Reaktionen zu erkennen sind, die der photographischen Wirkung zugrunde liegen.

III. Theoretischer Teil

1. Die theoretische Berechnung der Konzentrationen bei der Fällung von beliebig vielen Anionen, die mit einem Kation schwerlösliche Verbindungen bilden

Es sind die Anionen bezeichnet mit den Indices $1, \ldots k, \ldots . n$, in den Konzentrationen $c_{01}^{(1)}, \ldots . c_{0k}^{(1)}, \ldots . c_{0n}^{(1)} \ldots$, (Äquivalente pro Liter) in einer gemeinsamen Lösung vorgegeben. Sie sollen mit einem Kation (die kationischen Größen sind mit dem Index F bezeichnet) schwerlösliche Verbindungen liefern, wobei die Numerierung so getroffen ist, daß die Beziehung gilt:

$$\frac{L_1}{c_{01}} < \frac{L_2}{c_{02}} \cdots . < \frac{L_k}{c_{0k}}, \tag{1}$$

wenn L_k das Löslichkeitsprodukt der Verbindung des Kations mit dem k-ten Anion ist. Es muß hierbei keineswegs $L_1 < L_2$ gelten, da nicht unbedingt das Anion mit dem kleinsten Löslichkeitsprodukt zuerst ausfällt. Vorausgesetzt ist, daß sich die gebildeten Bodenkörper mit der Lösung im chemischen Gleichgewicht befinden.

Die Fällung erfolgt nun durch Zugabe der Kationenlösung der Konzentration C_{0F} (=konstant) in n-Stufen (Fällungsperioden), wobei zunächst das Anion 1 alleine gefällt wird, bis die Beziehung erreicht wird $\frac{L_1}{c_1} = \frac{L_2}{c_2}$.
Von dieser Konzentration an fallen Anion 1 und 2 gemeinsam. Es ist also der Beginn der gleichzeitigen Fällung von den i-ersten Anionen mit der allgemeinen Forderung verbunden:

$$\frac{L_1}{c_1} = \frac{L_2}{c_2} = \cdots . \frac{L_i}{c_i}. \tag{2}$$

Betrachtet werden muß die Konzentration eines beliebigen Anions k der vorhandenen n-Anionen in einer beliebigen Fällungsperiode i der n möglichen Fällungsperioden.

Gesucht ist also die Funktion

$$c_k^{(i)} = f(v_{Fi}) \ ,$$

wobei $c_k^{(i)}$ die Konzentration des k-ten Anions im Verlauf der i-ten Fällungsperiode ist, mit den Grenzen

$$c_{ok}^{(i)} \geqq c_k^{(i)} \geqq c_{ok}^{(i+1)}$$

Die Konzentration des k-ten Anions beträgt also *zu Beginn* der i-ten Fällungsperiode $c_{ok}^{(i)}$, *innerhalb* der i-ten Fällungsperiode $c_k^{(i)}$ (variabel) und am Ende der i-ten bzw. Anfang der $(i+1)$-ten Fällungsperiode $c_{ok}^{(i+1)}$.

v_{Fi} ist das bis zu einer beliebigen Stelle innerhalb der i-ten Fällungsperiode zugesetzte Volumen der Fällungslösung (von Beginn der i-ten Fällungsperiode an gerechnet). Insgesamt wird in dieser Periode das Volumen $v_F^{(i)}$ zugesetzt. Das Ausgangsvolumen der Anionenlösung beträgt $v_{(1)}^o$, so daß für das Ausgangsvolumen in der i-ten Fällungsperiode gilt:

$$v_o^{(i)} = v_o^{(1)} + \sum_1^{j=i-1} v_F^{(j)} \ . \tag{3}$$

Bezeichnet man mit m die Gewichte in Gramm, mit M die Äquivalentgewichte der in Lösung befindlichen Ionen, so kann man über die Molverhältnisse der im Verlauf der i-ten Periode in Lösung befindlichen Anionen bei Beibehaltung der oben festgelegten Indices noch folgern:

$$\sum_1^{j=i} \frac{m_{oj}^{(i)} - m_j^{(i)}}{M_j} = \frac{m_{Fi}}{M_F} \ , \tag{4}$$

hierbei ist die geringe Löslichkeit der Salze vernachlässigt. Erweitert man Gl. 4 mit $\dfrac{1}{v_o^{(i)} + v_{Fi}}$, so ergibt sich unter Berücksichtigung der Beziehungen

$$\frac{m_{ok}^{(i)}}{M_k \cdot v_o^{(i)}} = c_{ok}^{(i)} \ , \quad \frac{m_k^{(i)}}{M_k\left(v_o^{(i)} + v_{Fi}\right)} = c_k^{(i)} \ , \quad \frac{m_{Fi}}{v_{Fi} \cdot M_F} = c_{oF} = \text{const.} \ ,$$

sofort:

$$\frac{v_o^{(i)}}{v_o^{(i)} + v_{Fi}} \sum_1^{j=i} c_{oj}^{(i)} - \sum_1^{j=i} c_j^{(i)} = c_{oF} \frac{v_{Fi}}{v_o^{(i)} + v_{Fi}} \ . \tag{5}$$

Gleichung 2 und 5 liefern für die gesuchten i Funktionen i Bestimmungsgleichungen. Aus Gl. (2) folgt das allgemeine Gleichungssystem

$$c_k^{(i)} = \frac{L_k}{L_k} c_k^{(i)} = \frac{L_k}{L_{(k-1)}} \cdot c_{(k-1)}^{(i)} = \cdots$$

Hieraus folgen ferner die Beziehungen:

$$c_{(k-1)}^{(i)} = \frac{L_{(k-1)}}{L_k} \cdot c_k^{(i)} \ ,$$

$$c_{(k-2)}^{(i)} = \frac{L_{(k-2)}}{L_k} \cdot c_k^{(i)} \ ,$$

$$\sum_1^{j=i} c_j^{(i)} = \frac{\sum_1^{j=i} L_j}{L_k} \cdot c_k^{(i)} \ . \tag{6}$$

Daher kann man Gleichung 5 stets in der Form schreiben:

$$\frac{v_o^{(i)}}{v_o^{(i)} + v_{Fi}} \sum_1^{j=i} c_{oj}^{(i)} - c_k^{(i)} \frac{\sum_1^{j=i} L_j}{L_k} = c_{oF} \frac{v_{Fi}}{v_o^{(i)} + v_{Fi}} .$$

Hieraus läßt sich $c_k^{(i)}$ leicht eliminieren und mit Gl. (3) folgt schließlich:

$$\left[c_k^{(i)}\right]_{(k \leqq i)} = \frac{L_k}{\sum_1^{j=i} L_j} \left[\frac{v_o^{(1)} + \sum_1^{j=i-1} v_F^{(j)}}{v_o^{(1)} + \sum_1^{j=i-1} v_F^{(j)} + v_{Fi}} \sum_1^{j=i} c_{oj}^{(i)} - c_{oF} \frac{v_{Fi}}{v_o^{(1)} + \sum_1^{j=i-1} v_F^{(j)} + v_{Fi}} \right] . \quad (7)$$

Ist $k > i$, d. h. handelt es sich um die Konzentrationsänderung eines Anions nur auf Grund der Volumenänderung, da in der i-ten Periode nur die i ersten Anionen gefällt werden, so gilt:

$$\left[c_k^{(i)}\right]_{k>i} = c_{ok}^{(i)} \frac{v_o^{(1)} + \sum_1^{j=i-1} v_F^{(j)}}{v_o^{(1)} + \sum_1^{j=i-1} v_F^{(j)} + v_{Fi}} . \quad (7a)$$

Die Berechnung von $c_{ok}^{(i)}$ erfolgt über die von $v_F^{(i)}$. Die i-te Fällungsperiode ist gegenüber der $(i+1)$-ten begrenzt durch die Beziehung:

$$c_{ok}^{(i+1)} = \frac{L_k}{L_{(i+1)}} c_{o(i+1)}^{(i+1)} = \frac{L_k}{L_{(i+1)}} c_{o(i+1)}^{(i)} \frac{v_o^{(i)}}{v_o^{(i)} + v_F^{(i)}} \quad (8)$$

Nach Gl. (7) muß aber auch gelten:

$$c_{ok}^{(i+1)} = \frac{L_k}{\sum_1^{j=i} L_j} \left[\frac{v_o^{(i)}}{v_o^{(i)} + v_F^{(i)}} \sum_1^{j=i+1} c_{oj}^{(i)} - \frac{c_{oF} \cdot v_F^{(i)}}{v_o^{(i)} + v_F^{(i)}} \right] . \quad (8a)$$

Aus (8) und (8a) folgt sofort:

$$v_F^{(i)} = v_o^{(i)} \frac{L_{(i+1)} \sum_1^{j=i+1} c_{oj}^{(i)} - c_{o(i+1)}^{(i)} \sum_1^{j=i} L_j}{c_{oF} L_{(i+1)}} . \quad (9)$$

Aus der Verbindung von (9) und (8) ergibt sich ferner:

$$c_{ok}^{(i+1)} = \frac{L_k \cdot c_{o(i+1)}^{(i)} \cdot c_{oF}}{L_{(i+1)} \left(c_{oF} + \sum_1^{j=i+1} c_{oj}^{(i)} \right) - c_{o(i+1)}^{(i)} \sum_1^{j=i} L_j} ,$$

oder

$$\left[c_{ok}^{(i)}\right]_{(k \leqq i)} = \frac{L_k \cdot c_{oi}^{(i-1)} \cdot c_{oF}}{L_i \left(c_{oF} + \sum_1^{j=i} c_{oj}^{(i-1)} - c_{oi}^{(i-1)} \sum_1^{j=i-1} L_j \right)} \quad (10)$$

Für $k > i$, d. h. das k-te Anion fällt noch nicht aus, gilt:

$$c_{ok}^{(i)} = c_{ok}^{(i-1)} \frac{v_o^{(i-1)}}{v_o^{(i-1)} + v_F^{(i-1)}} \tag{10a}$$

Die jeweilige Kationenkonzentration c_F ergibt sich aus

$$c_F = \frac{L_k}{c_k} .$$

2. Die Berechnung der Konzentrationsverschiebungen bei Eingriff in ein Gleichgewicht zwischen Bodenkörpern und zugehörigen Anionen.

Es sollen in einer Lösung Bodenkörper (mit gleichem Kation K) mit den zugehörigen Anionen A im Gleichgewicht stehen; hierbei sind die Anionenkonzentrationen bezeichnet mit $c_1, c_2, \ldots c_n$, die Kationenkonzentration mit c_k.

Es werden nun bekannte Mengen von k-Anionen der Gleichgewichtslösung zugesetzt, wobei $k \leqq n$ und wobei die Numerierung so getroffen ist, daß die k veränderten Anionenkonzentrationen den k *ersten* der n-Anionen zukommen. Durch diesen Zusatz an Anionen würden unter der Bedingung, daß keine Umsetzungen stattfinden, die Konzentrationen $c'_1, c'_2, \ldots . c_n'$ entstehen, von denen sich $c'_1\ c'_2 \ldots c'_k$ zusammensetzen aus der Summe der im ursprünglichen Gleichgewicht vorhandenen und den neu zugesetzten Anionenmengen. Die Konzentrationen c_{k+1} bis c_n bleiben konstant, womit also gilt: $c'_{k+1} = c_{k+1}, c'_{k+2} = c_{k+2} \ldots .$

Es werden nun nach der Konzentrationserhöhung der Anionen neue Bodenkörper der Zusammensetzung $KA_1, KA_2, \ldots KA_k$ entstehen, während Bodenkörper der Zusammensetzung $KA_{(k+1)}, KA_{(k+2)}, \ldots . KA_n$ teilweise in Lösung gehen bis ein neues Gleichgewicht erreicht ist, dem die Kationenkonzentration $\overline{c_k}$ entspricht, und das also der Bedingung genügt:

$$\overline{c_k} = \frac{L_1}{\overline{c_1}} = \frac{L_2}{\overline{c_2}} = \ldots \frac{L_n}{\overline{c_n}} \tag{11}$$

Durch diese Umsetzungen soll keiner der Bodenkörper aufgebraucht werden.

$\overline{c_1}, \overline{c_2}, \ldots . \overline{c_n}$ sind die neuen Gleichgewichtskonzentrationen der Anionen, von denen eine beliebige mit dem Index i zu berechnen ist. Hierzu liefert das Gleichungssystem (11) $n-1$ Gleichungen.

Bezeichnet man mit Σc_{kz} die Summe aller Kationenkonzentrationen, die nach dem Anionenzusatz zusätzlich zur Konzentration des Kations K in der Lösung vorhanden sind, so gelten die beiden Gleichungen

$$c'_1 + c'_2 \cdots + c'_i + \cdots . c'_n = c_k + \Sigma c_{kz} ,$$
$$\overline{c_1} + \overline{c_2} + \cdots . + \overline{c_i} + \cdots \overline{c_n} = \overline{c_k} + \Sigma c_{kz} .$$

Die Differenz der beiden Gleichungen liefert die Beziehung

$$\sum_{1}^{j=n} c'_j - \sum_{1}^{j=n} \overline{c_j} = c_k - \overline{c_k} \tag{12}$$

Aus Gleichung (11) folgt sofort:

$$\overline{c_1} = \frac{L_1}{L_i}\,\overline{c_i}\,,$$

$$\overline{c_2} = \frac{L_2}{L_i}\,\overline{c_i}\,,$$

$$\overline{c_n} = \frac{L_n}{L_i}\,\overline{c_i}\,, \tag{13}$$

und somit

$$\sum_1^{j=n} \overline{c_j} = \overline{c_i}\,\frac{\sum\limits_1^{j=n} L_j}{L_i}$$

Mit den weiteren Beziehungen

$$c_K = \frac{L_i}{c_i} \tag{14}$$

und

$$\overline{c_K} = \frac{L_i}{\bar{\bar{c}}_i} \tag{15}$$

wird aus Gl. (12)

$$\sum_1^{j=n} c'_j - \overline{c_i}\,\frac{\sum\limits_1^{j=n} L_j}{L_i} = \frac{L_i}{c_i} - \frac{L_i}{\bar{\bar{c}}_i}\,,$$

oder

$$\overline{c}_i^{\,2}\,\frac{\sum\limits_1^{j=n} L_j}{L_i} + \overline{c_i}\left(\frac{L_i}{c_i} - \sum_1^{j=n} c'_j\right) - L_i = O$$

oder

$$\overline{c}_i^{\,2} + \overline{c_i}\,\frac{L_i^2 - c_i L_i \sum\limits_1^{j=n} c'_j}{c_i \sum\limits_1^{j=n} L_j} - \frac{L_i^2}{\sum\limits_1^{j=n} L_j} = O \tag{16}$$

Die Lösung dieser Gleichung lautet:

$$\overline{c_i} = -\frac{L_i^2 - c_i L_i \sum\limits_1^{j=n} c'_j}{2c_i \sum\limits_1^{j=n} L_j} \pm \frac{L_i}{2c_i \sum\limits_1^{j=n} L_j}\sqrt{L_i^2 - 2\,L_i c_i \sum_1^{j=n} c'_j + c_i^2\left(\Big(\sum_1^{j=n} c'_j\Big)^2 + 4\sum_1^{j=n} L_j\right)}$$

Gleichung 11 und 12 verbieten keine negativen Konzentrationen, jedoch kommt nur positiven Konzentrationen ein Sinn zu, so daß der negative Wert in der obigen Gleichung ausgeschlossen werden muß.

$$\overline{c_i} = \frac{L_i\sqrt{L_i^2 - 2\,L_i c_j \sum\limits_1^{j=n} c'_j + c_i^2\left(\Big(\sum\limits_1^{j=n} c'_j\Big)^2 + 4\sum\limits_1^{j=n} L_j\right)} - L_i^2 + c_i L_i \sum\limits_1^{j=n} c'_j}{2\,c_i \sum\limits_1^{j=n} L_j} \tag{17}$$

Mit Gl. (14) ergibt sich die Kationenkonzentration $\overline{c_k} = \dfrac{L_i}{\bar{\bar{c}}_i}$.

Ist $k>n$, so bedeutet das, daß n-k Anionen der Lösung zugesetzt werden, die bisher nicht vertreten waren, die aber auch mit dem Kation K schwerlösliche Verbindungen bilden. Ihre durch Zusatz erwarteten Konzentrationen sollen der Bedingung genügen

$$\frac{L_n}{c_n} > \frac{L_{n+1}}{c_{n+1}}, \quad \frac{L_n}{c_n} > \frac{L_{n+2}}{c_{n+2}} \cdots,$$

so daß sich also die neuen Bodenkörper $KA_{(n+1)}, KA_{(n+2)} \ldots, KA_k$ bilden. Es läßt sich dann die der Gl. (16) völlig analoge Beziehung für $\bar{c}_i$ herleiten, nur wird jetzt summiert bis $i=k$, ferner muß c_k für den Fall $i>n$ aus einem Wert $\frac{L_1}{c_1}$ oder $\frac{L_2}{c_2}$ usw. berechnet werden, da c_i für $i>n$ Null ist.

Näherungslösung: Sehr oft wird man mit der Näherung rechnen können, daß die Silberionenkonzentrationsänderung durch Anionenzusatz vernachlässigbar klein ist, daß also die Bildung von Bodenkörpern der Entstehung von Anionen durch Auflösung von Bodenkörpern äquivalent ist. Es folgt dann aus Gl. (12) und (13) für den Fall $c_k - \bar{c}_k = 0$ sofort die einfache Beziehung:

$$\bar{c}_i = \frac{L_i}{\sum_{1}^{j=n} L_j} \cdot \sum_{1}^{j=n} c'_j \tag{17a}$$

Beispiel: In einer Lösung sollen vorliegen: AgBr und AgCl als Bodenkörper mit den Löslichkeitsprodukten $L_{\mathrm{AgBr}} = 10^{-12}$, $L_{\mathrm{AgCl}} = 10^{-10}$, und mit den zugehörigen Anionenkonzentrationen $C_{\mathrm{Br}^-} = 10^{-5}$, $C_{\mathrm{Cl}^-} = 10^{-3}$.

Man fügt so viel Bromid zu, daß eine Bromidkonzentration von $C'_{Br^-} = 10^{-4}$ entstehen müßte.

Tatsächlich entsteht jedoch nach Gl. (17) eine Bromidkonzentration von $\bar{c}_{Br^-} = 1{,}1 \cdot 10^{-5}$ und eine Chloridkonzentration von $\bar{c}_{Cl^-} = 1{,}1 \cdot 10^{-3}$; die Konzentration an Bromid hat also nur um 10% des erwarteten Wertes zugenommen.

IV. Anwendung der Theorie auf die Fällung der Silberhalogenide

1. Bestimmung der Silberionen in Gelatinelösungen

Die Silberionenkonzentration wird durch die folgende Kette gemessen:

$$Hg_2Cl_2 \,/\, KCl \text{ ges.} \,/\, \frac{NaNO_3}{KNO_3} \,/\, Ag^+ \,/\, Ag.$$

Entsprechend der Nernst-Gleichung muß gelten:

$$mV = N_{Ag^+} - E_{\mathrm{Kal.}} + 2{,}3\,\frac{R \cdot T}{zF} \log c_{Ag^+} \tag{18}$$

Hierbei bedeutet
mV = Millivolt
N_{Ag^+} = Normalpotential des Silbers
$E_{\text{Kal.}}$ = Potential der ges. Kalomelelektrode
R = Gaskonstante
T = absolute Temperatur
z = Wertigkeit
F = Faradaysche Konstante
c_{Ag^+} = Silberionenkonzentration

Die Fällung von Halogenionen wurde in 1%iger Gelatinelösung bei 65° C vorgenommen. Hier gilt für obige Gleichung

$$mV = 550 + 67 \log c_{Ag^+} \tag{19}$$

Es ist sehr schwierig, die Gültigkeit dieser Gleichung experimentell zu prüfen, da im Gebiet kleiner Silberionenkonzentration der Halogenionengehalt der Gelatine stört. Eine Kontrolle wurde im Konzentrationsbereich von $c_{Ag^+} = 10^{-1}$ bis 10^{-2} durchgeführt; hierbei wurden die Aktivitätskoeffizienten von wäßrigen Lösungen berücksichtigt. Dann findet man für Gleichung 19:

$$mV = 545 + 65 \log c_{Ag^+} \;;$$

es wird daher mit guter Berechtigung für die Fällung von Halogenionen, also im Gebiet sehr kleiner Silberionenkonzentrationen, Gleichung 19 angewendet. Auch Carrol und Hubbard [2] setzen diese Gleichung an, nachdem sie einen Meßwert in einer Lösung von ausgewässerter Gelatine mit der Theorie verglichen.

Aus einer Reihe von potentiometrischen Titrationen der Halogenionen Jodid, Bromid und Chlorid mit Silberionen in einprozentiger Gelatinelösung bei 65° C wurden die Umschlagpotentiale $(mV)_u$ bestimmt; mit der Beziehung $c_{Ag^+} = \sqrt{L}$ gilt dann:

$$\log L = \frac{(mV)_{\overline{u}} - 550}{33{,}5}$$

Man findet:

	Umschlagpotential	$L_{(65^\circ\,C)}$
AgJ	85 mV	$1{,}26 \cdot 10^{-14}$
AgBr	195 „	$2{,}51 \cdot 10^{-11}$
AgCl	270 „	$3{,}98 \cdot 10^{-9}$

2. Fällung von Bromid neben Jodid bzw. Bromid neben Chlorid

Die Fällung der Halogenide erfolgte bei gleichzeitiger Messung des Potentials Silber-Kalomel stets bei der gleichen Einlaufgeschwindigkeit der Silberionenlösung; ferner wurde die Rührung und damit die Durchmischung konstant gehalten. Das Verhältnis der Anfangskonzentration der beiden gemeinsam in der Lösung vorliegenden Anionen wurde variiert (s. Abb. 1 und Abb. 2).

Für den Fall der Jodid-Bromid-Fällung gilt nun z. B. folgendes: Die Konzentrationen c_{J^-} und c_{Br^-}, die nach Zugabe einer beliebigen Menge Silberionen entstehen, sind nach den Angaben unter III, 1 berechenbar und somit also auch über die Silberionenkonzentration $\left(c_{Ag^+} = \frac{L_{AgBr}}{c_{Br^-}}\right)$ die Millivoltzahl (Gl. 19), die theoretisch zu erwarten ist.

Es fällt zunächst reines AgJ aus, wodurch sich die Konzentrationen nach Gl. (7) bzw. Gl. (7a) verschieben:

$$c_{J^-}^{(1)} = \frac{v_o^{(1)}\, c_{oJ^-}^{(1)} - v_{F1} \cdot c_{oF}}{v_o^{(1)} + v_{F1}}\,; \quad c_{Br^-} = c_{oBr^-}^{(1)} \cdot \frac{v_o^{(1)}}{v_o^{(1)} + v_{F1}}$$

Es bilden sich die Bodenkörper AgJ und AgBr *nebeneinander*, wenn die Konzentrationen $c_{oJ^-}^{(2)}$ bzw. $c_{oBr^-}^{(2)}$ durch Zusatz von $v_F^{(1)}$ cm³ Silberionenlösung erreicht sind. Nach Gl. (9) gilt:

$$v_F^{(1)} = v_o^{(1)} \frac{L_{AgBr} \cdot c_{oJ^-}^{(1)} - L_{AgJ} \cdot c_{oBr^-}^{(1)}}{c_{oF}\, L_{AgBr}}$$

und ferner nach Gl. (10) bzw. (10a)

$$c_{oJ^-}^{(2)} = \frac{L_{AgJ} \cdot c_{oBr^-} \cdot c_{oF}}{L_{AgBr}\left(c_{oF} + c_{oJ^-}^{(1)}\right) - c_{oBr^-}^{(1)} \cdot L_{AgJ}} = c_{oBr^-}^{(2)} \cdot \frac{L_{AgJ}}{L_{AgBr}}\,, \qquad c_{oBr^-}^{(2)} = c_{oBr^-}^{(1)} \frac{v_o^{(1)}}{v_o^{(1)} + v_F^{(1)}}$$

Für die Periode der gemeinsamen Fällung folgt dann ferner nach Gl. (7):

$$c_{J^-}^{(2)} = \frac{L_{AgJ}}{L_{AgJ} + L_{AgBr}} \left[\frac{v_o^{(2)}}{v_o^{(2)} + v_{F2}} \left(c_{oJ^-}^{(2)} + c_{oBr^-}^{(2)}\right) - c_{oF} \frac{v_{F2}}{v_o^{(2)} + v_{F2}} \right],$$

$$c_{Br^-}^{(2)} = c_{J^-}^{(2)} \cdot \frac{L_{AgBr}}{L_{AgJ}}\,.$$

Analoges gilt für die Fällung von Bromid neben Chlorid.

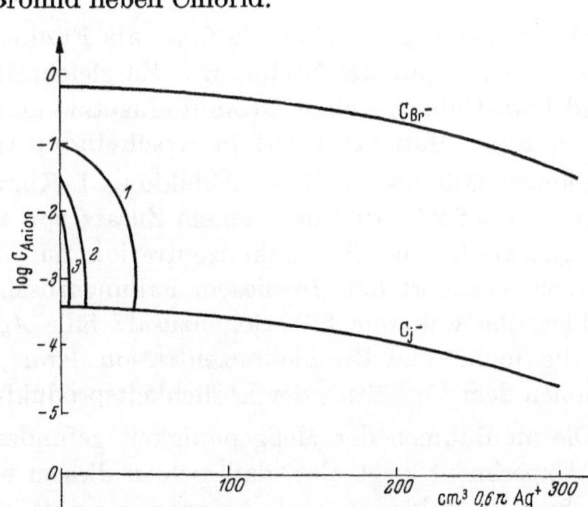

Abb. 1 (oben). Der aus dem Potential berechnete Verlauf der Anionenkonzentrationen.

Die Anfangskonzentrationen betragen:

Kurve	$c_{oJ^-}^{(1)}$	$c_{oBr^-}^{(1)}$
1	$9 \cdot 10^{-2}$	$5{,}94 \cdot 10^{-1}$
2	$3 \cdot 10^{-2}$	$6{,}54 \cdot 10^{-1}$
3	10^{-2}	$6{,}7 \cdot 10^{-1}$

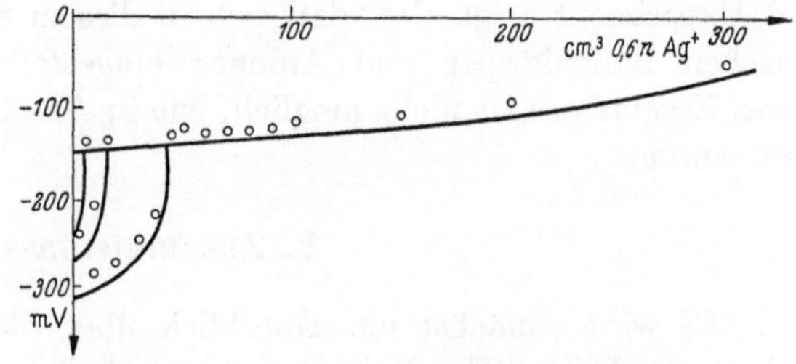

Abb. 1 (unten). Der Potentialverlauf bei der Fällung von Jodid neben Bromid in verschiedenem Mischungsverhältnis.
Ausgezogene Linien = theoretisch berechneter Verlauf.
○ = Meßwerte.

Der so berechnete Verlauf des Potentials ist in Abb. 1 und 2 wiedergegeben und mit den Meßwerten verglichen.

Man erkennt, daß der theoretisch berechnete Potentialverlauf mit den Messungen befriedigend übereinstimmt, und man ist daher berechtigt, entsprechend der theoretischen Ableitung, das Potential zur Berechnung der Einzelkonzentrationen der *Anionen* auszuwerten, wie es in Abb. 1 und 2 geschehen ist.

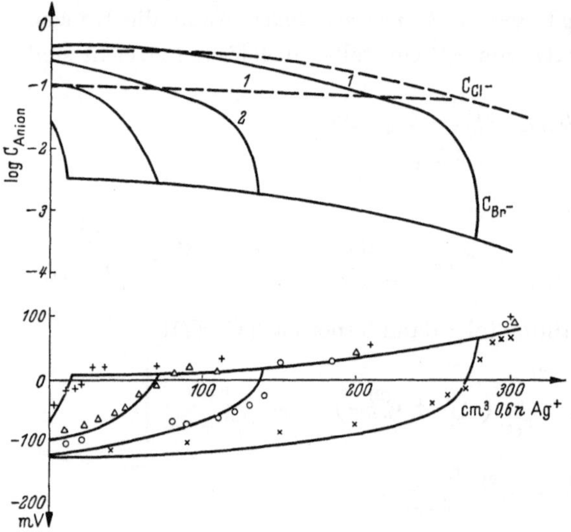

Abb. 2 (oben). Der aus dem Potential berechnete Verlauf der Anionenkonzentration. Nur für den Bromidionenkonzentrationsverlauf 1 und 2 ist auch der zugehörige Chloridionenkonzentrationsverlauf (— — —) angegeben.

Die Anfangskonzentrationen betragen:

Kurve	$C^{(1)}_{oBr^-}$	$C^{(1)}_{oCl^-}$
1	$5{,}6 \cdot 10^{-1}$	$1{,}22 \cdot 10^{-1}$
2	$2{,}8 \cdot 10^{-1}$	$4{.}02 \cdot 10^{-1}$
3	$1{,}4 \cdot 10^{-1}$	$5{,}35 \cdot 10^{-1}$
4	$2{,}8 \cdot 10^{-2}$	$6{,}46 \cdot 10^{-1}$

Abb. 2 (unten). Der Potentialverlauf bei der Fällung von Bromid neben Chlorid in verschiedenem Mischungsverhältnis.

Ausgezogene Linien = theoretisch berechneter Verlauf.
∘ = Meßwerte.

Die Kurven lg C_{Br^-} bzw. lg C_{Cl^-} als Funktion der zugesetzten Silberionenmenge besitzen an der Stelle, wo die gleichzeitige Fällung von Bromid neben Jodid bzw. Chlorid neben Bromid einsetzt, einen Knick, der also bei dem hier verwendeten Maßstab nicht in Erscheinung tritt.

Danach fällt also z. B. in Abbildung 1 Kurve 1 die Jodidkonzentration sehr schnell bis auf $2{,}7 \cdot 10^{-4}$ nach einem Zusatz von 45 cm³ Silberionenlösung, während sich gleichzeitig die Bromidkonzentration nur durch die Wirkung des Lösungsvolumens geändert hat. In diesem Fällungsabschnitt hat sich also nur reines *AgJ* gebildet. Bei weiterem Silberionenzusatz fällt *AgJ* neben *AgBr* aus, dabei ändert sich die Jodid- und Bromidkonzentration derart, daß das Verhältnis der Konzentrationen dem Verhältnis der Löslichkeitsprodukte gleich ist.

Die im Rahmen der Meßgenauigkeit gefundene Übereinstimmung von Theorie und Experiment zeigt also, daß sich in diesem einfachen Falle die Gleichgewichte zwischen Bodenkörper und Anionen eingestellt haben; eine Verallgemeinerung dieses Ergebnisses ist nicht möglich, wie in Abschnitt II bereits ausführlich besprochen wurde.

V. Zusammenfassung

1. Es wird zunächst ein Überblick über die Bedeutung der Konzentrationsverhältnisse bei der Herstellung und Verarbeitung einer photographischen Emulsion gegeben. Hierbei wird vor allem auf das bestehende Gleichgewicht zwischen schwerlöslichen Bodenkörpern und Anionenkonzentrationen hingewiesen.

Das Emulsionskorn wird bei der Fällung und weiteren Verarbeitung in bezug auf seine chemische Zusammensetzung im wesentlichen von der Tendenz bestimmt, den Gleichgewichtszustand zu erreichen. Eingriffe in dieses Gleichgewicht durch Anionenzusatz führen zu einer Änderung der Kornoberfläche. Es werden also enge Zusammenhänge der Konzentrationsverhältnisse mit den photographischen Eigenschaften bestehen.

2. Es wird im einzelnen diskutiert, welche Nebenreaktionen die Einstellung des Gleichgewichtes beeinflussen können.

3. In einem theoretischen Teil wird zunächst unter der Voraussetzung, daß sich die Gleichgewichte einstellen, der Konzentrationsverlauf für die Fällung von beliebig vielen Anionen berechnet, die mit *einem* Kation schwerlösliche Verbindungen bilden.

Es wird ferner die Konzentrationsverschiebung berechnet, die dann eintritt, wenn man durch Anionenzusatz in ein ausgebildetes Gleichgewicht zwischen Bodenkörpern und Anionen eingreift.

4. Für festgelegte Bedingungen (Gelatinekonzentration, Temperatur, Einlaufgeschwindigkeit, Mischung) wird eine Fällung in Gelatine von Jodid neben Bromid bzw. Bromid neben Chlorid mittels Silberionen potentiometrisch verfolgt. Der theoretisch berechnete Potentialverlauf stimmt mit dem experimentell gefundenen gut überein, das chemische Gleichgewicht stellt sich also ein.

Literatur

[1] Birr, E. J.: Z. wiss. Photographie **47**, 72 (1952) Nr. 4–6; **48**, 103 (1953) Nr. 4–6; **49**, 1 (1954) Nr. 1–6.

[2] Caroll, B. H., u. D. Hubbard: Bur. Stand. J. Res. **7**, 811 (1931).

[3] Vouk, V. B., J. Kratohvil, B. Tezak: Archiv za Kemiju **25**, 219 (1954) Nr. 4.

[4] Berne, E., u. J. Leden: Z. Naturforschung **8a**, 719 (1953).

[5] Chateau, H., u. J. Pouradier: Royal Photographic Society Centenary, London 1953.

Zusammenhänge zwischen Konstitution und photographischen Eigenschaften organischer Farbstoffe

Von O. RIESTER

Die Untersuchung des Zusammenhangs zwischen der chemischen Konstitution und den photographischen Eigenschaften von organischen Farbstoffen hat schon bald nach der Entdeckung der optischen Sensibilisatoren durch H. W. VOGEL eingesetzt. Bei der großen Zahl der untersuchten Farbstoffe zeigte sich, daß neben sensibilisierenden Farbstoffen andere — konstitutionell sehr ähnliche Farbstoffe — eine empfindlichkeitsvermindernde Wirkung ergaben. Unsere Versuche zielten dahin, diese Unterschiede in einen logischen Zusammenhang zu bringen. Im folgenden wird über unsere Schlußfolgerungen aus bekannten und neuen Tatsachen berichtet.

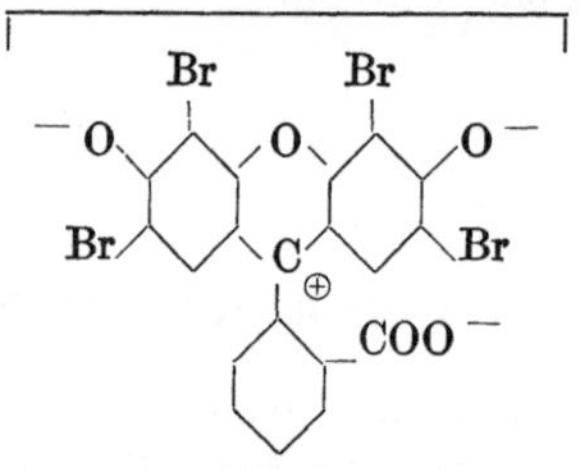

Eosin — Abs. Max. 525 mμ

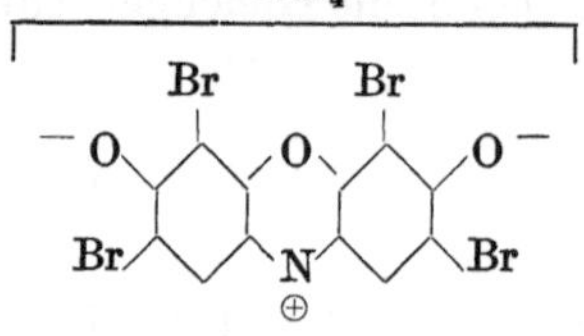

Irisblau — 603 mμ

Das Eosin (I), das eines der ältesten Sensibilisatoren ist, zeigt eine konstitutionelle Ähnlichkeit mit dem Irisblau (II), welches desensibilisiert. Sieht man davon ab, daß sich im Eosin ein Phenylrest mit einer Carboxylgruppe an dem brückenbildenden Kohlenstoff befindet, so liegt der einzige wesentliche Unterschied zwischen beiden Farbstoffen darin, daß der Ringschluß im Eosin durch einen Kohlenstoff und im Irisblau durch einen Stickstoff eingetreten ist; es muß also darin ein wesentlicher Grund für die verschiedenen Eigenschaften der beiden Farbstoffe zu suchen sein. Analysiert man den wesentlichen Teil des für die Lichtabsorption wichtigen Systems, so trifft man auf eine ungeradzahlige Kette von Kohlenstoff- oder Stickstoffatomen, die sich zwischen den Auxochromen, hier also den Sauerstoffresten, welche die negative Ladung tragen, erstreckt. Faßt man diese Auxochrome als induzierende Schlüsselatome auf, so sind jeweils die ungeradzahligen Kettenglieder positiv induziert, so daß also z. B. auf das mittlere brückenbildende Atom eine Stelle des Elektronenmangels trifft, die hier mit einem im Kreis befindlichen positiven Zeichen markiert ist. Es ist also auffallend, daß bei dem Farbstoff, der an dem brückenbildenden Stickstoff Elektronenmangel aufweist, die desensibilisierende

Wirkung eintritt. Andererseits nimmt man heute allgemein an [*1*], daß die Wirkung des Desensibilisators darin besteht, daß er die Fähigkeit hat, Elektronen abzufangen und sie damit von der mittelbaren oder unmittelbaren Übertragung auf bestimmte Stellen des Halogensilbergitters abzuhalten. Da dieser Azenium-Stickstoff in dem Farbstoffmolekül als sehr starker Elektronenacceptor vorhanden ist, sind die Voraussetzungen gegeben, die eben zum Zurückhalten des Elektrons und damit zur desensibilisierenden Wirkung notwendig sind. Gleichzeitig ist damit der Effekt einer sogenannten „Farbvertiefung" verbunden [*2*]. Es ist hier also durch diese sehr stark elektronensaugende Stelle eine Hemmung der Elektronenschwingung längs der Kette zwischen den Schlüsselatomen eingetreten.

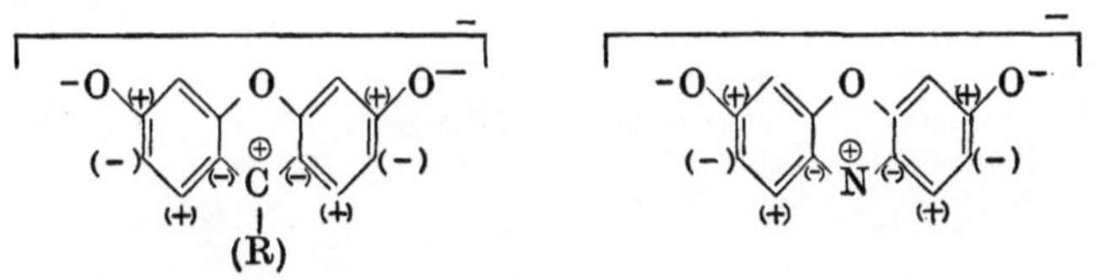

Diese Carbeniumformel bzw. Azeniumformel steht weiterhin in Resonanz mit anderen Formeln, die durch Verschiebung der Elektronen entstehen im Sinne der mesomeren Strukturformeln [*3*]. Wenn der desensibilisierende Farbstoff in einer solchen mesomeren Struktur vorliegt, daß die Elektronenlücke im Azeniumstickstoff aufgefüllt ist, so entfällt auch die elektronensaugende Wirkung und damit die Desensibilisierung, der Farbstoff kann dann jedenfalls grundsätzlich auch als Sensibilisator wirken. Tatsächlich ist bekannt, daß derartige Farbstoffe, die besonders im folgenden aufgeführt werden, soweit sie Desensibilisatoren sind, in geringem Maße auch als optische Sensibilisatoren wirken können.

Die Gegenüberstellung von Acridinorange NO (III) und Amethystviolett (IV) gibt dasselbe Bild in der Reihe der basischen Farbstoffe; während der erstere ein kräftiger Sensibilisator ist, desensibilisiert der letztere sehr kräftig mit andeutungsweise vorhandener optischer Sensibilisierung. Der in beiden Farbstoffen vorhandene Ringschluß durch einen Aminstickstoff hat als solcher offensichtlich keinen Einfluß auf die photographischen Eigenschaften, jedoch sei hier schon auf die stark hypsochrome Wirkung dieses Ringschlusses hingewiesen, die gegenüber den nicht ringgeschlossenen, nämlich dem MICHLERS Hydrolblau bzw. BINDSCHEDLERS Grün, vorhanden ist [*4*].

III. IV.

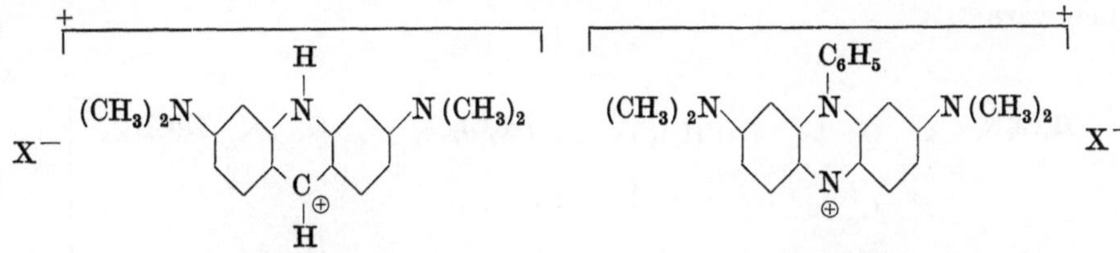

Acridinorange NO
Abs. Max. 491,5 mμ

Amethystviolett
590 mμ

Dasselbe gilt für das sensibilisierende Acridingelb gegenüber dem bekannten Desensibilisator Safranin.

V. Acridin-gelb, Abs. Max. 456 mμ — VI. Safranin, 539 mμ

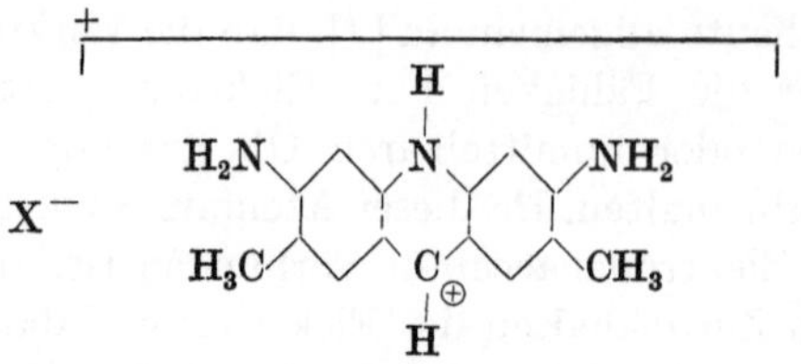

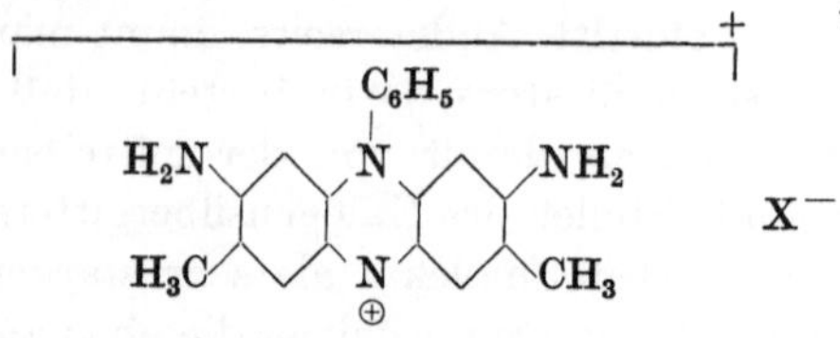

Ein weiterer Vergleich sei in dem sensibilisierenden Methylenrot = Thiopyronin VII. gegenüber dem stark desensibilisierenden Methylenblau VIII. gegeben:

VII. Methylenrot = Thiopyronin, Abs. Max. 565 mμ — VIII. Methylenblau, 667 mμ

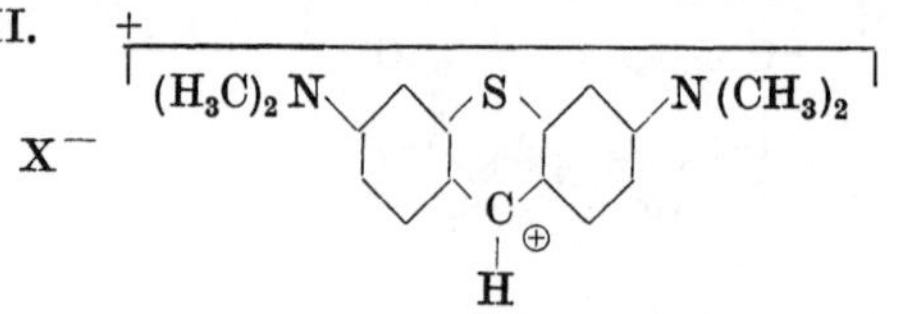

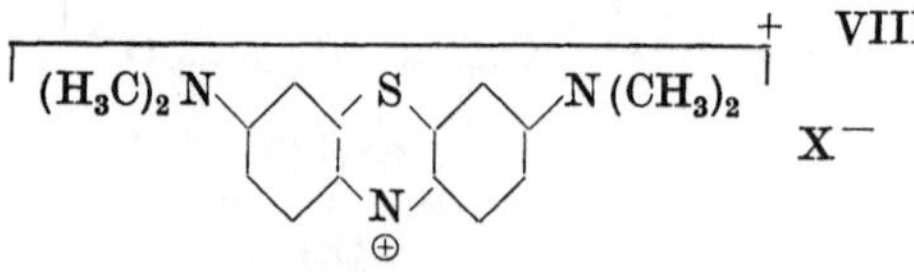

Die Gegenüberstellung von Pyronin G, IX. das sensibilisiert, und Capriblau, X. das desensibilisiert,

IX. Pyronin G, Abs. Max. 550 mμ — X. Capriblau GN, 665 mμ

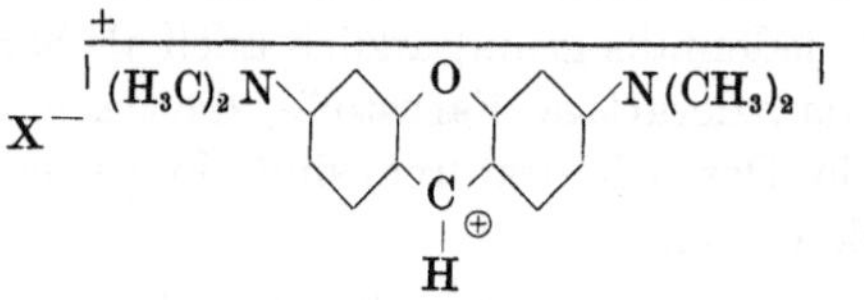

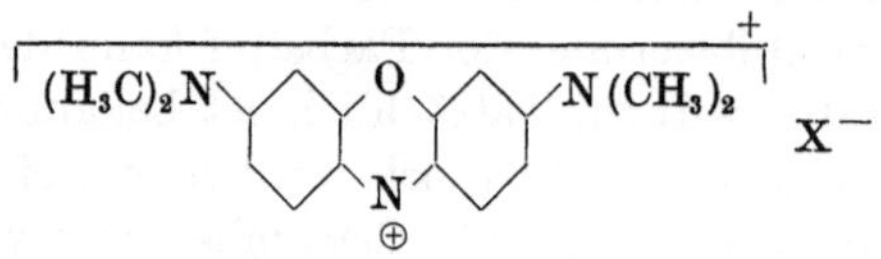

ist insofern bedeutungsvoll, als hier im Vergleich mit dem von Ehrlich und Benda [5] hergestellten Cyanpyronin (XI) eine wichtige Erweiterung dieser Gesetzmäßigkeit gegeben ist.

Hier tritt nämlich durch die eingefügte Cyangruppe eine desensibilisierende Wirkung ein, indem offensichtlich durch die elektronensaugende Carbeniumgruppe eine „Positivierung" oder, nach dem Vorausgegangenen besser gesagt, ein Abziehen der Elektronen vom Nitrilstickstoff stattfindet, was formelmäßig nach XIb darzustellen wäre:

XIa ⇆ XIb

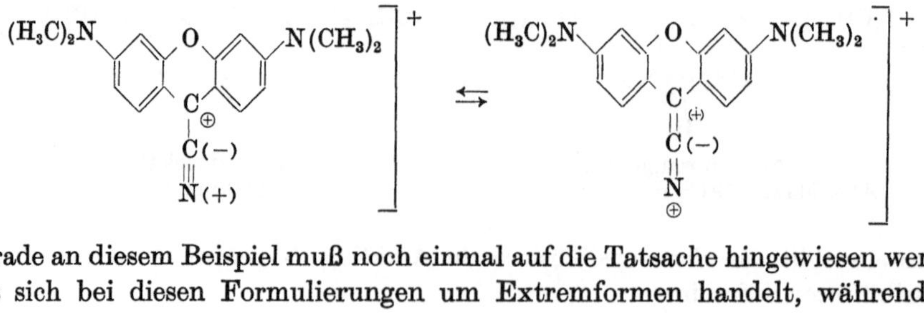

Gerade an diesem Beispiel muß noch einmal auf die Tatsache hingewiesen werden, daß es sich bei diesen Formulierungen um Extremformen handelt, während der genaue Zustand der Elektronenverteilung nur unvollkommen in der üblichen Formelschreibweise ausgedrückt werden kann. Jedenfalls zeigen diese Formelbilder aber, in welche Richtung die Elektronenverteilung hinzielt, und sie drücken damit die hier wesentlichen Grundzüge für die Elektronenacceptor-Wirkung aus. Auch hier tritt eine Verschiebung des Abs. Max. nach längeren Wellen ein, aus dem roten Pyronin G wird das blaue Cyanpyronin. Schon EHRLICH hat auf die Ähnlichkeit des Farbtons mit Capriblau hingewiesen.

Bei den anderen cyansubstituierten Farbstoffen von EHRLICH und BENDA (l. c.) ist diese Wirkung ebenfalls vorhanden.

Auch bei den Farbstoffen der Cyaninreihe, die heute die bei weitem wichtigsten optischen Sensibilisatoren umfaßt, sind derartige Gegenüberstellungen möglich.

So ist das bekannte Astraphloxin XII ein roter Farbstoff und Sensibilisator, während das Azotoisologe XIII blau ist und desensibilisierend wirkt. In dieser Reihe ist nun ebenfalls das in Mesostellung mit einer Nitrilgruppe substuierte Astraphloxin XIV. bekannt [6]; es ist ebenfalls blau und desensibilisiert stark.

Abs. Max.

XII. X^- $\left[\text{(Me)}_2\text{C}\langle\text{C}_6\text{H}_4\rangle\overset{\oplus}{\text{N}}(\text{Me})\text{–}\text{C} \underset{(-)}{-} \text{CH} \underset{(+)}{=} \text{CH} \underset{(-)}{-} \text{CH} \underset{(+)}{=} \text{C}\text{–N(Me)}\langle\text{C}_6\text{H}_4\rangle\text{C(Me)}_2 \right]^+$ 544 mμ

XIII. X^- $\left[\text{(Me)}_2\text{C}\langle\text{C}_6\text{H}_4\rangle\overset{\oplus}{\text{N}}(\text{Me})\text{–}\text{C} \underset{(-)}{-} \text{CH} \underset{(+)}{=} \text{N} \underset{(-)}{-} \text{CH} \underset{(+)}{=} \text{C}\text{–N(Me)}\langle\text{C}_6\text{H}_4\rangle\text{C(Me)}_2 \right]^+$ 595 mμ

XIV. X^- $\left[\text{(Me)}_2\text{C}\langle\text{C}_6\text{H}_4\rangle\overset{\oplus}{\text{N}}(\text{Me})\text{–}\text{C} \underset{(-)}{-} \text{CH} \underset{(+)}{=} \text{C}(\overset{(-)}{\text{C}}\equiv\overset{(+)}{\text{N}}) \underset{(-)}{-} \text{CH} \underset{(+)}{=} \text{C}\text{–N(Me)}\langle\text{C}_6\text{H}_4\rangle\text{C(Me)}_2 \right]^+$ ca. 600 mμ

Es ist die Ansicht vertreten worden, daß eine derartige negativierende Gruppe z. B. in XIV an sich schon befähigt wäre, aus einem Sensibilisator einen Desensibilisator zu machen.

Wir nahmen diese naheliegende Frage bereits vor mehreren Jahren [7] zum Anlaß, die Wirkung negativierender Gruppen in anderer Stellung der Methinkette zu untersuchen, besonders da uns schon früher aufgefallen war, daß Polymethinfarbstoffe, die aus Cyanessigsäure und ω-Aldehyden [8] entstanden waren, sensibilisierende Fähigkeiten zeigten.

$$\left[\begin{matrix} \text{R} \\ \text{R}-\overset{\oplus}{\text{N}} \\ \text{R} \end{matrix} \!\!>\! \text{C} \underset{(-)}{-} \text{CH} \underset{(+)}{=} \text{CH} \underset{(-)}{-} \text{C}(\text{C}\equiv\text{N}) \underset{(+)}{=} \text{CH} \underset{(-)}{-} \text{CH} \underset{(+)}{=} \text{C} \!<\! \begin{matrix} \text{R} \\ \text{N}<\text{R} \\ \quad\text{R} \end{matrix} \right]^+ X^-$$

Beim Vergleich dieser Farbstoffe ist charakteristisch, daß sich die Cyangruppe an einem Kettenkohlenstoff befindet, der nach der wechselnden Induzierung eine andere (negative) Ladung trägt als bei den oben beschriebenen meso(= β)cyan-substituierten Trimethincyaninfarbstoffen. Außerdem tritt hier ein hypsochromer Effekt auf. Es ist damit ausgeschlossen, daß etwa die Mesostellung in der Kohlenstoffkette als solche eine ausschlaggebende Rolle spielt.

Um speziell in der Trimethincyaninreihe unmittelbare Vergleiche zu haben, haben wir deshalb eine größere Anzahl von Farbstoffen hergestellt, welche die Cyangruppe am α-C-Atom der Methinkette tragen:

XI.
C≡N
Z H H Z
C — C = C — C = C
N⊕ (−) (+) (−) (+) N
R R
X^-

Es zeigte sich durchweg, daß diese Farbstoffe 1. Sensibilisatoren waren und 2. eine Rückverschiebung des Abs. Max. nach kürzeren Wellen aufwiesen, im Gegensatz zu dem Effekt, den die Cyangruppe in β-Stellung, nämlich Desensibilisierung und Langverschiebung, ergibt.

Es lassen sich also die beiden Regeln zusammengefaßt so ausdrücken: ein negativierender Substituent an einem positiv induzierten Kettenglied bewirkt gegenüber dem unsubstituierten Farbstoff eine Verschiebung des Abs. Max. nach langen Wellen und bringt eine Desensibilisierung, während derselbe Substituent an einem negativ induzierten Kettenglied eine Rückverschiebung des Abs. Max. hervorruft und die sensibilisierenden Eigenschaften des Grundfarbstoffes erhält. Anders ausgedrückt: wird durch ein Schlüsselatom ein in Konjunktion befindlicher Stickstoff bei der polarisierenden Induzierung positiviert, so tritt Langverschiebung und Desensibilisierung auf, während bei einer neg. Induktion Rückverschiebung unter Erhalt von sensibilisierenden Eigenschaften bewirkt wird.

„Thiazolpurpur" XVI.

X^-
S H H H S
C — C = C — C = C
N⊕ (−) (+) (−) (+) N
C_2H_5 C_2H_5
559 mμ

Es seien hier die von den Schlüsselatomen induzierten Teilladungen eingezeichnet:

β-Cyansubstituiert: XVII.

X^-
(−)
H(+)CN H
S (−) (+)(−) (+)(−) S
C — C = C — C = C
N⊕ (−) (+) (−) (+) N
C_2H_5 C_2H_5
610 mμ

α-Cyansubstituiert: XVIII.

X^-
(+)
(+)CN H H
S (+)(−) (+) (−) (+) S
C — C = C — C = C
N⊕ (−) (+) (−) (+) N
C_2H_5 C_2H_5
520 mμ

Im Farbstoff XVII treffen somit, ausgehend vom Nitrilstickstoff einerseits und vom Ringstickstoff andererseits, entgegengesetzt induzierte Teilladungen aufeinander und es resultiert daraus Langverschiebung der Absorption und Desensibilisierung. Dagegen erfolgt im Farbstoff XVIII die Induzierung gleichsinnig und es wird Rückverschiebung der Absorption und sensibilisierende Wirkung erzielt.

Von KENDALL [*9*] ist ein Schema aufgestellt worden, in dem als entscheidendes Merkmal für Sensibilisierungsfarbstoffe eine ungeradzahlige Methinkette zwischen den Stickstoffatomen und für Desensibilisatoren eine geradzahlige Kette genannt werden. Dieses Schema läßt sich als ein Teilstück unserer im Vorhergehenden aufgestellten Zusammenhänge auffassen und steht in formeller Übereinstimmung insoweit, als es nur auf die in der Kette stickstoffsubstituierten Cyaninfarbstoffe angewandt ist. Diesem Schema wird jetzt eine präzisere und erweiterte Formulierung und eine physikalisch verständliche Begründung gegeben.

Dabei ist wieder zu präzisieren, daß für das physikalische Gesamtverhalten nicht eine Lokalisierung der positiven Ladung, besser gesagt des Elektronenminimums, an einem einzelnen C-Atom vorhanden ist, sondern daß das dem Farbstoffkation fehlende Elektron gemeinsam mit den übrigen π-Elektronen sich resonanzartig auf die gesamte Methinkette einschließlich der induzierenden Stickstoffatome bezieht. Nur der Anteil der auf die Kettenglieder jeweils entfallenden Teilladung ist je nach der Stellung verschieden. Es läßt sich jetzt auch die bekannte Tatsache verstehen, nach der die sensibilisierenden Cyaninfarbstoffe in höherer Konzentration desensibilisierende Eigenschaften zeigen: Es liegen nämlich außer der Carbeniumformel, die elektronisch kurz so zu formulieren wäre:

$$\left[\begin{matrix} R \\ | \\ R \end{matrix}\!\!\!\!\!\! |N - \overset{H}{\underset{\oplus}{C}} - (\overset{H}{C} = \overset{H}{C})_n - N| \!\!\! \begin{matrix} R \\ \\ R \end{matrix} \right]^+ X^- \longleftrightarrow \left[\begin{matrix} R \\ \\ R \end{matrix} |N - (\overset{H}{C} = \overset{H}{C})_n - \overset{H}{\underset{\oplus}{C}} - N| \begin{matrix} R \\ \\ R \end{matrix} \right]^+ X^-$$

zu einem bestimmten Anteil die mesomeren Strukturen mit „positivem“ Ringstickstoff vor, die elektronisch folgendermaßen zu formulieren sind:

$$\left[\begin{matrix} R \\ \\ R^{\oplus} \end{matrix} N = \overset{H}{C} - (\overset{H}{C} = \overset{H}{C})_n - N| \begin{matrix} R \\ \\ R \end{matrix} \right]^+ X^- \longleftrightarrow \left[\begin{matrix} R \\ \\ R \end{matrix} |N - (\overset{H}{C} = \overset{H}{C})_n - \overset{H}{C} = N \begin{matrix} R \\ \\ {}^{\oplus}R \end{matrix} \right]^+ X^-$$

Dadurch, daß das Elektronenpaar an den Stickstoffatomen mit den benachbarten C-Atomen anteilig wird, tritt eine Elektronenverminderung an diesen Stickstoffatomen ein, also eine „Positivierung“ des Stickstoffs und damit eine elektronensaugende Stelle. Diese ist nach dem Obengesagten wiederum verantwortlich für die desensibilisierende Wirkung. Es wird damit also wiederum die Carbeniumformel als eine besonders wichtige Formel der Cyaninfarbstoffe bestätigt.

Für das chemisch reaktive Verhalten, also die Umsetzungen bei Anlagerungen usw., erweist sich ebenfalls die Carbeniumformel als die wichtigste; wie WIZINGER [*4*] gezeigt hat, tritt eine Anlagerung innerhalb der Methinkette in „ionoider – nicht ionoider“ Form so ein, daß der anionische Anteil des reagierenden Partners an das positivierte C-Atom der Kette unter Ausbildung einer homöopolaren Bindung sich anlagert, während der kationische Anteil des Reagens abionisiert bleibt. Es geht z. B. bei Zugabe von Natronlauge das Hydroxylanion an das positivierte C-Atom, während das Natriumkation ionoid bleibt (rein formell unter Bildung von NaCl). Es entsteht z. B. aus dem Astraphloxin das farblose Carbinol [*10*] in eindeutiger Parallele zur Carbinolbindung bei den Triphenylmethanfarbstoffen:

$$\left[\begin{array}{c} H_3C\ \ CH_3 \\ C^{\oplus} \\ C - \underset{(-)}{CH} = \underset{(+)}{CH} - \underset{(-)}{CH} = \underset{(+)}{C} \\ \overline{N} \quad\quad\quad \overline{N} \\ CH_3 \quad\quad\quad CH_3 \end{array}\right]^{+} Cl \quad + Na^{+}\,OH^{-}$$

$$\rightarrow \begin{array}{c} H_3C\ \ CH_3 \quad\quad H_3C\ \ CH_3 \\ C \diagup OH \quad\quad C \\ C - CH = CH - CH = C \\ \overline{N} \quad\quad\quad \overline{N} \\ CH_3 \quad\quad\quad CH_3 \end{array} + NaCl$$

Wir haben in der Reihe der Trimethincyanine auch die Wirkung einer Nitrogruppe in α-Stellung der Methinkette untersucht: Diese Gruppe bewirkt eine Rückverschiebung der Absorption ähnlich den genannten negativierenden Gruppen, eine Sensibilisierung ist aber nur noch andeutungsweise vorhanden und eine Desensibilisierung der Eigenempfindlichkeit ist eingetreten.

Es sei an die Pentamethincyanine erinnert, die eine Nitrogruppe in meso-Stellung der Methinkette tragen [*11*] und die ebenfalls keine Sensibilisierung mehr aufweisen.

Die Nitrogruppe wirkt hier anscheinend als Ausnahme, da in dieser Stellung die anderen negativierenden Gruppen die Sensibilisierung nicht verhindern. Bei dieser Gruppe ist aber die Induktion innerhalb der Gruppe selbst schon so stark, daß auf jeden Fall durch die beiden Sauerstoffatome am Stickstoff eine Elektronenlücke entsteht, die nach dem Obengesagten als Elektronenfänger die Desensibilisierung hervorruft und die an sich mögliche Sensibilisierung weitgehend unterdrückt. Auch in dem bekannten Desensibilisator Pinakryptolgelb liegt ein derartiger Fall vor, in dem eine Nitrogruppe für die desensibilisierende Wirkung verantwortlich zu machen ist. Es spielt dabei keine sehr große Rolle, in welcher Stellung diese Gruppe im Molekül vorhanden ist.

$$\left[\begin{array}{c} \overline{O_2} \\ N^{(+)} \\ \overset{H}{C} = \overset{H}{C} - \\ N^{\oplus} \\ C_2H_5 \end{array}\right]^{+} X^{-}$$

Pinakryptolgelb

Bei den sog. Styrylfarbstoffen (z. B. Pinaflavol) läßt sich das Gesagte ebenfalls gut beweisen. Ersetzt man eines der Kohlenstoffatome durch Stickstoff, so tritt nur dann eine Umkehrung der sensibilisierenden Eigenschaften des Styrylfarbstoffs in eine Desensibilisierung ein, wenn der Stickstoff positiv induziert ist. Derartige Farbstoffe wurden schon von J. L. Br. Smith [12] als desensibilisierend befunden. Ihre Lösungsfarbe ist dann auch bathochrom verändert, während andererseits der isomere Azomethinfarbstoff mit negativ induziertem Stickstoff blaßgelb, hypsochrom verschoben ist, und sensibilisierende Eigenschaften zeigt.

Tabelle:

sensibilisiert	$[C_5H_4N^{\oplus}(C_2H_5)-CH=CH-C_6H_4-N(CH_3)_2]^+ X^-$ Pinaflavol	gelb
desensibilisiert	$[C_5H_4N^{\oplus}(C_2H_5)-CH=N-C_6H_4-N(CH_3)_2]^+ X^-$ (-) (+) - + - + -	rot
sensibilisiert	$[C_5H_4N^{\oplus}(C_2H_5)-N=CH-C_6H_4-N(CH_3)_2]^+ X^-$ (-) (+)	blaß gelb

Es würden sich aus der Literatur noch eine ganze Reihe von derartigen Beweisen für diese Auffassung bringen lassen; hier sei nur noch darauf hingewiesen, daß auch z. B. ein Anioncyanin, auch „Oxonol" genannt, zum Desensibilisator wird, wenn ein Kohlenstoff der Methinkette durch einen Stickstoff ersetzt wird, ein Fall, der dem eingangs erwähnten Vergleich „Eosin-Irisblau" entspricht.

Synthese der α-cyan-substituierten Cyaninfarbstoffe:

Für die Herstellung der obenangeführten, in der Kette substituierten Trimethincyanine wurde folgender Weg eingeschlagen: Zunächst wurde ein Neutrocyanin hergestellt durch Umsetzung eines Benzthiazoliumsalzes, das eine Methylmercaptogruppe in 2-Stellung trägt, mit reaktionsfähigen Methylengruppen. Im vorliegenden Falle entstand also mit Cyanessigester folgendes gelbe Neutrocyanin:

$$[C_6H_4(S)(N^{\oplus}CH_3)C-SCH_3]^+ X^- + H_2C(CN)(COOCH_3) \longrightarrow C_6H_4(S)(NCH_3)C=C(CN)(COOCH_3) \longrightarrow$$

Die Verseifung der Estergruppe ergab hieraus die freie Carbonsäure, die bereits beim Umkristallisieren aus Methanol Kohlensäure abspaltete und das 2-Cyanmethylen 3-methylbenzthiazolin ergab:

$$C_6H_4(S)(NCH_3)C=C(CN)(COOH) \longrightarrow C_6H_4(S)(NCH_3)C=CH(CN)$$

Die entsprechende Verbindung, die den Chinolinring enthält, wurde aus dem Quartärsalz des 1-Methylthiochinolons auf demselben Wege hergestellt.

Diese Cyanmethinverbindungen reagierten nun zu den α-Cyantrimethincyaninen:

```
                                              CH3 CH3
             CN                                  \ /
     S                  H                         C
      \     |                                    /
       C = CH + O = C - CH = C                         + HX
      /                                          \    ------>
     N                                            N    - H2O
     |                                            |
     CH3                                          CH3

                                                        CH3 CH3          +
                              CN                           \ /
                     S         |                            C
                      \                                    /
                       C - C = CH - CH = C                              X-
                      /⊕                                   \
                     N                                      N
                     |                                      |
                     CH3                                    CH3
```

Um zu dem substituierten Benzthiazolpurpur zu gelangen, wurde die Synthese etwas abgewandelt, und zwar wurde hier das Anil des Benzthiazolin-w-aldehyds verwendet:

```
             CN    C6H5
     S        |     |  H    H         S
      \                              /
       C = CH + N = C - C = C                 +HX
      /                              \      ------->
     N                                N     -C6H5NH2
     |                                |
     CH3                              CH3

                              CN                                         +
                     S         |                           S
                      \                                   /
                       C - C = CH - CH = C                              X-
                      /⊕                                  \
                     N                                     N
                     |                                     |
                     CH3                                   CH3
```

Aus der großen Zahl von sym. und unsym. Trimethincyaninen, die so hergestellt werden können, zeigt die Tabelle einige charakteristische Beispiele von α-cyansubstituierten Cyaninen im Vergleich mit den unsubstituierten Farbstoffen.

Farbstoff-Kation	Lösungsfarbe in Methanol	Abs. Max. in mμ	$\triangle\lambda$	Sens.Max. in mμ	$\triangle\lambda$
Benzthiazol(S, N⊕–CH3)–C – C(CN) = C(H) – C(H) = C(indolenin, C(CH3)2, N–CH3)	orangerot	523		558	
			19		17
Benzthiazol(S, N⊕–CH3)–C – C(H) = C(H) – C(H) = C(indolenin, C(CH3)2, N–CH3)	rot	542		575	

Farbstoff-Kation	Lösungsfarbe in Methanol	Abs. Max. in mμ	$\triangle\lambda$	Sens.Max. in mμ	$\triangle\lambda$
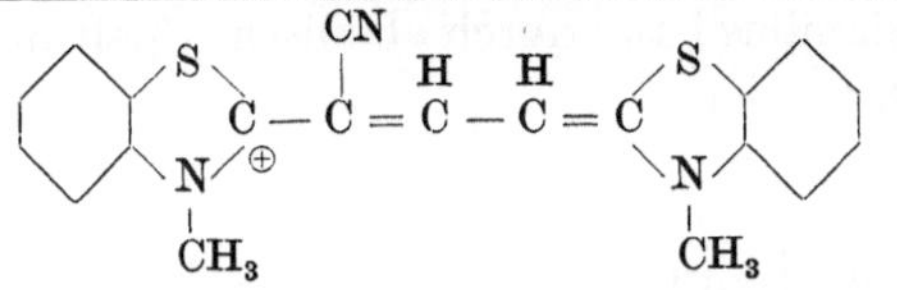 S, $N^{\oplus}$–CH_3 (Benzthiazol) C — C(CN) = CH — CH = C (Benzthiazolin) S, N–CH_3	orangerot	520		554	
			35		35
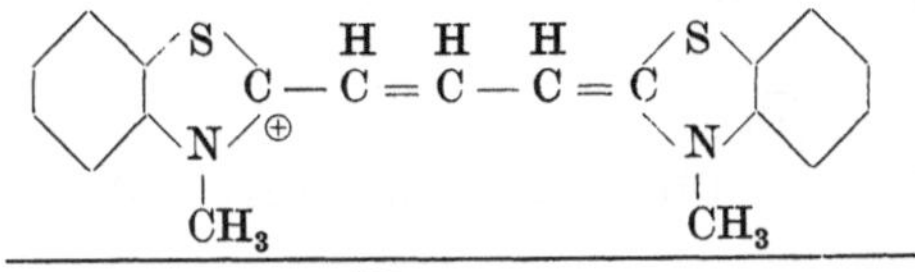 S, $N^{\oplus}$–CH_3 C — CH = CH — CH = C S, N–CH_3	karminrot	555		589	
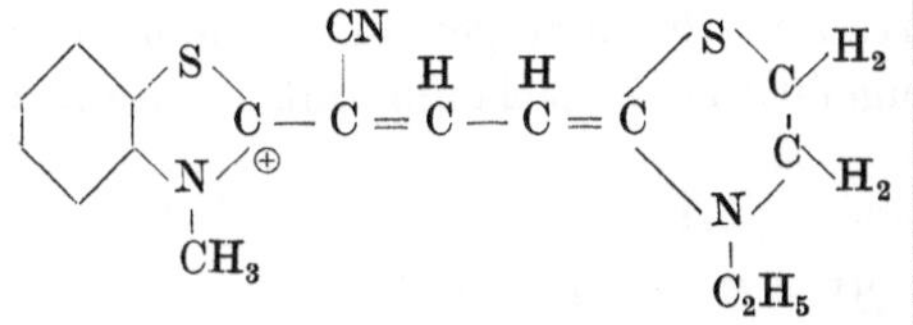 S, $N^{\oplus}$–CH_3 C — C(CN) = CH — CH = C (S, CH_2, CH_2, N–C_2H_5)	gelb	471		505	
			33		27
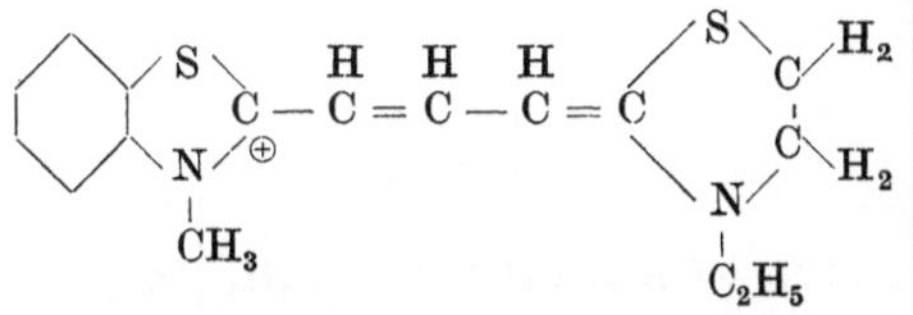 S, $N^{\oplus}$–CH_3 C — CH = CH — CH = C (S, CH_2, CH_2, N–C_2H_5)	orange	504		532	

In ähnlicher Weise lassen sich die erwähnten Methylmercaptoverbindungen des Benzthiazols oder Chinolins mit Nitromethan zu dem 2-Nitromethylen-benzthiazolin bzw. 2-Nitromethylen-dihydrochinolin umsetzen:

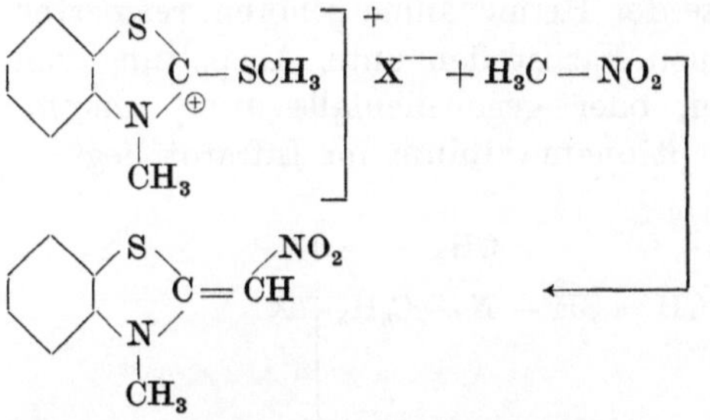

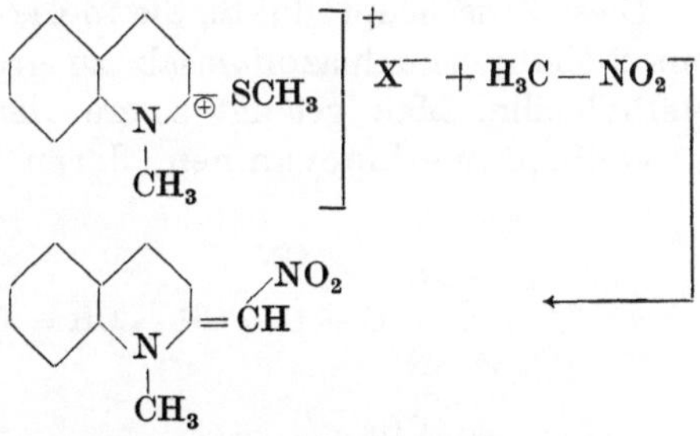

$$\left[\text{Benzthiazol: S, } C-SCH_3,\ N^{\oplus}-CH_3\right]^+ X^- + H_3C-NO_2 \longrightarrow \text{Benzthiazolin: S, } C=CH-NO_2,\ N-CH_3$$

$$\left[\text{Chinolin: } N^{\oplus}-CH_3,\ SCH_3\right]^+ X^- + H_3C-NO_2 \longrightarrow \text{Dihydrochinolin: } N-CH_3,\ =CH-NO_2$$

Daraus wurden die entsprechenden α-nitrosubstituierten Trimethincyanine erhalten: z. B.

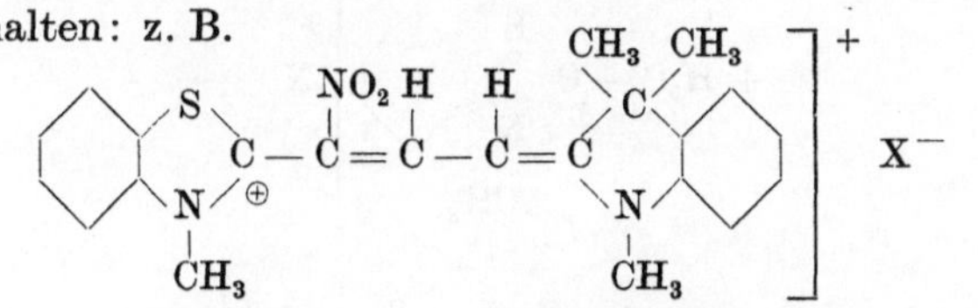

$$\left[\text{S, } N^{\oplus}-CH_3\ \ C-C(NO_2)=CH-CH=C\ \ C(CH_3)_2,\ N-CH_3\right]^+ X^-$$

orange Abs. Max. 494 mμ

$$\left[\text{Chinolin } N^{\oplus}-CH_3\ \ C-C(NO_2)=CH-CH=C\ \ C(CH_3)_2,\ N-CH_3\right]^+ X^-$$

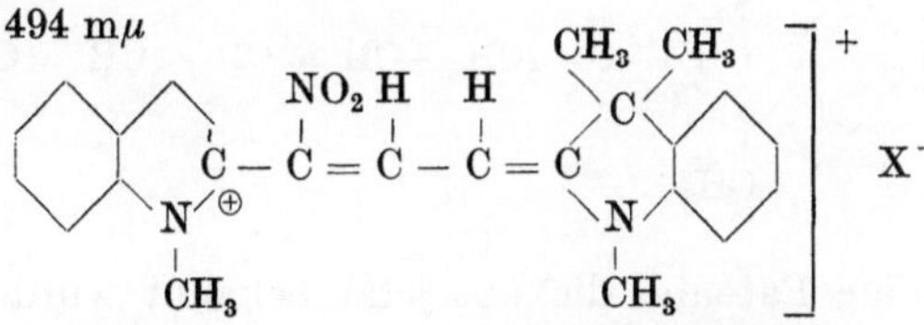

orangerot Abs. Max. 503 mμ

Um in die Reihe der α-Cyan-substituierten Heptamethincyanine zu kommen, wurde ein anderer Weg eingeschlagen.

Aus dem Pentamethinfarbstoff des Methylanilins kann durch alkalische Spaltung das Phenylmethylamino-pentadienal erhalten werden.

$$\left[C_6H_5 - \underset{\substack{|\\CH_3}}{N} - CH = CH - CH = CH - \underset{\oplus}{CH} - \underset{\substack{|\\CH_3}}{N}C_6H_5\right]^+ Cl^- \longrightarrow C_6H_5 - \underset{\substack{|\\CH_3}}{N} - CH = CH - CH = CH - CH = O$$

Dieser Aldehyd ließ sich unter den genannten Bedingungen mit dem α-Cyan-methylendihydrochinolin zu folgendem blaugefärbten Zwischenprodukt umsetzen:

$$\left[\text{(3-Methylbenzthiazolium-2-yl)} - \underset{\substack{|\\CN}}{C} = CH - CH = CH - CH = CH - \underset{\substack{|\\CH_3}}{N} - C_6H_5\right]^+ X$$

bzw.

$$\left[\text{(1-Methylchinolinium-2-yl)} - \underset{\substack{|\\CN}}{C} = CH - CH = CH - CH = CH - \underset{\substack{|\\CH_3}}{N} - C_6H_5\right]^+ X^-$$

Diese Zwischenprodukte, die in die Klasse der Hemicyanine gehören, reagierten mit 2-Methylbenzthiazoliumsalz zu grünblauen Farbstoffen unter Abspaltung von Methylanilin. Man gelangt so zu den sym. oder gegebenenfalls auch unsym. α-Cyanheptamethincyaninen, deren Absorptionsmaximum im Infrarot liegt.

$$\left[\text{(3-Methylbenzthiazolium-2-yl)} - \underset{\substack{|\\CN}}{C} = CH - CH = CH - CH = CH - \underset{\substack{|\\CH_3}}{N} - C_6H_5\right]^+ X + \left[H_3C - \text{(3-Methylbenzthiazolium-2-yl)}\right]^+ X^- \longrightarrow$$

$$\left[\text{(3-Methylbenzthiazolium-2-yl)} - \underset{\substack{|\\CN}}{C} = CH - CH = CH - CH = CH - CH = \text{(3-Methylbenzthiazolin-2-yliden)}\right]^+ X^-$$

Einige Patente, die uns jetzt bekannt wurden, zeigen, daß auch an anderen Stellen in ähnlicher Richtung gearbeitet wurde.

In einem Patent [*13*] sind die Cyanmethylbenzthiazole, die bereits von BORSCHE [*14*] früher hergestellt worden sind, Ausgangspunkte zunächst zur Synthese von (nicht-basischen) Merocyaninen, z. B.:

$$\text{Benzthiazol-2-yl}-CH_2(CN) + \left[C_6H_5N(COCH_3)-CH=CH-C\text{(Benzthiazolium, } \overset{\oplus}{N}-C_2H_5) \right]^+ X^- \xrightarrow[-\,HX]{-\,C_6H_5\,NH\,COCH_3}$$

$$\text{Benzthiazol-2-yl}-C(CN)=CH-CH=C\text{(Benzthiazolin, } N-C_2H_5) \xrightarrow{C_2H_5X} \text{Farbstoff XVIII}$$

Diese Merocyanine sollen nach den Angaben des Patents das Halogenalkyl an den Ringstickstoff (des Benzthiazols) anlagern, so daß Farbstoffe entstehen würden, die mit unseren identisch sein müßten. Es ist allerdings nur ein Beispiel vorhanden, das mit dem von uns besprochenen Farbstoff XVIII zu vergleichen wäre. Die angegebene rote Lösungsfarbe ist verschieden von der orangeroten des nach unserer eindeutigen Synthese erhaltenen Farbstoffs. In einem anderen neuen Patent [*15*] wurde eine Synthese beschrieben, die unserer Herstellungsweise mehr entspricht: In einem Beispiel wird das Cyanmethylendihydrobenzthiazol mit dem bekannten 2-(ω-Aethylthiovinyl)-benzthiazoliumsalz zu dem Farbstoff XVIII kondensiert. Die angegeben orangerote Lösungsfarbe stimmt besser mit unserem Befund überein als die des vorgenannten roten Farbstoffs, jedoch ist ein genauer Vergleich wegen der fehlenden Einzelheiten nicht möglich.

Die experimentellen Einzelheiten über die Synthese der obenbeschriebenen Cyaninfarbstoffe werden an anderer Stelle veröffentlicht werden.

Literatur

[*1*] HORWITZ, L.: Phot. Sci. and Techn. PSA, Sect. B, 49 (1954).
[*2*] WIZINGER, R.: J. pr. Ch. N. F. **157**, 129ff. (1941).
[*3*] EISTERT, B.: Tautomerie und Mesomerie, Stuttgart 1938.
[*4*] WIZINGER, R.: Organische Farbstoffe, Berlin-Bonn: Dümmler 1933.
[*5*] EHRLICH, P. u. L. BENDA: Ber. **46**, 1931 (1913).
[*6*] MEYER, K.: DRP 725825 (2. 10. 1942).
[*7*] RIESTER, O.: 5. Wiss. Niederrheinkonferenz, Farbenfabriken Bayer, 23. 2. 1950.
[*8*] DIETERLE, W. u. O. RIESTER: Agfa-Veröffentlichungen **V**, 220 (1937).
[*9*] KENDALL, J. D.: Rev. Optique, Paris, 1936, 227–254.
[*10*] KÖNIG, W.: Ber. **57**, 685 (1924).
[*11*] BEATTIE, HEILBRONN, IRVING: J. chem. Soc. 1932, 260.
[*12*] SMITH, J. L. BR.: J. chem. Soc. 1923, 2288.
[*13*] BROOKER, L. G. S. u. R. H. SPRAGUE: USP 2345094 = USP 2393743, Beispiel 18 (29. 1. 1946).
[*14*] BORSCHE, W. u. W. DOELLER: Lieb. Ann. **537**, 53–66 (1939).
[*15*] DOYLE, F. P. u. J. D. KENDALL: USP 2542401, Beispiel 2 (20. 2. 1951).

Über eine neue Gruppe von Neutrocyaninen

Von J. GÖTZE und O. RIESTER

Es ist bekannt, daß 2-Methylmercapto-3-alkylcycloammoniumsalze z. B. der Formel I

I $\left[S, C - SCH_3, N, R \right]^+ X^-$

mit 2-Methylcycloammoniumsalzen Pseudocyanine [*1*], mit Ketomethylenverbindungen dagegen Merocyanine (z. B. II) bilden [*2*].

II S, C = C, S, C = S, N, OC, N, R, C_2H_5

Aber auch die nicht quarternierten Basen, z. B. III, können

III S, $C - SCH_3$, N

mit Methylcycloammoniumsalzen reagieren, wobei Cyaninbasen der Formel IV entstehen [*3*].

IV S, H, C — C =, N, N, R

Im Vergleich zur Pseudocyaninbildung aus ionisierten Verbindungen wie I erfordert die letztgenannte Reaktion aber die Anwendung kräftigerer Reaktionsbedingungen.

Über eine Umsetzung der Base III mit Ketomethylenverbindungen ist noch nichts bekannt.

Die hierbei zu erwartenden Körper sind sowohl in chemischer Beziehung von

Interesse und waren möglicherweise auch als Stabilisatoren oder Sensibilisatoren brauchbar. Die Umsetzung müßte nach folgender Gleichung stattfinden:

$$\xrightarrow{-\,CH_3SH}$$

Va

Eine Substanz dieser Art sollte tautomeriefähig sein und auch in der Form Vb auftreten können:

Vb

Sie erscheint somit als Derivat des 4-Oxy-thiazolons und fällt aus dem Rahmen derjenigen Farbstoffe, die heute allgemein als Merocyanine (mit der Gruppierung $= C - C = O$) bezeichnet werden.

Farbstoff V und besonders dessen weiter unten beschriebenes 4-Methoxyderivat VII bilden eine neue Untergruppe der Neutrocyanine. Dieser Begriff umfaßt alle jene Cyanine, die keine Farbsalze (z. B. Pinacyanolbromid) sind, sondern die zur Klasse jener Farbstoffe gehören, die von W. König [*4*] als „endohalochrome" Farbstoffe bezeichnet werden oder die sich, wie es R. Wizinger [*5*] nannte, in einem „intramolekular ionoiden" Zustand befinden. Cyaninbasen, Merocyanine, Hemioxonole und die hier erstmals beschriebenen Körper V und VI sind somit verschiedene Untergruppen der Neutrocyanine.

Das seit langem bekannte „Chinophthalon" [*6*] oder „Chinolingelb spritlöslich" [*7*] kann als ein derartiges „tautomeriefähiges Neutrocyanin" aufgefaßt werden. Es kann ebenfalls ein Alkalisalz bilden, das aber nur durch Einwirkung von Natriumalkoholat erhalten [*8*] und durch Wasser hydrolysiert wird:

$$\xrightarrow{Na\,OC_2H_5}$$

bzw.

Es wurde früher nach seiner Herstellung ganz anders formuliert:

Aber bereits R. Wizinger [9] wies auf die Unvereinbarkeit dieser Konstitution mit seiner Eigenschaft als gelber Farbstoff hin.

Diese Auffassung wurde dann bewiesen [10] durch die Methylierung des Kaliumsalzes, bei der die Methylgruppe an den Stickstoff des Chinolinringes tritt. Es wird dabei ein dem Chinolingelb ganz ähnlicher gelber Farbstoff

erhalten. Auch das entsprechende N-Methylpyrophthalon wurde bekannt:

Diese beiden Farbstoffe sind demnach als die ersten Merocyanine aufzufassen.

Die Farbe der Merocyanine, z. B. des Farbstoffs II (Abs. Max. 432 mμ) wird auf die Ausbildung eines Resonanzzustandes, entsprechend II A und II B

II A II B

zurückgeführt, letzten Endes also auf den polaren Gegensatz zwischen Stickstoff und Sauerstoff (Ammonium- und Oxaziperichrom nach W. König).

Das Absorptionsmaximum des neuen Neutrocyanins V in $CHCl_3$ liegt etwa an der gleichen Stelle wie das von II, ebenfalls in $CHCl_3$ gemessen. Auffallend ist aber die wesentlich geringere Intensität der Absorption bei V. Sucht man hierfür nach einer Erklärung, so kann man vielleicht folgende Überlegung anstellen:

Würde der Ersatz des Alkyls durch H eine Änderung in der Polarität des Moleküls bringen, so müßte dies durch eine Verschiebung in der Lage des Abs. Max. zum Ausdruck kommen. Betrachtet man den Aufbau der Moleküle II und V an Hand von Stuart-Modellen[1], so sieht man, daß eine räumliche Anordnung von V, wie sie durch die bisher hier gebrauchte Schreibweise zum Ausdruck kommt, durchaus möglich ist, daß für das Merocyanin II dagegen die folgende Anordnung sehr wahrscheinlich ist:

[1] Herrn Prof. Dr. M. Pestemer vom Wiss. Hauptlaboratorium der Farbenfabriken Bayer danken wir für seine Unterstützung.

V läge also in einer Art „cis“- und II einer „trans“-Form vor, woraus sich eine auffallende Parallele z. B. zu cis- und trans-Stilben ergeben würde, bei denen ja auch die Lage der Abs. Max. fast gleich, die Extinktion der cis-Form aber wesentlich geringer ist als die der trans-Form [*11*].

Das Abs. Max. von V in n/50-NaOH ist stark hypsochrom verschoben (410 mμ).

Das System VC ist gegenüber VD infolge der Acidität des Sauerstoffs absolut bevorzugt,

VC: $\diagdown N{=}C{-}C\diagup$, $\overset{\ominus}{O}{-}C\diagdown$ VD: $\diagdown \overset{\ominus}{N}{-}C{=}C\diagup$, $O{=}C\diagdown$

die Resonanz ist weitgehend geschwächt. In verdünnter Lauge liegt V als Enolat vor.

Die Herstellung der neuen Farbstoffe schließt sich an die Synthese der Merocyanine an, sie zeigt aber erschwerende Besonderheiten:

Erhitzt man die Base III mit N-Äthylrhodanin ohne Lösungsmittel mehrere Stunden im Ölbad auf 210°, so tritt eine deutliche Mercaptan- und Schwefelwasserstoffbildung auf und aus dem Reaktionsgemisch läßt sich ein hellgelber, in langen Nadeln kristallisierender Körper isolieren, der wohl die typischen Eigenschaften der Merocyanine zeigt (hoher Schmelzpunkt, Schwerlöslichkeit in Alkoholen oder Chloroform), zum Unterschied von diesen aber spielend in verdünnten Alkalien löslich ist. Die Ausbeute an diesem neuen Produkt beträgt nur etwa 8%, auf Grund seiner Eigenschaften und der Analyse muß ihm die Formel V zukommen.

Einige Eigenschaften der neuen Verbindung im Vergleich mit bekannten Merocyaninen zeigt die folgende Zusammenstellung:

Tabelle 1

	II: S, S, C=C, C=S, N, OC, R, N, C_2H_5	S, S, C=C, C=S, N, OC, R, N, H	S, S, C=C, C=S, N, OC, H, N, C_2H_5
Schmelzpunkt	$R = CH_3 : 280°$ $R = C_2H_5 : 243°$	$R = C_2H_5 : 290°$	272—274°
Löslichkeit in Alkali	unlöslich	leicht löslich	sehr leicht löslich
AM in $CHCl_3$	$R = C_2H_5$ 432 mμ	428 mμ	434 mμ
Fluoreszenz unter d. UV-Lampe	gelborange	gelb	grünlichgelb
Farbe des Silbersalzes	—	gelb	orange

Dieses neue „tautomeriefähige“ Merocyanin (Neutrocyanin) sensibilisiert Chlorbromsilberemulsionen mit einem Maximum bei 480 mμ. Die potentiometrische Titration in verdünntem Ammoniak mit Silbernitrat liefert ziemlich gut ein Verhältnis Silber : Farbstoff = 1 : 1, mit Kupfersulfatlösung fällt aus ammoniakalischer Lösung ein grüner Niederschlag.

Die gleiche Reaktion wurde noch mit einer Reihe anderer 2-Methylmercapto-basen, wie z. B. 2-Methylmercaptobenzoxazol, 2-Methylmercapto-chinolin, 2-Methyl-mercapto-benzimidazol, 2-Methylmercapto-4-methyl-thiazol und 2-Methylmercapto-thiazolin durchgeführt. In fast jedem Fall mußten energische Reaktionsbedingungen angewendet werden, oft entstanden noch schwer abtrennbare Nebenprodukte.

Der neue Farbstoff ließ sich zu weiteren Umsetzungen verwenden: Beim direkten Verschmelzen mit Dimethylsulfat entsteht ein leicht wasserlöslicher Körper (VI), welcher, aus Alkohol umkristallisiert, einen Schmelzpunkt von 218—220° hat. Wird dagegen in alkalischer Lösung methyliert, so tritt nach kurzer Zeit eine starke Erhöhung der Viskosität ein, die bei weiterem Stehen wieder abnimmt, worauf sich ein ebenfalls gelb gefärbter Körper abscheidet (VII), der nach Umkristallisieren aus Methanol derbe Prismen vom Schmelzpunkt 212° liefert.

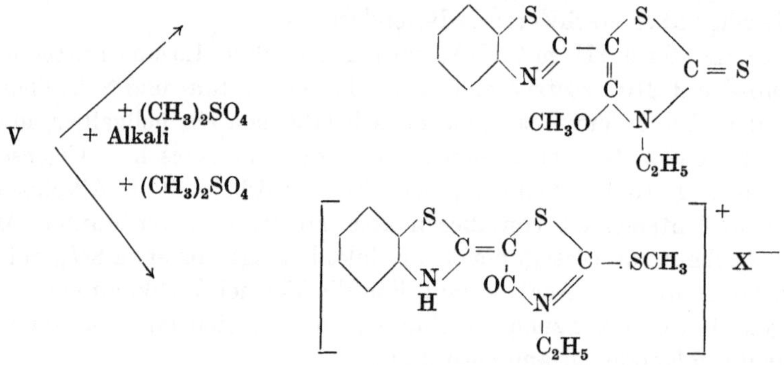

V
+ $(CH_3)_2SO_4$ + Alkali → VII
+ $(CH_3)_2SO_4$ → VI

S, S, C — C, N, C, C = S, CH_3O, N, C_2H_5 VII

[S, S, C = C, C — SCH_3, N, H, OC, N, C_2H_5]$^+$ X^- VI

Das Quartärsalz VI besitzt bemerkenswerte Eigenschaften. Es löst sich leicht in Wasser, nach mehrstündigem Stehen scheidet sich jedoch ein Niederschlag ab, der bei 213° schmilzt. Wird das Salz in Pyridin 30 Min. gekocht, so entsteht ein Körper, der nach Kristallform, Schmelzpunkt, Mischschmelzpunkt und Sensibilisierungswirkung (von etwa 400 mμ an abfallend bis 500 mμ) identisch ist mit dem 4-Methoxyderivat VII.

Wird das Salz VI dagegen in Pyridin bei Gegenwart eines 2-Methyl-cycloammoniumsalzes, z. B. 1-2-Dimethyl-chinoliniummethylsulfat, erwärmt, so entsteht sofort unter Mercaptanabspaltung ein schwerlöslicher Farbstoff, ein „tautomeriefähiges Rhodacyanin“ VIII:

VIII [S, S, C = C, C — CH =, N, H, OC, N, C_2H_5, N, CH_3]$^+$ $SO_4CH_3^-$

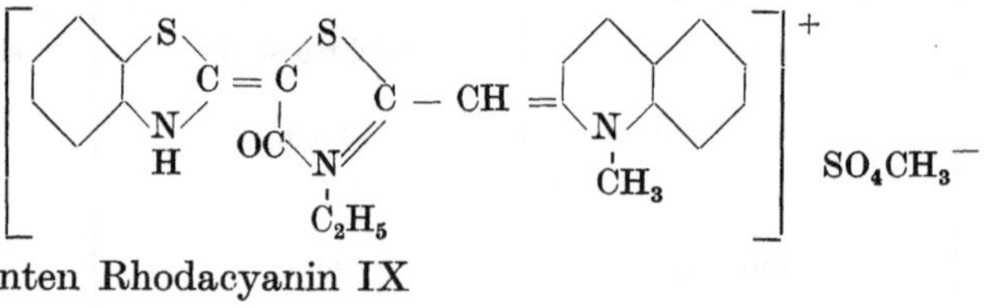

Von dem bekannten Rhodacyanin IX

IX [S, S, C = C, C — CH =, N, CH_3, OC, N, C_2H_5, N, CH_3]$^+$ $SO_4CH_3^-$

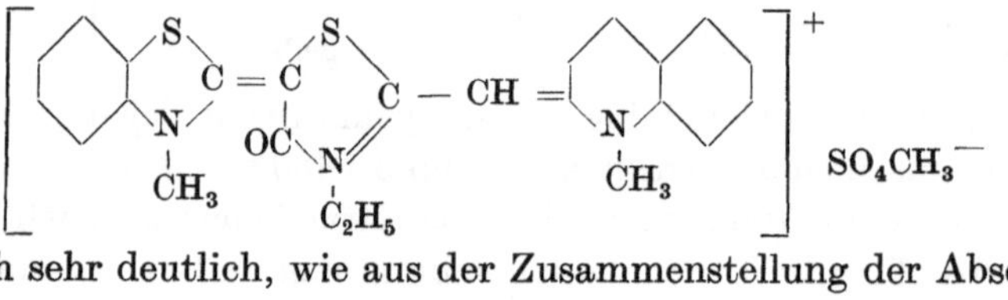

unterscheidet es sich sehr deutlich, wie aus der Zusammenstellung der Absorptionsmaxima hervorgeht.

Tabelle 2

Absorptionsmax. ($m\mu$) in:	a Methanol	b Methanol + 1% Eisessig	c Eisessig	d Methanol + 1% Pyridin	e Pyridin
Farbstoff VIII	570	552	550	574	594
Farbstoff IX	552	552	552	552	560

Die Absorptionskurven des bekannten Rhodacyanins IX zeigen in den Fällen Tabelle 2, a, b und d eine „Bandbreite" ($\triangle\lambda[\varepsilon/2]$) von 88, 87 und 89 $m\mu$, die Kurven des tautomeriefähigen Rhodacyanins VIII in den Fällen a und d eine solche von 130 und 138 $m\mu$. Wird aber VIII in verdünnter Essigsäure gemessen (b), so findet nicht nur eine hypsochrome Verschiebung des Maximums bis zum Wert von IX, b statt, sondern auch die Kurvenform gleicht sich derjenigen von IX an, $\triangle\lambda(\varepsilon/2)$ beträgt jetzt 94 $m\mu$.

Die nochmalige Methylierung des 3-Äthyl-4-Methoxy-5-Benzthiazolyl-dihydrothiazolthions VII führt, unter gleichzeitigem Platzwechsel der Methylgruppe zu dem bekannten Quartärsalz X.

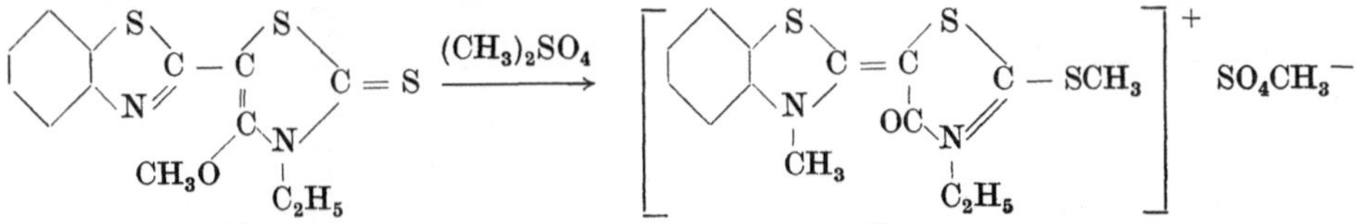

VII $\xrightarrow{(CH_3)_2SO_4}$ X ($SO_4CH_3^-$)

Die Schmelzpunkte der Perchlorate von X, einmal hergestellt nach der obigen Gleichung, zum anderen aus dem bekannten 3-Äthyl-5-(3'-Methyl-dihydrobenzthiazolyliden-)rhodanin II ($R = CH_3$) zeigen den gleichen Schmelzpunkt (und Misch.-Schm.P.).

Bei der Weiterkondensation mit 1-2-Dimethylchinolinium-methylsulfat XI geben die Methylierungsprodukte von VII und II ($R = CH_3$) das gleiche Rhodacyanin IX.

II	VII
↓ + $(CH_3)_2SO_4$	↓ + $(CH_3)_2SO_4$
Methylsulfatadditionsprodukt Schm.-P. des Perchlorats: 272—274°	Reaktionsprodukt X Schm.-P. des Perchlorats: 275—277°

Misch-Schm.-P.: 272—275°

↓ + XI	↓ + XI
Farbstoff IX Schm.-P. des Jodids: 284° grüne Kriställchen	Farbstoff IX Schm.-P. des Jodids: 285° grüne Kriställchen

Misch-Schm.-P.: 282°

AM in Alkohol: 552 $m\mu$ AM in Pyridin: 560 $m\mu$	AM in Alkohol: 552 $m\mu$ AM in Pyridin: 560 $m\mu$

Der gesamte Reaktionsmechanismus ist in nachstehender Übersicht nochmals dargestellt.

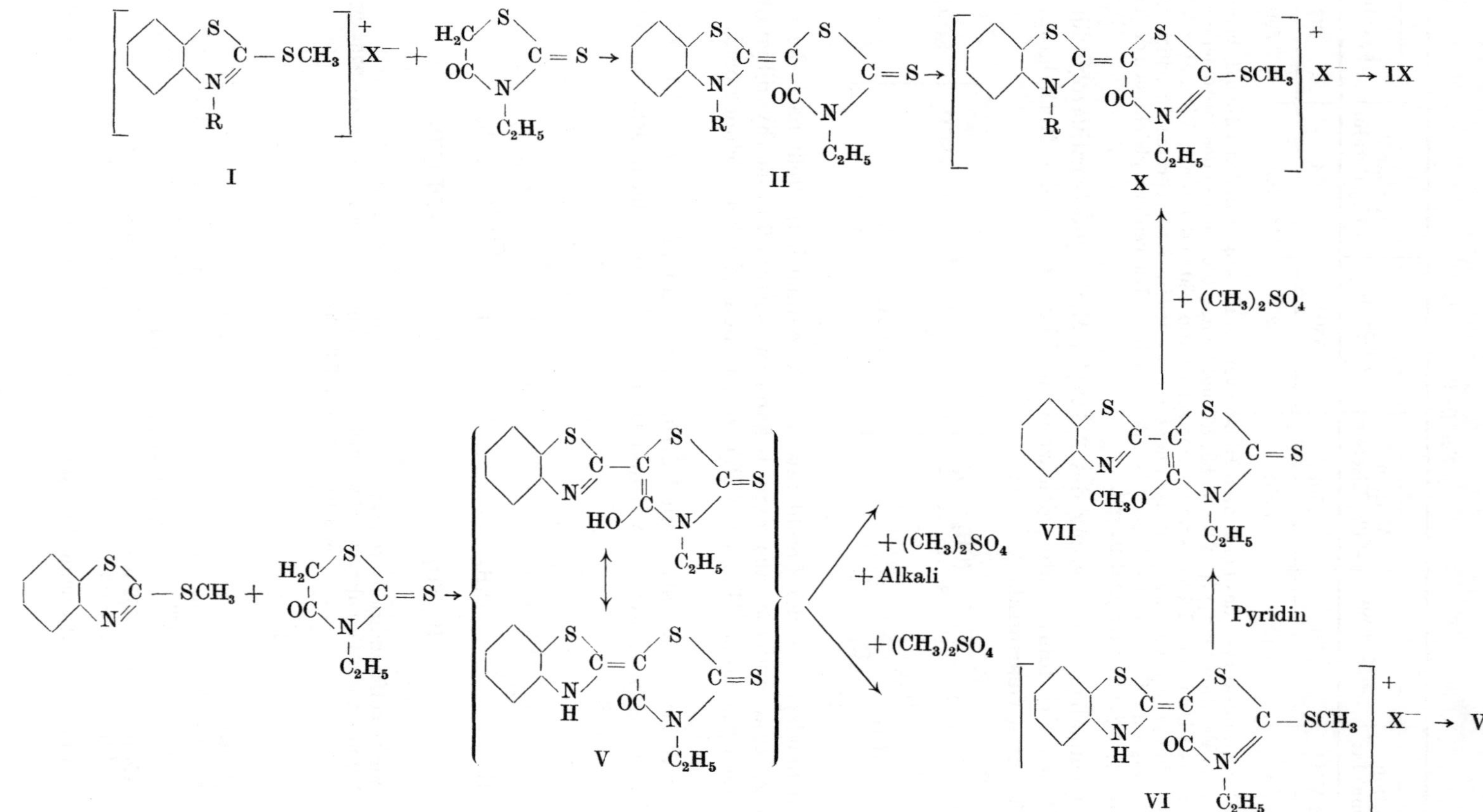
I
II
X
→ IX
+ (CH3)2SO4
VII
Pyridin
VI
→ VIII
V
+ (CH3)2SO4
+ Alkali
+ (CH3)2SO4

Versuchsteil

1. Darstellung von 3-Äthyl-5-(2'-3'-Dihydrobenzthiazolyliden)-rhodanin V: 216 g 2-Methylmercaptobenzthiazol und 192 g N-Äthylrhodanin werden im Ölbad 5½ Stunden auf 210° (Ölbadaußentemperatur) erhitzt. Nach dem Abkühlen auf etwa 60° wird mit viel Aceton verdünnt, abgesaugt und mit viel Äther gewaschen. Das zurückbleibende Rohprodukt wird in etwa 1 Liter Wasser und 130 ccm 10%iger Natronlauge gelöst, die klare rotgelbe Lösung filtriert und das Filtrat mit Eisessig schwach angesäuert. Den sich ausscheidenden Farbstoff kristallisiert man aus siedendem Diacetonalkohol und Kohle um und wäscht das abgesaugte Produkt mit Pyridin und Methanol. Man erhält hellgelbe, lange filzige Nadeln vom Schm.P. 272—274°. Ausbeute ca. 8% d. Th.

Analyse:

$C_{12}H_{10}ON_2S_3$ (Mol. Gew. 294.3)

Ber. C 48,9%	H 3,4%	N 9,5%
Gef. C 49,4%	H 3,8%	N 9,4%

2. Dimethylsulfatanlagerungsprodukt VI: Durch Erhitzen von 8,6 g V und 8 g Dimethylsulfat im Ölbad während 35 Minuten auf 125°. Das Rohprodukt wird mit Alkohol und Äther aufgearbeitet. Eine Probe des Methylsulfats, aus Methanol umkristallisiert, schmilzt bei 218—220°. Durch Auflösen in Wasser, Fällen mit Jodkaliumlösung und Umkristallisieren aus Methanol erhält man das Jodid vom Schm.-P. 245°.

Analyse:

$C_{13}H_{13}ON_2S_3J$ (Mol. Gew. 436.2)

Ber. S 22,1%

Gef. S 22,1%

3. 3-Äthyl-4-Methoxy-5-Benzthiazolyl-dihydrothiazolthion VII:

a) aus V: 9 g V werden in 200 ccm Wasser und 55 ccm n/l NaOH aufgelöst, evtl. filtriert und mit 8 g Dimethylsulfat versetzt. Nach 3stündigem Stehen bei Zimmertemperatur kann abgesaugt werden. Dieses Rohprodukt liefert nach Umkristallisieren aus Methanol derbe Prismen vom Schm.P. 212° in einer Ausbeute von 4,5 g.

b) aus VI: 1,5 g VI kocht man 30 Minuten lang mit 10 ccm Pyridin. Im Kühlschrank scheiden sich Kristalle ab, die, aus Methanol kristallisiert, scharf bei 212° schmelzen und äußerlich den Kristallen nach a) gleichen. Der Mischschmelzpunkt mit dem Präparat nach a) zeigt keine Depression.

Analyse:

$C_{13}H_{12}ON_2S_3$ (Mol. Gew. 308.2)

Ber. C 50,6%	H 3,9%	O 5,2%	N 9,1%	S 31,2%
Gef. C 51,0	H 4,2	O 5,5	N 8,9	S 31,0

4. Tautomeriefähiges Rhodacyanin VIII: 2,2 g VI, 1,4 g 1-2-Dimethylchinoliniummethylsulfat und 20 ccm Pyridin werden 15 Minuten zum Sieden erhitzt, wobei Mercaptanabspaltung stattfindet. Beim Erkalten scheidet sich der Farbstoff (etwa 0,5 g) aus und kann aus ca. 200 ccm Methanol kristallisiert werden. Schmelzpunkt 272°. Zur Herstellung des Perchlorats wird das umkristallisierte Methylsulfat in Methanol gelöst und heiß in eine warme, verdünnte $NaClO_4$-Lösung ge-

geben. Das Perchlorat wird abwechselnd mit heißem Wasser und Methanol gewaschen.

Analyse des Perchlorats:

$C_{23}H_{20}O_5N_3S_2Cl$ (Mol. Gew. 517.8)

Ber. C 53,3	H 3,9	O 15,5	N 8,1	S 12,4
Gef. C 53,5	H 4,0	O 15,3	N 8,3	S 12,0

5. 2-Methylmercapto-3-äthyl-5(2'-3'-Dihydro-3'-methyl-benzthiazolyliden-2')-4-5-dihydrothiazol-4-on-methylsulfat X:

a) Aus VII: 4,5 g VII und 4 g Dimethylsulfat werden im Ölbad erwärmt. Bei einer Badtemperatur von 115—120° steigt die Innentemperatur auf etwa 140° an. Daraufhin läßt man 10 Minuten bei 120° und kühlt dann ab. Die Aufarbeitung erfolgt mit Alkohol und Äther.

b) Aus II: 2 g II (R $= CH_3$) und 1,5 g Dimethylsulfat 25 Minuten auf 130° erhitzen. Die Aufarbeitung erfolgt ebenfalls mit Alkohol und Äther.

Vergleich der Reaktionsprodukte nach a) und b): Je 0,5 g Substanz in 50 ccm Wasser lösen, hierauf 0,6 ccm konzentrierte Natriumperchloratlösung zugeben, absaugen, mit Wasser waschen und aus Aceton umkristallisieren.

Perchlorat von a): Schm.-P. 275—277°
Perchlorat von b): Schm.-P. 272—274°
Misch-Schm.-P. 272—275°

6. Rhodacyanin IX: 1,3 g Quartärsalz X (Anion: SO_4CH_3) hergestellt entweder nach 5a) oder 5b) und 0,82 g 1-2-Dimethylchinoliniummethyl-sulfat sowie 20 ccm Pyridin werden 15 Minuten lang gekocht. Nach 2stündigem Stehen im Kühlschrank werden die grünen Kristalle abgesaugt und mit Methanol gewaschen.

Zur Herstellung der Jodide löst man 1 g der Methylsulfate in 200 ccm heißem Methanol und filtriert in 250 ccm 10%ige Kaliumjodidlösung. Der Niederschlag wird abgesaugt und aus viel Methanol umkristallisiert. Schmelzpunkte und Absorptionsmaxima s. o.

Analyse des Farbstoffjodids:

$C_{24}H_{22}ON_3S_2I$ (Mol. Gew. 559.3)

Ber. C 51,5	H 4,5
Gef. C 51,6	H 4,0

Literatur

[1] I. G. Farbenindustrie AG., DRP 710748.
[2] ILFORD: EP 426718.
[3] HAMER, E. M.: Journ. Chem. Soc. London *1940*, 799.
[4] KÖNIG, W.: J. pr. Chemie **112**, 1 (1926).
[5] WIZINGER, R.: Organische Farbstoffe, Bonn 1933.
[6] DRP 23188 (1882); JACOBSEN, E. u. FRIEDLÄNDER: Fortschritte der Teerfarbenfabrikation, 1877—1887, Bd. I, 161.
[7] SCHULTZ, G.: „Farbstofftabellen" Nr. 917.
[8] SCHULTZ, G.: Chemie d. Steinkohlenteers, Braunschweig 1887—1890, 2. Aufl., S. 574.
[9] WIZINGER, R.: Organische Farbstoffe, Bonn 1953, S. 48.
[10] KUHN, R. u. F. BÄR: Ann. **516**, 155 (1933).
[11] FOERSTER, TH.: Farbe u. Konstitution org. Verbindungen vom Standp. d. mod. physik. Theorie, Zeitschr. f. Elektrochemie **45**, 548—573 (1939).

Einfluß von Substituenten auf die Absorption bei Neutrocyaninen

Von H. VON RINTELEN und O. RIESTER

Unter den Polymethinfarbstoffen gibt es eine Gruppe von nicht ionoiden Farbstoffen, die in einzelnen Typen längst bekannt war, aber erst durch ihre technischen Anwendungsmöglichkeiten näher erforscht worden ist. Z. B. sind die Kondensationsprodukte aus Dialkylaminobenzaldehyden und Cyanessigestern [*1*]:

$$(H_3C)_2N-C_6H_4-CH=C(CN)(COOC_2H_5)$$

als Acetatseidenfarbstoffe, z. B. die Cellitongelbmarken, von Interesse.

Ferner ist das Dimethylaminobenzalrhodanin [*2*]:

$$(H_3C)_2N-C_6H_4-CH=C\langle S-C(=S)-N(H)-C(=O)\rangle$$

schon länger als FEIGLS Reagenz auf Silber bekannt.

Weiterhin stehen in naher Beziehung dazu die später aufgefundenen sogenannten Hemioxonole [3]:

$$(H_3C)_2N-CH(=CH-CH)_n=C\langle S-C(=S)-N(R)-C(=O)\rangle$$

Man kann sich diese letzteren aus den obengenannten Polymethinfarbstoffen formal durch Abspaltung einer Äthylengruppe im Benzolring entstanden denken.

Alle diese Farbstoffe unterscheiden sich von den bekannten basischen Cyaninfarbstoffen vom Typ des Pinacyanols, Astraphloxins u. ä. generell dadurch, daß sie nach außen hin keine elektrische Ladung tragen, sie sind also nicht iononoid, vielmehr enthalten sie den elektrischen Gegensatz innerhalb des Moleküls und wurden deshalb auch von R. WIZINGER als intramolekular-ionoide Farbstoffe bezeichnet. Wegen dieses charakteristischen Merkmals des elektrischen Ungeladenseins, der „Neutralität", wurden sie gemeinsam mit den ähnlich gebauten Merocyaninen, Ketocyaninen usw., von uns unter dem allgemeinen Klassennamen „Neutrocyanine" zusammengefaßt.

Man kann sie demgemäß als eine Kombination je einer Hälfte eines kationischen „basischen" Polymethinfarbstoffes und eines anionischen „sauren" Polymethinfarbstoffs auffassen. Sie bilden infolgedessen eine besondere Gruppe von Polymethinfarbstoffen, die zur Untersuchung von Struktureigenschaften besonders geeignet erscheint.

Wir haben deshalb eine neue Reihe dieser Neutrocyanine synthetisiert, die ihrer Konstitution nach zwischen den Hemioxonolen und den Merocyaninen steht. Ihre allgemeine Formel ist:

$$\begin{array}{l} A \diagdown \\ \quad C(=CH-CH)_n = C \overset{S}{} \quad C=S \\ B \diagup \qquad\qquad\qquad O=C \quad \underset{\underset{R}{|}}{N} \end{array}$$

Darin sollen A und B Gruppen bedeuten, welche die Reste eines anionischen Cyanins sind, also sogenannte basische Gruppen wie Dimethylamino- oder Alkylmercapto-Reste. Zum Unterschied von dieser neuen Reihe von Polymethinfarbstoffen haben die Hemioxonole nur eine dieser Gruppen, während bei den Merocyaninen A und B zu einem Heteroring zusammengeschlossen sind:

$$A-CH(=CH-CH)_n=C \overset{S}{} C=S \quad O=C \; \underset{\underset{R}{|}}{N} \qquad \text{Hemioxonole}$$

$$\overset{A}{(} \; C(=CH-CH)_n=C \overset{S}{} C=S \quad \underset{B}{)} \; O=C \; \underset{\underset{R}{|}}{N} \qquad \text{Merocyanine}$$

Zur Synthese haben wir folgende Wege eingeschlagen: Substituierte Dithiocarbaminsäureester

$$\begin{array}{l} R \diagdown \qquad \diagup\!\!\diagup S \\ \quad N - C \\ R \diagup \qquad \diagdown SR \end{array}$$

werden mit einem Alkylierungsmittel, wie etwa Dimethylsulfat zu Dialkylaminodialkylmercapto-carbeniumsalzen umgesetzt:

$$+RX \longrightarrow \left[\begin{array}{l} R \diagdown \qquad \diagup SR \\ \quad N - C \\ R \diagup \quad \oplus \diagdown SR \end{array}\right]^{+} X^{-}$$

Die Formulierung soll in dieser klaren Strukturformel geschehen, da sie den Eigenschaften der Substanz als ionisiertes Salz und ihren Reaktionsfähigkeiten am besten Ausdruck gibt. Außer dieser einen Extremformel sind auch andere Schreibweisen möglich, wie etwa:

$$\left[\begin{matrix}R\\ \;\end{matrix}\!\!\overset{\oplus}{N}=C\begin{matrix}SR\\SR\end{matrix}\right]^{+}_{} \text{ mit } R_2\overset{\oplus}{N}=C(SR)_2 \;\; X^- \quad \text{oder} \quad \left[R_2N-C(\overset{\oplus}{S}-R)(S-R)\right]^{+} X^-$$

wobei das eine Mal der Stickstoff und das andere Mal der Schwefel als Träger der positiven Ladung fungiert. Tatsächlich stehen diese Formeln in Resonanz, und es ist jeweils die eine oder andere Formel für bestimmte Eigenschaften des Gesamtmoleküls, wie z. B. Absorption oder chemische Reaktionsfähigkeit, vorzuziehen.

Auf einem zweiten Wege wurden dieselben Salze folgendermaßen erhalten:

Ein Dithiokohlensäureesterimid [*4*] lagert ebenfalls Alkylierungsmittel an:

$$R-N=C(SR)_2 + R'X \longrightarrow \left[(R')(R)N-\overset{\oplus}{C}(SR)_2\right]^{+} X^-$$

Es wird also auf beiden Wegen, einmal durch die Alkylierung am Schwefel, das andere Mal am Stickstoff dasselbe Produkt erhalten. Dieser Tatsache wird die Formulierung als Carbeniumsalz am sinnfälligsten gerecht.

Aus diesen neuen Carbeniumsalzen entstehen nun durch Reaktion mit aktiven Methylengruppen, wie sie z. B. im Rhodanin vorhanden sind, unter Abspaltung von einer Alkylmercaptan-Gruppe und Säure, Neutrocyanine mit zwei basischen Gruppen:

$$\left[R_2N-\overset{\oplus}{C}(SR)-SR\right]^{+} X^- + \underbrace{H_2C-S-C(=S)-N(R)-C(=O)}_{\text{Rhodanin}} \xrightarrow[-\,HSR]{-\,HX} R_2N-C(SR)=C\!<\!\begin{matrix}S-C=S\\ C(=O)-N(R)\end{matrix}$$

Diese blaßgelben Methinfarbstoffe sind hier in der klassischen Formulierung als elektrisch neutrales Molekül, d. h. als Neutrocyanin zu erkennen. Ihrem eigentlichen Charakter als innermolekular-polare Farbstoffe wird aber folgende Formulierung besser gerecht:

$$R_2N-\overset{\oplus}{C}(SR)-C\!<\!\begin{matrix}S-C=S\\ C(-{}^{\ominus}O)=\,-N(R)\end{matrix} \quad \text{oder} \quad |R_2N-\overset{\oplus}{C}(SR)-C\!<\!\begin{matrix}S-C=S\\ C(-{}^{\ominus}|\overline{O})=\,-N(R)\end{matrix}$$

bzw. in den mosomeren Formulierungen:

$$R_2\overset{\oplus}{N}=C(SR)-C\!<\!\begin{matrix}S-C=S\\ C(-O^{\ominus})-N(R)\end{matrix} \quad \text{und} \quad R_2N-C(=\overset{\oplus}{S}R)-C\!<\!\begin{matrix}S-C=S\\ C(-O^{\ominus})-N(R)\end{matrix}$$

Daß diese polaren Formulierungen den wesentlichen Kern ihrer Natur besser treffen, wird durch die Tatsache bewiesen, daß die Messungen des Dipolmomentes [*5*], die bei verschiedenen Merocyaninen durchgeführt worden sind, sehr hohe Werte ergeben haben, wie sie sonst bei organischen Substanzen unbekannt sind.

Die vinylenhomologen Neutrocyanine werden aus den Carbeniumsalzen und 5-Äthylidenrhodaninen in entsprechender Weise erhalten:

$$\left[\begin{matrix}R\\R\end{matrix}\!\!>N-\overset{\oplus}{C}\!\begin{matrix}SR\\SR\end{matrix}\right]^{+}X^{-}+H_3C-CH=C\begin{matrix}S-C=S\\ |\qquad |\\ O=C-N-R\end{matrix}\longrightarrow$$

$$\begin{matrix}R\\R\end{matrix}\!\!>N-\overset{SR}{\overset{|}{C}}=CH-CH=C\begin{matrix}S-C=S\\ |\qquad |\\ O=C-N-R\end{matrix}$$

Diese Farbstoffe sind bereits gelborange (Abs.Max. siehe Tabelle).

Diese Farbstoffe sind formal in Vergleich zu setzen mit den Merocyaninen, die einen Thiazolring enthalten [*6*], speziell mit solchen, die sich vom Thiazolidin ableiten:

$$\begin{matrix}H_2C-S\\ |\qquad\\ H_2C-N(R)\end{matrix}\!\!>C=\overset{H}{C}-\overset{H}{C}=C\begin{matrix}S-C=S\\ |\qquad |\\ O=C-N-R\end{matrix}$$

und als deren Ringspaltungsprodukte sie aufgefaßt werden können. Während aber bei den neuen Neutrocyaninen die räumliche Lage der basischen Gruppen nicht festgelegt ist, müssen in den Thiazolidinmerocyaninen die zum Ring geschlossenen basischen Gruppen planar liegen.

Die innermolekular-polare Carbeniumformel läßt besonders gut die im weiteren gefundene Umsetzung verstehen, die durch eine eindeutige Analogie zu den bekannten Umsetzungen basischer (anionischer) Methylmercaptoverbindungen in der Reihe der Pseudocyanine usw. schon länger bekannt ist [*7*]. Es läßt sich nämlich in diesem Neutrocyanin weiterhin die Alkylmercaptogruppe durch eine Aminogruppe austauschen, indem die genannten Neutrocyanine mit primären oder sekundären Aminen erhitzt werden. Es entstehen dann neuartige Neutrocyanine, die eine Symmetrie der „basischen" Seite aufweisen. Sie können als „Amidincyanine" bezeichnet werden.

$$\begin{matrix}RS\\ R_2N\end{matrix}\!\!>C=C\begin{matrix}S-C=S\\ |\qquad |\\ O=C-N-R\end{matrix}\;\xrightarrow[-RSH]{+HNR_2}\;\begin{matrix}R_2N\\ R_2N\end{matrix}\!\!>C=C\begin{matrix}S-C=S\\ |\qquad |\\ O=C-N-R\end{matrix}$$

Es ist nach dem Vorhergegangenen evident, daß man hier die Parallele zu den Imidazolneutrocyaninen [*8*] ziehen kann, insofern als dieser neue Farbstoff formal als deren Ringaufspaltungsprodukt aufgefaßt werden kann. Tatsächlich gelingt es auch, außer den bekannten Benzimidazolneutrocyaninen entsprechende Imidazolidin-Neutrocyanine folgendermaßen herzustellen: Das N,N′-Dialkylimidazolidin-2-thion:

$$H_2C{-}N(R){-}C(=S){-}N(R){-}CH_2 \quad (\text{Ring: } H_2C{-}CH_2)$$

ergibt nach Anlagerung von Dimethylsulfat bei der Kondensation mit Rhodanin unter Abspaltung von Mercaptan und Säure ein Imidazolidinneutrocyanin:

$$\xrightarrow{+RX} \left[H_2C{-}N(R){-}\overset{\oplus}{C}{-}SR{-}N(R){-}CH_2 \right]^+ X^- \xrightarrow{+\text{ Rhodanin}} H_2C{-}N(R){-}C{=}C{-}S{-}C(=S){-}N(R){-}C(=O) \ldots$$

Im folgenden sei auf die Abs.Max. und Extinktionskoeffizienten dieser neuen Farbstoffe im Vergleich mit den bekannten entsprechenden Hemioxonolen hingewiesen:

Tabelle 1. *Absorptionsmaxima (mμ) und max. Extinktion log ε.*

Allgemeine Formel	R = H	R = SCH_3	R = $-N(CH_2{-}CH_2)_2$
$(H_3C)_2N{-}C(R){=}C{-}S{-}C(=S){-}N(C_2H_5){-}C(=O)$	394,5/4,47	416/4,53	396/4,51
$(H_2C{-}CH_2)_2N{-}C(R){=}C{-}S{-}C(=S){-}N(C_2H_5){-}C(=O)$	400/4,52	418,5/4,53	398/4,49
$H_2C(CH_2{-}CH_2)_2N{-}C(R){=}C{-}S{-}C(=S){-}N(C_2H_5){-}C(=O)$	398/4,44	418/4,56	398,5/4,54

Tabelle 2. *Absorptionsmaxima (mμ) und max. Extinction log ε*

Allgemeine Formel	R = H	R = SCH_3	R = $-N\begin{smallmatrix}CH_2-CH_2\\ \vert \\ CH_2-CH_2\end{smallmatrix}$
H_3C R H H S N – C = C – C = C C = S H_3C O = C N C_2H_5	456/4,81	463/4,68	485/4,90
$H_2C—CH_2$ R H H S N – C = C – C = C C = S $H_2C—CH_2$ O = C N C_2H_5	462,5/4,87	476/4,73	492,5/4,89
H_2 H_2 C—C R H H S H_2C N – C = C – C = C C = S C—C O = C N H_2 H_2 C_2H_5	459/4,82	461/4,68	488/4,91

Gemessen in Benzol mit Zeiß-Opton Spektralphotometer mit Monochromator M 4 Q.

In der Reihe der Monomethin-neutrocyanine ist die Verschiebung durch die Methylmercaptogruppe erwartungsgemäß etwa 20 mμ nach langen Wellen, wogegen die Farbstoffe mit einer zweiten Aminogruppe, also die Amidin-neutrocyanine, sich von den einfachen Hemioxonolen fast gar nicht unterscheiden. Man kann diese Tatsache wohl leicht dadurch erklären, daß die eine der Aminogruppen aus der Ebene vollkommen herausgedreht ist und somit an der Gesamtschwingung nicht teilnehmen kann.

Bei den Trimethin-neutrocyaninen sind die methylmercaptosubstituierten Farbstoffe ebenfalls nach langen Wellen verschoben, aber hier weisen die aminosubstituierten Farbstoffe eine noch stärkere Langverschiebung auf. Es kann dies so gedeutet werden, daß hier, wo eine planare Ausbildung des gesamten Moleküls wohl möglich ist, der positivierende Einfluß der beiden Aminogruppen so stark geworden ist, daß sich eine Verstärkung der polarisierten Form herausbilden kann.

Die Substitution des Amin-Stickstoffs ergibt eine maximale Langverschiebung der Absorption beim 5-Ring. Offenbar ist hier im Pyrrolidinring eine Hyperkonjugation möglich, die eine kleine Verlängerung des schwingenden Systems bewirkt Dagegen ist im 6-Ring (Piperidin) bereits wieder eine hypsochrome Wirkung, also eine Annäherung an die nicht ringgeschlossene Dialkylaminosubstitution festzustellen.

Der Vergleich mit den Merocyaninen, bei denen der Ringschluß über die Auxochrome erfolgt, zeigt, daß hier trotz der 2-Auxochrome eine Rückverschiebung durch den Ringschluß eintritt:

	λ max. mμ	lg. ε
Abs. Max. des Imidazolidinmerocyanins XXV	387,5	4,44
„ „ „ Pyrrolidyl-monomethinrhodanins XIX	400	4,52
„ „ „ Bis-Pyrrolidyl-monomethinrhodanins XIV	398	4,49
Abs. Max. des Thiazolidin-merocyanins XXVI	397	4,52
„ „ „ Pyrrolidyl-monomethinrhodanins XIX	400	4,52
„ „ „ Pyrrolidyl-methylmercapto-monomethin-rhodanins II	418,5	4,53

Der hypsochrome Effekt des Ringschlusses ist besonders beim Thiazolidin (II → XXVI) so groß, daß das Abs.Max. fast mit dem des einfachen Pyrrolidyl-monomethinrhodanin zusammenfällt. Die entsprechende Verschiebung beim Imidazolidin muß dann einen stärkeren Unterschied bewirken (XIX zu XIV → XXV).

Bei der vinylenhomologen Reihe wirkt der Ringschluß nur noch schwach hypsochrom (III → XXIX). Hier ist die gegenseitige Beeinflussung der Ringatome weitgehend durch die Dimethin-Kette aufgehoben, und die bathochrome Wirkung der Substitution durch die Alkylmercapto-Gruppe wirkt sich gegenüber dem Pyrrolidyl-trimethinrhodanin voll aus, nahezu gleichgültig, ob ein Ringschluß vorhanden ist oder nicht:

	λ max. mμ	lg. ε
Abs. Max. des Thiazolidin-dimethin-merocyanins XXIX	472,5	4,80
„ „ „ Pyrrolidyl-trimethinrhodanins XXII	462,5	4,87
„ „ „ Pyrrolidyl-methylmercaptotrimethinrhodanins III	476,0	4,73

Besonders wichtig erscheint noch die Steigerung der max. Extinktion beim Übergang zur vinylenhomologen Reihe von durchschnittlich log ε 4,5 auf 4,8. Auch darin kommt zum Ausdruck, daß der Resonanzzustand zwischen den auxochromen Gruppen über die längere Methinkette hinweg sich ungestörter ausbilden kann und somit eine Entkopplung der für die Absorption wichtigen π-Elektronen aus dem Rhodaninring stattfindet.

Experimenteller Teil

Die Darstellung der Dithiocarbaminsäureester erfolgt in bekannter Weise durch Umsetzung von sekundären Aminen mit Schwefelkohlenstoff in alkalischer Lösung und anschließender Veresterung mit Dimethylsulfat.

Di-(methylmercapto)-N-tetramethylenaminocarbeniumperchlorat (I): 16,1 g N-(Tetramethylen)-dithiocarbaminsäuremethylester und 10 ml Dimethylsulfat werden 15 Min. auf dem Dampfbad erhitzt, wobei die Reaktionstemperatur auf 125° steigt. Die abgekühlte Schmelze wird mit 30 ml einer 25%igen Natriumperchloratlösung versetzt und die ausgefallenen Kristalle abgesaugt. Nach Umkristallisieren aus Methanol erhält man farblose Nadeln, Fp. 125°. Ausbeute 21,2 g.

5-[(N-Pyrrolidyl)-(methylmercapto)-monomethin]-3-äthylrhodanin (II): 2,7 g I und 1,4 g 3-Äthylrhodanin werden in 15 ml Pyridin gelöst und mit 1,5 ml Triäthylamin versetzt. Man kondensiert 3 Std. bei 45° und fällt den Farbstoff mit Methanol/Wasser (3 : 1) aus. Der Farbstoff wird aus Methanol umkristallisiert und man erhält gelbe Nadeln, 1,6 g Fp. 118°.

$C_{11}H_{16}ON_2S_3$ (288,42) ber.: N 9,71; gef.: N 9,82.

5-[ω-(N-Pyrroloidyl)-ω-(methylmercapto)-trimethin]-3-äthylrhodanin (III): 2,7 g I und 1,8 g 3-Äthyl-5-äthylidenrhodanin werden wie II behandelt. Nach Umkristallisieren aus Methanol erhält man hellrote Nadeln, 2,6 g Fp. 142°.

$C_{13}H_{18}ON_2S_3$ (314,46) ber.: N 8.91; gef.: N 9,10.

5-[(N-Piperidyl)-(methylmercapto)-monomethin]-3-äthylrhodanin (IV): 1,75 g N-Pentamethylen-dithiocarbaminsäuremethylester werden auf dem Dampfbad 15 Min. lang mit 1 ml Dimethylsulfat verschmolzen, wobei die Temperatur 110° nicht übersteigen soll. Die abgekühlte Schmelze wird mit 1,4 g 3-Äthylrhodanin in 10 ml Pyridin gelöst und 1,5 ml Triäthylamin hinzugefügt. Die weitere Behandlung erfolgt wie II. Nach dem Umkristallisieren aus Methanol erhält man gelbe Nadeln, 1,6 g Fp. 119°.

$C_{12}H_{18}ON_2S_3$ (302,45) ber.: N 9,26 gef.:N 9,10.

5-[ω(N-Piperidyl)-ω-(methylmercapto)-trimethin]-3-äthylrhodanin (V): 1,75 g N-Pentamethylen-dithiocarbaminsäurethylester werden wie IV behandelt und mit 1,8 g 3-Äthyl-3-äthylidenrhodanin in 10 ml Pyridin unter Zusatz von 1,5 ml Triäthylamin kondensiert. Man erhält nach dem Umkristallisieren aus Methanol hellrote Kristalle, 1,2 g Fp. 107°.

$C_{14}H_{20}ON_2S_3$ (328,49) ber.: N 8,53 gef.: N 8,31.

5-[(Dimethylamino)-(methylmercapto)-monomethin]-3-äthylrhodanin (VI): 1,4 g N-Dimethyl-dithiocarbaminsäuremethylester und 1 ml Dimethylsulfat werden miteinander gemischt und 2 Std. auf 25° gehalten. Anschließend wird 15 Min. auf 50° erwärmt und die abgekühlte zähe Schmelze mit 1,4 g 3-Äthylrhodanin in 10 ml Pyridin gelöst und unter Zusatz von 1,5 ml Triäthylamin 3 Std. bei 45° kondensiert. Aufarbeitung wie II. Man erhält nach Umkristallisieren aus Methanol gelbe Nadeln, 1 g Fp. 107°.

$C_9H_{14}ON_2S_3$ (262,39) ber.: N 10,68 gef.: 10,18.

5-[ω-(Dimethylamino)-ω-(methylmercapto)-trimethin]-3-äthylrhodanin (VII): 1,4 g N-Dimethyl-dithiocarbaminsäuremethylester werden wie oben (VI) behandelt und mit 1,8 g 3-Äthyl-5-äthylidenrhodanin unter Zusatz von 1,5 ml Triäthylamin wie VI kondensiert und aufgearbeitet. Man erhält nach Umkristallisieren aus Methanol hellrote Nadeln, 1,1 g Fp. 165°.

$C_{11}H_{16}ON_2S_3$ (288,43) ber.: C 45,80; H 5,59; N 9,71;
gef.: C 45,85; H 5,35; N 9,55.

Die Farbstoffe VI und VII werden auch erhalten, wenn man an Stelle von N-Dimethyl-dithiocarbaminsäuremethylester 1,4 g des Dithiokohlensäure-dimethylestermethylimid mit 1 ml Dimethylsulfat kurz auf 130° erhitzt, dann wird entsprechend wie bei Farbstoff VI und VII weitergearbeitet. Die auf diesem Weg erhaltenen Farbstoffe sind mit VI und VII identisch.

Zur weiteren Identifizierung wurde das Dimethylmercapto-N-dimethylamino-carbeniumperchlorat auf beiden Wegen dargestellt.

1. aus N-Dimethyl-dithiocarbaminsäurmethylester (VIII):

1,4 g werden wie oben angegeben mit 1 ml dimethylsulfat behandelt und mit 5 ml einer 40%igen Natriumperchloratlösung versetzt. Die ausgefallenen Kristalle werden durch Umkristallisieren mit Methanol gereinigt. Farblose Nadeln, 0,9 g, Fp. 96–97°.

2. Aus Dithiokohlensäure-dimethylester-methylimid (IX):

1,4 g werden wie oben beschrieben mit 1 ml Dimethylsulfat umgesetzt und die abgekühlte Schmelze mit 5 ml einer 40%igen Natriumperchloratlösung versetzt. Die ausgefallenen Kristalle werden durch Umkristallisieren gereinigt. Farblose Nadeln, 0,4 g Fp 96°.

Der Mischschmelzpunkt aus beiden Verbindungen ist Fp 96°.

5-[(N-Pyrrolidyl)-(amino)-monomethin]-3-äthylrhodanin (X): 2 g II werden in 10 ml Pyridin gelöst und bei Zimmertemperatur 5 Std. trockenes Ammoniak in die Lösung eingeleitet. Der Farbstoff wird mit Methanol/Wasser (2 : 1) ausgefällt und zweimal aus Methanol umkristallisiert, blaßgelbe Kristalle, 0,8 g Fp. 195°.

$C_{10}H_{15}ON_3S_2$ (257,36) ber.: C 46,65; H 5,87; N 16,32;
gef.: C 46,70; H 5,90; N 16,21.

5-[(N-Pyrrolidyl)-(N-dimethylamin)-monomethin]-3-Äthylrhodanin (XI): 2 g II werden in 30 ml einer 10%igen alkoholischen Dimethylaminlösung gelöst und 4 Std. auf dem Dampfbad unter Rückfluß gekocht. Der Farbstoff wird mit Wasser gefällt und durch Umkristallisieren aus Methanol gereinigt. Blaßgelbe Kristalle, 0,9 g, Fp 135°.

$C_{12}H_{19}ON_3S_2$ (317,47) ber.: N 13,24; gef.: N 13,26.

5-[Bis-(N-pyrrolidyl)-monomethin]-3-äthylrhodanin (XII): 2 g II werden in 10 ml Pyrrolidin 4 Std. auf 65° erwärmt. Man fällt den Farbstoff mit Methanol/Wasser (1 : 1). Nach zweimaligem Umkristallisieren aus Methanol werden blaßgelbe Kristalle erhalten. 1,2 g, Fp. 163°.

$C_{14}H_{21}ON_3S_2$ (311,45) ber.: C 53,99; H 6,80; N 13,49;
gef.: C 54,45; H 7,00; N 13,48.

5-[(N-Pyrrolidyl)-(N-Piperidyl)-monomethin]-3-äthylrhodanin (XIII): 2 g II wurden in 10 ml Piperidin 4 Std. auf 80° erhitzt. Aufarbeitung wie XII. Man kristallisiert aus Methanol um und erhält blaßgelbe Nadeln. 1,3 g, Fp. 178°.

Den gleichen Farbstoff erhält man, wenn IV analog mit Pyrrolidin behandelt wird.

$C_{15}H_{23}ON_3S_2$ (325,48) ber.: N 12,91; gef.: N 12,37.

5-[Bis-(N-Piperidyl)-monomethin]-3-äthylrhodanin (XIV): 2 g IV werden mit 10 ml Piperidin 4 Std. auf 80° erhitzt, Aufarbeitung wie XII. Nach dem Umkristallisieren aus Methanol erhält man blaßgelbe Nadeln, 1 g, Fp. 128°.

$C_{16}H_{25}ON_3S_2$ (257,36) ber.: N 16,32; gef.: N 16,82.

5-[ω-(N-Pyrrolidyl)-ω-(dimethylamin)-trimethin]-3-äthylrhodanin (XV): 2 g VII und 10 ml Pyrrolidin werden 6 Std. auf 30° gehalten, Aufarbeitung wie XII. Man kristallisiert zweimal aus Methanol um und erhält hellrote Kristalle, 0,9 g, Fp. 139°.

$C_{14}H_{21}ON_3S_2$ (311,45) ber.: N 13,49; gef.: N 13,42.

5-[ω-Bis -(N-Pyrrolidyl)-trimethin]-3-äthylrhodanin (XVI): 2 g III werden mit 10 ml Pyrrolidin 2 Std. auf 50° erwärmt, Aufarbeitung wie XII. Nach Umkristallisieren aus Methanol erhält man orangerote Nadeln, 1,2 g, Fp. 174°.

$C_{16}H_{23}ON_3S_2$ (337,48) ber.: N 12,45; gef.: N 12,10.

5-[ω-(N-Pyrrolidyl)-ω-(N-piperidyl)-trimethin]-3-äthylrhodanin (XVII): 2 g V werden mit 10 ml Pyrrolidin 2 Std. auf 35° erwärmt, Aufarbeitung wie XII. Nach dem Umkristallisieren aus Methanol erhält man rote Nadeln, 1,2 g, Fp. 142°.

$C_{17}H_{25}ON_3S_2$ (351,51) ber.: C 58,08; H 7,17; N 11,98;
gef.: C 58,10; H 7,25; N 11,93.

5-(Dimethylamino-monomethin)-3-äthylrhodanin (XVIII): 3 g 5-(N-acetanilido-monomethin)-3-äthylrhodanin läßt man 20 Std. mit einer Lösung von 8 g Dimethylamin und 2 ml Triäthylamin in 20 ml Pyridin bei etwa 20—22° reagieren. Man fällt das Rohprodukt mit Wasser, und nach dem Umkristallisieren aus Methanol erhält man hellgelbe Nadeln, 1 g, Fp. 167°.

5-(N-Pyrrolidyl-monomethin)-3-äthylrhodanin (XIX): 3 g 5-(N-Acetanilidomonomethin)-3-äthylrhodanin wurden mit 4 ml Pyrrolidin in 25 ml Alkohol 2 Std. auf dem Dampfbad erhitzt, Aufarbeitung wie XVIII. Nach dem Umkristallisieren aus Methanol erhält man gelbe Kristalle, 1,1 g Fp. 158—159°.

5-(N-Piperidylmonomethin)-3-äthylrhodanin [*11*] (XX): 3 g 5-(N-Acetanilido-monomethin)-3-äthylylrhodanin wurden mit 5 ml Piperidin in 50 ml Alkohol 4 Std. auf dem Dampfbad erhitzt, Aufarbeitung wie XVIII. Nach dem Umkristallisieren aus Methanol erhält man gelbe Kristalle, 1,6 g, Fp. 153°.

$C_{11}H_{16}ON_2S_2$ (256,37) ber.: C 51.53; H 6,29; N 10,93;
gef.: C 51,25; H 6,10; N 10,47.

5-(ω-Dimethylaminotrimethin)-3-äthylrhodanin (XXI): 2 g 5-[ω-(N-Acet-p-toluidino)-trimethin]-3-äthylrhodanin und 4 g Dimethylaminohydrochlorid werden mit 25 ml Alkohol und 2 ml Triäthylamin 4 Std. auf dem Dampfbad gekocht. Der Farbstoff fällt auf Zugabe von Wasser aus und wird aus Methanol-Chloroform (4 : 1) umkristallisiert. Orangefarbene Kristalle, 0,9 g, Fp. 176°.

5-[ω-(N-Pyrrolidyl)-trimethin]-3-äthylrhodanin (XXII): 2 g 5-[ω-(N-Acet-p-toluidino)-trimethin]-3-äthylrhodanin werden mit 4 ml Pyrrolidin in 25 ml Alkohol 15 Min. auf dem Dampfbad erwärmt. Man arbeitet wie XXI auf und kristallisiert aus Methanol-Chloroform (4 : 3) um. Orangefarbene Kristalle, 1 g, Fp. 214°.

5-[ω-(N-Piperidyl)-trimethin]-3-äthylrhodanin (XXIII): Ansatz analog XXII, nur an Stelle von Pyrrolidin werden 4 ml Piperidin angewandt und 30 Min. auf dem Dampfbad erhitzt. Aufarbeitung wie XXI. Das Reaktionsprodukt wird aus Methanol-Chloroform (2 : 1) umkristallisiert. Orangefarbene Kristalle, 1 g, Fp. 192—193°.

1,3-Dimethylimidazolidin-2-thion (XXIV): In eine Lösung von 160 g s-Dimethyläthylendiamin und 600 ml 50%igen Alkohol werden im Lauf von 2 Stunden 121 ml Schwefelkohlenstoff unter Rühren eingetropft, wobei die Temperatur auf etwa 50—55° steigt. Anschließend wird 1 Stunde unter Rückfluß gekocht. Man gibt 15 ml konz. Salzsäure hinzu und kocht weitere 10 Stunden. Aus der gekühlten Reaktionslösung scheiden sich farblose Kristalle ab. 130 g, Fp. 110—111°.

5'-[2-(1,3-Dimethylimidazolin)]-3'-äthylrhodanin (XXV): 1,3 g 1,3-Dimethylimidazolidin-2-thion und 1 ml Dimethylsulfat werden miteinander verrührt, wobei die Temperatur auf 75° steigt. Die Schmelze wird noch 10 Min. auf dem Dampfbad erhitzt, abgekühlt und in 10 ml Pyridin mit 1,6 g N-Äthylrhodanin gelöst. Man versetzt die Lösung mit 1,5 ml Triäthylamin und läßt 24 Stunden bei Raumtemperatur stehen. Nachdem das Pyridin im Vakuum abdestilliert ist, wird der Rückstand mit Methanol zur Kristallisation gebracht. Nach zweimaligem Umkristallisieren aus Toluol erhält man 0,5 g gelbe Kristalle. Fp. 175—76°.

$C_{10}H_{15}ON_3S_2$ (257,36) ber.: N 16,33; gef.: N 15,92.

5'-[2-(3-Äthylthiazolidin)]-3'-äthylrhodanin XXVI: 13,5 g 2-Methylmercaptothiazolin [*9*] werden mit 10 ml Jodäthan 12 Std. unter Rückfluß im Dampfbad erhitzt. Die erhaltenen Kristalle des 2-Methylmercapto-3-äthylthiazoliniumjodids werden unter trockenem Aceton zerrieben. Ausbeute 14 g. Das Salz kann ohne weitere Reinigung unmittelbar zur Farbstoffkondensation verwendet werden:

6 g dieses Thiazoliniumjodids werden mit 3 g 3-Äthylrhodanin in 30 ml wasserfreiem Methanol unter Zugabe von 3 ml Triäthylamin 12 Std. bei 20° kondensiert. Der langsam auskristallisierende Farbstoff wird wie üblich aufgearbeitet. Hellgelbe Nadeln. Fp. 215°.

5'-[2-(3-Äthylthiazolidin)-dimethin]3'-äthylrhodanin XXIX:

10 g 3-Äthyl-thiazolidin-2-methylen-ω-aldehyd Fp. 57° [*10*] und 10 g 3-Äthylrhodanin werden mit 10 ml Pyridin und 20 ccm Essigsäurehydrid 30 Minuten auf dem Dampfbad erhitzt. Nach Zugabe von 200 ccm Isopropanol kristallisiert der Farbstoff aus. Nach dem Umkristallisieren aus 200 ml Chloroform und 200 ml Methanol erhält man orangengelbe Kristalle. 7,5 g. Fp. 164°.

Literatur

[*1*] Kaufmann, H.: B **50**, 515 (1917).
[*2*] Andreasch, R., u. A. Zipser: Mh. Chem. **26**, 1203 (1905).
[*3*] Keyes, G. H.: USP 2186608 (4. 6. 1937/9. 1. 1940).
[*4*] Delépine, Bl. 3, 15,893; Cr. 132, 1417.
[*5*] Brooker, L. G. S., G. H. Keyes, R. H. Spragne, R. H. Van Dyke, E. Van Lare, G. Van Zandt, F. L. White: J. A. Ch. Soc. **73** (1951) S. 5346.
[*6*] BP 428359, Ilford.
[*7*] I.G. Farben, DRP 710748. Dr. Walter, Dr. Dürr.
[*8*] DBP 821524, Farbenfabriken Bayer, Riester (1. 11. 1949/19. 11. 1951).
[*9*] Gabriel, S.: Ber. **22**, 1153 (1889).
[*10*] Hergestellt nach DRP 679282 vom 4. 12. 1936/3. 8. 1939, N. Roh, I.G. Farbenindustrie AG, Siehe auch USP 2165692 v. 25. 3. 1938/11. 7. 1939 (L. G. S. Brooker) Eastman Kodak Comp.
[*11*] US P 2,186,608, G. H. Keyes. 4. 6. 1937 / 9. 1 1940.

Untersuchungen über die Wirkung von aufeinanderfolgenden Doppelbelichtungen

Von H. Frieser und J. Eggers

I. Einleitung

Das Studium der Wirkung von Doppelbelichtungen ist aus zwei Gründen von großem Interesse. Einmal ist es möglich, wie vor allem Berg, Burton u. a. [1] gezeigt haben, aus dem Verhalten von photographischen Materialien bei aufeinanderfolgenden Belichtungen wichtige Schlüsse auf die Natur des latenten Bildes zu ziehen. Der andere Grund ist, daß man hofft, durch Zusatzbelichtungen eine Erhöhung der Empfindlichkeit und eine Veränderung der Gradation zu erhalten. In der photographischen Literatur ist eine große Zahl von Veröffentlichungen über dieses Gebiet erschienen, die sich z. T. widersprechen. Erst in den letzten Jahren wurde vor allem durch die genannten Arbeiten von Berg einige Klarheit gebracht und gezeigt, daß es sehr stark von den Belichtungsbedingungen abhängt, unter denen die zusätzliche Vor- oder Nachbelichtung ausgeführt wird, ob eine Empfindlichkeitssteigerung eintritt oder nicht. Eine Erhöhung der Empfindlichkeit durch eine gleichmäßige Nachbelichtung bezeichnet man im allgemeinen als Latensifikation, um zu zeigen, daß hier eine Beeinflussung des latenten Bildes vorliegt. Erfolgt die gleichmäßige Belichtung vor der eigentlichen bildmäßigen Hauptbelichtung, so soll von Hypersensibilisierung gesprochen werden.

Die vorliegende Arbeit hat den Zweck, die Verhältnisse bei Doppelbelichtungen unter Berücksichtigung der Abweichungen vom Reziprozitätsgesetz zu klären und weiteres experimentelles Material zu beschaffen. Es wird bei einigen handelsüblichen Filmen festgestellt, welche Änderungen der Empfindlichkeiten durch verschiedenartige Vor- oder Nachbelichtungen erzeugt werden.

Zur Wiedergabe der Versuchsergebnisse sind geeignete Darstellungsmethoden erforderlich, von denen einige im folgenden mitgeteilt werden.

II. Die verschiedenen Darstellungsmethoden

1. Summation von Belichtungen. Nach der hier vertretenen Auffassung liegt dann Latensifikation vor, wenn sich die durch Doppelbelichtung erzeugte Schwärzung von *der* Schwärzung unterscheidet, welche durch einfache Summierung der Belichtungen entstehen würde. Liegt keine Latensifikation vor, so muß man annehmen, daß die Natur des bei der Belichtung entstandenen latenten Bildes unabhängig von der Art der Vorbelichtung ist. In diesem Fall ist es für die Wirkung der Zweitbelichtung (E_2, t_2) gleich, ob diese auf ein durch die Erstbelichtung (E_1, t_1) erzeugtes latentes Bild einwirkt oder auf eines, welches zur selben Schwärzung S_1 wie die Erstbelichtung allein führt, aber mit der Intensität der Zweitbelichtung (E_2) erzeugt wurde. Die dazu erforderliche Belichtungszeit sei t_2'. Man faßt also die zweite Belichtung als Fortsetzung einer Belichtung auf, welche mit der Beleuchtungsstärke E_2 durchgeführt wird und dieselbe Schwärzung S_1 erzeugt, wie sie sich bei der Erstbelichtung allein ergeben hat.

Wenn die Natur des latenten Bildes, das bei der Entwicklung zur Schwärzung S_1 führt, unabhängig davon ist, ob es bei der Beleuchtungsstärke E_1 oder E_2 hergestellt wurde, muß sich die durch die Doppelbelichtung erhaltene Schwärzung $S_{1,2}$ berechnen lassen. Abweichungen davon würden also darauf hindeuten, daß die latenten Bilder nicht identisch sind, und zwar liegt bei größerer Schwärzung nach obiger Definition Latensifikation bzw. Hypersensibilisierung, bei kleinerer eine Desensibilisierung vor.

Die Berechnung läßt sich folgendermaßen formulieren:

$$S_1 = f(E_1, t_1) = f(E_2, t_2') \tag{1}$$

$$S_{1,2} = f[E_2(t_2' + t_2)]. \tag{2}$$

($S_{1,2}$: Bei Doppelbelichtung erzielte Schwärzung.)

Für die Abhängigkeit der Schwärzung von der Belichtung (Schwärzungsgesetz) gilt dabei:

$$S = f(E, t). \tag{3}$$

Am einfachsten liegen die Verhältnisse, wenn das Reziprozitätsgesetz gilt, wenn also

$$S = f(E \cdot t) \text{ ist.} \tag{4}$$

Eine einfache Umzeichnung ist aber auch möglich, wenn Schwärzungskurven mit Zeitskalen gegeben sind und ein Schwärzungsgesetz $S = f[v(E) \cdot t]$ gilt, von dem das SCHWARZSCHILDsche Gesetz ein Spezialfall ist: $S = f(E^q \cdot t)$. Die Konstruktion ist in Abb. 1 gezeigt.

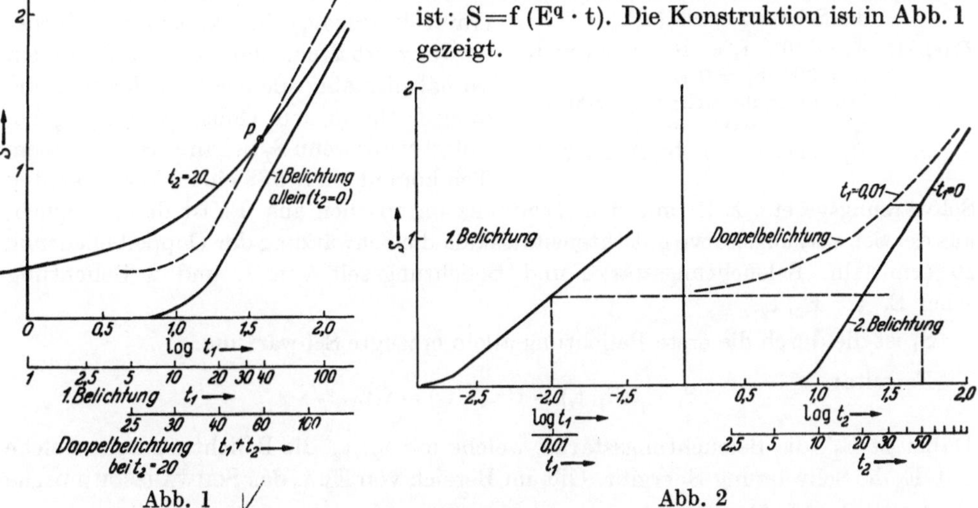

Abb. 1 Abb. 2

Abb. 1. Konstruktion der Schwärzung bei Doppelbelichtung bei gegebener Schwärzungskurve (Zeitskala) und Gültigkeit des Schwärzungsgesetzes $S = f[v(E) \cdot t]$.

Beispiel: Bei $t_1 = 20$, $t_2 = 20$ erhält man die Schwärzung $S_{1,2} = 0{,}88$, welche der Belichtungszeit $t_1 + t_2 = 40$ entspricht. Gestrichelte Kurve und Punkt P siehe Abschnitt I, 5.

Abb. 2. Konstruktion der Schwärzungskurve bei Doppelbelichtung bei gegebenen Schwärzungskurven (Zeitskala) der Einzelbelichtungen (Zeitskalen).

Beispiel: $t_1 = 0{,}01$ $S_1 = 0{,}6$ $t_2' = 20$

Bei $t_2 = 30$ ist $t_2' + t_2 = 50$; entsprechend $S_{1,2} = 1{,}2$.

Ist das allgemeine Schwärzungsgesetz (3) erfüllt und sind die Schwärzungskurven mit Zeitskalen gegeben, so gilt die in Abb. 2 angegebene Konstruktion. Führt man diese für eine konstante Vorbelichtungszeit (t_1) und verschiedene (t_2) durch, so erhält man die Schwärzungskurve mit Zeitskala bei Vorbelichtung, wie es in Abb. 2 für $t_1 = 0{,}01$ angegeben ist. Eine entsprechende Konstruktion ist möglich, wenn die Reihenfolge vertauscht wird. Man erhält aber bei Vertauschung nur dann dieselben Ergebnisse, wenn die Kurven der Einzelbelichtungen parallel verlaufen.

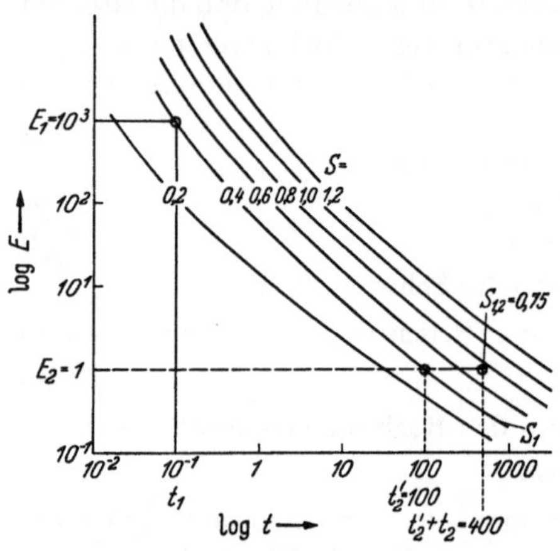

Abb. 3. Konstruktion der Schwärzungskurve bei Doppelbelichtung für Intensitätsskala aus der Schwärzungsfläche.

Beispiel: $E_1 = 10^3$, $t_1 = 10^{-1}$; $E_2 = 1$, $t_2 = 300$, $S_1 = 0{,}4$.
Daraus ergibt sich: $t_2' = 100$
$t_2' + t_2 = 400$
E_2 und $t_2' + t_2$ ergibt: $S_{1,2} = 0{,}75$.

Um diese Umzeichnung bei Schwärzungskurven mit Intensitätsskalen durchzuführen, kommt man mit den Schwärzungskurven der Einzelbelichtungen nicht aus. Man braucht eine Kenntnis der Funktion f (E, t) in einem größeren Bereich. Bei der Darstellung in Abb. 3 wird der Grundriß der Schwärzungsfläche nach ARENS [2] zugrunde gelegt. Die ausgezogenen Kurven sind Linien gleicher Schwärzung. Die Konstruktion, die für den Wert $E_2 = 1$ beispielsweise gezeigt wird, kann man in derselben Weise auch für andere E_2 durchführen und so die Schwärzungskurven (Intensitätsskala) bei konstanter Vorbelichtung erhalten. Man sieht, daß nur ein verhältnismäßig kleiner Teil der Schwärzungsfläche in dem Gebiet von E_2, t_2 benötigt wird, wenn S_1 bekannt ist. In diesem Teil kommt man mit einem vereinfachten Schwärzungsgesetz, z. B. mit dem SCHWARZSCHILDschen aus. Es ist dann möglich, aus der Schwärzungskurve mit Intensitätsskala die Schwärzung der Doppelbelichtung zu ermitteln. Beleuchtungsstärke und Belichtungszeit von 1. und 2. Belichtung seien E_1, t_1; E_2, t_2.

S_1 ist die durch die erste Belichtung allein erzeugte Schwärzung.

Es gelte:

$$S_1 = f(E_1, t_1) = f(E_2'', t_2) = f(E_2, t_2').$$

Dabei ist E_2'' die Beleuchtungsstärke, welche mit t_2; t_2' die Belichtungszeit, welche mit E_2 die Schwärzung S_1 ergibt. Gilt im Bereich von E_2, t_2 das SCHWARZSCHILDsche Gesetz $S = f_2\,(E^q \cdot t)$, so ist

$$E_2''^q\, t_2 = E_2^q\, t_2'.$$

Für die Schwärzung der Doppelbelichtung erhält man:

$$S_{1,2} = f_2\,[E_2^2(t_2' + t_2)] = f_2\Big(E_2^q\,\frac{E_2''^q\, t_2}{E_2^q} + E_2^q\, t_2\Big) = f_2[(E_2''^q + E_2^q)\, t_2].$$

E'' kann man aus der Schwärzungskurve der Zweitbelichtung entnehmen. Mit derselben Kurve erhält man $S_{1,2}$ entsprechend einer Belichtung $(E_2''^q + E_2^q)^{\frac{1}{q}}$.

2. Näherungsverfahren zur Ermittlung der Größe der Latensifikation bzw. Hypersensibilisierung (Methode A). Da im allgemeinen aus experimentellen Gründen und in Anlehnung an die Praxis nur Intensitätsskalen verwendet werden und der SCHWARZSCHILDexponent meistens nicht bekannt ist, wurde eine andere Darstellungsart gesucht, welche es gestattet, mit logarithmischen Intensitätsskalen zu arbeiten, wie sie durch Belichtung zweier Stufenkeile, welche in ihren Stufenrichtungen senkrecht zueinander stehen, erhalten werden. Zur graphischen Ermittlung (Abb. 4) wird als Abszisse die Intensität der Hauptbelichtung in logarithmischem Maßstab ($\log E_1$), als Ordinate die Schwärzung S und als Parameter die Intensität der Zusatzbelichtung (E_2), in diesem Beispiel E_{2C}, gewählt. Als Vergleichsbelichtung dient eine Doppelbelichtung, die sich aus einer abgestuften Vorbelichtung ($E_2 \cdot t_2$) und einer Nachbelichtung mit der gleichen Belichtungszeit ($E_{2C} \cdot t_2$) zusammensetzt. Man benötigt für die Konstruktion die logarithmischen Schwärzungskurven der Belichtungen ($E_1 \cdot t_1$) und ($E_2 \cdot t_2$) allein sowie der Doppelbelichtungen ($E_1 \cdot t_1$) + ($E_{2C} \cdot t_2$) und ($E_2 \cdot t_2$) + ($E_{2C} \cdot t_2$), welche man aus Doppelbelichtungen mit senkrecht zueinanderstehenden Stufenkeilrichtungen der Vor- und Nachbelichtung bekommt.

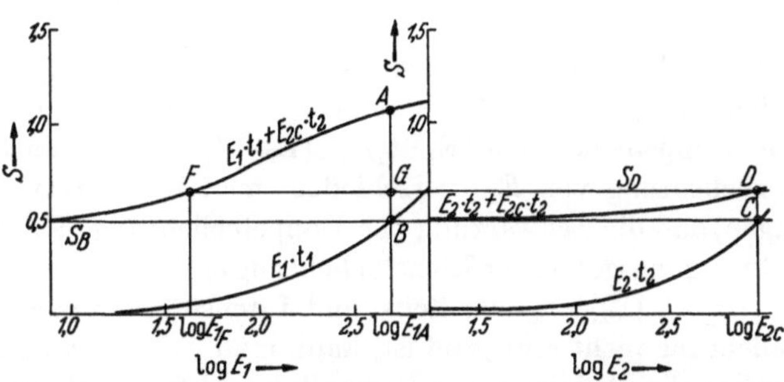

Abb. 4. Graphische Ermittlung der zu erwartenden Schwärzung einer Doppelbelichtung ($E_1 \cdot t_1$) + ($E_{2C} \cdot t_2$) durch Vergleich mit einer Doppelbelichtung ($E_2 \cdot t_2$) + ($E_{2C} \cdot t_2$) unter Verwendung logarithmischer Intensitätsskalen.

A = gemessener Punkt, G = konstruierter Punkt unter den gemachten Voraussetzungen.

$\log E_{1A}$ = graphisch berechnete Intensität zur Erzeugung von S_D.

$\log E_{1F}$ = gemessene Intensität zur Erzeugung von S_G.

Zu einem Punkt A auf der Kurve ($E_1 \cdot t_1$) + ($E_{2C} \cdot t_2$) mit der Schwärzung S_A und dem Abszissenwert $\log E_{1A}$ gibt der Punkt B auf der Kurve ($E_1 \cdot t_1$) mit dem gleichen $\log E_1$-Wert die Schwärzung S_B an, die entsteht, wenn allein kurz aufbelichtet wird. Um die gleiche Schwärzung S_B mit der Belichtung ($E_2 \cdot t_2$) zu erzeugen, muß man mit der Intensität E_{2C} aufstrahlen. Fügt man dieser Belichtung noch die gleiche Zusatzbelichtung ($E_{2C} \cdot t_2$) hinzu, wie sie die Belichtung ($E_1 \cdot t_1$) erhielt, so bekommt man die Schwärzung S_D. Die Differenz $S_A - S_D$ oder $\log E_{1A} - \log E_{1F}$ ist ein Maß für den Einfluß des Intensitäts- und Belichtungszeitunterschieds. Der Punkt G müßte sich an Stelle von A ergeben, wenn die photographische Schicht unabhängig von der Intensität der Vorbelichtung reagieren würde. Eine entsprechende Konstruktion ergibt sich, wenn man E_2 als Hauptbelichtung auffaßt.

Die beschriebene graphische Ermittlung der Schwärzungskurvenveränderung, welche bei einer Doppelbelichtung durch Benutzung unterschiedlicher Belichtungszeiten und Intensitäten hervorgerufen wird, macht die zwei schon eingangs gemachten Annahmen:

1. Die Schicht weiß bei der Zweitbelichtung nichts von der Art der ersten Belichtung.

2. Bei einer Doppelbelichtung mit zwei gleichen Intensitäten entspricht die Fortsetzung der ersten Belichtung durch die zweite Belichtung einfach einer verlängerten Belichtungszeit, die Schwärzung der Doppelbelichtung wird nur durch das Schwärzungsgesetz für die Zeitskalen-Schwärzungskurve bestimmt. Hier treten also keine weiteren Effekte auf, sie stellt den Normalfall dar.

In der Darstellung der Abb. 4 werden nun aber stets Intensitätsskalen benutzt, deshalb gilt der oben definierte Normalfall bei dem gegebenen Beispiel mit der Nachbelichtung ($E_{2C} \cdot t_2$) exakt nur für den gewählten Wert $E_1 = E_{1A}$, denn dann wird

$$S_B = f(E_{1A}, t_1) = S_C = f(E_{2C}, t_2),$$

d. h. die Vergleichsvorbelichtung ($E_2 \cdot t_2$) hat die gleiche Intensität wie die Nachbelichtung ($E_{2C} \cdot t_2$.) Wählt man irgendeinen anderen Punkt der Schwärzungskurve der Doppelbelichtung $(E_1 \cdot t_1) + (E_{2C} \cdot t_2)$, so ist die Intensität E_2 der Vergleichsvorbelichtung von E_{2C} verschieden, man kann also strenggenommen nicht mehr sagen, daß die Schwärzung der Doppelbelichtung $(E_2 \cdot t_2) + (E_{2C} \cdot t_2)$ sich nach dem Schwärzungsgesetz der Einzelbelichtung ergibt. Wenn jedoch bei der Doppelbelichtung $(E_2 \cdot t_2) + (E_{2C} \cdot t_2)$ der Zeit- und Intensitätsunterschied zwischen Vor- und Nachbelichtung nicht sehr groß ist, kann man näherungsweise für den gesamten Kurvenbereich die Definition des Normalfalles aufrechterhalten. Um zu einer praktischen graphischen Darstellung der Abweichungen vom Normalfall zu gelangen, trägt man die erhaltenen Werte von log E_{1A} und log E_{1F}, d. h. die unter den gegebenen Gesichtspunkten zur Erzeugung einer bestimmten Schwärzung zu erwartende Belichtung gegenüber der tatsächlich gefundenen, in einem Koordinatensystem gegeneinander auf (vgl. Abb. 7).

Der Abstand von der Diagonalen ist dabei ein Maß für die Veränderung des latenten Bildes durch die unterschiedliche Intensität und Belichtungszeit zwischen Hilfs- und Hauptbelichtung.

3. Summengesetz bei Doppelbelichtungen (Methode B). Eine andere Darstellung der Wirkung der Doppelbelichtung erhält man durch Eintragung von Kurven gleicher Schwärzung in ein rechtwinkliges Koordinatensystem, dessen Achsen den Logarithmen von 1. und 2. Belichtung entsprechen. Diese Darstellung ist der Grundriß einer Schwärzungsfläche (Schwärzung = 3. Koordinate), die der von ARENS [*2*] angegebenen ähnlich ist. Abb. 5 zeigt ein Beispiel, in dem analog zu der Darstellung nach ARENS Schnitte durch die Fläche angegeben sind, welche den Schwärzungskurven bei verschiedenen Zusatzbelichtungen entsprechen.

Würde für die Summierung ein Summengesetz gelten, welches dem von VAN KREFELD [*3*] für die Summierung von verschieden farbigen Belichtungen angegebenen entspricht, so würden in numerischer Darstellung gerade Linien, bei logarithmischer die in Abb. 5 gestrichelt angegebenen Kurven erhalten.

Es ist von Interesse zu untersuchen, ob und unter welchen Bedingungen die Gültigkeit dieses einfachen Summengesetzes zu erwarten ist. Bei der folgenden Ableitung wird die bereits eingangs gemachte Voraussetzung benutzt, daß die Natur des latenten Bildes von den Belichtungsbedingungen unabhängig ist, was für verschieden farbige Belichtungen im wesentlichen zutrifft.

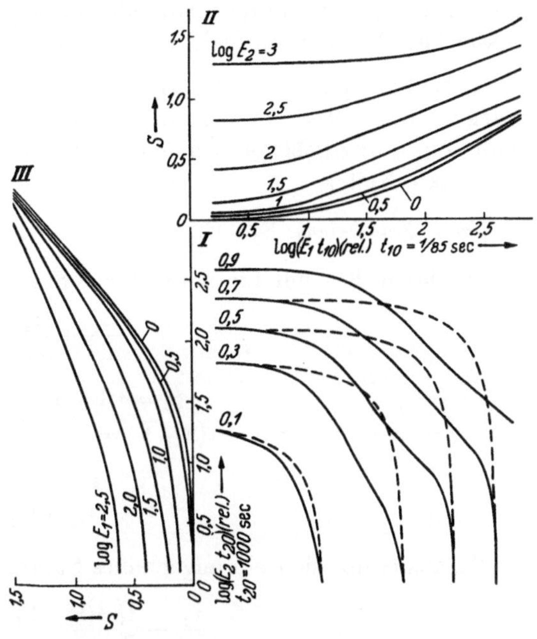

Abb. 5. Darstellung der Summierung der Einwirkungen von zwei aufeinanderfolgenden Belichtungen $(E_1 \cdot t_{10}) + (E_2 \cdot t_{20})$.

I. Grundriß
Abszisse: $\log (E_1 \cdot t_{10})$ (rel.)
Ordinate: $\log (E_2 \cdot t_{20})$ (rel.)
Parameter: Schwärzung über dem Schleier.
Die gestrichelten Kurven sind die nach dem einfachen Summengesetz zu erwartenden Kurven der angegebenen Schwärzung über dem Schleier.

II. Schnitt senkrecht zur Ordinate des Grundrisses
Abszisse: Abszisse des Grundrisses
Ordinate: Schwärzung über Schleier
Parameter: Verschiedene Werte von $\log (E_2 \cdot t_{20})$

III. Schnitt senkrecht zur Abszisse des Grundrisses
Abszisse: Ordinate des Grundrisses
Ordinate: Schwärzung über Schleier
Parameter: Verschiedene Werte von $\log (E_1 \cdot t_{10})$

Belichtung: $t_{10} = 1/85$ Sek.; $t_{20} = 1000$ Sek.
Material: Agfa Isopan F-Rollfilm
Entwicklung: 9 Min. Kornaußenentwickler (Glycin, Pottasche, Soda ohne Sulfit).

Für die Berechnungen werden folgende Symbole eingeführt:

t_1, t_2 Belichtungszeit bei erster und zweiter Belichtung.
E_1, E_2 Beleuchtungsstärke bei erster und zweiter Belichtung.
S_1 Schwärzung erzeugt durch eine Belichtung allein.
$S_{1,2}$ Schwärzung erzeugt durch Doppelbelichtung.
$\tilde{E}_1 \tilde{t}_1$ bzw. $\tilde{E}_2 \tilde{t}_2$ Durch diese Beleuchtungsstärke und Belichtungszeit wird die Schwärzung $S_{1,2}$ bei einer Einzelbelichtung erhalten.
$S = f(E, t)$ Gleichung der Schwärzungsfläche.

Die Rechnung erfolgt folgendermaßen:

Nach der Annahme ist das latente Bild dasselbe, ob es durch E_1 und t_1 oder durch E_1 und t_2' erzeugt wird, wenn jede dieser Belichtungen zur Schwärzung S_1 führt.

$$S_1 = f(E_1, t_1) = f(E_2, t_2') \tag{5}$$

Die zweite Belichtung ist dann eine Fortsetzung der ersten Belichtung mit der Intensität E_2 und der Zeit t_2, und man erhält:

$$S_{1,2} = f[E_2, (t_2' + t_2)] \tag{6}$$

t_2' ist eine Funktion φ von E_1, E_2 und t_1.

$$t_2' = t_1\, \varphi(E_1, E_2, t_1) \tag{7}$$

und man erhält:

$$S_{1,2} = f\{E_2, [t_1\, \varphi(E_1, E_2, t_1) + t_2]\}. \tag{8}$$

Die weitere Untersuchung soll für folgende zwei Fälle durchgeführt werden:

1. $E_1 = E_{10} = \text{konstant}$; $E_2 = E_{20} = \text{konstant}$. Verändert werden die Belichtungszeiten. Die Achsen in der Darstellung entsprechen Zeitskalen. Dieser Fall läßt sich besser berechnen, er entspricht aber nicht dem experimentell untersuchten.

2. $t_1 = t_{10} = \text{konstant}$; $t_2 = t_{20} = \text{konstant}$. Verändert werden die Beleuchtungsstärken. Die Achsen entsprechen Intensitätsskalen. Dieser Fall entspricht den in Abb. 5 u. 8 angegebenen Versuchen. Er ist experimentell leichter zu verwirklichen (gekreuzte Keile).

Zu 1 (Zeitskalen). $E_1 = E_{10} = \text{konstant}$; $E_2 = E_{20} = \text{konstant}$.

In diesem Fall gilt für das einfache Summengesetz:

$$\frac{t_1}{\widetilde{t}_1} + \frac{t_2}{\widetilde{t}_2} = 1 \tag{9}$$

$$S_1 = f(E_{10}, t_1) = f(E_{20}, t_2') \tag{10}$$

$$S_{1,2} = f(E_{10}, \widetilde{t}_1) = f(E_{20}, \widetilde{t}_2) = f[E_{20}\,(t_2' + t_2)] \tag{11}$$

$$t_2' + t_2 = \widehat{t}_2 \tag{11a}$$

$$t_2' = t_1\, \varphi(E_{10}, E_{20}, t_1) \tag{12}$$

Daraus ergibt sich ein allgemeines Summengesetz:

$$\frac{t_2}{\widetilde{t}_2} + \frac{t_1\, \varphi(E_{10}, E_{20}, t_1)}{\widetilde{t}_1\, \varphi(E_{10}, E_{20}, \widetilde{t}_1)} = 1 \tag{13}$$

Gleichung (13) geht in die des einfachen Gesetzes über (9), wenn $\varphi = \text{konstant}$ ist. Das entspricht einem Schwärzungsgesetz von der Form $S = f\,[v(E)\,t]$, einer Verallgemeinerung der SCHWARZSCHILDschen Formel: $S = f\,(E^q \cdot t)$.

Für $\varphi = \text{konstant}$ verlaufen die Schwärzungskurven (Zeitskala) parallel. Nur in diesem Fall gilt also das einfache Summengesetz, und nur dann ist die Reihenfolge der Belichtungen umkehrbar. Dies sieht man sofort ein, wenn man Gleichung (13) für die umgekehrte Reihenfolge der Belichtungen hinschreibt.

$$\frac{t_1}{\widetilde{t}_1} + \frac{t_2\, \varphi(E_{20}, E_{10}, t_2)}{\widetilde{t}_2\, \varphi(E_{20}, E_{10}, \widetilde{t}_2)} = 1 \tag{14}$$

(14) und (13) sind aber nur identisch, wenn φ konstant ist. Differenziert man Gleichung (12) logarithmisch, dividiert durch die $d \lg t_1$ bzw. $d \lg t_2'$ entsprechende Schwärzungsdifferenz dS und bedenkt, daß

$$\frac{dS}{d \lg t_1} = G_1 \quad \text{und} \quad \frac{dS}{d \lg t_2'} = G_2$$

die Neigungen der Schwärzungskurve bedeuten, so gilt:

$$\frac{1}{G_2} = \frac{1}{G_1} + \frac{d \lg \varphi(E_{10}, E_{20}, t_1)}{G_1\, d \lg t} \tag{15}$$

$$\frac{G_1}{G_2} = 1 + \frac{d \lg \varphi(E_{10}, E_{20}, t_1)}{d \lg t_2} \tag{16}$$

Für den Fall, daß $\frac{G_1}{G_2}$ konstant, also unabhängig von der Schwärzung ist, d. h. die eine Schwärzungskurve durch Multiplikation der Ordinate mit einem konstanten Faktor in die andere übergeht, erhält man:

$$\varphi(E_{10}, E_{20}, t_1) = t_1^{\frac{G_1}{G_2} - 1} \tag{17}$$

und mit (13)

$$\frac{t_2}{\tilde{t}_2} + \left(\frac{t_1}{\tilde{t}_1}\right)^{\frac{G_1}{G_2}} = 1 \tag{18}$$

Zu 2 (Intensitätsskalen) $t_1 = t_{10} =$ konstant; $t_2 = t_{20} =$ konstant. Für das einfache Summengesetz gilt

$$\frac{E_1}{\tilde{E}_1} + \frac{E_2}{\tilde{E}_2} = 1 \tag{19}$$

Es ist:

$$S_1 = f(E_1, t_{10}) = f(E_2, t_2') \tag{20}$$

$$S_{1,2} = f(\tilde{E}_1, t_{10}) = f(\tilde{E}_2, E_{20}) = f[\tilde{E}_2 (t_{20} + t_2')]. \tag{21}$$

Um zu einer übersichtlichen Lösung zu kommen, setzt man als Lösung der Gleichungen (20) und (21)

$$t_2' = \frac{E_1}{E_2}\, \psi(E_1, t_{10}, E_2) \tag{22}$$

$$t_{20} + t_2' = \frac{\tilde{E}_2}{E_2}\, \psi(\tilde{E}_2, t_{20}, E_2) \tag{23}$$

Nach E_2 aufgelöst ergibt sich:

$$E_2 = \frac{\tilde{E}_2\, \psi(\tilde{E}_2, t_{20}, E_2) - E_1\, \psi(E_1, t_{10}, E_2)}{t_{20}} \tag{24}$$

Da gilt: (21)

$$t_{20} = \frac{\tilde{E}_1}{\tilde{E}_2}\, \psi(\tilde{E}_1, t_{10}, \tilde{E}_2) \tag{25}$$

so findet man ein Summengesetz folgender Form:

$$\frac{E_2}{\tilde{E}_2} + \frac{E_1}{\tilde{E}_1} \cdot \frac{\psi(E_1, t_{10}, E_2)}{\psi(\tilde{E}_1, t_{10}, \tilde{E}_2)} = \frac{\tilde{E}_2\, \psi(\tilde{E}_2, t_{20}, E_2)}{\tilde{E}_1\, \psi(\tilde{E}_1, t_{10}, \tilde{E}_2)} \tag{26}$$

Aus dieser Gleichung erhält man das einfache Summengesetz (19), wenn die Funktion ψ so beschaffen ist, daß $\psi(x, y, z) = y$, das ist dann der Fall, wenn das Reziprozitätsgesetz $S = f(E \cdot t)$ gilt, da dann $\tilde{E}_1 \cdot t_{10} = \tilde{E}_2 \cdot t_{20}$ ist.

Aus den Ausführungen folgt, daß aus einer Abweichung der experimentell gefundenen Schwärzungsfläche von der, welche man nach dem einfachen Summengesetz erwarten müßte, noch nicht unbedingt auf eine Verschiedenheit des latenten Bildes geschlossen werden kann. Eine angenäherte Berechnung der Kurven gleicher Schwärzung kann bei Intensitätsskala folgendermaßen erfolgen: Man nimmt an, daß in einem Bereich um die Belichtung $E_2 \cdot t_{20}$ das folgende Schwärzungsgesetz gilt: (Der Index 2 soll auf die Gültigkeit im Bereich der zweiten Belichtung deuten):

$$S = f_2[v(E), t].$$

Es ist dann:

$$S_1 = f_2[v(E_2) \cdot t_2'] = f_2[v(E_2'') \cdot t_{20}]$$

$$S_{1,2} = f_2[v(E_2) \cdot (t_{20} + t_2')] = f_2[v(\tilde{E}_2) \cdot t_{20}]$$

E_2'' ist die Belichtung, welche bei der Zeit t_{20} die Schwärzung S_1 ergibt und kann aus der Schwärzungskurve ermittelt werden. Aus diesen Gleichungen ergibt sich

$$v(E_2) = v(\tilde{E}_2) - v(E_2'').$$

Gilt die Schwarzschildsche Formel $v(E_2) = E^{q_2}$, so erhält man:

$$E_2^{q_2} = \tilde{E}_2^{q_2} - E_2''^{q_2}.$$

In Abb. 6 ist ein Beispiel berechnet. Als Grundlage dient der in Abb. 5 dargestellte Versuch ($t_{10} = 1/85$ Sek., $t_{20} = 1000$ Sek.). Unter Benutzung der Schwärzungskurven wurde für $S_{1,2} = 0{,}7$ der Verlauf der Summenkurve für die Schwarzschild-exponenten $p_2 = \frac{1}{q_2} = 0{,}8$; 1,0; 1,2 berechnet (punktiert). Außerdem ist die Kurve für das einfache Summengesetz gestrichelt angegeben und auch die experimentell bestimmte Kurve (ausgezogen) gezeichnet. Da, wie durch andere Versuche festgestellt wurde, bei den Versuchsbedingungen $p_2 < 1{,}0$ ist, ergibt sich eine große Abweichung der berechneten von der gemessenen Kurve, woraus man auf eine starke Latensifikation schließen kann.

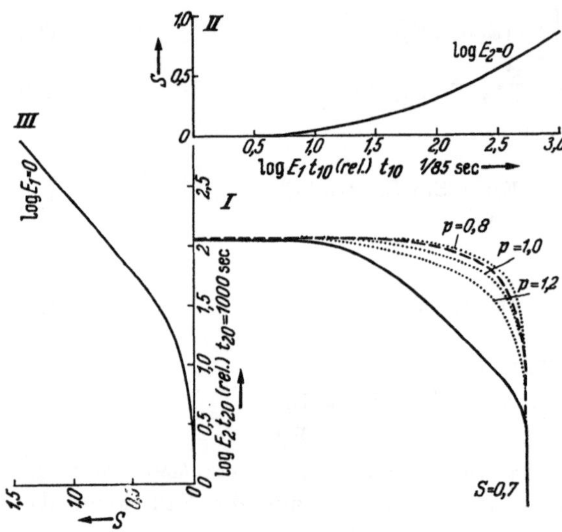

Abb. 6. Darstellung des Anteils der Abweichung vom einfachen Summengesetz, welcher durch den Reziprozitätsfehler der Zweitbelichtung hervorgerufen wird.

p = Schwarzschildexponent der Zweitbelichtung.

Als Beispiel wurde die Kurve für die Schwärzung 0,7 über dem Schleier der Abb. 5 gewählt.

- - - - - Kurve nach dem einfachen Summengesetz.

. . . . . . Kurven bei verschiedenen Schwarzschildexponenten der Zweitbelichtung unter den beschriebenen Voraussetzungen.

4. Darstellung der Wirkung einer Doppelbelichtung durch Angabe der zur Erzeugung einer bestimmten Schwärzung über der Grundschwärzung erforderlichen Belichtung (Methode C und D). Im folgenden werden zwei Methoden angegeben, die auch für praktische Bedürfnisse gut geeignet sind.

Bei beiden wird als Abszisse der Logarithmus der Intensität der Hauptbelichtung zur Erzeugung einer bestimmten Schwärzung (S) über der Grundschwärzung (S_G) der Hilfsbelichtung, als Ordinate bei der Methode C die relative Intensität der gleichförmigen Zusatzbelichtung in logarithmischem Maßstab (vgl. Abb. 9), bei der Methode D die Grundschwärzung (S_G) der Zusatzbelichtung aufgetragen, welche für die praktische Anwendung ausschlaggebend ist (vgl. Abb. 11).

5. Auffassung von Burton und Berg über den Mechanismus der Doppelbelichtung. Es soll noch untersucht werden, in welcher Beziehung die im vorstehenden gegebenen Definitionen und Darstellungsmethoden der Latensifikation und Hypersensibilisierung zu den von BURTON und BERG sowie von HAUTOT geäußerten Anschauungen stehen.

BURTON und BERG [*4*] gehen von der Vorstellung aus, daß die erzeugte Schwärzung als Ergebnis der Summe von Einzeleinwirkungen nach der Formel

$$S = k(N_1 \cdot A_1 + N_2 \cdot A_2 + \ldots) = k \cdot \Sigma (N_1 \cdot A_1)$$

aufzufassen ist, wobei

N = Zahl der Körner pro Flächeneinheit der Emulsionsoberfläche,
A = Projektionsfläche der Körner,
k = konstanter Faktor

bedeuten.

Sie nehmen an, daß durch die erste Belichtung außer den entwickelbaren Keimen sogenannte Subkeime entstehen, welche erst durch die zweite Belichtung zu entwickelbaren Keimen gemacht werden, andererseits werden von der Zweitbelichtung auch Körner getroffen, welche schon durch die Vorbelichtung entwickelbar gemacht worden waren, so daß sich die Wirksamkeit der Zweitbelichtung vermindert. Die durch eine Doppelbelichtung erzeugte Schwärzung kann man nach diesen Autoren als die Summe folgender Beiträge schreiben:

$$S_{1,2} = f + s_1 + \Theta s_1' + (1 - \varepsilon) s_2$$

f = Schleierschwärzung,
s_1 = Schwärzung — Schleier der ersten Belichtung (E_1),
s_2 = Schwärzung — Schleier der zweiten Belichtung (E_2) auf die nicht vorbelichtete Schicht,
ε = Bruchteil von E_2, der infolge der Vorbelichtung durch E_1 nicht zur Wirkung kommt, da er auf schon durch E_1 entwickelbar gemachte Körner trifft,
s_1' = Schwärzung, die sich bei vollständiger Entwickelbarkeit aller Subbildkörner (durch E_1 erzeugt) ergeben würde.
Θ = Faktor, der dadurch gegeben ist, daß nicht alle durch E_1 erzeugten Subbildkörner durch E_2 entwickelbar gemacht werden.

Umgeformt ergibt sich:

$$S_{1,2} = f + s_1 + s_2 + \Theta s_1' - \varepsilon s_2$$
$$S_{1,2} = f + s_1 + s_2 + L \quad \text{oder}$$
$$L = S_{1,2} - f - s_1 - s_2, \text{ wenn die Latensifikation durch}$$
$$L = \Theta s_1' - \varepsilon s_2 \text{ definiert ist.}$$

Die Empfindlichkeitssteigerung H wird als Verhältnis der nötigen Belichtungszeiten zur Erzeugung einer bestimmten Schwärzung über der Schwärzung der allgemeinen gleichförmigen Zusatzbelichtungen aufgefaßt.

$H = t_2/t_2'$, wenn E_1 Zusatzbelichtung, d. h. diffuse, gleichförmige Belichtung,
$H = t_1/t_1'$, wenn E_2 Zusatzbelichtung ist.

Ist E_1 die gleichförmige Belichtung, so bedeutet positives L oder H>1 eine Hypersensibilisierung, wird E_2 als Zusatzbelichtung betrachtet, so stellt positives L oder H>1 eine Latensifikation dar. Die Latensifikation oder Hypersensibilisierung L erscheint also bei diesen Autoren als Differenz der durch Subkeime der ersten Belichtung mittels der zweiten Belichtung erzeugten Schwärzung $\Theta s_1'$ minus der Schwärzungsabnahme von E_2, welche durch den Ausfall der schon durch E_1 affizierten Körner bei nachträglicher Bestrahlung mit E_2 bedingt ist. Die von HAUTOT [*5*] [*6*] benutzten Definitionen entsprechen im allgemeinen denen von BURTON und BERG.

Am Beispiel des einfachen Additionseffektes sei der Unterschied dieser Definitionen zu den unsrigen klargemacht: Nach BURTON und BERG bedeutet der einfache Additionseffekt im Gebiet des Durchhanges, wie er anfangs beschrieben wurde, ebenfalls eine Latensifikation bzw. Hypersensibilisierung, denn wie aus Abb. 1 ersichtlich, ist hierbei

$$S_{1,2} > f + s_1 + s_2.$$

Andererseits ergibt sich nach BURTON und BERG im Gebiet oberhalb des Punktes P (Abb. 1) ein negatives L, d. h. eine Desensibilisierung, während nach den hier gegebenen Definitionen in beiden Fällen die Latensifikation bzw. Hypersensibilisierung gleich Null ist.

Die Anschauungen von BURTON und BERG bauen auf der Grundlage der Summierung der Schwärzung als Folge von Einzeleinwirkungen auf. Aber auch der Aufbau der Schwärzungskurve einer normalen Einzelbelichtung weicht von der Schwärzungssummierung ab, indem im Gebiet des Durchhanges der numerischen Schwärzungskurve die Summierung der Einzeleinwirkungen wegen der Existenz der Subkeime überschritten, im Belichtungsbereich der Schulter der numerischen Schwärzungskurve aus Trefferwahrscheinlichkeitsgründen unterschritten wird. Die Definition für

$$L = \Theta s_1' - \varepsilon s_2$$

enthält somit Faktoren, die auch beim Aufbau der Schwärzungskurve einer Einzelbelichtung mitwirken.

Bei der hier gegebenen Definition (Methoden A und B) wird die Schwärzungskurve als Grundlage genommen, und somit sind die Abweichungen, welche hier beobachtet werden, auf die speziellen Effekte zurückzuführen, welche bei den mit unterschiedlicher Zeit und Intensität ausgeführten Doppelbelichtungen auftreten. Bei den Methoden C und D kann nicht ohne Weiteres entschieden werden, ob nach unserer Definition Latensifikation vorliegt.

III. Experimenteller Teil

1. Die Ergebnisse bei Agfa Isopan F-Planfilm nach den Methoden A—D. Im folgenden wird an einem Beispiel (Agfa Isopan F-Planfilm, kurze Belichtung $^1/_{35}$ Sek., lange Belichtung 400 Sek., Entwicklung $2^1/_2$ Min. in Agfa 71/20°) gezeigt, wie sich bei Doppelbelichtungen kurz+lang und lang+kurz die gleichförmige Hilfsbelichtung auf die Empfindlichkeit auswirkt und welche Auswirkungen sich nach den Darstellungsmethoden A—D ergeben.

a) Nach der Methode A entfernen sich bei der Doppelbelichtung kurz+lang die Linien gleicher Intensität der Hilfsbelichtung mit steigenden Werten immer weiter nach oben von der Diagonalen aus, es wird also weniger Intensität zur Erzielung einer bestimmten Schwärzung benötigt, als unter den bei dieser Methode gemachten Voraussetzungen zu erwarten wäre (log K_V-Kurven der Abb. 7).

Bei der Belichtungsreihenfolge lang+kurz wird mit steigender Intensität der kurzen Hilfsbelichtung in zunehmendem Maße mehr Intensität zur Erzielung einer bestimmten Schwärzung benötigt, als sich nach Methode A ergeben sollte (log K_N-Kurven der Abb. 7). Im folgenden beziehen sich die Buchstaben K und L auf Kurz- und Langbelichtung und die Indices V und N auf Vor- und Nachbelichtung.

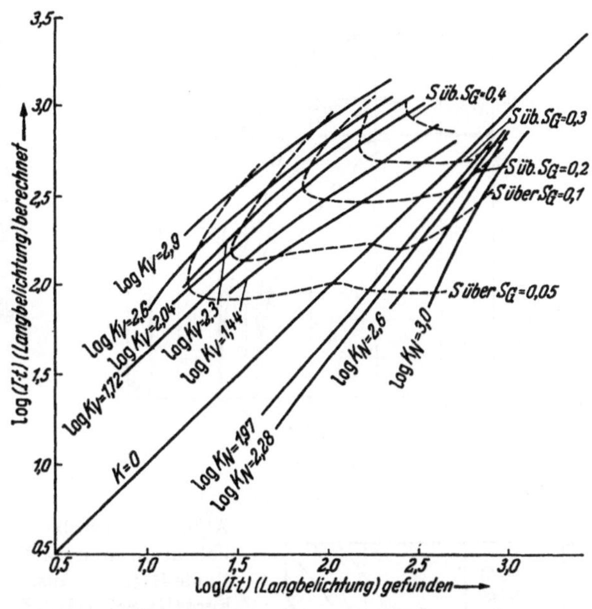

Abb. 7. Tatsächliche und nach der Darstellung in Abb. 4 berechnete Belichtungen für eine lange Hauptbelichtung (L) (Belichtungszeit = 400 Sek.) und verschiedene gleichförmige kurze Zusatzbelichtungen (Belichtungszeit $^1/_{85}$ Sek.)

K_V = Zusatzbelichtung vor der Hauptbelichtung (Hypersensibilisierung) und

K_N = Zusatzbelichtung nach der Hauptbelichtung.

Agfa Isopan F-Planfilm, Entwicklung $2^1/_2$ Min. in Agfa 71/20°.

S über S_G = Schwärzung über der durch die Zusatzbelichtung K erzeugten Grundschwärzung. Alle Intensitätswerte in relativem Maßstab.

b) Die Abweichungen von dem einfachen Summengesetz zeigt Abb. 8 nach der Methode B an demselben Beispiel. Die Kurven der Doppelbelichtung kurz + lang (K + L) (ausgezogene Kurven) liegen nach niedrigen Intensitäten verschoben. Bei der Doppelbelichtung lang+kurz (L+K) (Kurven — . — .) benötigt man zur Erzielung einer bestimmten Schwärzung über dem Schleier mehr Intensität als nach dem einfachen Summengesetz zu erwarten wäre. Bei Erfüllung des einfachen Summengesetzes würden sich die Kurven mit der Kennzeichnung — — — — ergeben.

c) Die Ergebnisse am gleichen Beispiel nach der Methode C zeigt für die Doppelbelichtung kurz+lang Abb. 9 (ausgezogene Kurven). Es wurde die lange Nachbelichtung als gleichförmige Zusatzbelichtung genommen (Latensifikation). Die zur Erzeugung einer bestimmten Schwärzung über der durch die gleichförmige Zusatzbelichtung entstehenden Grundschwärzung nötige Intensität der Hauptbelichtung nimmt mit zunehmender Intensität der Zusatzbelichtung zunächst ab, geht durch ein Minimum und nimmt dann wieder zu, d. h. die Empfindlichkeit nimmt erst zu, geht durch ein Maximum und nimmt dann ab.

Die ausgezogenen Kurven der Abb. 10 zeigen das der Abb. 9 entsprechende Beispiel nur bei der Belichtungsreihenfolge lang+kurz. Hier wird kein Maximum

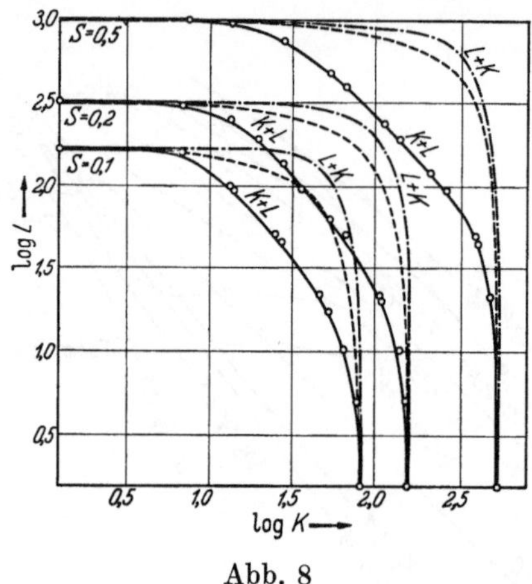

Abb. 8

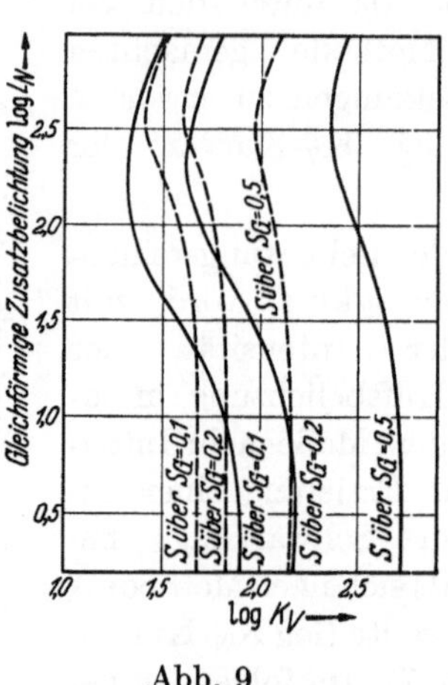

Abb. 9

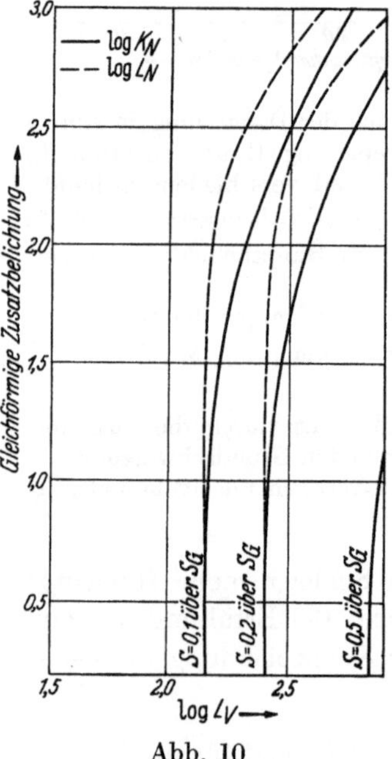

Abb. 10

Abb. 8. Kontrolle des Summengesetzes für die Doppelbelichtungen kurz ($^1/_{85}$ Sek.) + lang (400 Sek.) nach Methode B (K + L ausgezogene Kurven) und lang (400 Sek.) + kurz ($^1/_{85}$ Sek.) (L + K — - —). Die gestrichelten Kurven - - - - würden bei Erfüllung des Summengesetzes auftreten. Agfa Isopan F-Planfilm, Entwicklung $2^1/_2$ Min. in Agfa 71 bei 20°.
S = Schwärzung über dem Schleier.

Abb. 9. Praktische Empfindlichkeitssteigerung der Hauptbelichtung (K_V) durch eine gleichförmige Zusatznachbelichtung (L_N) in Abhängigkeit von der Intensität der Zusatzbelichtung (Methode C) (Latensifikation).
Agfa Isopan F-Planfilm, Belichtung kurz + lang ($K_V + L_N$), Entwicklung Agfa 71/20°.
Entwicklungszeit: —— $2^1/_2$ Min.; - - - - - 40 Min.
S über S_G = Schwärzung über der Grundschwärzung der Zusatzbelichtung.

Abb. 10. Empfindlichkeitsabnahme bei der Doppelbelichtung lang + kurz ($L_V + K_N$) (ausgezogene Kurven) und lang + lang ($L_V + L_N$) (gestrichelte Kurven) nach Methode C (L_V = Hauptbelichtung).
Agfa Isopan F-Planfilm.
Entwicklung $2^1/_2$ Min. in Agfa 71 bei 20°.
S über S_G = Schwärzung über der Grundschwärzung der Hilfsbelichtung.

der Empfindlichkeit durchschritten, sondern mit steigender Intensität der Zusatzbelichtung wird stets eine größere Intensität der Hauptbelichtung zur Erzeugung einer bestimmten Schwärzung über der Grundschwärzung benötigt als ohne Zusatzbelichtung.

d) Die Abb. 11 zeigt die Methode D angewendet auf dasselbe Beispiel. Die Abszissenwerte entsprechen der Methode C. Als Ordinate wurde die durch die gleichförmige Zusatzbelichtung erzeugte Grundschwärzung gewählt. Bei der Belichtungsreihenfolge kurz+lang (ausgezogene Kurven) erhält man bei der Grundschwärzung der Zusatzbelichtung 0,1—0,3 ein Maximum der Empfindlichkeit, während bei der Doppelbelichtung lang+kurz (gestrichelte Kurven), gleichgültig, welche Belichtung als Hilfsbelichtung dient, stets eine Empfindlichkeitsabnahme eintritt.

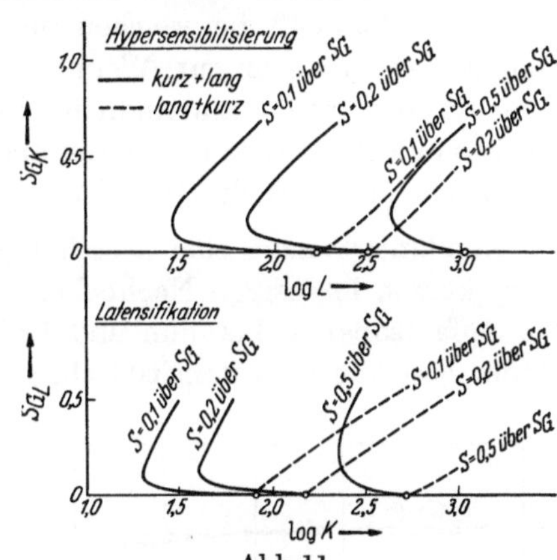

Abb. 11. Praktische Empfindlichkeitssteigerung durch eine gleichförmige Zusatzbelichtung in Abhängigkeit von der Grundschwärzung (S_G) der Zusatzbelichtung (Methode D).

Agfa Isopan F-Planfilm, Belichtung kurz + lang —— bzw. lang + kurz ----, Entwicklung $2^1/_2$ Min. in Agfa 71 bei 20°.

S über S_G = Schwärzung über der Grundschwärzung (S_G) der Zusatzbelichtung.

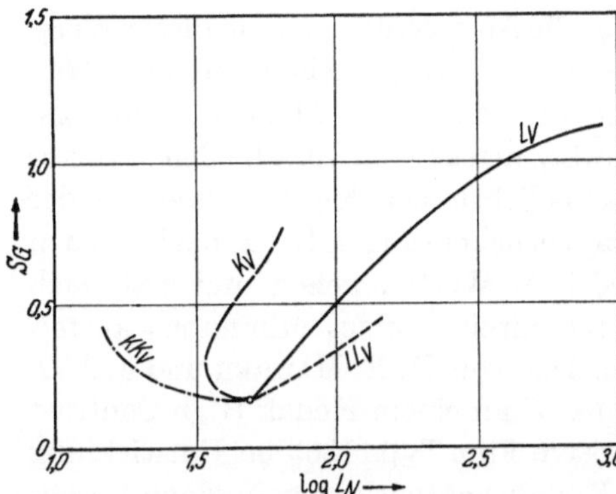

Abb. 12. Empfindlichkeitsänderung bei Isopan F-Rollfilm durch gleichförmige Hilfsbelichtung bei verschiedenen Belichtungszeiten und Intensitäten der Hilfsbelichtung nach Methode D.
Benötigte log (I · t) der bildmäßigen Belichtung zur Erzielung der Schwärzung 0,1 über der Grundschwärzung (S_G), erzeugt durch die Hilfsbelichtung allein.
Parameter sind die Hilfsbelichtungen.
Belichtung:
Hauptbelichtung: lange Nachbelichtung.
Hilfsbelichtungen: verschiedene Vorbelichtungen.

LL = 100 000 Sek.
L = 100 Sek.
K = $^1/_{10}$ Sek.
KK = $^1/_{10\,000}$ Sek. (Stroboskopblitz)

Entwicklung: 10 Min. in Agfa Final bei 20 °C.

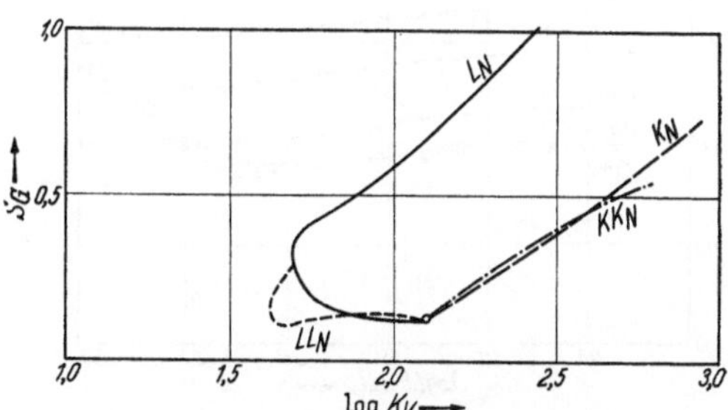

Abb. 13. Empfindlichkeitsänderung bei Isopan F-Rollfilm durch gleichförmige Hilfsbelichtung bei verschiedenen Belichtungszeiten und Intensitäten der Hilfsbelichtung nach Methode D.
Benötigte log (I · t) der bildmäßigen Belichtung zur Erzielung der Schwärzung 0,1 über der Grundschwärzung (S_G), erzeugt durch die Hilfsbelichtung allein.
Parameter sind die Hilfsbelichtungen.
Belichtung:
Hauptbelichtung: kurze Vorbelichtung.
Hilfsbelichtungen: verschiedene Nachbelichtungen.

LL = 100 000 Sek.
L = 100 Sek.
K = $^1/_{10}$ Sek.
KK = $^1/_{10\,000}$ Sek. (Stroboskopblitz).

Entwicklung: 10 Min. in Agfa Final bei 20° C.

2. Einfluß des Belichtungsbereiches von Vor- und Nachbelichtung auf die erzielbare Empfindlichkeitssteigerung. Wie aus dem vorstehenden ersichtlich, tritt eine Empfindlichkeitssteigerung nur bei der Belichtungsreihenfolge kurz+lang auf, gleichgültig, welche Belichtung man als bildmäßige Hauptbelichtung und welche man als gleichförmige Zusatzbelichtung ausführt. Es wird nun im folgenden an zwei Beispielen gezeigt, daß die Effekte um so größer werden, je kürzer und intensiver die Vorbelichtung und je länger und schwächer die Nachbelichtung ist. Aus den Abb. 12 und 13, bei welchen zur Darstellung die Methode D angewendet wurde, ersieht man dies sehr gut. Wenn die Vorbelichtungszeit gleich der der Nachbelichtung ist, tritt keine Empfindlichkeitssteigerung auf, die Empfindlichkeitsabnahme wird um so stärker, je intensiver und kürzer die Nachbelichtung und je schwächer und länger die Vorbelichtung ist.

Kombiniert man eine sehr lange Vorbelichtung (10000 Sek. und mehr) mit einer kurzen intensiven Nachbelichtung (1/100 Sek. und kürzer), so beobachtet man bei Agfa Isopan F-Planfilm und Rollfilm, daß bei längeren Entwicklungszeiten in einem bestimmten Intensititätsbereich der Vor- und Nachbelichtung die Doppelbelichtungsschwärzung kleiner als die der kurzen Nachbelichtung allein ist. Abb. 14 zeigt die Auswertung einer in dieser Weise erhaltenen Kreuzkeilaufnahme. Man erkennt, daß die Doppelbelichtungsschwärzungskurven verschiedener kurzer Nachbelichtungen K_N mit zunehmender Langvorbelichtung LL_V zunächst nach niedrigen Werten gehen und erst nach Durchschreiten eines Minimums ansteigen. Der von R. E. Maurer und J. A. C. Yule [7] an einem Kodak High-Contrast Positive Film Type 1363 bei Entwicklung in Kodalithentwickler gefundene Desensibilisierungseffekt ist mit dem hier beschriebenen verwandt, doch befanden sie sich sowohl bei der langen Vorbelichtung als auch bei der kurzen Nachbelichtung in einem ganz anderen Belichtungszeitbereich. Wie man aus Abb. 14 außerdem erkennt, wird durch eine sehr lange schwache Vorbelichtung auch der Entwicklungsschleier vermindert, die Schwärzungskurve der Langbelichtung allein (gestrichelte Kurve) geht durch ein Minimum, d. h. bei schwacher Langbelichtung ist die Schwärzung kleiner als der Schleier.

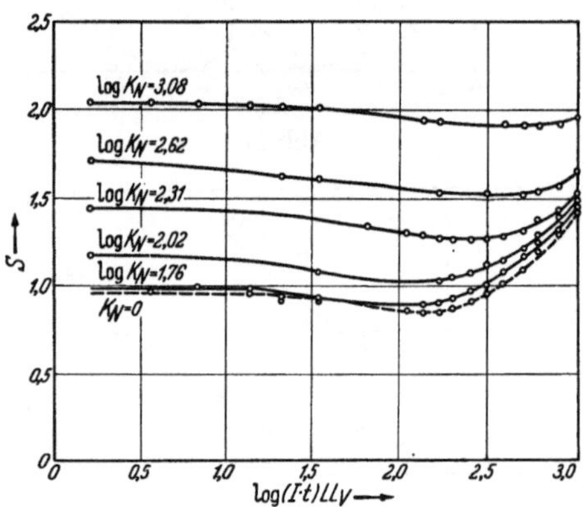

Abb. 14. Schwärzungskurven der Doppelbelichtung mit gekreuzten Keilen der Reihenfolge LL_V = 60 000 Sek. plus K_N = 1/100 Sek. auf Isopan F-Planfilm.
Abszisse: relative log (I · t) der bildmäßigen Vorbelichtung (LL_V)
Ordinate: Schwärzung
Parameter: log (I · t) der gleichförmigen Hilfsbelichtungen (K_N) in relativem Maßstab.
Entwicklung: 80 Min. Agfa 71 bei 20° C (gestrichelte Kurve: LL_V allein, K_N = 0).

3. Untersuchungsergebnisse bei verschiedenem photographischem Material. In einigen Versuchsreihen wurde das Verhalten verschiedener Materialien bei Doppelbelichtungen kurz+lang miteinander verglichen. Bei Anwendung der Darstellungsmethode B folgt, daß die nach dem Summengesetz zu erwartenden Intensitäten zur Erzeugung der Schwärzung 0,2 über dem Schleier für 5 Min. Entwicklungszeit in Agfa 71 bei den hochempfindlichen Filmen ISS und Röntgen SSS nicht unterschritten, sondern im Gegenteil sogar etwas überschritten werden (Abb. 15), doch zeigt die Abb. 16, daß nach Methode D auch hier eine geringe Empfindlichkeitssteigerung durch die gleichförmige Hilfsbelichtung erzielt wird. Bei IF-Plan- und Rollfilm sowie IFF tritt eine erhebliche Unterschreitung des Summengesetzes auf

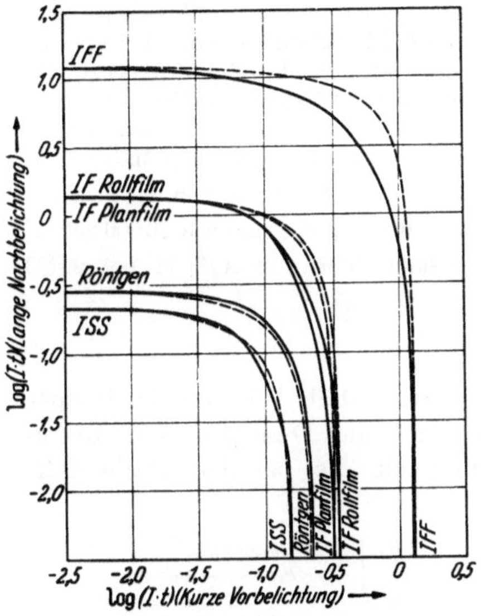

IFF
IF Rollfilm
IF Planfilm
Röntgen
ISS
1,5
1,0
0,5
0
-0,5
-1,0
-1,5
-2,0
log(I·t)(Lange Nachbelichtung) →
-2,5 -2,0 -1,5 -1,0 -0,5 0 0,5
log (I·t)(Kurze Vorbelichtung) →

Abb. 15. Abweichungen vom Summengesetz nach Methode B bei verschiedenem photographischem Material.

Belichtung: kurze Vorbelichtung (K_V) ($^1/_{85}$ Sek.) plus lange Nachbelichtung (L_N) (1000 Sek.).

Entwicklung: 5 Min. Agfa 71 bei 20° C.

Schwärzung: 0,2 über dem Schleier.

Die gestrichelten Kurven würden sich bei Erfüllung des Summengesetzes ergeben. Alle Intensitätswerte sind relativ und nicht ohne weiteres miteinander vergleichbar.

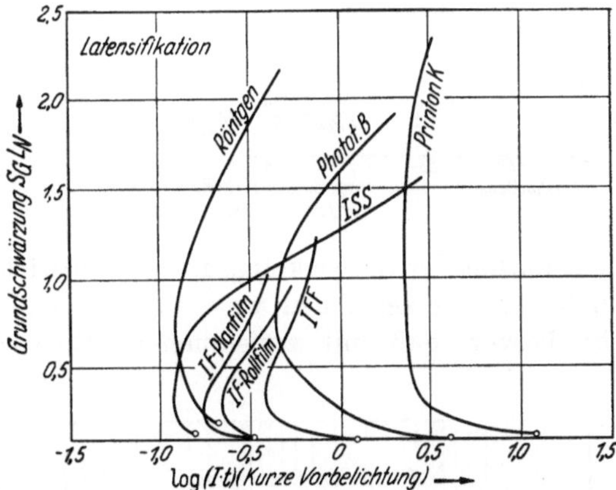

Abb. 16. Empfindlichkeitssteigerung durch eine lange gleichfömige Hilfsbelichtung (Latensifikation), dargestellt nach Methode D für die Schwärzung S = 0,2 über der Grundschwärzung der Hilfsbelichtung ($S_G L_N$) bei verschiedenen photographischen Materialien. log (I · t) ist in relativem Maßstab aufgetragen.

Entwicklung: 5 Min. in Agfa 71 bei 20° C.

K_V = $^1/_{100}$ Sek. (bei Printon K $^1/_{10}$ Sek.);

L_N = 1000 Sek. (bei Printon K 10000 Sek.).

(Abb. 15), die Empfindlichkeitszunahme durch die gleichförmige Hilfsbelichtung ist größer als bei ISS (Abb. 16).

Auch bei Phototechnisch B und Printon K tritt Unterschreitung des Summengesetzes und eine erhebliche Empfindlichkeitssteigerung durch eine Zusatzbelichtung auf (Abb. 16). Vergleicht man die Empfindlichkeit verschiedener Materialien (als der negative Wert von log (I · t) zur Erzielung der Schwärzung 0,2 über dem Schleier) mit der maximalen Empfindlichkeitssteigerung durch eine gleichförmige Zusatzbelichtung (in log. Einheiten), so ergibt sich aus Abb. 17, daß ein allgemeiner Gang in der Weise besteht, daß bei hochempfindlichen Materialien nur eine geringe Empfindlichkeitssteigerung, bei weniger empfindlichem Material eine größere Empfindlichkeitssteigerung durch eine gleichförmige Zusatzbelichtung unter Einhaltung der Reihenfolge kurz + lang möglich ist.

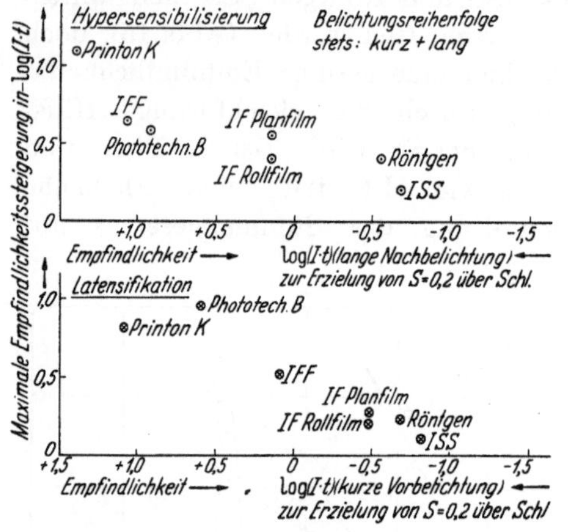

Abb. 17. Maximale Empfindlichkeitssteigerung in logarithmischen Einheiten nach Methode D für Schwärzung S = 0,2 über S_G im Vergleich mit der Empfindlichkeit zur Erzielung der Schwärzung 0,2 über dem Entwicklungsschleier in relativem Maßstab bei verschiedenen photographischen Materialien.
$K_V = 1/_{100}$ Sek. (bei Printon K $1/_{10}$ Sek.); $L_N = 1000$ Sek. (bei Printon K 10000 Sek.).
Entwicklung: 5 Min. in Agfa 71 bei 20° C.

4. Einfluß der Entwicklungsart und Entwicklungszeit auf die Wirkung der Doppelbelichtung. Aus Versuchen, welche nach den Methoden C und D ausgewertet wurden, geht hervor, daß mit zunehmender Entwicklungszeit die bei der Reihenfolge

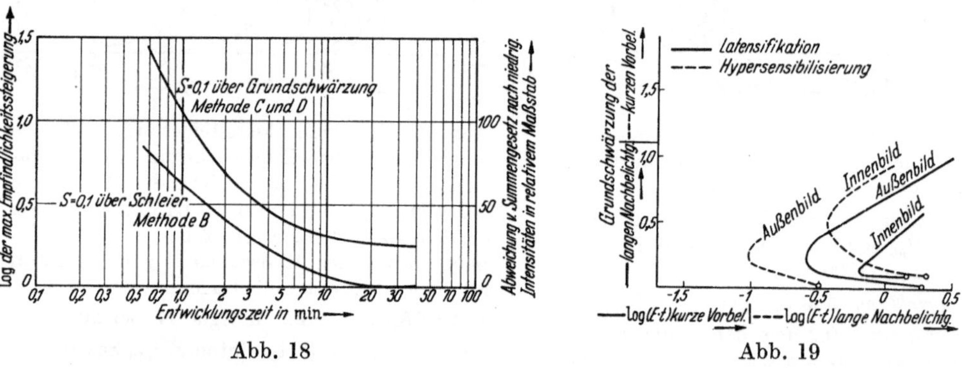

Abb. 18 Abb. 19

Abb. 18. Maximale Empfindlichkeitssteigerung nach Methode C und D in logarithmischen Einheiten sowie die Abweichung vom Summengesetz nach niedrigen Intensitäten nach Methode B in Abhängigkeit von der Entwicklungszeit in Agfa 71 bei 20° C.
Agfa Isopan F-Planfilm.
Als relatives Maß der Abweichung vom Summengesetz wurde die Fläche zwischen gemessener und berechneter Kurve genommen.

Abb. 19. Empfindlichkeitssteigerung durch gleichfömige lange Nachbelichtung (Latensifikation) (Zeichen: ——) oder gleichförmige kurze Vorbelichtung (Hypersensibilisierung) (Zeichen: ----) nach Methode D bei Kornaußen- und Korninnenentwicklung. (Empfindlichkeit = log I · t der Hauptbelichtung zur Erzielung der Schwärzung 0,2 über der Grundschwärzung S_G, welche sich bei Belichtung mit der Zusatzbelichtung allein ergibt.
$K_V = 1/_{85}$ Sek.; $L_N = 1000$ Sek.
Agfa Isopan F-Rollfilm.
Außenentwicklung: 3 Min. in Glycin-Pottasche-Soda-Entwickler.
Innenentwicklung: 3 Min. Metol-Hydrochinon-Sulfit-Thiosulfat-Entwickler nach 10 Min. Bleichen in 0,2% Chromsäure.

kurz + lang auftretende Empfindlichkeitssteigerung verringert wird, doch nicht ganz verschwindet. Aus den gestrichelten Kurven der Abb. 9 (40 Min. Entwicklungszeit) erkennt man dies deutlich. In Abb. 18 ist einmal die maximale Empfindlichkeitssteigerung nach Methode C und D in Abhängigkeit von der Entwicklungszeit aufgetragen, zum anderen die Unterschreitung des Summengesetzes nach niedrigen Intensitäten, wobei als relatives Maß die Flächendifferenz zwischen der nach Methode B gefundenen und der bei Erfüllung des Summengesetzes zu erwartenden Kurve genommen wurde.

Versuche, bei denen in der Reihenfolge kurz + lang doppelbelichteter Isopan-F-Planfilm in Kornaußen- und Korninnenentwicklern entwickelt wurde (Abb. 19), zeigen in allen Fällen eine Empfindlichkeitssteigerung nach Methode D.

IV. Schlußbetrachtung

Aus den bisherigen Ergebnissen bestätigt sich einwandfrei, daß sich bei einer Doppelbelichtung kurz + lang zwei Effekte überlagern, was zur Ausbildung eines Maximums der praktischen Empfindlichkeitssteigerung führt, unabhängig davon, welche Belichtung als Zusatzbelichtung aufgefaßt wird. Dies zeigt sich bei den Darstellungsarten in Abb. 9 und 11 deutlich. Der empfindlichkeitssteigernde Faktor läßt sich gut durch den Unterschied der Doppelbelichtung K + L und L + L erkennen, weshalb er in der Darstellungsform A der Abb. 7 am besten zu sehen ist. Diese Definition stimmt ungefähr mit der Größe $\Theta \cdot s_1'$ nach Burton und Berg [*4*] überein, welche die Schwärzung angibt, die sich aus der Entwickelbarkeit der durch die Zweitbelichtung vergrößerten Subkeime ergibt. Es besteht immerhin ein Unterschied insofern, als $\Theta\, s_1'$ auch bei einer Doppelbelichtung lang + lang einen von Null abweichenden Wert haben wird, während nach der Methode A in diesem Fall kein Effekt angenommen wird. Da jedoch nach Burton und Berg [*1*] bei einer langen schwachen Belichtung wenig Subkeime entstehen, wird auch $\Theta\, s_1'$ in dem Fall lang + lang nicht sehr groß sein und somit der Unterschied zwischen beiden Definitionen auch nicht.

Der zweite Effekt geht auf den Ausfall der durch die Erstbelichtung affizierten Körner für die Zweitbelichtung (nach Berg $\varepsilon \cdot s_2$) zurück und läßt sich am besten aus der Wirkung einer Doppelbelichtung lang + lang nach der Methode C (Abb. 10, gestrichelte Kurven) erkennen. Mit zunehmender Hilfsbelichtung nimmt die praktische Empfindlichkeit, die als reziproker Wert bzw. als negativer Logarithmus der zur Erzeugung einer bestimmten Schwärzung über der Grundschwärzung nötigen Lichtmenge definiert ist, immer weiter ab, der empfindlichkeitssteigernde Vorgang fehlt hier oder ist so klein, daß er schon bei den geringsten Hilfsbelichtungen von dem zweiten Effekt übertroffen wird.

Die Untersuchungen über das Summengesetz zeigen, daß sich, wie zu erwarten war, keine eindeutige Übereinstimmung mit den anderen Methoden ergibt, da hierbei nicht nur die Latensifikation, sondern auch die verschiedenen Formen der Schwärzungskurven bzw. Schwärzungsflächen von Kurz- und Langbelichtung eingehen[1].

[1] Bei Berücksichtigung dieser Faktoren, wie es in Abb. 6 geschehen ist, ist die Übereinstimmung mit den übrigen Darstellungsmethoden recht gut.

Die empfindlichkeitssteigernde Wirkung ist stark von der Entwicklungszeit abhängig und geht bei starker Ausentwicklung auf einen kleinen Restbetrag zurück. James und Vanselow [8] konnten dies bei schwachen Entwicklern ebenfalls feststellen, während sie bei starken Entwicklern, besonders bei Zusatz von Entwicklungsbeschleunigern, bei Ausentwicklung überhaupt keine Empfindlichkeitssteigerung fanden. Allerdings beschränkten sich ihre Untersuchungen nur auf Kinepositivfilm.

Es erscheint immerhin theoretisch verständlich, daß noch ein gewisser Restbetrag an Empfindlichkeitssteigerung auch bei langer Entwicklungszeit verbleibt, denn nach der Auffassung von Berg würde das bedeuten, daß durch Verwandlung der Subkeime in entwickelbare Keime nicht nur der Zeitpunkt der Entwicklung der Körner vorverlegt wird, sondern daß es auch einen Bruchteil von Körnern gibt, die durch die Vergrößerung der Subkeime überhaupt erst entwickelbar werden.

Die Untersuchungen mit Kornaußen- und Korninnenentwickler zeigen, daß die durch die lange Zweitbelichtung entwickelbar gemachten Körner, welche Subkeime durch die Vorbelichtung erhielten, sowohl an der Kornoberfläche als auch im Korninneren vorhanden sind.

Zusammenfassung

1. Es werden verschiedene Darstellungsmethoden zur Feststellung der Wirkung von zwei nacheinander auf die gleiche Stelle aufgegebenen Belichtungen gezeigt:

a) Die Methode A erlaubt die Erfassung der auf den Unterschied der Beleuchtungsstärke bzw. Belichtungszeit der beiden Einzelbelichtungen zurückzuführenden Effekte.

b) Die Methode B ermöglicht die Nachprüfung eines Summengesetzes, welches dem von van Krefeld aufgestellten ähnlich ist.

c) Die Methoden C und D zeigen die mögliche Empfindlichkeitssteigerung, die für die Praxis von Bedeutung ist.

2. Die bei Doppelbelichtungen auf verschiedenen Agfa-Materialien

a) bei Variation der Belichtungsbereiche von Vor- und Nachbelichtung,

b) bei Veränderung der Entwicklungsart und Entwicklungszeit erhaltenen Ergebnisse werden mitgeteilt und diskutiert.

Literatur

[1] Burton, P. C., u. W. F. Berg: Vergleiche das zusammenfassende Referat von H. Arens. Z. wiss. Phot. **44**, 228 (1949).
[2] Arens, H.: Agfa-Veröffentlichungen **1**, 11 (1930).
[3] van Krefeld, A.: Z. wiss. Phot. **32**, 222 (1934).
[4] Burton, P. O., u. W. F. Berg: Photogr. Journal **86b**, 2 (1946).
[5] Hautot, A., u. H. Sauvenier: Sc. Ind. phot. **22**, 201 (1951).
[6] Hautot, A., u. L. Falla: Sc. Ind. phot. **22**, 249 (1951).
[7] Maurer, R. E., u. J. A. C. Yule: J. Opt. Soc. Amer. **42**, 402 (1952).
[8] James, T. H., u. W. Vanselow: P. S. A. Journal **16**, 688 (1950).

Die Oxydation von Amino-Oxybenzolen und ihr Verhalten als photographische Entwickler

Von J. EGGERS, H. HECKELMANN, K. LOHMER und R. POSSE[1]

I. Einleitung

Der weitaus größte Teil der Untersuchungen, die sich mit dem Ablauf des photographischen Entwicklungsprozesses befaßten, beschäftigten sich mit den dabei auftretenden Veränderungen des belichteten bzw. unbelichteten Halogensilberkorns. Diese Arbeit dagegen hat zum Ziel, die Reaktion und die Änderungen der entwickelnden Substanz während des Entwicklungsprozesses zu untersuchen. Sie steht also in engem Zusammenhang mit Untersuchungen über den Mechanismus der Oxydation von reduzierenden Substanzen im allgemeinen.

Während sich LEUBNER [*1*], LEHMANN und TAUSCH [*2*], STAUDE [*3*], LEVENSON [*4*] u. a. im wesentlichen mit dem Oxydationsprozeß von Metol-Hydrochinon

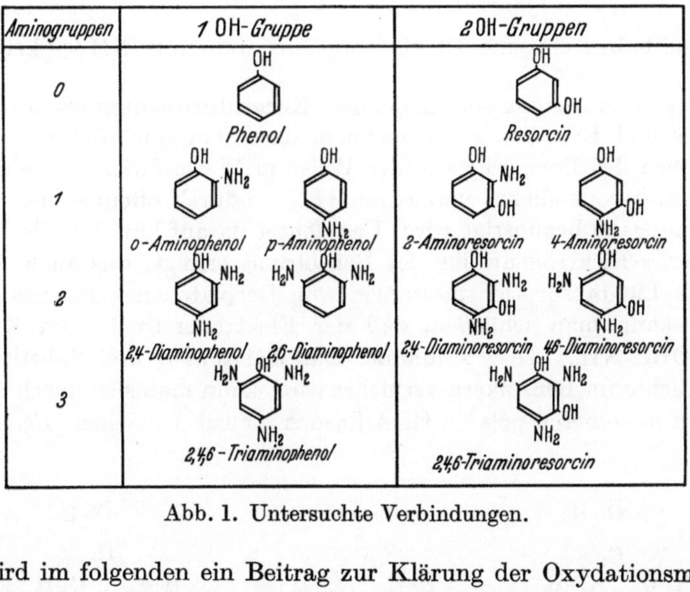

Aminogruppen	1 OH-Gruppe	2 OH-Gruppen
0	Phenol	Resorcin
1	o-Aminophenol, p-Aminophenol	2-Aminoresorcin, 4-Aminoresorcin
2	2,4-Diaminophenol, 2,6-Diaminophenol	2,4-Diaminoresorcin, 4,6-Diaminoresorcin
3	2,4,6-Triaminophenol	2,4,6-Triaminoresorcin

Abb. 1. Untersuchte Verbindungen.

befaßten, wird im folgenden ein Beitrag zur Klärung der Oxydationsmechanismen von Aminophenolen und Aminoresorcinen geliefert und die gewonnenen Erkennt-

[1] Die als Grundlage für diese Arbeit dienenden Dissertationen wurden im Physikalisch-chemischen Institut der Technischen Hochschule München (Direktor Dr. G. SCHEIBE) ausgeführt.

Die Erkenntnisse der Dissertation von Herrn Dr. F. BEER [*48*] wurden berücksichtigt und aus dieser Arbeit die in Abschnitt VI mitgeteilten Versuchsergebnisse entnommen.

nisse mit dem Verhalten dieser Substanzen als Entwickler verglichen. Es handelt sich um Verbindungen, bei denen am Benzolkern die sogenannten aktiven Substituenten -NH_2 und -OH sitzen und die damit nach den Regeln von LUMIÈRE [*5*], ANDRESEN [*6*] und KENDALL [*7*] entwickelnde Eigenschaften haben sollten. Sämtliche untersuchten Verbindungen (Abb. 1) sind als Entwicklersubstanzen schon lange bekannt [*8—13*]. Auch über die Aufklärung ihrer Oxydationsprodukte wurde bereits vor vielen Jahren gearbeitet [*14—16*].

II. Die Einwirkung der aktiven Benzolsubstituenten auf die Elektronenverteilung

Mit Hilfe der modernen elektronentheoretischen Anschauungen läßt sich eine Verfeinerung des Begriffes aktiver Substituent vornehmen, die es gleichzeitig ermöglicht, die p_H-Abhängigkeit der Oxydation und Entwicklung zu erklären. Aromatische Verbindungen mit den Substituenten -OH und -NH_2 sind befähigt, je nach dem p_H-Wert der Lösung Protonen aufzunehmen oder abzugeben. Bei Übergang zu niedrigeren p_H-Werten lagert sich ein Proton an die NH_2-Gruppe an, im alkalischen Gebiet spaltet sich ein Proton von der OH-Gruppe ab. Unter Berücksichtigung dieser Tatsache ergeben sich für die organischen Reduktionsmittel vom Typus der aromatischen Oxy- und Aminoverbindungen folgende vier Substituentenformen:

$$-NH_3^{(+)},\ -\overline{N}H_2,\ -\underline{\overline{O}}H \text{ und } -\underline{\overline{O}}|^{(-)}.$$

Die letzten drei haben einsame Elektronenpaare, während -$NH_3^{(+)}$ keines besitzt.

Nach unserer Anschauung sind diejenigen Kernsubstituenten als aktiv im Sinne von ANDRESEN und LUMIÈRE zu bezeichnen, deren einsame Elektronenpaare mit den π-Elektronen des Benzolrings in der Weise in Wechselwirkung treten können, daß sie seine Elektronendichte vermehren [*17*], wodurch offenbar die Möglichkeit der Elektronenabgabe begünstigt wird. Das deutet darauf hin, daß die Elektronenabgabe aus der π-Elektronenwolke des Benzolrings erfolgt, was auch ARNDT [*18*] vermutet. Aus Lichtabsorptionsmessungen von Derivaten des Benzols mit einem Substituenten kann man schließen, daß der Elektronendruck zum Kern in der Reihenfolge -OH, -NH_2, -$O^{(-)}$ zunimmt. Daß bei diesen drei Substituenten die π-Elektronendichte im Benzolkern vermehrt wird, kann man sich durch Aufstellung der wichtigsten mesomeren polaren Grenzformen plausibel machen [*19a*].

```
      |Ō-H                    ⊕Ō-H                    ⊕ Ō-H
       |                       ‖                        ‖
      /C\\                    /C\ ⊖                    /C\
  H-C     C-H             H-C     C̄-H              H-C     C-H
    ‖     |     <------>    ‖     |      <------>    ‖     ‖
  H-C     C-H             H-C     C-H              H-C     C-H
      \C//                    \C//                     \C/
       |                       |                      /‾ ⊕
       H                       H                     H

      (a)                     (b)                     (c)
```

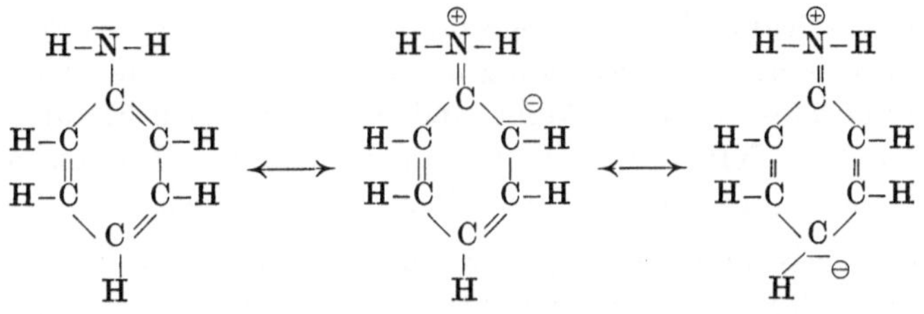

(a) (b) (c)

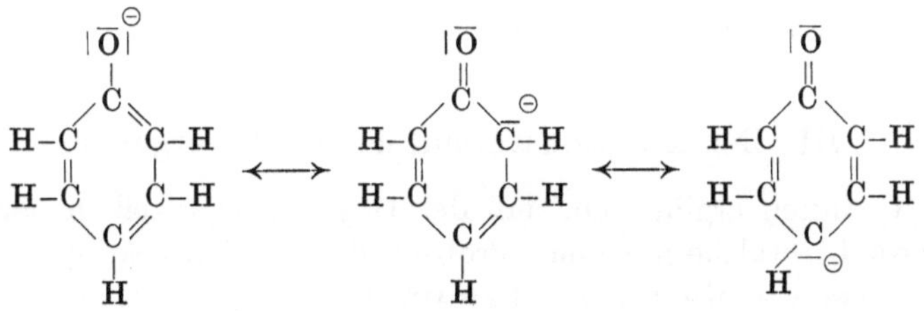

(a) (b) (c)

Rechnet man bei einer Doppelbindung zwischen Ring und Substituenten ein π-Elektron zum Ring gehörig, so ergibt sich die Zahl der π-Elektronen im Kern

bei Form (a) = 6
Form (b) = 7
Form (c) = 7
bei Benzol dagegen stets = 6.

Die Formen (b) und (c) werden je nach der Art des Substituenten mehr oder weniger am Gleichgewicht beteiligt sein. Um die Elektronendichte im Kern gegenüber dem Benzol mit 6 π-Elektronen zu vermehren, genügt schon die geringste Beteiligung von (b) und (c). Je größer dieser Anteil ist, um so mehr nähert sich die π-Elektronendichte der mit sieben π-Elektronen im Kern.

Eistert [*16*a] nennt diese Elektronenverschiebung +E-Effekt, während sie Klages [*20*a] als −E-Effekt bezeichnet. Über den theoretisch zu erwartenden Anteil der Formen (b) und (c) bei den Substituenten -OH, -NH_2 und -$O^{(-)}$ kann man nach Eistert [*19*b] auf Grund folgender Überlegungen eine Abschätzung vornehmen: Das Gewicht der polaren Grenzformen (b) und (c) wird um so größer sein, je stärker die Tendenz zu oniumartiger Betätigung beim Substituenten ist, diese nimmt nun in der Reihenfolge Halogen < Sauerstoff < Stickstoff zu. Deshalb wird beim NH_2-Substituenten am Benzolkern die Beteiligung der polaren Grenzformen größer sein als bei der OH-Gruppe. Immerhin wird sie bei beiden Substituenten wegen der Zwitterionbildung erschwert.

Bei der $O^{(-)}$-Gruppe dagegen sind die Grenzformen (b) und (c) keine Oniumkomplexe, außerdem entsteht kein Zwitterion, sondern die negative Ladung wird nur verschoben, die Beteiligung dieser Grenzformen wird daher hier relativ groß sein. Die in der Reihenfolge $OH < NH_2 < O^{(-)}$ zunehmende Elektronendichte im Benzolkern entspricht also den theoretischen Erwartungen.

Da die $NH_3^{(+)}$-Gruppe im Gegensatz hierzu keine einsamen Elektronenpaare besitzt, hat sie fast keine Wechselwirkung mit dem Kern, wie die später näher erläuterten Absorptionsmessungen an Anilin und Aminophenolen bestätigen. Durch den +F-Effekt [*20*a] der $NH_3^{(+)}$-Gruppe nimmt die Reaktionsbereitschaft der π-Elektronen des Kerns sogar gegenüber dem Benzol selbst noch ab.

Diese Verhältnisse kann man unserer Meinung nach auf die Aktivität dieser Gruppen als Substituenten von Reduktionsmitteln der beschriebenen Art übertragen. Je alkalischer eine Entwicklerlösung ist, desto größer ist die Konzentration an Molekülformen mit den protonenarmen Substituenten -NH_2 und $:O^{(-)}$, die Reduktionswirkung nimmt also zu.

III. Der Reaktionsverlauf des Redoxvorganges

Aus dem Gesagten ergibt sich, daß der Oxydationsprozeß in der Abgabe von Elektronen besteht, welche mit einer Protonendissoziation gekoppelt ist. Überträgt man die Ergebnisse von MICHAELIS, SCHWARZENBACH [*21*] u. a. auf die untersuchten Substanzen, so kann man erwarten, daß auch hier Semichinone, also radikalartige Verbindungen, als Zwischenstufen auftreten. Am einfachen Beispiel des p-Aminophenolkations mögen die einzelnen Schritte der Protonen- und Elektronenabspaltung erläutert werden (Abb. 2).

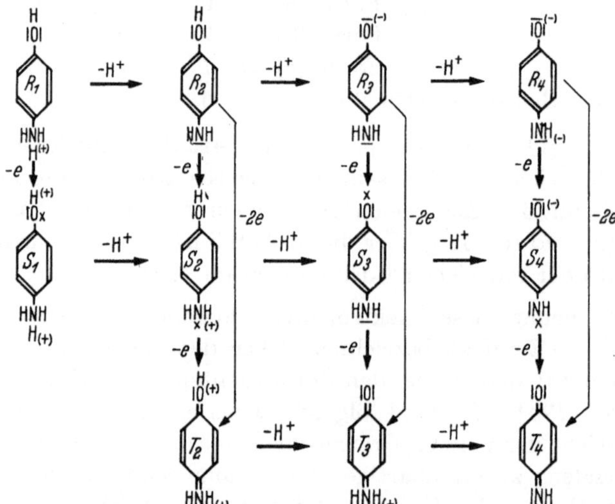

Abb. 2. Theoretisch mögliche Wege der Protonen- und Elektronenabspaltung beim p-Aminophenolkation. × = einzelnes Elektron; — = einsames Elektronenpaar.

Wir bedienen uns im folgenden der Bezeichnungsweise von MICHAELIS und SCHWARZENBACH. Danach lauten:

R = Reduzierte Form
S = Semi- oder halbreduzierte bzw. oxydierte Form
T = Total oxydierte Form.

In unserer Darstellung stehen Formen gleicher Oxydationsstufe nebeneinander, Formen gleicher Protonenbeladung untereinander. Das p-Aminophenolkation (R 1) gibt im entsprechenden p_H-Bereich ein Proton ab und geht in die freie Base über. Beim zweiten p_K-Wert sind etwa 50% dieser Aminophenolbase zu dem p-Aminophenolanion (R 3) dissoziiert. Die Reihenfolge der Protonenabspaltung wurde durch diese Arbeit eindeutig bewiesen. Die weitere Protonendissoziation zum zweifach negativ geladenen Anion (R 4) kann in wäßrigem Medium nicht mehr erreicht werden.

Die Oxydation der R-Formen durch Abgabe eines Elektrons führt zu den S-Formen. Da, wie im Teil II auseinandergesetzt wurde, die Molekülformen mit protonenarmen Substituenten leichter oxydiert werden als diejenigen, welche durch Protonen beladene Substituenten haben, nimmt die Oxydierbarkeit von R_1 nach R_3 zu. Die S-Formen werden durch Abgabe eines Elektrons zu den T-Formen oxydiert. Diese Reaktionen werden von der Protonenbeladung der S-Formen abhängen. Es zeigt sich also, daß die Elektronenabgabe in engem Zusammenhang mit der Protonenabgabe steht und damit der p_H-Wert entsprechenden Einfluß auf den Oxydationsmechanismus hat.

Vor kurzem hat K. J. VETTER [*22*] durch Überspannungsmessungen die Reaktionskinetik der Oxydation und Reduktion des Systems Chinon-Hydrochinon an der Platinelektrode aufgeklärt. Je nach dem p_H-Wert treten verschiedene Reaktionswege auf.

Die Aufstellung eines der Abb. 2 entsprechenden Schemas der möglichen Reaktionswege trifft beim Hydrochinon auf keine Schwierigkeiten, da wegen der Gleichwertigkeit der beiden Substituenten die Reihenfolge der Protonenabspaltung bei den R-Formen eindeutig ist. Auch die Konzentration ihrer einzelnen Ionenformen bei verschiedenen p_H-Werten kann leicht berechnet werden, da die Dissoziationskonstanten bekannt sind.

Bei den hier untersuchten Verbindungen ist diese Eindeutigkeit nicht gegeben, es wurde deshalb zunächst die Reihenfolge der Protonenabspaltung zur Ermittlung der Konstitution der einzelnen Ionenformen und die p_K-Werte[1] der R-Formen ermittelt, um die der Abb. 2 entsprechenden Schemas der möglichen Reaktionswege der Oxydation aufstellen zu können.

---

[1] Der p_K-Wert ist der negative Logarithmus der Dissoziationskonstanten. Aus dem Massenwirkungsgesetz ergibt sich:

$$\frac{[A^{(-)}] \cdot [H^{(+)}]}{[AH]} = K$$

$$p_K = p_H - \log \frac{[A^-]}{[AH]}$$

$$p_K = p_H, \quad \text{wenn } \log \frac{[A^-]}{[AH]} = 0 \text{ oder } [A^-] = [AH].$$

Er gibt also den p_H-Wert an, bei dem 50% der Verbindung [AH] zu [A⁻] dissoziiert ist.

IV. Die Methoden zur Bestimmung der Dissoziationskonstanten und der Reihenfolge der Protonenabspaltung der R-Formen

Sowohl die Dissoziationskonstanten als auch die Reihenfolge der Protonendissoziation konnte mit Hilfe spektroskopischer Messungen bestimmt werden.

Da die reinen Entwicklersubstanzen besonders im alkalischen Gebiet sofort durch Sauerstoff oxydiert werden, wurde bei völligem Ausschluß von Luft unter reinstem Stickstoff gearbeitet, welcher nach Meyer und Ronge [*29*] von letzten Resten Sauerstoff befreit wurde.

Abb. 3 zeigt als Beispiel die Absorptionskurven von 4,6-Diaminoresorcin bei verschiedenen p_H-Werten im Bereich des ersten p_K-Wertes. Die Zählung der p_K-Werte erfolgt hier stets in der Reihenfolge, welche sich nach der Protonendissoziation der Kationsäure im Brönstedschen Sinne ergibt, was einer Zählung im Schema

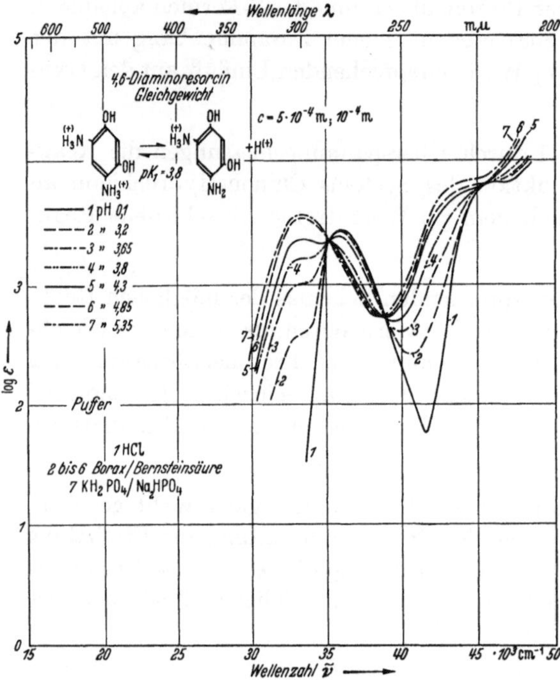

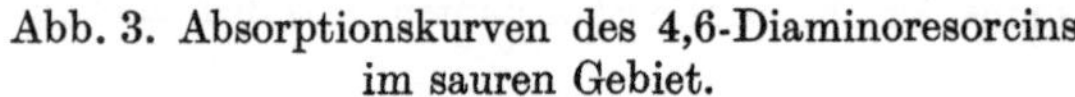

Abb. 3. Absorptionskurven des 4,6-Diaminoresorcins im sauren Gebiet.

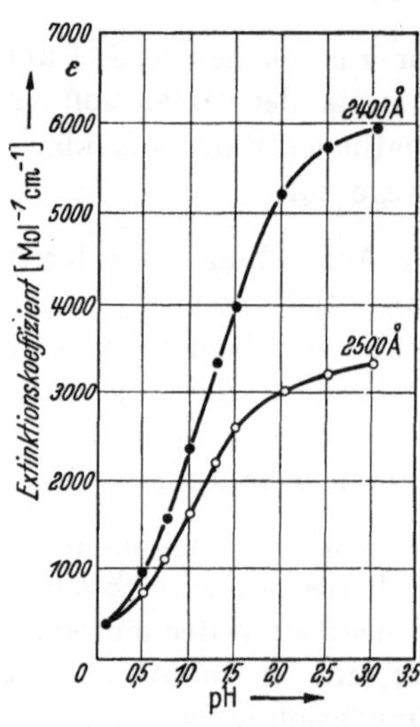

Abb. 4. 2,4,6-Triaminoresorcin. Absorptionskoeffizient der Wellenlängen 2400 Å und 2500 Å zwischen p_H 0 und 3.

der Abb. 2 von links nach rechts entspricht. In gleicher Weise wurden die Absorptionsspektren der einzelnen Substanzen im Spektralgebiet von 2000 Å bis 7000 Å bei bis zu 30 verschiedenen p_H-Werten zwischen p_H 0—13 aufgenommen.

Aus der Veränderung der Lichtabsorption bei konstanter Wellenlänge in Abhängigkeit vom p_H-Wert wurden die Dissoziationskonstanten berechnet (Abb. 4).

Die Bestimmung der Reihenfolge der Protonenabspaltung, welche die Ermittlung der Konstitution der einzelnen Ionenformen der reduzierten Substanzen ermöglichte, geschah nach einem von uns bereits beschriebenen Verfahren [*24*] durch

Spektrenvergleich. Dazu wurde die Tatsache des äußerst geringen Einflusses der $NH_3^{(+)}$-Substituenten auf das Spektrum ausgenutzt, welche im Gegensatz zu der erheblichen Spektrenveränderung in bezug auf die Lage und Höhe der Banden durch die NH_2-, OH- und $O^{(-)}$-Gruppen steht. So ähnelt z. B. das Spektrum des Anilinium-Kations äußerst stark dem des Benzols [*25*] [*26*], das des o- und p-Aminophenolkations dem des Phenols [*27*]. Bei den von uns untersuchten Aminophenolen und Aminoresorcinen sind nun die Spektren der in der Tabelle 1 mit gleichen Zeichen versehenen Ionenformen einander sehr verwandt. Sie unterscheiden sich also nur durch $NH_3^{(+)}$-Gruppen.

Tabelle 1

Schema zur Ermittlung der Reihenfolge der Protonenabspaltung aus den Absorptionsspektren

	Ionenladung						
	+3	+2	+1	0	−1	−2	
Phenol				+			
o-Aminophenol			+	○			
P-Aminophenol			+				
2,4-Diaminophenol		+	○				
2,6-Diamenophenol		+	○				
2, 4, 6-Triaminophenol	+	○					
Resorcin				×			
2-Aminoresorcin			×	⊙			
4-Aminoresorcin			×	△			
2,4-Diaminoresorcin		×	⊙				
4,6-Diaminoresorcin		×	△				
2, 4, 6-Triaminoresorcin	×	⊙					

Aus Tabelle 1 läßt sich folgendes schließen:

1. Da Phenol und Resorcin keine NH_2-Gruppen besitzen, enthalten die Ionenformen mit den Zeichen + und × außer den OH-Gruppen nur $NH_3^{(+)}$-Gruppen.

2. Da bei der o-Aminophenolbase (Ionenladung = O) die NH_2-Gruppe in 2-Stellung sitzt (Zeichen o), muß sie auch beim einfach geladenen Kation (+1) des 2,4- und des 2,6-Diaminophenols sowie beim zweifach positiv geladenen Ion (+2) des Triaminophenols in 2-Stellung sein, alle übrigen NH_2-Substituenten dieser Ionenformen sind mit Protonen beladen.

3. Bei der freien Base des 2-Aminoresorcins (Zeichen ⊙) ist die NH_2-Gruppe in 2-Stellung, sie ist es also auch bei allen übrigen Ionenformen mit gleichem Zeichen ⊙, die übrigen Aminogruppen sind bei diesen Ionenformen mit Protonen beladen.

4. Die freie Base des 4-Aminoresorcins (Zeichen △) hat die NH_2-Gruppe in 4-Stellung, auch beim einfach positiven Ion des 4,6-Diaminoresorcins gibt es aus Symmetriegründen keine andere Möglichkeit. Dies wird durch die Spektrenähnlichkeit nochmals bewiesen.

Die Abb. 5 und 6 fassen die bei den untersuchten Verbindungen erhaltenen Ergebnisse zusammen.

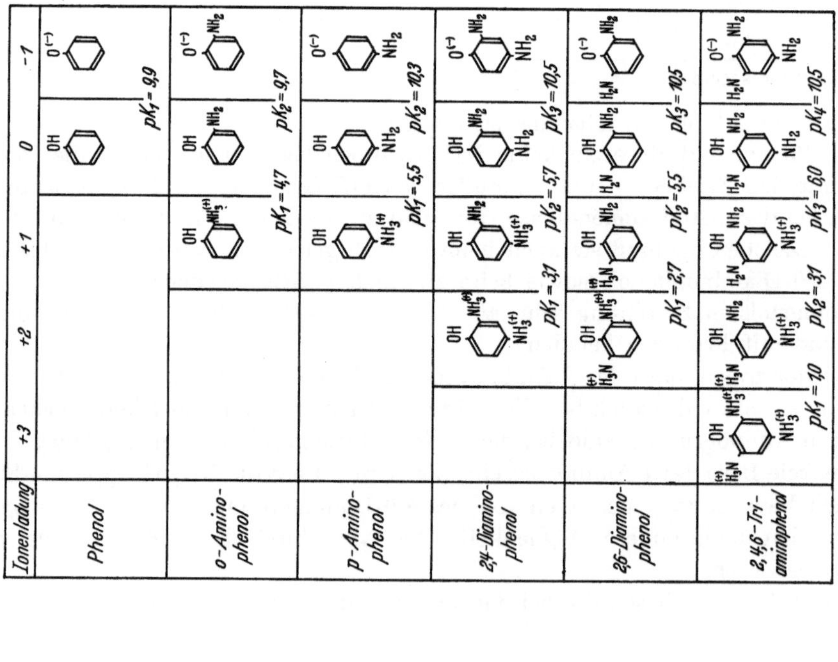

Ionenladung	+3	+2	+1	0	-1
Phenol					$pK_1 = 9{,}9$
o-Amino-phenol				$pK_1 = 4{,}7$	$pK_2 = 9{,}7$
p-Amino-phenol				$pK_1 = 5{,}5$	$pK_2 = 10{,}3$
2,4-Diamino-phenol			$pK_1 = 3{,}1$	$pK_2 = 5{,}7$	$pK_3 = 10{,}5$
2,6-Diamino-phenol			$pK_1 = 2{,}7$	$pK_2 = 5{,}5$	$pK_3 = 10{,}5$
2,4,6-Tri-aminophenol		$pK_1 = 1{,}0$	$pK_2 = 3{,}1$	$pK_3 = 6{,}0$	$pK_4 = 10{,}5$

Abb. 5. Reihenfolge der Protonenabspaltung und p_K-Werte der Phenolabkömmlinge.

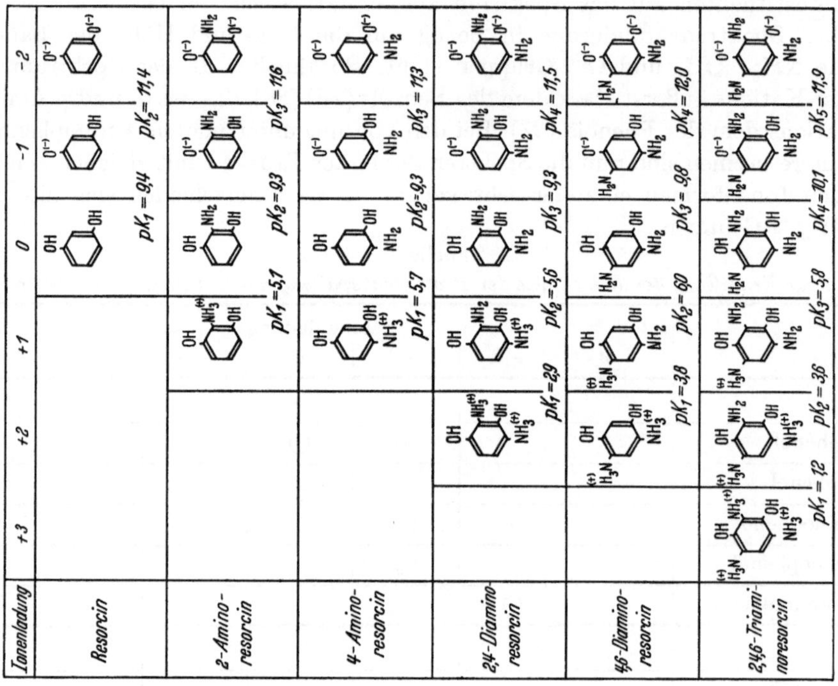

Ionenladung	+3	+2	+1	0	-1	-2
Resorcin					$pK_1 = 9{,}4$	$pK_2 = 11{,}4$
2-Amino-resorcin				$pK_1 = 5{,}1$	$pK_2 = 9{,}3$	$pK_3 = 11{,}6$
4-Amino-resorcin				$pK_1 = 5{,}7$	$pK_2 = 9{,}3$	$pK_3 = 11{,}3$
2,4-Diamino-resorcin			$pK_1 = 2{,}9$	$pK_2 = 5{,}6$	$pK_3 = 9{,}3$	$pK_4 = 11{,}5$
4,6-Diamino-resorcin			$pK_1 = 3{,}8$	$pK_2 = 6{,}0$	$pK_3 = 9{,}8$	$pK_4 = 12{,}0$
2,4,6-Triami-noresorcin		$pK_1 = 1{,}2$	$pK_2 = 3{,}6$	$pK_3 = 5{,}8$	$pK_4 = 10{,}1$	$pK_5 = 11{,}9$

Abb. 6. Reihenfolge der Protonenabspaltung und p_K-Werte der Resorcinabkömmlinge,

V. Die Konstitution und Eigenschaften der Oxydationsprodukte der Aminophenole

Die Feststellung der Dissoziationskonstanten und der Reihenfolge der Protonenabspaltung der reduzierten Form (R) der Entwickler genügt aber für eine Aufklärung des Reaktionsmechanismus nicht. Dazu ist auch die Kenntnis der Natur der halb (S)- und totaloxydierten (T)-Formen und ihrer Eigenschaften notwendig. Solche Untersuchungen stoßen aber auf noch größere Schwierigkeiten als bei den R-Formen. Die S-Form, welche durch Oxydation in die T-Form, durch Reduktion in die R-Form übergeht, ist als reaktionsfreudiges Radikal im allgemeinen sehr instabil. Sie kann außerdem eine Reihe von weiteren Reaktionen eingehen, wie z. B. Dimerisation und Bildung von Molekülverbindungen mit der R- oder T-Form [*28*]. Die S-Form tritt deshalb bei der Oxydation der R-Form zur T-Form im allgemeinen in so geringen Konzentrationen auf, daß ihre Feststellung und quantitative Bestimmung bisher nur in wenigen Fällen überhaupt möglich war. Die Instabilität der T-Form ist vor allem durch Verseifung (Desaminierung) und im alkalischen Gebiet außerdem durch Substitution am Benzolring bedingt.

Trotz dieser zu erwartenden Schwierigkeiten wurden von zweien von uns (H. und L.) entsprechende Versuche ausgeführt und die im folgenden beschriebenen Ergebnisse erhalten. Die Erfassung der Oxydationsprodukte wurde z. T. erst durch Verwendung von methanolhaltigen Pufferlösungen möglich, da hierin die Stabilität der T-Formen größer ist als in Wasser.

Es zeigte sich außerdem, daß ihre Stabilität mit wachsender Zahl der Substituenten am Kern größer wird. Deshalb konnten nur die T-Formen von 2,4-Diaminophenol, 2,4,6-Triaminophenol, 4,6-Diaminoresorcin und 2, 4, 6 - Triaminoresorcin untersucht werden, nicht dagegen die von o- und p-Aminophenol.

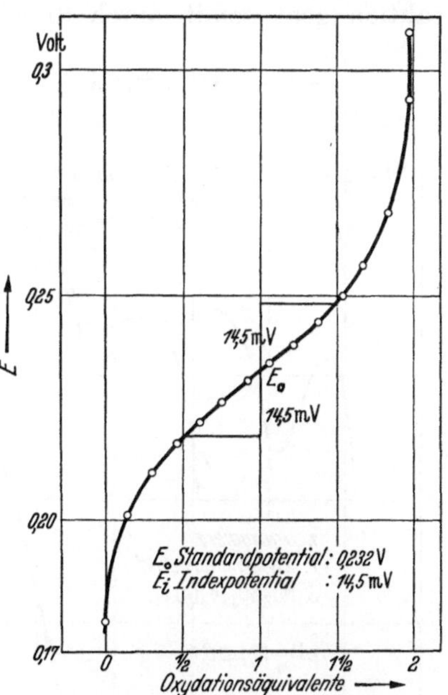

Abb. 7. Redoxpotential von 2,4,6-Triaminophenol ($c = 1{,}86 \cdot 10^{-4}$ m) in Methanol-Wasser 80 : 20 bei p_H 2,4 ± 0,1 und 23° C nach Zugabe verschiedener Mengen Oxydationsmittel (0,0135 n $FeCl_3$-Lösung).

Es ist zu erwarten, daß die Oxydation reversibel verläuft, wenn als Oxydationsprodukte den im Reaktionsschema (Abb. 2) angegebenen Semichinonen und Chinonmoniminen analoge Verbindungen entstehen. Man muß nämlich in diesen Fällen reine Elektronenübergänge annehmen, welche teilweise mit einer stets am Sauerstoff oder Stickstoff erfolgenden Abspaltung bzw. Anlagerung von Protonen verbunden sind. Nach v. STACKELBERG [*29*] ist unter dieser Voraussetzung Reversibilität zu erwarten.

Dies wurde durch potentiometrische Titration von 2,4,6-Triaminophenol, 2,4-Diaminophenol, 2,4,6-Triaminoresorcin und 4,6-Diaminoresorcin mit Oxydationsmitteln (Br_2, $FeCl_3$, $K_3\,[Fe(CN)_6]$) bei verschiedenen p_H-Werten geprüft. Aus der

Symmetrie der Kurven, von denen eine als Beispiel in Abb. 7 angegeben ist, kann auf reversiblen Verlauf geschlossen werden, und zwar bei dem 2,4,6-Triaminophenol in wäßrigen Pufferlösungen zwischen p_H 5—8 und bei Methanolzusatz im Gebiet von p_H 2—13. Beim 2,4-Diaminophenol sind selbst in methanolhaltigen Pufferlösungen nur zwischen den p_H-Werten 2,4—3,0 konstante Potentialwerte und symmetrische Titrationskurven zu erhalten. Bei o- und p-Aminophenol sind die Oxydationsprodukte so instabil, daß sich kein reversibles Gleichgewicht einstellt. Man kann hier nur unter besonderen Annahmen, z. B. durch Extrapolation auf die Reaktionszeit Null, zu Angaben von Potentialwerten gelangen [*30*]. Von den Aminoresorcinen zeigen nur 2,4,6-Triaminoresorcin im p_H-Bereich zwischen 3 und 6 und 4,6-Diaminoresorcin im p_H-Gebiet zwischen 3 und 13 ein reversibles Gleichgewicht in wäßriger Lösung. Bei höherer oder geringerer Wasserstoffionenkonzentration erleidet das primär gebildete Oxydationsprodukt eine weitere Veränderung, so daß es laufend aus dem Gleichgewicht entfernt wird. Die zunächst reversible Oxydationsreaktion geht somit durch diese Folgereaktionen in einen irreversiblen Prozeß über. Bei 2,4-Diamino-, 4-Amino- und 2-Aminoresorcin treten die Folgereaktionen in jedem p_H-Bereich so schnell ein, daß kein reversibles Gleichgewicht festgestellt werden konnte.

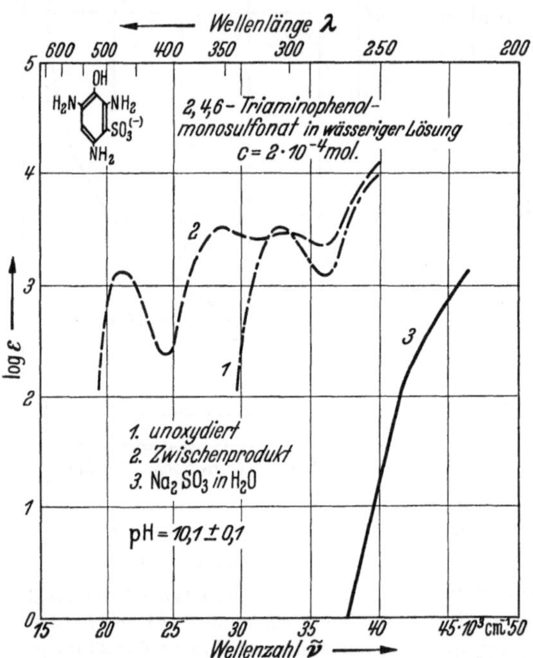

Abb. 8. Spektren des 2, 4, 6-Triaminophenol-monosulfonats (1) und des Zwischenproduktes der Oxydation in wäßriger Lösung (2).

a) Zwischenformen bei der Oxydation. Ein Zweielektronenübergang in einem Schritt müßte bei einem einwertigen Oxydations- bzw. Reduktionsmittel als Partner durch einen Dreierstoß erfolgen. Ein solcher Reaktionsvorgang ist aber sehr unwahrscheinlich und konnte, wie kinetische Messungen bei ähnlichen Reaktionen [*31*] [*32*] zeigen, nie beobachtet werden.

Man sollte daher auch bei den untersuchten Verbindungen semichinonartige Zwischenstufen erwarten, über welche die Oxydation bzw. Reduktion in Form von zwei Einelektronenübergängen verläuft.

In wäßriger oder wäßrig-methanolischer Lösung konnten nun bei der Oxydation aller untersuchten Verbindungen weder durch potentiometrische Titration noch durch Lichtabsorptionsmessungen irgendwelche Zwischenstufen nachgewiesen werden.

Bei der Reaktion von Chinon mit Sulfit fand LUVALLE [*33*] verschiedene Zwischenprodukte, unter welchen er auch Semichinone vermutet hat. Dies gab die Veranlassung, die Reaktion des Oxydationsproduktes von Triaminophenol mit Sulfit zu verfolgen. Es wurde bei der Oxydation von Triaminophenolmonosulfonat in wäßriger Lösung bei *einem* Oxydationsäquivalent eine gelb gefärbte Verbindung beobachtet, welche bei Zugabe von weiterem Oxydationsmittel wieder verschwindet (Abb. 8). Da außerdem bei vollständiger Oxydation des Triaminophenolmonosulfonats das 2,6-Diaminochinoniminmonosulfonat entsteht, was, wie später ausgeführt wird, aus der Spektrenähnlichkeit mit dem 2,6-Diaminochinonimin geschlossen wurde, liegt die Vermutung nahe, daß das gelbe Zwischenprodukt ein Semichinon ist, zumal die Lage der langwelligsten Absorptionsbande mit den von MICHAELIS [*34*] vermessenen Lichtabsorptionskurven der Semichinone von p-Phenylendiaminderivaten übereinstimmt.

Einem von uns (s. Dissertation K. LOHMER [*35*]) gelang es aber, durch Photooxydation in glasartig eingefrorenen Lösungen bei 90° K die Existenz der Semichinone einiger Aminophenole nachzuweisen und ihre im sichtbaren Spektralgebiet liegenden Absorptionsbanden aufzunehmen. Um zu zeigen, daß es sich bei den durch Photooxydation entstehenden gefärbten Verbindungen tatsächlich um freie Radikale mit einem einsamen ungepaarten Elektron handelt, wurde zunächst das p-Aminodimethylanilin untersucht. Bekanntlich läßt sich dieses durch Zugabe eines Oxydationsäquivalentes Oxydationsmittel in das entsprechende Semichinon, das WURSTERsche Rot überführen. Aus Abb. 9 ist das Spektrum des WURSTERschen Rots ersichtlich. Beim Abkühlen der alkoholischen Lösung des Semichinons auf etwa −100° C verändert sich das Spektrum, und es entsteht eine grüne Verbindung. Wahrscheinlich handelt es sich um eine Dimerisation. Bei dieser niedrigen Temperatur reicht die Energie der Wärmeschwingungen offensichtlich nicht mehr aus, um eine Dissoziation zu bewirken. Nimmt man jedoch eine alkoholische Lösung von p-Aminodimethylanilin und friert sie glasartig in einer UV-durchlässigen Küvette ein, indem man sie auf die Temperatur der flüssigen Luft bringt, so erhält man bei Bestrahlung mittels einer Quecksilberhöchstdrucklampe HBO 500 eine Rotfärbung. Das im Sichtbaren liegende Absorptionsspektrum ist in Abb. 9 wiedergegeben und stimmt mit dem bei Zimmertemperatur überein. Die Absorption im UV kann bei dieser Versuchsanordnung nicht gemessen werden, da im UV auch das im Überschuß vorhandene durch die Bestrahlung nicht veränderte p-Aminodimethylanilin absorbiert. Die Übereinstimmung der im sichtbaren Spektralbereich liegenden Absorptionsbanden des

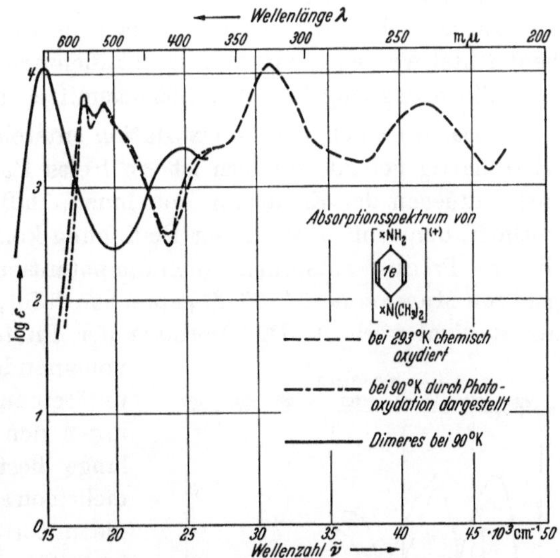

Abb. 9. Absorptionsspektrum des WURSTERschen Rots und seines Dimeren. Bei der Formelbezeichnung kann das in die Mitte des Ringes geschriebene Elektron (1e) einem der beiden mit × bezeichneten Einzelelektronen zugeordnet werden, so daß ein ungepaartes Einzelelektron übrigbleibt.

WURSTERschen Rots und des durch Photooxydation aus dem p-Aminodimethylanilin entstandenen roten Produktes ist aber so gut, daß man an der Identität der beiden Verbindungen kaum zweifeln kann. Der große räumliche Abstand zwischen den bei der Photooxydation entstehenden Radikalen (bei den angewandten Konzentrationen von 10^{-4} ist ein Molekül durchschnittlich 100 Å von einem Nachbarmolekül entfernt) und die geringe Beweglichkeit im starren Lösungsmittel verhindert eine Dimerisation der Radikale. Aus der Identität der Spektren lassen sich zwei Schlüsse ziehen:

1. Der als Photooxydation bezeichnete Vorgang entspricht in der Tat folgender Gleichung

$$(CH_3)_2N-C_6H_4-NH_2 \xrightarrow{+h\nu} \left[(CH_3)_2\overset{\times}{N}-\langle 1e \rangle-\overset{\times}{N}H_2\right]^{(+)} + 1e$$ [1]

Über den Verbleib des in Freiheit gesetzten Elektrons kann man keine Aussage machen. Jedenfalls kehrt es beim Auftauen wieder zum Radikal zurück unter Rückbildung der farblosen reduzierten Verbindung. Da beim langsamen Auftauen vor dem Zurückkehren des herausgeschlagenen Elektrons eine Dimerisation des Radikals beobachtet werden kann, muß man annehmen, daß das Photoelektron in einem Potentialloch des eingefrorenen Lösungsmittels relativ fest gebunden war.

2. Das durch chemische Oxydation entstehende WURSTERsche Rot ist nicht chinhydronartig gebaut, sondern ist ein freies Radikal. Wäre dem nicht so, so müßte man entgegen der Erfahrung annehmen, daß auch p-Aminodimethylanilin dimer vorliegt, denn nur unter dieser Bedingung könnte dann bei der Photooxydation ein dimeres Produkt entstehen. Auch die potentiometrischen und magnetischen Messungen von MICHAELIS [*34*, *36*, *37*] sprechen dafür, daß das WURSTERsche Rot in Lösung als Radikal vorliegt. Die Methode der Photooxydation gestattet somit, einzelne voneinander isolierte Radikale zu erzeugen, die untereinander nicht reagieren können und daher unter den angewandten Bedingungen ziemlich lange beständig sind. Sie wurde daher schon mehrfach angewendet, um empfindliche Radikale, die unter den üblichen Bedingungen nicht existenzfähig sind, nachzuweisen und durch ihr Spektrum zu charakterisieren [*38*—*41*].

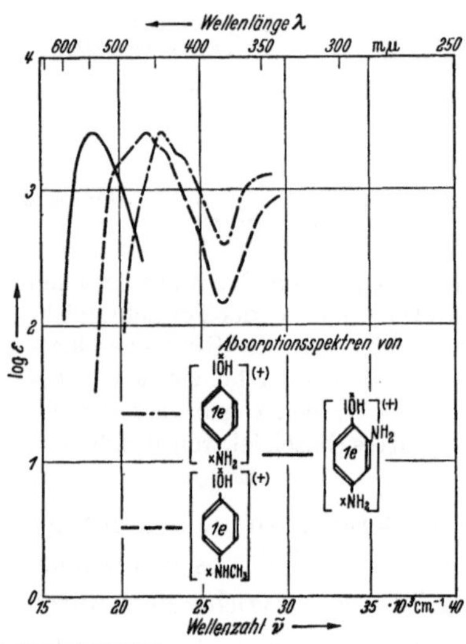

Abb. 10. Absorptionsspektren der durch Photooxydation erzeugten Semichinone von p-Aminophenol, N-Methyl-p-Aminophenol (Metol) und 2,4-Diaminophenol (Amidol). Bei den Formelbezeichnungen kann das in der Mitte des Ringes geschriebene Elektron (1e) einem der beiden mit × bezeichneten Einzelelektronen zugeordnet werden, so daß ein ungepaartes Elektron übrigbleibt.
Über die Bandenhöhe kann nichts ausgesagt werden, da Konzentrationsangaben unmöglich sind.

[1] Wegen der Schreibweise der Elektronen siehe Erläuterungen der Abb. 9 und 10.

Die Spektren der durch Photooxydation von einigen Aminophenolen erhaltenen Semichinone sind in Abb. 10 dargestellt. Es liegt daher sehr nahe, daß auch bei der chemischen Oxydation bei Zimmertemperatur intermediär durch Abgabe eines Elektrons aus den Aminophenolen und -resorcinen Radikale mit einem einsamen Elektron entstehen. Sie weisen aber eine so hohe Reaktionsfähigkeit auf, daß sie sich dem Nachweis entziehen. Der Anteil an Semichinon S, der mit der reduzierten oder benzoiden Komponente R und der oxydierten oder chinoiden Komponente T im Gleichgewicht steht, ist so gering, daß er mit den üblichen Nachweismethoden nicht erfaßt werden kann. Das Gleichgewicht der Reaktion $2\,S \rightleftarrows T + R$ liegt ganz auf der rechten Seite.

b) Die durch Zweielektronenabgabe erhaltenen total oxydierten Formen. Das Endprodukt der reversiblen Oxydation des Triaminophenols in wäßriger Lösung bei p_H 6, welches man an seiner charakteristischen Absorptionsbande bei 600 mμ erkennt, entsteht bei Verwendung von 2 Äquivalenten Oxydationsmittel. Bei Zugabe von mehr Äquivalenten tritt keine weitere Änderung ein (Abb. 11). Es handelt sich also hier um die Abgabe von zwei Elektronen, deshalb kann das Oxydationsprodukt nicht ein Phenazin, Phenoxazin oder eine dem von STAUDE [*3*b] vorgeschlagenen zweikernigen Oxydationsprodukt ähnliche Verbindung sein, weil hierzu drei Äquivalente Oxydationsmittel nötig wären.

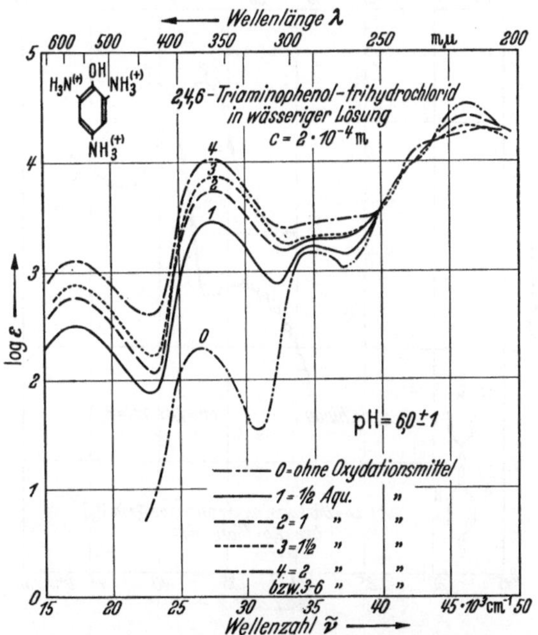

Abb. 11. Absorptionsspektrum von 2,4,6-Triaminophenol in wäßriger Lösung bei Zugabe verschiedener Äquivalente Oxydationsmittel.

Da es sich außerdem, wie aus den potentiometrischen Titrationen hervorgeht, um ein reversibles Gleichgewicht zwischen der R- und T-Form handeln muß, scheidet die irreversible Bildung eines Indophenols oder einer Azoverbindung aus. Es liegt deshalb nahe, daß sich als T-Form ein o- oder p-Chinonmonimin bildet, wie schon HEPP [*15*] aus den Analysenergebnissen von HEINTZEL [*14*] geschlossen hatte.

Die Elementaranalyse des in reiner Form dargestellten Produktes ergab die Summenformel $C_6H_8ON_3Cl$, was mit dem Monohydrochlorid eines Diaminochinonmonimins übereinstimmt. Eine weitere Stütze für die Entstehung des Chinonimins ist die Tatsache, daß bei Reduktion des Oxydationsproduktes mit Zinn und Salzsäure das Ausgangsprodukt $C_6H_{12}ON_3Cl_3$ wieder erhalten wurde, was durch Elementaranalyse und Lichtabsorptionsmessungen nachgewiesen wurde. Obwohl die Reversibilität der Oxydation von Triaminophenol durch potentiometrische Messungen in wäßriger Lösung nur in einem kleinen pH-Bereich nachgewiesen werden konnte, kann man aus den beobachteten Farbumschlägen bei der Oxydation sowie aus der Reversibilität in methanolhaltiger Lösung schließen, daß sich auch in wäßriger Lösung außerhalb von pH 5—8 Ionenformen des Diaminochinonimins bilden, diese aber sehr schnell weiter reagieren.

Außerhalb des angegebenen p_H-Bereiches tritt in wäßriger Lösung Verseifung (Desaminierung) ein. Verseift man das Oxydationsprodukt des Triaminophenols in alkalischer Lösung, so erhält man ein Produkt, dessen Absorptionsspektrum (Abb. 12) dem des p-Benzo-Chinons sehr ähnlich ist.

Da, wie SCHWARZENBACH und SUTER [*42*] beim 2,5-Dioxybenzochinon diskutiert haben, leicht eine Umlagerung zwischen ortho- und para-chinoiden mesomeren Formen möglich erscheint, kann nicht entschieden werden, ob die Ionenformen des Diaminochinonimins orthochinoid oder parachinoid zu formulieren sind. Es ist sogar möglich, daß Para- und Orthoform je nach den Symmetrieverhältnissen der verschiedenen Ionenformen mehr oder weniger nebeneinander als mesomere Grenzformen existieren, wenn auch, wie man durch Vergleich der Stabilität des o- und p-Benzochinons erkennt, die p-chinoiden Formen bevorzugt sein werden. Wenn im folgenden der Einfachheit halber die Chinone und Chinonimine in der Paraform formuliert werden, so möge man sich stets vergegenwärtigen, daß dies nur eine mesomere Grenzform darstellt. Das Oxydationsprodukt des Triaminophenols wird also als 2,6-Diamino-chinonimin-(4) formuliert.

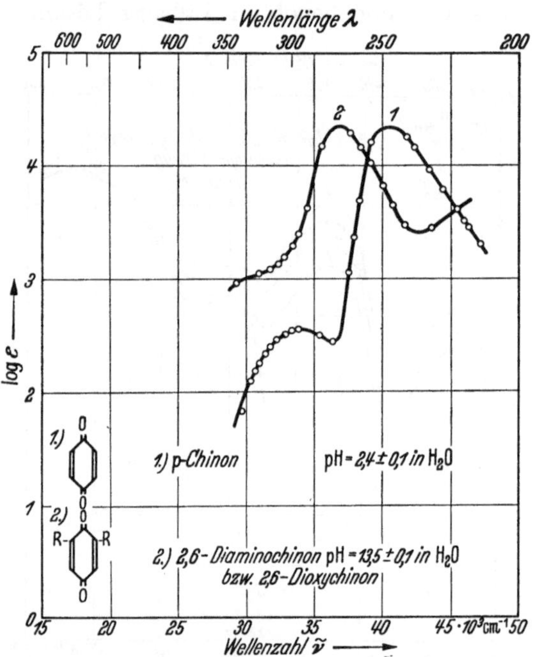

Abb. 12. Absorptionsspektren von p-Chinon bei p_H 2,4 und dem Verseifungsprodukt von Diaminochinonimin bei p_H 13,5 in wäßriger Lösung. R bedeutet NH_2 bzw. O^- (falls auch die Aminogruppen gleichzeitig verseift werden).

Die alkalischen Lösungen von 3-Oxy-6-Amino-p-Chinonimin (4) und 3-Oxy-2,6-Diamino-p-Chinonimin(4) erleiden ziemlich rasch eine irreversible Veränderung. Das 3-Oxy-6-Amino-p-Chinonimin (4) wird zu 2,5-Dioxychinon (1,4) verseift, welches isoliert und identifiziert werden konnte. Die bei verschiedenen p_H-Werten gemessenen Spektren stimmen mit den von SCHWARZENBACH und SUTER [*48*] gefundenen überein. Das 3-Oxy-2,6-Diamino-p-Chinonimin(4) erleidet im Alkalischen Verseifung und in Gegenwart von Sauerstoff eine Weiteroxydation. Es konnte weder ein definiertes Verseifungs- noch ein bestimmtes sekundäres Oxydationsprodukt gefaßt werden. Auch im sauren Gebiet $p_H < 1$ tritt eine irreversible Veränderung ein.

Wird die Lichtabsorption des 2,6-Diamino-Chinonomins in Abhängigkeit vom p_H-Wert vermessen, so lassen sich vier verschieden gefärbte Ionenformen feststellen (Abb. 13), die im Gleichgewicht miteinander stehen, was sich durch die isosbestischen Punkte zeigt (Abb. 14). Für das Gleichgewicht, welches beim höchsten p_H-Wert liegt, ergibt sich ein p_K-Wert von $10{,}9 \pm 0{,}1$ in einem Methanol-

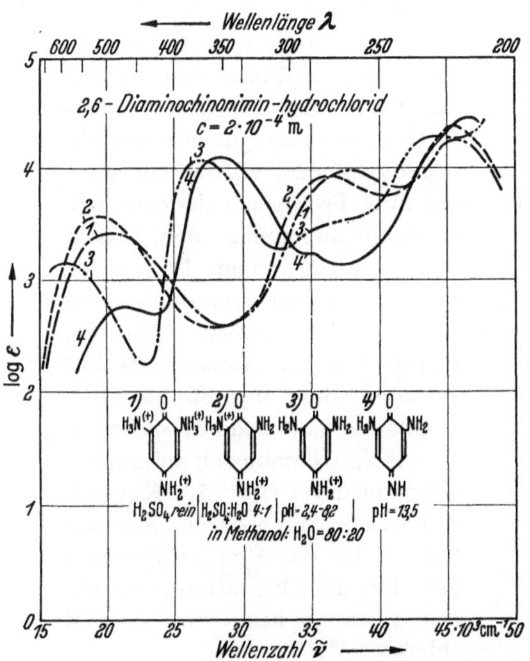

Abb. 13. Absorptionsspektren des 2,6-Diamino-chinonimins bei verschiedenen p_H-Werten (3 und 4 in Methanol — Wasser 80 : 20).

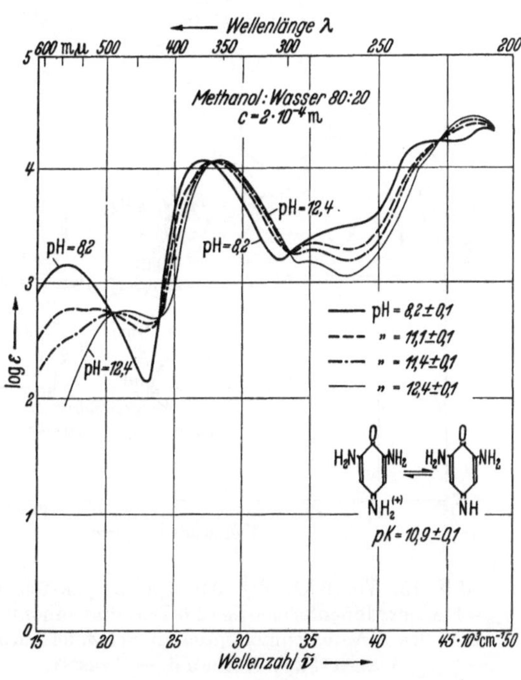

Abb. 14. Absorptionsspektren des 2,6-Diamino-chinonimins bei verschiedenen p_H-Werten innerhalb des Gleichgewichtes zweier Ionenformen (Methanol : Wasser = 80 : 20).

Wasser-Gemisch. (In wäßriger Lösung ist das Oxydationsprodukt außerhalb des p_H-Bereiches von 5—8 zu instabil, um die Lichtabsorption feststellen zu können).

Da in derselben Weise wie bei den reduzierten Formen auch bei den Oxydationsprodukten die Möglichkeit besteht, aus der Spektrengleichheit zwischen zwei verschiedenen Molekülen, die sich nur durch $NH_3^{(+)}$-Gruppen unterscheiden, Analogieschlüsse zu ziehen, läßt sich die Reihenfolge der Protonenabgabe an den Substituenten des 2,6-Diamino-Chinonimins festlegen, wenn man die Absorptionsspektren der Ionenformen des Oxydationsproduktes von 2,4-Diaminophenol kennt. Voraussetzung ist, daß auch hier als erstes stabiles Oxydationsprodukt ein Chinonimin entsteht. Es konnte durch Lichtabsorptionsmessungen auch beim 2,4-Diaminophenol der Zweielektronenübergang festgestellt und durch potentiometrische Titration mit $FeCl_3$ der Nachweis geführt werden, daß ein reversibles Gleichgewicht zwischen R- und T-Form vorhanden ist und damit ein Chinonimin entsteht, und zwar im sauren Gebiet ein Monohydrochlorid. Die dazu gehörende freie Base konnte nur unter besonderen Versuchsbedingungen (s. Dissertation H. Heckelmann [*43*]) in wäßrig-alkoholischer Lösung vermessen werden.

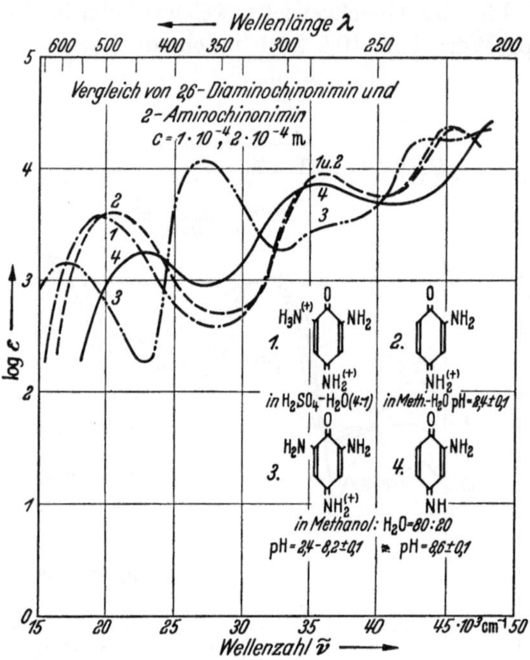

Abb. 15. Vergleich der Absorptionsspektren verschiedener Ionenformen des 2,6-Diaminochinonimins und des 2-Aminochinonimins in Schwefelsäure — Wasser bzw. Methanol — Wasser.

Vergleicht man die Absorptionsspektren der Ionenformen des Oxydationsprodukts von Amidol mit denen der Ionenformen des Triaminophenoloxydationsproduktes, so zeigt sich, daß die Kurve des mit zwei Protonen beladenen 2,6-Diaminochinonimins dem Spektrum des mit einem Proton beladenen Oxydationsproduktes von Amidol nahezu gleicht (Abb. 15, Kurve 1 u. 2). Andererseits hat die freie Base des Aminochinonimins ein ganz anderes Spektrum als das 2,6-Diaminochinoniminmonohydrochlorid (Abb. 15, Kurve 3 und 4). Man kann daraus folgende Reihenfolge der Protonendissoziation für die Oxydationsprodukte von Triaminophenol und Amidol ableiten [*43*]:

O, $(+)H_3N$, $NH_3(+)$, $NH_2(+)$ ⇄ O, H_2N, $NH_3(+)$, $NH_2(+)$ ⇄ O, H_2N, NH_2, $NH_2(+)$ ⇄ O, H_2N, NH_2, NH

Ionenformen des Oxydationsproduktes von 2, 4, 6-Triaminophenol

O, $NH_3(+)$, $NH_2(+)$ ⇄ O, NH_2, $NH_2(+)$ ⇄ O, NH_2, NH

Ionenformen des Oxydationsproduktes von 2,4-Diaminophenol

Die Bestimmung der Reihenfolge der Protonendissoziation bei den Oxy-Aminochinoniminen, die sich vom 2,4,6-Triaminoresorcin und vom 4,6-Diaminoresorcin ableiten, stößt zunächst auf Schwierigkeiten, denn die Regelmäßigkeiten der Spektrenverschiebung durch Protonendissoziation bzw. -assoziation, wie sie bei den Amino-

und Oxyderivaten des Benzols gefunden wurden, können hier nicht angewandt werden. Der Vergleich der hier gefundenen Dissoziationskonstanten mit denen ähnlich gebauter chinoider Verbindungen, bei denen kein Zweifel über die am Gleichgewicht beteiligten Ionenformen besteht, gestattet aber, Aussagen über die Reihenfolge der Dissoziation zu machen. Am 3-Oxy-2,6-Diamino-p-chinonimin-(4) und am 3-Oxy-6-Amino-p-chinonimin-(4) findet man im p_H-Bereich zwischen 1 und 14 zwei Dissoziationskonstanten. Da den Ionenformen im Alkalischen sicher die Konstitution

O, H_2N, NH_2, $O^{(-)}$, NH bzw. O, H_2N, $O^{(-)}$, NH

zukommt, kann die Anlagerung des ersten Protons, wenn man die Wasserstoffionenkonzentration in der Lösung dieser Ionen erhöht, entweder an der negativ geladenen $O^{(-)}$-Gruppe oder an der neutralen Iminogruppe erfolgen. Eine Protonenanlagerung an eine Aminogruppe findet erst bei negativen p_H-Werten statt, denn das Amino-p-Chinon zeigt z. B. zwischen p_H 1 und 14 überhaupt kein Protonengleichgewicht. Amino-Chinonimine (s. oben), bei denen die Anlagerung des ersten Protons an die Iminogruppe erfolgt, besitzen einen p_K-Wert, der im schwach alkalischen p_H-Bereich liegt. Oxy-Chinone dagegen weisen p_K-Werte im mäßig sauren Bereich auf. Beispielsweise lagert das doppelt negativ geladene Ion des 2,5-Dioxychinons das erste Proton erst bei etwa p_H 5 und das zweite bei p_H 3 an [*42*]. Hieraus läßt sich mit ziemlicher Wahrscheinlichkeit schließen, daß auch bei den untersuchten Oxyaminochinoniminen die erste Protonenanlagerung im alkalischen Gebiet an der neutralen Iminogruppe erfolgt und erst das nächste Protonengleichgewicht (im schwach sauren p_H-Bereich) der $O^{(-)}$-Gruppe zuzuordnen ist.

Aber auch aus dem Vergleich der Spektren der einzelnen Ionenformen kann man einige Aussagen machen, die zum gleichen Ergebnis führen. Die Regelmäßigkeiten der Bandenverschiebungen durch Protonenanlagerung und -abspaltung an den Substituenten sind am chinoiden Ring andere, als sie oben für den Benzolring gezeigt wurden. Die folgende Überlegung deutet die theoretischen Gründe dafür an:

Bekanntlich sind für das optische Verhalten der organischen Moleküle im sichtbaren und ultravioletten Gebiet die die Doppelbindungen bewirkenden π-Elektronen und neben diesen die einsamen Elektronenpaare von Heteroatomen wie Stickstoff und Sauerstoff verantwortlich, während die σ-Elektronen nur eine sehr untergeordnete Rolle spielen. Die bei der Lichtabsorption sich wechselseitig beeinflussenden π-Elektronen und p-Elektronenpaare dürfen höchstens durch einen Atomabstand voneinander getrennt sein und ihre Eigenfunktionen müssen eine gemeinsame Knotenebene haben. Bei Substituenten am Benzolkern, welche einsame Elektronenpaare besitzen, nehmen zumeist zwei Elektronen die Symmetrie einer pz-Eigenfunktion ein, wenn z die Koordinate senkrecht zur Ringebene bezeichnet, und haben damit die gleiche Knotenebene wie die 6 π-Elektronen des Benzolrings. Verschwindet durch Protonenanlagerung ein einsames Elektronenpaar (z. B. beim Übergang vom Anilin zum Anilinumion), so tritt im Spektrum eine kurzwellige Verschiebung auf.

Im Gegensatz dazu ist bei der Iminogruppe am chinoiden Ring die p_Z-Eigenfunktion bereits durch das die Doppelbindung verursachende π-Elektronenpaar besetzt. Das freie Elektronenpaar der Iminogruppe kann nicht die Ringebene als Knotenebene besitzen und ist daher für die Lichtabsorption belanglos. Die Anlagerung eines Protons an das freie Elektronenpaar der Iminogruppe dürfte daher keine kurzwellige Verschiebung bringen. Es tritt aber dabei sogar eine langwellige Verschiebung auf, wie schon KEHRMANN [*44*] festgestellt hat. Wenn außer der nunmehr protonenbeladenen Iminogruppe noch Aminogruppen am chinoiden Ring vorhanden sind, könnte man analog zu den Überlegungen von SCHWARZENBACH und SUTER [*42*] hierfür Mesomeriegründe annehmen, da nach der Protonenanlagerung energetisch äquivalente Grenzformen existieren. Durch die Mesomerie wird das Energieniveau herabgesetzt und die Absorption nach langen Wellen verschoben. Im Gegensatz zur Anlagerung eines Protons an die Iminogruppe müßte die Neutralisation der negativen Ladung der $0^{(-)}$-Gruppe durch Protonenassoziation mit einer Spektrenverschiebung nach kürzeren Wellen verbunden sein, weil danach die beiden Grenzformen nicht mehr gleichwertig sind und zudem die Elektronenkonfiguration des Sauerstoffs geändert wird.

Bei Aminochinoniminen sollte also mit der Protonenanlagerung an die Iminogruppe eine Bandenverschiebung nach längeren Wellen, mit der Protonenanlagerung an die $0^{(-)}$-Gruppe eine Verschiebung nach kürzeren Wellen erwartet werden. An die Aminogruppe werden erst unterhalb $p_H 0$ Protonen angelagert.

Aus den gefundenen Spektren (Abb. 16 und 17) ergibt sich bei der Anwendung der obigen Betrachtungen die gleiche Reihenfolge der Protonenabspaltung für die

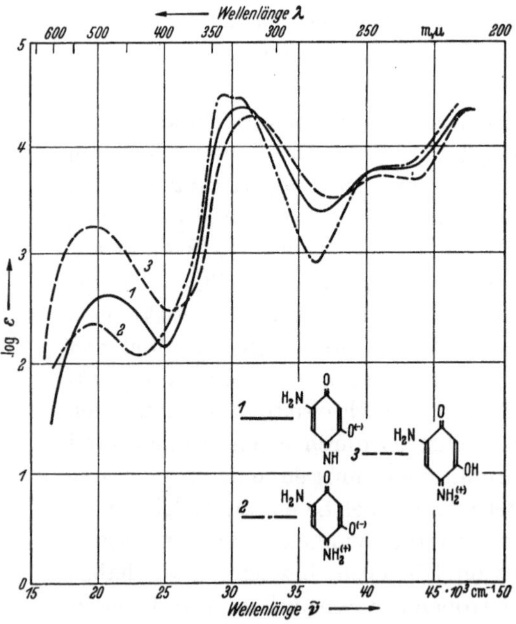

Abb. 16. Absorptionsspektren der einzelnen Ionenformen des 3-Oxy-6-Amino-p-Chinonimin (4).

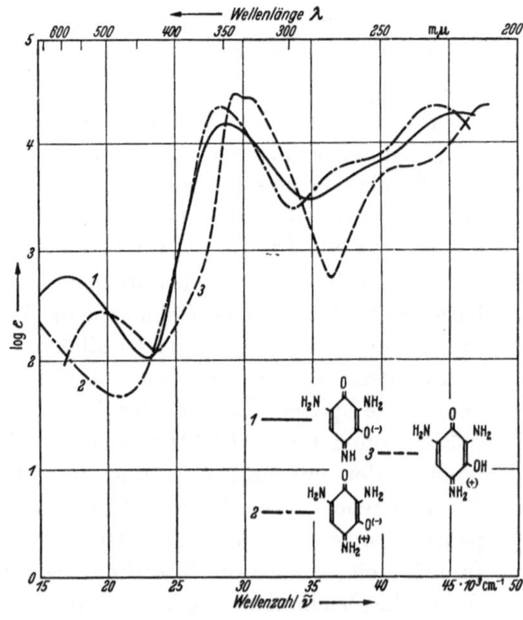

Abb. 17. Absorptionsspektren der einzelnen Ionenformen des 3-Oxy-2,6-Diamino-p-Chinonimin (4)

untersuchten Oxydationsprodukte der Aminoresorcine, wie sie aus den p_K-Wertvergleichen folgte, und zwar:

3-Oxy-6-Amino-p-Chinonimin (4) ohne -(NH_2) bzw.

3-Oxy-2,6-Diamino-p-Chinonimin (4) mit (NH_2).

H_2N, O, (NH_2), $O^{(-)}$, NH $\rightleftarrows$ H_2N, O, (NH_2), $O^{(-)}$, $NH_2^{(+)}$ $\rightleftarrows$ H_2N, O, (NH_2), OH, $NH_2^{(+)}$

$p_K = 10{,}7 \pm 0{,}2$ $\quad$ $p_K = 2{,}9 \pm 0{,}1$

$(p_K = 11{,}35 \pm 0{,}1)$ $\quad$ $(p_K = 6{,}1 \pm 0{,}1)$

Die in Klammern gesetzten p_K-Werte beziehen sich auf das Oxy-Diamino-p-Chinonimin.

c) Die Oxydation in sulfithaltigen Lösungen. Oxydiert man in der gleichen Weise das Triaminophenolmonosulfonat, das gegenüber dem reinen Triaminophenol ein wesentlich positiveres Potential besitzt, so beweist uns ein Spektrenvergleich, daß

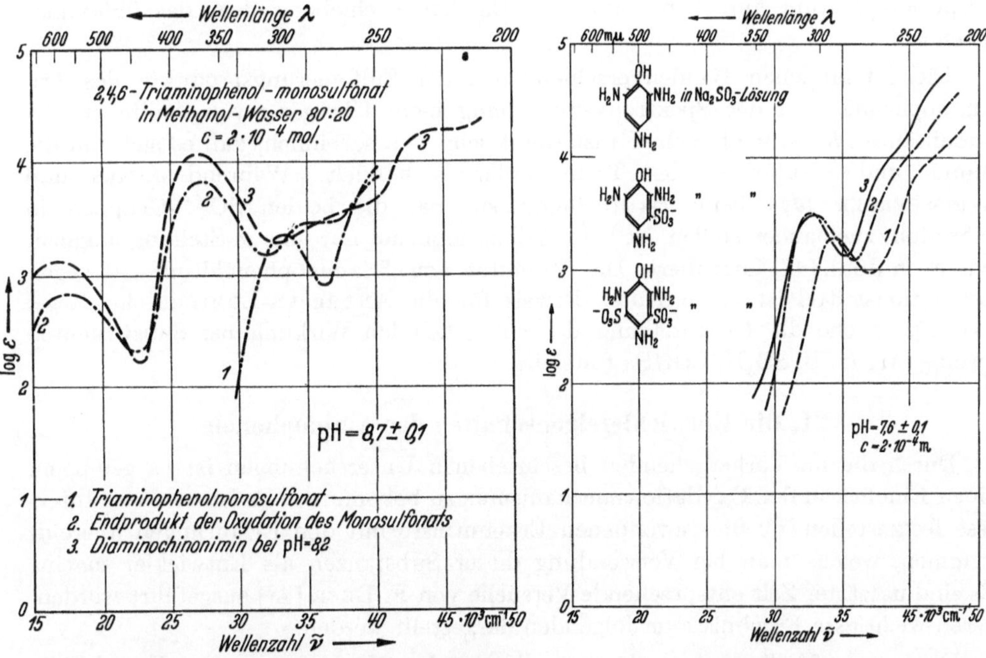

Abb. 18. Spektrenvergleich des Endproduktes der Oxydation des 2,4,6-Triaminophenolmonosulfonats mit dem unoxydierten Monosulfonat und dem Endprodukt bei der Oxydation des Triaminophenols (Methanol : Wasser = 80 : 20).

Abb. 19. Spektren des 2,4,6-Triaminophenols, seines Mono- und Disulfonats bei pH = 7,6.

auch das Monosulfonat zum blauen Chinonimin (Abb. 18) oxydiert wird. Und zwar verläuft die Reaktion, wie schon ausgeführt, in wäßriger Lösung über ein gelbes

Zwischenprodukt. Die Oxydationsprodukte des 4,6-Diamino- und 2,4,6-Triaminoresorcins reagierens nicht mit Sulfit.

Daß Triaminophenol und Amidol nur bei Anwesenheit von Sulfit brauchbare Entwicklersubstanzen sind [*9*], deutet darauf hin, daß die reduzierende Wirkung des Sulfits in der Entfernung der Oxydationsprodukte aus dem Gleichgewicht besteht, womit eine Erniedrigung des Potentials und eine Verstärkung der Entwicklung verbunden ist. Dies beweisen auch die Untersuchungen über den Sulfitmechanismus beim Hydrochinon [*45*] [*46*] [*2*b] und beim p-Aminophenol [*47*].

Versetzt man unter Luftsauerstoffausschluß eine einmolare wäßrige Lösung des blauen Salzes von 2,6-Diaminochinonimin mit einer einmolaren Natriumsulfitlösung, so tritt eine völlige Entfärbung ein. Das vermessene Absorptionsspektrum (Abb. 19, Kurve 2) entspricht in seiner Struktur, von der Intensität und Lage der ersten Hauptbande abgesehen, völlig dem des Triaminophenols. Oxydiert man die entstandene Verbindung erneut, so erhält man ein Oxydationsprodukt, welches in seinem Spektrum dem des 2,6-Diaminochinonimins gleicht (Abb. 18). Mit weiterer Sulfitzugabe entsteht ein farbloses Produkt (Abb. 19, Kurve 3), das selbst mit stärksten Oxydationsmitteln nicht mehr weiter oxydiert werden kann. Das Absorptionsspektrum ähnelt bis auf eine Bandenverschiebung dem des Triaminophenols.

Die entstandenen Bandenverschiebungen der Sulfonierungsprodukte des Triaminophenols sind der Spektrenverschiebung beim Übergang von Anilin zu Orthanilsäure [*43*] sehr ähnlich. Es ist somit sehr wahrscheinlich, daß es sich um die Mono- und Disulfonate des Triaminophenols handelt. Während JAMES und WEISSBERGER [*45*] beim Hydrochinondisulfonat die beiden $SO_3^{(-)}$-Gruppen in p-Stellung zueinander stellen, ist beim Triaminophenol nur eine m-Stellung möglich, wie auch JODL [*47*] formuliert. Die Stabilität von Triaminophenoldisulfonat gegen Oxydationsmittel ist ein erneuter Beweis für die ANDRESEN-LUMIÈREsche Regel [*5*] [*6*], welche die Herabsetzung der entwickelnden Wirkung bei Substituenten zweiter Art (z. B. SO_3H, COOH) feststellt.

VI. Die Entwicklereigenschaften der Aminophenole

Durch die im Vorhergehenden beschriebenen Untersuchungen ist es gelungen, einen Einblick in den Oxydationsmechanismus zu bekommen. Es ist nun von Interesse festzustellen, ob die gewonnenen Erkenntnisse mit den Erfahrungen übereinstimmen, welche man bei Verwendung dieser Substanzen als Entwickler macht. Es sind in letzter Zeit entsprechende Versuche von F. BEER [*48*] ausgeführt worden, deren wichtigste Ergebnisse im folgenden dargestellt werden.

Da, wie im Vorliegenden erläutert, die einzelnen Ionenformen der Entwicklersubstanzen infolge der unterschiedlichen Aktivität ihrer Substituenten verschieden starke Reduktionswirkung haben werden und eine durch die Dissoziationskonstanten gegebene Konzentrationsabhängigkeit derselben vom p_H-Wert besteht, ist auch eine Abhängigkeit der Entwicklung vom p_H-Wert zu erwarten. Diese p_H-Abhängigkeit kann unter bestimmten Voraussetzungen durch die Schwärzung in Abhängigkeit vom p_H-Wert wiedergegeben werden. Diese Methode wurde erstmalig von REINDERS und BEUKERS angewendet [*49*].

Hält man alle Faktoren, welche die Entwicklung beeinflussen können, außer dem p_H-Wert konstant und arbeitet mit Lösungen der reinen Entwicklersubstanzen in Puffergemischen unter völligem Ausschluß von Luftsauerstoff, so ergeben sich bei den untersuchten Amino-Phenolen die aufgezeigten Schwärzungs-p_H-Kurven (Abb. 20—22).

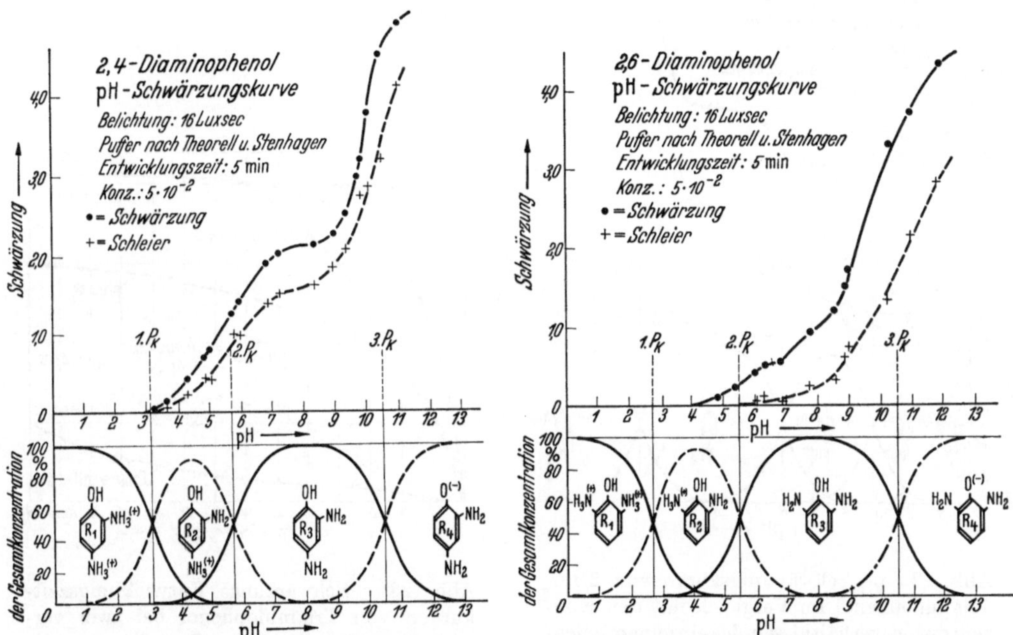

Abb. 20. p_H-Schwärzungskurve von 2,4-Diaminophenol im Vergleich mit den Konzentrationsverhältnissen der einzelnen Ionenformen. (Die p_H-Schwärzungskurve wurde der Dissertation von F. BEER [*48*] entnommen.)

Abb. 21. p_H-Schwärzungskurve von 2,6-Diaminophenol im Vergleich mit den Konzentrationsverhältnissen der Ionenformen. (Die p_H-Schwärzungskurve wurde der Dissertation von F. BEER [*48*] entnommen.)

Diese Kurven stellen zwar nicht den Endzustand der Entwicklung dar, da die Schwärzung bei einer bestimmten Entwicklungszeit aufgetragen wird, doch zeigt ein Vergleich der Schwärzungs-Entwicklungszeit-Kurven (Abb. 23) bei verschiedenen p_H-Werten, daß auch bei sehr langer Entwicklungszeit je nach dem p_H-Wert verschiedene Schwärzungen erhalten werden, so daß man für den Endzustand ähnliche Formen der Kurven annehmen kann. Bei niedrigen p_H-Werten wird danach nur ein Teil der Körner entwickelt, welche bei höheren p_H-Werten entwickelbar sind.

Man erkennt deutlich mehrere Stufen in dieser p_H-Schwärzungsabhängigkeit, welche nun mit den Konzentrationen der einzelnen Ionenformen der reduzierten Substanzen, welche aus den Dissoziationskonstanten berechnet wurden, in Beziehung gesetzt wurden.

Da sich jeweils im Gebiet eines p_H-Wertes ein steilerer Schwärzungsanstieg als in den Zwischengebieten zeigt, kommt man zu dem Schluß, daß die einzelnen Ionenformen der Entwicklersubstanzen unterschiedliche Entwicklungseigenschaften haben müssen und der Schwellen-p_H-Wert durch das Ansteigen der Konzentration der ersten entwickelnden Ionenform gegeben ist. Beim Triaminophenol ergeben sich somit drei wirksame, in ihrer reduzierenden Wirkung abgestufte, Ionenformen. Die Wendepunkte der p_H-Schwärzungskurven fallen annähernd mit den p_K-Werten zusammen.

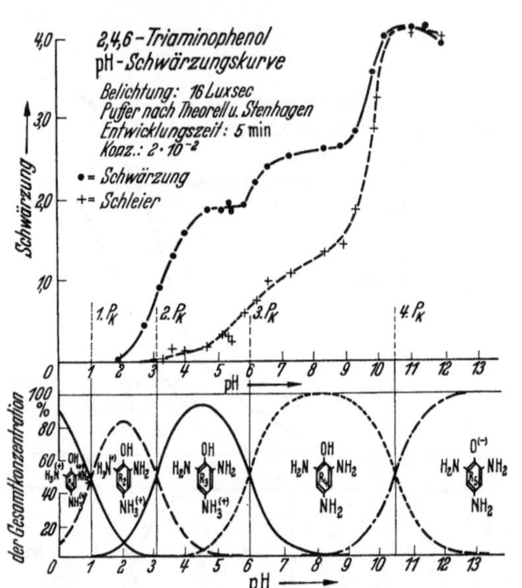

Abb. 22. p_H-Schwärzungskurve von 2,4,6-Triaminophenol im Vergleich mit den Konzentrationsverhältnissen der einzelnen Ionenformen. (Die p_H-Schwärzungskurve wurde der Dissertation von F. BEER [*48*] entnommen.)

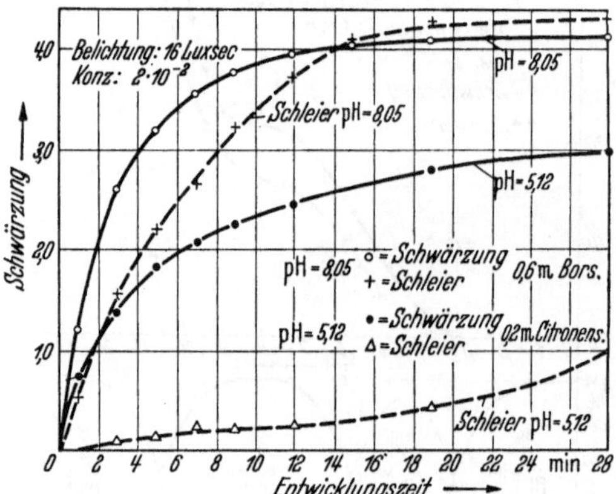

Abb. 23. Schwärzungs-Entwicklungszeitkurven von Triaminophenol bei zwei verschiedenen p_H-Werten. (Der Dissertation von F. BEER [*48*] entnommen.)

Tabelle 2

p_H	Konz. der R-Formen	Konz. der T-Formen	Potential gegen n-H_2-Elektrode	Schwärzung	Schleier
4,5	10^{-2}	—	+ 80,0	2,6	0,7
4,5	10^{-2}	$8 \cdot 10^{-3}$	+ 131,5	1,4	0,5
~ 10	10^{-2}	—	— 50,0	3,1	2,2
	10^{-2}	$4 \cdot 10^{-3}$	— 8,0	3,2	2,1
	10^{-2}	$8 \cdot 10^{-3}$	— 4,0	3,2	2,3
~ 10	10^{-2}	—	— 50,0	3,1	2,2
	$5 \cdot 10^{-3}$	—	— 27,0	2,2	1,5
	10^{-3}	—	— 2,0	0,6	0,4
~ 10	10^{-2}	$8 \cdot 10^{-3}$	— 4,0	3,2	2,3
	$5 \cdot 10^{-3}$	$8 \cdot 10^{-3}$	+ 5,0	2,2	1,7
	10^{-3}	$8 \cdot 10^{-3}$	+ 30,0	0,9	0,6

(Die Werte wurden der Dissertation von F. BEER [*48*] entnommen.)

Es muß aber beachtet werden, daß auch die Oxydationsprodukte und die Konzentrationen ihrer einzelnen Ionenformen Einfluß auf den Entwicklungsprozeß haben. Wie eine Untersuchung über den Zusammenhang von Redoxpotential und Entwicklungseigenschaften des Triaminophenols zeigt, erhält man bei p_H 4,5, d. h. im p_H-Gebiet des ersten Anstiegs der p_H-Schwärzungskurve bei Erhöhung der Konzentration des Oxydationsproduktes eine Verschiebung des Redoxpotentials nach positiven Werten. Damit verbunden ist eine Abnahme der erzielten Schwärzung.

Bei höheren p_H-Werten und damit negativeren Potentialen wird zwar mit dem Zusatz von Oxydationsprodukt das Potential ebenfalls nach positiveren Werten verschoben, die Entwicklung wird aber kaum beeinflußt. Selbst bei einem erheblichen Überschuß an Oxydationsprodukt tritt keine Verminderung der Schwärzung auf. Dagegen bleibt die Abhängigkeit der erzielten Schwärzung von der Konzentration der R-Form auch im Alkalischen erhalten (Tabelle 2).

VII. Schlußbetrachtung

Aus dem Vergleich der in den Abb. 20—22 zu erkennenden Stufen der p_H-Schwärzungskurven mit den darunter aufgetragenen Konzentrationsverhältnissen der einzelnen Ionenformen der Reduktionsprodukte kann man noch eine weitere Schlußfolgerung ziehen:

Die bei niedrigen p_H-Werten entwickelnden Ionenformen der untersuchten Aminophenole besitzen eine undissoziierte OH-Gruppe und dazu in o- und p-Stellung die aktiven NH_2-Gruppen, welche aber untereinander in m-Stellung stehen. (Übersichtsversuche [*50*] in sulfithaltigen Lösungen zeigen, daß die untersuchten Aminoresorcine sich genau so verhalten).

Wendet man die Regel von Andresen und Lumière [*5*] [*6*] an, so kann nur dann eine Entwicklungsfähigkeit erwartet werden, wenn die zu den NH_2-Gruppen in o- bzw. p-Stellung stehende OH-Gruppe ein aktiver Substituent ist. Hydrochinon und Brenzkatechin entwickeln aber nicht im sauren p_H-Bereich, woraus man schließen muß, daß die Wirkung der beiden undissoziierten OH-Gruppen als aktive Substituenten nicht vorhanden oder zu gering ist, um allein zur Entwicklungsfähigkeit auszureichen. Daß diese, allerdings geringe aktive Wirkung der OH-Gruppe aber tatsächlich vorhanden ist, welche, wie anfangs ausgeführt, auch theoretisch erwartet werden sollte, geht aus der von James gefundenen, wenn auch nicht sehr großen Aktivität des einfach negativen Ions des Hydrochinons [*51*] und Brenzkatechins [*52*] hervor, wobei die Kombination der sehr aktiven $O^{(-)}$-Gruppe in p- bzw. o-Stellung mit einer OH-Gruppe für die Entwicklungsfähigkeit ausreicht.

Bei den hier untersuchten Polyaminophenolen und Aminoresorcinen sind nun anscheinend zwei der im Vergleich zur $O^{(-)}$-Gruppe etwas weniger aktiven NH_2-Gruppen in o- oder p-Stellung zur OH-Gruppe nötig, um eine entwicklungsfähige Ionenform zu erhalten.

Eine plausible Erklärung hierfür wäre, daß man als erste Stufe der Oxydation eine Semichinonbildung ohne Mithilfe der OH-Gruppe annimmt (Abb. 24, Übergänge R2 → S2 und R3 → S3).

Die Funktion der undissiozierten OH-Gruppe bestände somit darin, daß sie die Oxydation vom Semichinon zum Chinonimin ermöglicht, welches ja bei den untersuchten Verbindungen als Endstufe der Oxydation eindeutig nachgewiesen werden konnte. Ob die dazu notwendige Protonenabspaltung am Sauerstoff bei der Oxydationsstufe der S- oder der T-Form erfolgt, kann nicht entschieden werden.

Immerhin folgt aus dem Vergleich der wenigen bekannten Dissoziationskonstanten der T-Formen mit denen der R-Formen, daß die Fähigkeit zur Protonendissoziation

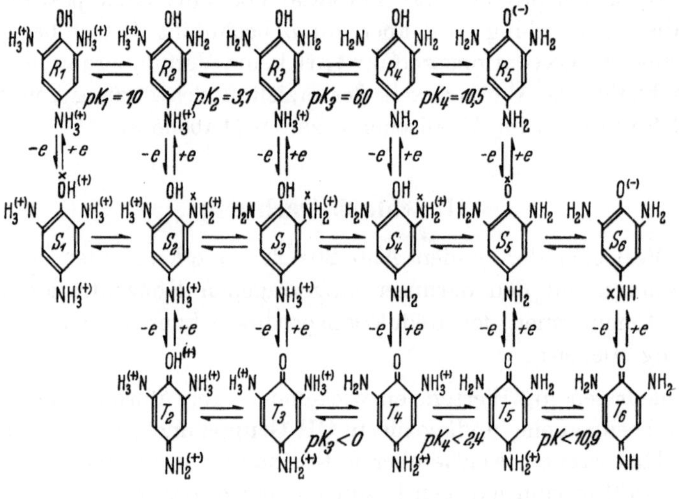

Abb. 24. R-, S- und T-Formen des Triaminophenols und ihre Dissoziationskonstanten.

von Ionenformen, welche in den Schemata der Abb. 2 und 24 übereinanderstehen, von der R-Form zur T-Form zunimmt. Dies geht aus der schematischen Aufstellung der R-, S- und T-Formen des Triaminophenols mit den entsprechenden Dissoziationskonstanten (Abb. 24) hervor, welche z. T. der Dissertation von F. BEER entnommen wurden [*48*].

Beim p-Aminophenol (Abb. 2) wird die für die Entwicklung maßgebende Reaktion im wesentlichen die Wege $R_3 \rightarrow S_3 \rightarrow S_4 \rightarrow T_4$, oder $R_3 \rightarrow S_3 \rightarrow T_3 \rightarrow T_4$ einschlagen, und die Reaktionswege $R_2 \rightarrow S_2 \rightarrow S_3 \rightarrow T_3$ oder $R_2 \rightarrow S_2 \rightarrow T_2 \rightarrow T_3$ werden nur eine geringe Rolle spielen, wie Entwicklungsversuche von HENN [*53*] beim p-Aminophenol und JAMES [*54*] beim Metol zeigen. Dagegen ergeben sich z. B. für den Reaktionsverlauf bei der Oxydation des Triaminophenols je nach dem p_H-Wert mehrere unterschiedliche Wege, welche zur Entwicklung befähigt sind.

Während die drei Hauptgruppen in Tabelle 3 durch die verschiedenen R-Formen und die p_H-Gebiete ihrer Existenzfähigkeit bedingt sind, werden die innerhalb der einzelnen p_H-Bereiche aufgeführten Reaktionswege durch die Konzentrationsverhältnisse der S- und T-Formen und damit durch deren p_K-Werte bestimmt. Da diese in wäßriger Lösung z. T. nur ungefähr, z. T. gar nicht bekannt sind, soll die Entscheidung zwischen diesen Wegen offen gelassen werden.

Auf alle Fälle werden die im Schema (Abb. 24) weiter rechts und in Tabelle 3 weiter unten aufgezeichneten Reaktionswege um so mehr bevorzugt werden, je alkalischer die Lösung ist. Reaktionswegüberschneidungen werden nicht auftreten.

Tabelle 3 Reaktionsmöglichkeiten der Oxydation beim Triaminophenol

p_H (zunehmender p_H-Wert ↓)	
2–5	a) $R_3 \rightarrow S_3 \rightarrow T_3 \rightarrow T_4 \rightarrow T_5$
	b) $R_3 \rightarrow S_3 \rightarrow S_4 \rightarrow T_4 \rightarrow T_5$
	c) $R_3 \rightarrow S_3 \rightarrow S_4 \rightarrow S_5 \rightarrow T_5$
5–9	a) $R_4 \rightarrow S_4 \rightarrow T_4 \rightarrow T_5$
	b) $R_4 \rightarrow S_4 \rightarrow S_5 \rightarrow T_5$
	c) $R_4 \rightarrow S_4 \rightarrow S_5 \rightarrow T_5 \rightarrow T_6$
	d) $R_4 \rightarrow S_4 \rightarrow S_5 \rightarrow S_6 \rightarrow T_6$
über 9	a) $R_5 \rightarrow S_5 \rightarrow T_5 \rightarrow T_6$
	b) $R_5 \rightarrow S_5 \rightarrow S_6 \rightarrow T_6$

Wie im Teil VI schon ausgeführt wurde, haben bei den verwendeten Entwicklungsbedingungen (minimale Konzentrationen der S- und T-Formen) im wesentlichen die verschiedenen R-Formen und die dadurch bedingten unterschiedlichen Reaktionswege Einfluß auf die Entwicklung.

Da nach dem Massenwirkungsgesetz im Gebiet der p_K-Werte zwei Ionenformen in gleicher Konzentration nebeneinander vorliegen, werden in diesen p_H-Bereichen auch zwei Reaktionswege gleichzeitig geschritten werden, dies gilt nicht allein für die p_K-Werte der R-Formen, sondern auch für die der S- und T-Formen.

Es bleibt in dem Reaktionsschema offen, wohin bei der Oxydation das Elektron abgegeben wird. Der Reaktionspartner wird bei der Entwicklung in der Hauptsache ein $Ag^{(+)}$-Ion des Silberhalogenids der photographischen Schicht sein, doch können auch die bei dem betreffenden p_H-Wert der Lösung existierenden R-, S- und T-Formen, z. B. in einer Disproportionierungsreaktion, reagieren. Hierzu kommt, daß die T-Formen in wäßriger Lösung instabil sind und schnell weiterreagieren.

Es ist wegen dieser komplizierten Verhältnisse verständlich, daß in der vorliegenden Arbeit nur ein Beitrag zur Klärung der Oxydationsvorgänge geliefert werden konnte. Durch Aufstellung der Reaktionsschemas und deren Diskussion an Hand der gewonnenen Ergebnisse wurde aber gezeigt, wie man sich die Oxydationsvorgänge bei den untersuchten Verbindungen vorzustellen hat und welche Zusammenhänge mit den beim Reaktionspartner durch die entwickelte Schwärzung feststellbaren reduktiven Veränderungen bestehen.

Herrn Prof. Dr. G. Scheibe, in dessen Institut die dieser Arbeit zugrunde gelegten Dissertationen ausgeführt wurden, sind wir für Anregung und Förderung dieser Arbeiten zu großem Dank verpflichtet.

Ferner danken wir Herrn Dr. F. Beer, für die Überlassung von Versuchsergebnissen aus seiner Dissertation.

VIII. Zusammenfassung

1. Die Dissoziationskonstanten einer Reihe von Aminophenolen und Aminoresorcinen wurden durch Lichtabsorptionsmessungen in sauerstoffreier Lösung bei verschiedenen p_H-Werten bestimmt.

2. Durch Spektrenvergleich konnte die Reihenfolge der Protonenabspaltung und damit die Konstitution der Ionenformen festgestellt werden.

3. Durch Aufnahme der Spektren und potentiometrische Messungen wurden die Oxydationsprodukte von Amidol, Triaminophenol, 4,6-Diaminoresorcin und 2,4,6-Triaminoresorcin identifiziert und ihre Absorptionskurven untereinander sowie mit denen ihrer Verseifungsprodukte verglichen.

4. Die Bildung von Zwischenstufen bei der Oxydation von Triaminophenol und Amidol konnte in wäßriger Lösung weder durch Bestimmung des Indexpotentials noch durch Lichtabsorptionsmessungen nachgewiesen werden. Doch wird die theoretisch begründete Auffassung der Bildung von Semichinonen durch die Beobachtung einer Zwischenverbindung bei der Oxydation des Triaminophenolmonosulfonats in wäßriger Lösung und besonders durch die bei Photooxydation in eingefrorenem Lösungsmittel auftretenden Farbänderungen gestützt.

5. Ein Vergleich der p_H-Abhängigkeit der Entwicklung mit den p_H-abhängigen Konzentrationsverhältnissen der Ionenformen der reduzierten Substanzen läßt darauf schließen, daß bei den Polyaminophenolen je nach dem p_H-Wert verschiedene entwickelnde Ionenformen existieren. Es zeigt sich, daß bei den unterhalb von p_H 9 entwickelnden Ionenformen genau so wie beim einfach negativen Anion des Hydrochinons und des Resorcins eine undissoziierte OH-Gruppe als aktiver Substituent wirkt.

Literatur

[1] LEUBNER, A.: Dissertation, TH Dresden 1911.
[2a] TAUSCH, E.: Dissertation, TH Berlin 1934.
[2b] LEHMANN, E., u. E. TAUSCH: Phot. Korr. **71**, 17 (1935).
[3a] STAUDE, H.: Z. Wiss. Phot. **37**, 3 (1938).
[3b] STAUDE, H.: Z. Wiss. Phot. **38**, 65—137 (1939).
[3c] BRAUER, E., u. H. STAUDE: Vortrag Bunsentagung Lindau 1952, Sci. Ind. phot. **23**, 397 (1952).
[3d] BRAUER, E., u. H. STAUDE: Z. f. Elektrochemie **58**, 129—135 (1954).
[4a] LEVENSON, G. J. P.: Phot. B. Sect. B, **89**, 2—20 (1949).
[4b] LEVENSON, G. J. P.: J. Phot. Sci. **1**, 117—122 (1953).
[5] LUMIÈRE, A. u. L.: Bull. Soc. Franc. Phot. (2) **7**, 310 (1891).
[6] ANDRESEN, M.: Handbuch d. Photogr. J. M. Eder, Bd. III, 2. Teil, S. 2.
[7] KENDALL, J. D.: Proc. IX. congr. intern. phot. Paris (1935) 227.
[8] ANDRESEN, M.: Handbuch d. Photogr. J. M. Eder, Bd. III, 2. Teil, S. 8—10, 51, 52, 62, 64.
[9] MEIDINGER, W.: Hay u. v. Rohr, Handb. d. Wiss. Phot., Bd. 5 (1932) 188 (Tab. 114), 216 u. 217.
[10] MEES, C. E. K.: The Theory of the Photogr. Process (1952) 346.
[11] GEBAUER-FÜLNEGG, E., u. E. E. FLECK: Brit. J. Phot. **74**, 488.
[12] KELLER, S. M., MAETZIG u. F. MÖGLICH: Ann. Phys. (6) **1**, 301 (1947).
[13] ENGLISCH, E.: Photogr. Kompend. Stuttgart: F. Enke, S. 153.
[14] HEINTZEL, C.: J. prakt. Chemie **100**, 193 (1867).
[15] HEPP, A.: Ann. **215**, 351 (1882).
[16] KEHRMANN, F., u. H. PRAGER: Ber. **39**, 3437 (1906).

[17] SKLAR, A. L.: Bull. Amer. phys. Soc. **14**, Nr. 2, 16; Phys. Rev. (2) **55**, 1120 (1939).
[18] ARNDT, F.: Angew. Chemie **65**, 572 (1953).
[19a] EISTERT, B.: Chemismus u. Konstitution, Ferdinand Enke Verlag, Stuttgart (1948) 131.
[19b] EISTERT, B.: Chemismus u. Konstitution, Ferdinand Enke Verlag, Stuttgart (1948) 130.
[20a] KLAGES, F.: Lehrbuch d. organischen Chemie, Walter de Gruyter & Co., Bd. II (1954) S. 327.
[20b] KLAGES, F.: Lehrbuch d. organischen Chemie, Walter de Gruyter & Co., Bd. II (1954) S. 326.
[21] SCHWARZENBACH, G., u. L. MICHAELIS: J. Amer. Chem. Soc. **60**, 1667 (1938).
[22] VETTER, K. J.: Z. Elektrochem. **56**, 797 (1952), Vortrag Bunsentagung Lindau 1952.
[23] MEYER, C., u. RONGE: Angew. Chem. **52**, 637 (1939).
[24] EGGERS, J., R. POSSE u. G. SCHEIBE: Z. f. Elektrochem. **58**, 731—743 (1954).
[25] SCHEIBE, G., F. BACKENHÖHLER u. A. ROSENBERG: Ber. **59**, 2625 (1926).
[26] KORTÜM, G.: Z. phys. Chem. (B) **42**, 39 (1939).
[27] PESTEMER, M., u. H. FLASCHKA: Sitzungsber. Akad. Wiss. Wien **146**, 771 (1938); Monatshefte Chem. **71**, 325 (1938).
[28] LUVALLE, J. E., u. A. WEISSBERGER: J. Amer. chem. Soc. **69**, 1567 (1947).
[29] v. STACKELBERG, M.: Z. Elektrochemie **56**, 806 (1952); Vortrag Bunsentagung Lindau 1952.
[30] FIESER, L. F.: J. Amer. chem. Soc. **52**, 5204 (1930).
[31] JAMES, T. H.: J. Amer. chem. Soc. **61**, 648 (1939).
[32] JAMES, T. H.: J. Phys. Chem. **45**, 223 (1941).
[33] LUVALLE, J. E.: S. Amer. chem. Soc. **74**, 2970—77 (1952).
[34] MICHAELIS, L., V. P. SCHUBERT u. S. GRANICK: J. Amer. chem. Soc. **61**, 1981—1992 (1939).
[35] LOHMER, K.: „Über die Oxydationsprodukte von Aminophenolen und -resorcinen", Dissertation, TH München 1955.
[36] MICHAELIS, L.: J. Amer. Chem. Soc. **53**, 2953 (1931).
[37] MICHAELIS, L.: J. Amer. Chem. Soc. **65**, 1747—1755 (1943).
[38] LEWIS, G. N.: J. Amer. Chem. Soc. **64**, 2801 (1942).
[39] LEWIS, G. N., u. J. BIEGELEISEN: J. Amer. Chem. Soc. **65**, 2419 (1943).
[40] LINSCHITZ, H., M. G. BERRY u. D. SCHWITZER: J. Amer. Chem. Soc. **76**, 5833 (1954).
[41] LINSCHITZ, H., J. R. RENNERT u. T. M. KORN: J. Amer. Chem. Soc. **76**, 5839 (1954).
[42] SCHWARZENBACH, G., u. H. SUTER: Helv. chim. Acta **24**, 617 (1941).
[43] HECKELMANN, H.: „Die Oxydationsprodukte von Polyaminophenolen (Amidol und Triaminophenol). Ihre Verseifung und Wirkungsweise mit Sulfit", Dissertation TH München 1952.
[44] KEHRMANN, F.: Ber. **56**, 2389.
[45] JAMES, T. H., u. A. WEISSBERGER: J. Amer. chem. Soc. **61**, 142 (1939).
[46a] PINNOW, J.: Z. Wiss. Phot. **27**, 344 (1930).
[46b] PINNOW, J.: Z. Wiss. Phot. **37**, 76 (1938).
[47] JODL, R.: Phot. Kotr. **86**, 58 (1951).
[48] BEER, F.: „Der Oxydationsmechanismus von Aminophenolen im Zusammenhang mit der photographischen Entwicklung", Dissertation TH München 1954.
[49] REINDERS, W., u. M. C. F. BEUKERS: Ber. VIII. Intern. Kongr. Phot. 171, 1931.
[50] EGGERS, J.: „Bestimmung der Dissoziationskonstanten und Lokalisierung der Protonenabspaltung von Aminoresorcinen durch Lichtabsorptionsmessungen", Dissertation TH München 1953.
[51] FORTMILLER, L. J., u. T. H. JAMES: PSA-Journal **18B**, 76 (1952), Nr. 3.
[52] JAMES, T. H.: J. Amer. chem. Soc. **69**, 1217 (1947).
[53] HENN, R. W.: PSA-Journal **18B**, 90—95 (1952).
[54] FORTMILLER, L. S., u. T. H. JAMES: PSA-Journal **19B**, 109—112 (1953).

Die Unterschiede der nach verschiedenen Methoden bestimmten Empfindlichkeiten photographischer Materialien

Von H. Frieser

1. Einleitung

Die verschiedenen Verfahren zur Bestimmung der Empfindlichkeit photographischer Materialien unterscheiden sich im allgemeinen außer durch verschiedene Entwicklungs- und Belichtungsbedingungen vor allem durch die Kriterien, durch welche die Empfindlichkeit definiert wird. Das Kriterium bezieht sich auf einen bestimmten Punkt der Schwärzungskurve, und der Kehrwert der entsprechenden Belichtung bzw. eine von ihm abgeleitete Größe wird als Empfindlichkeit angegeben. Diese Verschiedenheit der Kriterien bewirkt, daß die Empfindlichkeitsangaben nach den verschiedenen Systemen nicht ineinander umgerechnet werden können, auch wenn Belichtungs- und Entwicklungsbedingungen völlig gleich sind. Man verwendet im allgemeinen empirisch gefundene Umrechnungsfaktoren und betont, daß es sich dabei nur um ganz angenäherte Werte handelt. Über die theoretischen Zusammenhänge gibt man sich meist keine Rechenschaft. Sie sind auch wegen des Einflusses der Form des gekrümmten unteren Teiles der Schwärzungskurven schwer zu übersehen. Will man allgemeine Aussagen über die Beziehung der einzelnen Kriterien zueinander machen, so sind Annahmen über die Form der Schwärzungskurve erforderlich, das heißt, man muß versuchen, diese durch eine Funktion darzustellen. Dies soll im folgenden durch eine von Luther [*1*] angegebene Näherung erfolgen. Bei dieser wird die Schwärzungskurve durch die Gammawerte und durch einen als Weichheit bezeichneten Faktor gegeben. Die Lage ist durch den Inertiapunkt bestimmt. Mit dieser Näherung sollen folgende Kriterien untersucht werden:

a) H.-u.-D.- (Hurter-u.-Driffield-) Kriterium. Inertia, Schnittpunkt des verlängerten geraden Teils der Schwärzungskurve mit der Schleiergeraden (Parallele zur Abszisse im Abstand der Schleierschwärzung).

b) 0,1-Kriterium (DIN-Verfahren). Punkt auf der Schwärzungskurve, bei dem eine Schwärzung von 0,1 über dem Schleier erreicht ist.

c) ASA-(Jones-)Kriterium. Punkt der Schwärzungskurve, bei dem der Gradient $g^* = 0{,}3\ \beta$ ist, wobei β den mittleren Gradienten über einen Bereich des Belichtungslogarithmus vor 1,5 bedeutet, ausgehend vom Belichtungslogarithmus des Kriteriums.

Ziel der vorliegenden Untersuchung ist es, die Größe der mit den verschiedenen Kriterien bestimmten Empfindlichkeitswerte und ihre gegenseitigen Unterschiede in Abhängigkeit von der Form der Schwärzungskurve zu ermitteln. Zunächst soll aber die Luthersche Näherung behandelt und an der Erfahrung geprüft werden.

2. Die Luthersche Näherung für die Schwärzungskurve und ihre Prüfung an der Erfahrung

Die LUTHERsche Näherungsformel lautet:

$$S = \frac{\gamma w}{0,6} \log (10^{0,6 \frac{\xi}{w}} + 1). \tag{1}$$

S = Schwärzung abzüglich des Schleiers,
γ = Neigung des geraden Teils der Schwärzungskurve.
ξ = log (Et) — log $(\mathrm{Et})_{\mathrm{Inertia}}$
Logarithmus der Belichtung, bezogen auf die Inertia,
w = Weichheit (siehe Abb. 1).

Für die Neigung der Schwärzungskurve erhält man

$$\frac{\mathrm{d}S}{\mathrm{d}\xi} = \gamma \frac{10^{0,6 \frac{\xi}{w}}}{10^{0,6 \frac{\xi}{w}} + 1} \tag{2}$$

Der Wert 0,6 ist empirisch bestimmt. Aus (2) folgt, daß an der Stelle der Inertia ($\xi = 0$) $\frac{\mathrm{d}S}{\mathrm{d}\xi}$ gleich $\frac{\gamma}{2}$ ist. Dies konnte bei einer großen Anzahl von photographischen Schichten bestätigt werden. Bei photographischen Papieren gilt diese Beziehung nicht.

In Abb. 1 sind einige Kurven mit verschiedenen Werten von γ und w gezeichnet. Hier ist auch die Bedeutung von Weichheit w ohne weiteres ersichtlich. Die Zahlenwerte sind in Tabelle 1 wiedergegeben. Mißt man die Schwärzung durch $\frac{S}{\gamma w}$ und den Logarithmus der Belichtung durch $\frac{\xi}{w}$, so fallen die charakteristischen Kurven der verschiedenen Schichten zusammen, man erhält eine einheitliche Kurve:

$$\frac{S}{\gamma w} = \frac{1}{0,6} \log (10^{0,6 \frac{\xi}{w}} + 1), \tag{1a}$$

welche mit ihrer Ableitung

$$\frac{\mathrm{d}\frac{S}{\gamma w}}{\mathrm{d}\frac{\xi}{w}} = \frac{10^{0,6 \frac{\xi}{w}}}{10^{0,6 \frac{\xi}{w}} + 1} \tag{2a}$$

in Abb. 2 wiedergegeben ist.

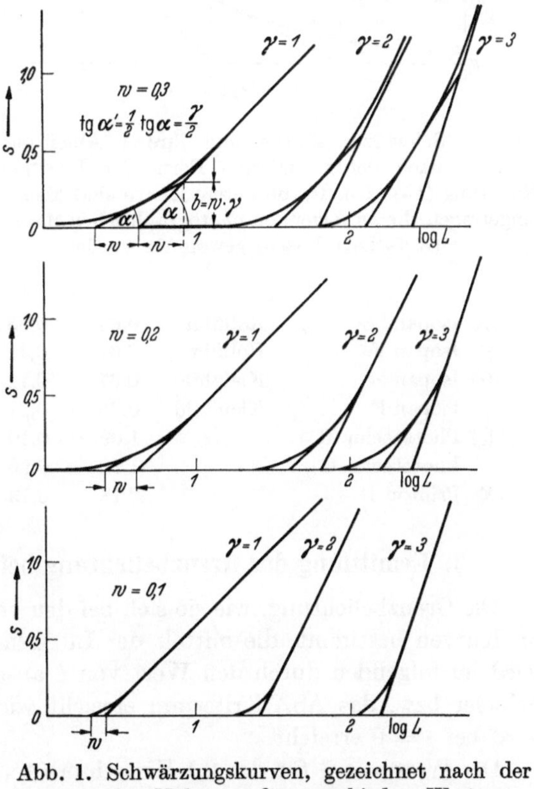

Abb. 1. Schwärzungskurven, gezeichnet nach der LUTHERschen Näherung für verschiedene Werte von γ und w (= „Weichheit").

Diese Darstellungsart ist auch besonders geeignet, um zu prüfen, mit welcher Annäherung sich die S-Kurven handelsüblicher Materialien darstellen lassen. Es wurde dazu für einige Schichten die S-Kurve bestimmt, γ und w ermittelt und die gemessenen Werte in Abb. 2 eingetragen. Die Übereinstimmung der so erhaltenen Punkte mit der errechneten Kurve ist befriedigend. Die Abweichungen sind im allgemeinen nicht größer als einer Schwärzungsabweichung von 0,02 entspricht. Daraus folgt, daß die Luthersche Näherung für die vorliegenden Untersuchungen verwendet werden kann.

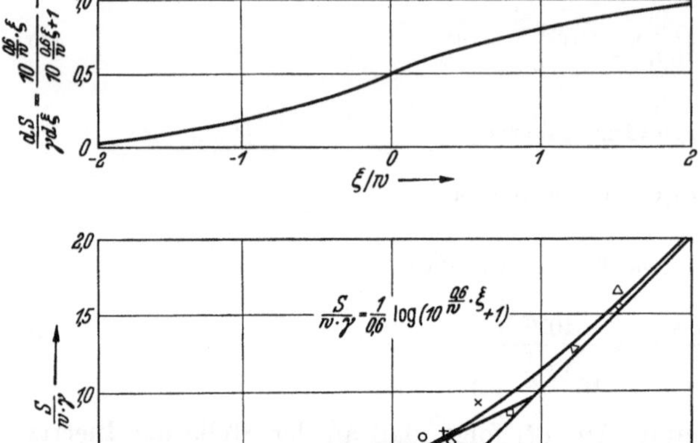

Abb. 2. Schwärzungskurve und ihre 1. Ableitung, gezeichnet nach der reduzierten Form der Lutherschen Näherung (1a) (2a). In die untere Kurve sind Meßpunkte eingetragen, die an folgenden photographischen Materialien (Agfa/Leverkusen) gewonnen wurden:

			γ	w
×	Isopan SS	Rollfilm	0,60	0,35
+	Isopan F	Rollfilm	0,67	0,41
⊙	Isopan SS	Kleinbild	0,67	0,21
△	Isopan F	Kleinbild	0,75	0,21
□	Phototechn. B		1,09	0,19
▽	Phototechn. C		1,10	0,26
◇	Printon R		2,18	0,13

Durch die Luthersche Näherung wird von der S-Kurve der Durchhang und der gerade Teil wiedergegeben, nicht dagegen das Umbiegen nach dem geraden Teil. Bei Negativschichten und bei Positivfilm arbeitet man bei knappen Belichtungen nur im Durchhang und im geraden Teil, so daß dies kein Nachteil ist. Es gibt zwar Negativschichten, bei welchen die Schwärzungskurve nach Erreichen der maximalen Neigung etwas umbiegt, doch dies ist nur gering und kann vernachlässigt werden. Bei Papieren ist die Näherung jedoch nicht verwendbar, da bei diesen auch der Verlauf der Schulter der Schwärzungskurve eine Rolle spielt.

3. Ermittlung der Grenzbelichtung bei den untersuchten Verfahren

Die Grenzbelichtung, wie sie sich bei den verschiedenen Verfahren ergibt, wurde an Kurven bestimmt, die mittels der Lutherschen Formel konstruiert waren. Sie wird im folgenden durch den Wert von ξ ausgedrückt, bei dem $S = 0{,}1$ über den Schleier bzw. das ASA-Kriterium erreicht wird. Das H.-u.-D.-Kriterium (Inertia) wird bei $\xi = 0$ erreicht.

Der Wert von ξ für das 0,1-Kriterium ($\xi_{0,1}$) läßt sich aus der Gleichung (1) berechnen. Nach ξ aufgelöst, erhält man aus (1):

$$\xi = \frac{w}{0{,}6} \log \left(10^{0{,}6 \frac{S}{\gamma w}} - 1\right) \tag{3}$$

Um ξ_{DIN} zu erhalten, setzt man für S den Wert 0,1 ein. $\xi_{0,1}$ ist von γ und w abhängig.

Der Wert von ξ für das ASA-Kriterium (ξ_{ASA}) wurde graphisch aus Schwärzungskurven ermittelt, welche für $\gamma = 1$ und verschiedene Werte von w gezeichnet worden waren. Andere Werte von γ brauchen nicht berücksichtigt zu werden, da ξ_{ASA} nur von w abhängt, nicht dagegen von γ.

Das Ergebnis zeigt Abb. 3. Aus Abb. 3a ist ξ_{ASA} und $\xi_{0,1}$ in Abhängigkeit von w zu entnehmen, $\xi_{0,1}$ auch für verschiedene Werte von γ. Abb. 3b zeigt die Differenz

$$\triangle = \xi_{0,1} - \xi_{\mathrm{ASA}} \tag{4}$$

in Abhängigkeit von w und γ. $\triangle$ ist auch gleich der Differenz der nach dem ASA- und 0,1-Kriterium ermittelten Empfindlichkeiten

$$\triangle = \varepsilon_{\mathrm{ASA}} - \varepsilon_{0,1}$$

wenn man als Empfindlichkeit die Logarithmen der Kehrwerte der dem Kriterium entsprechenden Belichtungen definiert. Dabei ist vorausgesetzt, daß die Belichtungsbedingungen gleich sind. Bei den genannten Verfahren zur Bestimmung der Empfindlichkeit ist dies nicht der Fall. Dies wird in Abschnitt 4 behandelt.

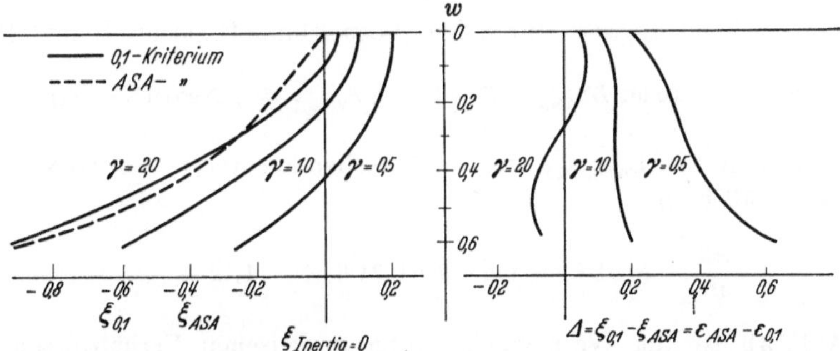

Abb. 3. $\xi_{0,1}$ und ξ_{ASA} in Abhängigkeit von γ und w.

Aus Abb. 3 folgt, daß bei $\gamma = 2$ $\xi_{0,1}$ von ξ_{ASA} wenig verschieden ist. Wird γ kleiner, so treten immer größere Abweichungen auf. Bei $\gamma = 1$ sind diese in dem in der Praxis hauptsächlich vorkommenden Gebiet ($0,2 \leqq w \leqq 0,3$) weitgehend unabhängig von w.

Bei $\gamma > 1$ nehmen sie mit steigendem w zu, bei $\gamma < 1$ dagegen ab. Bei den in der Praxis für bildmäßige Aufnahmen verwendeten Materialien beträgt w etwa 0,2 bis 0,3, γ etwa 0,7. $\triangle$ ist dann annähernd 0,25. Für $w = 0,25$ kann man $\triangle$ durch

$$\triangle_{w\,=\,0,25} \approx 0,4 - 0,2\,\gamma \tag{5}$$

annähern.

4. Anwendung auf die Umrechnung der nach verschiedenen Verfahren bestimmten Empfindlichkeit

a) Umrechnung ASA — NeoDIN.

Unter NeoDIN wird ein Verfahren verstanden, welches das DIN-Kriterium verwendet (0,1 über den Schleier), bei dem aber nach ASA [2] entwickelt wird. Hier ist eine Umrechnung möglich, wenn γ und w bekannt sind.

Bedeuten L^*_{NeoDIN} und L^*_{ASA} die Belichtungen, bei denen das NeoDIN- bzw. das ASA-Kriterium erreicht ist, und ist $L_{0\mathrm{NeoDIN}}$ die Belichtung auf der Vorderseite des Keils, so gilt, wenn mit DIN, NeoDIN und ASA die entsprechenden Empfindlichkeitswerte bezeichnet sind:

$$\mathrm{NeoDIN} = \log L_{0\mathrm{NeoDIN}} - \log L^*_{\mathrm{NeoDIN}} \tag{6}$$

$$\mathrm{ASA} = \frac{1}{4\,L^*_{\mathrm{ASA}}} \quad ([2]) \tag{7}$$

Nach (4) ist aber

$$\log L^*_{\mathrm{NeoDIN}} - \log L^*_{\mathrm{ASA}} = \triangle \tag{8}$$

Dann folgt:

$$\log L^*_{\mathrm{ASA}} = \log L_{0\mathrm{NeoDIN}} - \mathrm{NeoDIN} - \triangle = \log \frac{L_{0\mathrm{NeoDIN}}}{10^{(\mathrm{NeoDIN} + \triangle)}} \tag{9}$$

$$\mathrm{ASA} = \frac{10^{(\mathrm{NeoDIN} + \triangle)}}{4\,L_{0\mathrm{NeoDIN}}} \tag{10}$$

Bei Empfindlichkeitsangaben durch den „Logarithmic Exposure Index" (LEI): [4]

$$\mathrm{LEI} = 5 - 10 \log L^*_{\mathrm{ASA}} = 5 - 10\,(\log L_{0\mathrm{NeoDIN}} - \mathrm{NeoDIN} - \triangle) \tag{11}$$

Verwendet man für $L_{0\mathrm{NeoDIN}}$ den entsprechenden Wert des DIN-Verfahrens (2,24 *lx s*), so erhält man

$$\frac{\mathrm{LEI}}{10} - \mathrm{NeoDIN} = 0{,}5 - \log 0{,}24 + \triangle = 1{,}12 + \triangle \tag{12}$$

Nach Abb. 3b ist der Wert von $\triangle$ unter praktischen Verhältnissen ($w = 0{,}2 \div 0{,}3$, $\gamma = 0{,}5 - 1{,}0$) etwa $\triangle \approx 0{,}15 \div 0{,}35$. Man kann diese Werte durch die von Hiltpold [*3*] in 6 Roll- und 6 Kleinbildfilmen ausgeführten Messungen prüfen. Aus Tabelle 4 der genannten Arbeit lassen sich $\triangle$-Werte berechnen, welche recht gut mit den oben angegebenen übereinstimmen. Das Mittel der gemessenen Werte für $\triangle$ liegt bei 0,24 und nur 2 Werte liegen etwas außerhalb der oben angegebenen Grenzen.

Tabelle 1. *Auswertung der Lutherschen Näherung*

ξ				$\frac{\xi}{w}$	$\frac{S}{\gamma w}$	$\frac{S}{\gamma}$				$\frac{dS}{\gamma d\xi}$
w: 0,1	0,2	0,3	0,4			w: 0,1	0,2	0,3	0,4	
−0,2	−0,4	−0,6	−0,8	−2	0,058	0,0058	0,0116	0,0174	0,0232	0,059
−0,15	−0,3	−0,45	−0,6	−1,5	0,087	0,0087	0,0174	0,0261	0,0348	0,112
−0,1	−0,2	−0,3	−0,4	−1	0,162	0,0162	0,0324	0,0486	0,0648	0,200
−0,5	−0,1	−0,15	−0,2	−0,5	0,294	0,0294	0,0588	0,0882	0,1176	0,339
0	0	0	0	0	0,50	0,050	0,100	0,150	0,200	0,500
0,05	0,1	0,15	0,2	0,5	0,795	0,0795	0,159	0,239	0,318	0,667
0,1	0,2	0,3	0,4	1	1,16	1,116	0,232	0,348	0,464	0,800
0,15	0,3	0,45	0,6	1,5	1,58	0,158	0,316	0,474	0,632	0,889
0,2	0,4	0,6	0,8	2	2,04	0,204	0,408	0,612	0,816	0,940

Für praktische Bedürfnisse, wenn w etwa 0,25 beträgt, kann man die Näherung (5) einführen und erhält mit (11)

$$\mathrm{LEI} = 9 - 10\,(\log L_{0\,\mathrm{Neo\,DIN}} - \mathrm{Neo\,DIN} + 0{,}2\,\gamma);$$

$$\mathrm{ASA} = \frac{10^{(\mathrm{Neo\,DIN} + 0{,}4 - 0{,}2\,\gamma)}}{4\,L_{0\,\mathrm{Neo\,DIN}}} \tag{13}$$

b) Umrechnung ASA — DIN.

Eine Umrechnung von ASA-Werten in DIN-Werte (DIN 4512) ist nicht ohne weiteres möglich, da die Entwicklung bei diesen Verfahren verschieden ist. Sie ist nur durchführbar, wenn der Unterschied δ der gemessenen Empfindlichkeit bei DIN-Entwicklung gegenüber der ASA-Entwicklung unter sonst gleichen Bedingungen gegeben ist. Es ist dann

$$\mathrm{ASA} = \frac{1}{4 \cdot 0{,}24}\,10^{(\mathrm{DIN} + \triangle - \delta)} = 1{,}04 \cdot 10^{(\mathrm{DIN} + \triangle - \delta)} \tag{14}$$

$$\mathrm{LEI} = 5 - 10\,(-\,0{,}62 - \mathrm{DIN} - \triangle + \delta) = 11{,}1 + 10\,(\mathrm{DIN} + \triangle - \delta) \tag{15}$$

Aus den Messungen von Hiltpold sich die δ-Werte entnehmen, wie er sie bei den von ihm untersuchten Filmen ermittelt hat. Er fand im Mittel 0,29, die Werte schwankten zwischen 0,07 und 0,46.

Für die Differenz $\frac{\mathrm{LEI}}{10}$ — Din ergibt sich:

$$\frac{\mathrm{LEI}}{10} - \mathrm{DIN} = 1{,}12 + \triangle - \delta \tag{16}$$

Mit $\triangle = 0{,}25$, $\delta = 0{,}30$ erhält man dann

$$\frac{\mathrm{LEI}}{10} - \mathrm{DIN} = 1{,}07 \tag{17}$$

Dies entspricht dem Mittelwert der von Hiltpold ([*3*] Tabelle 4) gemessenen Werte: 1,01.

In einer Tabelle, die für den praktischen Gebrauch bestimmt ist, wird für die Differenz 0,9 angegeben.

Da die für verschiedene Schichten gemessenen S-Werte stark voneinander abweichen, ist die Differenz $\frac{\mathrm{LEI}}{10}$ — DIN von einem Material zum andern großen Schwankungen unterworfen. Es ist daher eine Umrechnung von ASA in DIN, wenn δ nicht bekannt ist, nur mit geringer Genauigkeit möglich.

Bei der Ausführung solcher Umrechnungen unter Anwendung der genannten Beziehung ist folgendes zu beachten: Die Empfindlichkeit photographischer Schichten nimmt mit der Lagerzeit ab. Die Lagerzeit des zu untersuchenden Materials ist daher bei vergleichenden Messungen zu beachten. Wenn also die ASA-Zahl an gealtertem Material entsprechend der ASA-Vorschrift bestimmt wird, die DIN-Zahl jedoch an frischem Material (d. h. unmittelbar nach der Herstellung), wird die sich aus der DIN-Zahl nach der genannten Beziehung ergebende ASA-Zahl größer ausfallen als die nach der ASA-Norm ermittelte. Nach DIN 4512 ist für das Absinken der Empfindlichkeit bis Ende der Lagerzeit eine Toleranz für die angegebene DIN-Zahl von — 3/10° DIN vorgesehen.

Zusammenfassung

Mittels einer von Luther angegebenen Näherungsgleichung für den Durchhang und den gradlinigen Teil der Schwärzungskurve werden die Unterschiede berechnet, welche zwischen den mit dem Hurter und Drieffield (Inertia) — DIN (0,1) — und ASA- Kriterium bestimmten Empfindlichkeitswerten zu erwarten sind, und in Abhängigkeit vom Gamma und der „Weichheit“ der Schwärzungskurve angegeben. Diese Ergebnisse werden dann zur Ermittlung der Differenz zwischen den nach ASA einerseits und den nach DIN und NeoDIN andererseits bestimmten Werten verwendet.

Es wurde gezeigt, daß eine Umrechnung ASA in NeoDIN mit recht guter Genauigkeit möglich ist, wenn Gamma und Weichheit bekannt sind. Aber auch wenn man diese Größen nur annähernd kennt, kann die Umrechnung, allerdings dann mit geringerer Genauigkeit, durchgeführt werden. Eine Umrechnung ASA in DIN bzw. NeoDIN in DIN ist wegen der Verschiedenartigkeit der Entwicklung mit einer größeren Unsicherheit behaftet.

Durch die Luthersche Näherung lassen sich experimentell ermittelte Schwärzungskurven gut wiedergeben. Ihre Eignung für die Behandlung verschiedener sensitometrischer Probleme konnte gezeigt werden.

Literatur

[1] Luther, R.: Trans. Farad Soc. **19**, 340 (1923). IX. Congress. Intern. Photogr. Paris 1935, S. 569. — S. auch: Stenger-Staude, Fortschritt der Photographie II, Leipzig 1940, S. 239.

[2] ASAZ 38. 2. 1 — 1947, American Standard Method for Determining Photographic. Speed and Exposure Index.

[3] Hiltpold, R.: Z. wiss. Phot. **47**, 189—246 (1952).

[4] Brit. Standard 1380: 1947.

Untersuchungen über die photographische Wiedergabe kleiner Details

Von H. FRIESER

1. Einleitung

Solange die Größe der auf eine photographische Schicht aufbelichteten Details eine bestimmte Grenze nicht unterschreitet, ist die Schwärzung, welche nach der Entwicklung erhalten wird, nur von der Belichtung bestimmt und ist nicht von der Größe der Details abhängig. Vorausgesetzt ist dabei, daß lokale Konzentrationsunterschiede durch starkes Bewegen während der Entwicklung vermieden werden. In diesem Fall kann man die Schwärzungsverteilung direkt aus der Verteilung der von außen der Schicht aufgedrückten Belichtung mit Hilfe der Schwärzungskurve ermitteln.

Bei kleinen Details sowie an Grenzen von starker und schwacher Belichtung werden jedoch andere Schwärzungen auftreten, als aus der Belichtungsverteilung und der Schwärzungskurve folgen. Im allgemeinen wird man eine Verflachung der Übergänge und eine Verminderung des Kontrastes beobachten, die bei sehr kleinen Details so weit gehen, daß diese im Negativ nicht mehr festzustellen sind, also nicht mehr aufgelöst werden. In diesem Fall ist der Kontrast entweder so klein geworden, daß er unter die Unterschiedsschwelle des Auges fällt, oder, und das wird der häufigere Fall sein, das kontrastarme Bild geht in den durch die körnige Struktur des Negativs bewirkten statistischen Schwankungen der Schwärzung unter, es ertrinkt in dem durch die Körnigkeit gegebenen Störpegel.

Die Verminderung des Kontrastes bei der Wiedergabe kleiner Details soll als Verwaschung bezeichnet werden. Diese, bei jeder photographischen Schicht mehr oder weniger stark zu beobachtende Erscheinung, ist in der Streuung des Lichtes in der Emulsionsschicht zu suchen, in dem Diffusionslichthof (DLH). Auch der Reflexionslichthof (RLH), welcher durch die teilweise Rückreflexion der aus der Emulsionsschicht austretenden Strahlung, vor allem der gestreuten, entsteht, wirkt in diesem Sinn, allerdings in schwächerem Maße. Auf ihn braucht weniger Rücksicht genommen zu werden, da er bei handelsüblichen photographischen Schichten durch Lichthofschutzschichten weitgehend beseitigt ist.

Zu dieser kontrastvermindernden und verflachenden Wirkung des Diffusionslichthofes kommt nun manchmal ein anderer Effekt hinzu, welcher die gegenteilige Wirkung hat. Er entsteht bei der Entwicklung, und zwar durch Diffusion des Entwicklers und seiner Reaktionsprodukte bei benachbarten Stellen verschiedener Schwärzung. Diese Erscheinung wird als „Nachbareffekt“ oder „Eberhardeffekt“ bezeichnet und ist nur bei bestimmten Arten von Entwicklern deutlich ausgeprägt. Man kann unter Umständen sogar eine Steigerung des Kontrastes gegenüber dem aus der Schwärzungskurve zu erwartenden Wert beobachten, vor allem an Schwarzweißkanten und Rastern mit nicht zu kleinen Rasterabständen (etwa 0,1 mm), während bei feineren Rastern die durch den Diffusionslichthof entstandene Kontrastverminderung verkleinert und damit die Schärfe des Bildes verbessert wird. Bei zu starkem Nachbareffekt kann man unter Umständen durch Bildung von hellen und dunklen Rändern eine störende Verfälschung der Schwärzungsverteilung beobachten.

Die schlechte Wiedergabe kleiner Details, welche sich als ungenügende „Schärfe" und mangelnde „Auflösung" äußert, wird also im wesentlichen durch den Diffusionslichthof bewirkt. Durch ihn unterscheidet sich die von außen der Schicht „aufgedrückte" Belichtungsverteilung, von der in der Schicht für die Entstehung der Schwärzung „wirksamen" Belichtungsverteilung. Die „wirksame" Belichtung einer bestimmten Stelle der Schichtoberfläche hängt also nicht nur von der dieser Stelle von außen „aufgedrückten" Belichtung ab, sondern auch von der „aufgedrückten" Belichtung der Umgebung.

Das Ziel der vorliegenden Untersuchung ist, aus der Verteilung der „aufgedrückten" Belichtung die Schwärzungsverteilung zu ermitteln. Dabei wird die erste Etappe in der Bestimmung der „wirksamen" Belichtung aus der „aufgedrückten" bestehen. Dazu ist aber die Kenntnis der Intensitätsverteilung im Diffusionslichthof erforderlich. Die zweite Etappe besteht dann in der Ermittlung der Schwärzungen aus den „wirksamen" Belichtungen mittels der Schwärzungskurve, evtl. unter Berücksichtigung des Nachbareffektes.

Die Intensitätsverteilung im Diffusionslichthof untersucht man zweckmäßig zunächst an eindimensionalen Verteilungen der Belichtung, wie an Spalten, Strichrastern und ähnlichen. Es konnte jedoch gezeigt werden, daß man auch auf zweidimensionale Raster übergehen kann [*3*].

Zunächst muß ein Ausdruck für die wirksame Intensität in der Umgebung eines sehr schmalen Spaltes von der Breite dx gefunden werden. Ist ein solcher bekannt, so kann durch Integration die Verteilung der wirksamen Intensität für beliebige Verteilungen der aufgedrückten Intensität ermittelt werden. Mittels der Schwärzungskurve wird dann die Schwärzungsverteilung ermittelt.

2. Intensitätsverteilung im Diffusionslichthof

Die Intensitätsverteilung im Diffusionslichthof kann durch einen Ansatz beschrieben werden, dessen Brauchbarkeit sich mehrfach durch Experimente erwiesen hat [*1*] [*2*].

Nach diesem Ansatz ist die Intensität dI, welche im Abstand x von einem sehr schmalen, beleuchteten Spalt von der Breite dx durch Lichtstreuung erzeugt wird, gleich

$$dI = I'\, 10^{-2|x|/k}\, dx, \tag{1}$$

wobei $I' \cdot dx$ die Intensität bei $x = 0$, d. h. in der Mitte des Spaltes bedeutet. Bei Belichtung einer großen Fläche, die man sich durch Aneinandersetzen von belichteten Spalten von der Breite dx entstanden denken kann, die von außen alle die gleiche Bestrahlung erhalten, entsteht die wirksame Intensität I_0. Diese läßt sich aus (1) ermitteln:

$$I_0 = I' \int_{-\infty}^{+\infty} 10^{-2|x|/k}\, dx = I' \frac{k}{2{,}3}, \tag{2}$$

und man kann für (1) schreiben:

$$\mathrm{d}I = \frac{2{,}3}{k} I_o 10^{-2|x|/k}\,\mathrm{d}x. \tag{3}$$

Die wirksame Intensität an einer Stelle der Schicht ist nur bei fehlendem Diffusionslichthof gleich I_0. Es ist dann die „wirksame" Intensität gleich der „aufgedrückten", die durch I_0 ausgedrückt werden soll.

Liegt eine bestimmte Verteilung $I_0(x)$ in Richtung der x-Achse vor, so wird die wirksame Belichtung in einem Punkt x_1 durch Integration gefunden:

$$I_{(x_1)} = \frac{2{,}3}{k} \int_{-\infty}^{+\infty} I_0(x)\, 10^{-2|x_1 - x|/k}\,\mathrm{d}x. \tag{4}$$

Gleichung (4) kann dazu dienen, die wirksame Belichtung $I(x)$ für beliebig aufgedrückte Belichtungen $I_0(x)$ zu berechnen. Die Berechnung ist in dieser Form nur für eindimensionale Verteilungen möglich, bei denen I_0 nur von einer Koordinate abhängt. Sie läßt sich aber wie erwähnt auch auf zweidimensionale Objekte erweitern [*3*].

k ist eine Konstante, durch welche der Diffusionslichthof beschrieben wird. Sie ist von der Art der Emulsion und der Art der Belichtung, besonders von der Wellenlänge abhängig. k hat die Dimension einer Länge und wird im folgenden in μ angegeben. Es entspricht der 1/10-Wertsbreite der wirksamen Intensität bei Belichtung eines sehr engen Spaltes (Breite $\ll k$). Bei einem breiten Spalt oder an einer Kante sinkt in dem von außen unbelichteten Gebiet der Wert von I auf den zehnten Teil, wenn der Abstand von der Kante um $\frac{k}{2}$ vergrößert wird.

Bei weiterer Verfeinerung der Untersuchungen, besonders bei Ausdehnung derselben auf die sehr feinkörnigen, nur sehr schwach streuenden Mikratschichten ergab sich, daß man vielfach mit dem einfachen Ansatz (1) nicht auskommt. Bei geringer Streuung ist außer dem durch den Diffusionslichthof verwaschenen Bild noch ein scharfes Bild vorhanden, welches berücksichtigt werden muß. Es hat sich gezeigt, daß folgender Ansatz den Erfahrungen gut angepaßt ist:

$$\mathrm{d}I = 2{,}3\, I_0 \left(\frac{\varrho}{k_1} 10^{-2|x|/k_1} + \frac{1-\varrho}{k_2} 10^{-2|x|/k_2}\right)\mathrm{d}x. \tag{5}$$

Es sei $k_1 < k_2$. ϱ bedeutet der Bruchteil, mit dem die erste Exponentialfunktion an der Verteilung beteiligt ist.

Durch Integration erhält man:

$$I_{(x_1)} = \frac{2{,}3}{k_1} \varrho \int_{-\infty}^{+\infty} I_0(x)\, 10^{-2\,|x_1-x|/k_1}\,\mathrm{d}x + \frac{2{,}3}{k_2} (1-\varrho) \int_{-\infty}^{+\infty} I_0(x)\, 10^{-2\,|x_1-x|/k_2}\,\mathrm{d}x. \tag{6}$$

Bei sehr kleinen Werten von k_1 geht der Ansatz über in:

$$I_{(x_1)} = \varrho\, I_0(x) + (1-\varrho) \frac{2{,}3}{k_2} \int_{-\infty}^{+\infty} I_0(x)\, 10^{-2\,|x_1-x|/k_2}\,\mathrm{d}x. \tag{7}$$

Bei sehr kleinen Werten von ϱ gehen (5) und (7) über in (1) und (4), es kann also der einfache Ansatz verwendet werden.

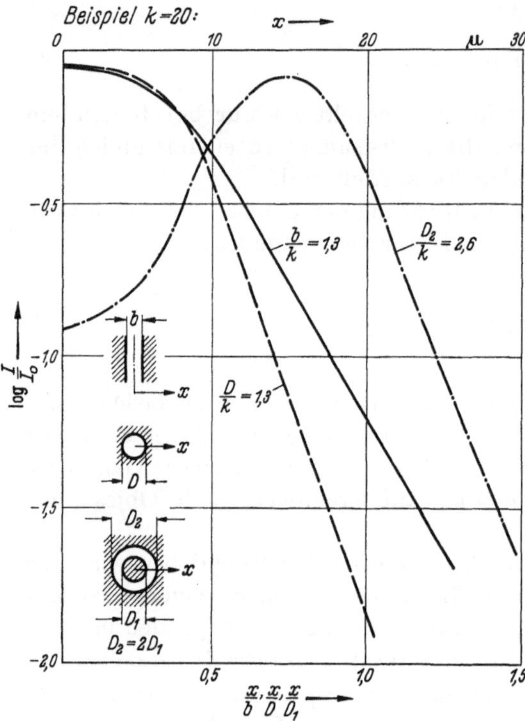

Abb. 1. Verlauf der wirksamen Intensität (I) im Verhältnis zur aufgedrückten (I_0) bei Spalt, Loch und transparentem Ring in Abhängigkeit vom Abstand vom Mittelpunkt.

Die Begründung dieses Ansatzes (5) und seine praktische Anwendung wird in einem späteren Abschnitt durchgeführt werden. Durch den Ansatz mit seinen drei den Diffusionslichthof beschreibenden Konstanten ist die Berechnung der wirksamen Verteilung wesentlich umständlicher geworden als nach Gleichung (1). Oft ist ϱ klein genug, so daß Gleichung (1) verwendet werden kann. Aber auch in Fällen, wo ϱ nicht mehr zu vernachlässigen ist, kann man sich durch Einführung eines „mittleren" k-Wertes ($\bar{k}$) helfen, und in einem praktisch ausreichenden Bereich mit genügender Genauigkeit Gleichung (1) verwenden. Da immer $k_1 < k_2$ gesetzt wurde, ist auch $\bar{k}$ kleiner als k_2.

In Abb. 1 sind für eine Reihe von Verteilungen der aufgedrückten Belichtung die wirksamen Belichtungen nach Gleichung (*4*) und nach [*3*] berechnet und in Abb. 2 für charakteristische Punkte angegeben.

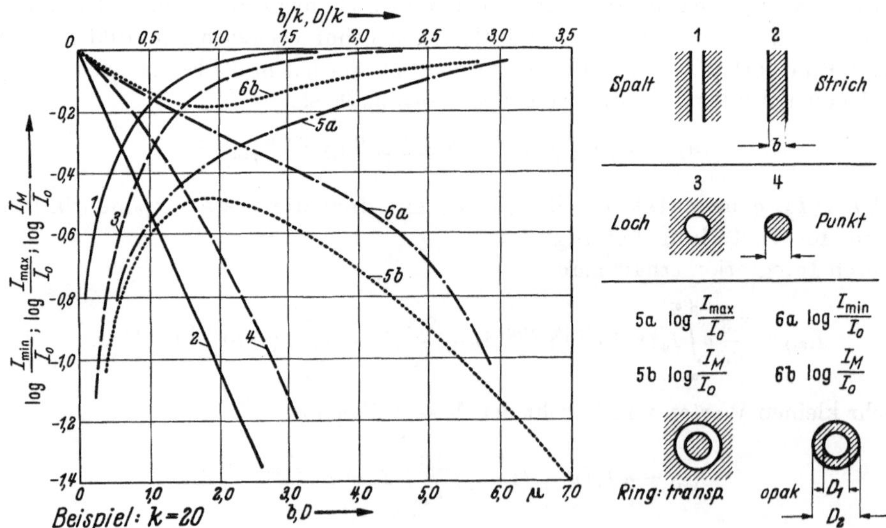

Abb. 2. Abhängigkeit der wirksamen Intensität in der Mitte des Testobjektes I_M sowie ihres Maximal-I_{max} oder Minimalwertes I_{min} von der Größe des Testobjektes.

In Abb. 3 sind die Verhältnisse für einen Strichraster dargestellt, bei dem Strich und Zwischenraum gleich breit sind. Die aufgedrückten Belichtungen seien $I_{0_{max}}$ und $I_{0_{min}}$ und die Aussteuerung (Amplitude/Mittelwert $= q$) ist:

$$q_0 = \frac{I_{0max} - I_{0min}}{I_{0max} + I_{0min}}$$

Durch den Diffusionslichthof wird bei genügend kleinem Rasterabstand r die Aussteuerung q der wirksamen Belichtung

$$q = \frac{I_{max} - I_{min}}{I_{max} + I_{min}}$$

kleiner sein als q_0:

$$q = q_0 \alpha ,$$

wobei α den „Verkleinerungsfaktor" bedeutet.

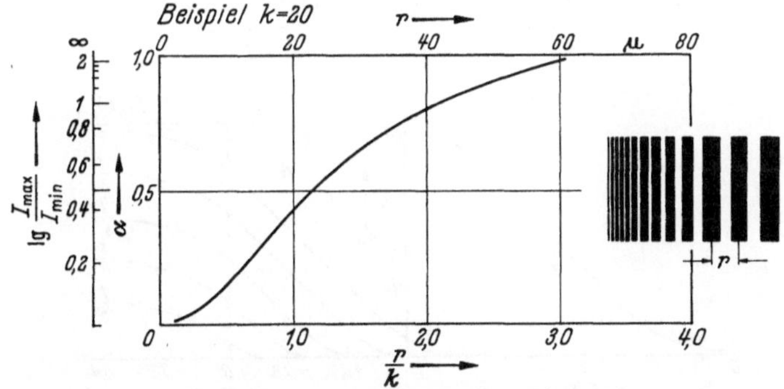

Abb. 3. Strichraster. Verkleinerungsfaktor α, welcher die Verringerung der Aussteuerung der aufgedrückten Belichtung (q_0) durch den Diffusionslichthof angibt ($q = q_0 \alpha$) und Logarithmus des Verhältnisses des Maximal- und Minimalwertes der wirksamen Belichtung bei $q_0 = 1$ in Abhängigkeit vom Rasterabstand r.

Abb. 3 zeigt α in Abhängkeit vom Rasterabstand. Als Ordinate ist auch der Logarithmus des Verhältnisses des Maximal- und Minimalwertes der wirksamen Belichtung für $q_0 = 1$ angegeben.

Abb. 4a und 4b zeigen den Verlauf der wirksamen Belichtung an einer Kante. An der Kante selbst ist $I = I_0/2$. Man sieht, daß entsprechend dem exponentiellen Verlauf in der numerischen Darstellung, die wirksame Belichtung außerhalb der Kante in der logarithmischen Darstellung geradlinig abfällt. Dasselbe gilt bei dem Spalt außerhalb des belichteten Teils.

Diese mit dem einfachen Ansatz berechneten Werte lassen sich auch zu Berechnungen mit dem erweiterten Ansatz (5) benutzen, bei welchem der Diffusionslichthof durch drei Konstanten: k_1, k_2 und ϱ beschrieben wird. Man führt die zwei Integrationen in (6) nacheinander aus. Soll z. B. $\frac{I_{max}}{I_0}$ nach Gleichung (6) berechnet werden, so bestimmt man zunächst mit dem einfachen Ansatz (1) $\left(\frac{I_{max}}{I_0}\right)_1$ mit k_1 und $\left(\frac{I_{max}}{I_0}\right)_2$ mit

k_2, wozu unter Umständen die entsprechende Kurve von Abb. 2 benutzt werden kann. Man erhält dann für $\frac{I_{max}}{I_0}$ mit erweitertem Ansatz:

$$\frac{I_{max}}{I_0} = \left(\frac{I_{max}}{I_0}\right)_1 \varrho + \left(\frac{I_{max}}{I_0}\right)_2 (1 - \varrho) .$$

Entsprechend gilt auch für $\frac{I_{min}}{I_0}$ und α (Strichraster):

$$\alpha = \alpha_1 \varrho + \alpha_2 (1 - \varrho) .$$

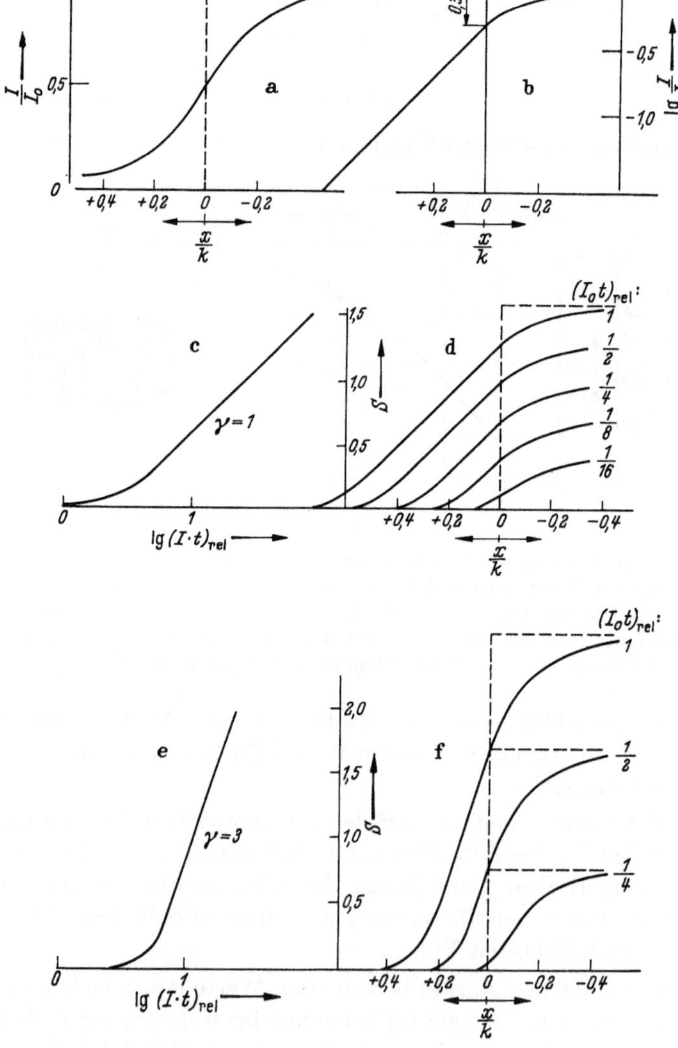

Abb. 4. Verlauf der wirksamen Intensität (I) der Schwärzung an einer Kante. — a) $\frac{I}{I_0}$ und b) lg $\frac{I}{I_0}$ in Abhängigkeit vom Abstand von der Kante; c) und e) Schwärzungskurven zur Ermittlung des Verlaufes der Schwärzung (d, f).

3. Ermittlung der Schwärzungsverteilung

Aus der Verteilung der wirksamen Belichtung kann man mit der Schwärzungskurve die Schwärzungsverteilung berechnen. Dies soll für eine Kante gezeigt werden. Abb. 4a und 4b zeigen den Verlauf von $\frac{I}{I_0}$ und $\lg \frac{I}{I_0}$ an der Kante. Mittels der Schwärzungskurven c und e kann man nun den Verlauf in Schwärzungen umrechnen. Das Resultat zeigt d und f für die beiden γ-Werte 1,0 und 3,0 und für verschiedene um den Faktor 2 abgestufte Belichtungen. Der Schnittpunkt der Kurve mit der Kante liegt, solange man an dieser Stelle im geradlinigen Teil der Kurve arbeitet, um die Schwärzung 0,3 γ tiefer als die Maximalschwärzung. Außerhalb des belichteten Teils verlaufen die Kurven entsprechend den Schwärzungskurven, da ja dort zwischen $\lg \frac{I}{I_0}$ und dem Abstand ein linearer Zusammenhang besteht. Das letztere gilt auch bei aufbelichteten Spalten. Die Darstellung in Abb. 4d und 4f zeigt, wie bei dem höheren γ-Wert die Steilheit des Übergangs und damit auch die Schärfe größer ist. Dies macht man sich z. B. bei der Reproduktion von Strichzeichnungen zunutze und verwendet hart arbeitendes Material. Bei Halbtonaufnahmen ist kein Vorteil zu erwarten, da bei steiler arbeitendem Negativmaterial ein weich arbeitendes Positivmaterial verwendet werden muß, wodurch der Vorteil wieder ausgeglichen wird. Aus Abb. 4d und 4f erkennt man, daß der Schwärzungsverlauf an der Kante auch von dem Verlauf der Schwärzungskurve im Durchhang beeinflußt wird. Der Schärfegewinn, den man bei Strichreproduktionen durch steile Gradation hat, wird durch einen großen Durchhang zum Teil zunichte gemacht, auch wenn man mit der aufgedrückten Belichtung im steilen Teil der Schwärzungskurve liegt.

4. Experimentelle Prüfung der Theorie

Die Theorie wurde von Frieser und von Frieser und Linke an sinusförmigen Rastern (Tonaufzeichnung in Sprossenschrift) [*4*] und an Strichrastern [*5*] bestätigt. Auch Narath fand bei Ausmessung von Spaltbildern gute Übereinstimmung [*6*]. Auch die Untersuchung von einigen zweidimensionalen Rastern wurde durchgeführt [*3*]. Es fehlte aber noch eine eingehendere Prüfung an einer größeren Reihe von verschiedenen Testobjekten und Untersuchungen bei wenig streuenden Schichten. Dies soll durch die im folgenden beschriebenen Versuche nachgeholt werden.

a) Versuchsapparatur. Die Belichtung wurde mit der Linie 546 mμ einer HQS-300-Lampe vorgenommen. Die Testobjekte waren hinter einer möglichst gleichmäßig ausgeleuchteten Opalscheibe angebracht. Sie wurden 40fach verkleinert durch ein Objektiv (Luminar 1 : 2,5, f = 16 mm) auf den Film abgebildet. Die Scharfeinstellung erfolgte durch Autokollimation. Dabei wurde das vom Film zurückgeworfene Licht durch einen halbdurchlässigen Spiegel in ein Okular geführt, welches im gleichen Abstand vom Film angebracht war wie das Testobjekt. Die Güte der Abbildung war durch Aufnahme auf Mikratfilm als ausreichend befunden worden. Die Testobjekte hatten ein Ausmaß von 40 × 40 mm und waren auf Film hersgetellt. Die Schwärzung der dichten Stellen der Testobjekte waren im allgemeinen größer als 3. Nur bei einigen Objekten, bei denen die Abhängigkeit vom Kontrast untersucht werden sollte, waren sie kleiner. Der Schwärzungsunterschied zwischen den hellen und den dunklen Teilen ist dann in den Tabellen 3, 4 und 5 angegeben, ebenso die Aussteuerung q_0. Zur Bestimmung der Schwärzungskurve war ein besonderes Testobjekt vorgesehen, welches 8 Graustufen enthielt, die in der Größe von je 250 μ auf dem Negativ abgebildet wurden. Die mit diesem Objekt erhaltene Schwärzungskurve entsprach vollständig der mit einem großen Sensitometerkeil erhaltenen. Abb. 5 zeigt einige der Testobjekte.

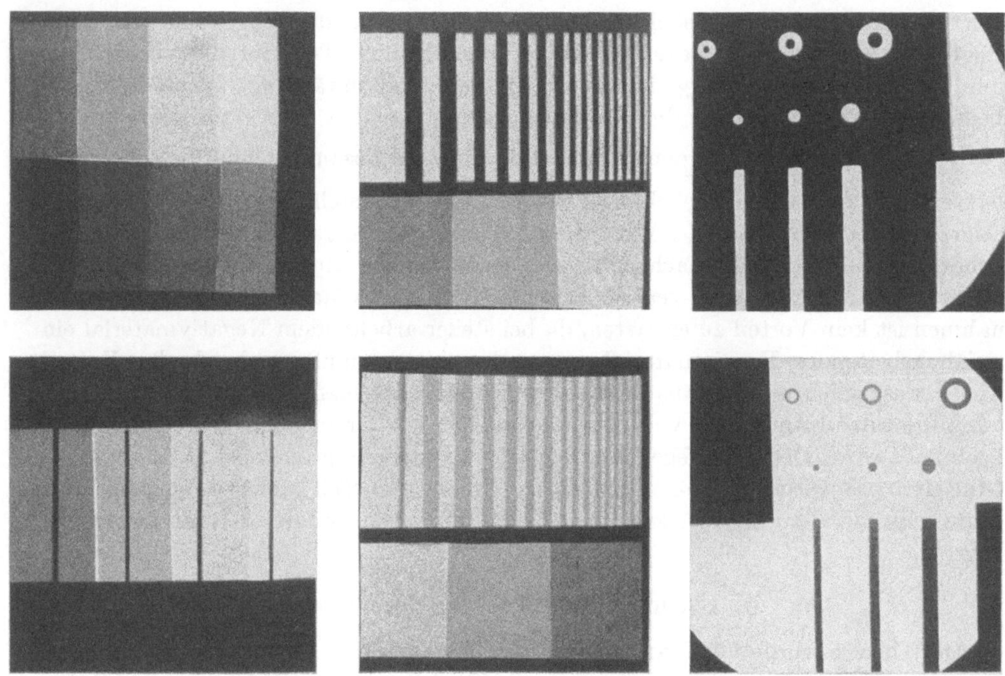

Abb. 5. Testobjekte.

Die Negative, auf denen die Testobjekte in der Größe 1×1 mm abgebildet waren, wurden in einem Mikrophotometer ausgemessen. Die wirksamen Spaltbreiten waren dabei 3×120 μ bei länglichen Objekten, 10 μ Durchmesser bei Kreisen und Ringen. Durch doppelte Spaltbildung waren Fehler durch Streulicht möglichst vermieden worden. Dazu wurde auf dem Negativ eine Fläche abgebildet, die wenig größer als die wirksame Meßfläche war. Das Negativ wurde dann auf einer Blende etwa 40fach vergrößert abgebildet, welche die Meßfläche begrenzte. Hinter dieser Blende war eine Linse angeordnet, welche die Austrittspupille des Objektivs auf der Kathode eines Photovervielfachers abbildet (Maurer Sekundärelektronen-Vervielfacher der Type VpA 69 mit Kathode c—d). Dadurch war man vor der zufälligen Lage der Blende gegenüber der Kathode und dem Gitter unabhängig.

b) Auswertung der Messungen. Die Untersuchung der Intensitätsverteilung um einen schmalen Spalt und die Prüfung der Theorie wurden auf 2 verschiedene Arten durchgeführt. Einmal wurde die Intensitätsverteilung direkt aus der Abhängigkeit der Breite eines Spaltbildes von der Belichtung erschlossen. Die andere Methode bestand darin, daß man verschiedene Verteilungen aufbelichtete, in den Negativen die Schwärzung ausmaß, aus den Schwärzungen mittels der Schwärzungskurve die wirksamen Intensitäten ermittelte und unter Benutzung der berechneten Werte (z. B. den in Abb. 2 und 3 angegebenen) den k-Wert ermittelte.

α) Ermittlung der Intensitätsverteilung des Diffusionslichthofes aus der Strichbildbreite bei verschiedenen Belichtungen.

Die Intensitätsverteilung in der Umgebung eines aufbelichteten Spaltes kann man durch Messung der Spaltbildbreite in Abhängigkeit von der Belichtung er-

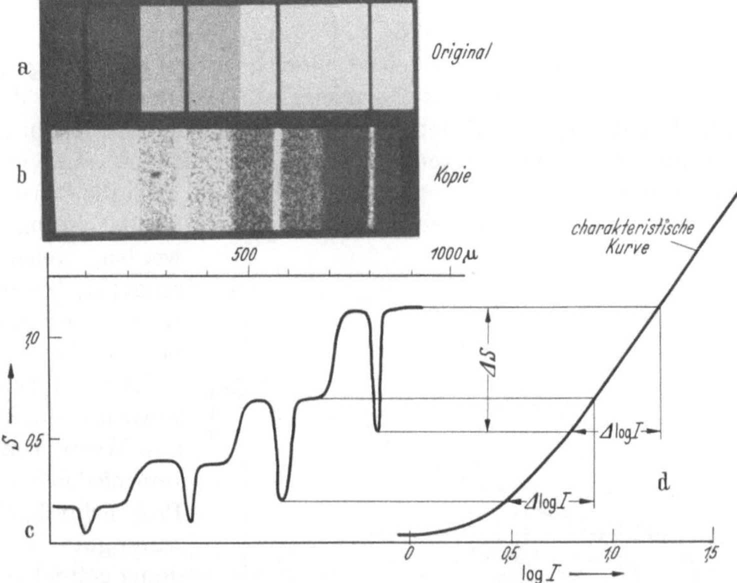

Abb. 6. Aufnahme und Auswertung des Testobjektes mit Strichen von 15 μ Breite. a) Original; b) Negativ; c) Mikrophotometrische Ausmessung des Negativs; d) Schwärzungskurve und Bestimmung der wirksamen Belichtung.

mitteln. Dieses Verfahren wurde von verschiedenen Autoren zu diesem Zweck verwendet (Ross [*8*], Wild [*9*], Frieser [*1*], Küster [*10*], Narath [*6*]). Es wurde z. B. so ausgeübt, daß ein Spalt bestimmter Breite mehrmals mit verschiedener Belichtung auf die photographische Schicht aufbelichtet wird. Auf dem Negativ wird dann im Mikroskop die Breite des Strichbildes gemessen. Trägt man diese in Abhängigkeit vom Logarithmus der Belichtung (H) auf, so erhält man eine Kurve, die bei kleiner Belichtung je nach der Schicht ein mehr oder weniger langes Stück annähernd parallel zur lg H-Achse verläuft oder nur schwach ansteigt. Das photographische Strichbild ist dort etwa gleich dem optischen Bild des Striches. Von einer bestimmten Belichtung an steigt dann die Strichbildbreite linear mit dem Logarithmus der Belichtung. Aus diesem Anstieg ist auf einen exponentiellen Abfall der wirksamen Intensität außerhalb des optischen Strichbildes geschlossen worden.

Die mikroskopische Bestimmung der Strichbreite hat einige schwerwiegende Nachteile. Einerseits ist sie nicht leicht durchzuführen, da vor allem bei grobkörnigen

Schichten und bei Anwesenheit von Schleier die Grenze des Bildes nur schwer zu erkennen ist. Auch ist es nicht möglich, auf diese Weise den Anfang der Kurve bei geringer Belichtung festzustellen. Diese wird durch den Schwellenwert gegeben, durch die Belichtung also, welche in der Mitte des Striches eine Schwärzung erzeugt, welche sich eben von dem Schleier unterscheidet. Es ist klar, daß diese Belichtung wegen des flachen Verlaufs der Schwärzungskurve in ihrem unteren Teil nur sehr ungenau zu ermitteln ist. Zu besseren Ergebnissen kommt man durch Anwendung der schon von Küster [*10*] benutzten Methode. Das Strichbild wird im Mikrophotometer in Richtung seiner Breite abgetastet und der Abstand der zu beiden Seiten des Strichbildes liegenden Stelle bestimmt, an denen die Schwärzung über dem Schleier einen bestimmten Wert S' (z. B. $S' = 0{,}2$) beträgt.

Dieser Abstand wird als Strichbildbreite b bezeichnet und in Abhängigkeit vom Logarithmus der Belichtungsintensität I aufgetragen. Um den Anfang der Kurve zu ermitteln, muß man diejenige Belichtungsintensität kennen, bei der in der Mitte des Spaltbildes die Schwärzung S' erzeugt wird. Zu diesem Zweck wurde in dasselbe Diagramm wie oben über dem Logarithmus der Belichtung auch die Schwärzung in der Mitte der Spalte eingetragen. Durch Interpolation kann die Belichtung gefunden werden, welche S' erzeugt; sie bestimmt den Beginn der Kurve der Strichbildbreite.

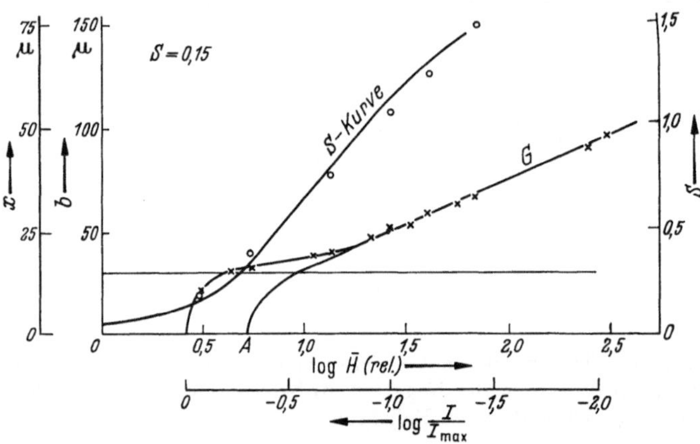

Abb. 7. Breite des Strichbildes in Abhängigkeit vom Logarithmus der Belichtung $\bar{H}$ gemessen bei $S'=0{,}15$ (×). Schwärzungen in der Strichmitte (o). Relative Intensität ($\lg \frac{I}{I_0}$) in Abhängigkeit vom Abstand von der Bildmitte.

Die Auswertungen wurden meist für mehrere Werte von S' und verschieden belichtete Proben durchgeführt. Es wurde gute Übereinstimmung gefunden.

Die so erhaltene Kurve (G in Abb. 7) entspricht der Verteilung der wirksamen Belichtung in der Umgebung des Spaltes. Dies kann man leicht einsehen. Das Kriterium für die Messung der Bildbreite ist, wie oben ausgeführt, die Stelle am Rand des Strichbildes mit der Schwärzung S'. Zur Erzeugung dieser Schwärzung sei die Belichtung H' erforderlich. Daß bei einer Belichtung des Spaltes mit der aufgedrückten Belichtung $\bar{H}$ die Strichbildbreite b beträgt, bedeutet, daß bei einer Breite b, also im Abstand von der Strichmitte $x = b/2$, die wirksame Belichtung von dem Wert in der Mitte (H_{Mitte}) auf H' gesunken ist. Das gesuchte Verhältnis der wirksamen Intensitäten im Abstand x und in der Mitte (I_x/I_{Mitte}) ist gleich H'/H_{Mitte}, und da H_{Mitte} proportional $\bar{H}$ ist, gilt:

$$\frac{I_x}{I_{\text{Mitte}}} = \frac{H'}{K\bar{H}}.$$

Da H' konstant ist, kann man schreiben:

$$\lg \frac{I_x}{I_{\text{Mitte}}} = \text{Konst.} - \lg \overline{H}$$

und erhält so die untere Skala der Abszissenachse von Abb. 7.

Der Beginn der Kurve bei $\lg \frac{I_x}{I_{\text{Mitte}}} = 0$ wird in der bereits obenerwähnten Weise bestimmt. Dazu sind die Schwärzungen in der Strichmitte in Abb. 7 eingetragen. Man sieht, daß sie recht gut mit der mit einem Stufenkeil bestimmten Schwärzungskurve, welche in Abb. 7 wiedergegeben ist, zusammenfällt. Die Abszisse, bei der die Schwärzungskurve den Wert S' erreicht, entspricht $\lg \frac{I_x}{I_{\text{Mitte}}} = 0$.

Die Kurve G stellt somit den Verlauf der wirksamen Belichtung bei einem Spalt von 30 μ dar. Der verhältnismäßig lange zur Abszisse parallele Teil der Kurve zeigt an, daß man den erweiterten Ansatz (5) verwenden muß, um diesen Verlauf darzustellen.

Bei niedrigem Wert von $\lg I/I_{\max}$ verläuft die Kurve geradlinig. Dies deutet darauf hin, daß hier die zweite Exponentialfunktion überwiegt, da $k_1 < k_2$ ist, und man aus der Neigung des geraden Teils den Wert von $k_2 = 44$ entnehmen kann. Das zweite Glied allein würde zu der unteren Kurve führen, die an Punkt A die Abszisse erreicht und durch Auswertung des zweiten Integrals von (6) für einen Spalt $b = 30\,\mu$ ermittelt wurde. Aus dem Verlauf der Kurve bei größeren Werten von $\lg I/I_{\max}$ wird dann k_1 und ϱ bestimmt.

β) *Auswertung der Messungen an verschiedenen Testobjekten.* Der Arbeitsgang wird für das Testobjekt mit einem Strich von 15 μ Breite in Abb. 6 geschildert. Links oben (a) erkennt man das Testobjekt und darunter das davon hergestellte Negativ (b). Links unten ist die mit dem Mikrophotometer gemessene Schwärzungsverteilung eingetragen (c). Man entnimmt aus ihr für jede der 3 Belichtungen die Differenz zwischen den Schwärzungen im Strich und in seiner Umgebung und aus der rechts daneben gezeichneten Schwärzungskurve (d) die entsprechende Differenz der Logarithmen der Intensität. Diese sind bis auf die Versuchsfehler gleich, wenn keine Störungen bei der Entwicklung eintreten. Aus dieser Differenz, $\lg I_{\min}/I_0 = \triangle \lg I$, erhält man aus Kurve 2 in Abb. 2 b/k, und, da b bekannt ist, den Wert von k. Entsprechend geht man bei Verwendung der anderen Testobjekte vor. Man verwendet dann die dem Testobjekt entsprechenden Kurven von Abb. 2 oder 3.

Dieser Auswertung liegt der einfache Ansatz Gleichung (1) zugrunde, also der Fall $\varrho = 0$ in Gleichung (*6*). Wie schon erwähnt, kann man, wenn zwar ϱ von 0 verschieden aber nicht zu groß ist, mit dem einfachen Ansatz arbeiten. Es ist dann zweckmäßig, mit der unter β) beschriebenen Methode zu arbeiten unter Verwendung eines Striches von 15 μ Breite als Testobjekt. Mit dem so bestimmten k-Wert kann die Intensitätsverteilung in dem praktisch interessierenden Gebiet befriedigend wiedergegeben werden, wenn man von schwach streuenden Schichten (ϱ groß) absieht.

5. Versuchsergebnisse

a) Messungen an verschiedenen Testobjekten. Es wurden verschiedene Testobjekte aufbelichtet und nach der im vorigen Abschnitt beschriebenen Methode β)

ausgewertet. Die Entwicklung erfolgte bei dem im folgenden wiedergegebenen Versuch mit Agfa-Final-Entwickler oder anderen Entwicklern, die keinen ausgeprägten Nachbareffekt zeigen. Es ist dann die Entwicklung ohne Einfluß auf den k-Wert wie Tabelle 1 zeigt. Auch die Entwicklungszeit ist ohne Einfluß.

Tabelle 1. *Wirkung verschiedener Entwickler auf den k-Wert*

Final			Atomal		
Entw.-Z.	γ	k	Entw.-Z.	γ	k
2′		34	1′	~0,9	33
5′	0,85	34	3′	1,2	36
8′	1,15	34,5	5′	1,55	34
11′	1,32	35			
14′	1,40	34			
	Mittelwert	34		Mittelwert	34

Daß auch, wie nach der Theorie zu erwarten, die Stärke der Belichtung keinen Einfluß auf den k-Wert hat, zeigt Tabelle 2. Trotz Veränderung der Belichtung im Verhältnis 1 : 4 weicht der k-Wert nicht mehr als 1,5 μ vom Mittelwert ab.

Tabelle 2. *Bestimmung des k-Wertes mittelst des Testobjektes mit Strich von 15 μ Breite (Filmsorte und Entwicklung konstant)*

Rel. Bel.	S_{max}	S_{min}	$\triangle \lg I$	k
1.	0,78	0,24	0,43	34
2.	1,43	0,68	0,47	32
3.	1,68	0,92	0,48	31
4.	2,05	1,35	0,46	33

Von den zahlreichen Versuchen, die mit den verschiedenen Testobjekten ausgeführt sind, und welche alle die Theorie gut bestätigen, seien im folgenden nur drei Beispiele mitgeteilt. Es wurden drei mit A, B und C bezeichnete Filme verwendet und in Final 8 Minuten entwickelt. Mittels des Striches $k = 15\ \mu$ und des Strichrasters ($q_0 = 1$) wurden folgende k-Werte ermittelt:

Filmsorte	k (Strich 15 μ)	k (Raster)	k (Mittelwert)
A	22	22,5	22
B	33	33	33
C	39	40	40

Aus den k-Werten wurde $\lg I = \lg \frac{I_{max}}{I_{min}}$ (beim Raster) oder $\lg I = \lg \frac{I}{I_0}$ (bei den anderen Testobjekten) ermittelt (Abb. 2 und 3) und mittels der Schwärzungskurve die entsprechenden $\triangle S$-Werte berechnet. $\triangle S$ bedeutet beim Strichraster die Differenz der Maximal- und Minimalschwärzung, bei den anderen Rastern die Differenz der Schwärzung S_0, welche man also ohne Diffusionslichthof erwarten würde, und der Schwärzung, welche durch die wirksame Intensität in der Mitte des Bildes des Testobjektes oder als Maximal- oder Minimalschwärzung entsteht. In den Tabellen

3 bis 5 sind die Ergebnisse wiedergegeben. Man erkennt, daß die experimentell gefundenen Werte mit den berechneten gut übereinstimmen. Nur bei Film B wurden alle Testobjekte untersucht. Bei Film C ist die Körnigkeit so groß, daß beim Ausmessen mit der kleinen Meßfläche Schwierigkeiten entstehen.

b) Einfluß der Korngröße auf den Diffusionslichthof. Es wurde eine Mikratemulsion hergestellt und ohne und mit verschieden langer Nachreifung auf Platten vergossen. Der Auftrag betrug bei jeder Platte 5,1 g Ag/m^2 bei einer Schichtdicke von 20 μ.

Die ungereifte Platte hatte Körner von einem Durchmesser von etwa 0,02 μ und war fast vollständig klar durchsichtig. Mit zunehmender Reifzeit nahm die Korngröße und damit die Trübung zu. Bestimmt wurde die integrale Dichte mit einer Ulbrichtschen Kugel (D^*), die Dichte im gerichteten Licht (D''), ϱ, k_1 und k_2 nach Methode α) und k' bei einem Strich von 15 μ nach Methode β).

Abb. 8 zeigt die Strichbreitenkurven für die verschiedenen Reifungsstadien. Sie sind parallel zur Abszisse verschoben, so daß sie alle im gleichen Punkt beginnen. Nach der in Abschnitt 4bα beschriebenen Methode wurden k_1, k_2 und ϱ ermittelt und nach Abschnitt 4bβ der Wert von k' mit dem 15-μ-Strich bestimmt. k_1, k_2 und ϱ wurden dazu benutzt, um $\lg \frac{I_{min}}{I_0}$ für den Strich von 15 μ Breite zu berechnen und daraus den k-Wert (k'_{ber}) abzuleiten.

Tabelle 3. *Gemessene und berechnete Schwärzung*

Film A, $k = 22\ \mu$ (Mittelwert aus Messungen am Raster und Strich 15 μ)

Objekt		Abmessung μ	gemessen	berechnet
			$\triangle S = S_0 - S_{Mitte}$	
Strich		15	0,69	0,70
			$\triangle S = S_{max} - S_{min}$	
Raster I	1.	30	0,71	0,74
$q_0 = 1{,}0$	2.	40	0,93	0,95
$\lg \frac{I_{0max}}{I_{0min}} = \infty$	3.	60	1,10	1,08
Raster II	1.	30	0,60	0,57
$q_0 = 0{,}75$	2.	40	0,79	0,73
$\lg \frac{I_{0max}}{I_{0min}} = 0{,}85$	3.	60	0,96	0,91
Raster III	1.	30	0,35	0,35
$q_0 = 0{,}49$	2.	40	0,44	0,44
$\lg \frac{I_{0max}}{I_{0min}} = 0{,}47$	3.	60	0,58	0,55
Raster IV	1.	30	0,18	0,19
$q_0 = 0{,}28$	2.	40	0,22	0,24
$\lg \frac{I_{0max}}{I_{0min}} = 0{,}25$	3.	60	0,31	0,29

Abmessung bedeutet: bei Strich: Breite; bei Raster: Linienabstand

Tabelle 4. *Gemessene und berechnete Schwärzung*

Film B, $k = 33\ \mu$ (Mittelwert aus Messungen am Raster und Strich 15 μ)

Objekt		Abmessung μ	gemessen	berechnet
			$\Delta S = S_0 - S_{\text{Mitte}}$	
Spalt	1.	30	0,08	0,06
	2.	43	0,05	0,03
	3.	65	0	0
Strich	1.	15	0,56	0,56
	2.	30	0,85	0,87
	3.	43	0,93	0,92
	4.	65	0,94	0,94
Loch	1.	30	0,14	0,16
	2.	43	0,10	0,07
	3.	65	0	0,01
Punkt	1.	30	0,71	0,69
	2.	43	0,81	0,87
	3.	65	0,93	0,94
Ring transp. $\frac{I_{\max}}{I_0}$	1.	30/63	0,20	0,22
	2.	43/86	0,12	0,11
Ring transp. $\frac{I_M}{I_0}$	1.	30/63	0,77	0,79
	2.	43/86	0,88	0,90

Objekt		Abmessung μ	gemessen	berechnet
			$\Delta S = S_0 - S_{\text{Mitte}}$	
Ring (opak) $\frac{I_{\min}}{I_0}$	1.	30/63	0,62	0,59
	2.	43/86	0,76	0,81
Ring (opak) $\frac{I_M}{I_0}$	1.	30/63	0,12	0,12
	2.	43/86	0,03	0,06
			$\Delta S = S_{\max} - S_{\min}$	
Raster I	1.	30	0,43	0,41
$q_0 = 1{,}0$	2.	40	0,57	0,54
$\lg \frac{I_{0\max}}{I_{0\min}} = \infty$	3.	60	0,76	0,72
	4.	80	0,82	0,79
Raster II	1.	30	0,35	0,31
$q_0 = 0{,}75$	2.	40	0,47	0,45
$\lg \frac{I_{\max}}{I_{\min}} = 0{,}85$	3.	60	0,59	0,63
	4.	80	0,71	0,71
Raster III	1.	30	0,22	0,20
$q_0 = 0{,}49$	2.	40	0,30	0,30
$\lg \frac{I_{0\max}}{I_{0\min}} = 0{,}47$	3.	60	0,42	0,42
	4.	80	0,49	0,48
Raster IV	1.	30	0,10	0,12
$q_0 = 0{,}28$	2.	40	0,18	0,17
$\lg \frac{I_{0\max}}{I_{0\min}} = 0{,}25$	3.	60	0,27	0,24
	4.	80	0,30	0,28

Abmessung bedeutet:
bei Strich und Spalt: Breite, bei Loch, Punkt und Ring: Durchmesser, bei Raster: Linienabstd.

Die Ergebnisse sind in Abb. 9 zusammengestellt und in Abhängigkeit von der Reifzeit aufgetragen.

Es ergibt sich

1. k_2 und ϱ sinken mit zunehmender Korngröße.
2. k' steigt zunächst und wird etwa gleich k_2, wenn ϱ klein ist. Dann sinkt k' mit k_2 weiter ab.
3. Die gefundenen (k') und die berechneten (k'_{ber}) Werte von k' stimmen recht gut überein.

Dieses Verhalten ist folgendermaßen zu erklären:

Bei der ungereiften Emulsion ist die Streuung sehr gering, daher der direkte Anteil bei der Belichtung groß, also ϱ auch groß. Die Absorption in der Schicht ist

Tabelle 5. *Gemessene und berechnete Schwärzung*

Film C, $k = 40\ \mu$ (Mittelwert aus Messungen am Raster und Strich 15 μ)

Objekt		Abmessung μ	gemessen	berechnet
			$\triangle S = S_0 - S_{\text{Mitte}}$	
Strich		15	0,40	0,38
			$\triangle S = S_{\max} - S_{\min}$	
Raster I	1.	30	0,30	0,28
$q_0 = 1{,}0$	2.	40	0,40	0,42
$\lg \frac{I_{0\max}}{I_{0\min}} = \infty$	3.	60	0,59	0,61
	4.	80	0,67	0,72
Raster II	1.	30	0,22	0,19
$q_0 = 0{,}75$	2.	40	0,33	0,28
$\lg \frac{I_{0\max}}{I_{0\min}} = 0{,}85$	3.	60	0,48	0,45
	4.	80	0,54	0,57
Raster III	1.	30	0,16	0,13
$q_0 = 0{,}49$	2.	40	0,23	0,19
$\lg \frac{I_{0\max}}{I_{0\min}} = 0{,}47$	3.	60	0,27	0,30
	4.	80	0,40	0,37

Abmessung bedeutet: bei Strich: Breite, bei Raster: Linienabstand

aber klein (D^* klein). Das gestreute Licht kann sich in der Schicht weit ausbreiten (k_2 groß!). Trotz des hohen Wertes von k_2 ist k' klein, da ϱ groß ist.

Mit steigender Reifzeit und Korngröße wächst die Streuung und ϱ wird kleiner. Aber die Absorption wird größer, die Lichtausbreitung in den Schichten wird er-

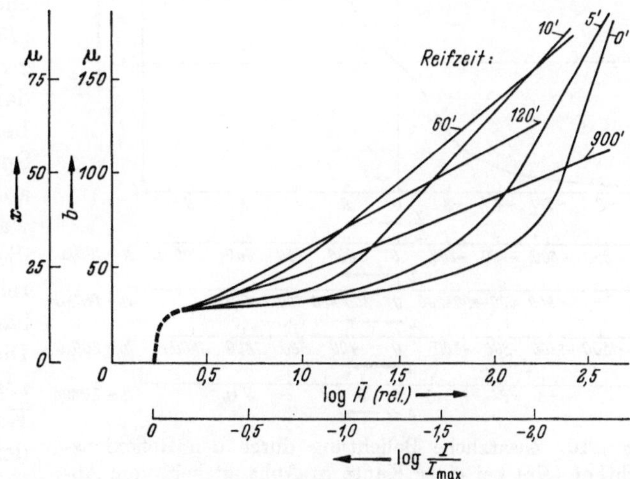

Abb. 8. Strichbildbreite in Abhängigkeit von der Belichtung bzw. Verlauf der wirksamen Intensität in der Umgebung eines Spaltes (Breite 30 μ) bei verschieden gereifter Emulsion. (Die Kurven sind parallel zur Abszisse verschoben, so daß alle denselben Anfangspunkt besitzen.)

schwert und k_2 wird kleiner. Wegen des starken Einflusses von ϱ wird in diesem Gebiet k' ansteigen. Erst wenn ϱ sehr klein ist, verliert es seinen Einfluß, und k' wird etwa gleich k_2 und sinkt mit k_2 ab.

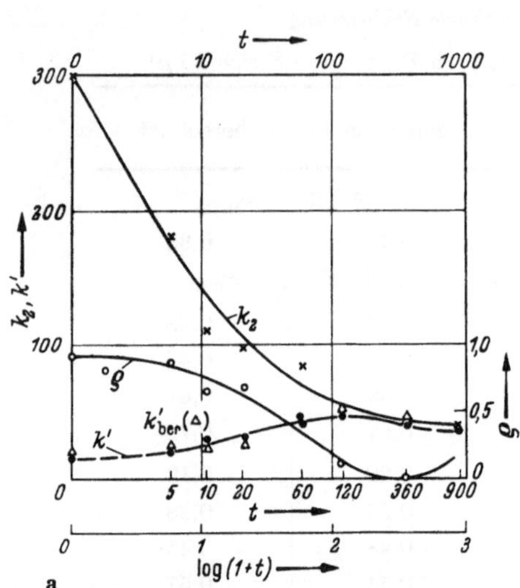

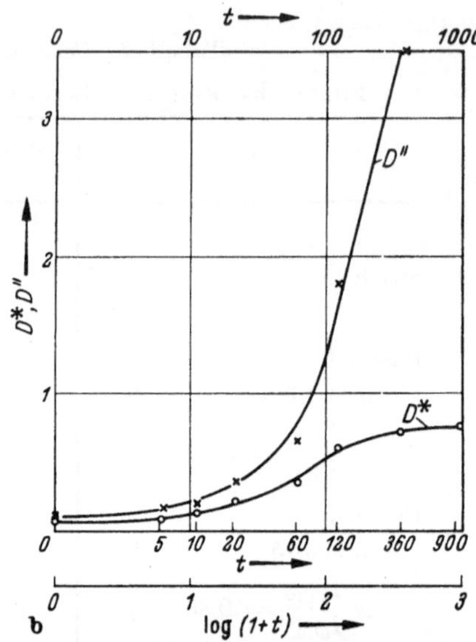

Abb. 9. Abhängigkeit der integralen Dichte (D^*), Dichte in gerichtetem Licht (D'') und der den Diffusionslichthof charakterisierenden Konstanten k_1, k_2, ϱ und k' von der Reifzeit (Korngröße). k' wurde mit einem Strich (15 μ) bestimmt, und außerdem aus k_1, k_2 und für einen Strich (15 μ) ein k-Wert berechnet ($\triangle$).

6. Reflexionslichthof

Durch den Reflexionslichthof erhält die Unterseite der photographischen Schicht eine zusätzliche Beleuchtung (E_R) durch das an der Unterseite des Schichtträgers reflektierte Licht. Die Verteilung von E_R bei einem aufbelichteten sehr kleinen Flächenelement ist von DRECKER [13] berechnet worden. Durch zweimalige Integration kann daraus die Verteilung von E_R bei einer Kante und bei einem Spalt, einem Strich oder einer anderen Verteilung berechnet werden. Abb. 10 und 11 zeigen diese zusätzliche Belichtung relativ zu E_{RO}. Sie ist in Abhängigkeit von dem auf die Dicke des Schichtträgers h bezogenen Abstand von der Kante (x) aufgetragen. E_{RO} ist der Wert von E_R, der bei Aufbelichtung einer großen Fläche mit derselben von außen ausgedrückten Belichtung (E_O) entstehen würde, ist also der

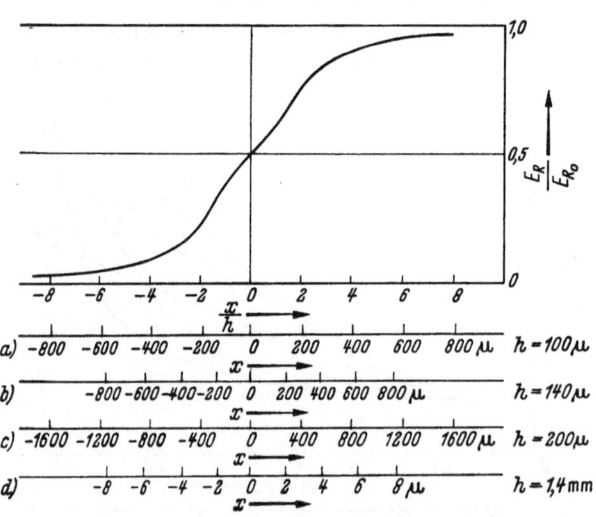

Abb. 10. Zusätzliche Belichtung durch den Reflexionslichthof (E_R) bei einer Kante in Abhängigkeit vom Abstand x von der Kante. E_{RO} = Maximalwert von E_R bei Belichtung einer großen Fläche. h=Dicke des Schichtträgers.

a) $h = 100\ \mu$ Rollfilm c) $h = 200\ \mu$ Planfilm
b) $h = 140\ \mu$ Kinefilm d) $h = 1{,}4$ mm Platte

Maximalwert von E_R bei der Kante. Es gilt:

$$E_{RO} = E_O \cdot 0{,}62 \cdot \tau_E \, \tau_T' \, .$$

E_O = Beleuchtungsstärke an der Vorderseite der Schicht.
τ_E = Transparenz der Emulsionsschicht.
τ_T' = wirksame Transparenz des Schichtträgers.

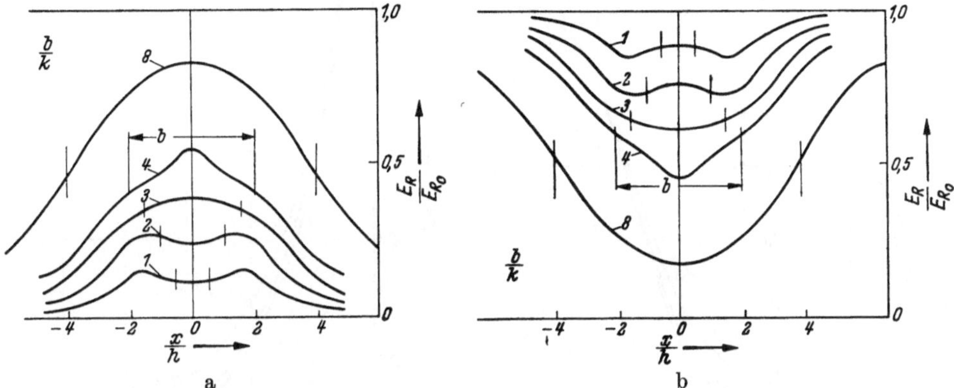

Abb. 11. Zusätzliche Belichtung durch den Diffusionslichthof (E_R) bei Spalt (a) und Strich (b) in Abhängigkeit von dem Abstand von der Spaltmitte (x) bei verschiedener Spalt- bzw. Strichbreite b. — E_{RO} = Maximalwert bei großen belichteten Flächen; h = Dicke des Schichtträgers.

0,62 entspricht dem Bruchteil des aus der Emulsionsschicht kommenden Lichtes, welches an der Unterseite des Schichtträgers total reflektiert wird (Brechungsexponent des Schichtträgers $n = 1{,}54$).

τ_T' ist wegen des zweimaligen schiefen Durchdringens etwa gleich der dritten Potenz der Transparenz von Schichtträger und Lichthofschutzschicht bei direktem Durchgang gemessen.

Um einen Überblick über die Größe der Wirkung des Reflexionslichthofes zu geben, ist für Striche verschiedener Breite und für verschiedene Werte von $D' = -\lg \tau' \cdot \tau_E$ in Abb. 12 das Verhältnis zwischen Intensität in der Strichmitte zur maximalen Intensität außerhalb des Striches angegeben. Für die Strichbreite b = 0,4 mm, welcher die Bestimmung der Reflexionslichthofzahl nach Küster [*11*] zugrunde gelegt ist, sind die h-Werte für verschiedene Filmsorten angemerkt.

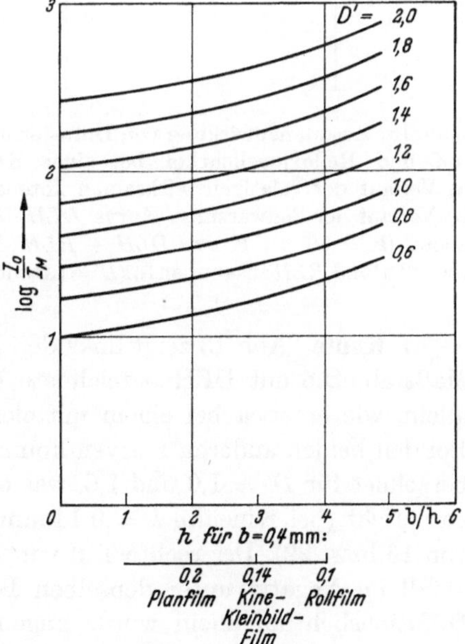

Abb. 12. Relative Intensität in der Strichmitte $\left(\frac{I_0}{I_{\text{Mitte}}}\right)$ in Abhängigkeit von Strichbreite und wirksamer Dichte (D'') von Schicht und Schichtträger.

Die Intensitätsverteilung durch den Reflexionslichthof ist wesentlich breiter als die durch den Diffusionslichthof. Sie wird der durch den Diffusionslichthof erzeugten überlagert. Um einen Überblick über das Zusammenwirken der beiden Lichthöfe zu bekommen, werden folgende Beispiele berechnet:

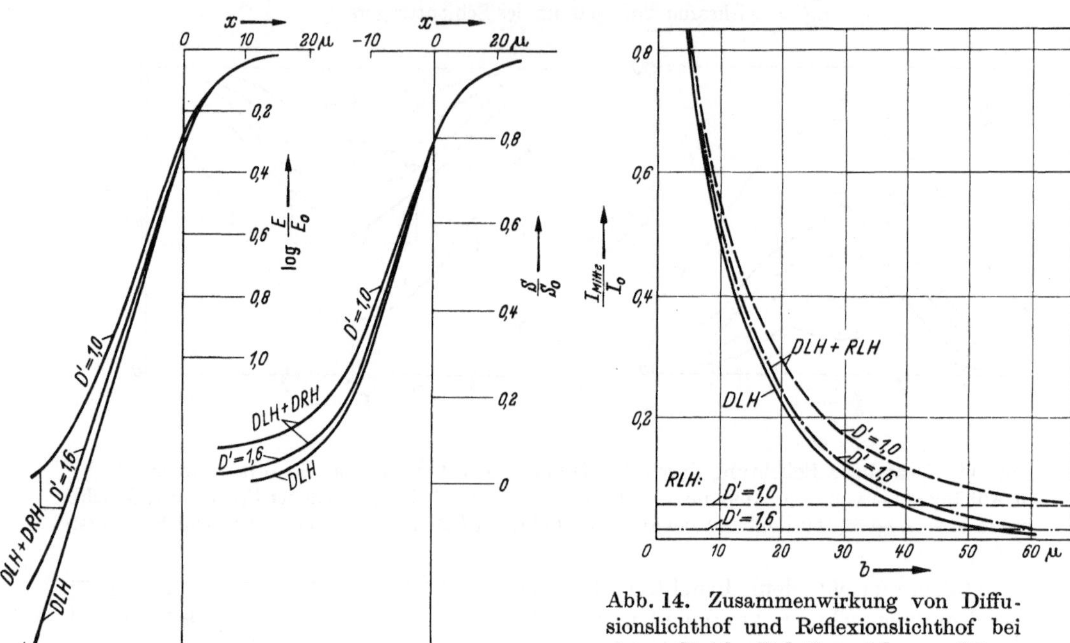

Abb. 13. Zusammenwirkung von Diffusionslichthof und Reflexionslichthof bei einer Kante. a) Verlauf der relativen wirksamen Intensität, b) Verlauf der Schwärzung. Kurve *DLH* : *DLH* allein ($k = 30\ \mu$), Kurve *DLH* + *RLH*: *DLH* ($k=30\ \mu$) und *RLH* zusammen für $D' = 1{,}0$ und 1,6.

Abb. 14. Zusammenwirkung von Diffusionslichthof und Reflexionslichthof bei einem Strich. Relative wirksame Intensität in der Strichmitte in Abhängigkeit von der Strichbreite.
Kurve *DLH*: *DLH* allein ($k = 30\ \mu$), Kurve *DLH* + *RLH*: *DLH* ($k = 30\ \mu$) und *RLH* zusammen für $D' = 1{,}0$ und 1,6, Kurve: *RLH* allein (– – – –) und (— · — ·).

a) Kante. Abb. 13 zeigt links den Lichtabfall an einer Kante im logarithmischen Maßstab. Die mit DLH bezeichnete Kurve bezieht sich auf den Diffusionslichthof allein, wie er etwa bei einem mittelempfindlichen Film vorhanden ist ($k = 30\ \mu$). Bei den beiden anderen Kurven kommt noch ein Reflexionslichthof dazu, und zwar berechnet für $D' = 1{,}0$ und 1,6, was etwa einem Film ohne und mit Lichthofschutz entspricht (bei Kinefilm $h = 0{,}14$ mm entspricht dies Lichthofzahlen nach Küster von 16 bzw. 22). Der rechte Teil von Abb. 13 zeigt beispielsweise den Schwärzungsabfall im Negativ unter denselben Bedingungen. Der Verlauf der Kurve für den Diffusionslichthof allein wurde angenommen und aus ihr die anderen berechnet. Man sieht, daß durch den Reflexionslichthof der Schwärzungsverlauf im oberen Teil nicht geändert wird, auch ist die Neigung des geraden Teils nur wenig verkleinert. Der untere Teil verläuft jedoch vor allem bei dem Film ohne Lichthofschutz deutlich flacher. Man kann sich vorstellen, daß dadurch die Schärfe nachteilig beeinflußt werden kann.

b) Strich. In Abb. 14 ist durch die mit DLH bezeichnete Kurve der Verlauf der Werte $\frac{I_{\text{Mitte}}}{I_0}$ in Abhängigkeit von der Strichbreite b angegeben. I_0 ist die Beleuchtungsstärke außerhalb des Striches, I_{Mitte} die durch Lichthof erzeugte in der Mitte des Striches. Der entsprechende Wert für den Reflexionslichthof ist für $D'=1{,}0$ und 1,6 (RLH) sowie die gemeinsame Wirkung von Diffusionslichthof und Reflexionslichthof angegeben. Man sieht, wie mit größer werdender Strichbreite der Einfluß des Reflexionslichthofes immer mehr überwiegt. Dies muß berücksichtigt werden, wenn man durch Strichaufnahmen den Diffusionslichthof bestimmen will.

7. Unscharfe Einstellung und Diffusionslichthof

Auch die wirksame Intensität, welche durch Zusammenwirken von unscharfer Einstellung und Diffusionslichthof entsteht, läßt sich berechnen. Durch die unscharfe Einstellung wird ein sehr kleines Flächenelement durch einen Zerstreuungskreis mit dem Durchmesser z wiedergegeben. An einer Kante entsteht dadurch ein

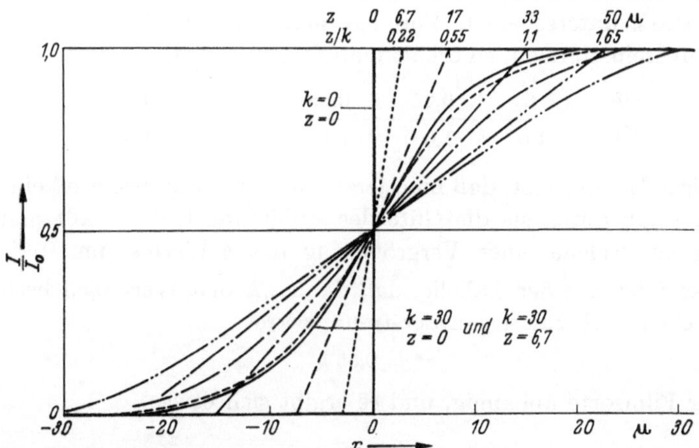

Abb. 15. Relative Intensitätsverteilung an einer Kante mit und ohne unscharfe Einstellung. Gerade Linien: ohne *DLH* ($k = 0$), gekrümmte Linien: mit *DLH* ($k = 30\ \mu$) und verschiedener Unschärfe (Zerstreuungskreise mit Durchmesser), $z = 0 \quad 6{,}7 \quad 17 \quad 33 \quad 50\ \mu$.

Lichtabfall, welcher sich durch eine lineare Beziehung annähern läßt. Es gilt bei Abwesenheit eines Diffusionslichthofes ($k = 0$) annähernd im Bereich $|x| \leqq 0{,}9\,z$:

$$\left(\frac{I}{I_{\max}}\right)_{k=0} = 0{,}5 + \frac{1}{0{,}9}\,\frac{x}{z} \tag{8}$$

x = der Abstand von der Kante,

$\frac{I}{I_{\max}}$ = wirksame Intensität / maximale Intensität.

Die Beleuchtungsstärke wird innerhalb des Zerstreuungskreises als konstant angenommen.

Da das Problem in allgemeiner Form nur sehr umständlich behandelt werden kann, soll im folgenden nur ein Beispiel angegeben werden. In Abb. 15 ist der Verlauf der wirksamen Intensität für verschiedene Zerstreuungskreise durch die geraden Linien angegeben, die nach (8) berechnet wurden. Die zur Abszisse senkrechte gibt den Verlauf bei scharfer Abbildung, also bei $z = 0$ wieder. Die gekrümmten Linien geben den Verlauf bei einem Diffusionslichthof wieder, der einem k-Wert von 30 μ entspricht, und zwar für scharfe Abbildung und für unscharfe Abbildung mit verschieden großen Zerstreuungskreisen. Diese Kurven werden durch Berechnung des Integrals Gleichung (4) erhalten, wobei für $I_0(x)$ die durch die unscharfe Abbildung erzeugte Intensitätsverteilung eingesetzt wurde.

Man sieht, wie bei $z = 50\,\mu$ also $\frac{z}{k} = 1{,}65$ die Wirkung der unscharfen Einstellung überwiegt, während bei $z = 17\ \mu$ entsprechend $\frac{z}{k} = 0{,}55$ der Intensitätsverlauf im wesentlichen durch den Diffusionslichthof bestimmt ist.

Man kann nun fragen, wie groß ein Diffusionslichthof, welcher durch den Wert $\tilde{k}$ charakterisiert ist, sein müßte, der bei scharfer Abbildung annähernd dieselbe Intensitätsverteilung erzeugen würde, wie ein kleinerer Diffusionslichthof (k) bei unscharfer Abbildung (z). Exakt ist die Frage nicht zu beantworten, da sich die Form der Verteilungen stark unterscheidet. Verlangt man, daß bei $I/I_{\max} = 0{,}1$ die beiden Verteilungen übereinstimmen, so erhält man folgende Werte:

z/k	0	0,22	0,55	1,1	1,65
$\tilde{k}/k$	1,0	1,0	1,1	1,4	1,9

Ein wichtiges Ergebnis ist, daß man jetzt angeben kann, wie groß eine Unschärfe sein darf, ohne daß durch sie die Güte der Abbildung leidet. Läßt man eine Verschlechterung zu, welche einer Vergrößerung des k-Wertes um 10% entspricht ($\tilde{k}/k = 1{,}1$), so folgt aus der Tabelle, daß dann z/k den Wert 0,55 besitzt. Daraus folgt für den eben noch zulässigen Zerstreuungskreis

$$z^* = 0{,}55\ k$$

z^* ist von der Filmsorte abhängig, und es ergibt sich etwa:

	z^*
Höchstempfindlicher Film.....	20 μ
Feinkornfilm	15 μ
Besonders scharf zeichnender Film	10 μ

Diese Werte müßten einer Abschätzung der zulässigen Toleranz bei der Einstellung und bei der Planlage des Films und einer Berechnung der Tiefenschärfe zugrunde gelegt werden, wenn die durch den Film erzielbare Schärfe wirklich erhalten werden soll. Die Wechselwirkung der Unschärfe durch Fehler der Objektive mit dem Diffusionslichthof kann auf ähnliche Weise behandelt werden. Doch ist die Berechnung schwieriger, da dann meist nicht mehr die Intensitätsverteilung ohne Diffusionslichthof durch eine lineare Beziehung angenähert werden kann.

8. Einfluß des Nachbareffektes

Bei Entwicklern, welche einen starken Nachbareffekt zeigen, wird die Schwärzungsverteilung durch die Diffusion des Entwicklers in der Schicht verändert. Bei einer aufbelichteten Kante diffundiert unverbrauchter Entwickler von dem unbelichteten zu dem belichteten Teil. Dadurch tritt unmittelbar in der Nachbarschaft der Kante im unbelichteten Teil eine Verarmung an Entwickler und damit eine Schwärzungserniedrigung, im belichteten eine Anreicherung und Schwärzungssteigerung ein. Auch die Diffusion der Oxydationsprodukte der Bromionen u.a. können ähnlich wirken. Unter Umständen wird dann eine Schwärzung beobachtet, die kleiner als der Schleier oder größer als die zu erwartende Maximalschwärzung ist. Es ist klar, daß dann die Konstante k ihren eigentlichen Sinn verliert, denn sie ist ja im Hinblick auf die Lichtstreuung in der Schicht abgeleitet, und die Messung setzt voraus, daß auch bei kleinen Details die im großen gemessene Schwärzungskurve gilt. Dies ist bei Vorhandensein des Nachbareffekts nicht der Fall. Die Beziehung zwischen lg I und der Schwärzung ist jetzt nicht mehr durch die an großen Flächen bestimmte Schwärzungskurve gegeben, sondern die Schwärzung ist auch von der Schwärzung der Umgebung und dem Verbrauch des Entwicklers daselbst abhängig. Unter Umständen kann gar kein k-Wert mehr bestimmt werden, nämlich dann, wenn die experimentell bestimmte Schwärzungsdifferenz größer ist als die theoretisch nach der Schwärzungskurve zu erwartende, das ist z. B. bei Rastern mit großem Rasterabstand der Fall. Trotzdem kann man unter bestimmten Bedingungen einen k-Wert auch bei Entwicklung mit Nachbareffekt angeben und damit ausdrücken, daß sich eine Schicht bei einem bestimmten Testobjekt und einer Entwicklung mit Nachbareffekt so verhält, als ob ihr Diffusionslichthof dem gemessenen k-Wert entspräche. Eine allgemeine Gültigkeit kann dieser Wert natürlich nicht beanspruchen.

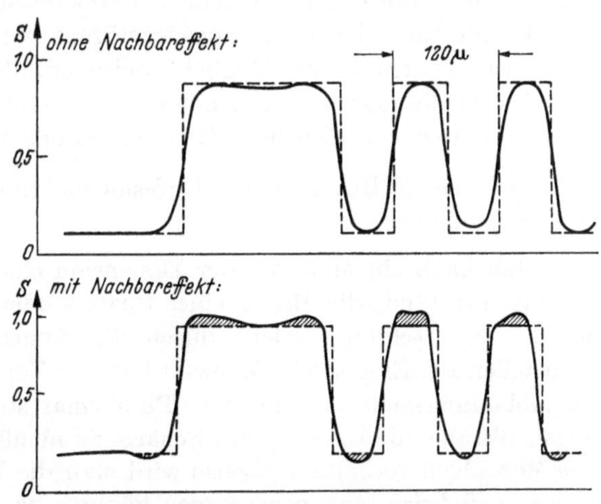

Abb. 16. Schwärzungsverteilung bei Entwicklung mit und ohne Nachbareffekt.

Abb. 16 zeigt den Verlauf der Schwärzung, wie er bei Entwicklung ohne (Final) und mit (z. B. Isonal) Nachbareffekt erhalten wird.

9. Messung der Güte der Wiedergabe von Größendetails bzw. der Verwaschung. Das Auflösungsvermögen

Vielfach wird die Wiedergabe von Größendetails durch Messung des photographischen Auflösungsvermögens bewertet, welches durch die Zahl der Linien pro Millimeter ausgedrückt wird, die bei mikroskopischer Betrachtung des Negativs einer Aufnahme eines Strichrasters (Linienbreite = Zwischenraum, großer Kontrast) gerade noch aufgelöst werden. Die Verwendung dieses Verfahrens zur Beurteilung ist aus verschiedenen Gründen bedenklich. Einmal wird das Auflösungsvermögen bei einem Rasterabstand bestimmt, der wesentlich kleiner ist als der, welcher bei praktischen Aufnahmen eine Rolle spielt, denn man wünscht eine möglichst ähnliche Wiedergabe der Objektdetails und begnügt sich im allgemeinen nicht mit der Möglichkeit, die Details nur festzustellen. Man muß also, um zu praktisch brauchbaren Aussagen zu kommen, von dem Versuch bei sehr kleinen Details auf die Verhältnisse bei großen Details schließen. Dies ist nicht ohne weiteres möglich, da das Auflösungsvermögen außer durch den Diffusionslichthof auch durch die Körnigkeit beeinflußt wird. Darauf haben schon verschiedene Autoren (Ross [*8*], Frieser [*1*], Selwyn [*14*]) hingewiesen. Dieser Einfluß ist bei den kleinen Rasterabständen, die bei der Bestimmung des Auflösungsvermögens verwendet werden, naturgemäß größer als bei den größeren Details, welche in der Praxis eine Rolle spielen und nach denen im wesentlichen die Schärfe beurteilt wird. Außerdem wird nach Higgins und Jones [*7*] Schärfe und Auflösungsvermögen durch den Verlauf der Schwärzung an einer Kante ganz verschieden beeinflußt, so daß auch aus diesem Grund aus einer Messung des Auflösungsvermögens nicht ohne weiteres auf die Schärfe geschlossen werden kann. Möglicherweise erhält man bessere Übereinstimmung, wenn das Auflösungsvermögen mit einem Testobjekt gemessen wird, bei dem der Kontrast zwischen Linien und Zwischenräumen verhältnismäßig klein ist.

Um zu einer Meßzahl für den Diffusionslichthof zu kommen, kann man folgende Wege beschreiten:

1. Man kann ein Maß von der Dimension einer Länge angeben. Man gibt z. B. den Rasterabstand, die Breite eines Spaltes oder einer Linie an, bei der eine bestimmte Verwaschung, welche durch die Kontrastverminderung gemessen wird, festzustellen ist. Eine solche Meßzahl hat den Vorteil, daß sie in direkter Beziehung zum Abbildungsmaßstab und dem Bildformat steht. Und zwar werden die Abbildungsmaßstäbe, die in bezug auf Schärfe zu identischen Negativen führen, sich wie diese Meßzahlen verhalten. Ebenso wird man die Vergrößerungsfähigkeit beurteilen können, z. B. wird man voraussagen können, wie stark man zwei im gleichen Abbildungsmaßstab auf verschiedene Filme hergestellte Negative vergrößern kann, um in bezug auf Schärfe zu gleichwertigen Bildern zu gelangen.

Eine Auskunft über die Güte der Wiedergabe eines Details einer bestimmten Größe kann aber nicht erhalten werden.

2. Es wird die Veränderung des Kontrastes durch den Diffusionslichthof bei einem Testobjekt von einer bestimmten Größe angegeben. Ein solcher Meßwert ist z. B. das Verhältnis der wirksamen Intensität in der Mitte eines aufbelichteten Striches zur Maximalintensität, also der in Abschnitt 4bβ und Abb. 6 angegebene Wert $\triangle \lg I$. Durch einen Meßwert von dieser Art kann eine Aussage über die Güte der Detailwiedergabe unter identischen Aufnahmebedingungen und gleicher Vergrößerung gemacht werden, keine Aussage jedoch über die Abbildungsmaßstäbe bzw. Vergrößerungen, die zu identischen Bildern führen.

Durch die in dieser Arbeit angegebene Theorie ist es möglich, die beiden Methoden zu verbinden und beide Fragestellungen zu beantworten. Der Wert k, durch den die Verwaschung gemessen wird, hat die Dimension einer Länge, entspricht also den unter 1 genannten Meßwerten, er gibt aber auch die Möglichkeit, die Kontrastveränderung zu berechnen (z. B. unter Benutzung der Kurven in Abb. 2 oder Abb. 3). Man kann also mittels des k-Wertes die Eigenschaften einer photographischen Schicht bei der Wiedergabe kleiner Details beschreiben. Auch die Schärfe praktischer Aufnahmen läßt sich mit ihm gut charakterisieren, wie durch eine Reihe von Versuchen festgestellt wurde.

Um k zu bestimmen, kann man von beliebigen Testrastern ausgehen, am besten wohl vom Spalt, Strich oder Strichraster. Als besonders praktisch hat sich der Strich von 15 μ Breite erwiesen. Das Ausmessen des Negativs ist wenig durch Streulicht gefährdet und läßt sich einfach durchführen, ebenso wie die Auswertung. Ein Strich ist auch ein in der Praxis häufig vorkommendes Objekt. Ein Nachteil ist, daß Streulicht vom Objektiv und der Reflexionslichthof das Ergebnis beeinflussen können. Man darf deshalb den Strich nicht zu breit machen, damit die Verwaschung durch den Diffusionslichthof stärker als die durch die anderen Einflüsse ist. Unter Umständen ist es günstig, den Reflexionslichthof durch eine zusätzliche Lichthofschutzschicht weiter zu verringern, wenn der Diffusionslichthof allein gemessen werden soll.

Zusammenfassung

Wie schon in früheren Arbeiten gezeigt worden war, läßt sich die Intensitätsverteilung des Diffusionslichthofes durch eine Konstante (k) beschreiben. Man kann mit ihr für beliebige Verteilungen der von außen „aufgedrückten" Belichtung die „wirksame" Belichtung berechnen. Dies wird für einige spezielle ein- und zweidimensionale Verteilungen (Spalt, Strich, Loch, Punkt, Ring, Strichraster) durchgeführt. Eine Erweiterung der Theorie, durch die auch schwach streuende Schichten erfaßt werden, wird angegeben.

Bei Entwicklern, die keinen Nachbareffekt zeigen, läßt sich dann die Schwärzungsverteilung ermitteln, was an einer Reihe von Beispielen experimentell gezeigt wird. Der k-Wert ist dann auch unabhängig vom Entwickler und der Entwicklungszeit, wie auch von der Stärke der Belichtung.

Bei Entwicklung mit Nachbareffekt wird der k-Wert meist verkleinert. Wenn er auch hier seinen ursprünglichen Sinn verliert, kann er doch unter bestimmten Bedingungen zur Charakterisierung von Schicht und Entwickler verwendet werden. Zur Messung des k-Wertes wird als Testobjekt ein Strich von 15 μ Breite vorgeschlagen. Die Intensitätsverteilung durch den Reflexionslichthof durch unscharfe Einstellung wird berechnet und durch ihr Zusammenwirken mit dem Diffusionslichthof untersucht.

Die in der Arbeit beschriebenen experimentellen Arbeiten wurden von Fräulein Ursula Brückner durchgeführt.

Literatur

[1] Frieser, H.: Körnigkeit und Auflösungsvermögen, in: Fortschritte der Photographie II, Leipzig: Akademische Verlagsgesellschaft, 1940.

[2] Frieser, H.: Körnigkeit und Auflösungsvermögen, in: Fortschritte der Photographie III, Leipzig: Akademische Verlagsgesellschaft.

[3] Frieser, H.: Sc. and Applications of Photography Proc. R. P. S. Centenary Conf. London 1953 S. 213

[4] Frieser, H.: Über das Auflösungsvermögen von photographischen Schichten, Kino-Technik **17**, 167–172 (1935).

[5] Frieser, H., u. H. Linke: Bemerkungen zur Tonsensitometrie, Kino-Technik **18**, 346–350 (1936).

[6] Narath, A., u. G. Schimmel: Colloque sur la sensibilité des cristaux et des émulsions photographiques, Paris, 280–294 (1953).

[7] Higgins, G. C., u. L. A. Jones: J. Soc. Motion Picture Television Engrs. **58**, 277 (1952). Wolfe, R. N., u. F. C. Eisen: J. of the Optical Soc. Amer. **43**, Nr. 10, 914–922 (1953).

[8] Ross, F. E.: The Physics of the Developed Photographic Image. Monograph Kodak Nr. 5.

[9] Wildt, R.: Z. wiss. Photogr. **25**, 153 (1928).

[10] Küster, A.: Veröff. Agfa **3**, 93 (1933).

[11] Küster, A.: Veröff. Agfa **4**, 69 (1935); Phot. Korr. **71**, 65 (1935).

[12] Frieser, H.: Phot. Korr. **91**, 69–76 (1955).

[13] Drecker, J.: Z. wiss. Photogr. **1**, 183 (1903/04).

[14] Selwyn, E. W. H.: Photogr. J. 88 B, 46 (1948); Sc. ind. Photogr. [2] **20**, 409 (1946).

Über einige Test-Versuche zur Vermeidung des Reflexionslichthofs

Von W. Eichler und A. Kastl

Neben den Untersuchungen des wissenschaftlichen Laboratoriums über die Zusammenhänge zwischen Lichthoferscheinungen und Konturenschärfe wurden in der Phototechnischen Zentrale der Agfa Photofabrik einige Versuche durchgeführt, deren Ziel es war, die Probleme des Lichthofschutzes von der Seite der angewandten Photographie her zu beleuchten.

Das Interesse galt vor allem dem Reflexionslichthof; „optischer" Lichthof (brillanzmindernde Restfehler der Objektive) und Diffusionslichthof blieben außerhalb der Betrachtung.

Der Reflexionslichthof als Folge von Lichtreflexionen an der Rückseite der Trägermaterialien photographischer Schichten ist lange bekannt. Durch normale Reflexionen werden nur wenige Prozent des von der Schicht gestreut in den Schichtträger eindringenden Lichts auf die Schicht zurückreflektiert. Man darf annehmen, daß dieses Licht nur bei extrem großem Objektumfang zu einer entwickelbaren Schwärzung führen kann, die sich dann dem Diffusionslichthof überlagert. Vom Grenzwinkel der Totalreflexion an wird jedoch (bei Fehlen eines Lichthofschutzes) das von einem beleuchteten Punkt der Schicht ausgehende Licht in voller Intensität reflektiert. Die rotationssymmetrische Erweiterung der Skizze (Abb. 1) läßt erkennen, daß sich um das Bild desLichtpunktes herum konzentrische Ringe zeigen müssen.

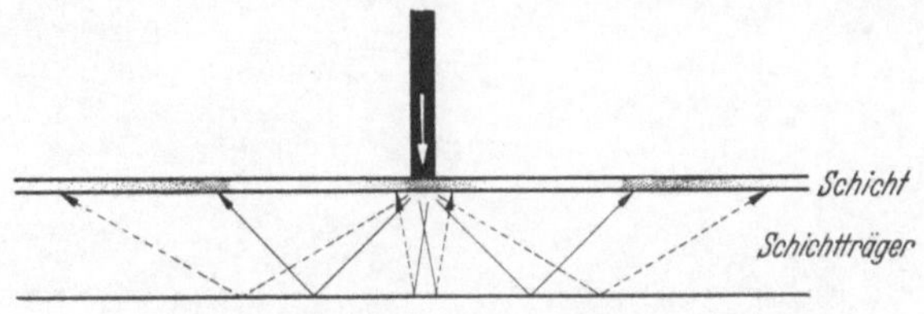

Abb. 1. Entstehung des Reflexionslichthofs.

Ein erster Versuch diente dem Nachweis, daß der Reflexionslichthof auch bei praktischen Aufnahmen eine bedeutende Rolle spielen kann. Voraussetzung für das Auftreten eines ringförmigen Reflexionslichthofs ist, daß das Bild des Lichtpunkts wesentlich kleiner als der bei Filmen mit einem Durchmesser von weniger als 0,5 mm zu errechnende erste Ring ist, daß der Diffusionslichthof der Schicht hinreichend klein ist und daß die Intensität des Lichtpunktes auf der Schicht ausreichend groß ist. Denn das Produkt $J \cdot t$ (Intensität $\times$ Einwirkungsdauer) des totalreflektierten Lichts muß so groß sein, daß die Empfindlichkeitsschwelle der Emulsion überschritten und ein entwickelbares latentes Bild erzeugt wird.

Als Testobjekt wurden kleine Stahlkugeln mit einem Projektor beleuchtet. Durch die konvexen, spiegelnden Flächen (von kleinem Radius) wurde ein stark verkleinertes Bild der Lichtquelle von hoher Intensität erzeugt. Infolge der weiteren Verkleinerung durch das Objektiv einer Kleinbildkamera (Agfa Solagon f = 50 mm) wurde ein hinreichend kleines, scharfes und sehr helles Bild der Lichtquelle auf der Schicht entworfen. Die Belichtung wurde der Praxis entsprechend so gewählt, daß auch die Schatten im Negativ nicht ganz ohne Zeichnung wiedergegeben wurden.

Abb. 2a. Reflexionslichthof bei grau gefärbtem Schichtträger.

Abb. 2b. Verhinderung des Reflexionslichthofes durch gefärbte Rücksicht.

Die Aufnahme (Abb. 2a) auf einem sehr feinkörnigen Kleinbildfilm (Agfa Isopan FF 13/10° DIN), dessen Lichthofschutz — wie früher allgemein üblich — in einer grauen Anfärbung des Schichtträgers bestand, zeigt die Totalreflexionsringe sehr deutlich. Die Anfärbung des Schichtträgers kann ja die Totalreflexion an der Rückseite des Schichtträgers nicht verhindern, sondern nur das auf die Schicht zurückreflektierte Licht schwächen (bei der hier gewählten Farbstoffdichte auf weniger als $\frac{1}{4}$).

Die zweite Aufnahme (Abb. 2b) auf einem Kleinbildfilm auf klarer Unterlage mit gleicher Emulsion, dessen Lichthofschutz aber durch eine dunkelgrün gefärbte Rückschicht bewirkt wurde, läßt keine Ringe erkennen. Die Totalreflexion an der Rückseite des Schichtträgers ist hier unterbunden, da die Brechzahl dieser Schicht nahezu gleich der Brechzahl des Schichtträgers ist. Die Farbstoffdichte der Rückschicht kann sehr hoch gewählt werden (da sie im Entwickler entfernt wird), so daß die Absorption trotz der geringen Schichtdicke sehr groß ist und die von ihrer

Rückseite zur Emulsionsschicht zurückreflektierte Lichtmenge kein entwickelbares latentes Bild mehr erzeugen kann.

Ein anderer Versuch zeigt sehr anschaulich die Absorptionsverhältnisse. Jeweils einige Meter Agfa Isopan FF — Emulsion auf grauer Unterlage ohne Rückschicht, auf klarer Unterlage mit dunkelgrüner Rückschicht und auf grauer Unterlage mit dunkelgrüner Rückschicht wurden straff auf Kinefilm-Spulenkerne gewickelt und lichtsicher verpackt. In die Verpackung wurden zwei Schlitze von etwa 0,5 mm Breite geschnitten. Die Anordnung der Schlitze zeigt die Skizze (Abb. 3).

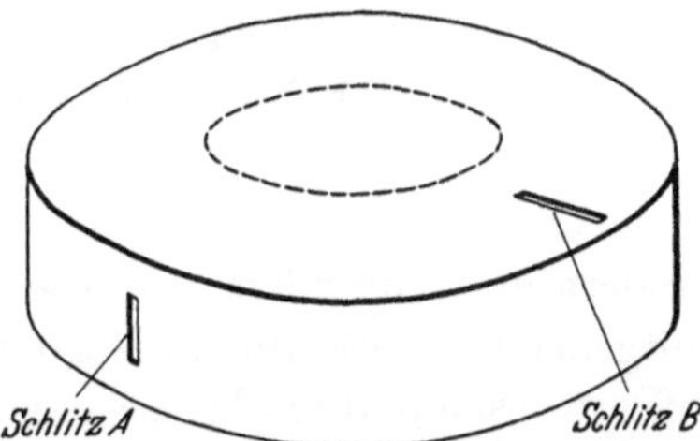

Abb. 3. Versuchsanordnung zur Feststellung von Durchbelichtung und Kriechlicht.

Die so verpackten Rollen wurden 10 Minuten in der Ulbrichtkugel (Durchmesser 69 cm, 2 Nitraphotlampen von je 500 W, Beleuchtungsstärke etwa 4000 lx) intensiver, schattenloser Beleuchtung ausgesetzt. Vom Schlitz A konnte das Licht nur durch den Film in seiner gesamten Dicke dringen, vom Schlitz B konnte es durch die ungeschützten Kanten in den Schichtträger einfließen.

Nach der Entwicklung der Filme kann im Fall A aus der Zahl der durchbelichteten Filmlagen auf die Absorption aller Schichten des Films (Emulsion, Schichtträger, gegebenenfalls Rückschicht) zusammen, im Fall B aus der Reichweite der Einstrahlung von der Seite im wesentlichen auf die Absorption im Schichtträger geschlossen werden. Die Ergebniss sind in den Abb. 4a—c veranschaulicht und in der folgenden Tabelle zusammengefaßt:

Art des Lichthofschutzes	Schlitz A Zahl der durchbelichteten Filmlagen	Schlitz B Ungefähre Eindringtiefe	Lichthofzahl
a) Graue Unterlage ohne Rückschicht	9	halbe bis ganze Filmbreite	22
b) Klare Unterlage mit dunkelgrüner Rückschicht	6	viertel bis halbe Filmbreite	26
c) Graue Unterlage mit dunkelgrüner Rückschicht	3	3—5 mm, geht nicht über Perforation hinaus	32

In der letzten Spalte sind die nach Küster (Veröff. Agfa **69**, 4 [1935]) bestimmten Lichthofzahlen angegeben.

Bei der Schaffung des neuen Agfa Isopan FF 13/10° DIN-Films wurden die hier beschriebenen Erfahrungen verwertet. Eine grüne rückseitige Anfärbung dient zur Verhinderung des Reflexionslichthofs. Die extrem dünne Schicht des Agfa Isopan FF-Films bedingt eine Erhöhung der Gefahr eines Reflexionslichthofs gegenüber Filmen mit größerer Schichtdicke. Daher war dieser Lichthofschutz besonders erwünscht. Durch die Grauanfärbung der Unterlage wird diese Gefahr weiter ver-

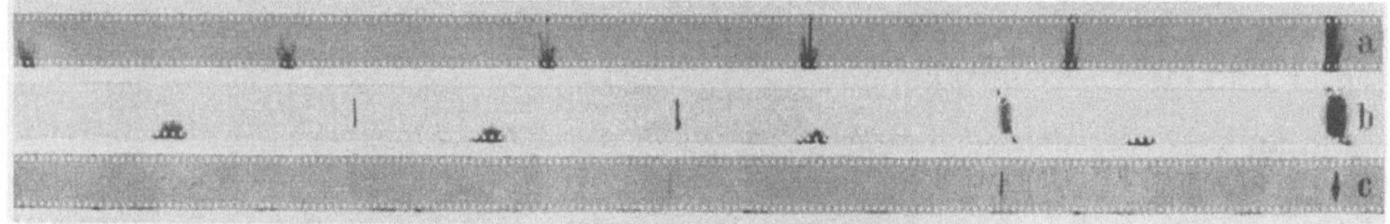

Abb. 4a — c. Durchbelichtung und Kriechlicht.
b) bei grauer Unterlage ohne Rückschicht
b) bei klarer Unterlage mit dunkelgrüner Rückschicht
c) bei grauer Unterlage mit dunkelgrüner Rückschicht

mindert und außerdem eventuelles, vom Patronenmaul ausgehendes Kriechlicht weitgehend unwirksam. In Verbindung mit einem herabgedrückten Diffusionslichthof war es auf diese Weise möglich, Filme einer extrem hohen Zeichenschärfe zu schaffen.

Methode zur Prüfung photographischer Objektive

Von C. Baur

Im nachfolgenden wird eine Prüfmethode beschrieben, welche in Erweiterung eines Prüfverfahrens für Astro-Objektive durch terrestrische „Stern“-Aufnahmen eine objektive Wertung der geometrisch-optischen Leistung, insbesondere feinkorrigierter photographischer Objektive, speziell in Bezug auf Farbfehler, ermöglicht. Am Schluß werden Aufnahmen mit Objektiven verschiedener Konstruktionen jeweils gleicher Lichtstärke und Brennweite gezeigt.

Übliche Objektivprüfmethoden

Für die Darstellung der geometrisch-optischen Leistung von Photo-Objektiven gibt es zwei Möglichkeiten:

Die eine besteht in der Angabe der errechneten oder gemessenen Fehler (Wetthauer-Hartmann) in tabellarischer Zusammenstellung oder in graphischer Darstellung. Die Berechnung und Darstellung der sphärischen Aberration und der Sinusbedingung ist eindeutig, während die astigmatische und komatische Abweichung je nach der Auswahl der Strahlen, bei blendenempfindlichen Objektiven je nach der Lage der Blende, zu verschiedenen Fehlerkurven führen kann. Die Beurteilung der geometrisch-optischen Qualität photographischer Objektive nach den rechnerischen Werten der Fehler in tabellarischer oder graphischer Zusammenstellung ist daher für den Nichtfachmann schwierig.

Die andere Methode besteht in der anschaulichen Darstellung der Leistung durch Aufnahmen von Testfiguren. Hier kann jedoch durch unsachgemäße Auswahl und Verarbeitung des Aufnahmematerials eine bessere Leistung vorgetäuscht werden.

Für den Konstrukteur optischer Systeme sind beide Methoden gleich wichtig. Daher wird sich auch kein Konstrukteur mit der Darstellung der Restfehler begnügen, sondern durch die Aufnahme eines oder mehrerer geeigneter Objekte die richtige Verteilung der Restfehler überprüfen. Als Objekte werden dabei solche ausgewählt, mit denen sich die Aufnahmen leicht reproduzieren lassen, damit es möglich ist, Angaben zu überprüfen bzw. Vergleiche mit anderen Objektiven anzustellen. Aus diesem Grunde sind Aufnahmen, z. B. von Landschaften, Porträts, Stilleben usw., bei denen außerdem die Beleuchtung eine wesentliche Rolle spielt, für diesen Zweck nicht geeignet. Außerdem soll die Aufnahme ein anschauliches Bild über die Korrektur einzelner oder der gesamten Fehler des Objektivs geben. (*Bei der hier mitgeteilten Prüfmethode wird in erster Linie die astigmatische und komatische Korrektur in bezug auf einzelne ausgewählte Wellenlängen untersucht.*) Für die Prüfung der geometrisch-optischen Leistung werden daher im allgemeinen als Testbilder verschiedene geometrische Figuren benutzt, welche je nach ihrer Form, ihrer Größe und Lage über die verschiedenen Fehler Aufschluß geben. Als Beleuchtung wird dabei eine gleichmäßige Ausleuchtung mit tageslichtähnlichen Lichtquellen (Mischlicht) verwendet.

Die Leistung eines Objektivs durch Angabe seines Auflösungsvermögen zu charakterisieren, ist sehr umstritten, da hier die Einstellung (Schärfe, Brillanz), das Aufnahmematerial, die Entwicklung usw. eine nicht unwesentliche Rolle spielen. Bei der hier mitgeteilten Prüfmethode wird diese umstrittene Angabe der Auflösung umgangen.

Methode der „Stern“-Abbildung

Es soll in dieser Arbeit nur der prinzipielle Aufbau der Anordnung, wie er in Abb. 1 dargestellt ist, wiedergegeben werden, während auf eine Angabe von Maßen und Größenverhältnissen verzichtet wird.

Damit alle Fehlerquellen für eine einwandfreie Abbildung soweit als möglich ausgeschaltet werden, sollen weder Kollimator noch Filter verwendet werden. Die Wellenlänge des Lichtes soll genau definiert sein, damit nicht durch Überstrahlung benachbarter Wellenlängen Unklarheiten entstehen. Bei Verwendung von Filtern

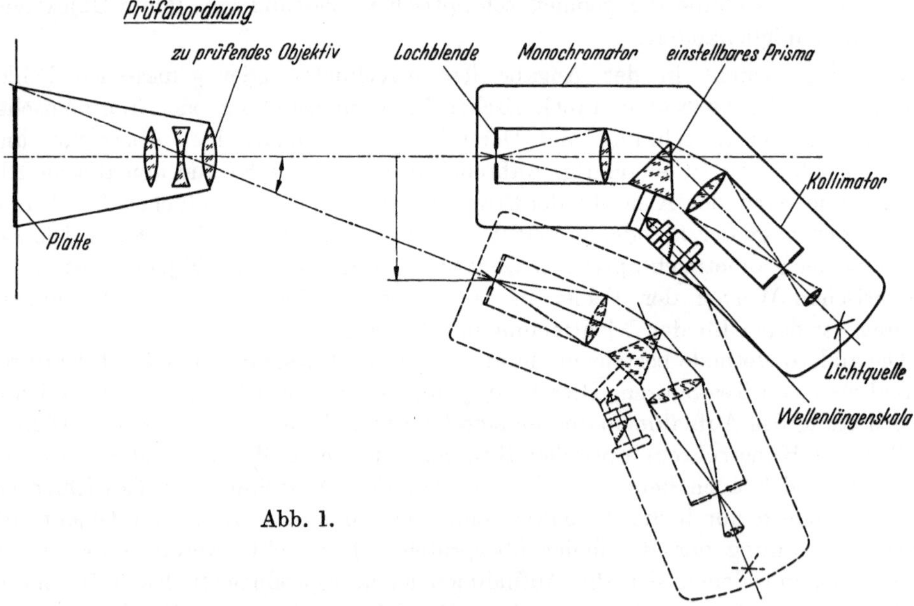

Abb. 1.

ist eine exakte Aussonderung der Wellenlängen und eine kontinuierliche Einstellung jeder Wellenlänge nicht möglich. Um daher eine möglichst genau definierte Wellenlänge für die Beleuchtung des Objekts zu erhalten, wird als Lichtquelle ein Monochromator verwendet. Als Testobjekt bei der „Stern“-Methode wird die einfachste geometrische Form, nämlich ein punktförmiges Gebilde (Stern), gewählt. Von diesem Objekt (ein beleuchtetes Loch), durch das das von dem Monochromator kommende Licht einer bestimmten Wellenlänge hindurchgeht, werden bei verschiedener Neigung (schiefe Büschel) und verschiedener Einstellung des Prismas am Monochromator (also mit verschiedenen Wellenlängen) Aufnahmen gemacht (s. Abb. 1). Die Fokussierung erfolgt in der Weise, daß die beste Testtafeleinstellung mit der zugehörigen Objektentfernung für die „Stern"-Aufnahme beibehalten wird. Für diesen Abbildungsmaßstab wird daher der Korrektionszustand des Objektivs beurteilt.

Ohne näher auf die Bildentstehung einzugehen, dürfte es klar sein, daß bei einem idealen Objektiv die Bilder, die unter verschiedenen Winkeln und mit verschiedenen Wellenlängen aufgenommen werden, in ihrer Form gleich sein müssen. Weichen die Bilder der seitlich der optischen Achse gelegenen Objekte von dem Bild des auf der Achse gelegenen Objektes ab, so ist der Strahlengang an dieser Stelle gestört. Somit sind die Deformierungen der außerhalb der Achse liegenden Bilder ein Ausdruck für den Korrektionszustand des Objektivs. Es kann also aus der Form des Sternbildes auf die geometrisch-optische Abbildungsqualität bezüglich der einzelnen Wellenlängen geschlossen werden.

Bei dem von uns als Objekt gewählten Punkt lassen sich Deformierungen leicht feststellen. Bei einem ideal abbildenden Objektiv müßte das Bild des „Sternes" so wie in Abb. 2a dargestellt ist, aussehen. Ist jedoch das Objektiv mit Abbildungsfehlern behaftet, sieht das Bild anders aus; etwa so, wie in Abb. 2b dargestellt. Aus der Abweichung der beiden Bilder voneinander kann man dann auf die Güte des Objektivs schließen. — Reiht man eine enge Folge dieser deformierten Punkte aneinander, so daß eine Linie entsteht (Spaltaufnahme), so ist eine Deformierung unter Umständen gar nicht oder nur an den Enden feststellbar. Das gleiche gilt für die Abbildung einer flächenhaften Testfigur, z. B. eines Karos, welches vorzugsweise für die Beurteilung der Koma benutzt wird. *Das heißt also, daß durch die „Stern"-Abbildung etwa vorhandene Fehler deutlicher zum Ausdruck kommen als durch die gewöhnlichen Testtafelaufnahmen.*

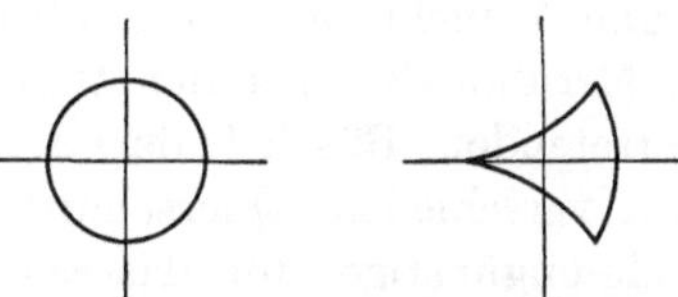

Abb. 2a. Bild der Lochblende bei ungestörtem Strahlengang.

Abb. 2b. Beispiel eines Bildes der Lochblende bei gestörtem Strahlengang.

Die Beurteilung eines Objektivs wird vervollständigt, wenn zusammen mit den „Stern"-Aufnahmen auch dessen *Abschattungskurve* vorliegt, denn es leuchtet ein, daß beim Vergleich zweier Objektive, die die gleiche Abbildungsqualität in- und außerhalb der Achse haben, dasjenige Objektiv höher zu bewerten ist, welches die geringere Abschattung, d. h. den geringeren Helligkeitsabfall nach dem Rande hin zeigt. Dies gilt insbesondere für Farbaufnahmen.

Mit der Einführung der Farbphotographie werden zusätzliche Anforderungen an die für diese Zwecke verwendeten Objektive gestellt. Während in der Schwarzweiß-Photographie im allgemeinen ein größerer Belichtungsspielraum vorhanden ist, ist beim Farbfilm die genaue Einhaltung der jeweils erforderlichen Belichtungszeit notwendig, weil sonst Farbtonfälschungen eintreten. Farbtonfälschungen können aber auch auftreten, wenn die Lichtintensität nicht genügend gleichmäßig über die ganze Bildfläche verteilt ist. Soll ein lichtstarkes Objektiv für einen größeren Bildwinkel bei voller Öffnung für die Farbphotographie geeignet sein, so genügt es also nicht, wenn nur die Bildfehler behoben sind; es muß auch die Abschattung (Vignettierung) bis zu einem gewissen Grad beseitigt sein.

Im folgenden soll das Zustandekommen der Abschattung angedeutet werden. In Abb. 3 ist der Strahlengang in einem Objektiv dargestellt. Die Linsenöffnungen werden bestimmt durch die achsenparallelen Randstrahlen, deren kreisförmiger Querschnitt der Eintrittsöffnung gegeben ist durch das Öffnungsverhältnis des Objektivs. Der Punkt A soll der Mittelpunkt des Bildes sein. Die eintretenden achsenparallelen Randstrahlen bilden nach dem Durchgang den Winkel α. E ist der Eckpunkt des Bildes, also der Punkt, der den größten Bildwinkel hat. Er wird erzeugt durch das Strahlenbüschel zwischen den Strahlen 4 und 6, während das Strahlenbüschel zwischen 6 und 7 nicht mehr zur Wirkung kommt. Das austretende Strahlenbüschel hat im Meridionalschnitt den Winkel β. Es ist aus der Zeichnung ersichtlich, daß die eintretenden Büschel der achsenparallelen Strahlen und der schiefen Strahlen ganz verschiedene Querschnitte haben — das Verhältnis wird im sagittalen Schnitt noch ungünstiger für das schiefe Strahlenbüschel als im Meridionalschnitt —, die Intensität der durch sie erzeugten Punkte also ganz verschieden ist, und zwar erhält der Punkt A mehr Licht als der Punkt E. Ferner ist aus der Zeichnung ersichtlich, daß der Querschnitt des schrägen Büschels abhängig ist von dem jeweiligen Einfallswinkel, von den Öffnungen der Linsen und vom Abstand Δ, d.h. bei zwei Objektiven gleicher Lichtstärke und Brennweite sowie des gleichen Konstruktionstyps kann die Abschattung ganz verschieden sein.

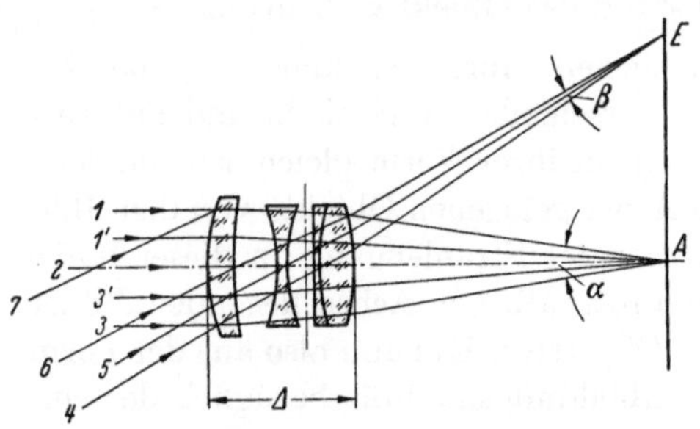

Abb. 3. Strahlengang durch ein Objektiv für den Bildmittelpunkt A und einen Eckpunkt E des Bildes.

Die Aufnahmen 1 mit 6 wurden in der Weise hergestellt, daß mit jedem Objektiv in der Achse und außerhalb der Achse durch Schwenken und Verschieben des Monochromators je vier Aufnahmen übereinander mit verschiedenen Prismenstellungen am Monochromator, also mit verschiedenen Farben, gemacht wurden. Um einen einwandfreien Aufschluß über die Korrektur des Objektivs zu erhalten, ist es erforderlich, daß die Aufnahmen des „Sternes" für die verschiedenen Neigungen unter gleichen Bedingungen gemacht werden, d.h., daß der durch die Abschattung bedingte Lichtabfall durch längeres Belichten bei der Aufnahme ausgeglichen werden muß. Ebenso sind bei den „Stern"-Aufnahmen mit den verschiedenen Farben die spektrale Zusammensetzung der Lichtquelle und die spektrale Empfindlichkeit der Platte zu berücksichtigen, also eine Eichung der Aufnahmeanordnung durchzuführen. Diese spektrale Eichung der Aufnahmeanordnung, wobei gleichzeitig die spektrale Strahldichteverteilung der benutzten Lichtquelle, die spektrale Lichtdurchlässigkeit des Monochromators, die spektrale Empfindlichkeit der Platte usw. berücksichtigt wird, liefert die Faktoren, um die sich die Belichtungszeiten bei den einzelnen Wellenlängen unterscheiden.

Die Aufnahmen 1 mit 6 (Abb. 4—9, S. 162 — 164) sind mit Objektiven verschiedener Konstruktion gemacht. Dabei haben die Objektive Nr. 1 mit 4 bzw. Nr. 5 mit 6 die gleiche geometrische Lichtstärke 1 : 2 bzw. 1 : 2,8 und eine nominelle Brennweite von 50 mm.

Zusammenfassung

Die angegebene Prüfmethode gestattet, nicht nur Farbfehler in exakter Weise anschaulich darzustellen und die Versuche jederzeit unter gleichen Bedingungen zu reproduzieren, sondern sie gibt darüber hinaus auch ein anschauliches Bild über den Korrektionszustand der Fehler Astigmatismus, Koma und Bildfeldwölbung durch Beurteilung der geometrischen Form des Bildes und nicht durch die mehr oder minder subjektive Beurteilung der Schärfe, wie sie bei den Testtafelaufnahmen vorgenommen wird.

Die Gegenüberstellung von sechs Aufnahmen, die mit Objektiven jeweils gleicher geometrischer Lichtstärke und Brennweite verschiedener Konstruktionen gemacht wurden, zeigen im Vergleich zu den dazugehörigen Testtafelaufnahmen die Vorteile dieser Methode und sie charakterisieren in Verbindung mit den Abschattungskurven die optischen Abbildungseigenschaften eines Objektivs.

Literatur

[1] Jaschek, W.: Astrophotographische Objektivprüfung, Photogr. Korr. Nr. 11/12, 87.

[2] Köhler, H.: Zur objektiven Beurteilung der außeraxialen Bildgüte optischer Instrumente für visuelle Beobachtung, Jenaer Jahrbuch 1951, Carl Zeiß, Jena.

[3] Wandersleb, E.: Die Lichtverteilung in der axialen Kaustik eines mit sphärischer Aberration behafteten Objektivs, Berlin, Akademie-Verlag, 1952.

Auf den folgenden 3 Seiten befinden sich die Bilder 4—9 dieses Beitrages.

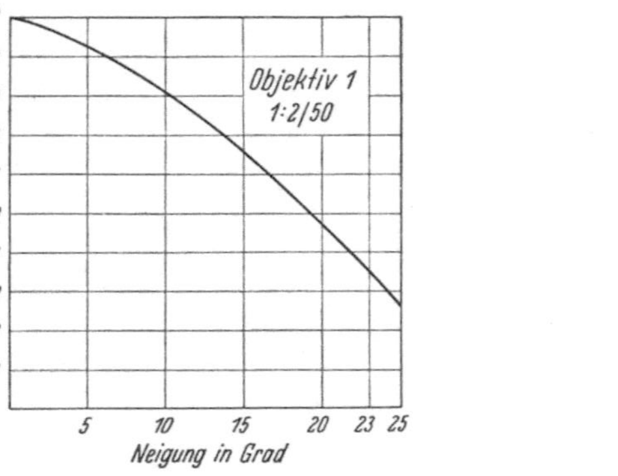

Beleuchtungsstärke in Prozenten der Mittenhelligkeit
100 %
90
80
70
60
50
40
30
20
10
5
10
15
20
23
25
Neigung in Grad
Objektiv 1
1:2/50

Sternaufnahmen Objektiv Nr. 1
1:2/50   Vergrößerung: 26fach

Farbe
Neigung
0°
5°
10°
15°
20°
23°
Weiß
6560 Å
5870 Å
5460 Å
4700 Å

Abb. 4

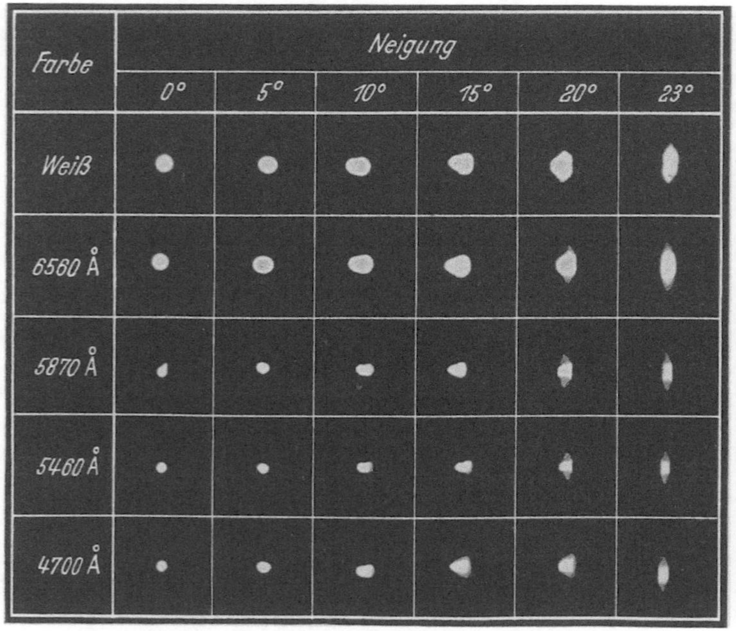

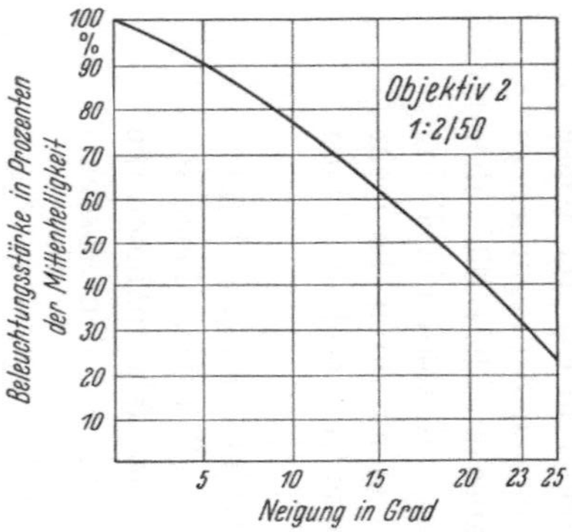

Beleuchtungsstärke in Prozenten der Mittenhelligkeit
100 %
90
80
70
60
50
40
30
20
10
5
10
15
20
23
25
Neigung in Grad
Objektiv 2
1:2/50

Sternaufnahmen Objektiv Nr. 2
1:2/50   Vergrößerung: 26fach

Farbe
Neigung
0°
5°
10°
15°
20°
23°
Weiß
6560 Å
5870 Å
5460 Å
4700 Å

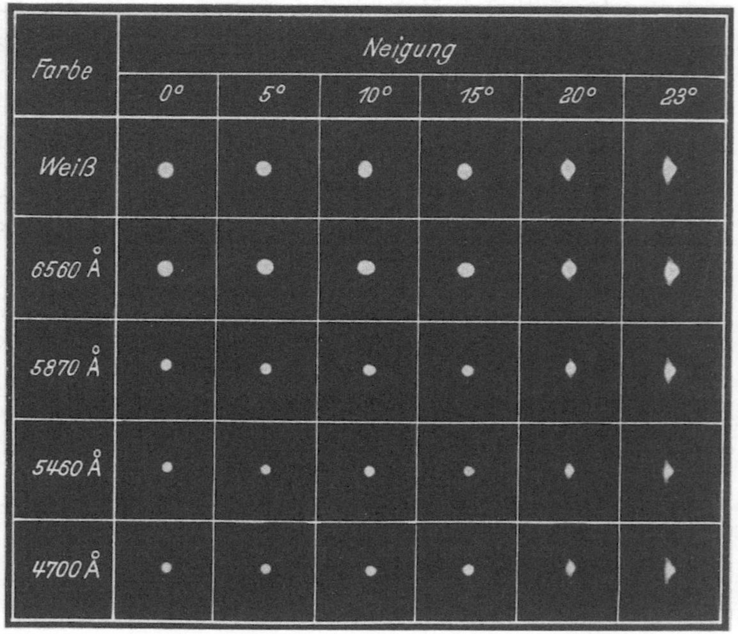

Abb. 5

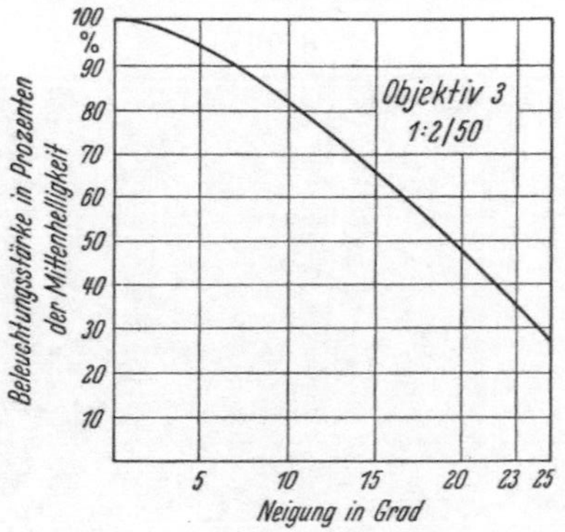

Objektiv 3
1:2/50
Beleuchtungsstärke in Prozenten der Mittenhelligkeit
100 %
90
80
70
60
50
40
30
20
10
5
10
15
20
23
25
Neigung in Grad

Sternaufnahmen Objektiv Nr. 3
1:2/50 Vergrößerung: 25fach

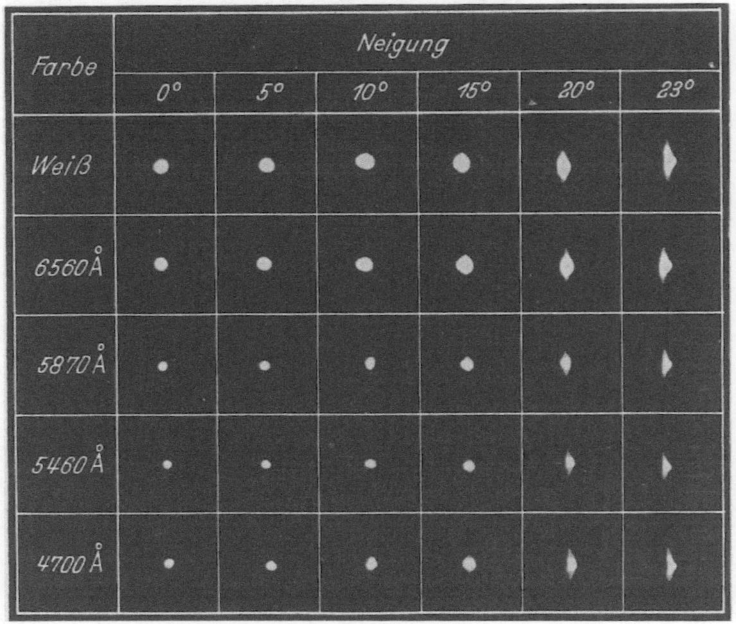

Farbe
Neigung
0°
5°
10°
15°
20°
23°
Weiß
6560 Å
5870 Å
5460 Å
4700 Å

Abb. 6

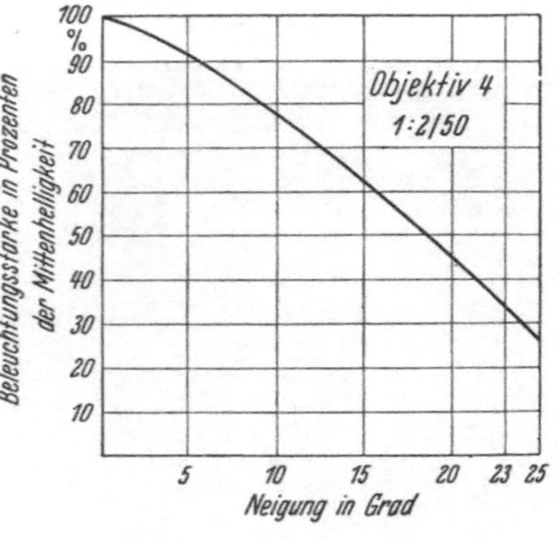

Objektiv 4
1:2/50
Beleuchtungsstärke in Prozenten der Mittenhelligkeit
100 %
90
80
70
60
50
40
30
20
10
5
10
15
20
23
25
Neigung in Grad

Sternaufnahmen Objektiv Nr. 4
1:2/50 Vergrößerung: 26fach

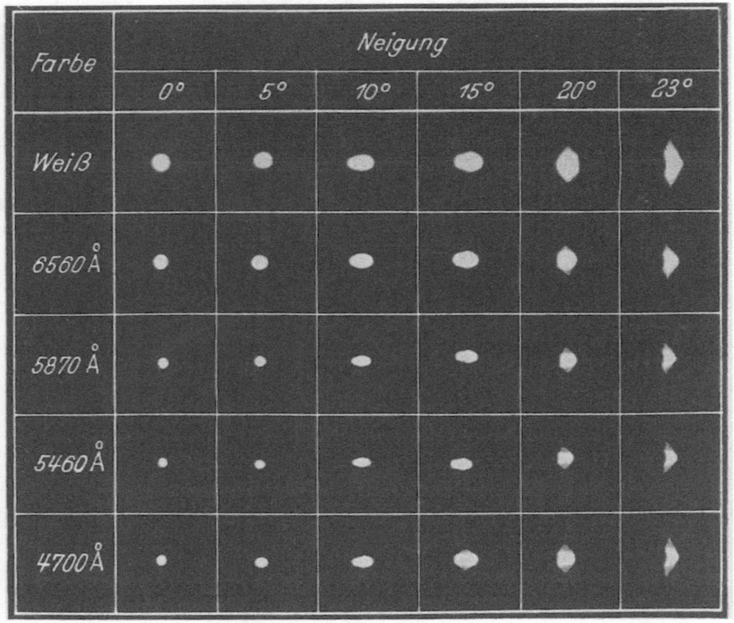

Farbe
Neigung
0°
5°
10°
15°
20°
23°
Weiß
6560 Å
5870 Å
5460 Å
4700 Å

Abb. 7

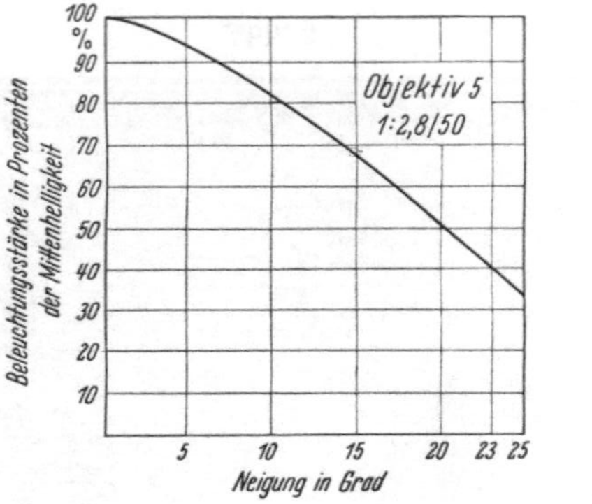

Sternaufnahmen Objektiv Nr. 5
1:2/50 Vergrößerung: 26fach

Farbe | Neigung 0° 5° 10° 15° 20° 23°
Weiß
6560 Å
5870 Å
5460 Å
4700 Å

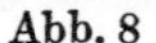
Abb. 8

Objektiv 6
1:2,8/50
Beleuchtungsstärke in Prozenten der Mittenhelligkeit
100 % 90 80 70 60 50 40 30 20 10
5 10 15 20 23 25
Neigung in Grad

Sternaufnahmen Objektiv Nr. 6
1:2/50 Vergrößerung: 26fach

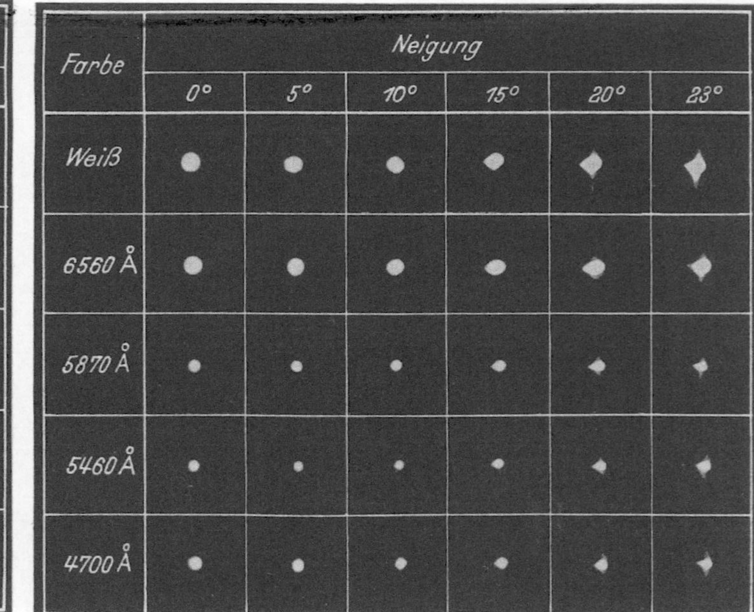

Abb. 9

20 Jahre Agfacolor-Photographie — ein Rückblick und ein Ausblick

Von H. Berger

Im Jahre 1955 geht die Agfacolor-Photographie in ihr zwanzigstes Jahr, denn im Jahre 1936 wurde bekanntlich der Agfacolor-Umkehr-„Neu"-Film als erstes Agfacolor-Material auf Grund des Farbentwicklungsverfahrens herausgebracht. Damit begann aber gleichzeitig eine neue Epoche in der Farbenphotographie überhaupt. Gewiß waren bis dahin schon die verschiedensten farbenphotographischen Materialien im Handel — auch die Agfa hatte z. B. 1916 die Kornrasterplatte und 1932 den Linsenraster-Kleinbildfilm herausgebracht; der Linsenrasterfilm trug übrigens erstmalig den Namen „Agfacolor". Mit allen diesen Filmen oder Platten konnte man der Farbe aber nur ein begrenztes Teilgebiet der Photographie eröffnen. Das Farbentwicklungsverfahren umfaßte dagegen bereits im Prinzip alle Möglichkeiten einer wirklich allgemeinen Farbphotographie. Nur mit ihm sollte es in Zukunft möglich sein, auch farbige Papierbilder oder Diapositive sowie Kine-Spielfilme auf dem Wege der einfachen Kopie zu erhalten, eine Ergänzung zum Umkehrfilm, der als erster auf dem Markt erschien. Es lohnt sich deshalb, diesen vergangenen Jahren der Agfacolor-Photographie nachzuspüren, um daraus den gegenwärtigen Stand der Technik zu erkennen und zu versuchen, Schlüsse für die Zukunft zu ziehen.

Dabei ergibt sich zunächst die Frage, warum wohl am Anfang dieser neuen Epoche der Photographie gerade der Umkehrfilm steht. Diese Maßnahme bedeutete ja damals einen völligen Bruch mit dem üblichen Verfahren der Schwarzweiß-Photographie. Hier ging und geht man von einem Negativ aus, das dann zum Positiv erst kopiert werden muß. Der Umkehrfilm liefert aber von der Aufnahme auf dem gleichen Stück des Films direkt das Diapositiv. — Die Gründe für diese Maßnahme waren damals sehr gewichtig; Es war der Wunsch nach bestmöglicher Qualität bei geringstem Risiko für Erzeuger und Verbraucher. Auch mögen gewohnheitsmäßige Dinge bei dieser Wahl mitgespielt haben, denn alle Farbplatten und -filme wurden ja bis dahin „umkehrentwickelt". Außerdem war die Grundlage eines farbigen Negativ-Positiv-Prozesses seinerzeit noch zu wenig erforscht, so daß man mit einem so neuartigen Material ein zu großes Risiko eingegangen wäre. Die Verarbeitung ist im Umkehr-Prozeß zwar etwas komplizierter, aber in eigenen Anstalten der Hersteller mit geringerem Risiko belastet als eine allgemeine Verarbeitung durch den Verbraucher selbst.

Diesen Farb-Umkehrfilmen ist es zu verdanken, daß nicht nur die Farbenphotographie überhaupt, sondern darüber hinaus auch die Kleinbildphotographie und das Dia einen unaufhaltsamen Vormarsch angetreten haben. Trotzdem war damit nur der erste Schritt zu dem Ziele einer allgemeinen und umfassenden Farbenphotographie getan, ein Ziel, das die Agfa nie aus den Augen verloren hat. D.h. aber, daß man auf einfache Weise und möglichst nach demselben Verfahren farbige Papierbilder, Diapositive und Kine-Spielfilme in beliebiger Anzahl und beliebiger Größe von einer Originalvorlage — Dia oder Negativ — herstellen kann.

So folgte 1939/40 bereits der erste von einem farbentwickelten Negativ kopierte Kine-Spielfilm „Frauen sind doch bessere Diplomaten" in Deutschland und in der Welt überhaupt, und 1942 wurden die ersten, von einem komplementärfarbigen Negativ vergrößerten Agfacolor-Papierbilder der Öffentlichkeit gezeigt. Damit war im Prinzip die Agfacolor-Photographie aus der Taufe gehoben, und es sollte nach dem Willen ihrer Schöpfer nur eine kurze Zeit dauern, bis jeder Photographierende die Möglichkeit hätte, seine Photos auch in Farbe zu erhalten.

Wir wissen alle, daß der Ausgang des Krieges diese Pläne jäh unterbrochen hat, er konnte sie aber nicht völlig zunichte machen. Obwohl die Agfa in ihrem organischen Aufbau völlig auseinandergerissen wurde, konnte bereits 1949 an ein Weiterschreiten auf dem begangenen Wege — diesmal von Leverkusen aus — gedacht werden. Abgesehen von den rein technischen Schwierigkeiten des Wieder- oder besser gesagt Neuaufbaues, waren dabei entscheidende und grundsätzliche Entschlüsse zu fassen. Sollte — und das war die Hauptfrage — wieder dort angeknüpft werden, wo die Entwicklung unterbrochen wurde, sollte also an erster Stelle wieder der Agfacolor-Umkehrfilm stehen, oder sollte, dem Hauptziel entsprechend, sofort das Negativ-Positiv-Verfahren eingesetzt werden? — Die erstgenannte Maßnahme wäre mit einer größeren Sicherheit verknüpft gewesen, denn wie groß die Anzahl der Freunde des Umkehrfilms war, erfuhren wir gerade in diesen Jahren. Aber erst das Negativ-Positiv-Verfahren, also das von einem komplementärfarbigen Negativ kopierte oder vergrößerte farbige Papierbild oder Diapositiv, gab und gibt der Farbenphotographie die Grundlage für eine Anwendung in so weitem Umfange, wie sie bisher der Schwarzweiß-Photographie vorbehalten war. Es ist deshalb wohl verständlich, daß die Frage zugunsten des Farb-Negativs und des Papierbildes entschieden wurde, ohne dabei die Notwendigkeit des Umkehrfilms völlig außer acht zu lassen.

Gleichzeitig mit diesem Entschluß war aber auch die Frage der Verarbeitung, oder besser der Verarbeiter, zu lösen, Eine sofortige allgemeine Freigabe für alle Verbraucher kam aus Gründen der Qualität der Ergebnisse nicht in Frage, dazu war das Verfahren noch zu unbekannt. Ein kleiner Kreis von Interessenten konnte aber auch nicht für die Verarbeitung gewählt werden, weil damit die allgemeine Anwendung mit großer Wahrscheinlichkeit verzögert worden wäre. So blieb nur die bekanntlich endgültig gewählte Lösung der Verarbeitung durch eine begrenzte Anzahl von autorisierten Kopieranstalten im Auftrage der Photohändler. Nur diese sicherten eine ausreichende technische Betreuung durch die Agfa und eine genügende Kapazität für die Auftragserledigung, wenigstens für die Anfangszeit. Nach diesen Richtlinien wurde 1949/50 die Agfacolor-Photographie dem Publikum übergeben. Gewiß mußte man trotz der sorgfältigen Vorbereitungen mit Überraschungen rechnen, wie dies bei der Überführung eines jeden technischen Prozesses ins Große der Fall ist. So ging es auch in diesen ersten Jahren nicht ohne Überraschungen und Schwierigkeiten ab, auch wenn, wie bei der Agfacolor-Photographie, in tausenden von Entwicklungen und Kopien die Praxisreife des Materials erprobt war. Die Agfa hat aber aus diesen Erfahrungen gelernt und die Schwierigkeiten überwunden.

Auf Grund dieser Erfahrungen konnte bereits 1952 die Verarbeitung des Negativ-Positiv-Materials an interessierte Händler für ihr eigenes Labor nach entsprechender Ausbildung freigegeben werden, nachdem bereits 1951 auch Fachphotographen selbst dieses Material verwenden konnten. Dadurch wurden der Fachphotographie neue Möglichkeiten in größtem Umfang erschlossen.

Das farbige Papierbild wäre aber ebenso wie der Umkehrfilm allein nur ein Teil des großen Ganzen der Farbenphotographie geblieben, wenn nicht zu seiner Ergänzung und Abrundung auch der Agfacolor-Diapositiv-Film und der Umkehrfilm wiederum hinzugekommen wären. Die Einführung des Diapositivfilms als Kopiermaterial für das komplementärfarbige Negativ erfolgte im Zuge der Herstellung von Kinefilmmaterial. Der erste damit hergestellte Spielfilm lief 1951 mit „Sensation in San Remo" erstmalig nach dem Kriege wieder über die Leinwand. Der Umkehrfilm hat sich seit seiner Neueinführung im gleichen Jahre durch verbesserte Qualität und erhöhte Empfindlichkeit zu den alten viele neue Freunde erworben.

Mit diesem vollständigen Sortiment an Agfacolor-Materialien war 1952 im äußeren Rahmen ein für jeden Zweck geeignetes Farbmaterial vorhanden. Es wäre aber falsch gewesen, bei all diesen Arbeiten nur an den äußeren Rahmen des Sortiments zu denken. Gleichzeitig mit ihnen liefen ständige und als selbstverständlich angesehene Verbesserungen im „inneren" Aufbau des Materials, seiner Eigenschaften und seiner Verarbeitung. So konnte die beim Agfacolor-Papier zunächst nur als einzig vorhandene Normal-Gradation durch eine zweite, die Gradation Hart, erweitert werden. Die Bildweißen wurden verbessert, die Verarbeitung durch Einführung des Bleichfixierbades vereinfacht, gleichzeitig damit auch noch eine weitere Verbesserung der Bildweißen gesichert. Durch das Agfacolor-Lichtschutzmittel erfuhren die Papierbilder einen Schutz gegen Veränderungen im Licht, wie er bisher von anderen Seite nicht im gleichen Ausmaß erzielt wurde. Darüber hinaus aber wurden durch die immer weitergreifende Anwendung und zunehmende Herstellungsmenge die gleichmäßige Güte des Materials selbst gesichert, was gleichzeitig und in Verbindung mit den zunehmenden Erfahrungen in der Verarbeitung einer gleichmäßig besseren Qualität des farbigen Bildes selbst zugute kam. In diesem Zusammenhang sei nur der Agfacolor-Comparator erwähnt, der erstmalig eine Bestimmung der erforderlichen Kopierfilter direkt am Negativ ohne Zwischenkopie gestattet. Er wird übrigens seit 1942 bereits in der Kine-Industrie mit bestem Erfolg verwendet. Dieser Fortschritt ist deshalb besonders wichtig, weil eine sichere und schnelle Filterbestimmung das Grundproblem bei einem farbigen Kopierprozeß darstellt.

Alle diese Faktoren haben im Jahre 1954 zu einem entscheidenden Wendepunkt geführt. Während bis dahin in mehr oder weniger großem Ausmaß der Farbfilm vom breiten Publikum in der Hauptsache wohl aus Wißbegierde benutzt wurde, um einmal festzustellen, was an dieser neuen Sache dran sei, kann man von diesem Zeitpunkt ab einen echten Bedarf und eine echte Nachfrage feststellen. Damit gehört aber die Agfacolor-Photographie zu einem festen Bestandteil der Photographie überhaupt als eine selbstverständliche Notwendigkeit. Man kann sagen, daß damit die teilweise stürmische Entwicklung der letzten Jahre zu einem gewissen Abschluß gekommen ist. Trotzdem bleibt aber noch viel zu tun, und es ist nun wohl an der Zeit, vom Stand des bisher Erreichten aus einen vorsichtigen Blick in die Zukunft zu tun.

Wenn es auch in jedem Falle riskant ist, Prophezeiungen zu machen, so kann man wohl auf Grund der vorstehenden Ausführungen mit großer Wahrscheinlichkeit annehmen, daß die Farbenphotographie immer weitere Gebiete für sich erobern wird, die bisher Domäne der Schwarzweiß-Photographie waren. Wahrscheinlich wird dieser Vorgang sich schneller abspielen als noch vor einigen Jahren vorausgesehen wurde — in erster Linie wohl beim Kine-Spielfilm und dann beim Amateurfilm. Mit der dadurch bedingten großen Produktion an Farbmaterial zeichnen sich gleichzeitig Möglichkeiten für eine Verbilligung des Materials und der Verarbeitung ab. Am Ende dieser Entwicklung könnte dann einerseits auch die Verarbeitung selbst für alle Interessenten freigegeben werden. Andererseits sind schon jetzt Möglichkeiten einer automatischen Filterung in den Anfängen vorhanden, die in Verbindung mit standardisierten Formaten und automatischen Entwicklungseinrichtungen auch von dieser Seite dem Wunsch nach niedrigeren Preisen entgegenkommen würden, was wiederum einer weiteren Verbreitung zugute käme. Wenn eine solche Automatisierung für Großbetriebe sicherlich die zukünftige Regelung sein dürfte, so wird andererseits für den Kleinverbraucher nach einer einfacheren Filtermöglichkeit wie auch nach einer Vereinfachung der Filtersätze zu suchen sein, z. B. nach dem Gewichtssatzprinzip oder einer Belichtung des Positivmaterials mit drei Filtern nacheinander, gleichgültig, ob sie der additiven oder subtraktiven Farbreihe entstammen. Hierbei kann jetzt schon gesagt werden, daß hinsichtlich der Qualität des Endproduktes, also des fertigen Bildes, zwischen der additiven Filterung, also einer Filterung mit drei Filtern in den additiven Grundfarben nacheinander, und der subtraktiven Filterung, also der Verwendung von Filtern in den subtraktiven Grundfarben Gelb, Purpur und Blaugrün, gleichzeitig oder nacheinander oder in Verbindung mit weißem Licht, keinerlei Unterschied festzustellen ist. Die Frage der Verwendung des einen oder anderen Filterprinzips richtet sich lediglich nach der für den vorliegenden Zweck am besten geeigneten technischen Anwendung.

Es ist sehr wahrscheinlich, daß nach einer entsprechenden Zeit auch die Austauschbarkeit der Farbmaterialien verschiedener Hersteller möglich sein wird, d.h. also, daß Negative der einen Firma auf Positivmaterial einer anderen Firma mit gutem Erfolg kopiert werden können, wie dies ja auch bisher bei der Schwarzweiß-Photographie Selbstverständlichkeit ist. Ob damit auch eine einheitliche Verarbeitung verschiedener Farbmaterialien eintreten wird, kann heute noch keinesfalls übersehen werden. Im Interesse einer allgemeinen Anwendung der Farbenphotographie in großem Ausmaße wäre eine solche Möglichkeit sicher zu begrüßen.

Mit Sicherheit werden aber alle Hersteller von farbenphotographischen Materialien an einer weiteren Verbesserung ihrer Produkte arbeiten, um in zunehmendem Maße eine wirklichkeitsgetreue Farbenphotographie sicherzustellen. Denn so ästhetisch befriedigend die heutigen Farbphotos auch schon sind, eine absolut naturgetreue Wiedergabe nimmt kein Fabrikat bisher für sich in Anspruch. Diese Arbeiten kommen zunächst der einen großen Arbeitsrichtung der Photographie entgegen, die auf eine reine Dokumentation durch das aufgenommene Bild hinzielt. Für diesen

Zweck kommt es darauf an, daß das Photo so wirklichkeitsgetreu wie nur irgend möglich ist. Diesem Wunsche kommt die Farbenphotographie bereits heute im Vergleich zur Schwarz-Weiß-Photographie in erheblichem Maße entgegen. Für diesen Zweck ist auch die Arbeit aller Herstellerfirmen nach einer immer besseren und immer naturgetreueren Farbwiedergabe wichtig und notwendig. — Die zweite Zielrichtung der Photographie geht aber auf einen Einsatz als künstlerisches Ausdrucksmittel hin. Wenn man Kunst — und die Photographie erhebt ja den Anspruch, eine Kunst zu sein — so auffaßt, daß ein Kunstwerk die Phantasie des Beschauers anregen soll, so ist eine absolut wirklichkeitsgetreue Farbwiedergabe in einem Farbphoto insofern gefährlich, als die Phantasie eines Betrachters dann immer weniger angesprochen wird, wenn die Wiedergabe eine reine Reproduktion des aufgenommenen Objektes darstellt. Die Schwarz-Weiß-Photographie hat es in dieser Beziehung wesentlich leichter, weil der Betrachter zu dem Licht- und Schattenbild bewußt oder unbewußt die Farben hinzudenken muß. Es besteht infolgedessen eine dringende Notwendigkeit, daß sich die Verbraucher, also die Photographen, dieser Frage und dieses Problems bewußt sind. Falls die Entwicklung nur im Sinne einer auch notwendigerweise immer naturgetreueren Farbwiedergabe weitergeht, würde oder könnte im künstlerischen Sinne eine Verarmung durch eine solche rein reproduzierende Farbenphotographie eintreten. Diese Forderung oder die Vermeidung einer solchen Gefahr ist aber nicht mehr Aufgabe der Hersteller von farbenphotographischem Material, sie ist eindeutig Aufgabe der Verbraucher dieses Materials, also der Photographen. Wie wohl in keinem anderen Falle kann hier die Arbeit der Photographen die Anstrengungen der Filmhersteller unterstützen und ergänzen. Die Photographen müssen den zweiten Schritt tun, nämlich die im Sinne der Farbwiedergabe immer weiter verbesserten Materialien so zu benutzen, daß diese nicht nur reine Reproduktionen der Natur liefern, sondern daß sie im Sinne einer künstlerischen Arbeit auch die Phantasie des Betrachters anzuregen in der Lage sind. Erst dann, wenn dieser zweite und unbedingt notwendige Schritt getan worden ist, wird die Farbenphotographie den künstlerischen Anspruch erheben können, der ihr im Prinzip in jeder Beziehung gebührt.

Aufbau und metrische Beziehungen in einem Farbkörper dreier subtraktiver Mischfarben

Von E. HELLMIG

1. Einleitung und Fragestellung

Der Wert der Farbvalenzmetrik für die Farbenphotographie, insbesondere für das Problem der Farbwiedergabe, ist unbestritten; eine große Zahl dieser Arbeiten beschäftigt sich mit dem Farbkörper, der alle Farben enthält, die aus den Primärfarben des betreffenden farbenphotographischen Systems erzeugt werden können. Die Größe, Ausdehnung und charakteristische Gestalt dieses Farbkörpers läßt in der Regel schon wesentliche Schlüsse über die Leistungsfähigkeit, über die Ursache von Mängeln und über Verbesserungsmöglichkeiten zu; die vergleichende Betrachtung läßt den „besten" Farbkörper und das damit grundsätzliche leistungsfähigste System unter einer Anzahl untersuchter Systeme erkennen. Arbeiten dieser Art wurden seit den dreißiger Jahren in großer Zahl teils an farbenphotographischen, teils an farbreproduktionstechnischen Farbsystemen durchgeführt.

Die bekannten Arbeiten befassen sich fast ausnahmslos mit der Gestalt der Farbkörper, also mit ihrem Äußeren; der innere Aufbau dieser Farbkörper, ihre innere gesetzmäßige Struktur blieben bislang unerforscht; dabei sind gerade von dieser Seite her weitere und wichtige Erkenntnisse zu erwarten. Der nachfolgend behandelte subtraktive Farbkörper steht dabei, entsprechend der großen Bedeutung der subtraktiven Farbwiedergabe-Verfahren, im Vordergrund.

Unter einem subtraktiven Farbkörper verstehen wir den stetig zusammenhängenden Teilbereich des Farbraumes, der von allen *den* Farben erfüllt wird, die aus drei in ihren Konzentrationen unbeschränkt veränderlichen Primärfarben — in der Regel Gelb, Purpur, Blaugrün — durch subtraktive Mischung erzeugt werden können. Die geometrische Gestalt und der innere Aufbau eines solchen subtraktiven Farbkörpers ist — im Gegensatz zum additiven Farbkörper — bekanntlich von den spektralen Eigenschaften (den spektralen Transmissionsfunktionen) der an sich beliebig wählbaren subtraktiven Primärfarben abhängig; es gibt also so viele nach äußerer Gestalt und innerem Aufbau verschiedene Farbkörper, wie es spektral verschiedene Tripel von Primärfarben gibt. In dieser Hinsicht unterscheiden sich diese „empirischen" Farbkörper grundlegend von dem bekannten von LUTHER und NYBERG berechneten Pigmentfarbkörper.

Der Verfasser stellte sich nun die Frage, ob sich trotz dieser großen möglichen Vielfalt an subtraktiven Farbkörpern gewisse, allen diesen Farbkörpern gemeinsame Gesetzmäßigkeiten im Aufbau aufdecken lassen, wie solche ja auch im Aufbau des Pigmentfarbkörpers bestehen. Diese Frage zu untersuchen und die aufgefundenen

Gesetzmäßigkeiten sowohl durch mathematische Formulierung als auch durch geometrisch-anschauliche Interpretation klar herauszustellen, ist der Zweck der vorliegenden Arbeit. Gleichzeitig wird das Wesen dieser Gesetzmäßigkeiten an ihrem Verhalten beim Übergang von einem Farbraum in einen anderen deutlich gemacht.

2. Der Aufbau subtraktiver Farbkörper

2.1 Grundsätzliches

Die farbmetrische Berechnung des subtraktiven Farbkörpers fußt auf der subtraktiven Mischung dreier durch ihre spektralen Transmissionsfunktionen τ_{λ_1}, τ_{λ_2}, τ_{λ_3} vorgegebener subtraktiver Primärfarben. (λ = Wellenlänge im sichtbaren Spektrum), deren jede mit den Konzentrationen c_1 bzw. c_2 bzw. $c_3 \geqq 0$ nach dem Beerschen Gesetz unabhängig von den beiden anderen veränderlich ist. Die Transmissionsfunktion $\tau_{\lambda_{123}}$ der subtraktiven Mischung der drei Primärfarben in den jeweiligen Konzentrationen c_1, c_2, c_3 ist dann

$$\tau_{\lambda_{123}} = \tau_{\lambda_1}^{c_1} \cdot \tau_{\lambda_2}^{c_2} \cdot \tau_{\lambda_3}^{c_3} \tag{1}$$

Die valenzmetrische Auswertung von (1) führt für ein Wertetripel c_1, c_2, c_3 zum Farbort der betr. Mischfarbe, der durch die drei Farbkoordinaten f_i ($i = 1, 2, 3$) bestimmt ist. Die Gesamtheit aller Farborte, die sich ergibt, wenn die c_i unabhängig voneinander alle Werte von 0 bis ∞ annehmen, bildet eine stetige ∞^3-fache Mannigfaltigkeit; sie erfüllen, wie erwähnt, einen abgeschlossenen stetigen Teilraum des betreffenden Farbraumes, der dann eben den genannten, den vorgegebenen Primärfarben zugeordneten subtraktiven Farbkörper darstellt.

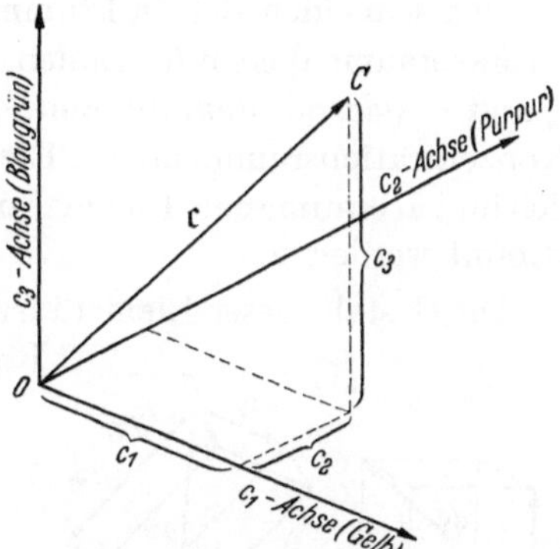

Abb. 1. Die Konzentrationen c_1, c_2, c_3 der drei Primärfarben einer subtraktiven Farbmischung können als Komponenten des „Konzentrationsvektors“ $\mathfrak{c}$ im Konzentrationsraume dargestellt werden.

Mathematisch gesprochen handelt es sich bei der Berechnung des Farbkörpers um die Transformation des homogenen (dreidimensionalen) „Konzentrationsraumes“ (Abb. 1), dessen Werte c_i wegen der Beschränkung $c_i \geqq 0$ nur dessen positiven Oktanten erfüllen, in den durch die Art der Transformation bestimmten dreidimensionalen Farbraum. Diese Transformation schreiben wir allgemein:

$$f_i = f_i(c_1, c_2, c_3); \quad i = 1, 2, 3 \tag{2}$$

oder, indem wir die c_i als Komponenten des „Konzentrationsvektors“

$$\mathfrak{c} = (c_1, c_2, c_3)$$

auffassen (Abb. 1), in der abgekürzten Form

$$f_i = f_i(\mathfrak{c}) \quad i = 1, 2, 3 \tag{2a}$$

Die Farbkoordinaten f_i sind also Vektorfunktionen des Konzentrationsvektors $\mathfrak{c}$; sie sind beliebige, aber wegen der physikalischen Bedeutung der f_i eindeutige Funktionen der c_i. Der Farbraum ist aber nicht notwendigerweise wieder ein Vektorraum.

Bei dieser Abbildung des Konzentrationsraumes auf den Farbraum geht der Nullpunkt $c_1 = c_2 = c_3 = 0$ in den „Weißpunkt“, die Punkte c_1 und/oder c_2 und/oder

c_3 gleich ∞ in den Schwarzpunkt oder die Schwarzfläche (Schwarzebene) über; die c_1-Achse transformiert sich gleichzeitig in den „Farbenzug“ für die Konzentrationsreihe der Primärfarbe 1 (Gelb), die c_2- bzw. c_3-Achse in den entsprechenden Farbenzug der Primärfarbe 2 bzw. 3 (Purpur und Blaugrün), vgl. Abb. 4 und 8a; die drei den Oktanten im Konzentrationsraume begrenzenden Ebenen durch je zwei der c_i-Achsen transformieren sich in drei die Gesamtoberfläche des subtraktiven Farbkörpers im Farbraume bildenden Teiloberflächen. Auf diesen Teiloberflächen liegen die subtraktiven Zweiermischungen, und zwar zwischen den Farbenzügen der Primärfarben Gelb und Purpur die Mischungen Gelb/Purpur (c_1, $c_2 > 0$, $c_3 = 0$; orange und rote Mischfarben), zwischen den Farbenzügen der Primärfarben Purpur und Blaugrün die Mischungen Purpur/Blaugrün (c_2, $c_3 > 0$; $c_1 = 0$; blaue Mischfarben) und zwischen den Farbenzügen der Primärfarben Blaugrün und Gelb die Mischungen Blaugrün/Gelb (c_3, $c_1 > 0$, $c_2 = 0$; grüne Mischfarben). Die übrigen Punkte des Konzentrationsraumes (c_1, c_2, $c_3 > 0$) gehen in Punkte im Inneren des subtraktiven Farbkörpers über.

In der gleichen Weise wie jedem Tripel von Werten c_1, c_2, c_3 ein Punkt F im Farbraume mit den Farbkoordinaten f_1, f_2, f_3 zugeordnet ist, so gehört umgekehrt zu jedem Farbort ein bestimmtes Werttripel der c_i. Benutzt man nun diese Werte c_1, c_2, c_3 im Farbraume als Kennzahlen für die Farborte, so gelangt man durch Vereinigung aller Farborte, für die $c_i = \text{const.}$ ist, zu krummlinigen · den Farbkörper durchziehenden Flächen. Je zwei dieser Flächen $c_i = \text{const.}$ mit verschiedenem i-Index schneiden sich in krummen Linien, die als (krummlinige) Koordinatenlinien im Farbraume dienen (c_1-Linien, bzw. c_2-Linien, bzw. c_3-Linien). Drei Flächenpaare c_i und $c_i + dc$ mit dem differentiellen Abstand dc und verschiedenem Index i, die im Konzentrationsraume einen „Elementarwürfel“ mit den Kanten dc begrenzen, schneiden im Farbraume eine Elementarzelle heraus, deren Form im folgenden noch näher bestimmt werden soll.

Die Gestalt dieser Elementarzellen ergibt sich, ausgehend von (2), nach bekannten Regeln der Differentialrechnung aus den Gleichungen:

$$\begin{aligned} df_1 &= \frac{\partial f_1}{\partial c_1} \cdot dc_1 + \frac{\partial f_1}{\partial c_2} \cdot dc_2 + \frac{\partial f_1}{\partial c_3} \cdot dc_3 \\ df_2 &= \frac{\partial f_2}{\partial c_1} \cdot dc_1 + \frac{\partial f_2}{\partial c_2} \cdot dc_2 + \frac{\partial f_2}{\partial c_3} \cdot dc_3 \\ df_3 &= \frac{\partial f_3}{\partial c_1} \cdot dc_1 + \frac{\partial f_3}{\partial c_2} \cdot dc_2 + \frac{\partial f_3}{\partial c_3} \cdot dc_3 \end{aligned} \qquad (3)$$

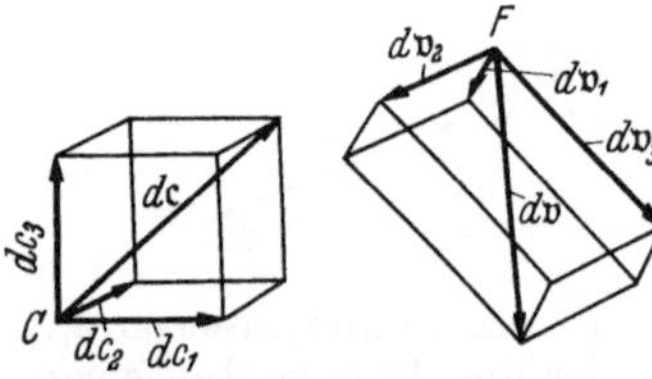

Abb. 2. Bei der Abbildung des Konzentrationsraumes auf einen beliebigen Farbraum geht ein Elementarwürfel mit der Kantenlänge $dc_1 = dc_2 = dc_3 = dc$ in ein Elementarparallelepiped mit den Basisvektoren $d\mathfrak{v}_1$, $d\mathfrak{v}_2$ und $d\mathfrak{v}_3$ über.

indem wir $dc_1 = dc_2 = dc_3 = dc$ setzen. Dann geht beispielsweise die gerichtete Kante $dc_1 = dc$, $dc_2 = dc_3 = 0$ (Kantenvektor dc_1) eines Elementarwürfels im Konzentrationsraume in den Kantenvektor $d\mathfrak{v}_1$ (s. Abb. 2) mit den Komponenten

$$df_i = \frac{\partial f_i}{\partial c_1} \cdot dc$$

über. Das ist ein (normalerweise) schräg zu den f_i-Achsen im Farbraume liegender Kantenvektor; das Entsprechende gilt für die beiden anderen Kantenvektoren $d\mathfrak{v}_2$ und $d\mathfrak{v}_3$. Diese drei differentiellen Kantenvektoren bilden die Basisvektoren der

Elementarzelle im Farbraum. Hieraus geht hervor, daß sich die Elementarwürfel im Konzentrationsraume in Parallelepipede transformieren. Es ist für viele Fälle zweckmäßig, die Gleichungen (3) unter Benutzung der Funktionalmatrix oder den „Tensor“

$$\Phi = \begin{pmatrix} \frac{\partial f_1}{\partial c_1} & \frac{\partial f_1}{\partial c_2} & \frac{\partial f_1}{\partial c_3} \\ \frac{\partial f_2}{\partial c_1} & \frac{\partial f_2}{\partial c_2} & \frac{\partial f_2}{\partial c_3} \\ \frac{\partial f_3}{\partial c_1} & \frac{\partial f_3}{\partial c_2} & \frac{\partial f_3}{\partial c_3} \end{pmatrix} \tag{4}$$

in der Form

$$d\mathfrak{c} = \Phi \cdot d\mathfrak{v} \tag{3a}$$

zu schreiben, worin $d\mathfrak{v}$ den Summenvektor aus den differentiellen Kantenvektoren $d\mathfrak{v}_1$, $d\mathfrak{v}_2$ und $d\mathfrak{v}_3$ des elementaren Parallelepipedes im Farbraume bedeutet.

Die Elementarzellen des Konzentrationsraumes transformieren sich also — im Unterschied zur Transformation (2a) immer nach einer *linearen* Vektorfunktion; aus der bekannten Deutung solcher infinitesimaler Transformationen (3) als Deformation (Dilatation und Rotation) ergibt sich ohne weiteres die beschriebene Gestaltänderung der Elementarwürfel des Konzentrationsraumes in Elementar-Parallelepipede des Farbraumes.

Aus den gewonnenen Erkenntnissen wollen wir noch eine Nutzanwendung ziehen:

Es sei die Aufgabe gestellt, den Farbort für die subtraktive Mischung zweier vorgegebener stark verweißlichter Farben aus den Farborten der Einzelfarben zu berechnen. Streng genommen ist diese Aufgabe nicht lösbar, da die subtraktive Mischung von Farben — im Gegensatz zur additiven Farbmischung — bekanntlich von dem spektralen optischen Verhalten der Einzelfarben abhängig ist. Da aber die Einzelfarben als stark verweißlicht vorausgesetzt wurden, ihre bezüglichen Konzentrationswerte $\triangle c_1$ und $\triangle c_2$ also sehr klein sind, ist (3a) anwendbar. Der subtraktiven Mischfarbe kommt dann der Konzentrationsvektor $\triangle c_{12} = \triangle c_1 + \triangle c_2$ zu, da sich bekanntlich (nach dem Beerschen Gesetz) bei subtraktiver Mischung die Einzelkonzentrationen addieren. Die Lage der Mischfarbe, bezeichnet durch $\Delta\ \mathfrak{v}\ (1, 2)$ ergibt sich dann aus (3a) zu

$$\triangle \mathfrak{v}\,(1,2) = \triangle \mathfrak{v}\,(1) + \triangle \mathfrak{v}\,(2) \tag{5}$$

d. h.

Satz 1: Der Farbort einer subtraktiven Mischfarbe aus zwei (oder mehr) stark verweißlichten Einzelfarben ergibt sich, unabhängig von der Art des Farbraumes oder der Farbebene, durch vektorielle Addition der vom Weißpunkte aus gerechneten gerichteten Strecken nach den Einzelfarben (Abb. 3).

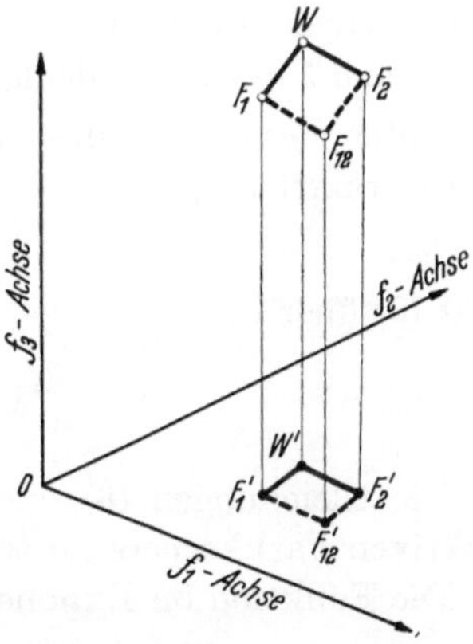

Abb. 3. Der Farbort F_{12} für die subtraktive Mischung zweier oder mehrerer stark verweißlichter Farben F_1 und F_2 ergibt sich, unabhängig von der Art des Farbraumes, angenähert durch vektorielle Addition der vom Weißpunkt W aus gerichteten Strecken $\overrightarrow{WF_1}$ und $\overrightarrow{WF_2}$.

Für den affinen Farbraum wurde dieses Ergebnis bereits von NEUGEBAUER [*1*] gefunden. Es gilt dort um so genauer und für um so stärker gesättigte Farben, je mehr die bekannten Voraussetzungen für die Darstellung einer subtraktiven Farbmischung erfüllt sind (spektrale Absorptions- und Transmissionsgebiete müssen sich wechselseitig ausschließen).

2.2 Der subtraktive Farbmischkörper im Vektorraum der Farben (affiner Farbraum)

Der weitaus bedeutendste Vertreter der affinen Farbräume ist bekanntlich der auf internationaler Basis genormte trichromatische Farbraum (IBK-Raum), von dem wir im folgenden ausgehen.

2.21 Ausgangsgleichungen. Die Koordinaten für eine Farbe im trichromatischen Farbraume sind bekanntlich die Farbnormwerte X, Y, Z, die wir der einfachen Schreibweise halber im folgenden mit X_i $(i = 1, 2, 3)$ bezeichnen.

Die Farbnormwerte für die subtraktive Mischung dreier Einzelfarben mit den spektralen Transmissionsfunktionen $\tau_{\lambda 1}$, $\tau_{\lambda 2}$, $\tau_{\lambda 3}$ und in den Konzentrationen c_1, c_2, c_3 ergeben sich aus dem Farbreiz (1) dieser Mischung nach der Gleichung

$$X_i = \int\limits_S \tau_{\lambda_1}^{c_1} \cdot \tau_{\lambda_2}^{c_2} \cdot \tau_{\lambda_3}^{c_3} \cdot S_\lambda \cdot \overline{x}_{\lambda i}\, d\lambda \tag{6}$$

worin die $\overline{x}_{\lambda i}$ die international genormten Spektralwertfunktionen $\overline{x}_\lambda$, $\overline{y}_\lambda$, $\overline{z}_\lambda$ für das energiegleiche Spektrum, S_λ die Strahldichteverteilung für die Lichtart, mit der die subtraktiven Mischfarben beleuchtet werden, S den Bereich des sichtbaren Spektrums und λ dessen Wellenlänge bedeuten.

Unter Benutzung des bekannten Zusammenhanges zwischen Transmission τ_λ und Extinktion ε_λ

$$\tau_{\lambda i} = e^{-\varepsilon_{\lambda i}}$$

geht (6) über in

$$X_i = \int\limits_S e^{-(c_1 \varepsilon_{\lambda 1} + c_2 \varepsilon_{\lambda 2} + c_3 \varepsilon_{\lambda 3})} S_\lambda \overline{x}_{\lambda i}\, d\lambda \, [1] \tag{6a}$$

Die Gleichungen (6) oder (6a) bilden die Grundlage für den Aufbau des subtraktiven Farbkörpers im trichromatischen Farbraume.

Die Funktion im Exponenten des Integranden von (6a)

$$\varepsilon_{\lambda 123} = c_1\, \varepsilon_{\lambda 1} + c_2\, \varepsilon_{\lambda 2} + c_3\, \varepsilon_{\lambda 3} \tag{6b}$$

ist charakteristisch für das Tripel der gewählten Primärfarben; sie bestimmt in charakteristischer Weise die Gestalt und die innere Struktur (Flächennetz c_1, c_2, c_3 gleich const.) des zugehörigen subtraktiven Farbmischkörpers. Es gilt:

Satz 2: Jeder subtraktive Farbmischkörper hat eine ihm eigene, allein von den spektralen Eigenschaften der drei Primärfarben abhängige äußere Gestalt und innere Struktur.

Ermittelt man z. B. die räumlichen Farborte aller Zweiermischungen von (6) bzw. (6a) (jeweils eines der c_1 gleich Null) und der „Einermischungen" (reine Primärfarben; jeweils zwei der c_1 gleich Null) für alle Konzentrationswerte c_i, so ergibt sich, wie Hellmig [*2*] und Mac Adam [*3*] erkannten und wie eingangs ausgeführt, die Oberfläche des gesuchten Farbkörpers und damit dessen äußere Gestalt, überzogen

---

[1] Hier wurde die „natürliche" Extinktion ε_λ an Stelle der dekadischen Extinktion (optische Dichte D_λ) benutzt, um in späteren Gleichungen den Faktor $ln\, 10 = 2{,}30\ldots$ zu sparen. Für die Umrechnung gilt $\varepsilon_\lambda = ln\, 10 \cdot D_\lambda$.

von dem zweiparametrigen Liniennetze c_i= const. und c_k=const. (Abb. 4), wobei i und k je nach der Teiloberfläche die Werte 1 und 2 (binäre Mischungen Gelb/Purpur) bzw. 2 und 3 (Purpur/Blaugrün) bzw. 3 und 1 (Blaugrün/Gelb) haben. Dieser Farbkörper ist um die Raumdiagonale herum angeordnet; er hat — ebenso wie der Pigmentfarbkörper — sowohl im Nullpunkt (Schwarzpunkt) S des trichromatischen Farbraumes als auch im Weißpunkte W eine Spitze (s. Abb. 4). Für das eingangs über den Verlauf der Farbenzüge für die Konzentrationsreihe der Primärfarben, über die drei Teiloberflächen und das Oberflächennetz Gesagte ist dieser Farbkörper ein Beispiel.

Beispiele für die Struktur eines solchen subtraktiven Farbkörpers im trichromatischen Farbraume sind aus der Literatur bisher nicht bekannt; lediglich die äußere Gestalt subtraktiver Farbkörper wurde für den zum trichromatischen Farbraum affinen Farbraum nach LUTHER-NYBERG mitgeteilt, so von FRIESER und REUTHER [4] für das Beispiel der Uvachromfarben und von NEUGEBAUER [5] für ein Tripel von Druckfarben.

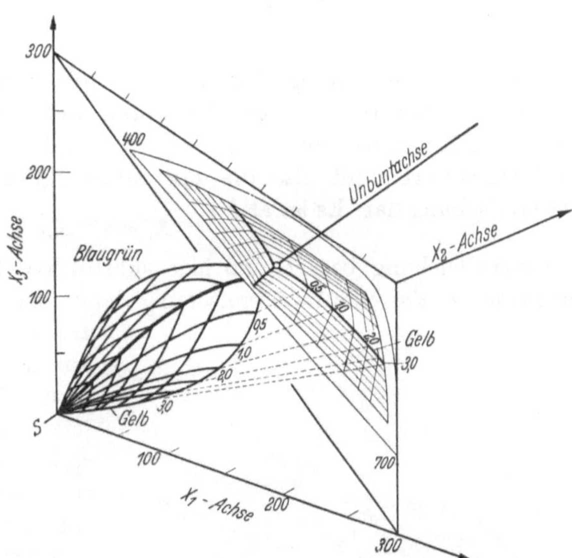

Abb. 4. Äußere Gestalt und Oberflächennetz c_1, c_2 bzw. c_2, c_3 bzw. c_3, c_1 = const eines subtraktiven Farbkörpers im trichromatischen Farbraume, mit dem (gleichseitigen) IBK-Dreieck (vgl. Abb. 8a).

Der von den Flächen c_1, c_2, c_3 gleich const. gebildete innere Aufbau des subtraktiven Farbkörpers ist aus dem Aufbau der Oberfläche (Liniennetz c_i, c_k = const.; $i \neq k$) leicht abzuleiten: Durch Ausklammern des kleinsten Konzentrationswertes der c_i, z. B. c_3, läßt sich (6a) in der Form

$$X_i = \int_s e^{-c_3(\varepsilon_{\lambda 1} + \varepsilon_{\lambda 2} + \varepsilon_{\lambda 3})} \cdot e^{-(c_{1b}\,\varepsilon_{\lambda 1} + c_{2b}\,\varepsilon_{\lambda 2})}\, S_\lambda\, \bar{x}_{\lambda i}\, d\lambda \tag{7}$$

schreiben; darin sind die „binären Konzentrationswerte" c_{1b} und c_{2b} festgelegt durch

$$\begin{aligned} c_{1b} &= c_1 - c_3 \\ c_{2b} &= c_2 - c_3 \end{aligned} \tag{8}$$

Ist an Stelle von c_3 ein anderer Konzentrationswert der kleinste, so gelten analoge Gleichungen.

Bekanntlich lassen sich nun die drei Extinktionsfunktionen $\varepsilon_{\lambda i}$ der subtraktiven Primärfarben so abgleichen, daß ihre Summe ein Unbunt bestimmter Dichte, z. B. der Farbdichte 1, ergibt. Dieses Unbunt ist in allen Fällen, in denen reale Farbstoffe verwendet werden, ein unechtes Grau, d. h. ein Grau mit nichtkonstanter spektraler Extinktion. Es wurde aber andernorts [6] gezeigt, daß sich hierfür mit ausreichender praktischer Genauigkeit ein Echtgrau mit konstanter optischer Dichte 1 setzen läßt; d. h., man kann in allen diesen Fällen so rechnen, *als ob* die Beziehung

$$\varepsilon_{\lambda 1} + \varepsilon_{\lambda 2} + \varepsilon_{\lambda 3} = 1 \tag{9}$$

bestünde. Das Erfülltsein dieser Bedingung setzen wir in allen folgenden Ausführungen dieser Arbeit voraus. Mit der Bedingung (9) geht (7) über in

$$X_i = e^{-c_3} \int\limits_s e^{-(c_{1b}\,\varepsilon_{\lambda 1} + c_{2b}\,\varepsilon_{\lambda 2})} S_\lambda\, \bar{x}_{\lambda i}\, d\lambda \tag{7a}$$

Der unter dem Integralzeichen stehende Exponentialfaktor ist die spektrale Transmissionsfunktion der aus der ersten und der zweiten Primärfarbe (ε_{λ_1} bzw. ε_{λ_2}) in den Konzentrationen c_{1b} bzw. c_{2b} gebildeten subtraktiven Zweiermischung; der Integralwert stellt also die Farbwerte X_{ib} der entsprechenden subtraktiven Zweiermischung dar. Es ist also

$$X_i = e^{-c_3} X_{ib} \tag{7b}$$

Diese Gleichung besagt, daß jede subtraktive Dreiermischung durch eine entsprechende *verdunkelte* Zweiermischung darstellbar ist.[1] Damit wird jede Farbe im Inneren des Farbkörpers auf eine Farbe auf der Oberfläche zurückgeführt; die Kennzahlen dieser Dreiermischung sind jetzt die „binären Konzentrationen" $c_{1b}=c_1-c_3$, $c_{2b}=c_2-c_3$ und der „Reduktionsfaktor" e^{-c_3} (Relativ-Helligkeit). Ins Räumliche übersetzt bedeutet dies, daß der Farbkörper im Inneren grundsätzlich den gleichen Aufbau hat wie an der Oberfläche, nur in der räumlichen Ausdehnung nach allen drei Koordinatenrichtungen um den Faktor e^{-c_3} reduziert. Das Innere des Farbkörpers wird also von lauter ähnlichen, ineinandergestellten und gleichorientierten Farbkörpern mit gemeinsamer Spitze in S erfüllt; jeder von ihnen ist durch den Reduktionsfaktor e^{-c_3} als dritter Farbkennzahl von den anderen unterschieden (Abb. 5).

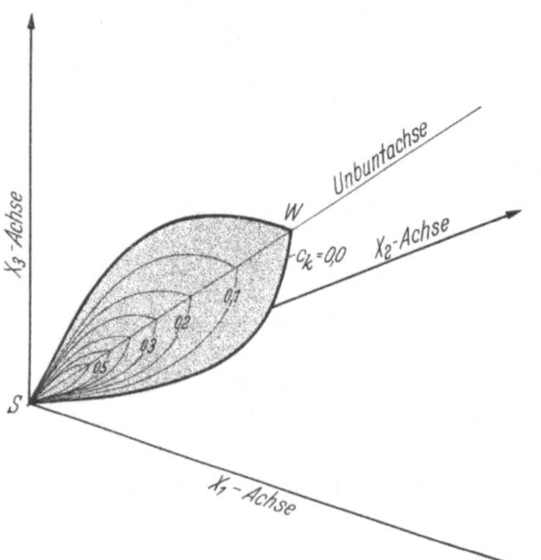

Abb. 5. Die subtraktiven Dreiermischungen mit c_k = const, wo c_k der kleinste der drei Konzentrationswerte c_i ist, liegen auf Flächen, die durch Reduktion des Farbkörpers $c_k = 0$ vom Schwarzpunkte S aus mit dem Faktor e^{-c_k} entstehen (Schnitt durch die Unbuntachse).

2.22 Metrische Beziehungen. Zu bemerkenswerten metrischen Beziehungen innerhalb des Farbkörpers gelangt man nun, wenn man die Änderung dX_i der Koordinaten X_i eines Farbortes F des Farbkörpers mit der Änderung dc_i jeweils einer der drei Konzentrationen betrachtet; unter Benützung von (6a) und Beachtung von (9) ergibt sich für deren Summe

$$\frac{\partial X_i}{\partial c_1} + \frac{\partial X_i}{\partial c_2} + \frac{\partial X_i}{\partial c_3} = -X_i; \quad i = 1, 2, 3 \tag{10}$$

[1] Ausführliches siehe in der Arbeit [2], insbes. S. 102.

oder in Vektorform geschrieben:[1]

$$\frac{\partial \mathfrak{F}}{\partial c_1} + \frac{\partial \mathfrak{F}}{\partial c_2} + \frac{\partial \mathfrak{F}}{\partial c_3} = - \mathfrak{F} \tag{10a}$$

Wir wollen die Vektoren $\frac{\partial \mathfrak{F}}{\partial c_1}, \frac{\partial \mathfrak{F}}{\partial c_2}, \frac{\partial \mathfrak{F}}{\partial c_3}$, die Maß und Richtung der Farbänderung bei der Änderung der Konzentrationen angeben und die tangential zu den c_1- bzw. c_2- bzw. c_3-Linien im Farborte F liegen, kurz als „Farbänderungsvektoren" (im affinen Farbraume) bezeichnen und sie, falls notwendig, durch den Zusatz „in c_1- (oder c_2- oder c_3-) Richtung" unterscheiden.

Setzt man an Stelle des trichromatischen Farbraumes einen beliebigen affinen Farbraum voraus, der mit dem trichromatischen Farbraum durch die Gleichungen

$$L_i = \alpha_i X_1 + \beta_i X_2 + \gamma_i X_3; \quad i = 1, 2, 3 \tag{11}$$

verbunden ist, so nimmt z. B. der Farbänderungsvektor mit den Komponenten $\frac{\partial L_i}{\partial c_1}$ die Form

$$\frac{\partial L_i}{\partial c_1} = \alpha_i \frac{\partial X_1}{\partial c_1} + \beta_i \frac{\partial X_2}{\partial c_1} + \gamma_i \frac{\partial X_3}{\partial c_1}; \quad i = 1, 2, 3 \tag{12}$$

an; analoge Gleichungen gelten für $\frac{\partial L_i}{\partial c_2}$ und $\frac{\partial L_i}{\partial c_3}$

Aus (12) und den analogen Gleichungen folgt unter Benutzung von (10)

$$\frac{\partial L_i}{\partial c_1} + \frac{\partial L_i}{\partial c_2} + \frac{\partial L_i}{\partial c_3} = - L_i; \quad i = 1, 2, 3 \tag{13}$$

Diese Gleichung ist hinsichtlich der Form mit (10) identisch, gilt aber jetzt in einem beliebigen Vektorraum.[2] Die Gleichung (10a) hat also für *jeden* affinen Farbraum Gültigkeit.

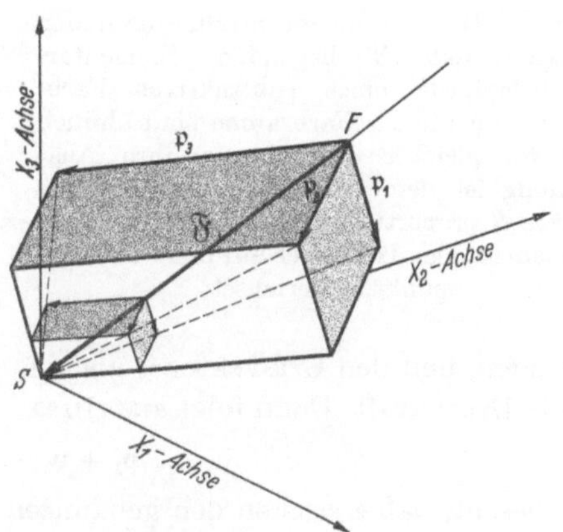

Abb. 6. Die Summe der Farbänderungsvektoren $\mathfrak{p}_i = \frac{\partial \mathfrak{F}}{\partial c_i}$ in einem beliebigen Punkt F eines subtraktiven Farbkörpers im affinen Farbraume ergibt den (negativen) Farbvektor $\mathfrak{F}$. Die zu F diagonale Ecke aller auf den Farbänderungsvektoren $\mathfrak{p}_i$ als Basisvektoren aufgebauten Parallelepipede liegt im Schwarzpunkt S (Nullpunkt des affinen Farbraumes). Alle zu farbartgleichen (auf einem Strahl durch den Schwarzpunkt liegenden) Farben gehörigen Parallelepipede sind ähnlich und haben die im Schwarzpunkte S zusammenstoßenden Flächen gemeinsam.

[1] Wir vermerken, daß diese Gleichung und alle im folgenden hieraus abgeleiteten Ergebnisse unabhängig von der Lichtart sind, mit der die Farben des subtraktiven Farbmischkörpers beleuchtet werden, was in der Voraussetzung (9) begründet ist.

[2] Insbesondere im Farbraum nach LUTHER-NYBERG und in dem von NEUGEBAUER vorgeschlagenen UCS-Luther-System [7].

Die Gl. (13) besagt nun (vgl. Abb. 6):

Satz 3: In jedem Farbpunkt eines im affinen Farbraume aufgebauten subtraktiven Farbmischkörpers bilden die drei Farbänderungsvektoren ein Dreibein, dessen Summe gleich dem (negativ gerichteten) Farbvektor ist;

oder anders ausgedrückt:

Satz 4: In jedem Farbpunkt F eines im affinen Farbraum aufgebauten subtraktiven Farbmischkörpers bestimmen die drei Farbänderungsvektoren als Basisvektoren ein Parallelepiped, dessen zu F diagonal liegender Eckpunkt im Schwarzpunkt liegt.

Hieraus ergibt sich, daß ein beliebiger der drei Farbänderungsvektoren durch die beiden anderen bestimmt ist. Die analogen Beziehungen gelten für das elementare Parallelepiped mit der Kantenlänge $dc_1 = dc_2 = dc_3 = dc$. Da nämlich

$$d\mathfrak{F} = \frac{\partial \mathfrak{F}}{\partial c_1} \cdot dc_1 + \frac{\partial \mathfrak{F}}{\partial c_2} \cdot dc_2 + \frac{\partial \mathfrak{F}}{\partial c_3} \cdot dc_3$$

ist, so ergibt sich für das Elementarepiped

$$d\mathfrak{F} = \left(\frac{\partial \mathfrak{F}}{\partial c_1} + \frac{\partial \mathfrak{F}}{\partial c_2} + \frac{\partial \mathfrak{F}}{\partial c_3}\right) dc = -\mathfrak{F} \cdot dc$$

Auch dessen Diagonale ist in jedem Punkte F des subtraktiven Farbmischkörpers auf den Schwarzpunkt zu gerichtet (Abb. 7). Zur Konstruktion des elementaren Parallelepipedes in einem Raumpunkte F ist also auch nur die Kenntnis zweier nicht-paralleler Kanten erforderlich. Die genannten Beziehungen sind das räumliche Analogon zu der in (9) ausgedrückten Tatsache, daß durch zwei vorgegebene spektrale Extinktionsfunktionen für die Primärfarben die dritte Extinktionsfunktion bestimmt ist.

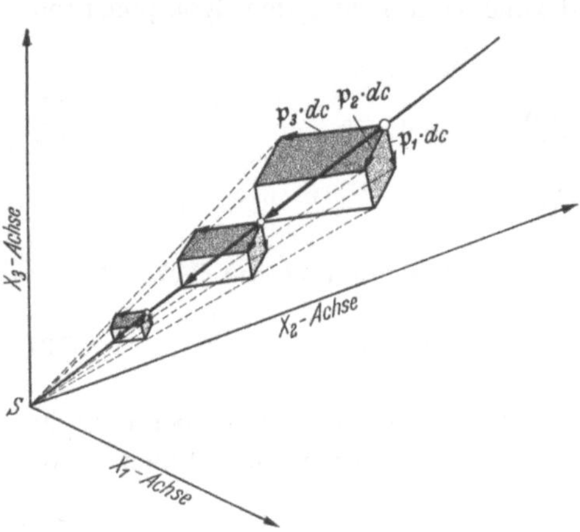

Abb. 7. Die auf einem Strahl durch den Schwarzpunkt S liegenden Elementar-Parallelepipede eines subtraktiven Farbkörpers im affinen Farbraume sind ähnlich und von gleicher Orientierung; ihre Ausdehnung ist dem Abstande vom Schwarzpunkte S proportional. Die Diagonale dieser Elementarzellen ist immer auf den Schwarzpunkt zu gerichtet.

Zu einer anschaulichen Deutung dieses Sachverhaltes kommt man, wenn man die $\frac{\partial \mathfrak{F}}{\partial c_i}$ als drei quasielastische Spannkräfte $\mathfrak{p}_i$ betrachtet, die im Farbort $\mathfrak{F}$ (X_1, X_2, X_3) angreifen, und den Ortsvektor $\mathfrak{F}$ als eine vom Zentrum S in radialer Richtung wirkende Druckkraft. Dann folgt aus (10a)

$$\mathfrak{p}_1 + \mathfrak{p}_2 + \mathfrak{p}_3 + \mathfrak{F} = 0$$

was besagt, daß zwischen den genannten Kräften in jedem Raumpunkte des Farbkörpers Gleichgewicht herrscht.

Das heißt:

Satz 5: Jeder subtraktive Farbmischkörper ist (im Sinne der Deutung der Vektoren $\mathfrak{p}i = \frac{\partial \mathfrak{F}}{\partial c_i}$ und des Ortsvektors $\mathfrak{F}$ als Kräfte) ein als Ganzes statisch ausbalanziertes Gebilde.

Wegen der Linearität von (10a) nehmen alle Vektoren ($\mathfrak{p}_i$, $\mathfrak{F}$) proportional dem Abstande vom Schwarzpunkt aus zu (Abb. 6). Das bedeutet in farbmetrischer Umdeutung:

Satz 6: Die Änderung des räumlichen Farbortes einer Farbe bei gleicher Konzentrationsänderung ist um so stärker, je heller (insbes. je geringer gesättigt) die Farbe ist; sie nimmt mit Verminderung der Helligkeit (Erhöhung der Konzentration) laufend ab.

Weiter folgt hieraus: Da die in F zusammenstoßenden Kanten eines elementaren Parallelepipedes den entsprechenden Vektoren $\mathfrak{p}_i = \frac{\partial \mathfrak{F}}{\partial c_i}$ verhältnisgleich sind, so gilt das auch für die Raumdiagonale der Elementarzelle; daraus ergibt sich:

Satz 7: Das elementare Parallelepiped eines subtraktiven Farbmischkörpers ist im Vektorraum der Farben in jedem Farbort des Farbkörpers das (infinitesimal) verkleinerte Abbild des aus den (endlichen) Vektoren $\mathfrak{p}_i$ aufgebauten Parallelepipedes; die Raumdiagonalen beider Parallelepipede fallen zusammen (Abb. 7).

Weiter ergibt sich:

Satz 8: Die Raumdiagonalen aller Parallelepipede sind in jedem Punkte des subtraktiven Farbmischkörpers auf den Schwarzpunkt zu gerichtet.

Diese geometrische Gesetzmäßigkeit ist der Ausdruck für die Tatsache, daß bei Änderung der Konzentrationen der drei Primärfarben um den gleichen Betrag die Farbart einer subtraktiven Mischfarbe erhalten bleibt (Abb. 7). Dieses Ergebnis gilt, wie wir aus (6b) und (9) ersehen, sogar für beliebige (nicht nur differentielle) Änderungen aller c_i um den gleichen Betrag.

Aus alledem geht mit Deutlichkeit hervor, daß auch so anscheinend unregelmäßige Farbkörper wie die der ternären Farbmischungen empirischer Farbstoffe ganz gesetzmäßig aufgebaut sind und eine überraschend einfache innere Struktur aufweisen.

2.3 Der subtraktive Farbkörper im IBK-Röschraum

2.31 Allgemeines. Der Farbraum nach Rösch ist bekanntlich definiert durch die Gleichungen

$$f_1 = x = \frac{X_1}{S}, \quad f_2 = y = \frac{X_2}{S}, \quad \text{wobei } S = X_1 + X_2 + X_3, \quad f_3 = X_2 \tag{14}$$

also durch die Anteile x, y der Farbwerte X_1 bzw. X_2 und die Helligkeit X_2; geometrisch wird er bekanntlich durch die Farbtafelebene x, y mit darüber aufgetragenen Helligkeitswerten X_2 dargestellt. Da dieser Farbraum nicht zu den affinen Farbräumen gehört [*8*], erfordert er eine besondere Behandlung.

Der Nicht-Affinität des Rösch-Farbraumes entsprechend ist die Gestalt des subtraktiven Farbkörpers eine völlig andere als in den affinen Farbräumen (Abb. 8). Dieser Farbkörper weist jetzt an Stelle von zwei Spitzen nur eine (im Weißpunkte liegende) Spitze auf; die andere, im affinen Farbraume im Schwarzpunkte liegende Spitze ist jetzt zu der x-, y-Grundebene ausgebreitet, auf der der subtraktive Farbkörper als bergförmiges Gebilde ruht. Eine gewisse Ähnlichkeit dieses Farbkörpers mit dem Pigmentfarbkörper ist auch in diesem Farbraume unverkennbar.

Über die Aufteilung der Oberfläche in drei Teilgebiete, über die Lage der einfachen Farben, der Zweier- und der Dreiermischungen und des Oberflächennetzes c_1, c_2 bzw. c_2, c_3 bzw. c_3, $c_1 = \text{const}$ (s. Abb. 8a) gilt das Entsprechende wie im affinen Farbraume.

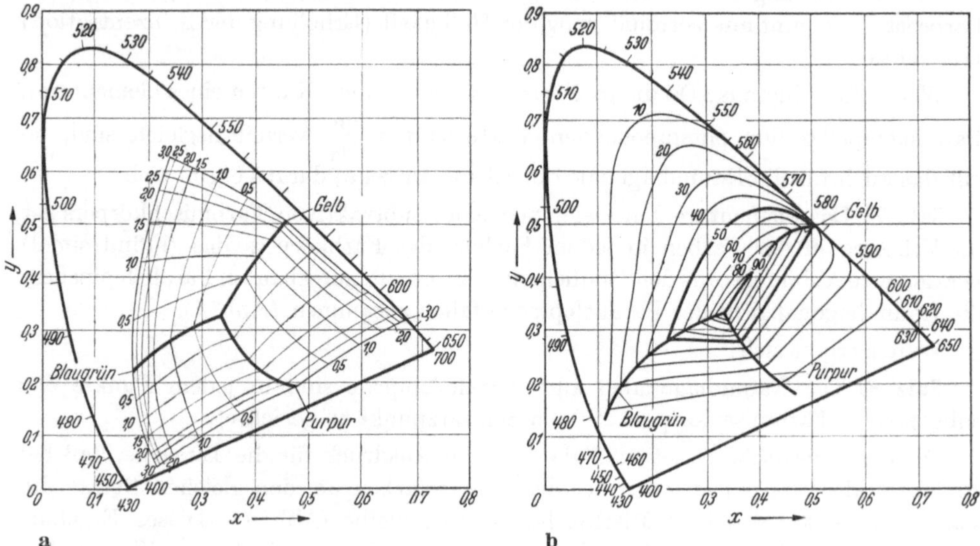

Abb. 8 Aufbau und Gestalt des subtraktiven Farbkörpers im IBK-Röschraum.

a) Das Oberflächennetz c_1, $c_2 = \text{const}$ (Mischfarben Gelb/Purpur) bzw. c_2, $c_3 = \text{const}$ (Mischfarben Purpur/Blaugrün) bzw. c_3, $c_1 = \text{const}$ (Mischfarben Blaugrün/Gelb) des subtraktiven Farbkörpers, projiziert in die x, y-Ebene („Konzentrations-Diagramm"), gültig für E-Beleuchtung.

b) Die Gestalt des subtraktiven Farbkörpers, dargestellt in Schnitten gleicher Helligkeit parallel zur x, y-Grundebene („Helligkeitsdiagramm") gültig für E-Beleuchtung (entnommen aus [2]).

Aus der Gleichung (7b) folgt für die Farbwertanteile

$$x = \frac{X_1}{X_1 + X_2 + X_3}, \quad y = \frac{X_2}{X_1 + X_2 + X_3}$$

einer Dreiermischung:

$$\begin{aligned} x &= x_{1b} \\ y &= y_{1b} \end{aligned} \tag{15}$$

daß diese mit der entsprechenden Zweiermischung, dessen Konzentrationswerte sich aus (8) ergeben, farbartgleich sind; sie liegt also im Röschfarbraume senkrecht unter dem betr. Punkt der Oberfläche des Farbkörpers, und zwar nach der Gleichung (7b)

$$X_2 = e^{-c_k} \cdot X_{2b}$$

um den Reduktionsfaktor e^{-c_k} tiefer, wenn c_k der kleinste der c_i-Werte der Dreiermischung ist.

Alle Dreiermischungen mit dem gleichen Werte des Reduktionsfaktors liegen auf einer Fläche im Inneren des Farbkörpers, die sich durch Maßstabsänderung (Faktor

e^{-c_k}) in senkrechter Richtung aus der Oberfläche ergibt. Für verschiedene Werte c_k führt das zu einer Schar von ineinandergeschachtelten Farbkörpern (Abb. 9) mit gleicher Grundbasis.

Die äußere Gestalt solcher subtraktiver Farbkörper im IBK-Rösch-Farbraum wurde bereits für die verschiedensten Primärfarbentripel berechnet; so geben SCHULTZE und HÖRMANN [9] den subtraktiven Farbkörper für die Agfacolor-Positiv-Farbstoffe, CLARKSON und VICKERSTAFF [10] für das Kodachrom- und Technicolor-Verfahren, für eine Anzahl neuzeitlicher Farbstoffe hoher Sättigung sowie eine Anzahl von theoretischen Farben mit schematisierten Transmissionsfunktionen an; SPROSON [11] teilt die Form eines solchen Farbkörpers für die Farben des Dufaycolorverfahrens mit. Dagegen liegen Veröffentlichungen über die innere Struktur solcher Farbkörper oder über den Verlauf des Oberflächennetzes (c_1, c_2 bzw. c_2, c_3 bzw. c_3, $c_1 =$ const) nur spärlich vor. Für das Beispiel der Agfacolor-Positiv-Farbstoffe bestimmte HELLMIG [2] neben der räumlichen Gestalt der Oberfläche des subtraktiven Farbmischkörpers („Isolychnen"- oder „Helligkeits-Diagramm") auch die Einteilung der Oberfläche durch ein krummliniges Koordinatennetz („Konzentrationsdiagramm"). Als Koordinatenlinien dienen aber bei HELLMIG an Stelle der binären Konzentrationswerte c_{1b}, c_{2b} (s. Gl. (8) die nach der Gleichung

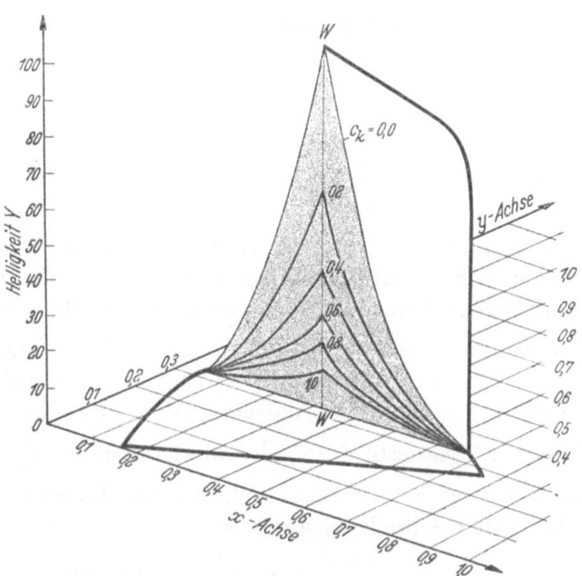

Abb. 9. Das Innere des subtraktiven Farbkörpers im Röschraume wird von den subtraktiven Dreiermischungen erfüllt. Alle Dreiermischungen, deren kleinste Konzentration $c_k =$ const ist, liegen auf einer Fläche, die durch Reduktion der Helligkeit Y um den Faktor e^{-c_k} aus der Oberfläche des subtraktiven Farbkörpers hervorgeht. (Schnitt des Farbkörpers durch die Unbuntachse).

$$c_{1b}\,\varepsilon_{\lambda 1} + c_{2b}\,\varepsilon_{\lambda 2} = \nu\left(c_{1b}'\,\varepsilon_{\lambda 1} + (1 - c_{1b}')\,\varepsilon_{\lambda 2}\right)$$

berechneten Größen $\nu = c_{1b} + c_{2b}$ und $c_{1b}' = \frac{c_{1b}}{\nu}$ (in c_{2b}, c_{3b} und c_{3b}, c_{1b} analog); sie entsprechen der Charakterisierung einer binären Mischfarbe durch den Konzentrationsanteil (c_1' bzw. c_2' bzw. c_3' der einen Pimärfarbe an der Summe der Konzentrationen der betreffenden Zweiermischung) und das Sättigungsmaß ν. Die Linienschar c_{1b}, c_{2b} bzw. c_{2b}, c_{3b} bzw. c_{3b}, c_{1b} gleich const läßt sich aus diesem Netze leicht ermitteln; es ist nämlich z. B. $c_{1b} = \nu \cdot c_{1b}'$ und $c_{2b} = \nu\,(1 - c_{1b}')$. Kurze Zeit später veröffentlichte MACADAM [3] zwei Beispiele des vollständigen Aufbaues des räumlichen Oberflächennetzes eines subtraktiven Farbmischkörpers in den Koordinaten c_1, c_2 bzw. c_2, c_3 bzw. c_3, c_1. Die äußere Gestalt des Farbkörpers wird wie bei HELLMIG in Form von Schnitten $Y =$ const parallel zur x, y-Grundebene (Höhenschichtlinien) angegeben.

2.32 Metrische Beziehungen. Zur Ableitung der zu den früheren (Gl. 13) analogen metrischen Beziehungen hat man von den Größen $\frac{\partial x}{\partial c_i}$, $\frac{\partial y}{\partial c_i}$ und $\frac{\partial X_2}{\partial c_i}$ auszugehen. Aus der Gleichung $x = \frac{X_1}{S}$, in der alle Größen Funktionen der c_1 sind, folgt:

$$\frac{\partial x}{\partial c_1} = \frac{1}{S}\left(\frac{\partial X_1}{\partial c_1} - X\,\frac{\partial S}{\partial c_1}\right) \quad S = X_1 + X_2 + X_3 \text{ entsprechend für } y.$$

Hieraus ergibt sich, unter Benutzung von (10)

$$\frac{\partial x}{\partial c_1} + \frac{\partial x}{\partial c_2} + \frac{\partial x}{\partial c_3} = 0 \tag{16a}$$

$$\frac{\partial y}{\partial c_1} + \frac{\partial y}{\partial c_2} + \frac{\partial y}{\partial c_3} = 0 \tag{16b}$$

Hierzu tritt als dritte Gleichung, wie im Falle des trichromatischen Farbraumes

$$\frac{\partial X_2}{\partial c_1} + \frac{\partial X_2}{\partial c_2} + \frac{\partial X_2}{\partial c_3} = - X_2 \tag{16c}$$

Die Summe der Änderungen mit den drei Konzentrationswerten c_i ist also für die x- und y-Koordinate gleich Null, für die Helligkeit gleich dem negativen Helligkeitswerte; d. h. also:

Satz 9: Bei Änderung der Konzentrationswerte einer subtraktiven Farbmischung um den gleichen differentiellen Betrag bleibt die Farbart erhalten; die Helligkeit vermindert sich hierbei proportional dem Helligkeitswerte.

Dieser Satz gilt, wie wir bereits wissen, für beliebige (also nicht nur differentielle) Änderungen der Konzentrationswerte um den gleichen Betrag. Wir können nun, ähnlich wie früher, die Änderung jeder Röschkoordinate x, y, X_2 mit einem der Konzentrationswerte der c_i also die Größen $\frac{\partial x}{\partial c_i}, \frac{\partial y}{\partial c_i}, \frac{\partial X_2}{\partial c_i}$ für jeweils konstantes i als Komponenten jeweils eines Vektors, des Farbänderungsvektors $\mathfrak{q}_i$, auffassen[1]; in ausführlicher Schreibweise ist also

$$\begin{aligned} \mathfrak{q}_1 &= \left(\frac{\partial x}{\partial c_1}, \frac{\partial y}{\partial c_1}, \frac{\partial X_2}{\partial c_1}\right) \\ \mathfrak{q}_2 &= \left(\frac{\partial x}{\partial c_2}, \frac{\partial y}{\partial c_2}, \frac{\partial X_2}{\partial c_2}\right) \\ \mathfrak{q}_3 &= \left(\frac{\partial x}{\partial c_3}, \frac{\partial y}{\partial c_3}, \frac{\partial X_2}{\partial c_3}\right) \end{aligned} \tag{17}$$

Dann lassen sich die Gleichungen (16a) bis (16c) in die eine Vektorgleichung

$$\mathfrak{q}_1 + \mathfrak{q}_2 + \mathfrak{q}_3 + \mathfrak{X}_2 = 0 \tag{18}$$

zusammenfassen, wo $\mathfrak{X}_2$ der Vektor mit den Komponenten 0, 0, X_2 ist.

Bezeichnen wir, analog wie früher, die Vektoren $\mathfrak{q}_1$ $\mathfrak{q}_2$ und $\mathfrak{q}_3$ als die Farbänderungsvektoren dieses Farbkörpers im Farbpunkte F, so sagt (18) aus:

Satz 10: In jedem Farbpunkt F eines im Rösch-Farbraume aufgebauten subtraktiven Farbmischkörpers bilden die drei Farbänderungsvektoren ein Dreibein, dessen Summe gleich dem (gerichteten) Abstande des Farbpunktes F von der x, y-Grundebene ist (vgl. Abb. 10); oder anders ausgedrückt:

Satz 11: In jedem Farbpunkt F eines im Rösch-Farbraume aufgebauten subtraktiven Farbmischkörpers bestimmen die drei Farbänderungsvektoren als Basisvektoren ein Parallelelepiped, dessen zu F diagonaler Eckpunkt im Farbort x, y von F auf der Grundebene liegt.

---

[1] Diese Deutung der Größen $\frac{\partial x}{\partial c_i}, \frac{\partial y}{\partial c_i}, \frac{\partial X_2}{\partial c_i}$ als Vektoren steht natürlich mit der Nichtaffinität des vorliegenden Farbraumes nicht im Widerspruch.

Dies gilt für Farben sowohl innerhalb des gleichen Farbkörpers als auch in Farbkörpern, die auf verschiedenen Primärfarbentripeln aufgebaut sind (Abb. 11). Aus Satz 11 folgt wieder, daß einer der drei Farbänderungsvektoren durch die zwei anderen bestimmt ist.

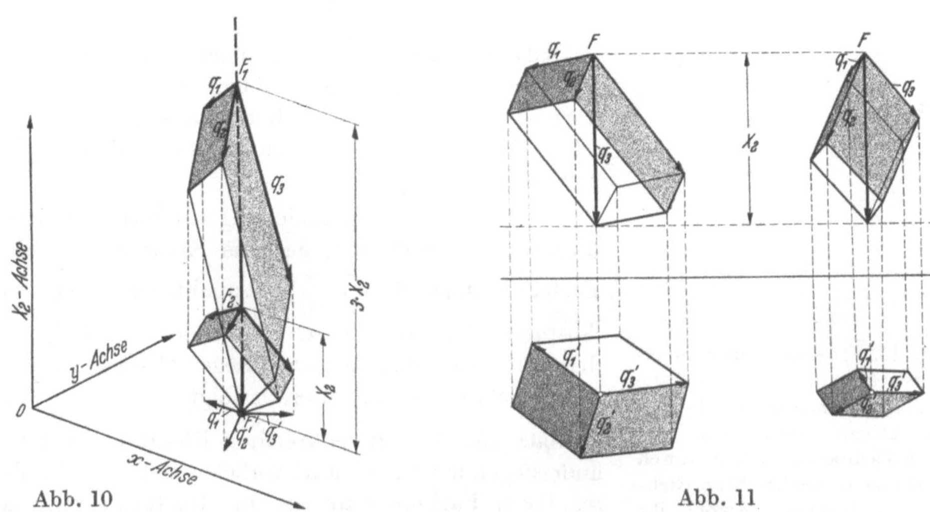

Abb. 10. Die Summe der Farbänderungsvektoren $\mathfrak{q}_i = \left(\frac{\partial x}{\partial c_i}, \frac{\partial y}{\partial c_i}, \frac{\partial X_2}{\partial c_i}\right)$ in einem beliebigen Punkte F eines subtraktiven Farbkörpers im Röschraume ist (entgegengesetzt) gleich der als Vektorgröße aufgefaßten Helligkeit X_2 über dem Farbort F der x, y-Grundebene. Die zu F diagonale Ecke aller auf den Farbänderungsvektoren $\mathfrak{q}_i$ als Basisvektoren aufgebauten Parallelepipede liegt im Farbort F der x-, y-Ebene. Alle zu farbartgleichen, auf der Senkrechten durch F' (Helligkeitslinie) liegenden Farben gehörigen Parallelepipede gehen durch Streckung in senkrechter Richtung auseinander hervor.

Abb. 11. Zwei zu verschiedenen Primärfarbentripeln gehörige, auf den Farbänderungsvektoren $\mathfrak{q}_i$ vom gleichen Farborte aus aufgebaute Parallelepipede des subtraktiven Farbkörpers im Röschraume haben die gleiche Raumdiagonale.

Dieses „quasi-elastische" Verhalten legt folgenden Vergleich aus der Statik nahe: Denkt man sich die Vektoren $\mathfrak{q}_i$ als Spannkräfte, welche im Punkte F angreifen, so besagt (18):

Satz 12: In jedem Punkte des Farbkörpers herrscht statisches Gleichgewicht zwischen den Spannkräften $\mathfrak{q}_i = \left(\frac{\partial x}{\partial c_i}, \frac{\partial y}{\partial c_i}, \frac{\partial X_2}{\partial c_i}\right)$ und dem (von der Grundfläche senkrecht nach dem Punkte F weisenden) Helligkeits-„vektor" $\mathfrak{X}_2$.

Der gesamte Farbkörper wird also im Sinne dieser Deutung von parallelen „Pfeilern" (Helligkeit) getragen. Die Statik gleicht der eines Hauses oder eines Zeltes mit Streben, die senkrecht auf der Grundfläche stehen.

Weiter ergibt sich, wenn man (18) mit dc (Kantenlänge des Elementarwürfels im Konzentrationsraume) multipliziert:

Satz 13: Die Raumdiagonalen sämtlicher Elementar-Parallel-Epipede eines im Rösch-Farbraume aufgebauten subtraktiven Farbmischkörpers weisen senkrecht

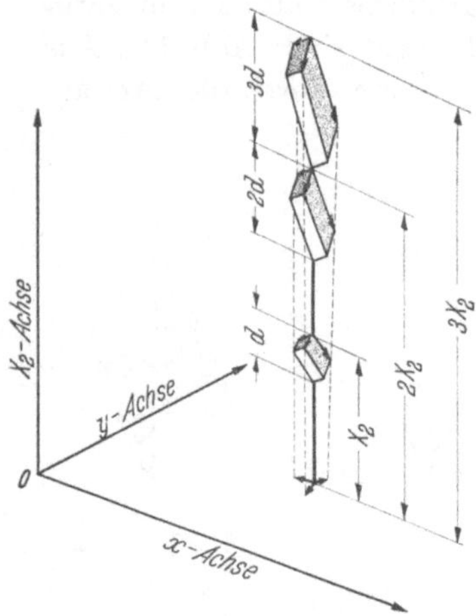

Abb. 12. Die auf einer Senkrechten über der x, y-Farbebene liegenden Elementarepipede eines subtraktiven Farbkörpers im Rösch-Farbraume gehen durch Streckung in senkrechter Richtung auseinander hervor; ihr Streckungsverhältnis ist ihrem Abstande von der Grundebene proportional. Die Diagonale aller Elementarepipede liegt dabei immer in der X_2-Richtung.

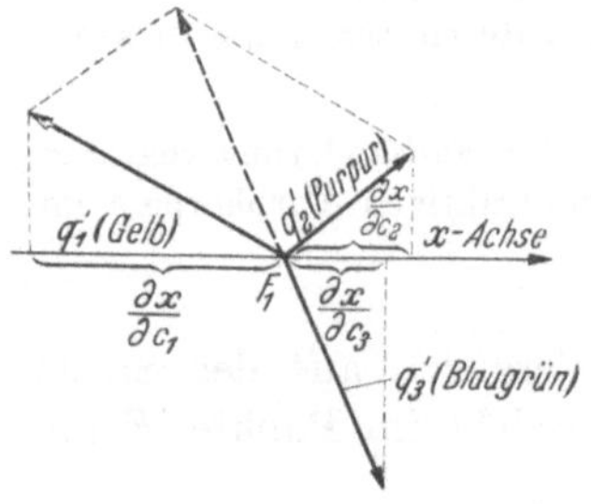

Abb. 13. Die drei Farbänderungsvektoren $\mathfrak{q}_i' = \left(\frac{\partial x}{\partial c_i}, \frac{\partial y}{\partial c_i}\right) i = 1, 2, 3$ des in die x, y-Ebene projizierten Oberflächennetzes eines subtraktiven Farbkörpers (Abb. 8a) stehen in jedem beliebigen Punkte dieses Netzes im Gleichgewicht. Bei Hinzufügen einer Farbe zu zwei anderen ändert sich also der Farbort in der zur Diagonale entgegengesetzten Richtung.

nach der x, y-Grundfläche; ihre Länge ist, unabhängig vom sonstigen Verlauf der Flächen $c_1 = \text{const}$, $c_2 = \text{const}$, $c_3 = \text{const}$, dem Abstande von der Grundfläche verhältnisgleich (Abb. 12).

Hieraus folgt weiter:

Satz 14: Die Raumdiagonalen der Elementarparallelepipede in allen subtraktiven Farbmischkörpern im Farbraume nach RÖSCH weisen in parallelen Ebenen $X_2 = \text{const}$ zur x, y-Grundebene die gleiche Länge $X_2 \cdot dc$ auf.

Weiter ist aus den Gleichungen (16a) und (16b) unmittelbar ersichtlich, daß die Komponenten des Farbänderungsvektors $\frac{\partial x}{\partial c_i}$, $\frac{\partial y}{\partial c_i}$ unabhängig von dem Abstande X_2 von der x, y-Grundebene sind, die dritte Komponente sich aber wegen (16c) linear mit dem Abstande ändert, woraus folgt:

Satz 15: Die in senkrechter Richtung übereinanderliegenden Elementarparallelepipede eines subtraktiven Farbmischkörpers im RÖSCH-Farbraume gehen durch Streckung lediglich in dieser einen Richtung auseinander hervor; der Streckungsmaßstab ist direkt proportional dem Abstande der Elementarzelle von der x, y-Grundebene.

Betrachten wir nun nur die beiden Gleichungen (16a) und (16b); d. h. richten wir unseren Blick auf das Verhalten der Farbänderungsvektoren $\mathfrak{q}_1$, $\mathfrak{q}_2$ und $\mathfrak{q}_3$ in der x, y-Ebene (die wir jetzt mit $\mathfrak{q}_1'$, $\mathfrak{q}_2'$ und $\mathfrak{q}_3'$ bezeichnen wollen) und damit auf das Netz $c_1 = \text{const}$, $c_2 = \text{const}$, $c_3 = \text{const}$ eines subtraktiven Farbmischkörpers (Abb. 8a), so lassen sich (16a) und (16b) in der Form schreiben:

$$\mathfrak{q}_1' + \mathfrak{q}_2' + \mathfrak{q}_3' = 0 \qquad (18a)$$

Dies besagt:

Satz 16: Die in die x, y-Grundebene projizierten Farbänderungsvektoren eines im RÖSCH-Farbraume aufgebauten subtraktiven Farbmischkörpers stehen miteinander im Gleichgewicht.

Daraus folgt wieder, daß ein beliebiger von ihnen als Diagonalvektor des durch die beiden anderen gebildeten Parallelogrammes bestimmt ist (Abb. 13). Die entsprechenden Beziehungen gelten für die elementaren Parallelogramme des in die x, y-

Ebene projizierten Oberflächennetzes $c_1 = \text{const}$, $c_2 = \text{const}$, $c_3 = \text{const}$ (Abb. 8a). Wegen der Bedingung (18a) ist die Wiedergabe des in die x, y-Ebene projizierten Oberflächennetzes des subtraktiven Farbmischkörpers mit lediglich zwei Linienscharen ($c_1, c_2 = \text{const}$ bzw. $c_2, c_3 = \text{const}$ bzw. $c_3, c_1 = \text{const}$) ausreichend.

Diese Überlegungen besagen, angewandt auf den Unbuntpunkt:

Satz 17: Der Farbenzug der Konzentrationsreihe einer der drei subtraktiven Primärfarben, dargestellt in der x, y-Ebene, verläßt den Unbuntpunkt in der (entgegengesetzten) Richtung der Diagonalen des durch die beiden anderen Primärfarben gebildeten elementaren Parallelogrammes.

Weiter leuchtet ohne weiteres der folgende Satz ein:

Satz 18: Die gesamte Struktur eines subtraktiven Farbmischkörpers ist durch die Vorgabe des Liniennetzes $c_1, c_2 = \text{const}$ bzw. $c_2, c_3 = \text{const}$ bzw. $c_3, c_1 = \text{const}$ an der Oberfläche des Farbkörpers bestimmt[1].

Dieser Satz ist nicht nur im Rösch-Farbraume gültig, sondern in jedem Farbraume, der mit jenem durch eine mathematische Transformation verbunden ist. Der Vorgabe des genannten räumlichen Oberflächennetzes ist gleichbedeutend die Vorgabe dieses Netzes in einer beliebigen Ebene (z. B. der x, y-Grundebene beim Rösch-Farbraum) und der Oberflächengestalt des betreffenden subtraktiven Farbmischkörpers durch Höhenschichtlinien (z. B. Isolychnen).

2.4 Analogien im Aufbau des subtraktiven Farbkörpers im affinen Farbraum und im IBK-Röschraum

Die obigen Ausführungen haben schon sichtbar werden lassen, daß trotz der Wesensverschiedenheit der betrachteten Farbräume gewisse Analogien in den metrischen Eigenschaften des subtraktiven Farbmischkörpers bestehen. Zur Verdeutlichung haben wir alle diese Analogien in der nachfolgenden Aufstellung zusammengefaßt und gegenübergestellt:

Im

affinen Farbraum (Koordinaten X_1, X_2, X_3)	Rösch-Raum (Koordinaten x, y, Y)

gelten für die Summe der Änderungen jeweils einer Farbkoordinate mit den drei Konzentrationen die Gleichungen

$\frac{\partial X_1}{\partial c_1} + \frac{\partial X_1}{\partial c_2} + \frac{\partial X_1}{\partial c_3} = -X_1$	$\frac{\partial x}{\partial c_1} + \frac{\partial x}{\partial c_2} + \frac{\partial x}{\partial c_3} = 0$
$\frac{\partial X_2}{\partial c_1} + \frac{\partial X_2}{\partial c_2} + \frac{\partial X_2}{\partial c_3} = -X_2$	$\frac{\partial y}{\partial c_1} + \frac{\partial y}{\partial c_2} + \frac{\partial y}{\partial c_3} = 0$
$\frac{\partial X_3}{\partial c_1} + \frac{\partial X_3}{\partial c_2} + \frac{\partial X_3}{\partial c_3} = -X_3$	$\frac{\partial Y}{\partial c_2} + \frac{\partial Y}{\partial c_2} + \frac{\partial Y}{\partial c_3} = -Y$

oder in abgekürzter (Vektoren-)Schreibweise:

$\mathfrak{p}_1 + \mathfrak{p}_2 + \mathfrak{p}_3 + \mathfrak{F} = 0$	$\mathfrak{q}_1 + \mathfrak{q}_2 + \mathfrak{q}_3 + \mathfrak{Y} = 0$

[1] Streng genommen ist zum Aufbau des gesamten subtraktiven Farbmischkörpers die Kenntnis des räumlichen Verlaufes lediglich der Farbenzüge für die Konzentrationsreihen der drei Primärfarben ausreichend.

<table>
<tr><td>Die $\mathfrak{p}_i$</td><td>Die $\mathfrak{q}_i$</td></tr>
<tr><td colspan="2">haben die Komponenten</td></tr>
<tr><td>$\frac{\partial X_1}{\partial c_i}, \frac{\partial X_2}{\partial c_i}, \frac{\partial X_3}{\partial c_i}; \quad i = 1, 2, 3$</td><td>$\frac{\partial x}{\partial c_i}, \frac{\partial y}{\partial c_i}, \frac{\partial Y}{\partial c_i}; \quad i = 1, 2, 3$</td></tr>
<tr><td colspan="2">und heißen die Farbänderungsvektoren im</td></tr>
<tr><td>affinen Farbraume, $\mathfrak{F}$ ist der Ortsvektor</td><td>Farbraume nach Rösch, $\mathfrak{Y}$ ist der „Helligkeitsvektor"</td></tr>
<tr><td colspan="2">für die Farbe mit den Komponenten</td></tr>
<tr><td>$\mathfrak{F} = (X_1, X_2, X_3)$</td><td>$\mathfrak{Y} = (O, O, Y)$</td></tr>
<tr><td colspan="2">Die Summe der Farbänderungsvektoren ist hiernach ein von dem Farbort $\mathfrak{F}$</td></tr>
<tr><td>nach dem Schwarzpunkte S</td><td>nach dem Farbort x, y in der Grundebene</td></tr>
<tr><td colspan="2">weisender Vektor von der Länge</td></tr>
<tr><td>des Ortsvektors $\mathfrak{F}$</td><td>des Helligkeitsvektors $\mathfrak{Y}$</td></tr>
<tr><td colspan="2">Das aus den drei Farbänderungsvektoren aufgebaute Parallelepiped liegt mit der zu der Ecke in $\mathfrak{F}$ diagonalen Ecke</td></tr>
<tr><td>im Schwarzpunkt S</td><td>im Farborte x, y in der x-, y-Grundebene.</td></tr>
<tr><td colspan="2">Der Farbkörper ist durch die Linien $dc_1 = dc_2 = dc_3 = dc$ in infinitesimale Parallelepipede zerlegt. Die Raumdiagonalen sämtlicher Parallelepipede fallen mit dem Summenvektor $-\mathfrak{F}$ bzw. $-\mathfrak{Y}$ zusammen und sind wie dieser auf den</td></tr>
<tr><td>Schwarzpunkt S zu gerichtet.</td><td>Farbort x,y in der x, y-Ebene</td></tr>
<tr><td colspan="2">Die Raumdiagonalen der infinitesimalen Parallelepipede haben in</td></tr>
<tr><td>konz. Kugelflächen um den Schwarzpunkt S die gleiche Länge.</td><td>Ebenen parallel zur Grundfläche x, y</td></tr>
<tr><td colspan="2">Wegen der Linearität der</td></tr>
<tr><td>Gleichung (10a) in $\mathfrak{F}$ sind die auf einem Strahl durch den Schwarzpunkt S</td><td>Gleichung (16c) in Y sind die auf einer Geraden senkrecht über einem Farbort (Y-Richtung)</td></tr>
<tr><td colspan="2">liegenden Elementar-Parallelepipede</td></tr>
<tr><td>in radialer, vom Schwarzpunkt S ausgehender Richtung</td><td>in paralleler, vom Farbort x, y ausgehender senkrechter Richtung</td></tr>
<tr><td colspan="2">proportional</td></tr>
<tr><td>der Länge des Ortsvektors $\mathfrak{F}$ (Abstand vom Schwarzpunkt) in radialer Richtung</td><td>dem Werte der Y-Koordinate (Abstand von der x, y-Grundebene in vertikaler Richtung)</td></tr>
</table>

<table>
<tr><td colspan="2" align="center">gestreckt; ansonsten liegen die zugeordneten</td></tr>
<tr><td>Vektoren $\mathfrak{p}_1$, $\mathfrak{p}_2$, $\mathfrak{p}_3$</td><td>q_1, q_2, q_3</td></tr>
<tr><td colspan="2" align="center">für verschiedene Abstände</td></tr>
<tr><td>vom Schwarzpunkt S</td><td>von der x, y-Grundebene</td></tr>
<tr><td colspan="2" align="center">jeweils immer in der gleichen</td></tr>
<tr><td>durch den Schwarzpunkt S</td><td>durch den Farbort x, y in der Grundebene</td></tr>
<tr><td colspan="2">bestimmten Ebene.</td></tr>
<tr><td colspan="2" align="center">Deutet man also die Vektoren</td></tr>
<tr><td>$\mathfrak{p}_1$, $\mathfrak{p}_2$, $\mathfrak{p}_3$</td><td>$\mathfrak{q}_1$, $\mathfrak{q}_2$, $\mathfrak{q}_3$</td></tr>
<tr><td colspan="2" align="center">im Sinne der Statik als Spannkräfte, den</td></tr>
<tr><td>Ortsvektor F</td><td>Vektor $\mathfrak{Y}$</td></tr>
<tr><td colspan="2" align="center">als Druckkraft, so besagt</td></tr>
<tr><td>Die Gleichung (10a)</td><td>die Gleichung (18)</td></tr>
</table>

daß die genannten Kräfte in jedem Punkte des subtraktiven Farbkörpers im Gleichgewicht stehen.

Man erkennt aus dieser Gegenüberstellung die strenge Gesetzmäßigkeit, in der die metrischen Eigenschaften des subtraktiven Farbmischkörpers in den beiden Farbräumen in Beziehung stehen.

2.5 Erweiterung der Theorie auf allgemeine Farbräume

Die im vorhergehenden Abschnitt aufgewiesene Analogie im Aufbau des subtraktiven Farbkörpers im affinen Vektorraum der Farben und dem nicht-affinen IBK-Röschraum legt nahe, diesen Fall als Einzelfall allgemeinerer in beliebigen Farbräumen oder wenigstens in bestimmten Gruppen solcher Farbräume gültigen Gesetze zu vermuten. Der Zweck des vorliegenden Abschnittes soll deshalb sein, die gewonnenen Erkenntnisse zu einer allgemeinen Theorie über die artverwandten Eigenschaften des subtraktiven Farbkörpers bei deren Transformation zu erweitern. Dabei gehen wir als Grundlage wieder von dem trichromatischen Farbraum („Farbraum I") aus[1], in dem der Ort einer aus drei Primärfarben subtraktiv ermischten Mischfarbe durch die Gleichung (6a) gegeben ist, die wir in der allgemeinen Form

$$X_i = X_i\,(c_1, c_2, c_3) \qquad i = 1, 2, 3 \tag{19}$$

schreiben: Die c_i sind, wie früher, die Konzentrationswerte der drei Primärfarben; die Gleichung (19) stellt also die Transformation des Konzentrationsraumes in den trichromatischen (affinen) Farbraum dar. Die Transformation dieses Farbraumes in einen zweiten Farbraum („Farbraum II"), mit den „Farbkoordinaten" f_1, f_2, f_3 lautet dann

$$f_i = f_i\,(X_1, X_2, X_3) \qquad i = 1, 2, 3 \tag{20}$$

[1] Es könnte natürlich auch ein beliebiger affiner Farbraum sein.

wobei wir vermerken, daß über (19) damit auch die f_i als Funktionen der Parameter c_i (des Vektors $\mathfrak{c}$) dargestellt sind, also

$$f_i = f_i(X_1[\mathfrak{c}], X_2[\mathfrak{c}], X_3[\mathfrak{c}]) = \varphi i(c_1, c_2, c_3) \qquad i = 1, 2, 3 \tag{21}$$

2.51 Verhalten der Farbänderungsvektoren bei der Transformation. Wir untersuchen, wie früher, die Struktur des in den Farbraum II transformierten subtraktiven Farbkörpers wieder an den „Farbänderungsvektoren", also an den Größen $\frac{\partial fi}{\partial c_1}, \frac{\partial fi}{\partial c_2}, \frac{\partial fi}{\partial c_3}$. Es ist dann unter Beachtung der Gleichung (20) und (19) und der bekannten Differentiationsregeln:

$$\frac{\partial f_1}{\partial c_i} = \frac{\partial f_1}{\partial X_1} \cdot \frac{\partial X_1}{\partial c_i} + \frac{\partial f_1}{\partial X_2} \cdot \frac{\partial X_2}{\partial c_i} + \frac{\partial f_1}{\partial X_3} \cdot \frac{\partial X_3}{\partial c_i}; \; i = 1, 2, 3 \tag{22}$$

Analoge Gleichungen gelten für $\frac{\partial f_2}{\partial c_i}$ und $\frac{\partial f_3}{\partial c_i}$.

Führen wir, wie früher, für die Farbänderungsvektoren mit den Komponenten $\frac{\partial X_1}{\partial c_i}, \frac{\partial X_2}{\partial c_i}, \frac{\partial X_3}{\partial c_i}$ die Bezeichnungen $\mathfrak{p}_i$ ein, so läßt sich (22) und die entsprechenden Gleichungen für f_2, f_3 und alle c_i auch in der kurzen Vektorform

$$\frac{\partial f_k}{\partial c_i} = \mathfrak{p}_i \operatorname{grad} f_k (X_1, X_2, X_3) \quad i = 1, 2, 3 \text{ bei jeweils festem } k \tag{23}$$

schreiben.

Durch Summation von (22) über $i = 1$ bis 3 folgt unter Beachtung von (10)

$$\begin{aligned} \frac{\partial f_1}{\partial c_1} + \frac{\partial f_1}{\partial c_2} + \frac{\partial f_1}{\partial c_3} &= -\left(X_1 \cdot \frac{\partial f_1}{\partial X_1} + X_2 \frac{\partial f_1}{\partial X_2} + X_3 \frac{\partial f_1}{\partial X_3}\right) \\ \frac{\partial f_2}{\partial c_1} + \frac{\partial f_2}{\partial c_2} + \frac{\partial f_2}{\partial c_3} &= -\left(X_1 \cdot \frac{\partial f_2}{\partial X_1} + X_2 \frac{\partial f_2}{\partial X_2} + X_3 \frac{\partial f_2}{\partial X_3}\right) \\ \frac{\partial f_3}{\partial c_1} + \frac{\partial f_3}{\partial c_2} + \frac{\partial f_3}{\partial c_3} &= -\left(X_1 \cdot \frac{\partial f_3}{\partial X_1} + X_2 \frac{\partial f_3}{\partial X_2} + X_3 \frac{\partial f_3}{\partial X_3}\right) \end{aligned} \tag{24}$$

Diese Gleichungen lassen sich auch in einfacher Weise schreiben

$$\frac{\partial f_k}{\partial c_1} + \frac{\partial f_k}{\partial c_2} + \frac{\partial f_k}{\partial c_3} = -\mathfrak{F} \cdot \operatorname{grad} f_k \qquad k = 1, 2, 3 \tag{25}$$

worin $\mathfrak{F}$ den Farbvektor in dem vorausgesetzten trichromatischen Farbraume (oder in einem beliebigen affinen Farbraume) bedeutet.

Die Darstellung (25) läßt eine einfache geometrische Deutung zu:

Denkt man sich die Funktionen f_k z. B. $f_1 = f_1(X_1, X_2, X_3)$ in Form von Potentiallinien $f_1 =$ const (mit dem differentiellen Abstand df_1 in dem Farbraume I eingetragen (Abb. 14), so ist der Wert der linken Seite von (25), welcher die f_1-Komponente des in der Raumdiagonalen des Elementarepipedes verlaufenden resultierenden Vektors im Farbraume II ist, gleich dem skalaren Produkt des Farb-(Orts-)-vektors $\mathfrak{F}$

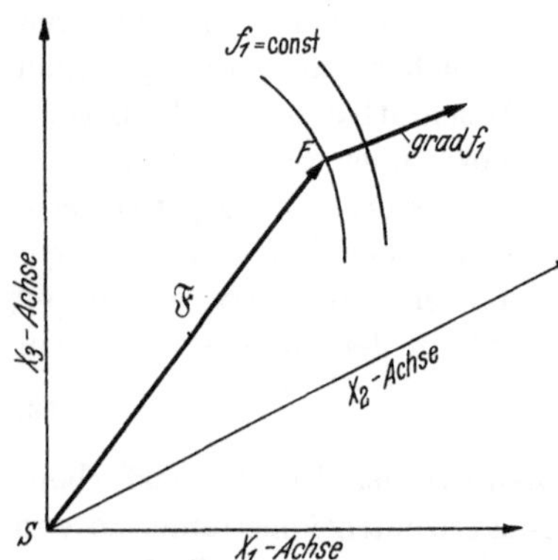

Abb. 14. Zur Darstellung der Gleichung $\frac{\partial f}{\partial c_1} + \frac{\partial f}{\partial c_2} + \frac{\partial f}{\partial c_3} = \mathfrak{F} \operatorname{grad} f$ (X_1, X_2, X_3). Das Vektorprodukt ist Null, wenn der grad f auf dem Ortsvektor $\mathfrak{F}$ senkrecht steht.

mit dem Gradientenvektor im Farbraume I. Das Entsprechende gilt für die Transformationsfunktionen f_2 und f_3.

Aus (25) geht hervor, daß eine der f_k-Komponenten nur dann Null sein kann, wenn der grad f_k auf dem Ortsvektor $\mathfrak{F}$ senkrecht steht. Soll das für eine oder zwei der Komponenten über den ganzen Farbraum II gelten, so ist hierzu notwendig, daß sich die betr. Niveauflächen $f_k = \text{const}$ aus lauter Strahlen aufbauen, die durch den Null-(Schwarz-)Punkt des Farbraumes gehen[1].

Wir wollen versuchen, uns an Hand von einfachen Beispielen ein anschauliches Bild von den geometrischen Verhältnissen zu machen. Zu diesem Zwecke wollen wir die in Abschnitt 2.2 und 2.3 behandelten Fälle erst einmal verifizieren:

Für den affinen Farbraum gilt (11); hieraus berechnet sich, indem man f_i an Stelle von L_i in (11) schreibt:

$$\frac{\partial f_i}{\partial X_1} = \alpha_i\,; \qquad \frac{\partial f_i}{\partial X_2} = \beta_i\,; \qquad \frac{\partial f_i}{\partial X_3} = \gamma_i \tag{26}$$

das ergibt nach (24)

$$\frac{\partial f_i}{\partial c_1} + \frac{\partial f_i}{\partial c_2} + \frac{\partial f_i}{\partial c_3} = -(\alpha_i X_1 + \beta_i X_2 + \gamma_i X_3) = -f_i \tag{27}$$

was mit (10) identisch ist. Aus (26) erkennt man gleichzeitig, daß nur lineare Funktionen die in (27) ausgedrückte Eigenschaft haben können.

Für den IBK-Farbraum nach Rösch gilt (14), woraus sich ergibt:

$$\frac{\partial f_1}{\partial X_1} = \frac{S - X_1}{S^2} \qquad \frac{\partial f_1}{\partial X_2} = -\frac{X_1}{S^2} \qquad \frac{\partial f_1}{\partial X_3} = -\frac{X_1}{S^2}$$

$$\frac{\partial f_2}{\partial X_1} = -\frac{X_2}{S^2} \qquad \frac{\partial f_2}{\partial X_2} = \frac{S - X_2}{S^2} \qquad \frac{\partial f_2}{\partial X_3} = -\frac{X_2}{S^2}$$

$$\frac{\partial f_3}{\partial X_3} = 0 \qquad \frac{\partial f_3}{\partial X_2} = 1 \qquad \frac{\partial f_3}{\partial X_3} = 0$$

Nach Einsetzen dieser Werte in (24) ergeben sich unmittelbar die Gleichungen (16a) bis (16c). Da hier die Bedingung

$$\frac{\partial f_k}{\partial c_1} + \frac{\partial f_k}{\partial c_2} + \frac{\partial f_k}{\partial c_3} = 0 \qquad k = 1, 2$$

sowohl für $f_1 = x$ wie für $f_2 = y$ erfüllt ist, müssen die Flächen $f_1 = \text{x}\,(X_1, X_2, X_3) = \text{const}$ und $f_2 = \text{y}\,(X_1, X_2, X_3) = \text{const}$ aus lauter Geraden durch den Schwarzpunkt S bestehen.

Wie man leicht ableitet, sind die Flächen

$\text{x} = \dfrac{X_1}{X_1 + X_2 + X_3} = \text{const}$ und $\text{y} = \dfrac{X_2}{X_1 + X_2 + X_3} = \text{const}$ Ebenen (Ebenenbüschel) durch die in der X_2, X_3-Ebene liegende Gerade $X_2 + X_3 = 0$ (Abb. 15) bzw. durch die in der X_1, X_3-Ebene liegende Gerade $X_1 + X_3 = 0$.

Die „Kraftlinien" grad f_K sind Kreise z. B. für grad f_1 um die Gerade $X_2 + X_3 = O$; diese stehen, wie man der Abb. 16 entnimmt, immer senkrecht auf jedem beliebigen Ortsvektor; der Wert für $\mathfrak{F} \cdot \text{grad}\, x$ muß also gleich Null sein. Das Entsprechende gilt für y.

[1] Diese Flächen sind eine spezielle Gattung der sog. Regelflächen oder „geradlinigen Flächen", denen in unserem Falle, wie leicht ersichtlich, die Eigenschaft der Abwickelbarkeit auf die Ebene zukommt.

Zur Diskussion der Gleichungen (24) wollen wir nunmehr einige Sonderfälle der Transformationen $f_K(X_1, X_2, X_3)$ herausgreifen.

1. Besonders einfach und übersichtlich ist die Transformation, wenn jede der Funktionen nur von jeweils einer Veränderlichen abhängt. Ist z. B. im einfachsten Falle $f_1 = f_1(X_1)$, $f_2 = f_2(X_2)$, $f_3 = f_3(X_3)$, so wird

$$\begin{aligned} \frac{\partial f_1}{\partial c_1} + \frac{\partial f_1}{\partial c_2} + \frac{\partial f_1}{\partial c_3} &= - \frac{\partial f_1}{\partial X_1} \cdot X_1 \\ \frac{\partial f_2}{\partial c_1} + \frac{\partial f_2}{\partial c_2} + \frac{\partial f_2}{\partial c_3} &= - \frac{\partial f_1}{\partial X_2} \cdot X_2 \\ \frac{\partial f_3}{\partial c_1} + \frac{\partial f_3}{\partial c_2} + \frac{\partial f_3}{\partial c_3} &= - \frac{\partial f_3}{\partial X_3} \cdot X_3 \end{aligned} \tag{28}$$

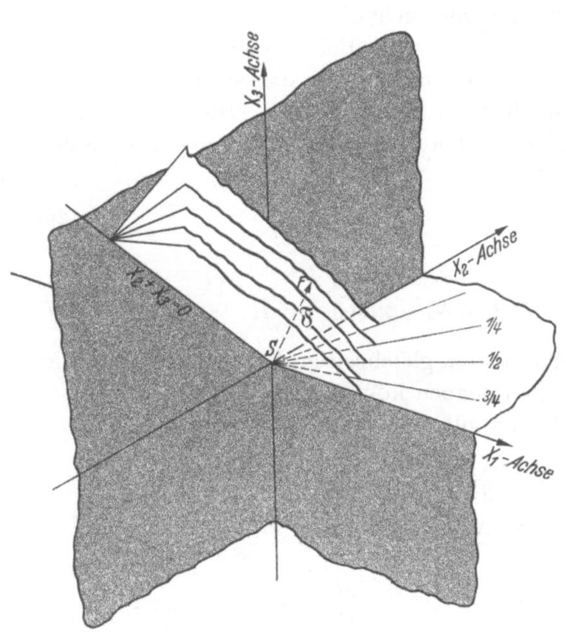

Abb. 15. Die Flächen $x = \dfrac{X_1}{X_1 + X_2 + X_3} = \text{const}$ des Röschraumes stellen im trichromatischen Farbraume ein Ebenenbüschel durch die in der Ebene $X_1 = 0$ verlaufende Gerade $X_2 + X_3 = 0$ dar. Jeder beliebige Radiusvektor $\mathfrak{F}$ liegt in einer Ebene dieses Büschels.

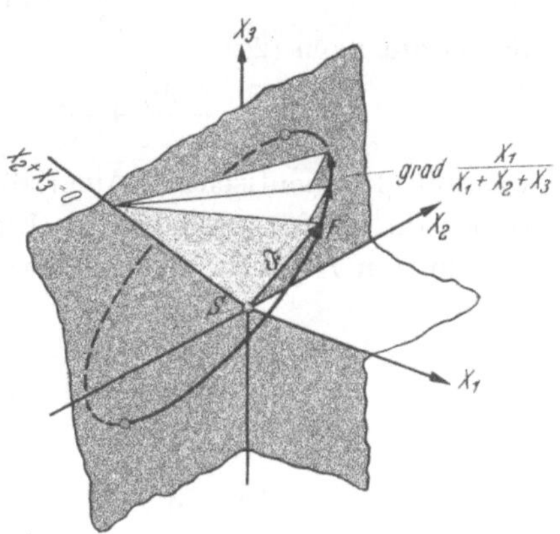

Abb. 16. Der Gradient des Ebenenbüschels Abb. 15 steht in jedem Punkte F senkrecht auf dem Radiusvektor $\mathfrak{F}$, es ist deshalb

$$\mathfrak{F} \cdot \operatorname{grad} x = 0 \left(X = \frac{X_1}{X_1 + X_2 + X_3} \right).$$

Dann ist die Summe der Änderungen von jedem der drei f_i mit c_1, c_2, c_3 jeweils nur von der Änderung des gleichen f_k von nur einer Koordinate des x_1-, x_2-, x_3-Farbraumes abhängig. Der Farbraum II geht also aus dem Farbraume I lediglich durch eine (im allgemeinen ungleichmäßige) Dehnung in Richtung der Koordinatenachsen hervor.

Beispiel 1: Ein einfacher Fall dieser Art liegt vor, wenn

$$\begin{aligned} f_1 &= \ln X_1 \\ f_2 &= \ln X_2 \\ f_3 &= \ln X_3 \end{aligned} \tag{29}$$

ist, d. h. wenn die trichromatischen Farbachsen alle in gleicher Weise logarithmisch verzerrt werden.

Dann ist

$$\frac{\partial f_1}{\partial c_1} + \frac{\partial f_1}{\partial c_2} + \frac{\partial f_1}{\partial c_3} = -1$$
$$\frac{\partial f_2}{\partial c_1} + \frac{\partial f_2}{\partial c_2} + \frac{\partial f_2}{\partial c_3} = -1 \qquad (30)$$
$$\frac{\partial f_3}{\partial c_1} + \frac{\partial f_3}{\partial c_2} + \frac{\partial f_3}{\partial c_3} = -1$$

Das bedeutet:

Satz 19: Bei logarithmischer Transformation des affinen Farbraumes in allen Achsenrichtungen nehmen die Raumdiagonalen der elementaren Parallelepipede eines subtraktiven Farbmischkörpers sämtlich eine zur (positiven) Raumdiagonale anti-parallele Richtung und gleiche Länge an; ihre Länge ist $\sqrt{3} \cdot dc$ (Abb. 17) und damit gleich der Diagonalenlänge des Elementarwürfels im Konzentrationsraume.

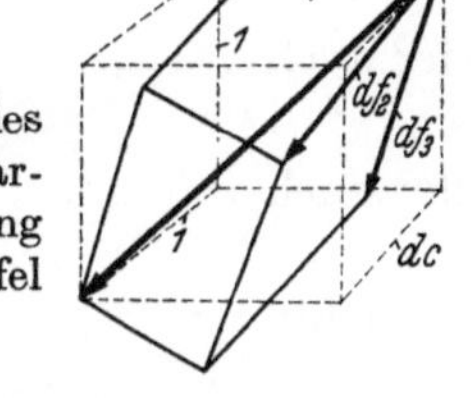

Abb. 17. Bei der logarithmischen Transformation der drei Achsen des trichromatischen Farbraumes werden die Diagonalen der Elementarepipede eines subtraktiven Farbkörpers der Länge und der Richtung nach (entgegengesetzt) gleich den Diagonalen der Elementarwürfel im Konzentrationsraume.

Aus dem Beispiel 2 (s. u.) geht hervor, daß es noch andere Transformationen gibt, bei denen — abgesehen von der Richtung — die Raumdiagonalen sämtlicher Elementar-Parallelepipede eines subtraktiven Farbkörpers parallele Richtung und gleiche Länge aufweisen.

Das Ergebnis bleibt wegen der Symmetrie von (24) in den x_i das gleiche, wenn man in der Transformation (29) die Zuordnung der f_i zu den x_i beliebig vertauscht. Weiterhin rechnet man leicht nach, daß sich ganz allgemein für Transformationen der Gestalt

$$f_i = \ln L_i (X_1, X_2, X_3) \qquad i = 1, 2, 3,$$

die Gleichungen (30) ergeben, wo die L_i drei lineare Funktionen von X_1, X_2, X_3 bedeuten (logarithmische Transformationen des affinen Farbraumes).

Beispiel 2: Zu einer weiteren einfachen metrischen Beziehung im subtraktiven Farbmischkörper kommt man, wenn man f_1 und f_2 gleich den Koordinaten x, y im IBK-Röschfarbkörper wählt und nur die dritte Koordinate $Y = X_2$ logarithmisch verzerrt, d. h., wenn

$$f_1 = x = \frac{X_1}{S} \qquad S = X_1 + X_2 + X_3$$
$$f_2 = y = \frac{X_2}{S} \qquad (31)$$
$$f_3 = \ln Y = \ln X_2$$

gesetzt wird; dann wird (s. o.)

$$\frac{\partial f_1}{\partial c_1} + \frac{\partial f_1}{\partial c_2} + \frac{\partial f_1}{\partial c_3} = 0$$
$$\frac{\partial f_2}{\partial c_1} + \frac{\partial f_2}{\partial c_2} + \frac{\partial f_2}{\partial c_3} = 0 \qquad (31a)$$
$$\frac{\partial f_3}{\partial c_1} + \frac{\partial f_3}{\partial c_2} + \frac{\partial f_3}{\partial c_3} = -1$$

Das heißt:

Satz 20: Im Röschfarbraume sind die Raumdiagonalen der Elementarzellen eines beliebigen subtraktiven Farbmischkörpers alle von gleicher Länge und parallel auf den Fußpunkt (Farbort in der x, y-Ebene) zu gerichtet. Die Länge der Raumdiagonalen ist gleich der Kantenlänge eines Elementarwürfels im Konzentrationsraume.

Diese Eigenschaft kommt nicht allein der Transformation (31) zu, sondern allen Transformationsfunktionen f_k, die die Differentialgleichungen (31a) erfüllen.

Spezielle Funktionen dieser Art sind z. B.

a) für f_1 und f_2:

$$X_1^\alpha \cdot X_2^\beta \cdot X_3^\gamma \quad \text{mit}\ \alpha + \beta + \gamma = 0,$$

oder auch

$$\ln\left(X_1^\alpha \cdot X_2^\beta \cdot X_3^\gamma\right) \ \text{mit}\ \alpha + \beta + \gamma = 0,$$

oder auch

$$\ln\left(\frac{X_1}{X_1 + X_2 + X_3}\right) \ \text{bzw.}\ \ln\left(\frac{X_2}{X_1 + X_2 + X_3}\right)$$

b) für f_3:

$$X_1^\alpha \cdot X_2^\beta \cdot X_3^\gamma \quad \text{mit}\ \alpha + \beta + \gamma = 1;$$

oder auch

$$\ln\left(X_1^\alpha \cdot X_2^\beta \cdot X_3^\gamma\right) \ \text{mit}\ \alpha + \beta + \gamma = 1;$$

insbesondere

$$\frac{1}{2}\ln(X_1 \cdot X_2) \ \text{oder}\ \frac{1}{2}\ln(X_2 \cdot X_3) \ \text{oder}\ \frac{1}{2}\ln(X_3 \cdot X_1);$$

des weiteren

$$\ln(a X_1 + b X_2 + c X_3)$$

Bemerkt sei, daß es eine Raumtransformation $f_i\ (X_1, X_2, X_3)$ des Farbraumes mit voneinander unabhängigen Funktionen f_i, die alle drei der Bedingung

$$\frac{\partial f_i}{\partial X_1} + \frac{\partial f_i}{\partial X_2} + \frac{\partial f_i}{\partial X_3} = 0 \qquad i = 1, 2, 3$$

genügen, weder aus physikalischen noch aus mathematischen Gründen geben kann. Da nämlich (unter Ausschluß des Schwarzpunktes) $\mathfrak{F} = \mathfrak{F}\ (X_1, X_2, X_3)$ immer ein endlicher Vektor ist, müßte die Funktionaldeterminante dieser Transformation

$$\frac{D(f_1, f_2, f_3)}{D(X_1, X_2, X_3)} = 0$$

sein; das würde aber bedeuten, daß die Funktionen f_1, f_2, f_3 voneinander abhängig wären, was im Widerspruch zur Voraussetzung steht.

Das folgende

Beispiel 3 soll diesen Sachverhalt erläutern: Es sei

$$f_1 = \frac{X_1}{S} \qquad \text{mit}\ S = X_1 + X_2 + X_3$$

$$f_2 = \frac{X_2}{S}$$

$$f_3 = X_1^{\alpha} \cdot X_2^{\beta} \cdot X_3^{-(\alpha+\beta)}$$

Die Funktionaldeterminante heißt, wenn wir setzen

$$\frac{\partial f_1}{\partial X_1} = \alpha X_1^{\alpha-1} \cdot X_2^{\beta} \cdot X_3^{-(\alpha+\beta)} = \alpha \cdot \frac{f_3}{X_1}; \quad \frac{\partial f_3}{\partial X_2} = \beta \cdot \frac{f_3}{X_2}; \quad \frac{\partial f_3}{\partial X_3} = -(\alpha+\beta)\frac{f_3}{X_3}$$

$$\frac{D(f_1 f_2 f_3)}{D(X_1 X_2 X_3)} = \begin{vmatrix} \frac{S-X_1}{S^2} & -\frac{X_1}{S^2} & -\frac{X_1}{S^2} \\ -\frac{X_2}{S^2} & \frac{S-X_2}{S^2} & -\frac{X_2}{S^2} \\ \alpha \cdot \frac{f_3}{X_1} & \beta \cdot \frac{f_3}{X_2} & -(\alpha+\beta)\frac{f_3}{X_3} \end{vmatrix}$$

Diese Determinante ist aber gleich Null, da die dritte Spalte eine Linearkombination der ersten beiden Spalten ist, und zwar ist

$$X_1 \cdot \text{Spalte } 1 + X_2 \ \text{Spalte } 2 + X_3 \ \text{Spalte } 3 = 0$$

Die damit bewiesene Abhängigkeit der vorgegebenen Funktionen voneinander wird durch die Gleichung

$$f_3 = f_1^{\alpha} \cdot f_2^{\beta} \cdot (1 - f_1 - f_2)^{-(\alpha+\beta)}$$

zum Ausdruck gebracht.

Zur Diskussion der Flächenschar $f_3 = X_1^{\alpha} \cdot X_2^{\beta} \cdot X_3^{-(\alpha+\beta)} = \text{const} = C$ beachten wir, daß sie sich in der Form

$$\left(\frac{X_1}{X_3}\right)^{\alpha} \cdot \left(\frac{X_2}{X_3}\right)^{\beta} = \text{const} = C$$

schreiben läßt. Für eine bestimmte Konstante C wird die gesuchte Fläche von den Schnittlinien der Ebenen $\frac{X_1}{X_3} = c_1$, $\frac{X_2}{X_3} = c_2$ gebildet, das sind Geraden durch den Nullpunkt, wobei je zwei sich in einer Geraden schneidende Ebenen durch die Bedingung $c_1^{\alpha} \cdot c_2^{\beta} = C$ einander zugeordnet sind. Die räumliche Gestalt einer Fläche der gesamten Schar ergibt sich anschaulich, indem man diese mit der zur X_2-, X_3-Achse parallelen Ebene $X_1 = \text{const} = X_1^{\circ}$ schneidet; die Rechnung ergibt

$$X_3 = C' X_2^{\alpha} \quad \text{mit } C' = C^{(\alpha+\beta)} \cdot X_1^{o\beta}$$

Das sind, je nach Größe von α (Abb. 18): Parabeln ($\alpha > 0$ mit dem Spezialfall einer Geraden [$\alpha = 1$]) oder Hyperbeln ($\alpha > 0$); dazwischen liegt der Fall einer Parallelen zur X_2-Achse ($\alpha = 0$).

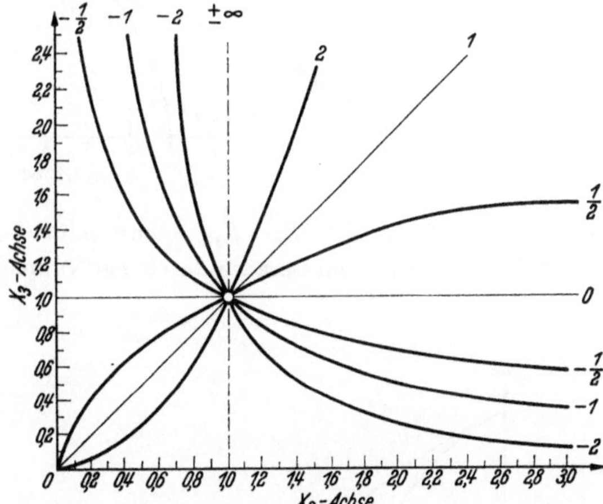

Abb. 18. Die Kurvenschar $X_3 = X_2^{\alpha}$ für alle möglichen α-Werte. Die Kurven sind
für $-\infty < \alpha < 0$ Hyperbeln
für $0 < \alpha < \infty$ Parabeln
für $\alpha = 0$ die zur X_2-Achse parallele Gerade $X_3 = 1$
für $\alpha = \pm\infty$ die zur X_3-Achse parallele Gerade $X_2 = 1$.

In der Abb. 19 ist die gesuchte Fläche perspektivisch für $\alpha = \frac{1}{2}$ dargestellt.

Da die Flächen $f_3 = C$ für alle C durch Radialstrahlen vom Ursprung S aus erzeugt werden, muß der Gradient von f_3 senkrecht auf diesen Strahlen stehen; die differentiellen Fortschrittsrichtungen fügen sich zu einem Kurvenbogen zusammen, dessen Elemente in jedem Punkte senkrecht auf dem Radiusvektor $\mathfrak{F}$ stehen. Diese Kurve verläuft also auf der Oberfläche einer Kugel mit dem Koordinatenursprung als Mittelpunkt (vgl. Abb. 20). An diesem Beispiele wird deutlich, daß die grund-

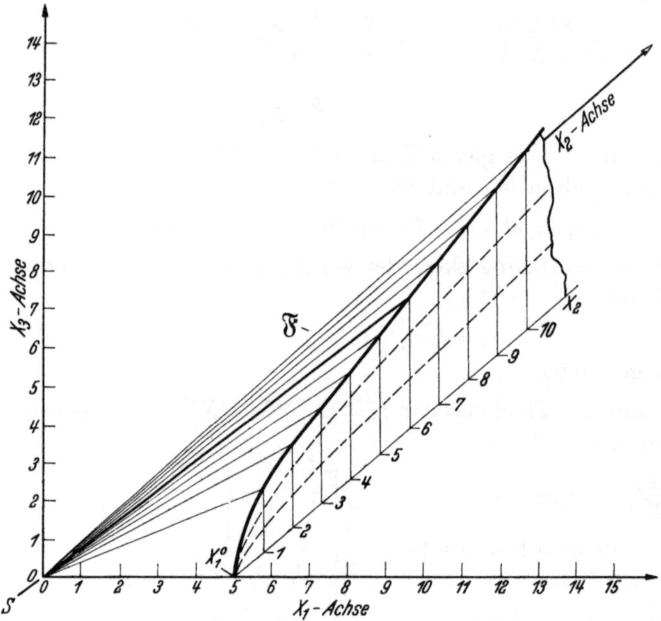

Abb. 19. Die Fläche $X_1^{\alpha} \cdot X_2^{\beta} \cdot X_3^{\gamma} = \text{const}$ mit $\alpha + \beta + \gamma = 0$ für $\alpha = \frac{1}{2}$. Jede Fläche dieser Flächenschar wird von Geraden durch den Nullpunkt S des Koordinatensystemes erzeugt.

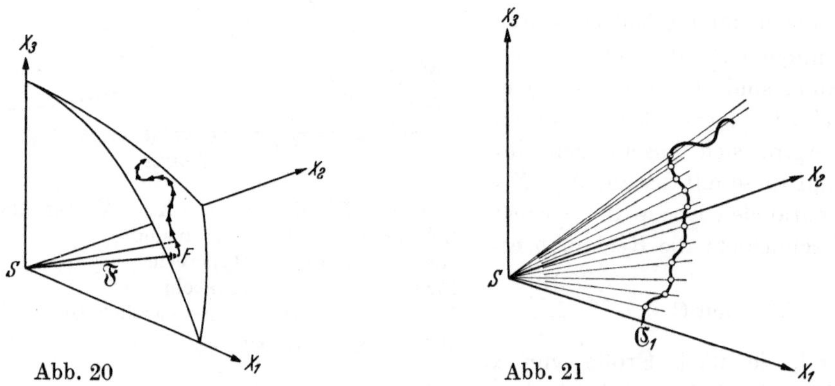

Abb. 20 Abb. 21

Abb. 20. Für die als Potentialflächen gedeuteten Flächen $f(X_1, X_2, X_3) = \text{const}$, geben die Vektoren grad f die Richtung der „Kraftlinien“ an. Ist $\mathfrak{F}$ grad $f = 0$, so müssen diese Kraftlinien auf der Oberfläche von konzentrischen Kugeln um den Nullpunkt liegen.

Abb. 21. Der allgemeinste Fall einer Flächenschar $f(X_1, X_2, X_3)$, für die $\mathfrak{F}$ grad $f = 0$ ist, stellen die Flächen dar, welche durch Verbindung einer einparametrigen, im Raume verlaufenden, Kurvenschar mit dem Nullpunkte entstehen.

sätzlichen Überlegungen und mathematischen Beziehungen für jede Flächenschar $f_3(X_1, X_2, X_3) = C$ gültig bleiben, die entsteht, wenn man den Koordinatenursprung S mit einer beliebigen einparametrigen im Oktanten $X_1, X_2, X_3 \geqq 0$ verlaufenden Kurvenschar verbindet (Abb. 21).

2.52 Flächen und Raumbeziehungen in transformierten Farbräumen

Unser Interesse gilt in folgendem dem zweidimensionalen Netz der Linien $c_1, c_2 =$ const bzw. $c_2, c_3 =$ const bzw. $c_3, c_1 =$ const in einer Ebene $f_i =$ const ($i = 1$ oder 2 oder 3) des transformierten Farbraumes: ein Beispiel dieser Art ist das in Abb. 8a in der x-, y-Farbebene dargestellte Netz (vgl. Abschn. 2.31). Wir fragen hierbei nach der Flächengröße der zwischen dem ebenen Liniennetz liegenden Elementarparallelogramme.

Die Flächengröße J_{12} des durch die Farbänderungsvektoren $\mathfrak{p}_1$ und $\mathfrak{p}_2$ aufgespannten Parallelogramme in der Ebene $f_3 =$ const ist unter Beachtung von (23) gegeben durch

$$J_{12} = \begin{vmatrix} \frac{\partial f_1}{\partial c_1} & \frac{\partial f_1}{\partial c_2} \\ \frac{\partial f_2}{\partial c_1} & \frac{\partial f_2}{\partial c_2} \end{vmatrix} = \begin{vmatrix} \mathfrak{p}_1 \operatorname{grad} f_1 & \mathfrak{p}_2 \operatorname{grad} f_1 \\ \mathfrak{p}_1 \operatorname{grad} f_2 & \mathfrak{p}_2 \operatorname{grad} f_2 \end{vmatrix} \tag{32}$$

Unter Benutzung einer bekannten Vektorenformel für die Determinante auf der rechten Seite[1] ergibt sich

$$J_{12} = (\mathfrak{p}_1 \times \mathfrak{p}_2)(\operatorname{grad} f_1 \times \operatorname{grad} f_2)$$

was, in Determinantenform geschrieben, ergibt:

$$J_{12} = \begin{vmatrix} \mathfrak{i} & \mathfrak{j} & \mathfrak{k} \\ \frac{\partial X_1}{\partial c_1} & \frac{\partial X_2}{\partial c_1} & \frac{\partial X_3}{\partial c_1} \\ \frac{\partial X_1}{\partial c_2} & \frac{\partial X_2}{\partial c_2} & \frac{\partial X_3}{\partial c_2} \end{vmatrix} \begin{vmatrix} \mathfrak{i} & \mathfrak{j} & \mathfrak{k} \\ \frac{\partial f_1}{\partial X_1} & \frac{\partial f_1}{\partial X_2} & \frac{\partial f_1}{\partial X_3} \\ \frac{\partial f_2}{\partial X_1} & \frac{\partial f_2}{\partial X_2} & \frac{\partial f_2}{\partial X_3} \end{vmatrix} \qquad \begin{array}{c} \mathfrak{i}, \mathfrak{j}, \mathfrak{k} = \\ \text{Einheitsvektoren} \\ \text{in den drei} \\ \text{Achsenrichtungen } f_i \end{array} \tag{33}$$

Führen wir die Abkürzungen $\frac{\partial X_i}{\partial c_k} = X_{ik}$ und $\frac{\partial f_i}{\partial X_k} = f_{ik}$ ein, so lautet (33) in ausgeschriebener Form

$$\begin{aligned} J_{12} = {} & (X_{21} X_{32} - X_{31} X_{22})(f_{12} f_{23} - f_{13} f_{22}) + (X_{31} X_{12} - X_{11} X_{32}) \times \\ & \times (f_{13} f_{21} - f_{11} f_{23}) + (X_{11} X_{22} - X_{21} X_{12})(f_{11} f_{22} - f_{12} f_{21}) \end{aligned} \tag{33a}$$

Hieraus ist ersichtlich, daß der gesuchte Flächeninhalt in komplizierter Weise von allen Ableitungen, sowohl der X_i nach den c_k als auch der f_i nach den X_k abhängig ist.

Die Klammerausdrücke, die die X_{ik} enthalten, stellen den Flächeninhalt der Projektionen auf die durch die Koordinatenachsen X_1, X_2, X_3 gehenden Ebenen von dem zwischen den Vektoren $\mathfrak{p}_1$ und $\mathfrak{p}_2$ im Raume aufgespannten Parallelogramm dar. Für eine lineare Transformation $f_i = L_i(X_1, X_2, X_3)$ sind die Klammerausdrücke, die die f_{ik} enthalten, im ganzen Farbraume II Konstanten; der Flächeninhalt wird damit im ganzen Farbraume eine feste Linearkombination der genannten drei Teilflächen im ursprünglichen Farbraume.

---

[1] Siehe z. B. M. LAGALLY, Vorlesungen über Vektorrechnung, Leipzig 1945, 3. A., S. 33.

Analoge Gleichungen wie (33) und (33a) gelten für J_{23} und J_{31}, wobei man zu beachten hat, daß sich die Indizes der J_{ik} nur auf die Indizes der c_i und c_k beziehen, also nur auf den zweiten Index der Größen X_{mn}.

Beispiel: Um ein anschauliches Bild von (33a) zu gewinnen, berechnen wir die Fläche J_{12} für die x-, y-Ebene des Röschraumes.

Setzt man die früher (in 2.51) berechneten Werte für die $\frac{\partial f_1}{\partial c_i}$ und $\frac{\partial f_2}{\partial c_i}$ ein, so erhält man aus (33)

$$J_{12} = \frac{1}{S^3} \begin{vmatrix} X_1 & X_2 & X_3 \\ \frac{\partial X_1}{\partial c_1} & \frac{\partial X_2}{\partial c_2} & \frac{\partial X_3}{\partial c_1} \\ \frac{\partial X_1}{\partial c_2} & \frac{\partial X_2}{\partial c_2} & \frac{\partial X_3}{\partial c_2} \end{vmatrix} = \frac{1}{S^3} \mathfrak{F} \cdot [\mathfrak{p}_1 \times \mathfrak{p}_2] \qquad S = X_1 + X_2 + X_3 \tag{33b}$$

Da analoge Gleichungen auch für J_{23} und J_{31} gelten, so besagt (33b):

Satz 21: Der Flächeninhalt des Parallelogrammes in der x-, y-Ebene, das zwischen zwei Farbänderungsvektoren aufgespannt ist, ist zahlenmäßig gleich dem Volumeninhalt des Parallelepipedes in dem (ursprünglichen) affinen Farbraum, das aus den zum entsprechenden Farbort gehörigen drei räumlichen, auf die Farbwertsumme 1 bezogenen Farbänderungsvektoren und dem gleicherweise reduzierten Ortsvektor aufgebaut ist (Abb. 22a und b).

Beachten wir weiterhin die Gleichung (10), so ergibt sich nach bekannten Regeln der Determinantenrechnung

$$J_{12} = -\frac{1}{S^3} \begin{vmatrix} \frac{\partial X_1}{\partial c_1} & \frac{\partial X_2}{\partial c_1} & \frac{\partial X_3}{\partial c_1} \\ \frac{\partial X_1}{\partial c_2} & \frac{\partial X_2}{\partial c_2} & \frac{\partial X_3}{\partial c_2} \\ \frac{\partial X_1}{\partial c_3} & \frac{\partial X_2}{\partial c_3} & \frac{\partial X_3}{\partial c_3} \end{vmatrix} = -\frac{1}{S^3} \frac{D(X_1, X_2, X_3)}{D(c_1, c_2, c_3)} = -\mathfrak{p}_1 [\mathfrak{p}_2 \mathfrak{p}_3]$$

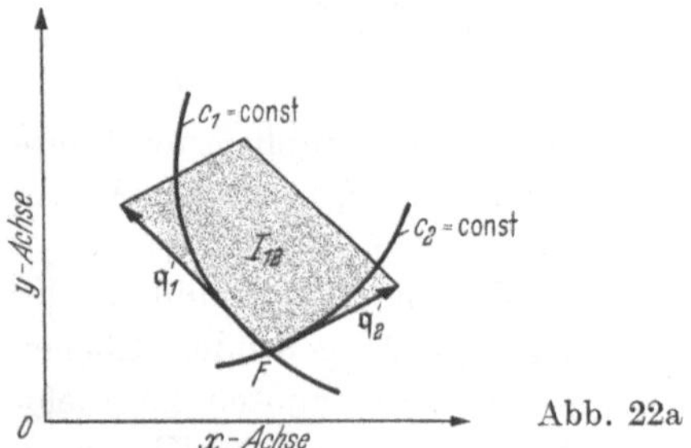

Abb. 22a

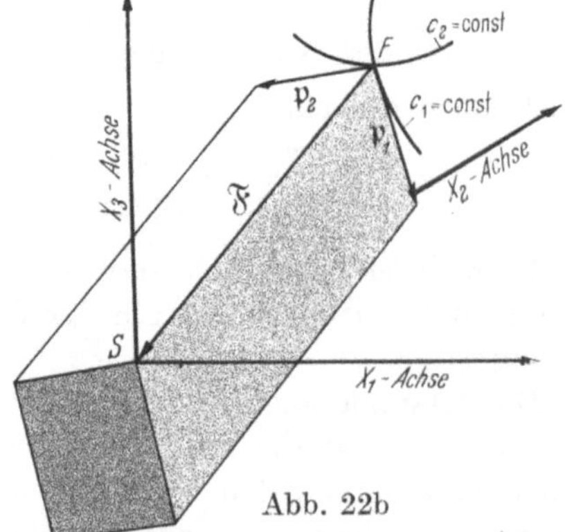

Abb. 22b

Abb. 22. Der Flächeninhalt J_{12} des Parallelogrammes das von den in der x, y-Ebene liegenden Farbänderungsvektoren $\mathfrak{q}_1'$ und $\mathfrak{q}_2'$ des Netzes der Abb. 8a aufgebaut wird (Abb. 22a), ist zahlenmäßig gleich dem Volumen des auf den entsprechenden Farbänderungsvektoren $\mathfrak{p}_1$ und $\mathfrak{p}_2$ im affinen Raume und dem Ortsvektor F (Abb. 22b) aufgebauten Parallelepipedes, geteilt durch die dritte Potenz der Farbwertsumme.

Diese Gleichung besagt:

Satz 22: Die Fläche des zwischen zwei Farbänderungsvektoren in der x, y-Ebene aufgespannten Parallelogramms ist zahlenmäßig gleich der Funktionaldeterminante für die Transformation des Konzentrationsraumes in den affinen Farbraum geteilt durch die dritte Potenz der Farbwertsumme,

oder anschaulicher:

Satz 23: Der Flächeninhalt des Parallelogrammes in der x, y-Ebene, das zwischen zwei in dieser Ebene liegenden Farbänderungsvektoren aufgespannt wird, ist zahlenmäßig gleich dem Volumeninhalt des Parallelepipedes, das an der entsprechenden Stelle des affinen Farbraumes auf den drei auf die Farbwertsumme 1 bezogenen räumlichen Farbänderungsvektoren aufgebaut ist (Abb. 22c).

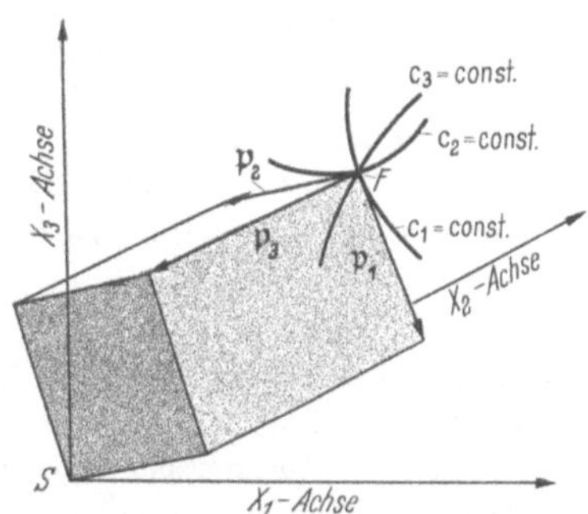

Abb. 22c. Das Parallelepiped Abb. 22b ist wiederum volumengleich dem auf den drei Farbänderungsvektoren $\mathfrak{p}_1$, $\mathfrak{p}_2$, $\mathfrak{p}_3$ aufgebauten Parallelepiped.

Da die Ebene $S = 1$ im affinen Farbraume und die x,y-Ebene, für die bekanntlich ebenfalls $x+y+z=1$ gilt, sich genau entsprechen, so besagt der obige Satz:

Satz 24: Der Flächeninhalt des Parallelogrammes in der x, y-Ebene, das zwischen zwei in dieser Ebene liegenden Farbänderungsvektoren aufgespannt wird, ist zahlenmäßig gleich dem Volumeninhalt des Parallelepipedes, das an der entsprechenden Stelle der Ebene $S = 1$ des affinen Farbraumes aus den dortigen räumlichen Farbänderungsvektoren aufgebaut ist.

Hieraus folgt gleichzeitig, daß der Flächeninhalt der aus je zwei beliebigen der drei zusammengehörigen Farbänderungsvektoren aufgespannten Parallelogramme gleich ist, d. h. es ist

$$J_{12} = J_{23} = J_{31}$$

was auch geometrisch leicht einzusehen ist (Abb. 23).

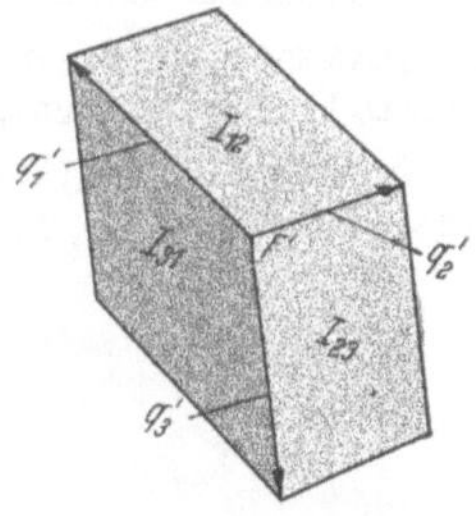

Abb. 23. Die auf den drei von einem Punkte F' in der x,y-Ebene ausgehenden Farbänderungsvektoren q_1', q_2' und q_3' des Netzes der Abb. 8a aufgebauten Parallelogramme J_{12}, J_{23} und J_{31} sind flächengleich.

Die obigen Sätze gelten entsprechend für die Fläche des zwischen zwei unendlich benachbarten Linienpaaren $c_i + dc$ ($i = 1{,}2$ oder $2{,}3$ oder $3{,}1$) in der x, y-Ebene eingeschlossenen Elementarparallelogrammes und dem Volumeninhalt der entsprechenden räumlichen Elementarzelle in dem affinen Farbraume.

3. Zusammenfassung

Es wird gezeigt, daß alle subtraktiven Farbkörper weitgehend unabhängig von den spektralen Eigenschaften der Primärfarben trotz des vielfältigen inneren Aufbaues und der äußeren Gestalt gemeinsame Gesetzmäßigkeiten im Aufbau aufweisen; sie folgen aus der auch bei realen Farbstoffen praktisch immer als erfüllt anzusehenden Bedingung, daß eine subtraktive Mischung von ihnen in geeigneten Konzentrationen wie ein Echtgrau wirkt.

Die Gesetzmäßigkeiten im Aufbau aller dieser Farbkörper werden sowohl im affinen Farbraum als auch im IBK-Röschraum aufgewiesen und in Beziehung gesetzt; die Theorie wird auf allgemeine Farbräume erweitert. Die Ergebnisse werden an einer Zahl von Beispielen erläutert.

Literatur

[1] Neugebauer, H. E. J.: Eine in gewissen Fällen vorteilhafte Darstellung der subtraktiven Mischung von Farben, ZS. wiss. Phot. **36**, 171–182 (1937),.

[2] Hellmig, E.: Beitrag zur mathematischen Behandlung der subtraktiven Farbwiedergabeverfahren, ZS. wiss. Phot. **43**, 68–112 (1948).

[3] Mac Adam, D. L.: Colorimetric Analysis of Dye Mixtures, Jl. Opt. Soc. Am. **39**, 22–30 (1949),

[4] Frieser, H. u. R. Reuther: Zur Theorie der Farbenphotographie, ZS. techn. Physik 77–85 (1938).

[5] Neugebauer, H. E. J.: Über den Körper der optimalen Pigmente, ZS. wiss. Phot. **36**, 18–24 (1937).

[6] Hellmig, E.: Die Berechnung von Farbreizvalenzen ternärer subtraktiver Farbmischungen nach der Methode der Unbuntabspaltung, ZS. wiss. Phot. **45**, 67–84 (1950).

[7] Neugebauer, H. E. J.: Über die farbmetrische Normung, ZS. wiss. Phot. **44**, 193–203, (1949).

[8] Hellmig, E.: Über einige in der Theorie der Farbenphotographie gebräuchliche Farbräume, ZS. Naturforschung 6a (1951), 353–360.

[9] Schultze, W. u. H. Hörmann: Die Darstellung der mit den Agfacolor-Positivfarbstoffen ermischbaren Farben, ZS. wiss. Phot **43**, 53–59 (1948).

[10] Clarkson, M. E. u. T. Vickerstaff: Brightness and Hue of Present-Day Dyes in Relation to Colour Photography, Phot. Jl. 88 B, 26–39 (1948).

[11] Sproson, W. N.: Colour Domain and Luminance of the Additive Process in Colour Photography, Phot. Jl. **89** B, 108–112 (1949).

Farbverbesserung im Agfacolor-Negativ-Positiv-Verfahren durch farbige Masken

Von E. HELLMIG

0. Vorbemerkung

In der vorliegenden Arbeit wird eine ausführliche und allgemeinverständliche Einführung in die Theorie der Masken beim Dreischichtenfarbfilm gegeben (Punkt 1 bis 3); sie ist notwendig für das Verständnis der grundsätzlichen, mit der Maskierung zusammenhängenden Probleme und für die selbständige Lösung von besonderen, durch die Praxis gestellten Aufgaben der Maskierung. Denn die Maske, ganz besonders aber die Farbmaske, führt in Verbindung mit einem Mehrschichtenmaterial nur dann zu einem Höchstmaß an Farbverbesserung, wenn der Schichtaufbau in sensitometrischer Hinsicht hierdurch nicht gestört wird.

Zum Zwecke einer sachgemäßen Maskierung sind neben den ausführlichen grundsätzlichen Darstellungen genaue Arbeitsanweisungen und Rezepte für die praktische Herstellung von Farbmasken angegeben (Punkt 4). Bei genauer Befolgung dieser praktischen Vorschriften kann die einwandfreie Maskierung eines Colornegativs mit einer vom Purpurbild gezogenen Gelbmaske durchgeführt werden, die ja bekanntlich zu weitreichenden Farbverbesserungen führt — ohne daß man für diesen Fall das Studium der allgemeinen Ausführungen nötig hat.

1. Allgemeines zur Farbwiedergabe im Color-Negativ-Positiv-Verfahren

So wie jedes farbenphotographische Verfahren ist auch das Farbnegativ-Positiv-Verfahren mit gewissen Mängeln behaftet, die in gesetzmäßigen Farbverschiebungen bestehen. So erleiden z. B. die gelben Farben Sättigungsverlust, sie werden also zu weißlich wiedergegeben; blaue Farben erleiden Helligkeitsverlust, sie erscheinen in der Kopie zu schwärzlich. Purpurfarben sind nach Rot, grüne Töne nach Blau verschoben, sie erleiden also Farbtonverschiebungen.

Das gilt auch für die Farbveränderungen, die nach dem Agfacolor-Negativ-Positiv-Verfahren eintreten.

2. Die Ursache der Farbverfälschungen im Color-Negativ-Positiv-Verfahren

2.0 Allgemeines

Die Ursache all dieser Mängel liegt bekanntlich in dem Vorhandensein von Nebendichten in den Bildfarbstoffen sowohl des Farbnegativ- als auch des Farbpositivmateriales. Die Hauptlast an den Farbverfälschungen trägt bekanntlich der Purpurfarbstoff, der ein von dem idealen stark abweichendes Verhalten zeigt, das Ursache für *alle* obengenannten Farbverfälschungen ist.

Zur näheren Begründung des Gesagten und zum Verständnis des Folgenden sei hierauf ausführlicher eingegangen.

2.1 Optisch „ideale“ Farbstoffe

Die Theorie der naturgetreuen Farbreproduktion verlangt, daß jeder der drei Farbstoffe, die in den Schichten des Colornegativs enthalten sind und die drei farbigen Teilbilder (Farbauszüge) aufbauen, in jeweils einem bestimmten Gebiete des dreigeteilten Spektrums (Blau, Grün, Rot) absorbiert und in den beiden anderen vollkommen durchlässig ist (die optische Dichte 0 hat). Es muß also der eine Farbstoff (der Blau absorbierende) gelb, der andere (Grün absorbierende) purpur und der dritte (Rot absorbierende) blaugrün aussehen, da ja jeder Farbstoff komplementär gefärbt ist zu der Farbe des Spektralgebietes, in dem er absorbiert. Der spektrale Verlauf dieser „idealen“ Farbstoffe ist in Abb. 1[1] graphisch dargestellt, wobei in bekannter Weise die optische Dichte (=Farbdichte) über der Wellenlängenskala des Spektrums aufgetragen ist.

Ein Farbbild (Farbauszug) in einer dieser Farben ist also nur in komplementärfarbigem Lichte (mit komplementärfarbigem Filter) sichtbar, in den beiden anderen Lichtarten nicht. Beispielsweise ist das gelbe Bild mit einem blauen Filter sichtbar, mit einem genügend strengen grünen oder roten Filter aber unsichtbar („glasklar“): Abb. 2.

Werden also die als transparent vorausgesetzten farbigen Einzelbilder[2] der Abb. 2a übereinandergelegt (Abb. 3a) — wobei sich bei Betrachtung des Bildfeldes mit bloßem Auge ein buntes Farben- und Formengewirr ergibt, die Farbkeile sich aber zu einem Graukeil addieren (Abstimmung der Farbbilder auf Grau) —, so läßt sich trotzdem jedes Farbbild einzeln sichtbar machen, wenn man nur die Kombination mit dem entsprechenden komplementärfarbigen Filter betrachtet (Prinzip des Farbauszugsverfahrens bei Mehrschichtenfarbfilm).

Beispielsweise ist das Purpurbild mit dem Grünfilter aus der Kombination zu „separieren“ (colour separation=Farbbild herauslösen), da ja die beiden anderen Bilder (das gelbe und das blaugrüne) für das Grünfilter vollständig durchsichtig sind und nur wie farblose Gläser wirken.

Der auf den einzelnen Farbbildern der Abb. 2a bzw. 3a beigefügte Farbkeil versetzt uns in die Lage, die beschriebenen Verhältnisse gradationsmäßig zu verfolgen. Ganz den Verhältnissen beim Farbbild entsprechend weist natürlich auch jeder Farb*keil* nur hinter dem komplementärfarbigen Farbfilter eine Stufung auf (Gradationskurve des betreffenden Farbkeiles, Abb. 4). Die drei Gradationskurven haben hier (Abstimmung der Farbkeile auf Grau gem. Abb. 3a) den gleichen Verlauf.

[1] Die Abbildungen befinden sich am Schluß dieser Arbeit auf den Seiten 216—237, ein Inhaltsverzeichnis zum Auffinden der Abbildungen befindet sich auf S. 215.

[2] Aus didaktischen Gründen wurden die Farbbilder in Abb. 2 bzw. Abb. 3 (und später in Abb. 7, 8, 15) von *verschiedener* Gestalt vorausgesetzt. Im Dreischichten-Farbfilm, für den Abb. 3a die Schichtlage in schematisierter Form zeigt, sind dagegen die Einzelfarbbilder (Farbauszüge) von gleicher geometrischer Form (konturendeckend) angeordnet. Sie unterscheiden sich aber untereinander durch die Verteilung der Farbstoffmenge (Farbdichte) über die Bildfläche.

2.2 Die optisch realen Farbstoffe

Von diesen oben ausführlich dargelegten „idealen" Verhältnissen weicht nun die Wirklichkeit in mehreren Punkten ab: Einmal haben die realen Farbstoffe nicht den eckigen Verlauf der spektralen Dichtefunktion wie in Abb. 1, sondern besitzen mehr oder weniger sanft abfallende Flanken. Zum anderen aber, und das ist schwerwiegender, haben sie auch in *den* Spektralgebieten, wo sie vollständig durchlässig sein sollten (Dichte 0!) eine mehr oder weniger hohe Dichte (sog. „Neben"dichte). Aus den spektralen Farbdichtekurven der Abb. 5, die sich auf die Agfacolor-Negativfarbstoffe beziehen, ist das deutlich zu ersehen. Dem idealen Verhalten am nächsten kommt, wie man aus der Abb. 5 erkennt, der gelbe Farbstoff; er ist im roten Spektralgebiet vollständig und im grünen Spektralgebiet praktisch vollständig durchlässig; Gelb hat also praktisch keine Nebendichten. Die stärkste Abweichung vom idealen Verhalten zeigt, wie aus der gleichen Abbildung ersichtlich ist, der Purpurfarbstoff. Er hat im blauen Spektralgebiet eine besonders hohe Nebendichte — fast so groß wie die „Hauptdichte" des Gelbfarbstoffes; aber auch im roten Spektralgebiet ist die Nebendichte des Purpurfarbstoffes beträchtlich.

Eingehende Untersuchungen haben ergeben, daß die Nebendichte des Purpurfarbstoffes im *blauen* Spektralgebiet von allen Nebendichten den stärksten Einfluß auf die Farbwiedergabe im Kopierverfahren ausübt, weshalb wir uns in den folgenden Ausführungen auf lediglich diese Nebendichte beschränken wollen. Den entsprechend geänderten und schematisierten Verlauf der spektralen Farbdichtekurven zeigt Abb. 6; man erkennt hieraus, daß jetzt die Farbdichte im blauen Spektralgebiete im Gegensatz zum „idealen" Falle (vgl. Abb. 1) aus zwei Beiträgen besteht: einmal aus der Nebendichte des Purpurfarbstoffes — sie beträgt 40% der Gesamtdichte —, zum anderen aus der Farbdichte des Gelbfarbstoffes. Für diese bleibt dann 60% der Gesamtdichte übrig, wenn — wie in Abb. 6 geschehen — die drei Bildfarbstoffe Gelb, Purpur und Blaugrün auf Grau abgestimmt sind (Summe der Dichten aller Farbstoffe ergibt Parallele zur Abszisse). Der Purpurfarbstoff führt also im vorliegenden Falle auch Gelb mit sich. Dieses Gelb ist aber kein Gelb-*Farbstoff*, auch ist es in der Purpurfarbe nicht ohne weiteres als Gelb zu erkennen, sondern tritt nur beim Betrachten mit Blaufilter (Blaufilterauszug) bzw. beim Kopiervorgang auf eine blauempfindliche Schicht (Oberschicht des Colorpositivmaterials) in Erscheinung; wir wollen es im Unterschied zum Gelbfarbstoff, dem „echten" Gelb, als „falsches" Gelb oder „Neben"-Gelb bezeichnen.

Die optische Wirkung dieser gelben Purpurnebendichte besteht nun darin, daß das Purpurfarbbild (vgl. Abb. 7 mit Abb. 2) außer mit dem Grünfilter (Purpur-*Haupt*bild) auch noch mit dem Blaufilter zu erkennen ist, allerdings dem Anteil von 40% an der gesamten Gelbdichte entsprechend mit verminderter Stärke (gelbes Purpur-*Neben*bild). Das gelbe Hauptbild ist (in einem aus den drei Farbschichten auf Grau abgestimmten Schichtverbande) dementsprechend (um 40%) schwächer, seine Dichte beträgt nur noch 60% der Dichte des „idealen" Falles.

Beim Übereinanderdecken der drei Farbbilder der Abb. 7a ist nunmehr keine saubere Farbausscheidung (Farbtrennung) zwischen dem gelben und dem purpurnen Farbbilde mehr möglich (Abb. 8).

Die dem idealen Falle (Abb. 4) gegenüber geänderten Farbdichtekurven zeigt Abb. 9. Im Unterschiede zum idealen Falle weist der Purpurkeil neben der Haupt gradation (hinter Grünfilter) noch die Nebengradation des unechten Gelbs (von 40%) hinter dem Blaufilter auf. Die Gradation des echten Gelbs beträgt außerdem nur 60% des idealen Falles.

2.3 Beispiel für die Wirkung der Nebendichte eines nicht idealen (Purpur-) Farbstoffes auf die Farbwiedergabe

Für das Verständnis des Folgenden ist es nützlich, sich einmal die Wirkung der Purpurnebendichte im blauen Spektralgebiet beim Farbkopierprozeß klarzumachen. Hierbei gehen wir (Abb. 10) von den 6 Vorlagefarben (Farbtafel): Blau, Grün, Rot mit den 3 Zwischenfarben Gelb, Purpur, Blaugrün aus, wobei wir einmal (Abb. 10) ideale Farbstoffe (gem. Abb. 1), das andere Mal (Abb. 11) einen Purpurfarbstoff mit blauer Nebendichte (gem. Abb. 6) im Colornegativ voraussetzen[1].

Das Kopierschema sei am Beispiel der gelben Farbe erläutert: Die gelbe Farbe des Originals (Reihe a der Abb. 10) wirkt auf die grün- und rotempfindliche Schicht des Colornegativfilms (Gelb=Grün+Rot! Reihe b), wodurch purpurner und blaugrüner Farbstoff=blaue Farbe bei der Entwicklung des Colornegativs erzeugt wird (Reihe c). Das Blau des Colornegativs wirkt im folgenden Kopiervorgang auf die blauempfindliche Schicht des Positivmaterials, wodurch ein gelbes Bild in voller Stärke in der Oberschicht entsteht (Reihe d bzw. e). Man erkennt so auch bei den übrigen Farben ganz allgemein, daß im Falle idealer Colornegativfarbstoffe jede Farbe naturgetreu wiedergegeben wird (Reihe e).

Anders aber bei dem Farbstofftripel mit dem fehlerhaften Purpurstoff (vgl. Abb. 11). Für die gelbe Vorlagefarbe werden im Colornegativ, wie oben, zwar wieder Purpur und Blaugrün erzeugt, aber mit dem Purpur gleichzeitig 40% (unechtes) Gelb (Reihe c). Bei der nachfolgenden Kopie also hat das blaue Licht keinen ungehinderten Zugang mehr zum Positivmaterial, sondern erreicht die blauempfindliche Schicht des Positivmaterials nur in geschwächtem Zustande. Dadurch wird nach der Entwicklung bedeutend weniger Gelbfarbstoff erzeugt als im „idealen Falle, und zwar nur 60% des idealen Falles. Das Gelb ist also gegenüber dem Original weniger gesättigt (verweißlicht — Sättigungsverlust)[2]. Ganz analog ergibt sich, daß eine blaue Originalfarbe verschwärzlicht wiedergegeben wird (Helligkeitsverlust). Das folgende Beispiel zeigt das Entstehen einer *Farbtonverschiebung*: Gegeben als Originalfarbe Purpur! Dieses wirkt auf die blau- und rotempfindliche Schicht des Colornegativmaterials ein, wodurch die normale Menge blaugrüner, aber nur 60% gelber Farbstoff erzeugt werden. Beim folgenden Kopiervorgang läßt also das Colornegativ neben dem grünen Licht noch zu 40% das blaue Licht durch — das hier vollständig abgesperrt werden müßte —, wodurch neben der normalen Menge an Purpurfarbstoff

---

[1] In dem schematischen Beispiel der Abb. 10 und 11 sind der Einfachheit halber die Positivfarben als ideale Farben vorausgesetzt worden. Verwendung nichtidealer Farben im Positiv verstärkt die ohnehin vorhandenen Farbverschiebungen.

[2] Würde im Colorpositivmaterial das gleiche Farbstofftripel wie im Colornegativmaterial (Purpurfarbstoff mit 40% Nebendichte) vorausgesetzt, so wäre die Menge des Gelbfarbstoffes im Positivbild nur etwa 60% von 60% = 36%. Da dieser Fall der Wirklichkeit nahekommt, versteht man den verhältnismäßig starken in der Praxis beobachteten Sättigungsverlust der gelben Farbe in der Farbkopie. Für die übrigen Farben (Blau, Purpur, Grün) gilt das Entsprechende.

noch eine gewisse Menge Gelbfarbstoff entsteht. Dies führt zu einer zu gelben Wiedergabe des Purpurs (Rotverschiebung). Ganz entsprechend ermittelt man, daß Grün (Komplementärfarbe zu Purpur) nach Blau (Blaugrün) verschoben wird.

Man kann hiernach leicht feststellen, daß nur Rot und Blaugrün (als einzige Farben) durch die Purpurnebendichte keine Sättigungs-, Helligkeits- oder Farbtonverschiebung erleiden. Die in Abb. 11 für alle 6 Farben angegebenen Farbveränderungen lassen erkennen, daß allein durch den einen Fehler des Purpurfarbstoffes außer Rot und Blaugrün alle bunten Farben bei der Farbwiedergabe verfälscht werden. Die genannten Farbveränderungen treten naturgemäß um so stärker in Erscheinung, je gesättigter die wiederzugebenden Originalfarben sind.

Stellt man die Farbveränderungen der drei „subtraktiven Grundfarben" Gelb, Purpur, Blaugrün und ihrer Komplementären Blau, Grün, Rot („additive Grundfarben") in der folgenden Tabelle (siehe unten) zusammen, so erkennt man, daß die Farbverschiebung jeder Farbe komplementär zu der Farbverschiebung der entsprechenden Komplementärfarbe liegt. Man beherrscht also die Farbverschiebungen aller 6 Originalfarben, wenn man sie von einer Dreiergruppe, z. B. von den Farben Gelb, Purpur, Blaugrün kennt. Diese aber sind leicht zu merken:

subtr. Grundfarbe	Farbveränderung	additive Grundfarbe	Farbveränderung
Gelb	weißlich	Blau	schwärzlich
Purpur	gelblich (=rot)	Grün	bläulich
Blaugrün	keine	Rot	keine

Tabelle: Farbveränderungen der drei subtraktiven Grundfarben und ihrer Komplementären (additive Grundfarben) durch einen gelbhaltigen Purpurfarbstoff (Nebendichte im blauen Spektralgebiet) im Colornegativ.

Man geht von dem fehlerhaften Farbstoff (Purpur) aus; dieser hat eine Hauptdichte H („purpurne" Hauptdichte) und eine Nebendichte N („gelbe" Nebendichte). Man erkennt nun aus der untenstehenden Tabelle, daß die Vorlagefarbe H (Purpur) nach N (Gelb), und N (Gelb) nach Weiß (Dichte Null) verschoben wird. Die dritte Farbe der Dreiergruppe (Blaugrün) bleibt unverändert.

Die Richtung der Farbverschiebungen, die durch einen fehlerhaften Farbstoff im Colornegativ (Farbstoff mit einer Nebendichte) eintreten, wird also durch die drei Dichten des fehlerhaften Farbstoffes H — N — O (O = weiß) in fallender Anordnung bestimmt.

Diese Regel gilt allgemein für jeden Farbstoff im Colornegativ mit einer Nebendichte.

Beispiel: Wirkung der Nebendichte des blaugrünen Farbstoffes im grünen Spektralgebiete?

Es ist H = Blaugrün, N = Purpur.

Es wird also Blaugrün nach Purpur, d. h. nach Blau verschoben (da Blaugrün mit Purpur subtraktiv gemischt Blau ergibt), Purpur wird verweißlicht, Gelb bleibt unverändert.

Hieraus folgt für die Komplementären: Rot wird nach Gelb verschoben (Orange), Grün wird verschwärzlicht, Blau bleibt unverändert.

Auf die grundsätzlich gleiche Weise lassen sich auch für Farbstoffe mit zwei Nebendichten die Farbverschiebungen ermitteln; man muß zu diesem Zweck erst mit der einen, dann mit der anderen Nebenfarbdichte das Schema anwenden und die beiden Ergebnisse kombinieren.

3. Beseitigung von Farbverfälschungen durch Masken

3.0 Allgemeines und Grundsätzliches über Masken

Aus dem oben Gesagten erhellt die Notwendigkeit, die Wirkung der schädlichen Nebendichte des Purpurfarbstoffes zu beseitigen. Dies erfolgt bekanntlich durch das Verfahren der Maskierung. In der Praxis zielt das Verfahren auf die Beseitigung des Nebenbildes des Purpurfarbstoffes (Abb. 7 und 8) ab.

Ganz grundsätzlich kann man ein transparentes Bild — man stelle sich für einen Augenblick ein schwarzweißes Bild vor — zum Verschwinden bringen, indem man es auf transparentes Material kopiert und die Kopie mit dem Original zur Deckung bringt (Abb. 12). Da das eine Bild ein Positiv, das andere Bild ein Negativ ist, ergibt die Deckung beider Bilder eine gleichmäßig graue Fläche. Das Originalbild ist also mit der Kopie „zugedeckt" oder „aufgefüllt" worden. Bedingung hierfür ist natürlich, daß die Kopie die (entgegengesetzt) gleiche Gradation wie das Originalbild aufweist, was durch geeignete Auswahl des Kopiermaterials und der Entwicklungsbedingungen zu erreichen ist. Gradationsmäßig wird der Vorgang der Überdeckung durch Abb. 13 deutlich gemacht; in ihr sind die Schwärzungen der Grauleitern des Positivs und des Negativs der Abb. 12 als entgegengesetzt verlaufende Treppenzüge dargestellt. Wie man hieraus erkennt, addieren sich die Schwärzungen entsprechender Keilstufen (und Bildstellen) zu dem konstanten Schwärzungswerte S_0.

3.1 Farbmasken und ihre Wirkung (Gelbmaske zum Purpurfarbstoff)

Dieser Kunstgriff, mit dem es gelingt, ein bestehendes Bild unsichtbar zu machen, wird nun auch zur Beseitigung des Nebenbildes der Abb. 7 bzw. 8 angewandt, wobei zu beachten ist, daß es sich hier um ein gelbes Farbbild handelt. Da das (unecht) gelbe Farbbild hinsichtlich der Verteilung der Farbdichte dem Purpurbilde vollständig gleicht (Abb. 7), kann es mit einer Umkopie (=Negativ) des Purpurbildes (Grünfilter), welche in geeigneter Stärke (Gradation) gelb eingefärbt ist, durch Zudecken beseitigt werden (Abb. 14). Hierdurch entsteht ein in den hellen Partien des Negativs — das ja gleichzeitig das unechte Gelbbild enthält — gelbes, in den höchsten Purpurdichten aber gelbfreies, d. h. rein purpurnes Bild. Betrachtet man diese Kombination von Purpurbild und Gelb„maske" durch ein Grünfilter, so hat sich an dem Purpurbilde nichts geändert, da ja der gelbe Farbstoff für grünes Licht vollständig durchlässig ist (Abb. 15). Durch ein Blaufilter jedoch betrachtet, ist nur eine Fläche gleicher Farbdichte zu erkennen: das gelbe Nebenbild ist also verschwunden. Die Beseitigung des Nebenbildes hat aber im Verband eines auf Neutralgrau abgestimmten Dreischichtenmaterials (Abb. 16) noch eine Folge: Da die Gradation des unechten Gelbs für die Abstimmung des Farbfilms auf Grau *nach* der Maskierung in Wegfall kommt, ist die Gradation des echten Gelbs nunmehr um 40% zu niedrig. Um diesen Betrag muß nun die Gradation des *echten* Gelbs (Hauptbild) gehoben werden; damit wird also die gesamte Gelbgradation, wie im idealen Falle, wieder durch echtes Gelb gestellt. Das der Abb. 7 entsprechende gesamte Bildschema hat für den maskierten Fall das in Abb. 15 dargestellte Aussehen. Im Schichtverband der drei übereinandergedeckten Farbbilder (Abb. 16), ist jetzt wieder einwandfreie optische Herauslösung der einzelnen Farbbilder (mit komplementärfarbigem Filter) möglich. Der Blaufilter- (Gelb-) Auszug ist allerdings — im Gegensatz zu den beiden anderen Auszügen — mit einer allgemeinen Dichte belegt; er muß deshalb bei einer photographischen Registrierung (Farbauszug) entsprechend länger belichtet werden.

Das dazugehörige Gradationsschema hat, wie nunmehr leicht ersichtlich, die Gestalt der Abb. 17. Aus den Darstellungen Abb. 15 bis 17 ersieht man durch Vergleich mit den Abb. 2 bis 4, daß durch Maskierung die gleichen Verhältnisse geschaffen wurden, wie sie mit idealen Farbstoffen vorhanden sind — mit dem einzigen Unterschied, daß im maskierten Falle über den drei Farbschichten noch eine Gelbschicht konstanter Dichte liegt. Diese ist aber für den Kopiervorgang unwesentlich, da sie als Gelbfilter wirkt und jederzeit im Colornegativ-Positiv-Kopierverfahren herausgefiltert (höhere Purpur- und Blaugrün-Filterung, höhere Belichtungszeit) oder ihre optische Wirkung durch Anwendung eines Positivmaterials mit erhöhter Blauempfindlichkeit ausgeglichen werden kann.

3.2 Allgemeine Regeln für die Herstellung von Farbmasken

In Verallgemeinerung des beschriebenen speziellen Falles der Gelbmaske sind bei der Herstellung von Farbmasken oder von farbmaskiertem photographischem Material folgende Schritte festzuhalten:

a) Die Maske (Kopie) ist von *dem* Farbbild herzustellen, das den fehlerhaften Farbstoff enthält (hier: Purpurfarbstoff).

b) Die Maske ist in *der* Farbe einzufärben, die als „unechte Farbe“ in dem zu maskierenden Farbstoffe enthalten ist (Komplementärfarbe *des* Spektralgebietes, in dem sich die zu maskierende Nebendichte befindet, hier Gelb).

c) Die Gradation der Maske ist (entgegengesetzt) gleich der Gradation der zu maskierenden Nebendichte zu wählen (hier 40% [1]).

d) Mit der Einführung der Farbmaske ist die Gradation der betreffenden „echten“ Farbe (hier Gelb), um den Betrag der Maskengradation zu erhöhen (Aufsteilung der Gradation der echten Farbe, hier von 60% auf 100% Gelb).

Mit Anweisungen ist die Grundlage geschaffen für die Herstellung einer zusätzlichen Farbmaske zu einem *vorhandenen* normalen[2] Colornegativ. Es ist zweckmäßig, die einzelnen der oben genannten Schritte a) bis d) an Hand der Farbdichtekurven der Abb. 18 zu verfolgen: Gemäß Schritt a) ist eine Kopie von dem Purpurbild des Colornegativs anzufertigen. Dies erfolgt bei einem Dreischichtenmaterial (Colornegativfilm) mit Grünfilter auf ein grünempfindliches Material; diese gemäß b) gelb einzufärben (ergibt Gelbmaske, Abb. 18a, Kurve 2). Die Aufsteilung des Gelbgusses gemäß d) erfolgt durch „Ausziehen“ der Gelbschicht mittels Blaufilter auf

[1] Soll auch die entsprechende Nebendichte des Positiv-Farbstoffes maskiert werden, so ist die Maskengradation noch steiler zu wählen.

[2] Das heißt unmaskierten und in keiner Weise auf eine Maskierung vorbereiteten Colornegativ.

blauempfindliches Schwarz-Weiß-Material (ergibt Positiv) und anschließendes Umkopieren (ergibt Negativ), wobei die Umkopie ebenfalls gelb eingefärbt sein und die (entgegengesetzt) gleiche Gradation wie die Maske haben muß (Abb. 18a, Kurve 3). Diese beiden gelben Filme — die positive Maske und die negative Umkopie — ergeben nun zusammen mit der Gelbschicht des Colornegativs (Abb. 18a, Farbdichtkurve 1), konturenrichtig gedeckt, die maskierte Gelbschicht (aufgesteilte Gelbschicht Abb. 18b, Kurve 1+3 und die Gelbmaske, Kurve 2) und damit das maskierte Colornegativ. In der Praxis wird zweckmäßigerweise der Kopiergang a) und d) (Umkopie) zu einem einzigen vereinigt, wobei gleichzeitig die Vereinigung der Maske und der Umkopie des Blaufilterauszuges in einem Film erfolgt (Abb. 18c, Kurve 2+3):

4. Praktische Anweisungen für die Gelbmaskierung eines Color-Negativs („Gelb-Korrektiv")

4.1 Arbeitsvorschriften, Rezepte (s. Abb. 19 u. 20)

a) Von dem Colornegativ C_N wird ein normaler *Blaufilterauszug* Bp im Kontakt — Schicht gegen Schicht — auf Schwarz-Weiß-Material angefertigt (strenges Blaufilter, z. B. Agfa 552). Hierfür eignet sich Filmmaterial mit einer Schwärzungskurve von der Steigung $\gamma = 1$; z. B. der Film Agfa Phototechnisch C ortho[1].

Vorteilhaft ist es, von vornherein gleich eine Anzahl von Blaufilterauszügen mit verschiedener Gradation herzustellen, aus denen dann der richtige durch Auswahl bestimmt wird. Zur Erzielung der verschiedenen Gradationsstufen werden die Auszüge 5 Minuten, 3 Minuten in Agfa 71 unverdünnt; und 10 Minuten, 8 Minuten, 6 Minuten im gleichen Entwickler, 1 : 10 verdünnt, entwickelt (Rezept für Agfa 71 s.u.).

b) Der Blaufilterauszug Bp wird dann mit dem Colornegativ — Schicht gegen Schicht — gedeckt und auf ihm unverrückbar, aber wieder abtrennbar, befestigt (Klebeband).

Hierauf erfolgt eine *Vorkontrolle auf richtige Gradation* des Blaufilterauszuges: Beim Betrachten der Kombination der beiden Filme durch das Blaufilter 552 (Kopierkasten, falsches Licht abhalten!) muß die gesamte Bildfläche eine (annähernd) gleichmäßige Deckung aufweisen. Sind hierbei grobe Abweichungen nicht festzustellen, so erfolgt eine weitere Vorkontrolle durch Betrachten der gleichen Filmkombination mittels des grünen Agfa-Reprofilters 54. Während in diesem Falle die Grauleiter wieder eine gleichmäßige Deckung aufweisen muß, zeigt sich im Bilde selbst eine deutliche Motivierung der Deckung. Die im Original blauen Bildpartien müssen von geringerer Deckung, die im Original gelben Partien aber dunkler als die Grauleiterfläche sein. Das Entsprechende gilt für die blauhaltigen Farben, insbesondere Violett bzw. die gelbhaltigen Farben (Orange, Grün).

Sind diese Bedingungen erfüllt, so wird die genannte Kombination der beiden Filme mit dem erwähnten Grünfilter 54 (oder mit Gelbfilter Agfa Nr. 4) kopiert[2],

[1] Ein Orthofilm wurde gewählt, um für diesen und den weiteren Kopiergang (b) bei dem gleichen Material zu bleiben.

[2] In diesem einen Kopiergange werden, wie oben beschrieben, gleichzeitig die Gelbmaske (vom Purpurbild) hergestellt und das Blaufilterpositiv zum Negativ umkopiert (die Gelbschicht aufgesteilt): ergibt „Korrektiv" K (= gradationslose Gelbmaske).

am besten auf das gleiche oben benutzte Ortho-Material oder, für eine kräftigere Maske, auf Printon Rapid.

Zur Erzielung eines unscharfen Korrektivs, das die Deckung erleichtert, aber die Schärfe der Farbkopie (Farbvergrößerung) bekannterweise nicht beeinträchtigt — wird der Blaufilterauszug auf der Schichtseite des Colornegativs befestigt und durch die Rückseite des Colornegativs kopiert (Rückseite des Colornegativs gegen die Schichtseite des Maskenfilms).

Die Kopie K ist gelb zu entwickeln (Rezept s. u.) oder auf eine andere Weise gelb einzufärben (Virage, Einfärbung eines Gelatinereliefs: K in Abb. 19a).

Kontrolle von Gradation und Belichtung des Korrektivs.

Das Korrektiv K (vgl. Abb. 19a) ist richtig, wenn

1. die Grauleiterfläche bzw. bei deren Nichtvorhandensein alle Grautöne des Originals die *gleiche* Gelbdichte im Korrektiv aufweisen (mittlere Deckung).

2. Die Gelbtöne des Originals im Korrektiv freistehen oder höchstens eine leichte Deckung zeigen.

3. Die Blautöne des Originals stärker gedeckt sind als die Grautöne, einschließlich Weiß und Schwarz.

Die angegebenen Kriterien für die gelben und blauen Farben sind insbesondere zu beachten, wenn keine Grauleiter im Bilde vorhanden ist. Sind die obengenannten Bedingungen 1 bis 3 nicht erfüllt, so ist der Blaufilterauszug auszutauschen gegen einen solchen mit anderer Gradation, wobei dem Farbgange in der Grauleiter oder den anderen unbunten Farben des Bildes leicht zu entnehmen ist, ob der neue Blaufilterauszug flacher oder steiler als der alte Farbauszug sein muß.

Die *Montage des Korrektivs* auf dem Colornegativ erfolgt am besten auf einer durchleuchteten Mattscheibe (Lichtkasten, Kopiergerät) im Dunkeln, indem man alles überflüssige Licht durch Abdeckung abblendet und nur ein Fenster von der Größe des Colornegativs frei läßt. Auf dieses wird zunächst ein Blaufilter (Agfa 552) zur leichteren Erkennung des gelben Korrektivs gelegt, dann folgt das Colornegativ mit der Schicht nach unten, worauf dann das Korrektiv sorgfältig aufgepaßt wird. Eventuelle Paßdifferenzen müssen ausgemittelt werden. Das Korrektiv wird dann unverrückbar auf dem Colornegativ befestigt, vorteilhafterweise mit abziehbarem Klebeband. Für einwandfreie und leicht zu bewerkstelligende Deckung garantieren auch Paßmarken auf Colornegativ und Korrektiv. Selbstverständlich kann die paßgerechte Deckung auch mit mechanischen Hilfsmitteln (Paßstifte o. dgl.) vorgenommen werden.

Entwickler und Entwicklung von Blaufilterauszug und Gelb-Korrektiv

a) Entwickler für den Blaufilterauszug. *Entwickler Agfa 71.* (für die Schwarzweiß-Entwicklung des Blaufilterauszugs). 1 Liter Entwickler enthält:

Metol	5 g
Natriumsulfit	40 g
Hydrochinon	6 g
Kaliumkarbonat	40 g
Kaliumbromid	3 g

Entwicklungszeit 3 bis 5 Minuten.

Der Blaufilterauszug ist richtig belichtet, wenn er sowohl in den Lichtern als auch in den Schatten gut durchgezeichnet ist bzw. wenn eine aufgenommene (gleichmäßig gestufte) Grauleiter über den ganzen Graukeil hinweg gleiche Stufung zeigt.

b) Entwickler für das gelbe Korrektiv. In etwa 100 ccm Agfacolor-Negativ-Entwickler wird 1 g der Gelbkomponente 52/78 (erhältlich über den Agfa-Photoverkauf, Leverkusen[1]) gut gelöst und dann auf 1 Liter mit Agfacolor-Negativentwickler aufgefüllt.

Entwicklungsvorgang: Die Verarbeitung des belichteten Gelbkorrektivs ist sowohl im getrennten Bleichbad und Fixierbad als auch in dem Agfacolor-Bleichfixierbad (nur C ortho) möglich.

Verarbeitung in

getrenntem Bleich- und Fixierbad	Agfacolor-Bleichfixierbad
3 Min. Farbentwicklung (C ortho 5 Min.)	5 Min. Farbentwicklung
kurz (etwa 1/4 Min.) Wässern	kurz (etwa 1/4 Min.) Wässern
3 Min. Fixieren in Agfacolor-Fixierbad	5 Min. Bleichfixieren
2 Min. Wässern, 3 Min. Bleichen, 1 Min. Wässern, 2 Min. Fixieren, 5 Min. Wässern } in hellem Licht möglich	5 Min Schlußwässern
19 Min. insgesamt	13 Min. insgesamt
Nach dem ersten Fixieren, also nach 6 1/4 Min., ist bereits die Kontrolle auf richtige Belichtung und Gradation des Gelbkorrektivs möglich.	Kontrolle auf richtige Belichtung und Gradation des Gelbkorrektivs nach etwa 2 Min. Schlußwässern, d. h. nach 10 Min., möglich.

Man vermeide eine unnötige Verlängerung der Wässerung, da die gelbe Farbe nicht ganz unlöslich ist. Für Bleichen und Fixieren sind die Agfacolor-Negativ-Verarbeitungsbäder zu verwenden (kein saures Fixierbad!). Je nach der gewünschten Stärke des Korrektivs kann die Entwicklungszeit oder die Komponentenmenge geändert werden.

Wird ein anderes Einfärbeverfahren als die beschriebene chromogene Entwicklung angewandt, so ist darauf zu achten, daß die gelbe Farbe nur im blauen Spektralgebiet absorbiert (zitronengelb, keine Dichte im grünen oder gar im roten Spektralgebiete! Kontrolle mit einem strengen Grün- bzw. Rotfilter, z. B. Agfafilter 54 bzw. 45).

Bei der Abstimmung der Härte des Korrektivs (Umfang der Gelbdichte) hat man sich nach dem Charakter des Motivs zu richten. Ein Motiv mit satten Farben verlangt selbstverständlich ein härteres Korrektiv als ein Motiv mit weniger gesättigten Farben. Sehr harte Korrektive führen aber zu Übertreibungen der Farbverbesserungen, die sich in Übersättigung (Gelb, Blau) und übertriebener Farbtonverschiebung (Purpur zu Blau, Grün zu Gelb) bemerkbar machen („Übermaskierung"). Im allgemeinen wirken übermaskierte Bilder kitschig und farblich plump. Nur bei Bildern, bei denen es in erster Linie auf höchste Leuchtkraft der Farben ankommt,

[1] Zu beziehen vom Agfa-Photoverkauf unter der Bezeichnung der „Farbkuppler Gelb".

wie z. B. Wiedergabe farbiger, graphischer Entwürfe (Kino-Diapositive), kann eine über dem gewöhnlichen Maße liegende Maskierung angebracht sein. Man kommt hierbei zu erstaunlich reinen Farben von sonst unbekannter Leuchtkraft. Weiterhin ist eine Übermaskierung bei einem farbigen Papierbild dann von Nutzen, wenn dieses (ausnahmsweise) als Reproduktionsvorlage verwendet wird, da man hierdurch den bei dem Reproduktionsgange üblicherweise auftretenden Farbverlusten entgegenarbeiten und damit von vornherein farbverbesserte Farbauszüge gewinnen kann.

So wird die Farbmaske in der Hand eines technisch geschickten und geschmacklich tüchtigen Photographen ein der vielfältigsten Anwendbarkeit fähiges Mittel der farblichen Steigerung von Farbbildern zu unerhörter Wirksamkeit.

4.2 Die Wirkung des Korrektivs bei der Farbkopie (Beispiel)

Es ist für das Verständnis der Maskierung lehrreich, sich am gelben Korrektiv klarzumachen, was die oben beschriebenen (siehe 4.1, Seite 206) Unterschiede in der Gelbdichte beim Kopiervorgange bedeuten. Die freistehende Fläche (Gelbfläche im Original, vergleiche Abb. 19, K) bedeutet, daß durch diese *mehr* blaues Licht hindurchtritt als durch die mit konstanter Dichte wiedergegebenen Grauleiterfläche: das ergibt also höhere Gelbsättigung in der Farbkopie. Entsprechend führt die gegenüber den Unbunttönen (Grauleiterfläche) verminderte Dichte der Fläche „Grün" zu höherer Gelbmenge im Grün, also zur Gelbverschiebung des Grüns. Schließlich wirkt die hohe Gelbdichte der Fläche „Blau" auf den Durchgang des blauen Lichtes hemmend; das führt zu verminderter Menge des Gelbanteils im blauen Felde der Kopie, also — da Gelb komplementär zu Blau ist — zur Aufhebung des Schwarzgehaltes von Blau und damit zu höherer Sättigung und Leuchtkraft. Die aus dem Gelbkorrektiv gefolgerten Farbverschiebungen für die Farbkopie findet man in der Praxis (Abb. 19b) unmittelbar bestätigt.

An dem Beispiel der Abb. 21 ist gezeigt, wie sich die Maskierung *bildmäßig* auswirkt. Die obenerwähnten Farbverbesserungen sind auch ohne weiteres bildmäßig sichtbar; im Gelbkorrektiv (Abb. 21c) zeigen, wie beschrieben, die gelben und grünen Partien (Ball, Gras, Kleid) geringere, die blauen Partien (Schleife, Himmel) höhere Deckung als die neutralen Partien (Grauleiter).

5. Allgemeines Schema für die Maskierung durch ein farbiges Korrektiv

Ehe nun weitere für die Praxis wichtige Fälle der Maskierung eines Mehrschichten-Negativfilms durch ein farbiges Korrektiv besprochen werden (Punkt 6.1 und 6.2), soll das Maskierungsschema erst in voller Allgemeinheit aufgestellt werden:

Der zu maskierende Farbstoff habe seine Hauptdichte im Spektralgebiet (II) des gedrittelten sichtbaren Spektrums, die zu maskierende Nebendichte dieses Farbstoffes liege im Spektralgebiet (I), also

Farbstoff *Haupt*dichte: Spektralgebiet (II)
*Neben*dichte: Spektralgebiet (I).

Dann ist der Weg zum farbigen Korrektiv folgender:

1. Farbauszug mit Filter, durchlässig in (I); Decken von 1. mit Colornegativ und
2. Kopie mit Filter, durchlässig in (II) gibt Korrektiv K.
3. Einfärben von K komplementär zu (I).

Aus diesem Schema sind alle im folgenden besprochenen Einzelfälle (6.1 und 6.2) leicht abzuleiten, insbesondere auch die „gemischten Maskierungen“ (6.2): Jedes der genannten Spektralgebiete (I) oder (II) kann nämlich auch zwei Drittel des dreigeteilten Spektrums umfassen. Trifft dies für das Spektralgebiet (II) zu, so führt das auf den Fall der gleichzeitigen Maskierung zweier Farbstoffe (6.21); im anderen Falle (Spektralgebiet I über zwei Drittel) auf die gleichzeitige Maskierung der beiden Nebendichten des gleichen Farbstoffes (6.22). Im letzten Falle hat das Korrektiv eine Mischfarbe (anteilig aus den beiden in (I) liegenden Komplementären, siehe Beispiel 6.22).

Nach dem angegebenen Schema beansprucht die Herstellung eines farbigen Korrektivs zwei Kopier- bzw. Entwicklungsgänge. Diese Arbeit für die Praxis zu verkürzen, ist das Ziel der weiteren Entwicklungsarbeiten auf diesem Gebiete.

6. Andere Maskierungen

6.1 Die Purpurmaskierung (zum Blaugrünbild)

Die beschriebene Gelbmaske ist nicht die einzige mögliche Maske. Theoretisch gibt es zu einem Dreischichtenmaterial mit drei nicht idealen Farbstoffen (je 2 Nebendichten) insgesamt sechs Masken; praktisch sind allerdings zwei, höchstens drei Masken von Bedeutung. Die Gelbmaske ist die im allgemeinen wirksamste Maske, in der Regel wird man sich auf sie beschränken. Für bestimmte Zwecke können andere Masken verlangt werden.

Die der Bedeutung nach nächstfolgende ist eine Purpurmaske, die von dem Rotfilterauszug hergestellt wird. Durch sie wird insbesondere eine bessere Rot-Grün-Trennung erzielt, indem die roten (purpurnen) Farben im Purpurgehalt erhöht, also entweißlicht, die grünen Farben im Purpurgehalt vermindert, also entschwärzlicht werden (analog der Gelbmaske). Die Rotmaske gibt also auch hier bei beiden Farben, Grün und Purpur, Sättigungserhöhung. Bedeutung hat dieses Korrektiv vor allem bei der farbrichtigen Reproduktion von rot-grünen Stoffmustern, Teppichen, Tapeten oder ähnlichem.

Richtlinien für die Herstellung der Purpurmaske:

Entsprechend dem in 5. gegebenen Schema ist zunächst ein schwarzweißer Grünfilterauszug (Agfa Phototechnisch C ortho; Agfa-Reproauszugsfilter Grün Nr. 54) anzufertigen. Das Purpurkorrektiv wird mittels des Agfa-Reproauszugsfilters Rot Nr. 45 kopiert (Material: Agfa Phototechnisch B pan spezial).

Die Entwicklung erfolgt unter Zusatz von 1 g Farbkuppler Rot[1] zum Agfacolor-Negativentwickler (Ansatzvorschrift s. u.).

Die Kontrolle auf richtige Gradation und Belichtung sowohl des Grünfilterauszuges als auch des Purpurkorrektivs sind mit den genannten Änderungen der Farbauszugsfilter in grundsätzlich gleicher Weise durchzuführen wie beim Gelbkorrektiv. Im Purpurkorrektiv müssen wieder die neutralen Töne eine mittlere Purpurdeckung, die im Original grünen Töne eine höhere Deckung aufweisen. Die im Original purpurnen Töne müssen offenstehen.

In den weitaus meisten Fällen wird das Purpurkorrektiv nur in Verbindung mit dem Gelbkorrektiv verwendet. Hierbei wird auf der Rückseite des zu maskierenden

[1] Zu beziehen vom Agfa-Photoverkauf Leverkusen.

Agfacolor-Negativs zunächst das Gelbkorrektiv, auf diese wiederum das Purpurkorrektiv befestigt. Es können auch beide Korrektive erst unter sich verbunden und dann auf dem Farbnegativ befestigt werden. Das zuunterst liegende (Gelb-) Korrektiv wird zweckmäßig auf dünnem Film angefertigt.

Ansatzvorschrift für Farbkuppler Rot. 1 g der Komponente ist in 5 bis 10 ccm Methylalkohol, am besten im Reagenzglas, anzuteigen und hierauf mit 3 bis 5 ccm verdünnter Natronlauge (1 n bzw. 5%) unter Umrühren mit dem Glasstab zu lösen. Die gelöste Komponente ist in 1 Liter Agfacolor-Negativentwickler unter Umrühren zu schütten.

6.2 Gemischte Maskierungen

6.21 Gleichzeitige Maskierung zweier Farbstoffe. Wie oben erwähnt, kann man mit *einer* Maske (einem Korrektiv) zwei Farbschichten maskieren. Z. B. kann mit der Gelbmaske neben dem Purpurfarbstoff gleichzeitig die Nebendichte der Blaugrünschicht im blauen Gebiete des Spektrums maskiert werden. Man hat hierzu nur nötig, die Kombination Blaufilterauszug/Colornegativ (vgl. Abb. 5) außer mit dem grünen Filter auch noch nachträglich mit einem roten Filter auf den Kopierfilm nachzubelichten bzw. von vornherein mit einem gelbgrünen Spezialfilter zu belichten (Rot + Grün mit Betonung des Grün gibt Gelbgrün); siehe Abb. 22.

6.22 Gleichzeitige Maskierung zweier Nebendichten des gleichen Farbstoffes. Ferner ist es auch möglich, mit *einer* Maske zwei Nebendichten des gleichen Farbstoffes zu maskieren. Beispielsweise läßt sich die Nebendichte des blaugrünen Farbstoffes im blauen und grünen Spektralgebiete gleichzeitig beseitigen, indem die Maske vom Blaugrünbild gezogen (Rotfilter) und (in der Mischfarbe Gelb und Purpur mit Betonung des Gelb) gelborange eingefärbt wird (Abb. 23a). Entsprechend muß die Maske des Purpurfarbstoffes mit den beiden Nebendichten der Abb. 23b gelbgrün eingefärbt sein.

Die Maskenfarbe ist, wie das Beispiel zeigt, zwar annähernd, aber nicht streng komplementär zur Farbe des zu maskierenden Farbstoffes; das trifft nur dann zu, wenn beide Nebendichten die gleiche Größe haben! Wie man sieht, ist die Maskierung der vielseitigsten Abänderungen fähig; dem Können und der Findigkeit des Praktikers sind keine Grenzen gesetzt.

6.3 Masken zur Gradationsberichtigung (unechte Masken)

Zuletzt soll von einer Anwendung der Masken gesprochen werden, deren Ziel nicht die Beseitigung der Wirkung einer Nebendichte ist, sondern die Beseitigung des sog. Kippens von Dreischichtenmaterial. Darunter versteht man bekanntlich, daß eine der drei Farbgradationen eines Colornegativs flacher oder steiler als die beiden anderen ist. Dieser Fehler äußert sich bei der Kopie in gefärbten Lichtern und hierzu komplementärfarbigen Schatten. Beispielsweise ergibt, wie man leicht überlegt, eine zu steile Purpur-Gradation im Colornegativ bei der Kopie grünstichige Lichter und purpurfarbige Schatten (bei Abstimmung der Kopie auf ein mittleres Grau). Derartige Negative können gerettet werden, indem zu der betreffenden zu steilen Farbschicht eine *gleichfarbige* Maske — das ist der Unterschied zu den obigen Masken — hergestellt wird. Beispielsweise wird (Abb. 24a) bei zu steiler Purpurschicht mittels Grünfilter eine Kopie des Purpurauszugs hergestellt, diese entsprechend dem Maße der fehlerhaften Gradation purpurfarbig entwickelt und mit dem fehlerhaften Colornegativ gedeckt (Abb. 24b). Auf die grundsätzlich gleiche Weise lassen sich auch Colornegative mit zwei zu steilen Farbschichten (auch von verschiedener Steilheit) korrigieren. — Bemerkenswert ist noch, daß auf die grundsätzlich gleiche Weise auch kippendes Colorpositivmaterial (Colorpapier oder -positivfilm) brauchbar gemacht werden kann, indem die beispielsweise zu steil liegende Schicht des Colorpapiers durch Gradationsherabsetzung der gleichen Schicht des Colornegativfilms mit einer gleichfarbigen Maske ausgeglichen wird.

7. Die Anwendungsbreite der Maskierung durch ein Korrektiv

Es wäre unwirtschaftlich, jedes Colornegativ durch ein Korrektiv zu maskieren. Deshalb bleibt dieses Verfahren auf besondere Fälle beschränkt, wo der vermehrte Einsatz an Zeit und Material sich lohnt. Das ist einmal der Fall, wenn von dem gleichen Negativ sehr viele Kopien gezogen werden sollen, wie z. B. bei der Herstellung von Bilderserien (Papierbilder, Dias für Werbung, Schulung usw.). Zum anderen leistet diese Art der Maskierung gute Dienste in der Reproduktionstechnik, wo damit langwierige Retuschen (fein differenzierte Vorlagen, Arbeiten vom Papierbild) erspart werden können, womöglich unter gleichzeitiger Abkürzung des reproduktionsphotographischen Weges. Zum dritten kommt diese Maskierungsart bei Aufnahmen in Frage, die eine künstlerische Ausarbeitung verdienen (Ausstellungsbilder). Auch in der Kinefilmtechnik kann das Korrektiv vorteilhaft eingesetzt werden (farbiger Zusatzfilm zum Colornegativ; schwarzweißer Korrektivfilm bei der Dupnegativherstellung über Farbauszüge).

Das Format des zu maskierenden Colornegativs spielt eine gewisse Rolle. Am günstigsten sind mittlere Formate, etwa 6×6 cm, 6×9 cm oder auch 9×12 cm. Nach größeren Formaten hin vergrößert sich die Gefahr von Paßdifferenzen zwischen Colornegativ- und Korrektivfilm. Nach kleineren Formaten hin treten dagegen die Schwierigkeiten einer sauberen Deckung in den Vordergrund. Trotzdem ist die verfahrensgemäße Maskierung, wie praktische Versuche zeigten, bis herab zum Kleinbild möglich, wenn man die Deckung von Colornegativ und Korrektiv äußerst sorgfältig (mit der Lupe) vornimmt.

8. Bemerkungen

8.1 Vorteil der Maskierung durch ein farbiges Korrektiv

Zum Schluß taucht noch die Frage auf, welche Vorteile denn ein verfahrensgemäß maskiertes Colornegativ gegenüber einem Colornegativ mit sogenannter eingebauter Maske hat.

Der Vorteil des vorliegenden Verfahrens liegt in seiner großen Wendigkeit und Anpassungsfähigkeit, indem es ermöglicht, grundsätzlich jede Nebendichte irgendeines Farbstoffes oder deren zwei gleichzeitig zu maskieren, während die ins Colornegativ eingebaute Maske fest und keiner Variation fähig ist. Man hat hierdurch die Möglichkeit, die Kopie in ganz besonderer Richtung zu beeinflussen und je nach dem Motiv beispielsweise eine bessere Gelb/Blau- oder eine bessere Rot/Grün-Trennung zu erzielen. Das hat besondere Bedeutung bei der farblichen Reproduktion von farbigen graphischen Entwürfen, Stoffmustern, Textildrucken, farbigen Teppichen und Kokosläufern, Handtaschen oder Schuhen u. dgl., überhaupt bei Werbeaufnahmen, wo aus geschmacklichen Gründen gern Komplementärfarbenpaare angewendet werden.

8.2 Schwarz-Weiß-Masken

Zuletzt soll noch die unterschiedliche Wirkung von farbigen und schwarz-weißen Masken erörtert werden. Unter einer Schwarz-Weiß-Maske versteht man bekanntlich eine von dem zu maskierenden Colornegativ gezogene Positivkopie auf Schwarz-Weiß-Film, die — im Unterschied zu den besprochenen farbigen Masken — schwarz-weiß entwickelt wird. Eine solche Maske enthält die Gegenstände des Bildes je nach dem zur Kopie verwandten Filter und je nach der Sensibilisierung des Schwarz-Weiß-Materials in verschiedenen Grauwerten (Schwärzungen, Graudichten). Beispielsweise kommen bei Verwendung eines panchromatischen Filmes für die Maske alle Farben in ihren natürlichen Helligkeitswerten, Gelb hell, Grün und Rot mittelhell und Blau dunkel. Durch die hellen Flächen der Maske, z. B. Gelb, geht mehr Licht hindurch, was zu gesättigteren Gelbs führt. Umgekehrt wird durch die dunklen Flächen Licht zurückgehalten, was zu schwächer belichteten blauen Flächen in der Kopie führt, also zu einer Aufhellung, wodurch der Verschwärzlichung der blauen Töne entgegengearbeitet wird. Aber — und das ist das Wesentliche an den Schwarz-Weiß-Masken — an der spektralen Zusammensetzung des auf die Kopie fallenden Lichtes kann im Gegensatz zu Farbmasken nichts geändert werden, sie bleibt, abgesehen von der Intensität, wie bei der unmaskierten Kopie. Hieraus folgt, daß die durch die Nebendichten bedingten Farbverfälschungen, soweit sie nicht reine Sättigungsänderungen sind (wie im obigen Beispiel Gelb), im Farbkopierprozeß durch eine Schwarz-Weiß-Maske grundsätzlich nicht beseitigt werden können. Insbesondere bleiben also die Farbtonverschiebungen auch bei Anwendung der Schwarz-Weiß-Maske erhalten (im obigen Beispiel das rotverschobene Purpur, das zu blaue Grün). *Durch eine Schwarz-Weiß-Maske können die einzelnen Farben grundsätzlich nur in ihrer Sättigung verändert, das heißt verstärkt (gesättigter) oder herabgesetzt (entsättigt) werden, aber nicht im Farbton.* Darin liegt der eine Nachteil der Schwarz-Weiß-Masken.

Ein zweiter Nachteil ist der, daß zusätzliche Schwarz-Weiß-Masken im Gegensatz von farbigen Korrektiven immer die Gradation der zu maskierenden Vorlage (Grauleiter) verändern. Man muß hierauf von vornherein (durch entsprechend steile Farbentwicklung) Rücksicht nehmen oder hinterher (härteres Kopiermaterial) korrigieren, aber man ist hierdurch in der Freizügigkeit der Anwendung sehr gehemmt.

8.3 Die optischen Eigenschaften der Maskierungsfarbstoffe.

Dem aufmerksamen Leser mag die Frage gekommen sein, ob denn die einwandfreie Maskierung auch dann noch möglich ist, wenn die Maskierungsfarbstoffe selbst wieder Nebendichten aufweisen, wie das bei Purpur und Blaugrün tatsächlich der Fall ist.

Diese Frage muß bejaht werden. Man kann sich dies klarmachen, wenn man bedenkt, daß eine Purpur- oder eine Blaugrün-Maske an sich schon eine reduzierte Gradation hat, und daß auf die hierzu gehörigen Nebendichten wieder nur ein Bruchteil hiervon entfällt, der praktisch zu vernachlässigen ist. Die Richtigkeit dieser Überlegung wird sowohl durch die Praxis als auch durch die strenge Theorie bestätigt.

Die Verhältnisse liegen hier ähnlich wie bei den Kopierfiltern, die beim Colornegativ-Positiv-Kopierprozeß verwendet werden: Auch bei diesen verlangt man Absorption in nur einem der drei Spektralgebiete Blau, Grün, Rot, da sie nur auf jeweils eine der drei lichtempfindlichen Schichten des Colorpositivmaterials wirken sollen. Obwohl auch hier das Purpur- und das Blaugrünfilter Nebendichten aufweisen (insbesondere wieder das Purpurfilter) und damit auch auf die anderen beiden Schichten einwirken, ist die Ausfilterung einer Farbkopie, also die Zurückdrängung der vorherrschenden Empfindlichkeit der einen Farbschicht in der Praxis doch möglich. Ebensowenig, wie die Nebendichten der Kopierfilter die exakte Farbabstimmung im Farbkopierporzeß hindern, ebensowenig hindern die Nebendichten der Maskierungsfarbstoffe die einwandfreie Durchführung der Maskierung.

9. Zusammenfassung

Es wird gezeigt, in welcher Weise die sog. Nebendichten der Colornegativfarbstoffe die Farbwiedergabe in einer Colorkopie beeinflussen (Farbverfälschungen durch Verweißlichung, Verschwärzlichung, also Sättigungs- und Helligkeitsverlust, und durch Farbtonverschiebung). An einem wichtigen, der Praxis nahestehenden Beispiel (Purpur mit hoher Nebendichte im blauen Spektralgebiete) wird Theorie und Wirkung der farbigen Masken erläutert. Für diesen Fall werden auch praktische Anweisungen und Rezepte für die farbige Maskierung angegeben (4.1). Wirkung und Herstellung weiterer Masken (Purpurmasken, „gemischte Masken") werden gezeigt.

Zuletzt wird die Anwendung der farbigen Masken zur Beseitigung des Kippens von Farbfilmen bzw. -papieren erläutert und die Anwendungsbreite für die Masken abgegrenzt.

Abbildungen

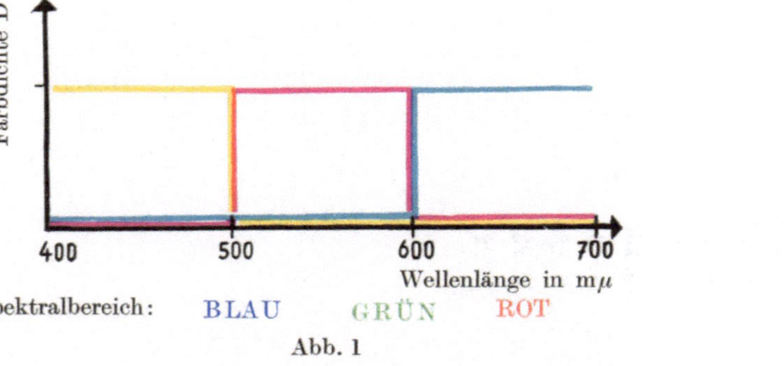

Abb. 1

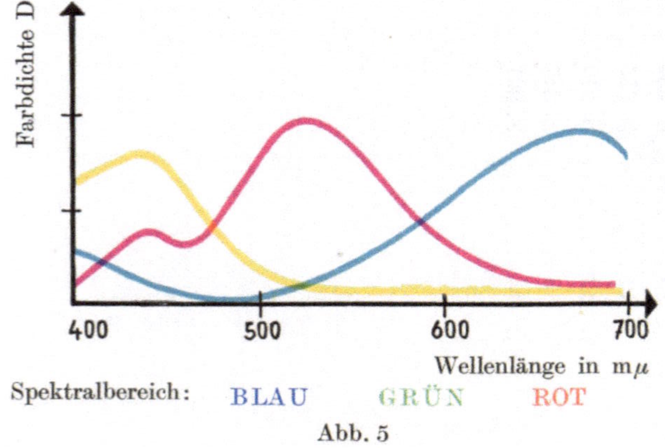

Abb. 5

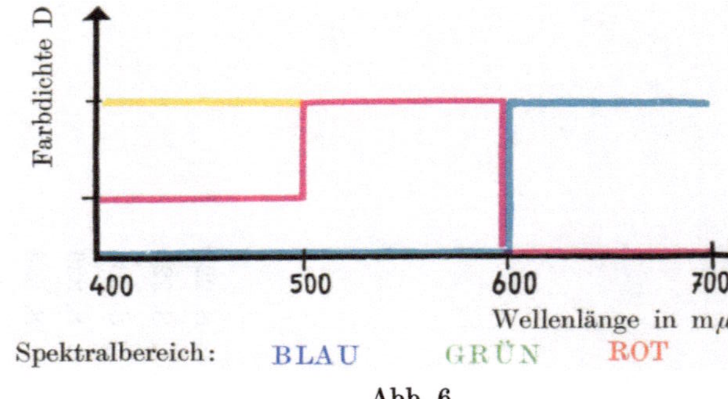

Abb. 6

Abb. 1. Die spektralen Dichtefunktionen von optisch „idealen" Bildfarbstoffen für das subtraktive Dreischichten-Farbverfahren.
Jeder der drei Farbstoffe (Gelb, Purpur, Blaugrün) absorbiert in je einem Drittel des sichtbaren Spektrums (Spektralbereiche Blau, Grün, Rot) und ist in den jeweiligen anderen beiden Dritteln vollständig durchlässig (Farbdichte D = 0).

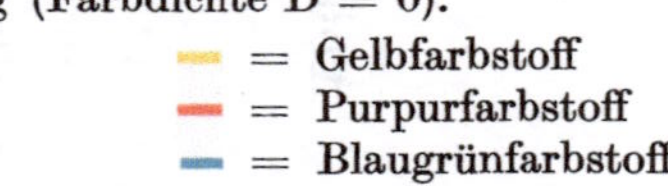
= Gelbfarbstoff
= Purpurfarbstoff
= Blaugrünfarbstoff

Abb. 5. Die spektralen Dichtefunktionen von drei realen Farbstoffen eines praktisch ausgeübten Dreischichtenverfahrens (Agfacolornegativ). Jeder der drei Farbstoffe zeigt geschwungenen Kurvenverlauf und — außer dem Gelbfarbstoff — „Nebendichten".

Abb. 6. Die spektralen Dichtefunktionen von drei Bildfarbstoffen für das subtraktive Dreischichten-Verfahren, von denen der Purpurfarbstoff im blauen Spektralgebiet eine „Nebendichte" (von 40%) aufweist. Um diesen Betrag wird der Gelbfarbstoff geschmälert (vgl. Abb. 1).

Abb. 12. Prinzip der Maskierung: Ein positives und ein negatives photographisches Bild (mit entgegengesetzt gleicher Gradation) ergeben in konturenrichtiger Deckung eine Fläche konstanter Dichte.

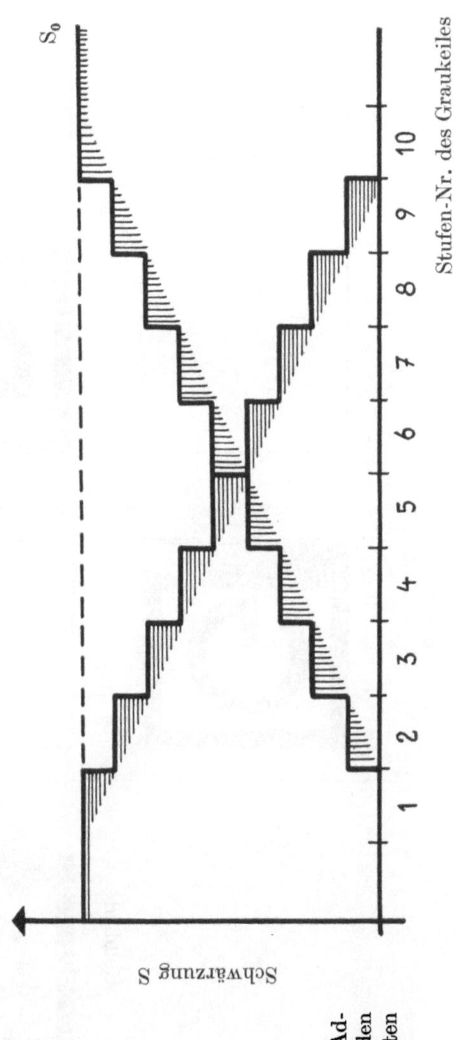

Abb. 13. Wie Abb. 12; Addition der Stufen der beiden Keile zu einem konstanten Dichtewert S_0.

Abb. 2. Entsprechend den drei Dichtekurven für optisch ideale Farbstoffe gemäß Abb. 1 ist ein reines Farbstoffbild aus einem beliebigen dieser drei Farbstoffe (Spalte a) nur hinter dem zugehörigen komplementärfarbigen Farbfilter sichtbar, hinter den beiden anderen Farbfiltern aber unsichtbar (Spalte b).

Die drei Farbfilter Blau, Grün und Rot dürfen nur Strahlen jeweils eines der drei obengenannten Spektralgebiete durchlassen („strenge“ Farbfilter).

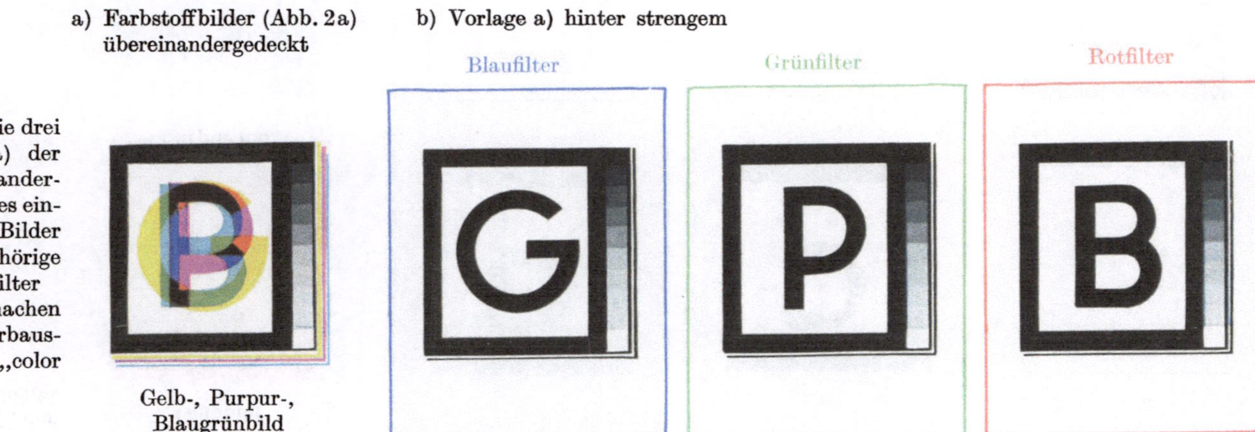

Abb. 3. Werden die drei Farbstoffbilder a) der Abb. 2 übereinandergedeckt, so ist jedes einzelne der drei Bilder durch das zugehörige Komplementärfilter sichtbar zu machen (Prinzip des Farbauszugsverfahrens, „color separation").

Abb. 7. Entsprechend der „Nebendichte“ des Purpurfarbstoffes gemäß Abb. 6 erscheint jetzt hinter dem blauen „Farbauszugsfilter“ außer dem Gelbbild auch das Purpurbild („Nebenbild“). Das Purpur-Nebenbild weist 40% der Dichte des Purpur-Hauptbildes auf; für das gelbe Hauptbild bleibt nur 60% der ursprünglichen Dichte (vgl. Abb. 2).

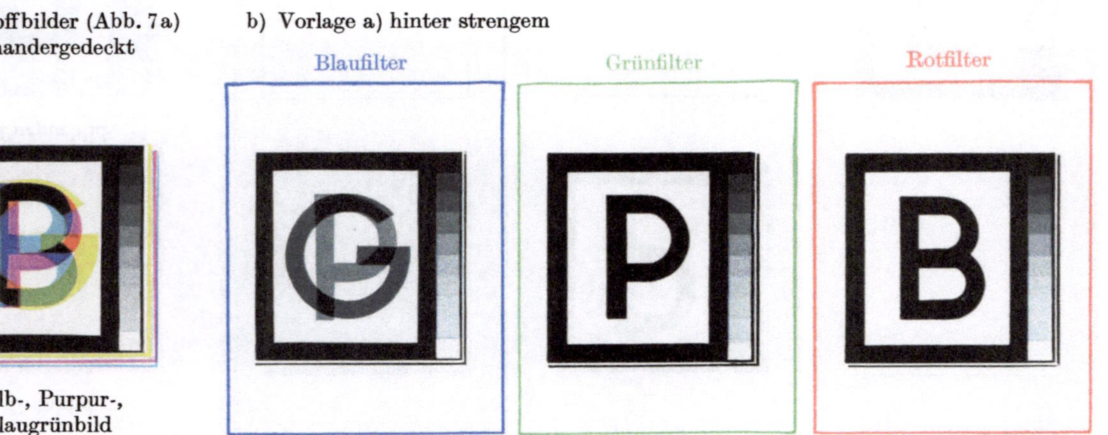

Abb. 8. Aus der Übereinanderlagerung der drei Farbstoffbilder der Abb. 7 ist jetzt das Gelbbild nicht mehr allein aus dem Bildverbande herauszulösen; es ist immer mit dem Purpur-Nebenbilde vermischt (vgl. Abb. 3). Dieser Mangel ist nicht durch Verwendung eines anderen Blaufilters zu beseitigen, da er durch die optischen Eigenschaften des Purpurfarbstoffes bedingt ist (Abb. 6).

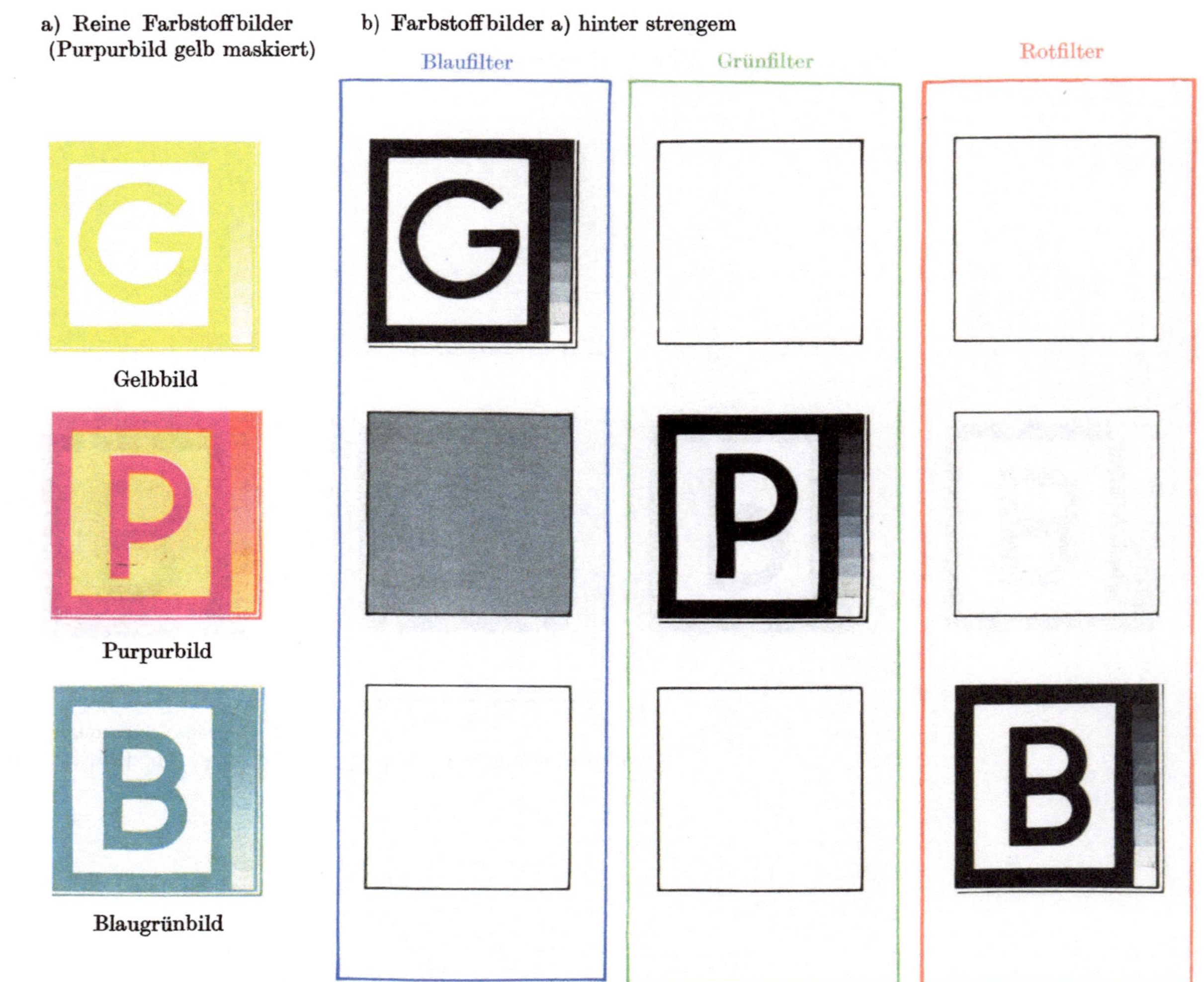

Abb. 15. Durch die Maskierung des optisch fehlerhaften Purpurbildes wird der „Idealfall“ der Abb. 2 wiederhergestellt, indem hinter den Farbauszugsfiltern nur die Hauptbilder sichtbar werden. Das Purpur-Nebenbild ist durch die Maskierung zu einer Fläche konstanter Dichte geworden.

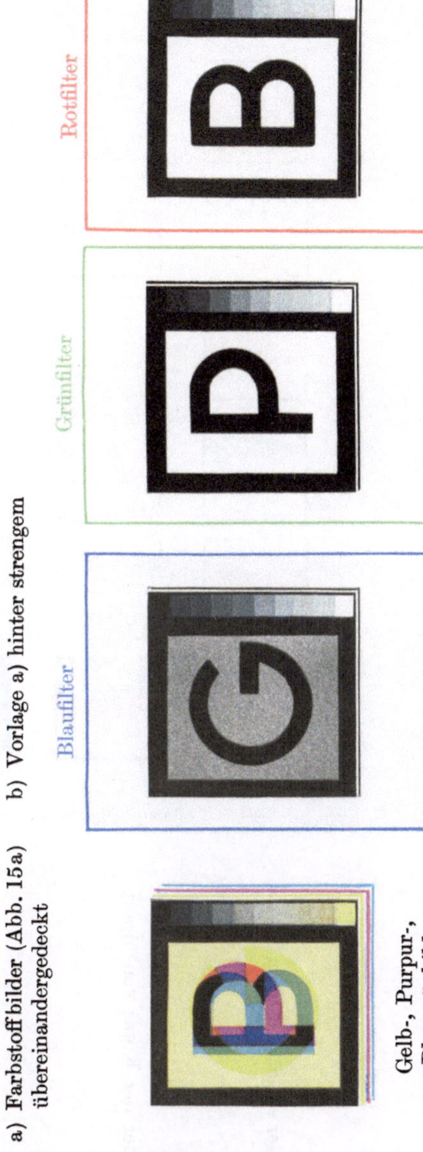

Abb. 16. Aus der Übereinanderlagerung der drei Farbstoffbilder der Abb. 15 ist jetzt wieder jedes Farbbild einzeln aus dem Bildverband optisch herauszutrennen. Dem Gelbbild ist lediglich eine (photographisch belanglose) konstante Dichte überlagert.

a) Farbige Testfelder
b) Remission R der Testfelder a) in den drei Spektralgebieten
c) Farbstoffbilder von a) und b) im Colornegativ
d) Farbstoffbilder der Kopie von c) auf Colorpositiv
e) Wiedergabefarben im Colorpositiv gem. d)
R
Farbdichte D

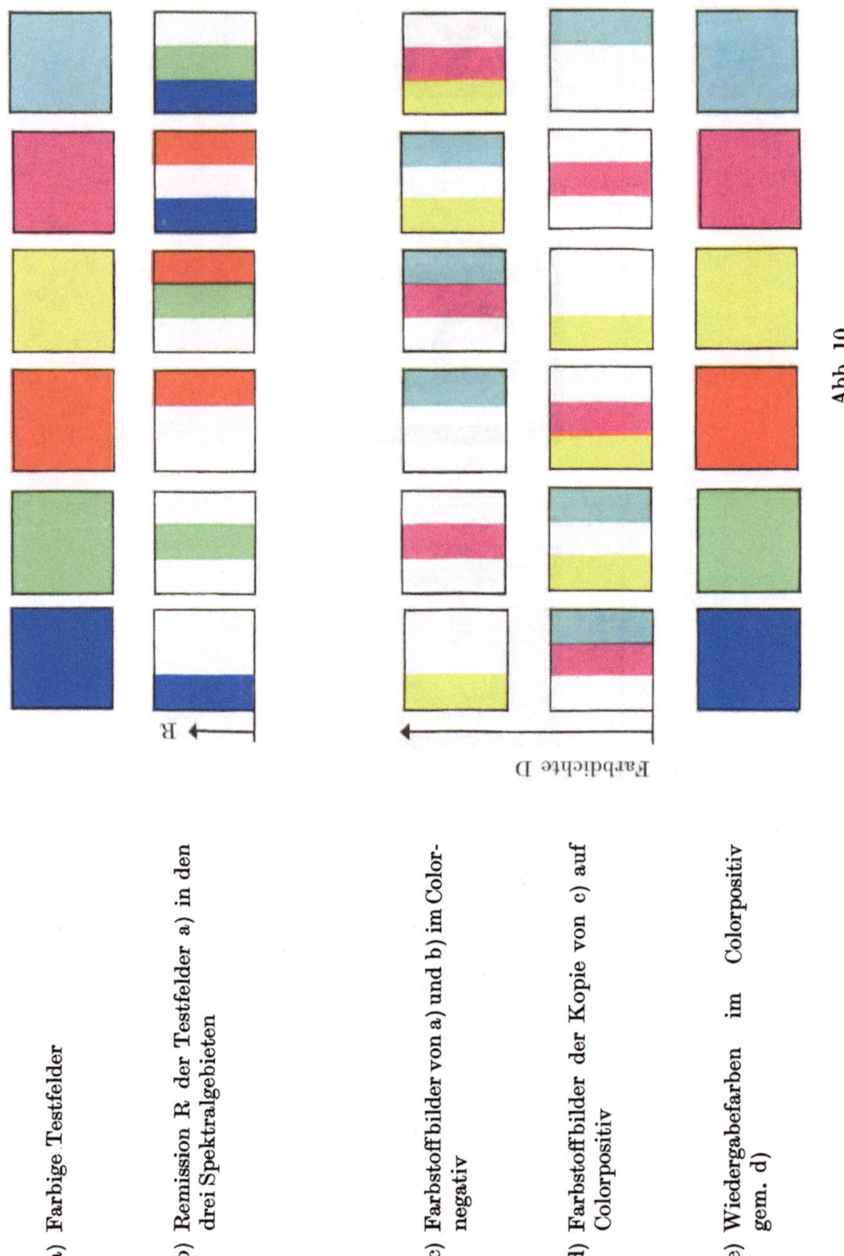

Abb. 10

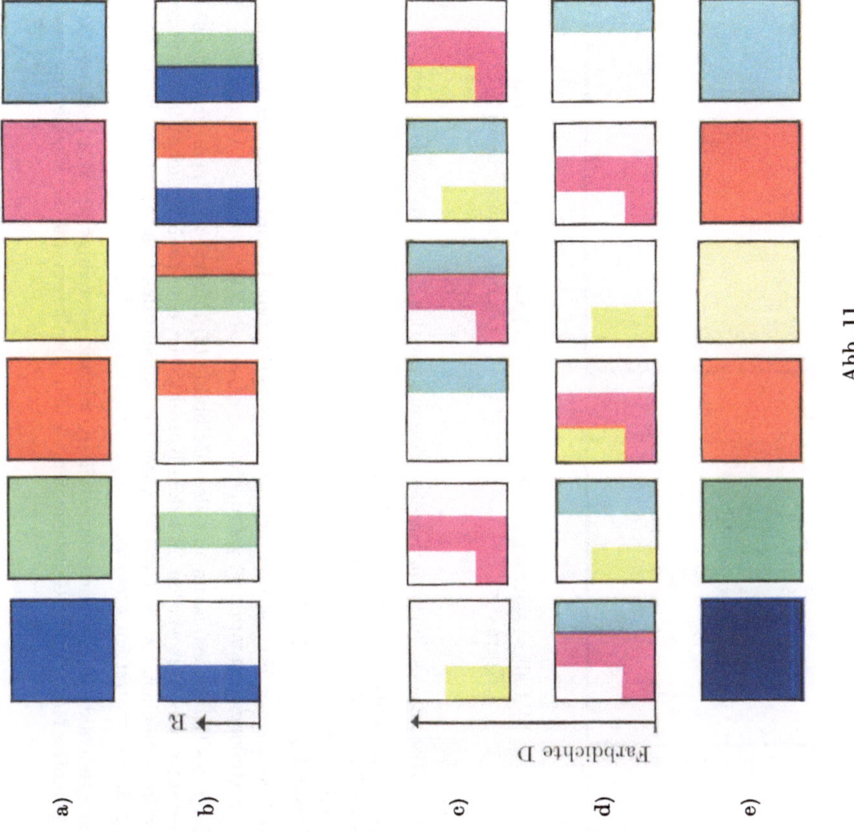

Abb. 11

Abb. 10 (oben). Die farbenphotographische Wiedergabe von farbigen Testfeldern nach dem Negativ-Positiv-Verfahren mit idealen Farbstoffen (im Farbnegativ und -positiv, vgl. Abb. 1). Die Farbwiedergabe (Reihe e) ist naturgetreu.

Abb. 11 (nebenstehend). Kopierschema wie Abbildung 10, aber der Purpurfarbstoff des Farbnegatives hat eine Nebendichte (von 40%) im blauen Spektralgebiet (vgl. Abb. 6). Alle Farben (der Reihe a) werden verfälscht wiedergegeben (außer Rot und Blaugrün; Reihe e).

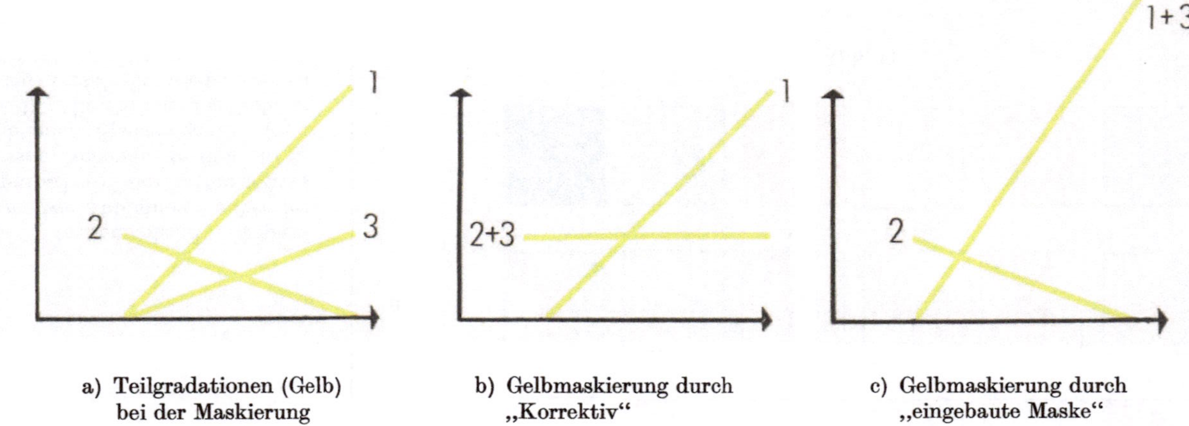

a) Teilgradationen (Gelb) bei der Maskierung

b) Gelbmaskierung durch „Korrektiv“

c) Gelbmaskierung durch „eingebaute Maske“

Abb. 18. Die drei für den Fall der Gelbmaskierung des Purpurfarbstoffes zusammenwirkenden Gelb-Gradationen.

(1) = Gradation des Gelbbildes, unmaskiert (Beispiel: 60%)
(2) = Gradation der Maske vom Purpurbild (Beispiel: −40%)
(3) = Gradation für die Aufsteilung des Gelbbildes nach der Maskierung (Beispiel: +40%)

a) Für die nachträgliche Maskierung eines fertigen Colornegatives (Gelbgradation 1) wird ein gelber Maskenfilm (1) und ein Film zur Aufsteilung (Gradation 2) gebraucht.

b) Das Gelbbild (3) (Aufsteilung des Gelbbildes) kann mit dem Gelbbilde (2) (Maske) zu einem gradationslosen Bilde (2+3), dem Korrektiv, vereinigt werden. Mit dem Korrektiv ist eine nachträgliche Maskierung eines fertigen Colornegativfilmes möglich, da die Gradation der Gelbschicht des Colornegatives bei dieser Art der Maskierung nicht geändert zu werden braucht.

c) Das Gelbbild (3) ist mit dem Gelbbilde (1) zu einem aufgesteilten Gelbbilde vereinigt (1+3), die Maske (2) steht allein (Fall der „eingebauten Maske“; die Gelbschicht muß von vornherein auf die Maskierung eingestellt sein).

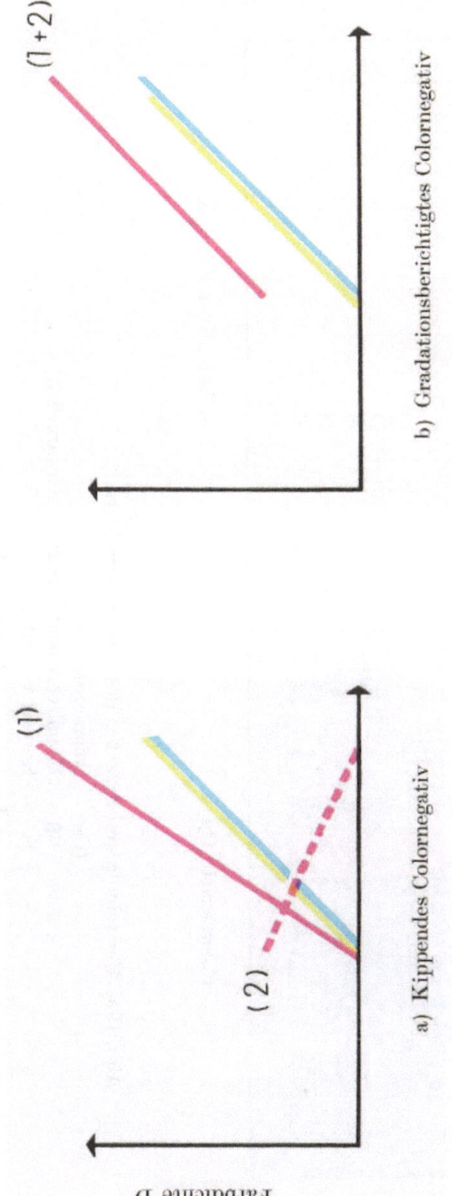

Abb. 24. Ein Colornegativ mit zu steiler Purpurschicht ([1] in Abb. 24a, „kippendes“ photographisches Material) kann durch eine von der gleichen (Purpur-)Schicht gezogene gleichfarbige Maske (2) von diesem Fehler befreit werden („unechte“ Maske).

Im korrigierten Material (b) läuft die resultierende Purpur-Gradation (1 + 2) nunmehr parallel den beiden anderen Farbgradationen.

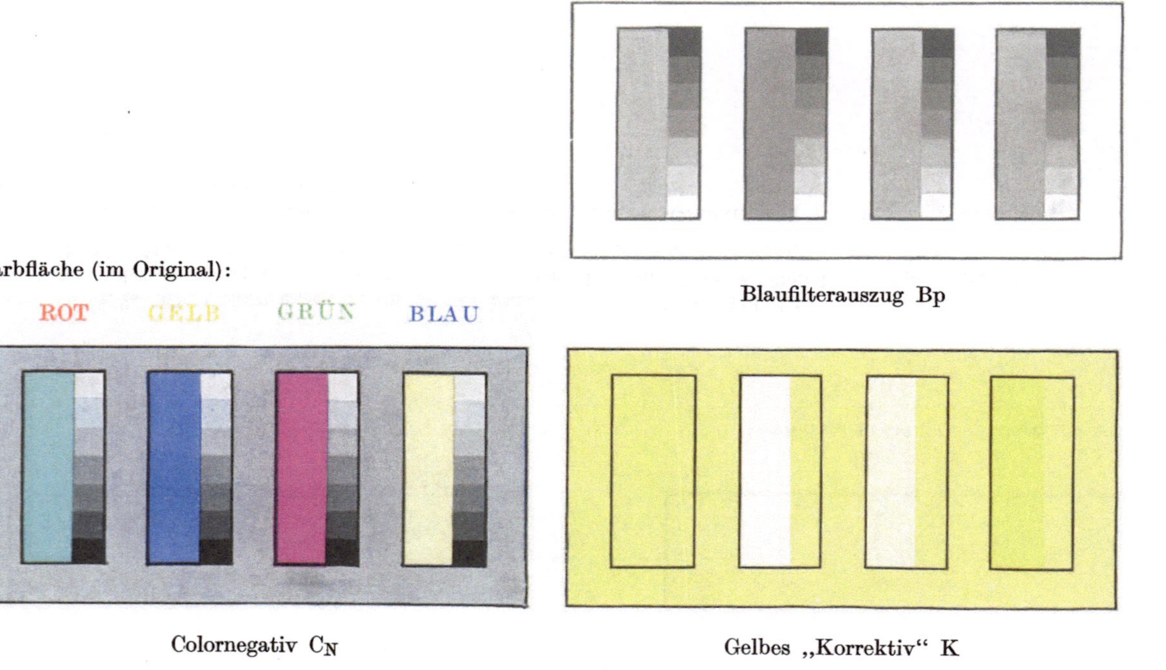

Abb. 19a. Herstellung und Aussehen des gelben Korrektivs:

(C_N = Colornegativ
Bp = Blaufilterauszug (positiv), schwarzweiß
K = Korrektiv, gelb).

Beachte: Die Grauleiterstufen haben im Korrektiv K allesamt die gleiche Gelbdichte (mittlere Dichte); die „gelbe“ Fläche ist offen, die „blaue“ Farbfläche ist stärker als die „Grau“-fläche gedeckt.

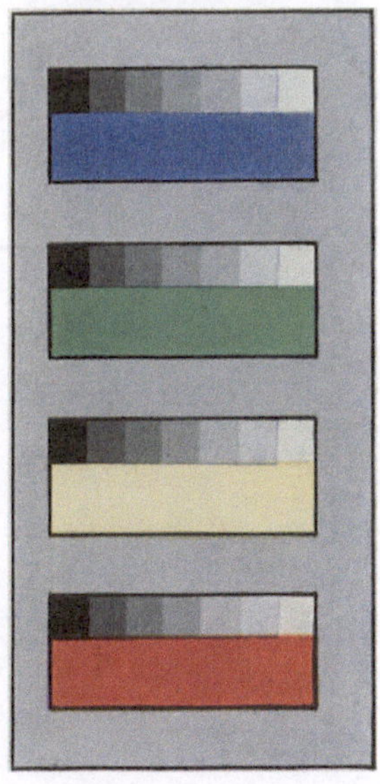

Abb. 19b. Farbkopie, gezogen einmal von dem normalen, zum anderen von dem (mit Hilfe des Korrektivs K) maskierten Colornegativ.
Beachte die Sättigungserhöhung von Gelb und Blau und die Gelbverschiebung von Grün durch die Maskierung!

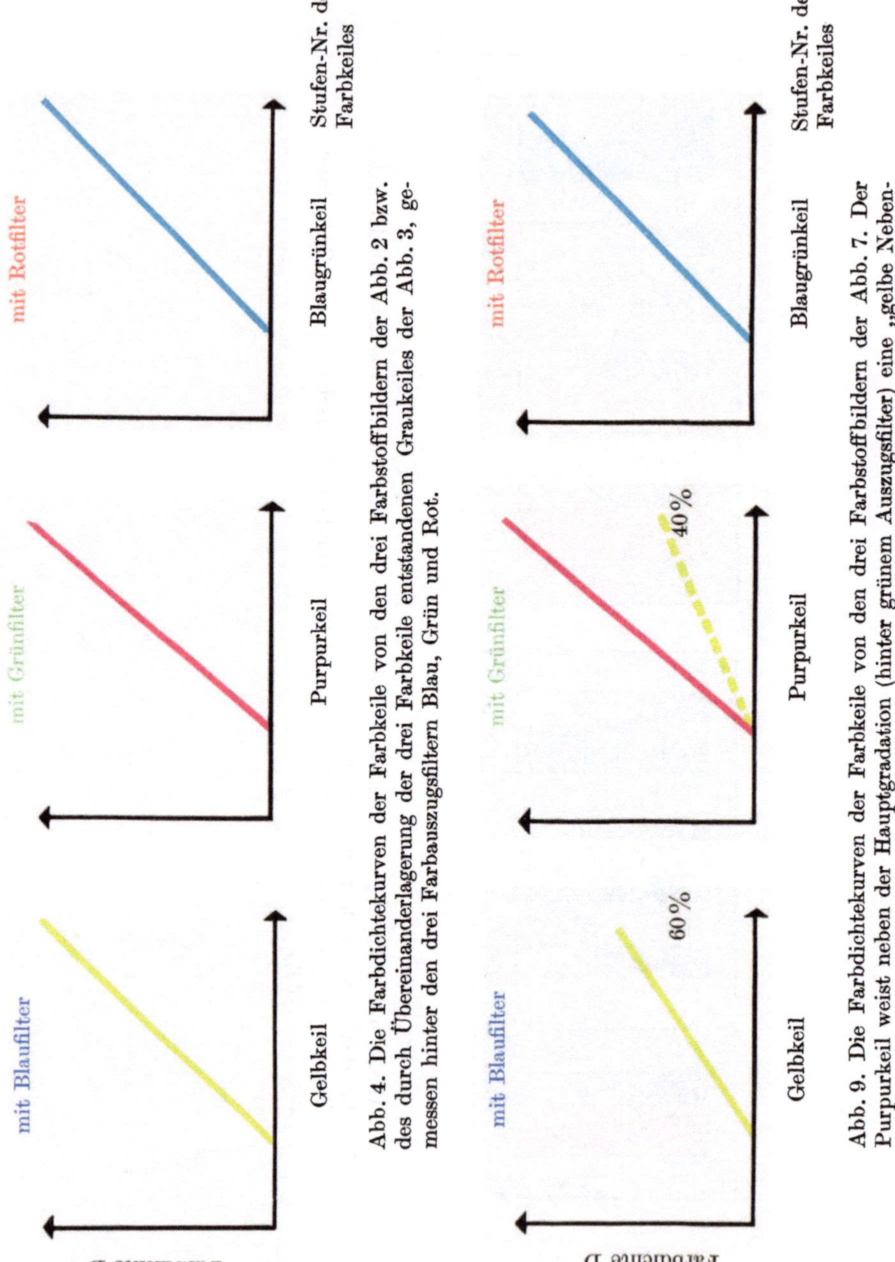

Abb. 4. Die Farbdichtekurven der Farbkeile von den drei Farbstoffbildern der Abb. 2 bzw. des durch Übereinanderlagerung der drei Farbkeile entstandenen Graukeiles der Abb. 3, gemessen hinter den drei Farbauszugsfiltern Blau, Grün und Rot.

Abb. 9. Die Farbdichtekurven der Farbkeile von den drei Farbstoffbildern der Abb. 7. Der Purpurkeil weist neben der Hauptgradation (hinter grünem Auszugsfilter) eine „gelbe Nebengradation" (blaues Filter) von 40% auf; der Gelbkeil hat dementsprechend eine Hauptgradation von nur 60%.

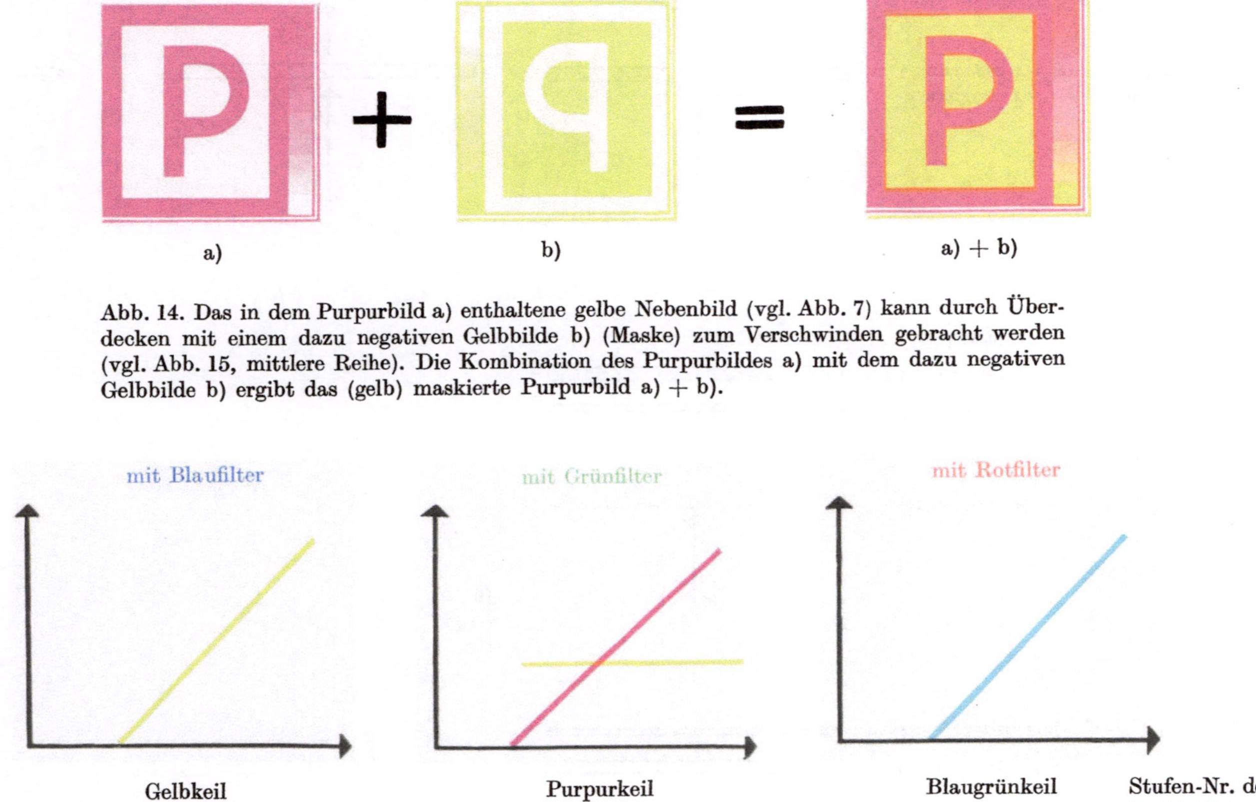

Abb. 14. Das in dem Purpurbild a) enthaltene gelbe Nebenbild (vgl. Abb. 7) kann durch Überdecken mit einem dazu negativen Gelbbilde b) (Maske) zum Verschwinden gebracht werden (vgl. Abb. 15, mittlere Reihe). Die Kombination des Purpurbildes a) mit dem dazu negativen Gelbbilde b) ergibt das (gelb) maskierte Purpurbild a) + b).

Abb. 17. Die Farbdichtekurven für den Fall der Maskierung (Gelbmaskierung des Purpurfarbstoffes, vgl. Abb. 15). Bis auf eine dem Purpurfarbstoff überlagerte konstante (und damit belanglose) Gelbdichte wird durch die Maskierung der Idealfall der Abb. 4 hergestellt.

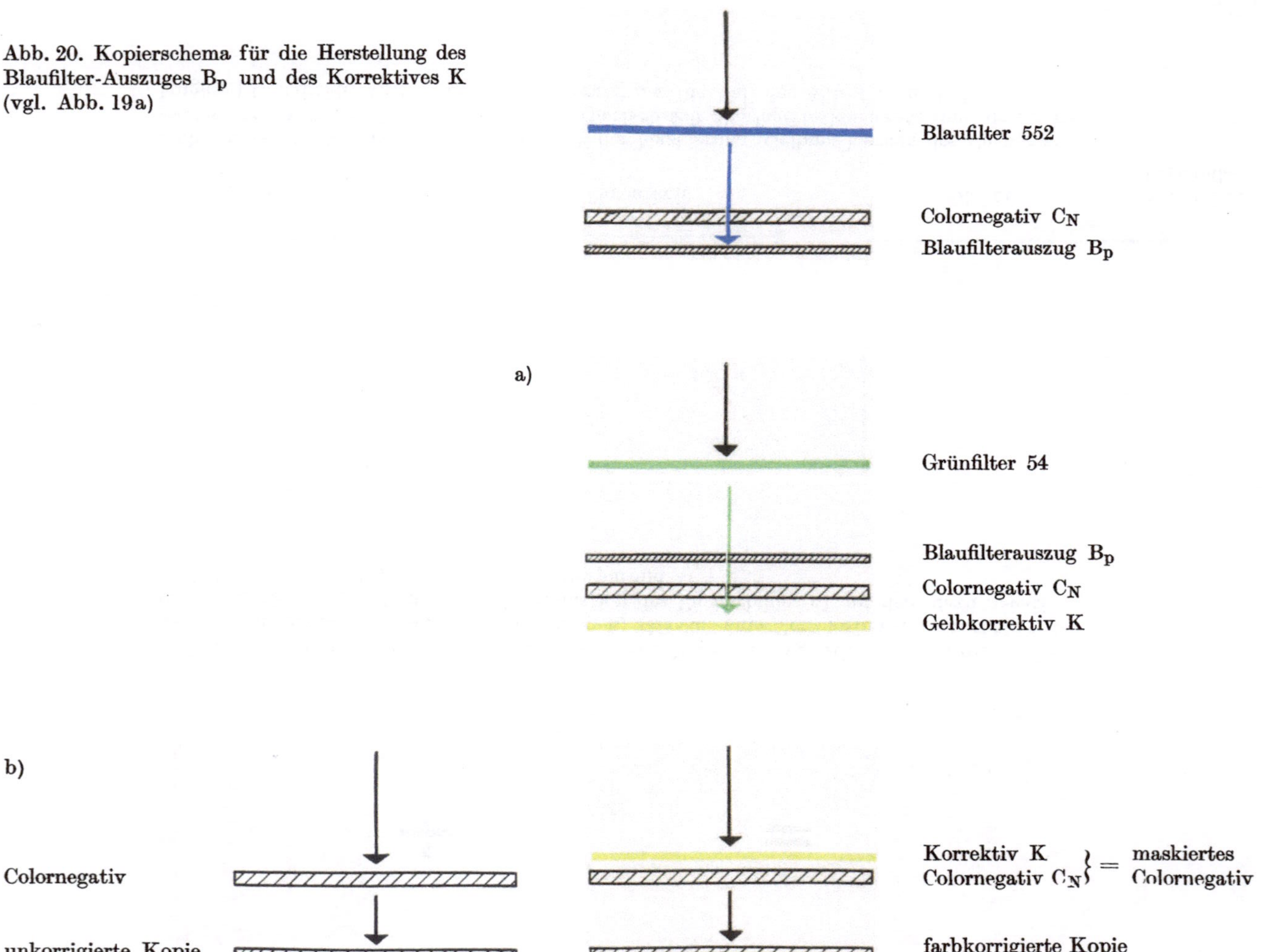

Abb. 20. Kopierschema für die Herstellung des Blaufilter-Auszuges B_p und des Korrektives K (vgl. Abb. 19a)

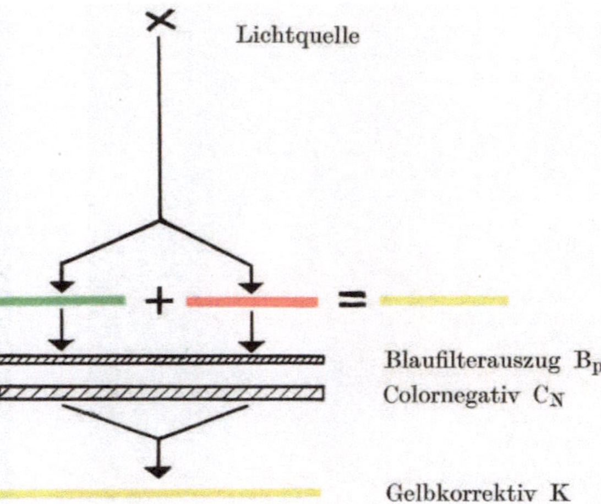

Abb. 22. Die gleichzeitige Maskierung der im gleichen Spektralgebiete liegenden Nebendichten zweier verschiedener Bildfarbstoffe des Colornegatives. Belichtung hintereinander durch die zugehörigen beiden komplementären Auszugsfilter oder durch ein Filter mit entsprechendem spektralem Durchlaßbereich. Der gezeichnete Fall stellt das Kopierschema für die Herstellung des Korrektives für die Gelbmaskierung des Purpur- und Blaugrün-Farbstoffes dar. (Die spektrale Dichtekurve des hier vorausgesetzten Blaugrün-Farbstoffes s. in Abb. 23a)

Abb. 21a

Abb. 21b

Abb. 21. Wirkung der Gelbmaskierung an einem Bildmotiv:

a) Kopie vom normalen Colornegativ
b) Kopie vom Colornegativ mit Korrektiv
c) Gelbes Korrektiv

Abb. 21 c

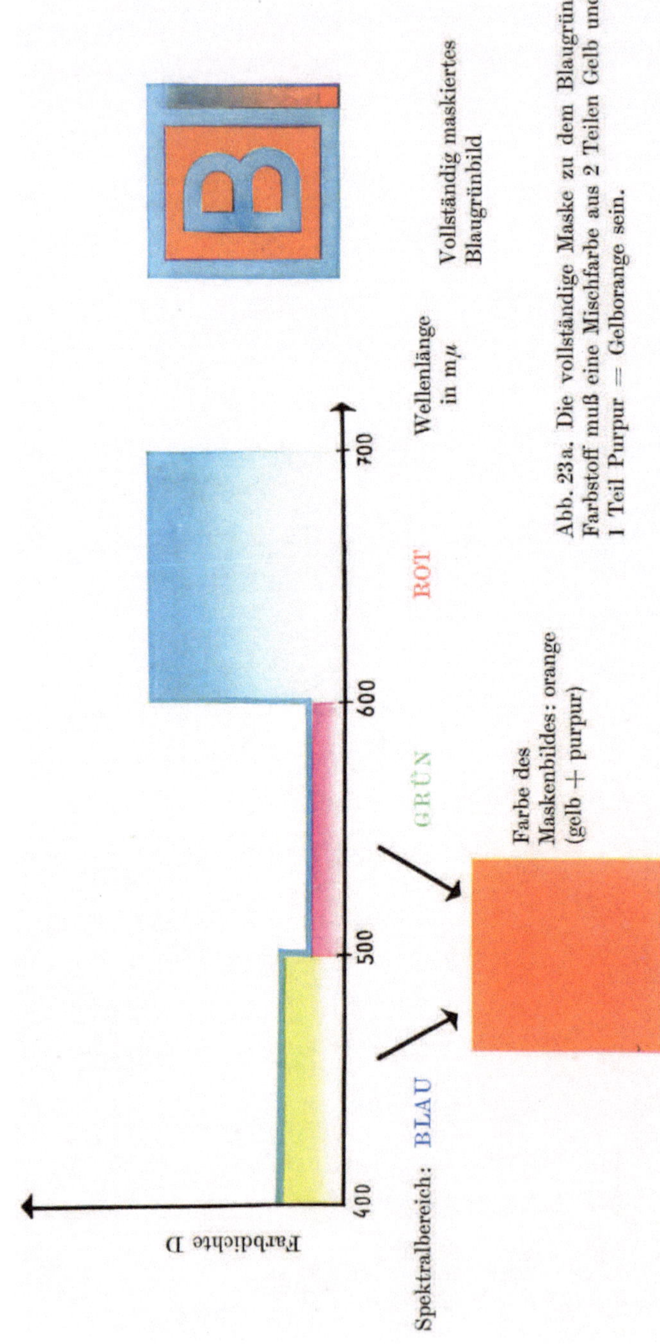

Abb. 23a. Die vollständige Maske zu dem Blaugrün-Farbstoff muß eine Mischfarbe aus 2 Teilen Gelb und 1 Teil Purpur = Gelborange sein.

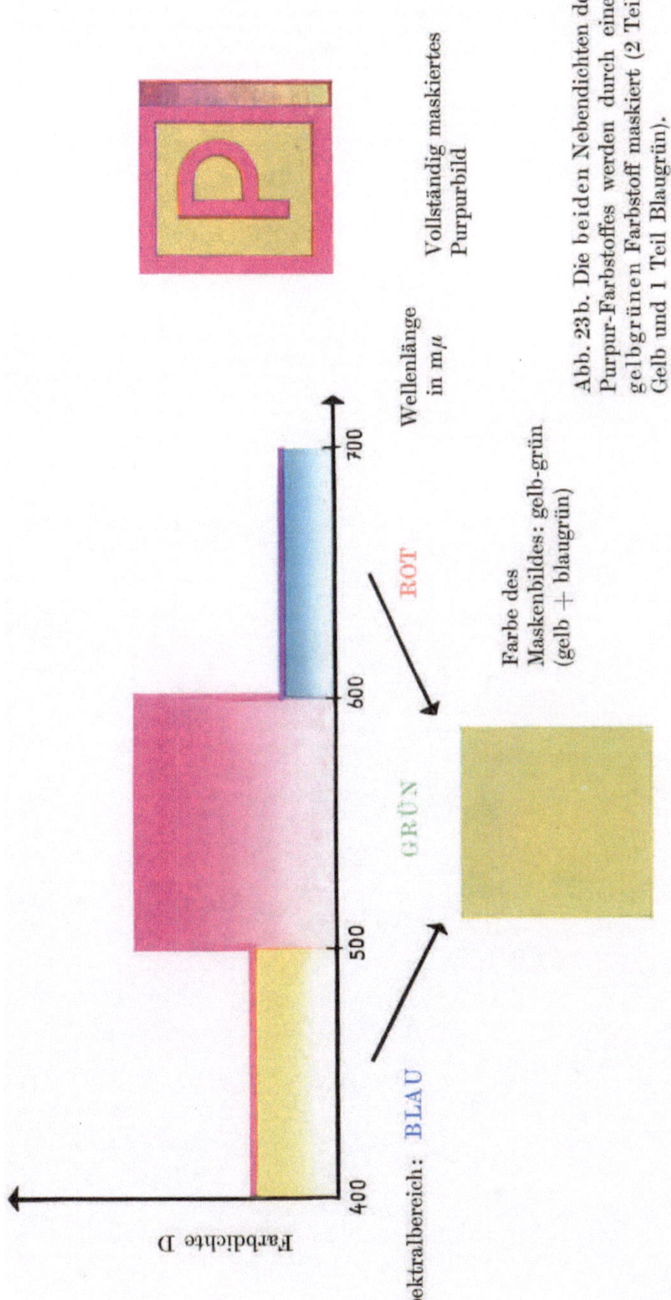

Abb. 23b. Die beiden Nebendichten des Purpur-Farbstoffes werden durch einen gelbgrünen Farbstoff maskiert (2 Teile Gelb und 1 Teil Blaugrün).

Abb. 23. Zwei Beispiele für die gleichzeitige Maskierung zweier Nebendichten.

Die Diffusion photographischer Bäder in Mehrschichtfilmen

Von E. Reckziegel

A. Versuchsmethode

1.

Für viele Fragen der Entwicklung und Verarbeitung von chromogen entwickelbarem Mehrschichtenmaterial ist die Kenntnis der Diffusions- und Quellungsvorgänge in den photographischen Schichten von Bedeutung.

Zwar liegen Beobachtungen von Sheppard und Mees vor, die sich mit dem Eindringen von photographischem Entwickler in Einzelschichten von Schwarzweißmaterial beschäftigen, aber sie waren rein qualitativer Art. Die mathematische Behandlung des Quellungsvorganges von Sheppard und Elliot [*2*] sah das Gel als Ganzes an und beschrieb den zeitlichen Verlauf der Wasseraufnahme bis zur Erreichung des Endzustandes, ohne auf die Diffusionsvorgänge näher einzugehen. Eingehende Untersuchungen über Diffusionsvorgänge in gequollener Gelatine stammen von Herzog und Polotzky [*3*] sowie von W. Ostwald und Quast [*4*], sie benutzen die Größe des Diffusionskoeffizienten zu Rückschlüssen auf die Größe von eindiffundierten Farbstoffmolekülen. Auch die Aufklärung der rhythmischen Fällungen in den Liesegahgschen Ringen [*5*] führte zu Untersuchungen der Diffusionsgeschwindigkeit von Lösungen in Gelatinegelen [*6*]. In allen Fällen gehorchten die Lösungen dem Fickschen Diffusionsgesetz [*7*]. Ein mikroskopisches Verfahren wurde von R. Fürth und E. Ullmann [*8*] sowie von Zuber [*9*] ausgearbeitet. In diesen Untersuchungen wurde stets mit wesentlich dickeren Schichten und längeren Diffusionszeiten gearbeitet, als es für die Verhältnisse bei dem photographischen Entwicklungsprozeß in Frage kommt.

In der vorliegenden Arbeit wurden diese Gesetzmäßigkeiten an Versuchsgüssen mit Hilfe von Indikatorschichten, über denen Gelatineschichten verschiedenartiger Zusammensetzung und Dicke gezogen waren, untersucht. Die Indikatorschichten zeigten das Auftreffen von Alkali- bzw. Säurelösungen und Entwicklern durch eine Farbreaktion an. Dadurch wurde es möglich, die Zeit vom Eintauchen der Proben in die zu prüfende Lösung bis zu ihrem Auftreffen auf die Indikatorschicht zu messen und somit die Abhängigkeit der Durchdringungszeit von der Überschichtung zu bestimmen.

Als Indikator hat sich Brillantgelb

$$\mathrm{OH-C_6H_4-N=N-C_6H_3(SO_3H)-CH=CH-C_6H_3(SO_3H)-N=N-C_6H_4-OH}$$

bewährt. Es wurde der untersten Gelatineschicht einverleibt und schlägt bei p_H 8—9 von Gelb (sauer) nach Rot (alkalisch) um. Wegen seiner substantiven Eigenschaften dringt es nicht in darübergezogene Gelatineschichten ein.

Auch belichtete Halogensilberemulsionen haben sich für viele Untersuchungen als Indikatorschichten bewährt. In diesem Fall wurde auch noch blaugrünkuppelnde, diffusionsfeste Farbkomponente vom Typ der α-Naphtholcarbonsäure hinzugefügt. Mit Hilfe solcher Schichten war es möglich, das Eindringen von KBr-freien Entwicklern zu verfolgen.

Das Eindringen von Alkalilösungen wurde im allgemeinen mit Emulsionsschichten als Indikator verfolgt, für Säuren war die Verwendung von Brillantgelb erforderlich. Durch Vorversuche wurde zunächst mit Hilfe von alkalischen Lösungen festgestellt, daß man in beiden Fällen die gleichen Werte erhält.

2. Herstellung der Versuchsgüsse und Messung der Schichtdicke

Für die Messungen gehört jeweils eine Gruppe von Versuchsgüssen zusammen, die über der auf barytiertem Rohstoff aufgetragenen Indikatorschicht eine, zwei, drei bzw. vier Gelatineschichten von jeweils 5 bis 6 μ Gußdicke besitzen. Auf diese Weise ist es möglich, jeweils die Durchdringungszeit durch vier verschiedene Schichtdicken zu bestimmen. Die Schichtdicken liegen in einer Größenordnung, die für die chromogen entwickelbaren Mehrschichtenmaterialien interessiert.

Für die Untersuchung wurden außerdem Gruppen mit verschiedenartigen Überzugsgelatinen hergestellt. Die Tabelle 1 gibt eine Übersicht der zur Prüfung herangezogenen Gelatinesorten. Zur Kennzeichnung des physikalischen Verhaltens dieser Gelatinen wurden Viskosität, Erstarrungspunkt und Gallertfestigkeit bestimmt. Die physikalischen Unterschiede dieser Gelatinen sind aus den angeführten Kennziffern zu ersehen. In der Spalte „Versuchsnummer" sind Gruppennummern eingetragen. Jeder Guß hat eine Doppelnummer, deren erste Ziffer sich auf die Gelatinesorte und deren zweite Ziffer sich auf die Zahl der Überzüge bezieht. Die Viskositätsangabe in cP bezieht sich auf 10%ige Lösungen, die bei 40° C im Kugelfallviskosimeter nach Höppler gemessen wurden.

Tabelle 1. *Übersicht der geprüften Gelatinesorten*

Versuchs-nummer	Gelatinesorte	Zusätze	Viskosität c P	Erstarrungs-punkt	Gallert-festigkeit
10—14	Kalbe 3358	—	15,50	25,8°	64
20—24	Koepff 6/42	—	10,25	23,0°	79
30—34	Herold BB 68/10	—	10,76	23,4°	92
40—44	Herold BB 68/10	Pro Liter 1,5 g Formaldehyd 30%	—	—	—
50—54	Koepff 13 i. H.	—	11,88	23,4°	75
60—64	Koepff 13 i. H.	Purpurkomponente	—	—	—
70—74	Koepff 13 i. H.	Gelbkomponente	—	—	—
80—84	Koepff 13 i. H.	Blaugrünkomponente	—	—	—

Tabelle 2. *Schichtdickenbestimmung für Gruppen 10—14*

1.	2.	3.	4.	5.	6.	7.	8.	9.
10	2,552 2,524 2,567	2,435 2,410 2,452	0,117 0,114 0,115	0,115	—	—	—	—
11	2,650 2,619 2,640	2,467 2,432 2,457	0,183 0,186 0,183	0,184	0,069	5,35	5,35	5,0
12	2,695 2,665 2,743	2,428 2,404 2,473	0,267 0,261 0,270	0,266	0,151	11,7	6,3	12,0
13	2,790 2,782 2,837	2,456 2,451 2,503	0,334 0,331 0,334	0,333	0,218	16,9	5,2	20,0
14	2,880 2,894 2,891	2,466 2,481 2,483	0,414 0,413 0,408	0,412	0,297	23,0	6,1	25,0

Bedeutung der Kopfzahlen 1—9

1. Gußnummern der Versuchsgruppe 10—14
2. Gewicht des Papiers mit Gelatineüberzügen und Testschicht (G_1)
3. Gewicht des Papiers nach Entfernung der Gelatineüberzüge und der Testschicht (G_2)
4. Gewicht der Gelatineüberzüge und der Testschicht $G = G_1 - G_2$
5. Mittelwert aus je 3 Messungen $G_1 - G_2$
6. Gewicht der Gelatineüberzüge nach Abzug der Testschicht ($\triangle$)
7. Berechnung der Gußdicke in μ nach $s = \frac{\triangle}{f \cdot \varrho} \cdot 10^4$, wobei für f 100 cm² und für ϱ 1,3 g eingesetzt worden ist.
8. Gußdicke der Einzelüberzüge, erhalten durch Differenzbildung aus den Werten von 7
9. Mikroskopisch bestimmte Gußdicken von Ölschnitten (vgl. 7)

Der Erstarrungspunkt wurde nach WINKELBLECH (*10*] und COBENZEL [*11*] bestimmt, die Gallertfestigkeit mit dem Glutimeter nach GRAINER. In einem Versuch wurde mit formalingehärteter Gelatine gearbeitet. Die Versuchsgruppen 6 bis 8 enthalten Gelatineschichten, denen Farbkomponenten in der Art und Menge, wie sie bei der Herstellung von Agfacolor-Materialien verwendet werden, zugesetzt worden sind.

Die Bestimmung der Schichtdicke erfolgte durch Wägung und wurde durch mikroskopische Messungen kontrolliert. Für die Bestimmung wurden 100 cm² große Probeblätter vor und nach dem Abwaschen der Gelatineschichten und nach Einstellung der Gewichtskonstanz bei 70% relativer Feuchtigkeit gewogen. Aus der Gewichtsdifferenz Δ, dem spezifischen Gewicht der getrockneten Gelatine ϱ und der Fläche f ergibt sich für die mittlere Schichtdicke $s = \frac{\Delta}{f \cdot \varrho}$. Durch entsprechende Differenzbildung wurde sodann die Dicke der Einzelschichten festgestellt. Diese Methode wurde der mikroskopischen vorgezogen, da sie zu einem Mittelwert über eine größere Fläche führt und unabhängig von lokalen Schwankungen der Schichtdicke ist.

In Tabelle 2 ist die Schichtdickenbestimmung für Gruppe 1 der Versuchsgüsse als Beispiel zusammengestellt.

Tabelle 3. *Übersicht der Gußdicken bei den untersuchten Proben*

Anzahl der über der Emulsion angeordneten *Gel.-Sch.* Vers. Serie	1	2	3	4
10–14	5,35	11,7	16,9	23,0
20–24	8,55	17,2	21,6	27,8
30–34	7,3	14,7	23,4	30,0
40–44	7,3	14,7	23,4	30,0
50–54	6,8	12,2	18,3	24,4
60–64	7,0	11,2	15,5	20,5
70–74	6,1	10,7	15,8	20,2
80–84	5,5	9,0	14,1	19,0

In Tabelle 3 wird eine Übersicht der Schichtdicken für die acht Versuchsgruppen gegeben.

3. Messung der Durchdringungszeit

Für die Messung wurden von dem Versuchsmaterial Probestreifen von etwa 1×6 cm hergestellt. Diese wurden rasch in ein senkrecht stehendes Probeglas, in dem sich die Meßflüssigkeit befand, hineingesteckt. Das geschah bei der Messung von Zeiten über 10 Sekunden so, daß beim Beginn der Zeitmessung der Probestreifen nur zur Hälfte und nach etwa 5 Sekunden ganz eingetaucht wurde. Gemessen wurde die Zeit vom Eintauchen bis zum Sichtbarwerden der Trennlinie an der Streifenhälfte. Bei der Messung kürzerer Zeiten wurde die erste erkennbare Verfärbung beobachtet. Im allgemeinen wurden die Meßstreifen nicht bewegt. Die Temperatur wurde auf 18° C gehalten (Probegläser in Thermostat), enge Proberöhren wurden gewählt, um Strömungen und Wirbelbildungen während der Messung weitgehend auszuschalten.

4. Der geschwindigkeitsbestimmende Vorgang beim Eindringen von KBr-freiem Metol-Entwickler

Für die Prüfung wurde mit einem Metol-Entwickler folgender Zusammensetzung gearbeitet:

Metol	5 g
Natriumsulfit	25 g
Pottasche	69 g

gelöst in Wasser auf ein Liter.

Der Entwickler wurde ohne Kaliumbromid angesetzt, damit er beim Auftreffen auf die photographische Indikatorschicht momentan reagiert.

Als Untersuchungsmaterial diente der Mehrschichtenguß Nr. 14. Um unabhängig von der Quellung allein die Diffusionszeiten zu beobachten, wurde der Probestreifen zunächst in Wasser gequollen und hierauf in obigen Entwickler getaucht. Die erste sichtbare Schwärzung trat nach 27 Sekunden auf.

Eine Probe, die vor der Entwicklung in 0,5%iger Metol-Lösung gequollen wurde, zeigte die erste sichtbare Schwärzung gleichfalls nach 27 Sekunden.

Nach einer Quellung in 6,5%iger Pottaschelösung wurde die erste sichtbare Schwärzung jedoch bereits nach 7 Sekunden beobachtet. Ohne Vorquellung trat sie erst nach 42 Sekunden auf.

An diesen Messungen ist zunächst bemerkenswert, daß die Durchdringungszeit von ungequollenen Schichten (42 Sekunden) erheblich größer ist, als von in Wasser (27 Sek.) oder in Pottaschelösung (7 Sek.) vorgequollenen Schichten. Der die Durchdringungszeit bestimmende Faktor ist in diesem Falle demnach die Quellung als der langsamer ablaufende Vorgang. Der große Zeitunterschied bei Wasser- und Pottaschequellung ist dadurch zu erklären, daß die Diffusionsgeschwindigkeit der Pottasche bzw. der Hydroxylionen in Gelatine kleiner ist als die der gelösten Entwicklersubstanz. Diese eilt bei der Durchdringung gleichsam voraus und ist bei der Ankunft der Pottaschelösung bereits in der photographischen Testschicht, so daß die Zeitmessung bis zum Auftreten der ersten Schwärzung eine Messung der Diffusionsgeschwindigkeit der Pottaschelösung ist. Die Entwicklersubstanz spielt demnach in Verbindung mit einer Photoschicht die Rolle eines Indikators für die Messung der Diffusions- und Quellungsgeschwindigkeiten von Alkalilösungen.

Tabelle 4. *Reproduzierbarkeit der Meßwerte*

	10	51	52	53	54
1	2,6	6,0	12,2	22,4	33,8
2	2,0	5,2	13,0	25,0	35,4
3	1,6	5,4	13,2	24,6	34,8
4	1,8	5,0	12,6	22,0	35,0
5	1,6	4,6	13,0	22,0	33,6
6	1,6	5,6	12,4	23,6	36,0
7	2,0	4,8	12,0	22,4	34,0
8	1,2	5,0	12,0	22,4	34,0
9	1,4	5,2	12,0	22,4	33,2
10	1,2	5,0	12,0	22,0	33,2
11	1,3	5,0	12,6	21,8	34,0
12	1,2	4,6	12,3	21,0	33,8
Mittelwert:	1,43	5,20	12,4	22,7	34,4

5. Prüfung der Versuchsmethode

Zur Prüfung der Genauigkeit der Methode wurden mit der Versuchsgruppe 50 bis 54 und dem unter 4. angeführten Metol-Entwickler die Durchdringungszeiten gemessen. Je 12 Meßwerte sind in Tabelle 4 zusammengestellt.

Eine mäßige Bewegung der Proben in der Meßlösung war bei nicht vorgequollenen Schichten ohne merklichen Einfluß auf die Geschwindigkeit des Eindringens der Pottaschelösung (Tabelle 5; Mittelwerte aus je fünf Messungen).

Tabelle 5. *Einfluß der Bewegung auf die Geschwindigkeit des Eindringens von Pottaschelösung in nicht gequollene Schichten*

Versuchsguß	unbewegt	bewegt
51	5,2	5,5
52	12,4	12,5
53	22,7	22,5
54	34,4	34,5

6. Abhängigkeit der durchdrungenen Schichtdicke von der Einwirkungsdauer des Entwicklers. Schichten nicht vorgequollen

Für die Versuchsgruppe 50 bis 54 sind die Zeiten bis zum Auftreten der ersten sichtbaren Schwärzung in Tabelle 6 zusammengefaßt, und in Abb. 1 ist ihre Abhängigkeit von der Schichtdicke kurvenmäßig dargestellt. Zunächst wurde die Annahme gemacht, daß die Geschwindigkeit des Eindringens ds/dt proportional der durchdrungenen Schichtdicke sei, also:

$$\frac{ds}{dt} = k' s \qquad (1)$$

hieraus:

$$\frac{s^2}{2} = k' t$$

$$s = k\sqrt{t}. \qquad (2)$$

Über $\sqrt{t}$ aufgetragen ist in diesem Falle ein geradliniger Zusammenhang von $s = f(\sqrt{t})$ zu erwarten. Abb. 2 stellt diese Abhängigkeit dar und zeigt, daß die Geradlinigkeit im Bereich der Meßgenauigkeit vorhanden ist. Auch die später behandelten Meßreihen zeigen durchweg diesen geradlinigen Zusammenhang. Nach (2) müßte die Kurve durch den Nullpunkt gehen. Die Verschiebung auf der $\sqrt{t}$-Achse entspricht offenbar der Zeit t_0, die für das Eindringen einer kleinen Menge m des Entwicklers in die Testschicht und für die Indikatorreaktion nötig ist. (2) erweitert sich zu:

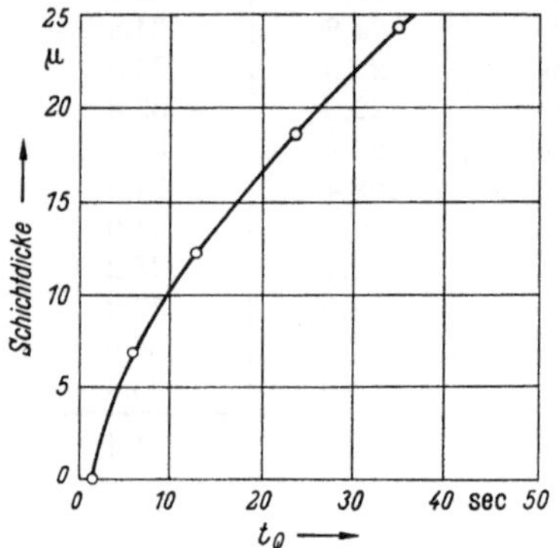

Abb. 1. Zeitlicher Verlauf des Eindringens von $\frac{n}{1}$ K_2CO_3-Lösung in die ungequollene Gelatineschicht (50—54)

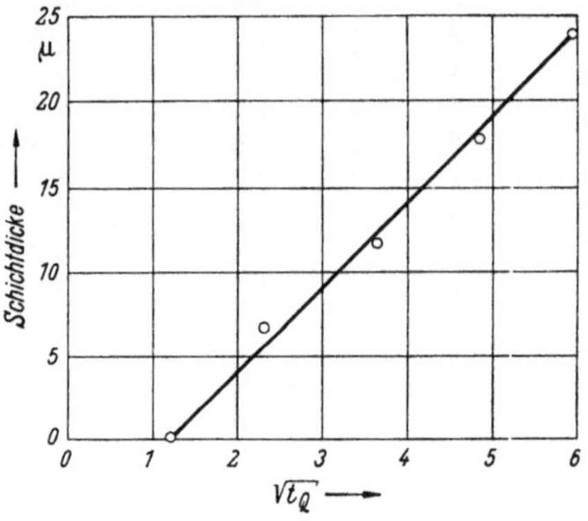

Abb. 2. Dicke der von $\frac{n}{1}$ K_2CO_3 durchdrungenen Schichten 50—54, ungequollen, aufgetragen über $\sqrt{t_Q}$

$$s = K(\sqrt{t_Q} - \sqrt{t_o}). \qquad (3)$$

Durch den Index Q wird angedeutet, daß die Quellung der zeitbestimmende Faktor ist.

Die Konstante K kann als Schichtdicke, gemessen in μ, aufgefaßt werden, die von dem betreffenden Entwickler in der ersten Sekunde durchdrungen wird.

Tabelle 6. *Durchdringungszeiten von Pottaschelösungen steigender Konzentration für Versuchsgruppe 50—54*

1. K_2CO_3-Konz.	2. Guß-Nr.	3. Gußdicke cm 10^{-4}	4. t_Q	5. $\sqrt{t_Q}$	6. $\sqrt{t_Q}-\sqrt{t_O}$	7. k_Q Mittelwert
	50	—	1,4	1,2	—	
	51	6,8	7,0	2,64	1,44	
0,25 n	52	12,2	16,0	2,4	2,80	4,65
	53	18,3	25,0	5,0	3,80	
	54	24,4	40,0	6,3	5,1	
	50	—	11,43	1,2	—	
	51	6,8	5,20	2,28	1,08	
1,0 n	52	12,2	12,40	3,52	2,32	5,24
	53	18,3	22,70	4,75	3,55	
	54	24,4	34,4	5,87	4,67	
	50	—	1,43	1,2	—	
	51	6,8	6,0	2,45	1,25	
1,5 n	52	12,2	14,0	3,74	2,54	4,67
	53	18,3	26,0	5,10	3,9	
	54	24,4	40,0	6,33	3,13	
	50	—	1,4	1,20	—	
	51	6,8	7,0	2,65	1,45	
2,0 n	52	12,2	15,0	3,88	2,68	4,54
	53	18,3	28,0	5,30	4,10	
	54	24,4	46,0	6,80	5,60	
	50	—	1,4	1,2	—	
	51	6,8	11,5	3,4	2,2	
2,5n	52	12,2	34,0	5,8	4,6	2,70
	53	18,3	60,0	7,75	6,55	
	54	24,4	108,0	10,4	9,2	

7. Eindringen von Entwickler in vorgequollene Schichten

Beim Vergleich der Durchdringungszeiten durch nicht vorgequollene und durch zunächst in Wasser gequollene Schichten hat sich gezeigt, daß die Durchdringung in den nicht gequollenen Schichten erheblich langsamer erfolgt. Daraus ist zu folgern, daß in diesem Falle ein komplexer Vorgang vorliegt. Offenbar wird zunächst ein Teil der Zeit für die Quellung der Gelatine, also der Reaktion der Gelatinemoleküle mit Wasser und die damit verbundene Volumenvergrößerung verbraucht. Es ist daher von Interesse, ob die abgeleiteten Zusammenhänge auch gelten, wenn man durch eine vorher vorgenommene Quellung diese Vorgänge ausschaltet.

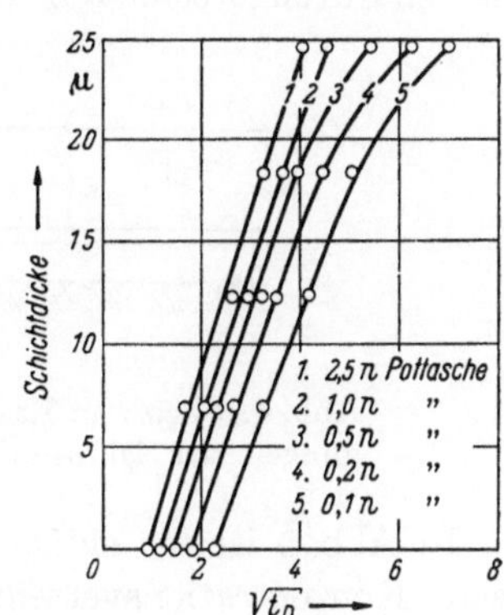

Abb. 3. Eindringen von Pottaschelösungen steigender Konzentration in die gequollenen Gelatineschichten 50—54

Abb. 3 zeigt, daß der funktionelle Zusammenhang auch in diesem Falle gewahrt bleibt. K ist jedoch größer als beim Eindringen in nicht vorgequollene Schichten.

8. Zurückführung der experimentell gefundenen Zusammenhänge auf die Grundgleichungen der Diffusion

Wie bereits von Fick erkannt worden ist, hat die partielle Differentialgleichung

$$\frac{du}{dt} = K \left(\frac{d^2u}{dx^2} + \frac{d^2u}{dy^2} + \frac{d^2u}{dz^2}\right), \tag{4}$$

die ursprünglich für die Wärmeleitung aufgestellt worden ist, auch für die Diffusion Gültigkeit.

Wenn die Diffusion vorwiegend in einer Richtung verläuft, vereinfacht sich die Gleichung, indem die Glieder mit dy und dz wegfallen, zu der Form:

$$\frac{dc}{dt} = K \frac{d^2c}{dx^2}, \tag{5}$$

wobei t die Diffusionszeit und c die Konzentration in dem Abstand x zur Zeit t bedeutet.

E. L. Lederer [*12*] gibt Lösungen für diese Gleichung an, wenn es sich um Diffusionsvorgänge in einseitig begrenzten Schichten handelt.

Wenn eine Schicht, die frei von Salzlösung ist, in ein verhältnismäßig großes Volumen einer Lösung mit der Konzentration C_a gebracht wird, wie das bei der Entwicklung photographischer Schichten der Fall ist, so stellt folgender Ausdruck eine Lösung für die Diffusionsgleichung und eine Beschreibung der Konzentrationsverhältnisse während der Diffusion dar:

$$c_i = c_a \left(1 - \frac{4}{\pi} \cdot \cos \frac{\pi x}{2h} \cdot e^{-ft} + \frac{4\pi}{3} \cdot \cos \frac{3\pi \cdot x}{2h} \cdot e^{-9ft} - \ldots\right) \tag{6}$$

wobei f für den Ausdruck $\frac{\pi^2 k'}{4h^2}$ steht.

Er bezeichnet die Kosinusfunktion als Fourier-Kosinus erster Art und gibt für eine Reihe $\frac{x}{h}$ und t-Werte die errechneten Werte an. In Abb. 4 ist eine Schemaskizze dargestellt, die den durchgerechneten Vorgang verdeutlicht.

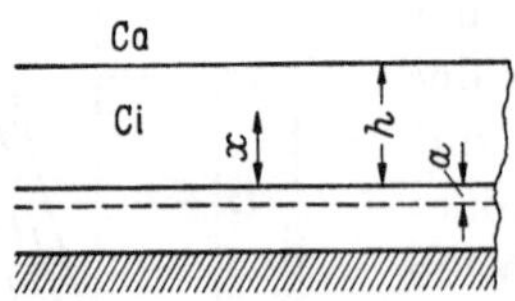

Abb. 4. Skizze für Randwertbedingungen der Diffusionsgleichungen

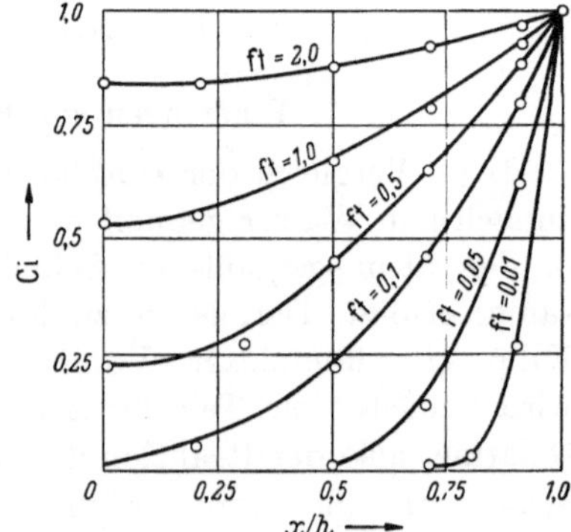

Abb. 5. Konzentrationsverteilung über die Schichtdicke x im Laufe steigender Diffusionszeiten nach Werten der Tabellen von Lederer.

In Abb. 5 ist für einige Diffusionszeiten die aus den Kosinus-Tabellen entnommene Konzentrationsverteilung über die Schichtdicke dargestellt:

Für die weitere Ableitung ist zu berücksichtigen, daß die Reaktionslösung zunächst um den Betrag a in die Testschicht eindringen muß, bevor eine wahrnehmbare Farbreaktion auftreten kann. Die in der Zeit t in die Testschicht eingedrungene Menge m der Reaktionslösung ergibt sich aus 6 zu:

$$m = c_a \int_0^a (1 - \frac{4}{\pi} \cdot \cos \frac{\pi \cdot x}{2\,(h + a)} \cdot e^{-ft} + \ldots) \tag{7}$$

$$= c_a \cdot (a - \frac{8 \cdot (h + a)}{\pi 2} \cdot \sin \frac{\pi \cdot a}{2 \cdot (h + a)}\, e^{-ft} + \ldots) \tag{8}$$

Wenn $h + a$ erheblich größer ist als $2a$, ist es in erster Näherung erlaubt,

$$\sin \frac{\pi\, a}{2\,(h + a)} \text{ durch } \frac{\pi\, a}{2\,(h + a)}$$

zu ersetzen. Hierdurch vereinfacht sich der Ausdruck (8) zu:

$$m = c_a \cdot a\,(1 - \frac{4}{\pi} \cdot e^{-\frac{k'\,t}{4\,(h + a)^2}} + \ldots\ldots). \tag{9}$$

Annahmegemäß soll die Testreaktion bei allen Überschichtungen stets dann in Erscheinung treten, wenn die konstante Menge m der Lösung in die Testschicht eingedrungen ist.

m wird konstant, wenn in (9) $\frac{k't}{4\,x_1^2}$ konstant ist ($x_1 = h + a$).

Also:

$$\frac{k't}{4\,x_1^2} = k''. \tag{10}$$

Hieraus:

$$\underline{x_1 = K' \cdot \sqrt{t}.}$$

Annahmegemäß stellt x die Dicke der gequollenen Gelatineschicht dar. Da diese proportional der ungequollenen Gußdicke ist, gilt auch $s = K \sqrt{t}$, nur, daß der Proportionalitätsfaktor K' durch K zu ersetzen ist.

Beim Eindringen von Entwickler in eine ungequollene Gelatineschicht handelt es sich um einen komplexen Vorgang, der einer mathematischen Behandlung nicht ohne weiteres zugänglich ist. Dies ergibt sich aus einer Überlegung, bei der der Gesamtvorgang in einzelne Teilvorgänge zerlegt wird. Annahmegemäß dringe der Entwickler in der ersten kleinen Zeiteinheit gemäß dem Diffusionsgesetz in die Schicht; das Wasser möge etwa entsprechend der Kurve $f_t = 0{,}01$ (Abb. 5) in der obersten Schicht verteilt sein. Während in der nächstfolgenden Zeit das Wasser weiter vordringt, setzt gleichzeitig die Quellung ein. Entsprechend der Verteilung, die durch die $f_t = 0{,}01$ Kurve veranschaulicht ist, wird die Schicht verschieden stark quellen. Entsprechend der verschieden starken Quellung verläuft die Diffusion aber auch in den stärker gequollenen obersten Schichtteilen schneller als in den weniger gequollenen, tiefer liegenden Schichtabschnitten. Aber nicht nur die Diffusionsgeschwindigkeit ändert sich, sondern auch die zu durchwandernden Schichtdicken. Alle diese Vorgänge sind weitgehend abhängig von den spezifischen Eigenschaften der jeweiligen Gelatine. Somit ist bereits die Darstellung der nächsten Stufe, nämlich des weiteren Eindringens von Entwickler in die tieferen Schichten nicht mehr allein durch die Formulierungen des Diffusionsgesetzes zu beschreiben.

Wenn die Vorgänge beim Eindringen von Entwickler in die ungequollene Schicht trotzdem mit den Formeln des Diffusionsgesetzes beschrieben werden können, so dürfte es sich dabei um weitgehend zufällige Übereinstimmungen handeln.

B. Anwendung der Versuchsmethode auf einige praktische Fragen

1. Einfluß der Temperatur auf die Durchdringungsgeschwindigkeit

Die bisherigen Messungen, die zur Aufstellung der Gesetzmäßigkeiten für das Eindringen photographischer Entwickler führten, wurden bei 18° durchgeführt. Es interessierte, in welchem Maße der Geschwindigkeitskoeffizient bei höherer und tieferer Temperatur des Entwicklers verändert wird. Zu diesem Zwecke wurden die Messungen mit dem KBr-freien Metol-Entwickler (A4) bei $\delta = 25°, 18°, 10°, 5°$ durchgeführt. Die Meßwerte sind in Abb. 6 kurvenmäßig aufgetragen. Die Erhöhung der Geschwindigkeit des Eindiffundierens mit steigender Temperatur drückt sich in einer Aufsteilung der Kurven, also einer Vergrößerung der Geschwindigkeitskonstanten K_Q, aus. Wenn man die K_Q-Werte über der Temperatur aufträgt, erhält man einen geradlinigen Verlauf (Abb. 7), dessen Neigungswinkel dem Temperaturkoeffizienten $\frac{\triangle k}{\triangle \delta} = \varepsilon$ entspricht und der zu 0,12 bestimmt worden ist.

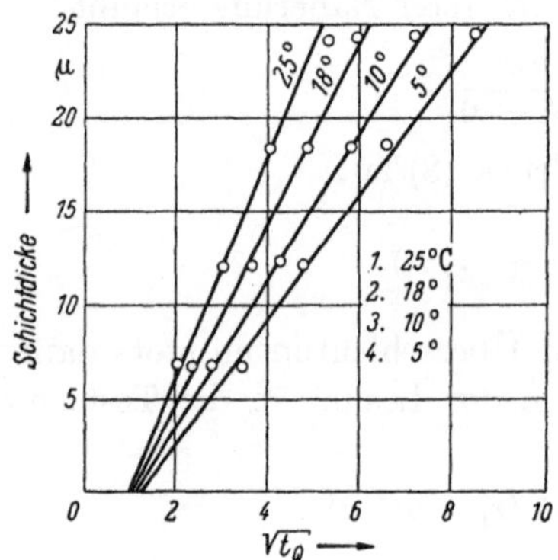

Abb. 6. Temperaturabhängigkeit des Eindringens von $\frac{n}{1}$ K_2CO_3-Lösung in die ungequollenen Gelatineschichten 50—54

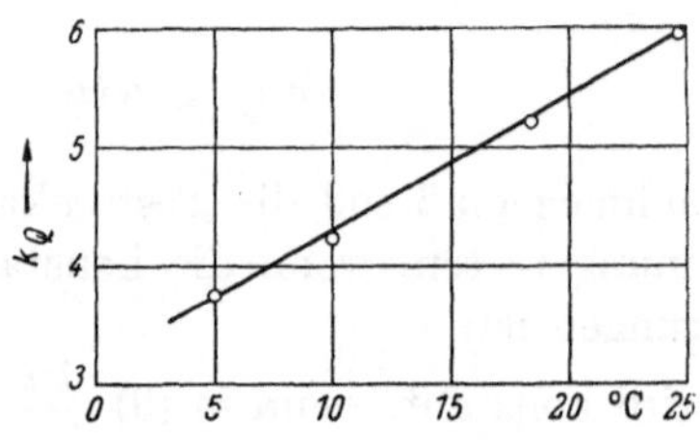

Abb. 7. Temperaturabhängigkeit von K_Q.

Für höhere bzw. tiefere Temperaturen errechnet sich demnach der Geschwindigkeitskoeffizient nach der Formel

$$K_\delta = K_{Q\,18°} (1 \pm \varepsilon \triangle t).$$

2. Einfluß der Alkalikonzentration des Entwicklers auf die Durchdringungsgeschwindigkeit

Entwicklungsversuche zeigten, daß bei immer weiterer Erhöhung der Pottasche- bzw. der Sodakonzentration des Farbentwicklers nicht, wie zu erwarten gewesen wäre, eine immer weitere Steigerung der Entwicklungsintensität eintrat, sondern daß nach Erreichen der maximalen Durchentwicklung wieder eine Abnahme stattfand, die sich besonders auffällig in der blaugrünen, zu unterst liegenden Schicht der Mehrschichtengüsse auswirkte. Es schien die Annahme wahrscheinlich, daß hier die Intensitätssteigerung des reinen Entwicklungsvorganges durch ein eigenartiges Verhalten der Diffusion überlagert wird.

Es wurden daher KBr-freie Entwickler nach A4 mit 0,25, 1,0, 1,5, 2,0 und 2,5 Äquivalent Pottasche im Liter hergestellt und geprüft. Die Ergebnisse veranschaulicht Abb. 8. Sie zeigt, daß die Durchdringungsgeschwindigkeit ein breites Maximum bei einer Konzentration von $\frac{n}{1}$ Pottasche durchläuft und daß sie bei extrem hohen Pottaschekonzentrationen steil abfällt (Abb. 9). Auch SHEPPARD und MEES haben ähnliche Beobachtungen, die allerdings nicht quantitativ ausgewertet wurden, gemacht [1]. Dieses Verhalten ist durch die starke Hydratation des Pottaschemoleküls zu erklären, wodurch das Wasser dem Quellungsvorgang der Gelatine entzogen wird.

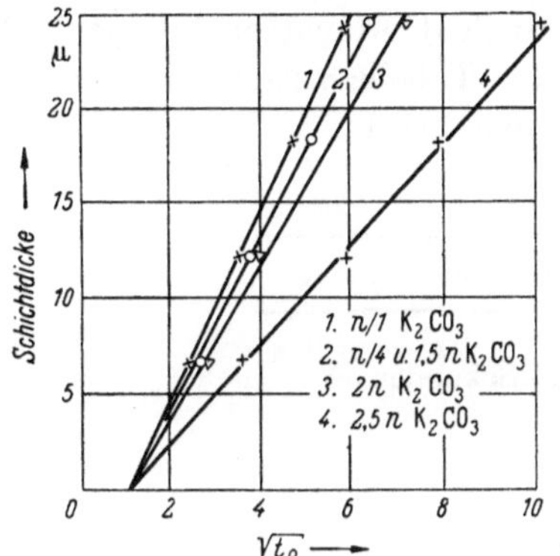

Abb. 8. Eindringen von Pottaschelösung steigender Konzentration in die ungequollenen Gelatineschichten 50—54

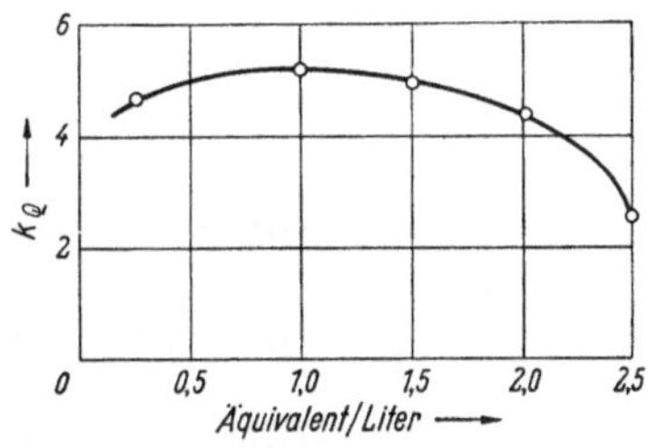

Abb. 9. Abhängigkeit von K_Q für das Eindringen von Pottaschelösung steigender Konzentration in die Gelatineschichten 50—54

3. Wirkungsweise verschiedenartiger Alkalien

Nach diesem Befund lag es nahe, auch das Verhalten anderer Alkalien zu untersuchen. Zu diesem Zwecke wurde in dem Entwickler A die Pottasche durch andere Alkalien ersetzt. Es wurden Entwickler mit steigender Konzentration von Ätznatron, Kalilauge, Soda und Boratlösungen hergestellt und ihre Durchdringungsgeschwindigkeit gemessen. Über die Meßergebnisse orientiert Tabelle 7. Sie zeigt, daß sich Soda und Na-borat ähnlich verhalten wie Pottasche, daß die Werte für Ätz-

Tabelle 7. *K_Q-Werte für verschiedenartige Alkalien*

Art der Alkalilösung	0,23 *n*	1,0 *n*	1,5 *n*	2,0 *n*	2,5 *n*
NaOH	8,3	8,3	8,1	8,5	8,15
K OH	8,9	9,0	7,7	—	6,81
Na_2CO_3	4,43	5,21	4,30	3,80	3,18
Boratlösung . . .	4,86	5,61	5,51	3,98	3,41
Phosphatlösung . .	4,2	2,3	—	—	—

alkalien jedoch fast doppelt so hoch liegen, und daß insbesondere das Ätznatron kaum eine Geschwindigkeitserniedrigung bei Konzentrationen über 1 Mol/l erfährt.

Falls die Annahme zutrifft, daß die Hydratation der Salzmoleküle für die Verminderung der Durchdringungsgeschwindigkeit verantwortlich ist, müßte auch bei Ätznatronlösungen eine Geschwindigkeitsverminderung eintreten, wenn man ihr Salze der lyotropen Reihe von Hofmeister zusetzt (Gerngroß S. 81). Daher wurden in diese Ätznatronentwickler mit 1 Äquivalent Ätznatron/Lit. je 1 Mol Natriumsulfat bzw. Na-Citrat bzw. Naacetat zugesetzt. Tabelle 8 zeigt, daß hierdurch tatsächlich die Durchdringungszeit erheblich vergrößert wird.

Tabelle 8

Lösung	Durchdringungszeit
$\frac{n}{1}$ NaOH	14 Sekunden
$\frac{n}{1}$ NaOH + $\frac{m}{1}$ Na_2SO_4	23 ,,
$\frac{n}{1}$ NaOH + $\frac{m}{1}$ Na-Citrat	24 ,,
$\frac{n}{1}$ NaOH + $\frac{m}{1}$ Na-acetat	19 ,,

Für die Aufstellung von Entwicklerrezepten für Farbentwickler ergibt sich hieraus, daß man die Menge der verwendeten Pottasche bzw. Soda zweckmäßigerweise in der Größenordnung von 1 Äquivalent pro Liter halten wird, da man hiermit bei gegebener Entwicklungszeit die intensivste Entwicklung erzielt. Ätznatronhaltige Entwickler scheiden in den meisten Fällen aus, da sie zu Schleiern führen und die Gelatine stark schädigen, so daß sie bei den weiteren Verarbeitungsgängen keine genügende Festigkeit mehr aufweist.

3. Einfluß verschiedenartiger Gelatinesorten, Einfluß von Formalinhärtung und Einfluß von eingelagerten Farbkupplungskomponenten

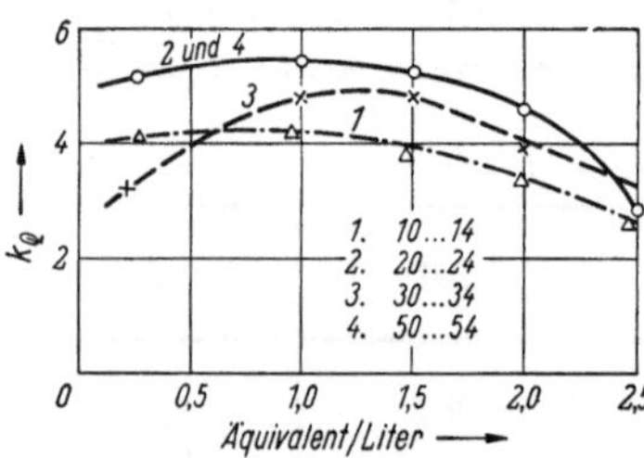

Abb. 10. K_Q-Werte für das Eindringen von Pottaschelösungen steigender Konzentration in verschiedene ungequollene Gelatineschichten.

Für die Herstellung chromogen entwickelnden Mehrschichtenmaterials kann es nicht ohne Bedeutung sein, welchen Widerstand die Schichten dem Eindringen der Entwicklerlösungen entgegensetzen. Vor allem interessiert es, welchen Unterschied in dieser Hinsicht verschiedene Gelatinesorten aufweisen. Daher wurden verschiedene Gelatinen, die sich in ihren physikalischen Konstanten deutlich unterscheiden, für die Untersuchung herangezogen. Mit jeder Gelatine wurde eine Pottaschekonzentrationsreihe durchgemessen. Die Ergebnisse dieser Messungen sind in Abb. 10 zusammengefaßt. Sie zeigen, daß verschiedene Gelatinesorten der Geschwindigkeit des Eindringens erheblich verschiedenen Widerstand entgegensetzen. Die Gelatinen mit dem höchsten K_Q-Wert sind von diesem Gesichtspunkt aus gesehen die zweckmäßigsten. In unserem Beispiel also die Güsse 20—24 und 50—54. Ein eindeutiger Zusammenhang mit den in Tab. 1 angeführten Konstanten dieser Gelatinesorten ließ sich allerdings nicht feststellen.

Von Interesse war auch die Wirkung von Formalin als Härtungszusatz, dessen Einfluß in Abb. 11 dargestellt ist. Er ist für alle Pottaschekonzentrationen etwa gleich groß. Bei Einschichten-Schwarzweißmaterial ist dieser Unterschied kaum von Bedeutung, für die Härtung von Mehrschichtenmaterial kann jedoch durch die veränderte Diffusionsgeschwindigkeit verschieden stark gehärteter Schichten (z. B. bei Lagerung) sehr wohl ein Einfluß auf die Farbabstimmung und auf die Entwicklungsintensität eintreten.

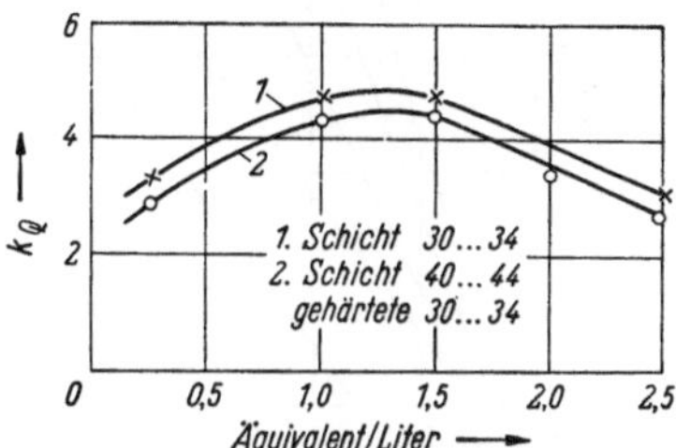

Abb. 11. Einfluß von Formalinhärtung auf K_Q von Pottaschelösungen steigender Konzentration bei ungequollenen Schichten

Für die Herstellung von Agfacolor-Material war es schließlich noch von Interesse, ob durch den Zusatz der gebräuchlichen Farbkupplungskomponenten die Geschwindigkeit des Eindringens von Entwicklerlösungen beeinflußt wird.

Für $\frac{n}{1}$ Pottaschelösung wurden folgende Koeffizienten gemessen:

Tabelle 9

Schicht	K_Q für $\frac{n}{1}$ Pottasche
Gelatine ohne Komponente	5,24
Gelatine mit Gelbkomponente	6,02
Gelatine mit Purpurkomponente	5,0
Gelatine mit Blaugrünkomponente	4,7

Während die Durchlässigkeit durch den Zusatz von Gelbkomponente etwas erhöht wird, tritt durch die anderen Komponenten eine kleine für die praktische Anwendung bedeutungslose Erniedrigung der Durchdringungszeit ein.

4. Über das Verhalten von Säurelösungen

Abhängigkeit der durchdrungenen Schichtdicke von der Einwirkungsdauer. Nach der Behandlung der alkalischen Lösungen schien es von allgemeinem Interesse, die Untersuchung auch auf das Verhalten von Säurelösungen auszudehnen. Diese Fragen beanspruchen ein praktisches Interesse, da Säuren im Verarbeitungsgang von chromogen entwickelndem Mehrschichtenmaterial häufig zum Beenden des Entwicklungsvorganges verwendet werden.

Die Messungen erfolgten durch Beobachtung des Umschlagpunktes von Brillantgelb und wurden zunächst mit Salpetersäure steigender Konzentration (Abb. 12) durchgeführt. Wieder war die geradlinige Abhängigkeit von s über $\sqrt{t}$ vorhanden. Diesem Gesetz gehorchten auch fast alle anderen untersuchten Säuren, z. B. Schwefelsäure, Ameisensäure, Weinsäure und Essigsäure höherer Konzentration. Die K_D-Werte sind für diese Säuren in Tab. 10 zusammengefaßt. Durch den Index D soll

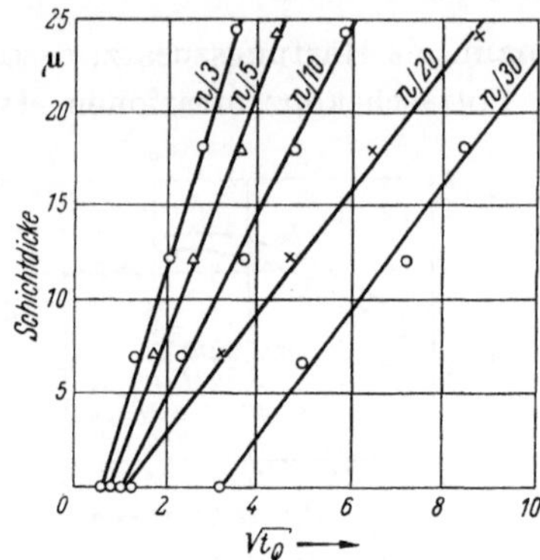

Abb. 12. Eindringen von Schwefelsäure und Salpetersäure steigender Konzentration in ungequollene Schichten 50—54

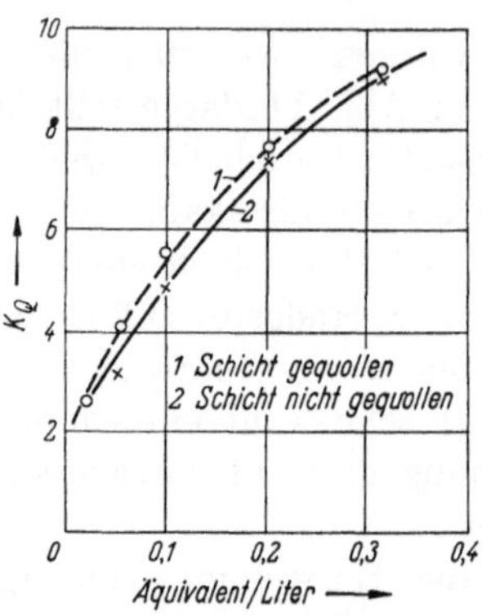

Abb. 13. Abhängigkeit des Geschwindigkeitskoeffizienten von der Säurekonzentration beim Eindringen in gequollene und ungequollene Schichten

angedeutet werden, daß es sich bei diesen Messungen um Diffusionsvorgänge zum Unterschied von den K_Q-Angaben (Quellung) handelt.

Tabelle 10. *K_D-Werte für das Eindringen einiger Säuren*

Art der Säure	K_D $f \cdot \frac{n}{1}$ Säure	K_D $f \cdot \frac{n}{10}$ Säure
Essigsäure	11,0	7,20
Ameisensäure . .	11,3	4,64
Citronensäure. . .	8,6	3,9
Weinsäure	8,7	3,4
Schwefelsäure . .	—	4,87

Die Geschwindigkeit des Eindringens von Säurelösungen in Abhängigkeit von ihrer Konzentration. Wie man aus den Meßreihen für verschieden konzentrierte Salpetersäure und Schwefelsäure erkennt, besteht für Säuren im Gegensatz zu dem Verhalten der Alkalilösungen auch ein einfacher Zusammenhang zwischen der Geschwindigkeit des Eindringens und der Säurekonzentration (Abb. 13). $\frac{K}{c}$ bleibt innerhalb der Meßgenauigkeit weitgehend konstant.

(c = Konzentration der Salpetersäure). Die für Alkalilösungen abgeleitete Formel läßt sich somit erweitern:

$$K_D' = \frac{s}{\sqrt{t \cdot c}}$$

entsprechend der Differentialgleichung

$$\frac{ds}{dt} = K'' \frac{c}{s}.$$

Die Geschwindigkeit des Eindringens ist demnach proportional der Säurekonzentration und umgekehrt proportional der Schichtdicke. Bemerkenswert ist, daß abweichend vom Verhalten der Alkalilösungen in diesem Fall kein praktisch in Betracht kommender Unterschied zwischen den erforderlichen Zeiten für gequollene und ungequollene Gelatine besteht (Tab. 11).

Tabelle 11. *Geschwindigkeit des Eindringens von Schwefelsäure steigender Konzentration in gequollene und ungequollene Gelatineschichten*

Konzentration der Schwefelsäure	gequollene K_D	ungequollene K_Q
n/30.	2,77	2,68
n/20.	3,21	4,10
n/10.	4,87	5,74
n/5	7,35	7,68
n/3	9,09	9,18

5. Geschwindigkeit des Eindringens von sauren Na-acetat-Pufferlösungen in Gelatineschichten

In der photographischen Praxis werden häufig saure Na-acetat-Lösungen für die Beendigung des Entwicklungsvorganges benützt. Daher wurde ihr Verhalten einer näheren Prüfung unterzogen. Zunächst wurde eine Konzentrationsreihe von Na-acetat mit einem Gehalt von 0,25 bis 6 Äqu./l und einem p_H-Wert von 4,8 hergestellt. Die Geschwindigkeitskoeffizienten in Abhängigkeit von der Konzentration sind in Abb. 14 dargestellt. Man sieht, daß bei Konzentrationen über 3 Äqu./l keine

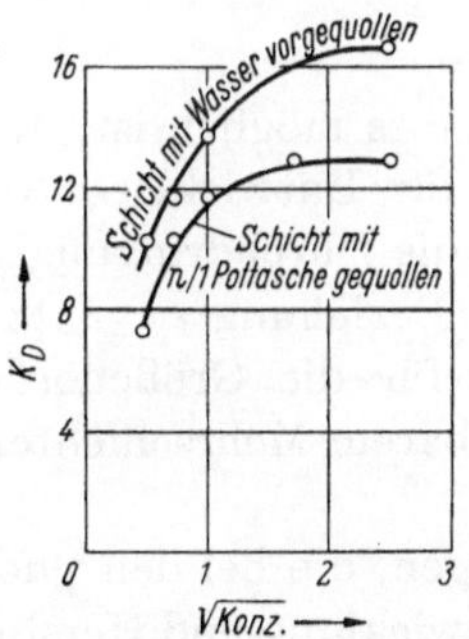

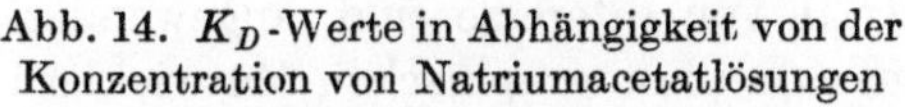

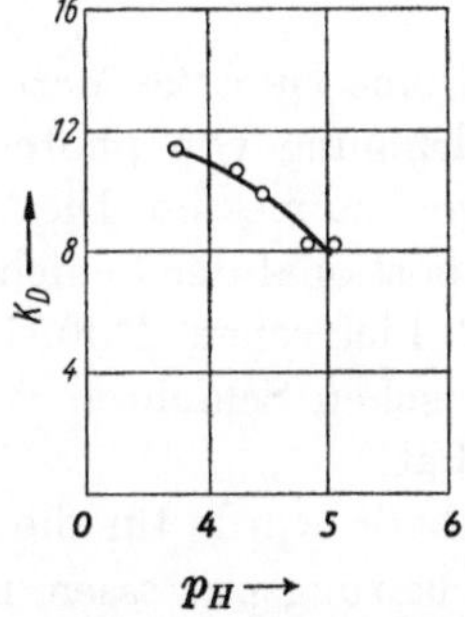

Abb. 14. K_D-Werte in Abhängigkeit von der Konzentration von Natriumacetatlösungen

Abb. 15. K_D-Werte für gepufferte Natrium acetatlösungen im p_H-Bereich 3,7—5,0

weitere Erhöhung der Geschwindigkeit des Eindringens erfolgt. Eine annähernd proportionale Abhängigkeit der Geschwindigkeit von der Konzentration ist nur bei Konzentrationen bis 1 Äqu./l vorhanden.

Um den Einfluß des p_H-Wertes von Na-acetat-Pufferlösungen auf die Geschwindigkeit des Eindringens zu untersuchen, wurden bei einer gleichbleibenden Konzentration von 1 Äqu. Acetat/l und entsprechend vermehrter NaOH-Zugabe p_H-Werte von 3,7 bis 6,2 eingestellt. Abb. 15 zeigt, daß mit abnehmender H-ionenkonzentration eine Verlangsamung des Eindringens erfolgt.

6. Eindringen von Säuren in Schichten, die mit Alkalilösungen durchtränkt sind.

Bei der Verwendung von Säurelösungen als Stoppbad für die Farbentwicklung liegen stets Schichten vor, die mit alkalischem Entwickler durchtränkt sind. Zunächst wurde der Einfluß der Alkalikonzentration (Pottasche, Soda) auf die Geschwindigkeit des Eindringens von 0,1 n Salpetersäure untersucht. Abb. 16 zeigt, daß die Zeit, die erforderlich ist, bis die Säure die Indikatorschicht erreicht hat, um so größer ist, je höher die Alkalikonzentration des Entwicklers war. Entsprechend der erhöhten Alkalikonzentration ist auch mehr Säure für den Neutralisationsprozeß erforderlich, dementsprechend muß daher mehr Säure eindringen; die Durchdringungsgeschwindigkeit ist also scheinbar kleiner, bevor die ersten Anteile die Indikatorschicht erreichen.

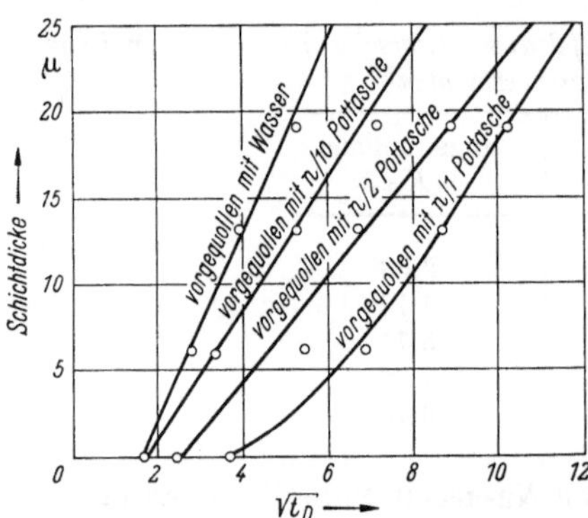

Abb. 16. Eindringen von $\frac{n}{10}$ Salpetersäure in Gelatineschichten, gequollen in Pottaschelösung steigender Konzentration

Bei der Entwicklung von chromogen entwickelnden Mehrschichtenmaterial mit Benutzung von Stoppbädern muß man daher zwar in erster Linie der Forderung auf maximale Entwicklungsintensität Rechnung tragen. Die schnellste Beendigung des Entwicklungsvorganges wird man aber dann erzielen, wenn man unter Beachtung der Hauptforderung den Alkalicarbonatgehalt möglichst niedrig hält.

Zusammenfassung

Es wird eine einfache Methode beschrieben, mit der es möglich ist, die Zeit für die Durchdringung von photographischen Schichten, für Entwickler-, Alkali- und Säurelösungen zu messen. Die Messungen ergaben, daß die Durchdringungsgeschwindigkeit proportional der Schichtdicke ist und daß die Beziehung $s = K\sqrt{t}$, die sich aus dem 2. Fick'schen Diffusionsgesetz ergibt, auch für die Größenordnung der photographischen Schichten von chromogenentwickelbarem Mehrschichtenmaterial Gültigkeit hat.

Die Methode wurde für die Untersuchung von Fragen, die bei den photographischen Verarbeitungsprozessen, insbesondere bei der Entwicklung und Herstellung von chromogen entwickelndem Mehrschichtenmaterial, von Interesse sind, angewendet. So wurde die Geschwindigkeit des Eindringens von photographischen Entwicklern in trockene und vorgequollene Gelatineschichten, die Abhängigkeit von Art und Konzentration des Alkalis, der Einfluß der Gelatinequalität, der Härtung und des Farbenkomponentengehalts näher untersucht.

Die Untersuchung wurde auf Säurelösungen erweitert. So wurde die Geschwindigkeit der Schichtdurchdringung in Abhängigkeit von der Art der Säure, der Säurekonzentration und des in der Schicht stattfindenden Neutralisationsvorganges bei Stoppbädern gemessen. Die hierfür geltenden Gesetzmäßigkeiten wurden aufgestellt.

Ein bemerkenswerter Unterschied zwischen dem Verhalten von Säure- und Alkalilösungen besteht darin, daß die Geschwindigkeit des Eindringens von sodaalkalischen Lösungen ein Maximum durchläuft, während für Säuren ein einfacher proportionaler Zusammenhang mit der Konzentration der Säure besteht. Die Ergebnisse geben unter anderem einem Hinweise für die zweckmäßigste Alkalikarbonatkonzentration bei Entwicklern für chromogenentwickelbares Mehrschichtenmaterial.

Literatur

[1] SHEPPARD u. MEES: Investigations on the theory of the photogr. process 1907.
[2] SHEPPARD u. ELLIOT: Brit. J. Photogr. **65** 480 (1918; Photogr. Ind. **55** (1923).
[3] HERZOG, R. O. u. POLOTZKY: Z. Elektrochem. **17**, 679 (1911); Z. phys. Chem. **87**, 449 (1914).
[4] OSTWALD, W. u. QUAST: Koll. Z. **48**, 83, 156 (1929); **51**, 273, 361 (1930).
[5] LIESEGANG: Über „chem. Reaktionen in Gallerten", Düsseldorf 1898.
[6] MORSE u. G. W. PIERCE: Z. phys. Chem. **45**, 589 (1903).
AMMON, G.: Koll. Z. **73**, 204 (1935.)
[7] FICK: Pogg. Ann. **94**, 59 (1855).
[8] FÜRTH, R.: Phys. Z. **26**, 719 (1925).
[9] ZUBER: Phys. Z. **30**, 882 (1929).
[10] WINKELBLECH: Z. angew. Chem. **19**, 1260 (1906).
[11] Cobenzl: Chemikerzeitung **42**, 533 (1918).
[12] LEDERER: Koll. Z. **42**, 108 (1928).
[13] GERNGROSS: Z. angew. Chem. **42**, 971 (1929).
[14] JELLEY, E. E. u. B. PONTIUS: Communications Nr. 1564 der Kodak Research Laboratories.
[15] SALVINIEA: Deux nouvelles méthodes de mesure des coefficients de diffusion dans les gels J. de chimie physique **48**, 465 (1951).
[16] CRANK, J. u. M. E. HENRY: „Diffusion in Media with variable Properties", Trans. Faraday Soc. **46**, 1119 (1949).

Über das Agfacolor-Bleichfixierbad

Von M. Heilmann

Bei der farbgebenden Entwicklung, die nach einer der beiden summarischen Reaktionsgleichungen:

$$>CH_2 + H_2N-\langle\rangle-NR_2 + 4\,Ag^+ \longrightarrow$$

$$>C = N=\langle\rangle-NR_2 + 4\,Ag + 4\,H^+$$

oder falls eine Eliminierung eines Substituenten ($X = SO_3H$, Cl) stattfindet

$$>C\begin{smallmatrix}X\\H\end{smallmatrix} + H_2N-\langle\rangle-N(R_2) + 2\,Ag^+ \longrightarrow$$

$$>C = N-\langle\rangle-N(R_2) + 2\,Ag + 2\,H^+ + HX$$

abläuft, bilden sich neben einem Farbstoffmolekül 4 bzw. 2 Atome freien Silbers. Es entsteht neben dem Farbbild ein entsprechendes schwarzweißes Silberbild; dieses führt zu einer starken Verschwärzlichung des Farbbildes und muß aus dem Bild entfernt werden. Dabei darf das Farbbild selbst nicht angegriffen werden. Beim bisherigen Verarbeitungsverfahren geschah dieses mit Hilfe einer neutralen oder schwach sauer gestellten 10 bis 20%igen Kaliumferricyanidlösung und eines anschließenden Thiosulfatbades. Nach der Farbentwicklung werden die Bilder einer längeren Wässerung, evtl. einem sauren Stoppbade unterworfen, und nachdem alle Reste Farbentwickler entfernt worden sind, werden sie in das Kaliumferricyanidbad gegeben. In diesem Bade wird das metallische Silber in Silberferrocyanid oder, falls das Bleichbad Kaliumbromid enthält, in Silberbromid übergeführt. Nach einer Zwischenwässerung wird das Bild zur Entfernung der Silbersalze fixiert und anschließend einer längeren Schlußwässerung unterzogen.

Die Nachteile dieses Verarbeitungsverfahrens sind folgende: Es sind außer dem Entwickler zwei oder drei Behandlungsbäder und vier oder fünf Wässerungen erforderlich, die viel Zeit beanspruchen. Falls nicht alle Spuren Farbentwickler entfernt werden bevor das Bild in das Oxydationsbad gelangt, bilden sich infolge Oxydation der Entwicklerspuren und anschließender Kupplung mit den Komponenten mehr oder weniger intensive Farbschleier [*1*].

Auch bei einwandfrei gewässerten Proben kann das Kaliumferricyanid unter Umständen gelbe Verfärbungen hervorrufen, die nicht durch einen Azomethinfarbstoff verursacht werden. Steht bei der Verarbeitung von Colormaterial nur stark eisenhaltiges Wasser zur Verfügung, so kann es im Kaliumferricyanidbleichbad zur Bildung blauer Flecken und blauer Schleier aus Berliner Blau kommen.

In Anbetracht dieser Nachteile des Kaliumferricyanidbades ist es verständlich, daß nach anderen Bleichmitteln gesucht wurde.

Von einem guten Bleichmittel müssen folgende Bedingungen erfüllt werden:

Es darf auf einem Bilde, das noch Reste Farbenentwickler enthält, keinen Farbschleier erzeugen.

Ebensowenig darf das Oxydationsmittel mit den Komponenten oder den gebildeten Farbstoffen reagieren und auf diese Weise zur Bildung farbiger Substanzen oder zur Veränderung des Farbstoffbildes führen.

Sein Oxydationsvermögen muß ausreichend groß sein, um das metallische Silber in kurzer Zeit restlos oxydieren zu können.

Zur Vereinfachung des Verfahrens und zum Zeitgewinn ist es erwünscht, den Bleich- und Fixiervorgang in einem Bleichfixierbade zu einem einzigen Arbeitsgange zu vereinigen. Es müssen dazu Bleich- und Fixiermittel angewandt werden, die nicht oder nur sehr langsam miteinander reagieren, damit man Bleichfixierbäder ausreichender Beständigkeit erhält.

Das älteste bekannte Bleichfixierbad ist der Farmer'sche Abschwächer, eine Lösung von Kaliumferricyanid und Natriumthiosulfat. Der englische Forscher E. Howard Farmer hat dieses Bleichfixierbad im Jahre 1883 gefunden [*2*]. Obwohl der Farmer'sche Abschwächer Agfacolor-Material einwandfrei bleicht und fixiert, entspricht er bei weitem nicht den Anforderungen, die an ein Bleichfixierbad gestellt werden müssen. Verständlicherweise zeigt er alle Nachteile, die durch das Kaliumferricyanid versuracht werden; außerdem ist er viel zu unbeständig. Das starke Oxydationsmittel Kaliumferricyanid oxydiert in kurzer Zeit das Natriumthiosulfat, so daß die Lebensdauer des Farmer'schen Abschwächers nur wenige Minuten beträgt.

Günstiger, was die Lebensdauer des Bades betrifft, ist ein Bleichfixierbad, das aus Kaliumferricyanid und Kaliumcyanid besteht. Auch dieses Bad zeigt alle Nachteile, die durch das Kaliumferricyanid verursacht werden. Das Oxydationsvermögen cyanatfreier Kaliumcyanidlösungen in Gegenwart von Luftsauerstoff ist ausreichend, um Silberbilder zum größten Teile zu bleichen. An den Stellen hoher Dichte bleibt jedoch ungelöstes Silber zurück. Einwandfreie Resultate werden also nicht erhalten. Wegen der Giftigkeit des Kaliumcyanides kommen solche Bäder für die Praxis nicht in Frage.

Nach den Angaben von L. Belitzki [*3*] erhält man aus Kaliumferrioxalat, Natriumthiosulfat, Natriumsulfit und Oxalsäure einen vorzüglichen Abschwächer. Das Oxydationsvermögen des komplexen Eisenoxalates ist geringer als dasjenige des Kaliumferricyanides, folglich setzt es sich langsamer mit Natriumthiosulfat um als das komplexe Eisencyanid. Das Bad ist also beständiger als der Farmer'sche Abschwächer. Dabei ist sein Oxydationsvermögen noch ausreichend groß, um das Silberbild eines entwickelten Agfacolor-Bildes in wenigen Minuten zu oxydieren. Für die Praxis kommt der Belitzki-Abschwächer jedoch nicht in Frage, da er zu einer intensiven Verfärbung des Agfacolor-Bildes führt. Diese beruht auf einer Komplexbildung der Blaugrünkomponente des Agfacolor-Materials mit den freien Eisenionen, die infolge der Dissoziation des Eisenoxalatkomplexes in seine Bestandteile im Belitzki-Abschwächer vorhanden sind. Bei allen subtraktiven Farbverfahren mit chromogener Entwicklung werden als Blaugrünkomponente Naphtholderivate verwandt. Diese reagieren, wie alle anderen Phenolderivate mit freien Oxygruppen, mit zwei- und dreiwertigen Eisenionen unter Bildung intensiv gefärbter Komplexverbindungen, deren Farbe abhängig ist vom jeweiligen p_H-Wert. Daß der Belitzki-Abschwächer trotz der violettroten Verfärbung der Weißen als Bleichfixierbad zu wirken vermag, läßt sich folgendermaßen zeigen: Man bringt ein behandeltes violettrot verfärbtes Bild in eine alkalische Lösung; dort wird der violettrote Eisenkomplex der Untergußkomponente in seine Bestandteile zerlegt; das Eisen wird in der Emulsionsschicht als gelbliches Eisenhydroxyd gefällt, wodurch eine wesentliche Aufhellung des Bildes eintritt; man erhält jedoch keine reinen Weißen. Gibt man zur alkalischen Lösung einen Eisenkomplexbildner hinzu, der in der alkalischen Lösung beständige, wasserlösliche Komplexe zu bilden vermag, dann wird das Eisen aus der Emulsionsschicht entfernt, und man erhält reine Weißen. Geeignete Komplexbildner sind Aminopolykarbonsäuren, z. B. Äthylendiamintetraessigsäure, und polymere Metaphosphate. Durch eine solche Behandlung erhält das mit dem Belitzki-Abschwächer behandelte violettrote Agfacolor-Papierbild reine Weißen, und man kann sich leicht überzeugen, daß sowohl das aus Silber bestehende Filtergelb als auch das bei der Entwicklung gebildete Silber entfernt wurden. Wegen der erforderlichen Nachbehandlung der Bilder kommt der Belitzki-Abschwächer als Bleichfixierbad für die Verarbeitung von Agfacolor-Materialien nicht in Frage.

Ebensowenig ist der im Jahre 1931 von Ives, Muchler und Crabtree beschriebene Abschwächer, dessen Hauptbestandteile Eisencitrat und Natriumthiosulfat sind, als Bleichfixierbad für die Colorphotographie brauchbar. Obwohl dieses Bad bei der Abschwächung von Schwarzweißfilm sehr gute Resultate ergeben soll, vermag es nicht innerhalb von 20 Minuten ein Farbstoffbild von dem nebenher entstehenden Silberbild zu befreien.

Durch das DDR-Patent Nr. 3712 [*4*] ist ein Bleichfixierbad bekanntgeworden, das neben Natriumthiosulfat als Halogensilberlösungsmittel wasserlösliche organische Nitroverbindungen, z. B. Dinitrobenzolsulfosäure als Oxydationsmittel enthält. Dieses Verfahren hat jedoch bis jetzt keinen Eingang in die Praxis gefunden, da der Bleichvorgang zu langsam verläuft.

Dagegen hat sich das von der Agfa seit zwei Jahren in den Handel gebrachte Agfacolor-Bleichfixierbad gut bewährt [5]. Es besteht aus einem Thiosulfat und dem Eisenkomplex der Äthylendiamintetraessigsäure. Es ist belanglos, ob man von dem fertiggebildeten Eisenkomplex ausgeht oder ob man den Komplex sich in der Lösung bilden läßt. Es genügt, irgendein Salz des zwei- oder dreiwertigen Eisens mit einem Alkalisalz der Äthylendiamintetraessigsäure und einem löslichen Thiosulfat zusammen zu geben, um ein brauchbares Bleichfixierbad zu erhalten. Der Komplex des zweiwertigen Eisens ist so sauerstoffempfindlich, daß sich an der Luft fast momentan der Komplex des dreiwertigen Eisens bildet. Man kann sogar von ziemlich beständigen Komplexverbindungen des Eisens mit anderen Säuren ausgehen, z. B. von komplexen Oxalaten. In der Lösung bilden sich die sehr beständigen Eisenkomplexe der Äthylendiamintetraessigsäure, wobei der andere Komplexbildner in Freiheit gesetzt wird.

Das Oxydationsvermögen des Eisenkomplexes der Äthylendiamintetraessigsäure $[FeY]^-$ ist wesentlich geringer als dasjenige des Kaliumferricyanides. Eine Lösung, die den $[FeY\text{-}]^-$-Komplex neben Natriumthiosulfat enthält, hält sich bei Luftzutritt zwei bis drei Wochen, während eine Lösung von Kaliumferricyanid plus Natriumthiosulfat nach etwa $^1/_2$ Stunde zersetzt ist. Trotz des wesentlich geringeren Oxydationsvermögens kann eine Lösung von FeY^- + Natriumthiosulfat ein Agfacolor-Bild einwandfrei bleichen. Dabei wird der Komplex des dreiwertigen Eisens $[Fe^{III}Y]^-$ zu einem Komplex des zweiwertigen Eisens $[Fe^{II}Y]^{2-}$ reduziert, der sich sofort wieder oxydiert, sei es durch den Luftsauerstoff oder andere reduzierbare Substanzen. Der Eisenkomplex $[F^{III}Y]^-$ wirkt also als Sauerstoffüberträger. Theoretisch kann man mit Spuren dieses Komplexes beim Bleichvorgang auskommen, in der Praxis ist die Anwendung größerer Mengen erforderlich, da der Bleichvorgang sonst zu lange dauert. Da die Oxydation des $[Fe^{II}Y]^{2-}$ - Komplexes durch den Luftsauerstoff so leicht erfolgt — direkt oder indirekt —, ohne daß besondere Maßnahmen dazu getroffen werden müssen, erübrigt sich eine Regenerierung des Bleichfixierbads durch stärkere Oxydationsmittel. Eine solche ist für das Kaliumferricyanidbleichbad wiederholt vorgeschlagen worden.

Von größter Bedeutung für ein richtiges Arbeiten des Bleichfixierbades ist der p_H-Wert.

In einer klassischen Arbeit über die Eisenkomplexe der Äthylendiamintetraessigsäure gibt G. SCHWARZENBACH [6] für den p_H-Bereich 4—6 das Mittelpunktpotential des Vorgangs $FeY^{2-} \rightleftarrows FeY^-$ + Elektron mit $117{,}2 \pm 2$ mV an.

Bei p_H-Werten oberhalb 6 nimmt das Mittelpunktpotential des Eisenkomplexes rasch ab. Diese Abnahme wird verursacht durch eine Änderung des Eisenkomplexes; er vermag bei steigenden p_H-Werten 1 bzw. 2 OH-Gruppen aufzunehmen. Die so entstehenden neuen Komplexe haben ein geringeres Oxydationsvermögen als der ursprüngliche Komplex.

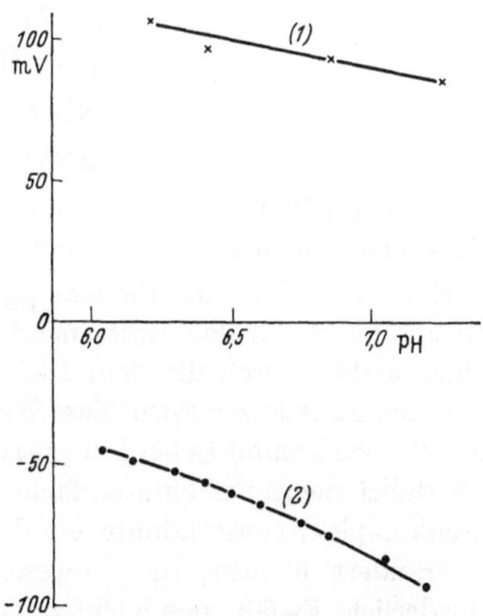

Abb. 1. Das Redoxpotential des Komplexes Na [Fe Y] (1) und des Bleichfixierbades (2) in Abhängigkeit vom p_H-Wert

Zwar liegen beim Bleichfixierbad, das außer dem Eisenkomplex $[FeY]^-$ noch andere Bestandteile enthält, die Verhältnisse anders als bei den Versuchen von SCHWARZENBACH, aber auch hier nimmt mit steigendem p_H-Wert das Redoxpotential ständig ab. Aus der Abbildung ist der Verlauf des Realpotentials eines Bleichfixierbades und des Eisenkomplexes in Abhängigkeit vom p_H-Wert dargestellt. Das Realpotential wurde gemessen mit der blanken Platinelektrode gegen gesättigte Kalomel-Elektrode; die p_H-Werte wurden mit der Glaselektrode bestimmt.

Die Kurve (1) stellt die Meßwerte für eine 4 %ige Lösung des Eisenkomplexes $[FeY]^-$ dar, die Kurve (2) die Werte für ein gebrauchsfertiges Bleichfixierbad.

Ausgehend von einem frischen Bleichfixierbad mit dem p_H-Wert 6,05 wurde durch Zugabe steigender Mengen Soda der p_H-Wert erhöht. Um die Messungen möglichst der Praxis anzugleichen, wurde in Gegenwart von Luft gearbeitet. Die Realpotentiale des Bleichfixierbades sind wesentlich kleiner als die von SCHWARZENBACH und HELLER, von BOCK und HERRMANN [7] und hier gemessenen Potentiale des reinen Eisenkomplexes der Äthylendiamintetraessigsäure. Durch das Natriumthiosulfat und die Zusätze, die das Bleichfixierbad zur Erhöhung seiner Beständigkeit und zur Verbesserung der Bildqualität enthält, wird das Realpotential des Eisenkomplexes gemäß unseren Messungen bei p_H 6,25 von etwa + 90 mV auf etwa −55 mV herabgesetzt; durch Steigerung des p_H-Wertes auf 7,05 sinkt er weiter bis auf −85 mV.

Die Folge dieser Abnahme an Oxydationsvermögen ist, daß bei p_H-Werten um 7 leicht oxydierbare Teile des Silberbildes noch entfernt werden, andere Teile, namentlich in den hohen Dichten, dagegen nicht. Man erhält Bilder mit guten Weißen, in den Schwärzen bleibt jedoch Silber ungelöst zurück und verleiht den Schwärzen ein bronzierendes Aussehen. Eine Erniedrigung des p_H-Wertes ist beim Aufbewahren oder Arbeiten des Bleichfixierbades noch nicht beobachtet worden; dagegen kann es leicht aus verschiedenen Gründen zu einer Erhöhung des p_H-Wertes kommen.

Von einer Erhöhung des p_H-Wertes durch eingeschleppten Entwickler sei hier abgesehen; sie läßt sich durch sorgfältiges Arbeiten vermeiden.

Als Folge des Bleichvorganges bilden sich OH-Ionen, wie man aus folgenden Formeln für den Bleichvorgang und die Reoxydation des Eisenkomplexes ersehen kann:

$$\mathrm{Ag} + \mathrm{Na}\,[\mathrm{Fe^{III}Y}] + \mathrm{n\,Na_2S_2O_3} \longrightarrow$$
$$\mathrm{Na_2}\,[\mathrm{Fe^{II}Y}] + \mathrm{Na\,(2n{-}1)}\,[\mathrm{Ag\,(S_2O_3)_n}]$$
$$2\,\mathrm{Na}\,[\mathrm{Fe^{II}Y}] + {}^1/_2\,\mathrm{O_2} + \mathrm{H_2O} \longrightarrow$$
$$2\,\mathrm{Na}\,[\mathrm{Fe^{III}Y}] + 2\,\mathrm{NaOH}$$

Diese p_H-Wert Erhöhung, die eine Folge des Arbeitsvorganges ist, läßt sich selbstverständlich nicht ausschalten.

Eine zweite Ursache für eine p_H-Wert-Erhöhung ist die Oxydation des Natriumthiosulfates durch den Luftsauerstoff, wobei der Eisenkomplex als Sauerstoffüberträger wirkt. Durch die dem Bleichfixierbad zur Erhöhung der Beständigkeit zugesetzten Substanzen wird diese Reaktion weitgehend ausgeschaltet. Erst im Laufe von Wochen kommt es bei Luftzutritt zu einer Steigerung des p_H-Wertes. Es handelt sich dabei nicht um eine einfache Oxydation des Natriumthiosulfates durch den Eisenkomplex, sonst könnte ein Bleichfixierbad bei Luftabschluß nicht jahrelang unverändert bleiben; die Anwesenheit von Sauerstoff ist für diese Umsetzung erforderlich. Es läßt sich leicht zeigen, daß in einem geschlossenen Behälter die Luft oberhalb des Bleichfixierbades an Sauerstoff verarmt.

Eine dritte Ursache für die Erhöhung des p_H-Wertes des Bleichfixierbades stellt die Zersetzung des Eisenkomplexes der Äthylendiamintetraessigsäure durch Licht dar, wie sie von JONES und LONG [8] beschrieben worden ist.

Sie geben für die Reaktion folgende Formeln an:

$$\mathrm{FeY^-} + h\nu = \mathrm{FeY^{2-}} + \text{Zersetzungsprodukte der } \mathrm{H_4Y}\,.$$

Für die Reoxydation bei Luftzutritt

$$FeY^{2-} + {}^1/_2\, H_2O + {}^1/_4\, O_2 \rightarrow FeY^- + OH$$

Diese photochemische Reaktion dürfte nur in Ausnahmefällen für ein vorzeitiges Versagen des Bleichfixierbades in Frage kommen. Ein zu niedriger p_H-Wert des Bleichfixierbades führt zu einer Zerstörung des Farbbildes. Schon bei p_H-Werten wenig unter 6 macht sich ein irreversibler Rückgang des blaugrünen Teilfarbbildes bemerkbar.

Ein weiterer Faktor, der ausschlaggebend ist für ein einwandfreies Arbeiten des Bleichfixierbades, ist die Konzentration des Bades. Da während der Verarbeitung nasse Filme bzw. Papierbilder in das Bleichfixierbad eingebracht werden und mit Bleichfixierbad getränkt herausgenommen werden, kann es ohne merkliche Änderung des Bleichfixierbadvolumens zu einer wesentlichen Verdünnung des Bades kommen, namentlich beim Arbeiten in Tanks. In diesem Falle ist eine Kontrolle der Dichte des Bleichfixierbades angebracht. Zu verdünnte Bleichfixierbäder arbeiten zu langsam, eine Regenerierung kann durch Zugabe von Chemikalien zum Ansetzen frischer Bäder erfolgen.

Trotz der Schwierigkeiten, die es zu überwinden gab, ist es gelungen, ein Bleichfixierbad zu schaffen, dessen Oxydationsvermögen ausreichend ist, um einwandfreie Agfacolor-Bilder zu liefern und das dennoch, mit Beobachtung von Vorsichtsmaßregeln aufbewahrt, unbegrenzt haltbar ist. Durch das Bad wird die Verarbeitung von Colormaterial wesentlich vereinfacht und das Ergebnis verbessert, wie man aus folgender Tabelle ersieht; sie zeigt die Schleierwerte, die bei der Verarbeitung eines wahllos herausgegriffenen Colornegativ- und eines Colorpositivfilms mit Kaliumferricyanidbleichbad bzw. mit Bleichfixierbad erhalten wurden:

Verarbeitung	Kaliumferricyanid	Bleichfixierbad
Colornegativfilm		
Gelbschleier	0,21	0,11
Purpurschleier	0,13	0,09
Blaugrünschleier	0,12	0,10
Colorpositivfilm		
Gelbschleier	0,16	0,10
Purpurschleier	0,09	0,07
Blaugrünschleier	0,07	0,06

Literatur

[1] Meyer, K.: Zeitschr. wiss. Phot. Bd. **48**, 232–242 (1953).
[2] Farmer, E. H.: Yearbook of Photography for 1884, S. 59.
[3] Eder: Jahrbuch f. Photographie für das Jahr 1891, S. 41.
[4] DDR Pat. Nr. 3712 Erf. Dr. E. Weyde, Dr. E. Trabert.
[5] DBP Nr. 866605 der Agfa, Leverkusen.
[6] Helv. chim. Acta, **XXXIV**, 586.
[7] Bock, R. u. M. Hermann: Zeitschr. anorg. allgem. Chemie, **273** 1–20 (1953).
[8] J. physic. Chem. **56**, 25–33.

Das Copyrapid-Verfahren der AGFA

Von EDITH WEYDE

1.

In den letzten Jahren ist in die photographische Praxis ein neues Verfahren — das Silbersalzdiffusionsverfahren — eingeführt worden, das für die direkte Herstellung von Positiven auf mehr als einem Gebiet Bedeutung gewonnen hat. Bei allen photographischen Materialien, die nach diesem Prinzip arbeiten, wird das nicht belichtete und daher auch nicht entwickelbare Halogensilber einer Negativschicht während bzw. nach der Entwicklung gelöst und in einer zweiten Schicht, die während der Verarbeitung mit der Negativschicht in engem Kontakt steht, als Silber ausgefällt.

Neben dem Copyrapid-Verfahren der AGFA, auf das sich die weiteren Angaben dieser Veröffentlichung beziehen, wird das Silbersalzdiffusionsverfahren noch von der Fa. Gevaert angewendet (Transargo-, Diaversal-, Gevacopy-Papiere und Linitex-Film), bei der die Grundlagen des Verfahrens von A. ROTT [*1*] unabhängig von den Forschungen der AGFA gefunden wurden. Auch die Ein-Minuten-Kamera von LAND (USA) benutzt das gleiche Grundprinzip.

Das Silbersalzdiffusionsverfahren wurde bei der AGFA bei der Bearbeitung zweier verschiedenartiger Fehler gefunden, die etwa zur gleichen Zeit im Jahre 1938 erfolgte. Die Ergebnisse dieser Untersuchungen ergänzten sich in einer sehr glücklichen Weise und beschleunigten damit die Ausarbeitung des neuen Verfahrens.

Erstens wurde festgestellt, daß Flecken, die auf photographischen Bildern infolge Verschmutzung des Entwicklers durch Fixiernatron bzw. durch Verwendung stark ausgenutzter Fixierbäder entstehen, nicht in der Emulsionsschicht, sondern in der darunterliegenden Barytageschicht liegen. Zieht man von derart verschmutzten Bildern die Negativschicht ab, so sieht man auf der Barytageschicht eine schwache, aber scharfe negative Wiedergabe des positiven Bildes der photographischen Schicht. Offensichtlich war das Bild in der Barytageschicht so entstanden, daß sich in dem mit Fixiernatron verschmutzten Entwickler etwas Halogensilber aufgelöst hatte und die gelösten Silbersalze in die Barytage diffundierten, wo sie aus irgendeinem Grunde bevorzugt zu metallischem Silber reduziert wurden.

Der andere Fehler bezog sich auf einen eigenartigen Farbschleier, der bei der Verarbeitung der Agfacolor-Schichten entstand. Bekanntlich liegt bei diesem Material zwischen Oberguß (enthält diffusionsechte Komponente für gelben Farbstoff) und Mittelguß (enthält diffusionsechte Komponente für purpurnen Farbstoff) eine Filtergelbschicht aus kolloidem Silber. Der Farbschleier entsteht nun jeweils an den Seiten von Ober- und Mittelguß, die der Filtergelbschicht zugewandt sind, und zwar entsteht er, wie damals durch viele Versuche erwiesen wurde, wie folgt: In dem Farbentwickler (substituiertes Derivat von p-Phenylendiamin) lösen sich geringe Mengen Halogensilber auf, die in die Filtergelbschicht wandern und dort zu Silber reduziert werden, wobei das kolloide Silber den Vorgang stark beschleunigt. Hierbei entstehen entsprechende Mengen des Oxydationsproduktes des Farbentwicklers; diese diffundieren in die angrenzenden Schichten, treffen dort auf die diffusionsfesten Komponenten und reagieren mit diesen unter Bildung eines gelben bzw. purpurnen Farbstoffes. Setzt man dem Farbentwickler Fixiernatron zu, so wird viel mehr Halogensilber gelöst und der Farbschleier enorm verstärkt. Läßt man aber aus der Filtergelbschicht das kolloide Silber weg, so entsteht der Farbschleier nicht mehr.

Beide Versuchsreihen zeigten, daß die bei Anwesenheit von Fixiernatron im Entwickler entstehenden löslichen Silbersalze in die angrenzenden Schichten auswandern und dort zu Silber reduziert werden können, ein Prozeß, der durch kolloides Silber sehr beschleunigt wird.

In Weiterverfolgung dieser Erkenntnisse wurde einer Barytageschicht etwas kolloides Silber zugesetzt und dann eine ungehärtete Emulsionsschicht darauf gegossen und nach Belichtung in einem fixiernatronhaltigen Entwickler verarbeitet. Die Emulsionsschicht konnte danach mit warmem Wasser entfernt werden, und man sah in der Barytageschicht ein Bild mit genügender Deckung. An den stark belichteten Teilen war alles Halogensilber der Negativschicht in dieser zu Silber reduziert worden, es konnten an diesen Stellen keine Silbersalze in die untere Schicht diffundieren und sie blieb daher weiß, während z. B. gar nicht belichtete Teile im Negativ nicht reduziert wurden und dafür in der unteren Schicht mit starker Deckung erschienen. D.h. man bekam in der Barytageschicht die positive Wiedergabe des kopierten Originals. Der Verwertbarkeit dieser Bilder stand anfänglich der gelbe Bildton des sehr feinkörnig ausgeschiedenen Bildsilbers entgegen. Durch Zusatz von Stoffen wie z. B. Mercaptotetrazolen zur Positivschicht konnte man aber die Ausfällung des Silbers etwas verzögern und es damit aus einer konzentrierteren Lösung in gröberer Form ausscheiden, die zu einem schwarzen Bildton führte.

Durch diese Versuchsarbeiten war der Beweis erbracht, daß man durch Diffusion von Silbersalzen von einer Schicht in die andere auf einem sehr schnellen Wege direkt Positive herstellen kann. Das Verfahren wurde für die verschiedensten Zwecke ausprobiert. So wurde z. B. im Kriege daran gedacht, auf diesem Wege Fliegeraufnahmen zu machen, die schon kurze Zeit nach der Belichtung fertig verarbeitet direkt im Flugzeug ausgewertet werden können. Im Zusammenhang mit diesen Arbeiten wurden bei der AGFA schon vor mehr als zehn Jahren „Ein-Minuten-Bilder" gemacht. Das waren Aufnahmen, die eine Minute nach der Belichtung fertig verarbeitet als Positiv vorlagen. Besonders aussichtsreich erschien es von Anfang an, das Verfahren für die Schnellherstellung von Photokopien auszuarbeiten. Hier ergab sich die Möglichkeit, durch eine Vereinfachung der bisherigen Methoden und unter Ausschaltung der Dunkelkammer neue Kreise, vor allem das „Büro" für die Photokopie zu gewinnen.

Da man nicht erwarten konnte, daß sich das „Büro" mit photographischen Bädern befreunden würde, wurde das Verfahren sofort auf eine maschinelle Verarbeitung ausgerichtet. Um zu seitenrichtigen, positiven Photokopien zu kommen, war es notwendig, Negativ- und Positivschicht auf getrennten Trägern aufzubringen. Als Negativpapier konnte das schon im Jahre 1939 von der AGFA herausgebrachte Copex-Autorapid-Papier [2] herangezogen werden, das sich für diesen Zweck besonders eignete, da es die Entwicklersubstanzen bereits in der Schicht enthielt und in einer ätzalkalischen Lösung in wenigen Sekunden ausentwickelt war. Das Halogensilber-Lösungsmittel, z. B. Natriumthiosulfat wurde der Positivschicht zugesetzt, die außerdem noch Keime enthält, die wie kolloides Silber die Reduktion der gelösten Silbersalze beschleunigen. Die beiden Papiere werden zu gleicher Zeit in ein Entwicklungsgerät gebracht, das als wesentlichen Bestandteil eine schwach ätzalkalische Sulfit-Lösung enthält. Nach kurzer Durchfeuchtung, die zur Ausentwicklung des Negativs genügt, werden die beiden Papiere durch ein Walzenpaar fest zusammengepreßt. Innerhalb von Sekunden entsteht durch Auflösen des unbelichteten Halogensilbers der Negativschicht durch das Fixiernatron der Positivschicht eine Silbersalzslöung, die unter dem Einfluß der Keime durch die anwesenden Entwicklersubstanzen in der Positivschicht rasch zu Silber reduziert wird. Trennt man die beiden Papiere, nachdem sie das Gerät verlassen haben, so sieht man auf der Positivschicht die positive Wiedergabe des kopierten Originals.

In dieser Form wurde das Verfahren im Jahre 1949 unter der Bezeichnung „AGFA-Copyrapid-Verfahren" herausgebracht, und es hatte sich in erstaunlich kurzer Zeit überall eingeführt. Es ist heute aus dem „Büro" gar nicht mehr wegzudenken. Die Aus- und Weiterbearbeitung des Verfahrens machte es notwendig, sich mit einer ganzen Anzahl von Problemen zu beschäftigen, von denen hier auf einige näher eingegangen werden soll.

2.

Eine der reizvollsten Aufgaben war es, die Wirkung der Keime zu studieren. Neben kolloidem Silber, das zuerst für die Versuche verwendet wurde, sind noch eine große Anzahl anderer Stoffe wirksam, so z. B. mehr oder minder alle Schwermetalle und viele Verbindungen derselben wie z. B. ihre Sulfide. Man kann z. B. die Keime auch erst während des Prozesses entstehen lassen, indem man der Positivschicht Stoffe zusetzt, die mit den eindiffundierenden Silbersalzen rasch spurenweise Schwefelsilber bilden. Auch die Art des verwendeten Beschichtungsmittels hat auf die Ausscheidungsform des Silbers einen Einfluß. Nach den Arbeiten von EGGERT und ARENS [3] ist für die Schnelligkeit, mit der Silbersalze unter derartigen Verhältnissen reduziert werden, nicht die Masse, sondern die Anzahl der Keime maßgebend. Setzt man z. B. zur Positivschicht etwas Silber zu, das aus einer belichteten und normal entwickelten photographischen Schicht stammt, so kann praktisch überhaupt keine Wirkung beobachtet werden. Erst bei einer wesentlich feineren Verteilung des Silbers fängt dieses an als Keim zu wirken. Das Copyrapid-Negativpapier enthält, auf gleiche Flächen berechnet, mengenmäßig etwa 1000mal mehr Silber (vor Verarbeitung als Halogensilber vorhanden) als das Copyrapid-Übertrag(Positiv)-Papier, in welchem das Silber nur in Form der Keime enthalten ist. Andererseits sind die Keime der Positivschicht, wie durch vergleichende praktische Versuche festgestellt wurde, 10 Mill. mal aktiver als die entwickelten Silberkörner der Copyrapid-Negativschicht. Man kann so näherungsweise annehmen, daß das Übertragpapier trotz der gewichtsmäßig verschwindend kleinen Menge seiner Keimsubstanz 10000mal mehr Keime enthält, als das entwickelte Negativpapier. Man erreicht so, daß die Silbersalze im wesentlichen in der Positivschicht ausgeschieden werden.

Eine sehr schnelle Reduktion der gelösten Silbersalze in der Positivschicht ist aus zwei Gründen notwendig: Erstens werden die für die Bildschwärzen notwendigen Silbermengen in der Positivschicht nur ausgeschieden, wenn man dafür sorgt, daß zwischen den beiden Schichten ein großes Konzentrationsgefälle in bezug auf die gelösten Silbersalze während des Prozesses erhalten bleibt. Dies erreicht man am besten, wenn man die gelösten Silbersalze in der Positivschicht rasch zu Silber reduziert. Zweitens ist eine schnelle Reduktion der Silberlösungen notwendig, um scharfe Bilder zu erhalten. Bei der Auflösung des unbelichteten Halogensilbers in der Negativschicht haben die sich dabei bildenden löslichen Silbersalze vorerst die Neigung, sich nach allen Seiten gleichmäßig zu verteilen. Sinkt nun aber an irgendeiner Stelle der Umgebung die Konzentration der Silbersalze — z. B. in der Positivschicht durch Reduktion zu Silber — so wird nach dieser Richtung hin eine bevorzugte Diffusion stattfinden. Da die Diffusion der Silbersalze nach allen Seiten hin erfolgt, sollte man annehmen, daß z. B. ein feiner Strich im Positiv etwas breiter wiedergegeben wird als im Negativ. Es ist aber das Gegenteil der Fall, und zwar aus folgendem Grund: Ein dunkler feiner Strich des zu kopierenden Originals wird im Negativ als heller Halogensilberstrich sichtbar, und zwar in einer Umgebung von reduziertem Silber. In der Umgebung dieses Halogensilberstriches können also keine löslichen Silbersalze entstehen, und es findet daher eine bevorzugte Abdiffusion der Salze aus der Grenzzone Halogensilber — Silber in die Silberzone statt. Während z. B. aus der Mitte des Striches die Silbersalze zum größeren Teil in die Positivschicht wandern, ist dies an der Randzone nur zum Teil der Fall. Von der Positivseite aus gesehen wird die Silberkonzentration, welche zur Ausscheidung des Silbers notwendig ist, eher in der Mitte des Striches erreicht als am Rand. Dies hat eine Diffusion des Silbers von den Rändern zur Mitte zur Folge, d.h. an den äußeren Rändern wird niemals eine genügend hohe Silberkonzentration erreicht, und der Strich bleibt daher im Positiv etwas schmaler als er im Negativ ist [*4*]. Diese Gründe spielen eine recht erhebliche Rolle für die gute Wiedergabe von Details beim Silbersalz-Diffusionsverfahren.

3.

Die Copyrapid-Kopien verlassen das Entwicklungsgerät schon halbtrocken, und sie werden zumeist nicht gewässert. Das sonst so einfache und schnelle Verfahren würde durch eine Wässerung und nachfolgende Trocknung der nun sehr nassen Kopien für den Bürobetrieb zu stark belastet werden. Die ungewässerten Copyrapidkopien enthalten noch viele Salze, unter anderem auch Fixiernatron, und es ist allgemein bekannt, daß fixiernatronhaltige, d. h. schlecht gewässerte photographische Bilder wenig haltbar sind. Der Entschluß, die Wässerung der Copyrapid-Kopien nur für Sonderfälle zu empfehlen, wurde daher erst nach langem Bedenken und vielen Versuchen gefaßt. Die Bearbeitung dieser Frage geht schon auf das Jahr 1941 zurück, und bei der AGFA liegen aus dieser Zeit eine Reihe ungewässerter Kopien, die heute noch keinerlei Verblassen der Schrift zeigen. Seit Einführung des Copyrapid-Verfahrens sind weit über 100 Mill. Kopien auf diesem Weg angefertigt worden, und nur in Einzelfällen konnte ein Ausbleichen der Schriften festgestellt werden, wobei es meist gelang, als Ursache entweder eine fehlerhafte Verarbeitung oder unrichtige Aufbewahrung der Kopien festzustellen.

Die fertig verarbeiteten Copyrapid-Kopien enthalten etwa so viel Fixiernatron wie eine Copex-Kopie, die 10 Minuten in einem 20%igen Fixiernatronbad behandelt und dann 5 Minuten gewässert wurde. Diese Menge Fixiernatron reicht ohne weiteres aus, um das Bildsilber in Schwefelsilber umzuwandeln, und zwar um so rascher, je saurer die Reaktion der Papiere ist. Die fertigen Copyrapidkopien enthalten aber von der Verarbeitung her Ätzalkali, das sich an der Luft in Carbonat umwandelt. Die Reaktion dieser Kopien bleibt daher alkalisch, im Gegensatz zu Kopien, die zum Schluß in sauren Fixierbädern behandelt und gewässert wurden. Die alkalische Reaktion der fertigen Copyrapidkopien trägt viel dazu bei, daß das Bildsilber durch Fixiernatron schwer angegriffen wird.

Neben Fixiernatron enthalten die Copyrapidkopien noch Entwicklersubstanzen wie z. B. Hydrochinon. Die Oxydationsprodukte dieser Substanzen führen zu einer Vergilbung, die um so stärker ist, je alkalischer die Papiere bleiben. Diese Vergilbung kann man ohne weiteres vermeiden, wenn man die Kopien nach der Verarbeitung z. B. mit einer Säure bestreicht. Dieser Weg ist aber nicht ratsam, weil nun das Fixiernatron sein Zerstörungswerk beginnt, das durch die Anwesenheit der Oxydationsprodukte von Hydrochinon (Chinone!) zu einer vollständigen Auflösung des Silbers führen kann.

Die Vergilbung der fertigen Kopien zu verhindern, ist daher eine nicht leicht zu lösende Aufgabe, über die zur Zeit noch nichts Abschließendes berichtet werden kann.

Die Haltbarkeit der Copyrapidkopien ist sehr stark abhängig von den Aufbewahrungsbedingungen; vor allen schädlich ist feuchte Wärme. Man kann die Schrift verhältnismäßig rasch zum Ausbleichen bringen, wenn man die Kopien nicht einzeln an der Luft trocknet, sondern sie im Stapel z. B. auf Heizkörper legt. Copyrapidkopien, die man beispielsweise in die Tropen verschickt, müssen gewässert werden, ebenso Kopien, die lange Zeit aufbewahrt werden sollen, da man schließlich nicht übersehen kann, welchen klimatischen Beanspruchungen sie in einigen Jahren ausgesetzt sein werden. Hingegen ist es nach allen Erfahrungen nicht notwendig, ordnungsgemäß verarbeitete Kopien zu wässern, die unter normalen Bedingungen, z. B. in Akten, aufbewahrt und deren Haltbarkeit auf einige Jahre beschränkt bleiben darf.

Viele Anregungen, vor allem im Hinblick auf die maschinelle Verarbeitung der Copyrapidkopien, sind Herrn Dr. LEUBNER zu verdanken. Auch andere Mitarbeiter der AGFA sind an der Entwicklung und Ausarbeitung des Verfahrens erfolgreich mitbeteiligt gewesen.

Literatur

[1] Siehe z. B. A. ROTT: Sci. Ind. Photogr. (2) **13**, 151 (1942).
[2] SCHAUM, G., u. E. WEYDE: Agfa-Veröffentlichungen **VI**, 198 (1939).
[3] EGGERT, J.: Helv. Chem. Acta **30**, 1750 (1947).
ARENS, H.: Agfa-Veröffentlichungen **III**, 32 (1933).
WEYDE, E.: Z. f. Naturforschung **6a**, 381 (1951).
[4] WEYDE, E.: Photogr. Korresp. **88**, 203 (1952).

Das Directoflex-Papier

Von W. Stracke

I. Einleitung

Ebenso wie die photographische Industrie bestrebt ist, für bestimmte Gebiete der allgemeinen Photographie Emulsionen mit möglichst hoher Empfindlichkeit zu liefern, ist sie bemüht, auch für die Aufnahmeverfahren in der Dokumentation zur Vervielfältigung von Druckschriften, Urkunden, Patenten, Briefen, Schriften usw. photographische Papiere mit hoher Empfindlichkeit herzustellen, um dem Verarbeiter in der Dunkelkammer aus Gründen der Zeitersparnis kurze Belichtungszeiten zu ermöglichen. Andererseits jedoch geht die Entwicklung zur Anfertigung lichtempfindlicher Papiere für die Dokumentation in die entgegengesetzte Richtung: technische Papiere mit nur geringer Empfindlichkeit zu schaffen. Zum direkten Photokopieren von Schriftstücken aller Art (Zeugnissen, Formularen, Büchern, Rechnungen, Zeitschriften usw.) werden von der Verbraucherschaft lichtempfindliche Schichten mit nur geringer Eigenempfindlichkeit gefordert, um eine Verarbeitung unter büromäßigen Bedingungen, d. h. ohne Benutzung einer Dunkelkammer zu ermöglichen. Zu der Gruppe der hochempfindlichen Schichten für die Dokumentation gehört das von der Agfa unter dem Namen „Agfastat“ in den Handel gebrachte Papier, zu der Gruppe der wenig empfindlichen Emulsionen zählen die von der Agfa unter der Bezeichnung „Copex“ und „Copyrapid“ herausgebrachten Erzeugnisse, die nach ihrer Verarbeitungsvorschrift bei gedämpftem Tages- bzw. Lampenlicht verarbeitet werden können. Die fortschreitende Modernisierung in der Gestaltung heller Büroräume und Arbeitszimmer, wie auch die im Laufe der Weiterentwicklung der Beleuchtungstechnik eingeführten intensiver strahlenden Tageslichtröhren können in gewissem Maße die Verarbeitung der obengenannten Photopapiere erschweren. Aus diesem Grunde wurden in den letzten Jahren von der Agfa zwei neue Papiere entwickelt und in den Handel gebracht, die sich durch eine noch größere Sicherheit gegen unbeabsichtigte Vorbelichtungen auszeichnen und so den Wünschen der Verbraucherschaft nach bequemerer Verarbeitung entgegenkommen. Es sind die unter den Handelsbezeichnungen „Copyrapid-Geringempfindlich“ und „Directoflex“ vertriebenen Dokumentenpapiere. Da zwischen dem letzteren und allen anderen bisher von der Agfa gelieferten technischen Photopapieren ein grundsätzlicher Unterschied besteht, sollen seine Eigenschaften und Anwendungsmöglichkeiten etwas eingehender besprochen werden.

II. Eigenschaften des Agfa-Directoflex-Papiers

Es handelt sich beim Agfa-Directoflex-Papier um ein Kopiermaterial, das folgende charakteristische Merkmale aufweist:

1. Es arbeitet direkt positiv. Beim Entwickeln erhält man — im Gegensatz zu den anderen technischen Agfa-Papieren — ohne zusätzliche Arbeitsgänge, die beispielsweise das bekannte Umkehrverfahren erfordert, an den vorher belichteten Stellen eine Ausbleichung, an den nicht belichteten Stellen eine Schwärzung. Ein Positiv wird demnach beim Umkopieren als Positiv, ein Negativ wieder als Negativ wiedergegeben.

2. Die Tageslichtempfindlichkeit des Directoflex-Papiers ist im Vergleich zu der der anderen Photopapiere sehr gering. Unter Tageslichtempfindlichkeit versteht man hierbei die Empfindlichkeit des Papiers gegenüber den bei der Verarbeitung, während der Belichtung, der Entwicklung, des Fixierens einfallenden diffusen Strahlen des Tageslichts.

3. Zum Beguß des Agfa-Directoflex-Papiers wird ein besonders dünner Rohstoff benutzt. Dieser Rohstoff gewährleistet einerseits die Herstellung einer scharf gezeichneten Reflexkopie, andererseits eine gute Durchleuchtung bei der Benutzung des Papiers als Vorlage beim Weiterkopieren.

Der Aufbau der sehr kontrastreich arbeitenden Directoflex-Emulsion erfolgte unter Ausnutzung eines Umkehreffektes, der nach den im Jahre 1839 von John Herschel begonnenen Versuchen „Herschel"-Effekt genannt wird. Man bezeichnet die Umkehrerscheinung einer photographischen Schicht als Herschel-Effekt, wenn diese Schicht nach einer Anfangsbelichtung, die eine genügende entwicklungsfähige Dichte ergibt, bei einer zweiten Belichtung mit Licht größerer Wellenlänge eine Abnahme der Dichte erfährt. Dagegen spricht man von Solarisation, wenn die Umkehr der Emulsion durch eine übermäßige Belichtung hervorgerufen wird. In diesem Falle geht die Dichte der Schicht bei entsprechender Belichtung zurück, wenn die größte entwicklungsfähige Dichte erreicht ist. Beim Herschel-Effekt erfolgt dagegen die Abnahme der Dichte sofort mit Beginn der zweiten Belichtung unabhängig von der Größe der Dichte der Erstbelichtung.

Bei den in den früheren Jahren angestellten Versuchen zur Deutung und praktischen Nutzbarmachung des Herschel-Effekts wurden nur sehr flache Gradationen erhalten. Der γ-Wert lag bei 1. Dieser niedrige γ-Wert ließ die Ausnutzung des Herschel-Effekts zur Herstellung technischer Emulsionen wenig aussichtsreich erscheinen, da das zur Durchführung von Kopierarbeiten erforderliche photographische Material einen γ-Wert von mehr als 2 haben muß. Erst in den letzten Jahren gelang es unter Ausnutzung der inzwischen gesammelten neuesten Erkenntnisse Herschel-Emulsionen mit genügend steiler Gradation zu schaffen.

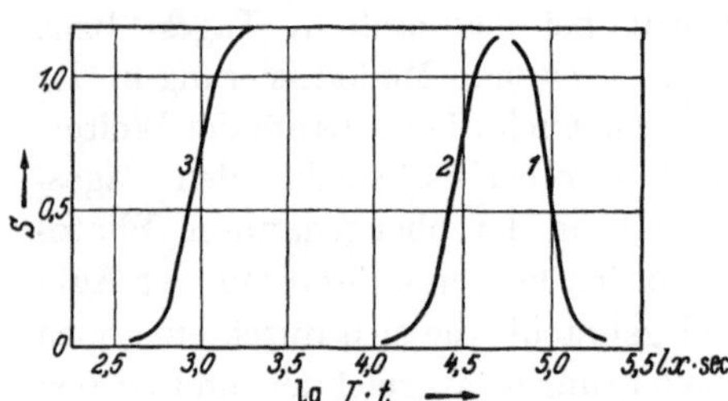

Abb. 1. Schwärzungskurven des Agfa-Directoflex-Papiers (1), des Agfa-Copyrapid-Geringempfindlichpapieres (2), des Agfa-Copex-Papiers (3).

Abb. 1 zeigt den Verlauf der Schwärzungskurve des Agfa-Directoflex-Papieres im Vergleich zu den Kurven des Copex- und Copyrapid-Geringempfindlich-Papiers.

Die γ-Werte dieser Schwärzungskurven sind in der folgenden Tabelle zusammengestellt. Die Graukeile wurden dabei 90 sek. im Agfa-Entwickler 100 bei 18° entwickelt. Die Belichtung erfolgte mit weißem Kopierlicht unter Anwendung einer Gelbfilterfolie.

Papier	γ-Wert
Copex	4,5
Copyrapid-Geringempfindlich	5,5
Directoflex	5,5

Das Directoflex-Papier hat bereits eine solche Vorbehandlung erfahren, daß es mit einer maximalen Schwärzung in den Handel gelangt, das heißt, der Verbraucher erhält ohne weitere Belichtung beim Entwickeln ein gleichmäßig tiefgeschwärztes Bild. Beim Kopieren unter dem mitgelieferten Gelbfilter erfolgt an den belichteten Stellen, wie bereits oben charakterisiert, je nach der Belichtungszeit Aufhellung bis zur völligen Ausbleichung.

In der untenstehenden Abbildung 2 wird die Wirksamkeit von Licht verschiedener Färbung auf die Ausbleichung des Directoflex-Papiers gezeigt. Aus dieser Aufnahme ist die Notwendigkeit ersichtlich, ein Gelbfilter zu verwenden, um die blauen Strahlen auszuschalten, die für den Ausbleichvorgang unwirksam sind, für die aber das Papier empfindlich ist und die der Ausbleichung entgegenwirken würden.

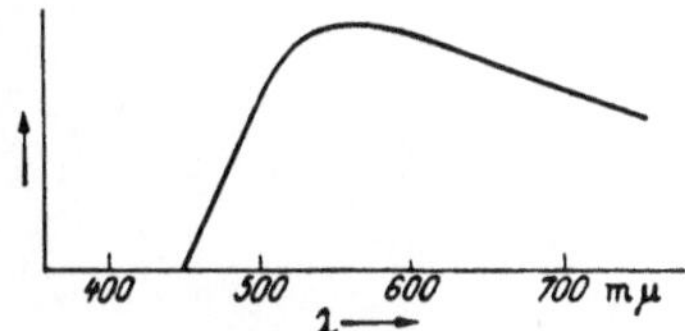

Abb. 2. Empfindlichkeit (Ausbleichung) des Directoflex-Papiers in Abhängigkeit von der Wellenlänge des Lichtes (schematisch).

Das unterschiedliche Verhalten des Agfa-Directoflex-Papiers gegenüber Licht verschiedener Wellenlängen kann auch durch folgenden Versuch demonstriert werden: Man stellt einmal mit einem Streifen des Papiers unter Anwendung der Gelbfilterfolie einen normalen Graukeil her, erhält dabei eine Gradationskurve wie sie bereits auf Abb. 1 gezeigt wurde. Dann verfährt man mit einem zweiten Streifen des Directoflex-Papiers folgendermaßen: Man belichtet das Papier zunächst diffus unter Zwischenschaltung der Gelbfilterfolie bis zur völligen Ausbleichung (Wellenlänge des wirksamen Lichtes > 500 mμ), führt eine diffuse Vorbelichtung bis zur maximalen Schwärzung unter einer Blaufilterfolie durch (Wellenlänge des wirksamen Lichtes < 450 mμ) und stellt dann den üblichen Graukeil mit Gelbfilter her. Man erhält hierbei eine Gradationskurve, die bei etwas flacherer Gradation der des ersten Graukeiles in ihrem Charakter entspricht. In der folgenden Abbildung 3 sind die beiden Gradationskurven dieses Versuches aufgezeichnet.

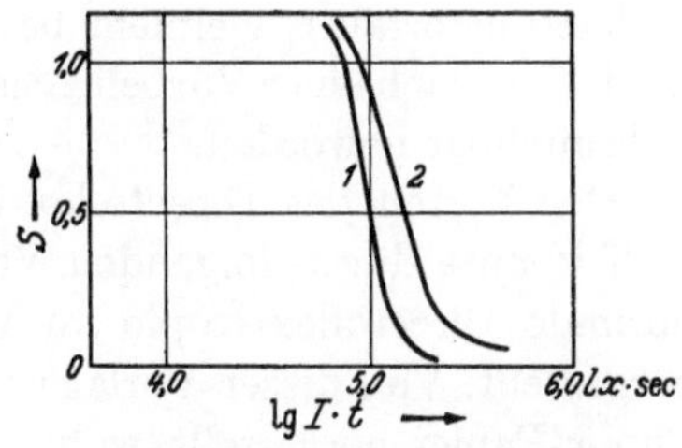

Abb. 3. Gradationskurven des Directoflex-Papiers (1) bei normaler Verarbeitung; (2) nach vorheriger diffuser Ausbleichung, diffuser Vorbelichtung und anschließend durchgeführter normaler Verarbeitung.

Um die Tageslichtempfindlichkeit des Directoflex-Papiers im Vergleich zum Agfa-Copex-Papier zu ermitteln, wurden nachstehende Versuchsreihen durchgeführt. Eine Anzahl von Kopierstreifen des Copex- bzw. Directoflex-Papiers wurden nebeneinander durch Auslegen in der Nähe eines Fensters von $^1/_{30}$ bis 10 min. dem diffusen Tageslicht (ohne Sonne) ausgesetzt.

Dann erfolgte die übliche Belichtung mit Gelbfilter zur Herstellung des Graukeiles. Wie aus der Abbildung 4 zu ersehen ist, erfolgt beim Copex-Papier bereits bei einer Vorbelichtung von 5 sek. eine Verschleierung, während diese beim Directoflex-Papier erst nach etwa 4 min. eintritt.

Die entsprechenden Versuchsreihen wurden außerdem mit Glühlampenlicht durchgeführt. Hierbei wurden die beiden Papiere in einem fensterlosen Raum von

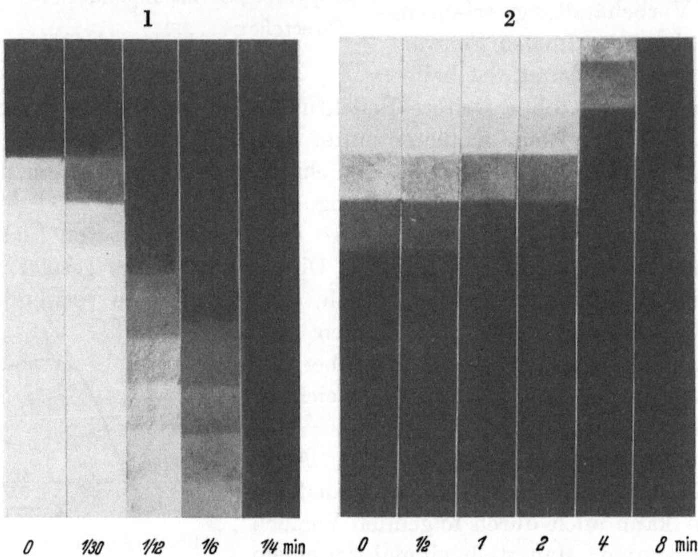

Abb. 4. Sensitometerstreifen von Copex- (1) und Directoflex-Papier (2) nach unterschiedlicher diffuser Vorbelichtung im Tageslicht.

$^1/_{10}$ bis 180 min. dem Glühlampenlicht (Beleuchtungsstärke etwa 40 lux) ausgesetzt und dann weiterverarbeitet. Die folgende Abbildung 5 zeigt die so erhaltenen Kopierkeile. Das Copex-Papier ist nach einer Vorbelichtung von 30 sek. verschleiert, während das Directoflex-Papier im Gegensatz zur Vorbelichtung durch Tageslicht keine Verschleierung erfährt, vielmehr bei gleichzeitiger Verflachung der Gradation aufgehellt wird. Erst nach einer Vorbelichtung von etwa 20 min. ist es zur weiteren Verarbeitung unbrauchbar geworden.

Der Vorteil des Directoflex-Rohstoffes gegenüber dem normalen Dokumentenstoff konnte durch folgenden Versuch demonstriert werden. Es wurde einmal eine normale Directoflex-Kopie im Durchleuchtungskopierverfahren von einer Vorlage hergestellt. Von dieser Vorlage wurde ferner die gleiche Positivkopie mit dem Agfa-Copex-Papier hergestellt, wobei, der Eigenschaft des Papiers entsprechend, zunächst eine negative, dann durch Umkopieren die positive Kopie erhalten wurde. Die beiden Positivkopien wurden nun nebeneinander mit dem Lichtpausgerät auf Ozalidpapier kopiert. Es zeigte sich, daß bei der durchgeführten Belichtung des Ozalidpapiers — die Durchlaufzeit des Lichtpausgerätes wurde auf 50 sek. eingestellt — die Directoflex-Kopie schon fast überbelichtet war, während die Copex-Kopie eine zu geringe Belichtung erfahren hatte. Zur Herstellung einer einwandfreien Ozalidpause von der Copex-Kopie mußte die Durchlaufzeit des Lichtpausgerätes auf 130 sek. eingestellt werden.

Die Entwicklung und Fixage des Agfa-Directoflex-Papiers erfolgt unter den bei den Verarbeitungsvorschriften der technischen Papiere angegebenen Bedingungen, wobei als Entwickler vorteilhafterweise Agfa-Tepa-Entwickler benutzt wird. Das Papier ist trockentrommelfest, kann also mit den üblichen Trockenpressen getrocknet werden. Seine geringe Lichtempfindlichkeit erfordert naturgemäß entsprechend intensive Belichtungen, wobei sich besonders Quecksilberröhren und Kohlebogen-

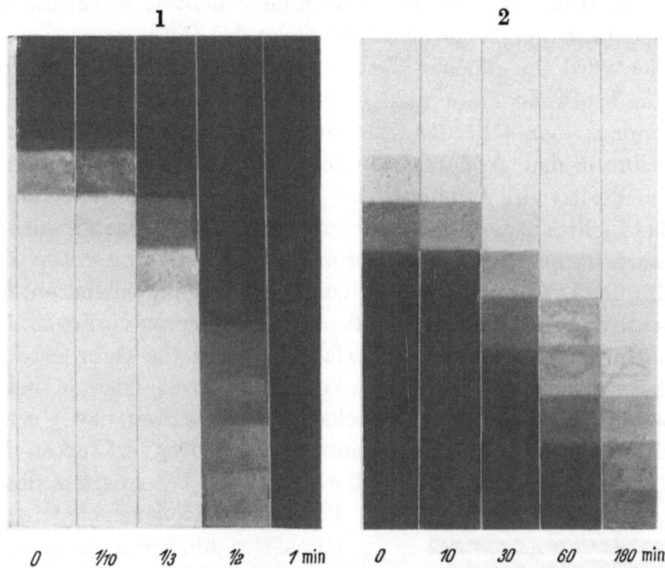

Abb. 5. Sensitometerstreifen von Copex- (1) und Directoflex-Papier (2) nach unterschiedlicher diffuser Vorbelichtung im Glühlampenlicht.

lampen, aber auch Glühlampen von genügender Stärke als Lichtquellen eignen. Die folgende Tabelle gibt die Empfindlichkeitsunterschiede, d. h. Unterschiede der reziproken Werte der relativen Belichtung der Copex-, Copyrapid-Geringempfindlich- und Directoflex-Papiere an. Hierbei wurde wiederum zur Belichtung weißes Kopierlicht in Verbindung mit der Gelbfilterfolie benutzt. Als Bezugspunkt für den Empfindlichkeitsvergleich wurde die Schwärzung 0,9 genommen.

Photograph. Material	rel. Empfindlichkeit
Copex	120
Copyrapid-Geringempfindlich	3,4
Directoflex	1

III. Anwendungsmöglichkeiten des Agfa-Directoflex-Papiers

Ein bevorzugtes Anwendungsgebiet ist in den Lichtpausanstalten gegeben, wo es zur Herstellung von Zwischenpositiven für Ozalidpausen verwendet werden kann. Die Anfertigung dieser Zwischenpositive erfordert bei Benutzung des üblichen Kopiermaterials zwei Arbeitsgänge, zunächst wird von dem Original im ersten Kopiergang ein Negativ erhalten, das dann nach dem Trocknen im zweiten Arbeitsgang zum Positiv umkopiert werden muß. Die Verwendung des Directoflex-Papiers erspart nun einen Kopierprozeß, seine geringe Tageslichtempfindlichkeit erleichtert dabei die Verarbeitung in diesen durch die Tätigkeit der Lichtpausgeräte stark erhellten Räumen wesentlich. Der Arbeitsprozeß verläuft in der Praxis etwa in folgender Weise:

Das Directoflex-Papier wird im Reflexverfahren, d. h. Schichtseite im Kontakt mit der Vorlage, Belichtung durch die Papierrückseite hindurch unter Einschaltung des Gelbfilters mit Hilfe der Lichtpausmaschine belichtet, wobei die Durchlaufzeit auf etwa 100 sek. (abhängig von der Lichtstärke des Gerätes) eingestellt wird. Das belichtete Papier wird im gleichen Raum entwickelt, fixiert, kurz gewässert und getrocknet. Zum Trocknen kann man die gleiche Lichtpausmaschine als Trockentrommel verwenden; man läßt das gewässerte Papier, in Filterpapier eingebettet, etwa zweimal durch den Apparat wandern. Die so erhaltene Kopie stellt ein seitenverkehrtes Positiv des Originals dar, das nun, im Kontakt mit dem Ozalidpapier durch das Lichtpausgerät geschickt, die gewünschte Ozalidpause liefert.

Man kann auch im normalen Kopierprozeß zur Herstellung von positiven Photokopien mit Hilfe des Directoflex-Papiers einen Arbeitsgang einsparen, wenn nämlich einseitig bedruckte oder beschriebene Vorlagen zum Kopieren vorliegen. In diesem Fall erhält man im Durchleuchtungskopierverfahren direkt die geforderte Positivkopie.

Ebenfalls bei Anwendung des Reflexkopierverfahrens, das ja bekanntlich bei doppelseitig beschrifteten Vorlagen (Büchern, Zeitschriften usw.) erforderlich ist, kann man sich gewöhnlich die Umkopierung des seitenverkehrten Positivs zum seitenrichtigen Positiv ersparen, da infolge der guten Transparenz des Directoflex-Papiers die Reflexkopie leichter durch die Rückseite hindurch zu lesen ist, als bei den üblichen Negativ-Papieren. Man kann auch beim Reflexverfahren gegebenenfalls sofort zu einem seitenrichtigen Positiv gelangen, allerdings unter Verzicht auf den normalerweise beim Directoflex-Papier auftretenden scharfen Kontrast. In diesem Falle kehrt man beim Reflexkopieren die Schichtseite des Papiers direkt der Lichtquelle zu und schiebt dabei zwischen Lichtquelle und Directoflex, um die erforderliche Streuung zu erhalten, ein beliebiges, dünnes Papier ein. So wird eine Kopie qualitätsmäßig etwa einem Zeitungsdruck entsprechend erhalten. Die Skizze Abb. 6c veranschaulicht diese Belichtungsverfahren, während in den Zeichnungen Abb. 6a und 6b der Vollständigkeit halber die Belichtungsanordnungen beim Durchleuchtungsverfahren (a) sowie beim normalen Reflexkopierverfahren (b) schematisch wiedergegeben sind.

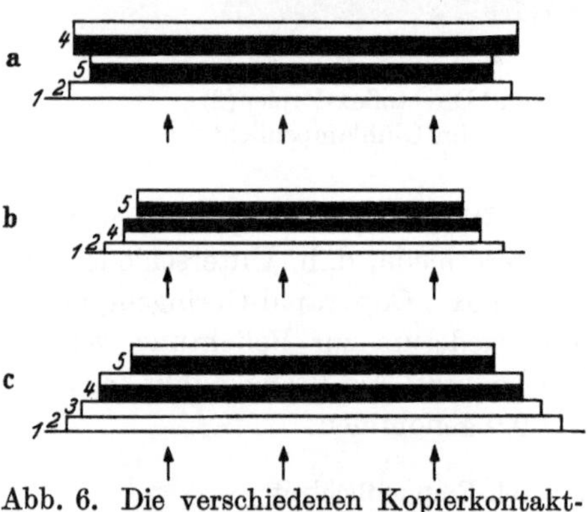

Abb. 6. Die verschiedenen Kopierkontaktverfahren (schematisch).

1 Auflagefläche des Belichtungsapparates *2* Gelbfilterfolie *3* Unbeschichtetes Papier *4* Directoflex-Papier *5* Vorlage
Papier: weiß, Schrift bzw. Schicht: schwarz

Von Interesse ist auch die Anwendung des Directoflex-Papiers beim sogenannten Silbersalzdiffusionsverfahren (Copyrapid), das der schnellen und direkten Herstellung von Positiven nach Positivvorlagen dient. Hierbei tritt an Stelle des Copyrapid-

oder Copyrapid-Geringempfindlich-Papiers das Directoflex-Papier bei sonst gleichen Verarbeitungsbedingungen. Es ist natürlich zu beachten, daß die Empfindlichkeit des Directoflex-Papieres noch unter der des Copyrapid-Geringempfindlich-Papiers liegt, dementsprechend stärkere Belichtungen erforderlich sind.

Beim üblichen Copyrapid-Übertragungsprozeß erhält man von einer *positiven* seitenrichtigen Vorlage auf dem Übertragpapier eine seitenrichtige *positive* Endkopie. Beim Directoflex-Übertragungsprozeß erhält man von derselben Vorlage eine seitenrichtige *negative* Endkopie auf dem Übertragpapier.

In der Praxis ist nun oftmals der Wunsch vorhanden, von einem Negativ schnell ein Positiv oder aber umgekehrt von einem Positiv ein Negativ herzustellen. Viele Photokopien werden bekanntlich auf optischem Wege, d. h. mit Hilfe eines optischen Photokopierapparates erhalten, wobei man die üblichen Kopien mit seitenrichtiger weißer Schrift auf schwarzem Grund erhält. Um solche Kopien zu vervielfältigen, ist bei hohen Ansprüchen die Anwendung des optischen Verfahrens durch Wiederphotographieren erforderlich, da bei der Herstellung von Positiven nach dem Kontaktverfahren nie ganz scharf gestochene Bilder erhalten werden. Man muß ja, um zum seitenrichtigen Positiv zu kommen, durch die Papierunterlage der Vorlage belichten und kann nicht Schichtseite gegen Schichtseite legen. Benutzt man in diesem Falle das Directoflex-Papier unter Anwendung des Silbersalzdiffusionsverfahrens, erhält man auf der Übertragungsschicht ein Negativ des Originals, d. h. in unserem gewählten Beispiel ein Bild mit schwarzer Schrift auf weißem Grund. Da hierbei Vorlage und Directoflex-Papier Schicht gegen Schicht im Kontakt kopiert werden können — der Übertragungsprozeß bewirkt das Richtigstellen der seitenvertauschten Kopie — erhält man stets einwandfrei scharfe Bilder. Es ist also auf diesem Wege möglich, von einem seitenrichtigen Original mit weißer Schrift auf schwarzem Grund sehr rasch und einfach eine seitenrichtige Kopie mit schwarzer Schrift auf weißem Grund mit ausreichender Schärfe herzustellen. Praktisch arbeitet man hierbei in folgender Weise:

Das Directoflex-Papier wird mit der Schichtseite auf die Vorlage (Original) gebracht, im Durchleuchtungsverfahren belichtet und dann mit dem Agfa-Copyrapid-Übertragpapier durch einen Copyrapid-Entwicklungsapparat geschickt, der vorher mit Agfa-Copyrapid-Entwickler 53 gefüllt wurde. Nachdem die Schichten den Apparat verlassen haben, wird die Übertragungsschicht nach etwa 30 Sekunden von dem Directoflex-Papier abgezogen, und man hat die gewünschte Kopie.

Bei manchen Druckverfahren besteht ebenfalls das Interesse, möglichst schnell von einem Original ein Negativ herzustellen. Die Verwendung des Directoflex-Papiers in Verbindung mit dem Silbersalzdiffusionsverfahren dürfte auch hier am schnellsten zum Ziel führen. In einem Arbeitsgang wird auf der Übertragsschicht ein seitenrichtiges Negativ der positiven Vorlage erhalten.

Aus den obigen Ausführungen ist zu erkennen, daß die Anwendung des Agfa-Directoflex-Papiers im Durchleuchtungs- wie im Reflexkopier-Kontaktverfahren in vielen Fällen zu einer wesentlichen Vereinfachung des Arbeitsprozesses führt. Mit der Einführung des Directoflex-Papiers dürften der Dokumentation neue Möglichkeiten gegeben sein.

Messung und Regelung der Belichtungszeit bei Dunkelkammergeräten
Der Agfa-Variomat

Von F. Biedermann und R. Wick

Die Herstellung photographischer Kopien und Vergrößerungen erfolgt heute noch zum großen Teil in Geräten, wie sie sich in ähnlicher Form schon seit einigen Jahrzehnten auf dem Markt befinden. Mit einfachen mechanischen Mitteln wurde das Problem der automatischen Scharfstellung bei Vergrößerungsgeräten gelöst, man verzichtete jedoch auf eine automatische Belichtungsregelung, obwohl die moderne Elektronik längst alle Hilfsmittel zur Lösung dieser Aufgabe bereitgestellt hatte. Es wurden zwar schon früh Verfahren und Geräte entwickelt, die, basierend auf einer Lichtmessung, eine Berechnung der Belichtungszeit gestatteten und auf diese Weise den Papierausschuß verringern und die Teststreifenmethode überflüssig machen sollten. Diese Verfahren bringen jedoch, da ja Messung und Schaltzeitberechnung vor der Belichtung erfolgen müssen, einen so großen Zeitverlust mit sich, daß sie sich in der Praxis nicht allgemein durchsetzen konnten.

Messung vor der Belichtung

Die einfachsten Verfahren begnügten sich mit einer Schwärzungsmessung des Negativs in einem eigens hierfür bestimmten Gerät. Das Agfa-Punktometer und das Agfa-Seriometer waren Geräte dieser Art. Während im Punktometer nur die Schwärzung der bildwichtigsten Stelle gemessen wurde, erfaßte das Seriometer den größten Teil des Negativs. Auf die Frage der Zweckmäßigkeit der Punkt-, Teilflächen- oder Gesamtflächen-Messung wird im folgenden noch näher eingegangen werden. Mißt man, wie oben besprochen, nur die Dichte des Negativs, so müssen alle weiteren, die Belichtungszeit beeinflussenden Faktoren, wie Helligkeit der Kopierlampe, Negativgröße, Blende, Vergrößerungsmaßstab und Papierempfindlichkeit rechnerisch berücksichtigt werden. Hierzu können Rechenschieber oder Rechenscheiben dienen.

Führt man die Schwärzungsmessung im Vergrößerungs- oder Kopiergerät selbst durch, so erfaßt man dabei zumindest gleichzeitig die Helligkeit der Kopierlampe, soweit man von kurzzeitigen Helligkeitsschwankungen absieht. Bei Vergrößerungsgeräten wird bei einer Messung direkt unter dem Objektiv auch die Blende und bei einer Messung in der Positivebene außerdem der Vergrößerungsmaßstab mit berücksichtigt. Die Zahl der rechnerisch zu berücksichtigenden Faktoren kann so zwar verringert werden, das Verfahren wird deshalb jedoch nicht entscheidend einfacher.

Ein Schritt in Richtung auf die Automatisierung wurde mit Geräten getan, bei denen die Beleuchtungsstärke in der Kopierebene durch Änderung der Lampenspannung oder mit Hilfe von Lichtschwächungsmitteln (Blenden, Graukeil) auf einen stets gleichen Wert eingestellt wird, so daß mit einer fixen Belichtungszeit, der sogenannten Einheitsbelichtungszeit, gearbeitet werden kann. Der Meßvorgang besteht in diesem Fall also nur mehr darin, den Zeiger eines Meßinstrumentes durch Veränderung der Beleuchtungsstärke auf eine feste Marke einzustellen. Die Übertragung eines Meßwertes auf eine Schaltuhr entfällt. Bei Schaltzeitauslösung läuft die Einheitsbelichtungszeit ab und führt zu einer richtig belichteten Kopie. Eine ähnlich „halbautomatisch" arbeitende Meßeinrichtung liegt vor, wenn mit dem Zeiger des Meßinstrumentes ein Folgezeiger in Übereinstimmung gebracht und die Stellung dieses Folgezeigers direkt auf eine Schaltuhr übertragen wird. Die Schaltuhr wird damit auf die der jeweiligen Beleuchtungsstärke entsprechende Belichtungszeit eingestellt.

Bei den beiden eben besprochenen Methoden entfällt zwar die Übertragung eines Meßwertes auf eine Schaltuhr, wodurch das Arbeitstempo etwas gesteigert wird; die Messung muß jedoch immer noch vor der Belichtung erfolgen und ist damit unvermeidlich mit einem erheblichen Zeitverlust verbunden. Andererseits ist durch das zeitliche Nacheinander von Messung und Belichtung die Möglichkeit gegeben, das ganze durch das Negativ hindurchgehende Licht für die Messung auszunützen. Anordnungen der genannten Art sind also, da ziemlich viel Licht zur Verfügung steht, relativ einfach; man kommt im allgemeinen mit einer Sperrschichtphotozelle und einem empfindlichen Zeigerinstrument aus.

Automatische Belichtungsregelung

Allgemeine Gesichtspunkte

Bei Belichtungsautomaten dagegen erfolgt die Messung während der Belichtung. Aus der Bedingung, daß die Belichtung durch den Meßvorgang keine Störung erfahren darf, ergibt sich von selbst, daß für die Messung nur ein kleiner Anteil des Kopierlichtes zur Verfügung steht. Die Anordnung der Photozelle ist in diesem Fall von ausschlaggebender Bedeutung. Dem Konstrukteur bietet sich eine große Zahl von Möglichkeiten an, von denen jede gewisse Vor- und Nachteile besitzt. Wir werden im folgenden auf verschiedene Verfahren näher eingehen, wollen jedoch zunächst einige allgemeine Gesichtspunkte herausstellen, an Hand derer die Zweckmäßigkeit der einzelnen Methoden ohne weiteres beurteilt werden kann:

1. Die Qualität der optischen Abbildung darf durch die Meßeinrichtung nicht beeinträchtigt werden. Teildurchlässige Spiegel im Kopierlichtstrahlengang sollten von diesem Standpunkt aus möglichst vermieden werden.

2. Durch die Meßeinrichtung dürfen keine störenden und arbeitsbehindernden Aufbauten entstehen.

3. Lage und Größe des Meßfeldes sollen in bezug auf das Positivformat, unabhängig von Negativformat und Vergrößerungsmaßstab, konstant bleiben. Ein Einrichten der Photozelle auf das jeweilige Positivformat darf nicht notwendig sein, da dies eine weitgehende Einschränkung der Automatik bedeuten würde.

4. Das Meßfeld soll möglichst das ganze Positivformat erfassen.

5. Bei gleichmäßiger Ausleuchtung des Negativausschnitts (Graufilm statt Negativ) muß jedes Flächenelement des Meßfeldes den gleichen Beitrag zum Photostrom liefern.

6. Änderungen des Positivformats dürfen nicht zu Meßfehlern führen.

7. Übergang von einem Negativformat zu einem anderen und Änderungen des Negativausschnittes müssen ohne weiteres möglich sein.

8. Ein Zurückhalten von Teilen der Positivfläche (Abwedeln) muß möglich sein, ohne daß dadurch die Messung verfälscht wird.

9. Die Zahl der durch die Messung erfaßten, für die Belichtungszeit maßgebenden Faktoren soll möglichst groß sein.

10. Die für die Messung zur Verfügung stehende Lichtmenge soll möglichst groß sein, damit keine zu hohe Verstärkung des Photostroms notwendig wird.

11. Der Helligkeitsumfang am Ort der Photozelle soll möglichst klein sein, damit sicher im ganzen Arbeitsbereich Proportionalität zwischen Photostrom und Beleuchtungsstärke besteht.

12. Der Belichtungsautomat soll möglichst ohne Umbauten in Verbindung mit jedem Vergrößerungsapparat verwendet werden können.

Besonders wichtig erscheint uns die Einhaltung der Bedingungen 1 bis 8. Die in Punkt 10 und 11 aufgestellten Forderungen, viel Licht und kleiner Helligkeitsumfang, stehen im Widerspruch zu Punkt 9, wonach möglichst viele der die Belichtungszeit bestimmenden Faktoren bereits durch die Messung erfaßt werden sollten. Es muß also eine entsprechende Kompromißlösung gesucht werden. Da eine nachträgliche Berücksichtigung mehrerer Belichtungsfaktoren im allgemeinen nicht ohne größeren Aufwand möglich ist, ist es u. E. zweckmäßiger, auf eine Erfüllung der Bedingungen 10 und 11 zugunsten der Forderung 9 zu verzichten.

Anordnung der Photozelle

Wir wollen im folgenden nun an Hand einiger Abbildungen die verschiedenen Möglichkeiten der Photozellenanordnung bei Vergrößerungsgeräten besprechen; wir werden dabei auf bekanntgewordene Anordnungen hinweisen, ohne in diesem Zusammenhang jedoch Anspruch auf Vollständigkeit zu erheben. Je nachdem, wie das Meßlicht gewonnen wird, unterscheiden wir vier Gruppen von Verfahren, von denen jede einzelne wieder eine Reihe Variationsmöglichkeiten bietet: Das Nebenlichtverfahren, das Strahlenteilungsverfahren, das Reflexionsverfahren und das Durchlichtverfahren.

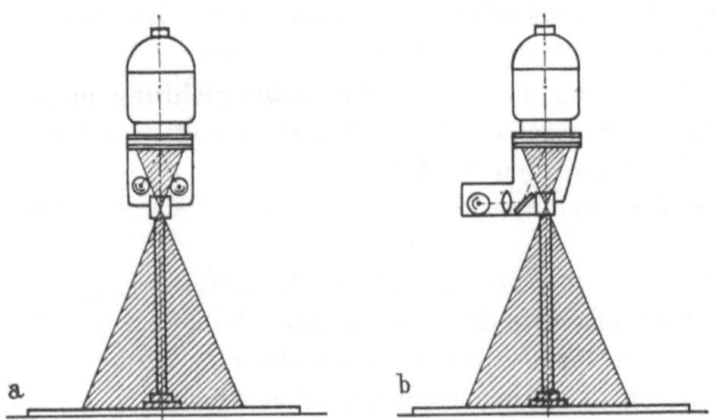

Abb. 1. Nebenlichtverfahren.

Beim **Nebenlichtverfahren** (Abb. 1) befindet sich die Photozelle seitlich zwischen Negativ und Objektiv. Liegt die Zelle nahe genug an der optischen Achse des Gerätes, so steht für die Messung eine sehr große Lichtmenge zur Verfügung. Das Verfahren eignet sich besonders für Schnellkopiermaschinen, die mit festem Vergrößerungsmaßstab, ohne Blendenverstellung und mit nur einem Negativformat arbeiten. In einer englischen Patentschrift[1] [*1*] sind Photozellenanordnungen beschrieben, wie sie prinzipiell in Abb. 1a dargestellt sind. Die Meßeinrichtung einer amerikanischen Colorkopiermaschine [*2*] ist nach Abb. 1b aufgebaut.

Beim **Strahlenteilungsverfahren** (Abb. 2) ist zwischen Negativ- und Positivebene ein teildurchlässiger Spiegel, geneigt zur optischen Achse des Vergrößerungsgerätes, angeordnet. Über diesen Spiegel und unter Umständen über eine nachfolgende Sammellinse wird ein Teil des Negativs auf die Photozelle abgebildet. Der Spiegel kann sich zwischen Negativ und Objektiv befinden (Abb. 2a). Bei bekanntgewordenen Anordnungen liegt er jedoch meist zwischen Objektiv und Positivebene. Wird der Spiegel direkt am Objektiv befestigt (Abb. 2b), so geht der Vergrößerungsmaßstab nicht mit in die Messung ein. Bei Anordnungen nach Abb. 2c und 2d wird der Vergrößerungsmaßstab mitberücksichtigt, wenn die Bedingung eingehalten wird, daß der Abstand vom Objektiv über den Spiegel zur Photozelle gleich dem Abstand vom Objektiv zur Positivebene ist. Allerdings entstehen auf diese Weise arbeitsbehindernde Aufbauten, die außerdem den Variationsbereich des Vergrößerungsmaßstabes einschränken.

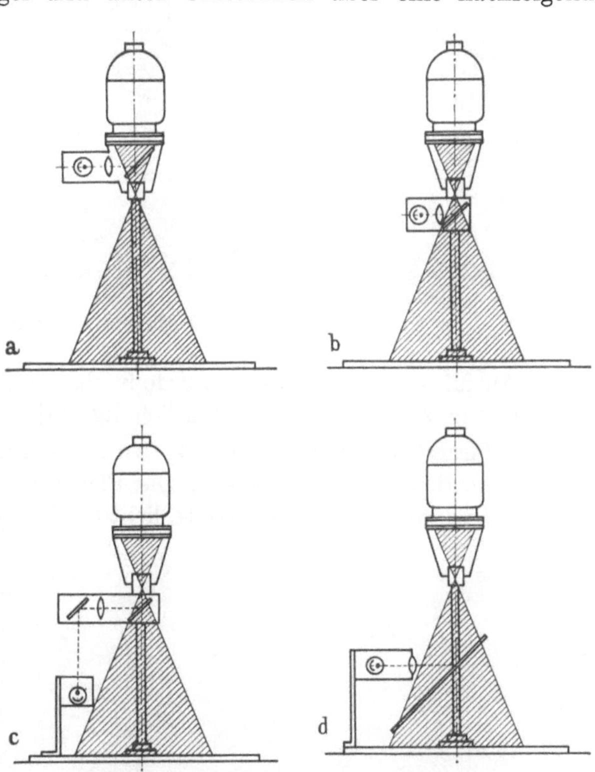

Abb. 2. Strahlenteilungsverfahren.

In einem amerikanischen Patent [*3*] wird eine Anordnung geschützt, bei der sich ein großer teildurchlässiger Spiegel unter 45° knapp über der Positivebene befindet und ein Bild des Negativs auf einer senkrecht zur Positivebene stehenden Fläche entwirft. Auf dieser Fläche haftet magnetisch die Photozelle, die auf diese Weise für die Messung leicht zum bildwichtigsten Teil hin verschoben werden kann.

Ein französisches Patent [*4*] erhebt Schutzanspruch auf das Strahlenteilungsverfahren, auf das Reflexionsverfahren und auf das Durchlichtverfahren. Eine Farbkopiermaschine der Firma Exaphot [*5*] arbeitet nach dem in Abb. 2c dargestellten Prinzip.

Beim **Reflexionsverfahren** (Abb. 3) wird ein Teil des diffus vom Photopapier reflektierten Lichts gemessen. Die Photozelle kann sich dabei an einem Stativ oder in einem Gerät befinden, das in der Positivebene verschiebbar ist (Abb. 3a), sie

[1] Diese Ziffern beziehen sich auf die Literaturangabe am Ende dieses Artikels.

kann mit dem Vergrößerungsrahmen fest verbunden (Abb. 3b) oder auch am Kopf des Vergrößerungsapparates befestigt sein (Abb. 3c). Die bekanntesten Anordnungen arbeiten nach dem Prinzip der Abb. 3a [*6*—*11*].

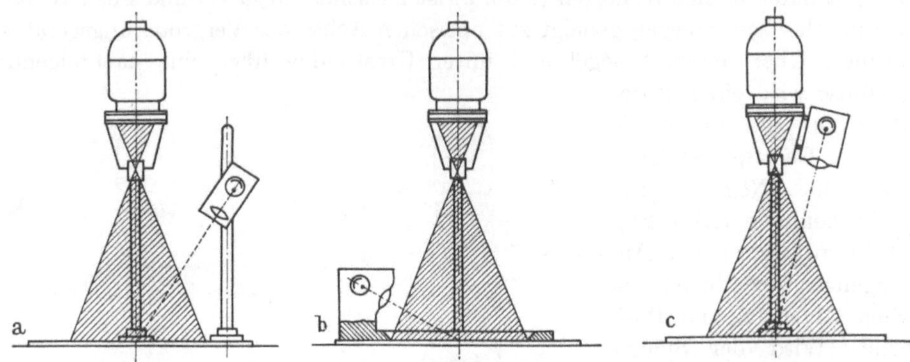

Abb. 3. Reflexionsverfahren.

Eine Ausführung nach Abb. 3c wurde in einer amerikanischen Patentschrift [*12*] und in einer amerikanischen Veröffentlichung [*13*] besprochen.

Beim **Durchlichtverfahren** (Abb. 4) wird ein Teil des durch das Photopapier hindurchgehenden Lichtes gemessen. Die Photozelle befindet sich in diesem Falle unter der Positivebene, die ihrerseits lichtdurchlässig ausgebildet sein muß. Für

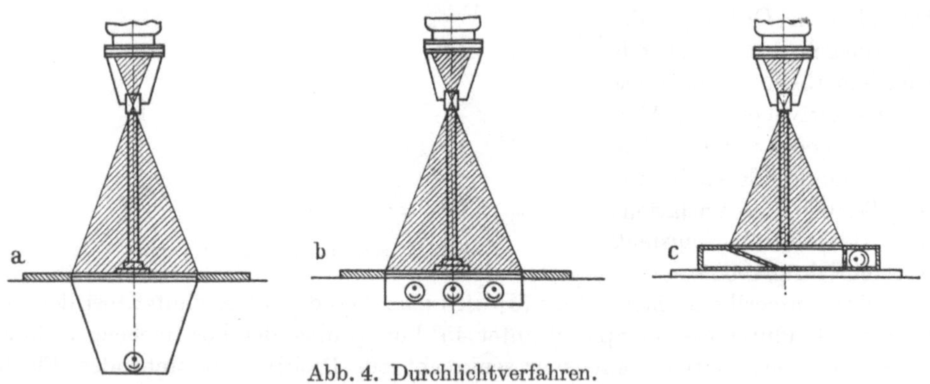

Abb. 4. Durchlichtverfahren.

Kontaktkopiergeräte ist dieses Verfahren das einzig mögliche, es bietet jedoch auch bei Vergrößerungsgeräten erhebliche Vorteile. Um zu erreichen, daß jedes Flächenelement des Meßfeldes den gleichen Beitrag zum Photostrom liefert, muß die Photozelle in großem Abstand von der Positivebene angeordnet werden (Abb. 4a). Steht nicht soviel Platz zur Verfügung, so kann das Meßfeld auch mit mehreren elektrisch parallel geschalteten Zellen ausgelegt werden (Abb. 4b). Eine weitere Möglichkeit, eine geringe Einbautiefe zu erreichen, ist in Abb. 4c dargestellt. Das Licht fällt hier in einen innen weißen Kasten, der bis zu einem gewissen Grade als ULBRICHTsche Kugel wirkt. Durch eine Öffnung in einer Seitenwand dieses Kastens gelangt das Meßlicht auf die Photozelle. Bei dieser Anordnung muß unter Umständen die lichtdurchlässige Platte, die den Kasten nach oben abschließt, teilweise durch Masken abgedeckt werden, da die der Photozelle näherliegenden Bereiche des Meßfeldes sonst zu stark zum Photostrom beitragen.

Nach dem Durchlichtverfahren arbeiten die französischen Kopier- und Vergrößerungsgeräte der Firma Exaphot [*14*] und der Agfa-Variomat, ein Vergrößerungsrahmen mit automatischer Belichtungsregelung, auf den wir im folgenden noch näher eingehen werden.

Wahl des Meßfeldes

Im Abschnitt „Allgemeine Gesichtspunkte" wurde bereits darauf hingewiesen, daß das Meßfeld möglichst mit dem ganzen Positivformat zusammenfallen oder doch wenigstens einen möglichst großen, zentral gelegenen Teil des Positivs erfassen soll. Die Erfüllung dieser Forderung ist für die Richtigkeit der Messung von großer Bedeutung. Es wurde ein umfangreicher Versuch angestellt, der die Berechtigung dieser Forderung nochmals überprüfen sollte und schließlich auch voll und ganz bestätigte. Von etwa 1000 Kleinbild-Negativen wurden je fünf Vergrößerungen hergestellt, deren Belichtungszeiten auf Grund von Messungen erhalten wurden, bei denen das Verhältnis von Meßfeld zu Positivformat folgende Werte hatte: $^1/_1$, $^1/_2$, $^1/_4$, $^1/_8$ und $^1/_{16}$. Das Seitenverhältnis des Meßfeldes war in allen Fällen $^3/_4$, die Lage stets zentral zum Positivformat. Die Vergrößerungen wurden von mehreren Photolaboranten im Hinblick auf brauchbare und unbrauchbare Kopien aussortiert. Es traten dabei zwischen den einzelnen Versuchspersonen keine wesentlichen Unterschiede in der Beurteilung auf. Im Mittel ergab sich ein Maximum an brauchbaren Kopien für Flächenverhältnisse (Meßfeld-Positivformat) von $^1/_2$ bis $^1/_4$. In Richtung zur Gesamtflächenmessung ($^1/_1$) fiel der Prozentsatz brauchbarer Kopien nur wenig ab, in Richtung nach den kleineren Flächenverhältnissen ($^1/_8$ usw.) wesentlich stärker und schneller.

Die im vorhergehenden Abschnitt besprochenen verschiedenen Verfahren der Photozellenanordnung unterscheiden sich bezüglich der Wahl des Meßfeldes sehr stark voneinander.

Beim Nebenlichtverfahren wird das gesamte Negativ ausgemessen. Die Messung ist also nur richtig, wenn auch das ganze Negativ vergrößert wird. Sobald jedoch in der Positivebene eine Ausschnittvergrößerung hergestellt wird, entspricht das Positivformat nur mehr einem Teil des Meßfeldes, was bei großen Dichteunterschieden innerhalb des Negativs zu erheblichen Meßfehlern führen kann. Fehler entstehen auch, falls nicht eine entsprechende Steuerung vorgesehen ist, bei Änderungen des Negativformats oder des Negativausschnitts.

Beim Strahlenteilungsverfahren nach Abb. 2a liegen die Verhältnisse ähnlich. Noch ungünstigere Bedingungen herrschen bei den in Abb. 2b, 2c und 2d skizzierten Anordnungen. In diesen Fällen ändert sich das Verhältnis von Meßfeld zu Positivformat nicht nur bei Ausschnittvergrößerungen, sondern laufend, sobald der Vergrößerungsmaßstab variiert wird. Komplikationen ergeben sich außerdem, wenn Objektive verschiedener Brennweite verwendet werden sollen.

Auch die verschiedenen nach dem Reflexionsverfahren arbeitenden Anordnungen zeigen ähnliche Mängel. Ein Aufbau nach Abb. 3c bietet zwar den Vorteil, daß das Verhältnis von Meßfeld zu Positivformat unabhängig vom Vergrößerungsmaßstab gleichbleibt, jedoch nur solange man von Ausschnittvergrößerungen absieht. Abgesehen davon würde eine starre Befestigung der Photozelle am Kopf des Vergrößerungsapparates zu Parallaxefehlern führen und die Herstellung exzentrisch liegender Ausschnittsvergrößerungen unmöglich machen. Ordnet man die Photozelle jedoch so an, daß sie von Hand auf das jeweils eingestellte Positivformat eingerichtet werden kann, so muß die Lage des Meßfeldes in der Positivebene — etwa durch Abbildung eines Leuchtrahmens — sichtbar gemacht werden können. Um auch das kleinste Positivformat bei Ausschnittvergrößerungen ohne Fehler zu erfassen, muß der Meßkegel sehr eng gehalten werden, was andererseits bedeutet, daß unter normalen Umständen nur ein kleiner Teil des Positivs ausgemessen wird. Man sieht, wie sehr sich die Dinge bei näherer Betrachtung komplizieren, sogar bei einer Anordnung, die auf den ersten Blick durchaus als eine recht zweckmäßige Lösung erscheint.

Es würde den Rahmen dieser Abhandlung überschreiten, wollten wir hier alle möglichen Anordnungen im Hinblick auf Lage und Größe des Meßfeldes ausführlich diskutieren. Eine kritische Beurteilung, ein Abwägen aller Vor- und Nachteile der verschiedenen Anordnungen, führte uns zu dem Schluß, daß sich das Durchlichtverfahren für den Aufbau eines Belichtungsautomaten am besten eignet. Die Bedingung, daß sich das Meßfeld mit dem Positivformat deckt, wird nur bei diesem Verfahren wirklich streng eingehalten. Die Photozelle nimmt einen definierten, stets gleichen Teil des durch das Photopapier hindurchtretenden Lichtstroms auf. Eine Schwierigkeit ergibt sich allerdings auch bei diesem Verfahren: Der auf die Photozelle gelangende Lichtstrom ändert sich mit der Größe des Positivausschnitts, während die Belichtungszeit natürlich unter sonst unveränderten Bedingungen für jedes Positivformat gleich sein muß. Eine Berücksichtigung des Positivausschnitts kann jedoch auf einfache Weise erfolgen. Bei den Geräten der Firma Exaphot [*14*] werden die verschiedenen Papierformate einzeln geeicht; die Eichungen stehen dann, in Form von Potentiometer-Einstellungen gespeichert, jederzeit wahlweise zur Verfügung. Eine stufenlose und vollautomatische Berücksichtigung des Positivformats liegt beim Agfa-Variomat vor. Beim Einstellen des Formats werden durch Verschieben der Maskenbänder zwei Potentiometer über Seilzüge so verstellt, daß die Änderung des Lichtstroms durch eine gegenläufige Empfindlichkeitsänderung der Meßeinrichtung kompensiert wird.

Wahl der Photozelle

Von der Anordnung der Photozelle hängen nicht nur, wie im letzten Abschnitt besprochen, Größe und Lage des Meßfeldes ab, sondern in erster Linie auch die für die Messung zur Verfügung stehende Lichtmenge und deren Variationsbereich. Erst die Kenntnis dieser beiden Größen gestattet eine Entscheidung darüber, welche Art von Photozelle am zweckmäßigsten verwendet wird.

Weitaus die größte Lichtmenge bietet das Nebenlichtverfahren. Die Beleuchtungsstärke am Ort der Photozelle beträgt bei einem handelsüblichen Vergrößerungsgerät mit einer 250-W-Spezial-Opallampe ca. 5000 bis 10000 Lux. Bezeichnen wir diese Beleuchtungsstärke mit 100%, so kann man beim Strahlenteilungsverfahren mit ca. 3%, beim Reflexions- und Durchlichtverfahren dagegen nur mehr mit etwa 0,1% dieser Beleuchtungsstärke rechnen. Die Werte beziehen sich jeweils auf die größtmögliche Lichtmenge (ohne Negativ, Blende ganz offen, kleinster Vergrößerungsmaßstab). Rechnet man mit Negativschwärzungen von S = 0 bis S = 2 (1:100) mit Blendenzahlen von 4,5 bis 16 (ca. 1:10) und Vergrößerungsmaßstäben von zweifach bis achtfach (ca. 1:10), so ergeben sich bei den einzelnen Verfahren folgende Variationsbereiche der Beleuchtungsstärke:

Nebenlichtverfahren	1:100
Strahlenteilungsverfahren	1:1000
Reflexions- und Durchlichtverfahren..	1:10000

Bei einer Photokathode von 2 cm² Fläche errechnet man demnach folgende Lichtstrombereiche:

Nebenlichtverfahren	10 mlm bis 1 lm
Strahlenteilungsverfahren	30 μlm bis 30 mlm
Reflexions- und Durchlichtverfahren..	0,1 μlm bis 1 mlm

Sperrschicht-Photoelemente eignen sich trotz ihrer relativ hohen Empfindlichkeit (Größenordnung 100 μA/lm) nur wenig für die Steuerung von Belichtungsautomaten. Bekanntlich ist der Photostrom dieser Zellen dem Lichtstrom nur bei sehr kleinem äußerem Widerstand und nicht zu hohen Beleuchtungsstärken proportional. Wegen ihres geringen inneren Widerstandes bereitet eine nachfolgende elektronische Verstärkung des Photostroms gewisse Schwierigkeiten. Außerdem zeigen Sperrschichtzellen nach stärkerer Beleuchtung erhebliche Ermüdungserscheinungen.

Vakuum-Photozellen sind frei von diesen Fehlern und werden deshalb häufig für den in Betracht kommenden Zweck verwendet. Ihre Empfindlichkeit (Größenordnung 10 μA/lm) ist allerdings relativ gering. Eine Verstärkung des Photostroms wird sich also im allgemeinen nicht vermeiden lassen.

Steht sehr wenig Licht zur Verfügung, wie dies beim Reflexions- und beim Durchlichtverfahren der Fall ist, so wird eine relativ hohe Verstärkung des Photostroms notwendig. Diese Verstärkung kann u. U. durch Verwendung eines *Photo-Multipliers* oder Sekundärelektronen-Vervielfachers mit geringerem Aufwand und niedrigerem Störpegel erreicht werden.

Der von der Photokathode eines Photo-Multipliers ausgehende Photostrom wird bei mittleren Dynodenspannungen etwa um einen Faktor 10^5 verstärkt, so daß man größenordnungsgemäß mit einer Empfindlichkeit von 10^6 μA/lm rechnen kann. Photo-Multiplier arbeiten in einem großen Beleuchtungsstärkenbereich linear.

Eine Reihe von Veröffentlichungen, von denen hier nur einige wenige angeführt seien, befaßt sich mit der Darstellung von Theorie und Aufbau der Photo-Multiplier [*15*, *16*], mit den Problemen, die sich bei der Messung kleinster Lichtmengen ergeben [*17*], mit Linearitätsfragen [*18*] und mit den verschiedenen Anwendungsmöglichkeiten [*19*].

Verarbeitung des Meßwertes

Gleichgültig, nach welchem Verfahren die Lichtmessung durchgeführt und ob dabei eine Vakuum-Photozelle oder ein Photo-Multiplier verwendet wird, als Ausgangswert für die Steuerung eines Belichtungsautomaten steht immer ein Photostrom zur Verfügung, dessen Größe proportional dem auf das Photopapier auftreffenden Lichtstrom ist. Die Meßeinrichtung muß nun noch durch eine Anordnung ergänzt werden, die eine Dosierung der Belichtungszeit in Abhängigkeit von der Größe dieses Photostroms bewirkt. Die einfachste und gebräuchlichste Lösung dieser Aufgabe basiert auf der Ladung, Entladung oder Umladung einer Kapazität durch den Photostrom.

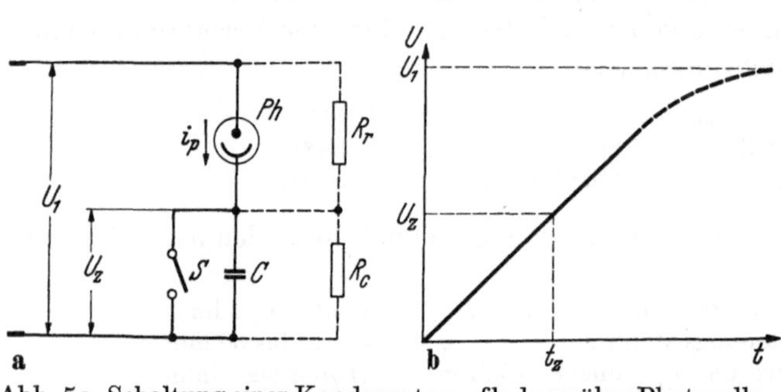

Abb. 5a. Schaltung einer Kondensatoraufladung über Photozelle.

Abb. 5b. Zeitlicher Verlauf der Spannung am Kondensator bei Aufladeschaltung.

In Abb. 5a ist eine Ladeschaltung skizziert. Nach Öffnen des Schalters S lädt der Photostrom i_p die Kapazität C auf. Die Größe des Photostroms hängt bei Vakuumzellen und Photo-Multipliern, solange man im Sättigungsgebiet arbeitet, praktisch nicht von der Spannung, sondern nur von dem auf die Photo-Kathode gelangenden Lichtstrom Φ ab. Unter dieser Voraussetzung gilt für die Zeit t_z, die vergeht, bis die obere Belegung des Kondensators C ein Potential U_z erreicht, die Gleichung

$$t_z = \frac{U_z \cdot C}{i_p\,(\Phi)} \tag{1}$$

Abb. 5b zeigt den durch die Gleichung (1) definierten zeitlichen Verlauf der Spannung an der Kapazität C.

Erst gegen Ende der Aufladung, wenn die Spannung an der Photozelle unter den zur Sättigung erforderlichen Wert absinkt, treten nennenswerte Abweichungen von der Linearität auf (gestrichelter Teil der Kurve).

Der Photostrom i_p einer Vakuum-Photozelle oder eines Photo-Multipliers ist bekanntlich in weiten Grenzen dem auf die Photokathode auffallenden Lichtstrom Φ proportional:

$$i_p \sim \Phi \tag{2}$$

Da andererseits nach Gleichung (1) die Schaltzeit t_z dem Photostrom i_p umgekehrt proportional ist, gilt

$$t_z \cdot \Phi = \text{const.} \tag{3}$$

Gleichung (3) besagt demnach, daß eine auf dem Prinzip der Abb. 5a aufgebaute Schaltung für verschiedene Lichtstärken Belichtungszeiten liefert, die dem BUNSEN-ROSCOEschen Gesetz genügen.

Bei sehr kleinen Belichtungsstärken kann der Photostrom so klein werden, daß die Kriechströme über die in Abb. 5 angedeuteten Isolationswiderstände R_r und R_c das Meßergebnis beeinflussen. Es muß also durch entsprechende Maßnahmen dafür gesorgt werden, daß diese Kriechstrecken-Widerstände auch unter ungünstigen Bedingungen bestimmte Mindestwerte nicht unterschreiten. Eine theoretische Berücksichtigung dieser parallel zur Photozelle und parallel zum Ladekondensator angenommenen Isolationswiderstände führt an Stelle der Gleichung (1) zu der folgenden Formel:

$$t_z = -\frac{C}{1/R_c + 1/R_r} \cdot \ln\left(1 - \frac{1/R_c + 1/R_r}{i_p + U_1/R_r}\, U_z\right) \tag{4}$$

Die Gleichung geht für den Idealfall $R_c = \infty$, $R_r = \infty$ in Gleichung (1) über, wie man leicht durch Berechnung des Grenzwertes zeigt.

Gleichung (4) gibt die Abhängigkeit der Schaltzeit t_z vom Photostrom i_p an für verschiedene Werte der Isolationswiderstände R_r und R_c als Parameter.

Die Kurven $t_z = f(i_p)$ besitzen zum Teil horizontale und vertikale Asymptoten (siehe Abb. 6). Es ergeben sich:

horizontale Asymptoten
keine Asymptoten im Endlichen für: $\frac{R_r}{R_c} \lesseqgtr \left[\frac{U_1}{U_z} - 1\right]$ (5)
vertikale Asymptoten

Über den parallel zur Photozelle liegenden Widerstand R_r fließt ein Strom, der stets eine schnellere Aufladung der Kapazität C bewirkt und damit die Schaltzeit verkürzt. Selbst bei völliger Dunkelheit ($i_p = 0$) lädt sich die Kapazität C über den Widerstand R_r auf, wodurch eine vorgegebene Spannung U_z (Zündspannung eines Thyratrons oder dergl.) bereits nach einer endlichen Zeit t_z erreicht wird. Die Kurven $t_z = f(i_p)$ besitzen in diesem Fall also horizontale Asymptoten.

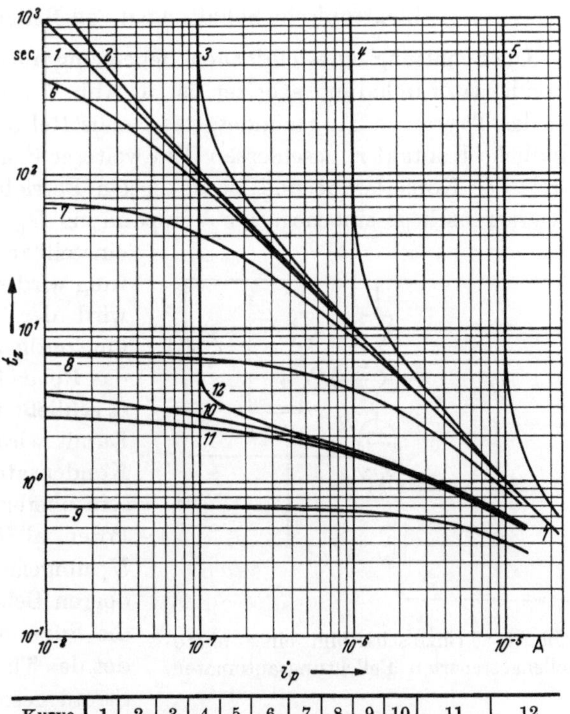

Kurve	1	2	3	4	5	6	7	8	9	10	11	12
R_r [Ω]	∞	∞	∞	∞	∞	10^{10}	10^9	10^8	10^7	10^7	$9{,}9 \cdot 10^6$	10^7
R_c [Ω]	∞	10^{10}	10^9	10^8	10^7	∞	∞	∞	∞	10^7	10^7	$9{,}9 \cdot 10^6$

Abb. 6. Abhängigkeit der Schaltzeit vom Photostrom. Isolationswiderstände parallel zu Photozelle und Ladekondensator als Parameter.

Über den Widerstand R_c parallel zur Kapazität C fließt dagegen stets ein Teil der Ladung des Kondensators wieder ab, wodurch die Schaltzeit verlängert wird. Außerdem lädt sich die Kapazität C nicht mehr auf die volle Spannung U_1 auf, sondern nur mehr auf eine Spannung U', die durch den Spannungsabfall an dem Widerstand R_c bestimmt wird.

$$U' = \frac{i_p + U_1/R_r}{1/R_r + 1/R_c} \tag{6}$$

Sinkt der Isolationswiderstand R_c so weit ab, daß diese Spannung U' kleiner ist als eine vorgegebene Spannung U_z, so dauert der Ladevorgang trotz Fließen eines Photostroms unendlich lange. Die Kurven $t_z = f(i_p)$ besitzen in diesem Fall vertikale Asymptoten.

In Abb. 6 sind mehrere Kurven $t_z = f(i_p)$ dargestellt, wie sie für verschiedene Werte der Isolationswiderstände R_r und R_c nach Gleichung (4) berechnet wurden. Dem Diagramm liegen folgende Werte zugrunde:

$$U_1 = 200\,\mathrm{V}$$
$$U_z = 100\,\mathrm{V}$$
$$C = 0{,}1\,\mu\mathrm{F}$$

Die Größen der angenommenen Isolationswiderstände sind für die einzelnen Kurven in Abb. 6 tabellarisch zusammengestellt.

Für $R_r = \infty$ und $R_c = \infty$ ergibt sich die 45°-Gerade 1. Besonders interessant sind die Kurven 10, 11 und 12. Wie aus Gleichung (5) hervorgeht, besitzt die Kurve 10 keine im Endlichen liegende Asymptote. Die Kurven 11 und 12 dagegen haben eine horizontale bzw. vertikale Asymptote, obwohl ihnen fast dieselben Isolationswiderstände zugrunde liegen. Das Beispiel zeigt, daß schon geringfügige Änderungen der Isolationswerte ein völlig anderes Verhalten der Anordnung mit sich bringen können.

Elektronische Schaltungen von Belichtungsautomaten

Die Schaltung eines einfachen Belichtungsautomaten, der nach dem Prinzip der Kondensatorumladung arbeitet, ist in Abb. 7 wiedergegeben. Im Ausgangszustand ist das Thyratron Th gezündet, das Relais Rel unter Strom und der am Relais befindliche Kontakt r_1 geschlossen. Ein weiterer Kontakt r_2 des Relais liegt im Stromkreis der Kopierlampe und ist in diesem Betriebszustand geöffnet. Am Gitter des Thyratrons liegt eine negative Vorspannung U_0, deren Größe am Potentiometer P einstellbar ist. Zur Auslösung einer Belichtung wird der Schalter S umgelegt. Dadurch wird der Anodenkreis des Thyratrons Th kurzzeitig unterbrochen, das Thyratron sperrt, das Relais fällt ab, Kontakt r_1 öffnet, Kontakt r_2 schließt und schaltet die Kopierlampe ein. Damit wird die Photozelle F beleuchtet. Der Kondensator C war bisher kurzgeschlossen, sein oberer Belag befand sich dabei auf dem Potential U_0 und wird nun auf das Potential U_1 umgeladen. Sobald die Spannung an der oberen Belegung des Kondensators und damit die Spannung des Gitters durch O geht, zündet das Thyratron, wodurch das Relais unter Strom gesetzt wird. Kontakt r_2 öffnet und beendet die Belichtung; Kontakt r_1 schließt und entlädt den Kondensator. Damit ist der Ausgangszustand wiederhergestellt und ein neues Arbeitsspiel kann beginnen. Die Dauer der Schaltzeit ist umgekehrt proportional dem auf die Photozelle fallenden Lichtstrom und kann zu Eichzwecken durch entsprechende Wahl der Kapazität C und Veränderung der Vorspannung U_0 in gewissen Grenzen variiert werden.

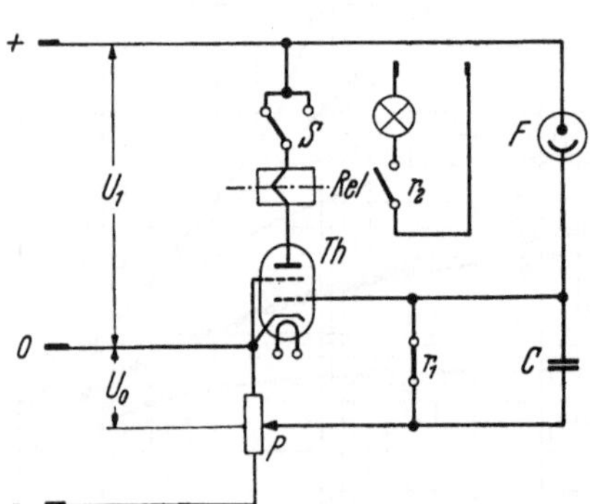

Abb. 7. Prinzipschaltbild eines photozellengesteuerten Belichtungsautomaten.

Eine Photozellenschaltung, bei der zwischen Photozelle und Thyratron eine Triode liegt, die zur Widerstandstransformation dient, ist in der bereits erwähnten amerikanischen Veröffentlichung [*2*] ausführlich beschrieben. Weitere Photozellenschaltungen mit Verstärkung findet man in den z.T. schon zitierten Arbeiten bzw. Patenten [*8, 10, 11, 20*].

Das Prinzip einer einfachen Schaltung mit einem Photo-Multiplier ist in dem amerikanischen Patent [*12*] ausführlich beschrieben. Ebenfalls mit einem Photo-Multiplier arbeitet der schon angeführte Darkroom Timer [*13*] und der vom Agfa-Camera-Werk gebaute Agfa-Variomat, auf dessen Schaltung wir im folgenden noch näher eingehen werden.

Der Agfa-Variomat

Der Agfa-Variomat ist, wie die photographische Abb. 8 zeigt, ein Belichtungsautomat in Form eines Vergrößerungsrahmens. Das Gerät kann in Verbindung mit jedem beliebigen Vergrößerungsapparat verwendet werden. Es können Positivformate von 6 × 6 cm bis 13 × 18 cm verarbeitet werden. Die Kopierfläche liegt 60 mm über dem Grundbrett des Vergrößerungsapparates. Mit dem Gerät wird eine sogenannte Focusschelle ausgeliefert, mit deren Hilfe der Kopf des Vergrößerungsapparates um 60 mm nach oben verstellt werden kann, so daß die Schärfeautomatik nach wie vor funktioniert. Der Variomat besitzt keine störenden und arbeitshindernden Aufbauten. Die Lichtmessung erfolgt im Durchlichtverfahren. Die integrale Lichtmessung erfaßt stets das ganze Positivformat. Änderungen des Positivformats werden automatisch durch Maskenbänder-Potentiometer berücksichtigt, wie weiter oben bereits beschrieben wurde. Weiterhin liefert das Gerät auf Grund des Meßprinzips die richtige Belichtungszeit unabhängig von Lampenhelligkeit, Negativformat, Negativausschnitt, Negativdichte, Blende und Vergrößerungsmaßstab. Die Empfindlichkeitsunterschiede der verschiedenen Papiergradationen und Emulsionsarten werden durch Einstellen einer Eichzahl berücksichtigt. Bei Negativen, die stark von einer mittleren Schwärzungsverteilung abweichen, können individuelle Korrekturen gegeben werden. Ein Zurückhalten von Teilen der Positivfläche während des Vergrößerns (Abwedeln) ist ohne weiteres möglich; die Wirkung ist sogar etwas verstärkt, da die Belichtungszeit der nicht abgeschatteten Teilflächen entsprechend verlängert wird.

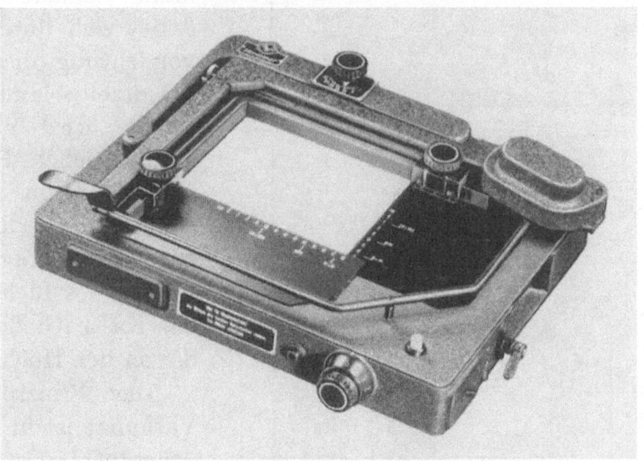

Abb. 8. Agfa-Variomat.

In Abb. 8 ist an der Vorderseite des Gerätes der Skalenknopf für das Eichpotentiometer sichtbar, an der rechten Seitenwand der Aussuchlichtschalter und der Hebel zur Betätigung des Korrektur-Potentiometers. Unter der länglichen, abgestuften Abdeckkappe liegen die beiden Maskenbänder-Potentiometer, die bei Verstellung der Maskenbänder über Seilzüge betätigt werden. An der Rückseite des Gerätes befinden sich das Netzkabel, der Hauptschalter, eine Sicherung und zwei Schukodosen für den Anschluß des Vergrößerungsapparates und der Arbeitsplatzbeleuchtung. Die Arbeitsplatzbeleuchtung wird während der Belichtung abgeschaltet, um Fehlbelichtungen zu vermeiden. Die Auslösetaste liegt auf der Deckplatte vorn rechts. Die Kopierfläche besteht aus einer Trägerglasplatte und einer sehr dünnen Deckglasplatte. Zwischen den beiden Glasplatten befindet sich eine Papierfolie, auf die das Negativ abgebildet wird. Während eines Schaltzeitablaufs gelangt Licht von allen Teilen des Positivs durch diese Einstellscheibe in den darunter befindlichen weißen Lichtkasten.

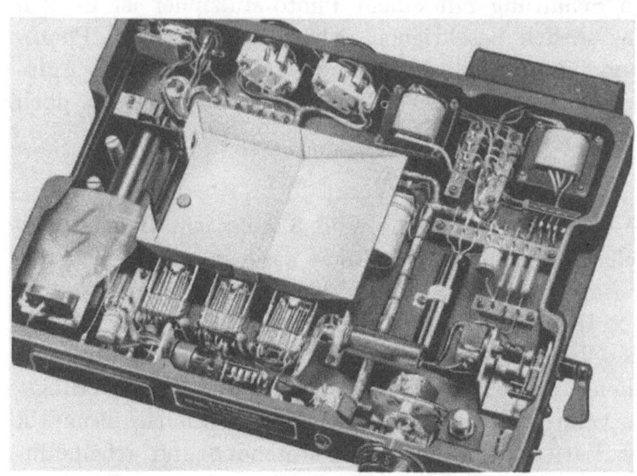

Abb. 9. Blick in das Innere des Agfa-Variomat.

Abb. 9 zeigt das geöffnete Gerät. Etwa in der Mitte ist der innen weiße Lichtkasten zu sehen. Der Photo-Multiplier liegt an der linken Schmalseite des Lichtkastens. Er befindet sich unter einer lichtdichten Schutzvorrichtung, die jeweils für die Dauer eines Schaltzeitablaufs die Photokathode freigibt. Damit wird eine Überlastung des hochempfindlichen Photo-Multipliers verhindert, wie sie beim Einstellen des Bildes ohne Photopapier oder gar bei direkter Beleuchtung durch Tageslicht eintreten würde. Unterhalb des Lichtkastens sind die Relais und das Kaltkathoden-Thyratron sichtbar, links davon der Hochspannungstransformator.

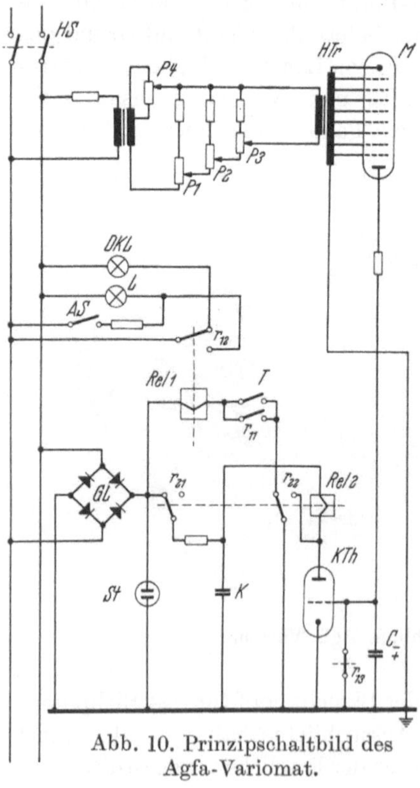

Abb. 10. Prinzipschaltbild des Agfa-Variomat.

Das Prinzip der Schaltung des Agfa-Variomat ist in Abb. 10 dargestellt. Im Ausgangszustand ist das Kaltkathoden-Thyratron KTh gesperrt, Relais Rel 1 und Rel 2 sind stromlos, die zu den Relais gehörigen Kontakte befinden sich in der in der Skizze dargestellten Lage. Die Auslösung der Belichtung erfolgt durch Schließen der Taste T.

Dadurch spricht das Relais Rel 1 an, der Haltekontakt r_{11} wird geschlossen, so daß das Relais auch nach dem Loslassen der Taste T erregt bleibt. Der Kontakt r_{12} schaltet die Kopierlampe L ein, und zugleich wird die Dunkelkammerlampe DKL (Arbeitsplatzbeleuchtung) ausgeschaltet; außerdem gibt der Kontakt r_{13} die bisher kurzgeschlossene Ladekapazität C frei. Mit Beginn der Belichtung fließt im Anodenkreis des Photo-Multipliers M Strom. Der Kondensator C lädt sich dadurch in der angegebenen Polarität auf. Bei Erreichen der Zündspannung zündet das Kaltkathoden-Thyratron. Der Kondensator K entlädt sich über das Relais Rel 2. Der Kontakt r_{21} öffnet und trennt den Kondensator K für die Dauer der Entladung von der Spannung ab. Der Kontakt r_{22} unterbricht den Stromkreis des Relais 1 und schließt das Thyratron kurz. Mit dem Stromloswerden des Relais 1 öffnen die Kontakte r_{11} und r_{12}, der Kontakt r_{13} schließt. Das Thyratron kann also nach Abfallen des Relais 2 nicht mehr zünden, da die Hilfsanode inzwischen wieder auf Kathoden-Potential liegt. Damit ist der Ausgangszustand wiederhergestellt. Die Dauer der Schaltzeit läßt sich in weiten Grenzen durch entsprechende Wahl der Ladekapazität C und durch Veränderung der Dynodenspannungen des Photo-Multipliers variieren. Hierzu dienen die im Primärkreis des Hochspannungstransformators HTr liegenden Potentiometer P_1, P_2, P_3 und P_4. Mit Hilfe des Potentiometers P_3 wird das Gerät geeicht, am Potentiometer P_4 können Schaltzeitkorrekturen eingestellt werden, und die Potentiometer P_1 und P_2 werden von den Maskenbändern gesteuert.

Zur Einstellung des Negativs kann die Kopierlampe auch von Hand mittels des Aussuchlichtschalters AS eingeschaltet werden; sie brennt in diesem Falle mit herabgesetzter Spannung.

Über die Eichung und das Arbeiten mit dem Variomat wurde bereits an verschiedenen Stellen berichtet [*21*], ebenso über die mögliche Leistungssteigerung bei Verwendung eines Variomats [*22*]. Es soll deshalb in diesem Zusammenhang nicht mehr auf diese Fragen eingegangen werden.

Literatur

[*1*] Englische Patentschrift Nr. 660099 (Kodak), Improvements in or relating to a Method and Apparatus for Making Photographic Colour Prints.

[*2*] Photoelectric Controls for Color Printing, Robins, J., and L. E. Varden: Electronics, June 1946, 110—115.

[*3*] USA-Patentschrift Nr. 2514595 (Kodak), Illumination Control Mounting Means for Photographic Printing Apparatus.

[*4*] Französische Patentschrift Nr. 956888 (Holweck), Procédé pour régler automatiquement la quantité totale de rayonnement reçue par un élément soumis à un rayonnement.

[*5*] Farbkopiermaschine der Fa. Exaphot, erstmals gezeigt auf der Photokina 1954, Veröffentlichungen unbekannt.

[*6*] Automator, Gerät der Fa. Wenzel, Wiesbaden-Biebrich.

[*7*] Exponator, Gerät der Fa. International Telecommunication A/B, Stockholm (s. auch [*8*]).

[*8*] Französisches Patent Nr. 1044263 (Örell), Procédé et appareil pour régler la quantité de lumière traversant un négatif photographique ou autre et frappant un milieu sensible à la lumière.

[*9*] Vistomat Enlarger Control Unit, Brit. Journal of Photography — Mai 1954, 238.

[10] USA-Patentschrift Nr. 2484299 (Labrum), System for Timing Exposure Interval of Photographic Prints.

[11] Koch, H.: Elektronischer Belichtungsmesser für die Dunkelkammer, Funkschau **26**, 407 (1954).

[12] USA-Patentschrift Nr. 2579764 (Schwennesen), Timer for Controlling the Operation of Photographic Enlargers.

[13] Mackay, A. S., and R. R. Soule: Darkroom Timer, Electronics, Jan. 1949, 101—103.

[14] Neue Methoden für Kopier- und Vergrößerungsanstalten, Schweizer Photohändler, Juni/Juli 1952.

[15] Maurer: Die Sekundärelektronen-Vervielfacher, Das Elektron **3**, 5, 175—182 (1949).

[16] Zworykin, V. K., and E. G. Ramberg: Photoelectricity and its Application, New York, John Wiley & Sons, Inc. 1949.

[17] Engstrom, R. W.: Multiplier phototubes caracteristics: application to low light levels, J. Opt. Soc. Am. **37**, 420—431 (1947).

[18] Kortüm, G., u. H. Maier: Zur Frage der Abhängigkeit von Photostrom und Beleuchtungsstärke bei Photozellen und Photo-Sekundärelektronen-Vervielfachern, Zeitschrift für Naturforschung **8a**, 4, 235 (1953).

[19] Allen, J. S.: Recent Applications of Electron Multiplier Tubes, Proc. of the Inst. of Rad. Eng. V **38**, 346—358 (1950).

[20] RCA-Prospekt, Form PT-20 R 1, Phototubes, S. 14.

[21] Der Agfa-Variomat, Der Agfa-Rhombus 5/54.

[22] Mechanisierung der Laborbetriebe, Der Agfa-Rhombus 1/55.

Herstellung und elektroakustische Eigenschaften der Agfa-Magneton-Bänder, -Filme und Bezugsbänder

Von F. Krones

A. Allgemeines

Die Renaissance der rund 50 Jahre bekannten magnetischen Schallaufzeichnung setzte 1941 ein, als es Braunmühl und Weber in Deutschland durch Einführung der Hochfrequenzvormagnetisierung gelang, das störende Ruherauschen in den Besprechungspausen, hervorgerufen durch die bis dahin verwendete Vormagnetisierung mittels Gleichstrom, zu beseitigen. Gleichzeitig wird der Aussteuerungsbereich der magnetischen Kennlinie eines neutralen Tonträgers durch dieses idealisierende Verfahren um den Faktor 2 vergrößert und die nichtlinearen Verzerrungen, die beim Gleichstromverfahren mit zunehmender Frequenz rasch ansteigen, bedeutend herabgesetzt. Der erzielte Dynamikgewinn bei einem Minimum an nichtlinearen Verzerrungen im Verein mit der sofortigen Abspielbereitschaft der hergestellten Aufnahme und deren Löschbarkeit ohne Verlust an Tonträgermaterial ergeben die Überlegenheit des magnetischen Schallaufzeichnungsverfahrens über die gebräuchlichen und bis dahin allgemein verwendeten beiden anderen Arten der Tonkonservierung, dem Licht- und Nadeltonverfahren. Es war daher vorauszusehen, daß sich dieses Verfahren weitere Anwendungsgebiete erobern würde. Zunächst beim deutschen Rundfunk verwendet, setzte nach seinem Bekanntwerden nach dem Kriege und Freiwerden der Patente in allen Ländern eine stürmische Entwicklung ein, die bis heute noch nicht zur Ruhe gekommen ist. In der Zwischenzeit hatten die Bandhersteller durch Verbesserung der magnetischen Eigenschaften ihrer Tonbänder die Richtung der Entwicklung, die auf eine Verringerung der Bandgeschwindigkeit abzielt, gewiesen, so daß das Ausland, hiervon Gebrauch machend, von vornherein seine neuentwickelten Geräte für eine Bandgeschwindigkeit von 38,1 cm (15 Zoll/s) anstelle der bis dahin beim deutschen Rundfunk verwendeten Geschwindigkeit von 76,2 cm/s (30 Zoll/s) auslegte und auch die hierfür notwendigen elektroakustischen Bandeigenschaften seiner Produktion zugrunde legte.

Um einen internationalen Programmaustausch auf Magnetbändern zu ermöglichen, geht man neuerdings auch in Deutschland zu dieser Bandgeschwindigkeit über, was zur Folge hat, daß die für die größeren Bandgeschwindigkeiten bestimmten Bandtypen (z. B. Agfa-F-Band) nur noch für die Übergangszeit notwendig sind und durch neue Bandsorten ersetzt werden (z. B. Agfa-FR-Band).

Weitere erzielte Fortschritte in der Bandentwicklung (Agfa-FS bzw. FSP-Band) schöpfte die Industrie bereits durch Schaffung von Heimgeräten aus, indem sie die Bandgeschwindigkeit zunächst auf 19,05 cm/s ($7^1/_2$ Zoll/s) verringerte und kleinere und billigere Geräte schuf. Sie konnte deren Preis auf etwa $^1/_{20}$ des Preises einer Studiomaschine senken, ohne eine wesentliche Qualitätseinbuße in Kauf nehmen zu müssen. Es folgte sehr bald eine weitere Herabsetzung der Geschwindigkeit auf 9,5 cm/s ($3^3/_4$ Zoll/s), die in Verbindung mit der zweifachen Ausnutzung des Bandes durch das Doppelspurprinzip eine bedeutende Verringerung der Bandkosten bei gleicher Spielzeit für den Amateur erbrachte. Diktiergeräte zur Sprachaufzeichnung, für die im Vergleich mit Musikgeräten ein geringerer Frequenzbereich, etwa bis 3 kHz, benötigt wird, arbeiten mit Geschwindigkeiten von 4,75 cm bis 2,37 cm/s. Die hierdurch notwendige Antriebskraft des Bandtransportes wird bei solch niedrigen Geschwindigkeiten äußerst gering und ermöglicht den Bau extrem kleiner Geräte, herab bis zum Westentaschenformat, die aus Batterien betrieben, den Benutzer unabhängig vom Lichtnetz und daher frei beweglich machen.

Aus den USA wird berichtet, daß es in jüngster Zeit auch gelungen ist, Fernsehsendungen, sogar in Farbe, auf Magnetband zu konservieren. Die Aufzeichnung des dort benötigten großen Frequenzbereiches von etwa 3 MHz soll mit einer Bandgeschwindigkeit von rund 9 m/s erzielt worden sein. In das Tonfrequenzgebiet übertragen, würde dies der Aufzeichnung eines Frequenzbereiches von 10 kHz bei einer Bandgeschwindigkeit von nur 3 cm/s, also nur $^1/_3$ der hierfür in Europa erforderlichen Geschwindigkeit entsprechen. Eine weitere Herabsetzung der Geschwindigkeit wurde bereits in Aussicht gestellt.

Angeregt durch die Vorzüge und die hohe Qualität des Magnettonverfahrens bediente sich die Tonfilm- und Schallplattenindustrie sehr rasch dieser Methode, um ihre Primäraufnahmen auf Band aufzunehmen. Dies spricht wohl am deutlichsten für die Qualitätsüberlegenheit des Magnettons über den Lichtton bzw. Nadelton. Es wurde daher von der Agfa dem Wunsch der Filmindustrie Rechnung getragen und zunächst perforierte 35-mm- bzw. 17,5-mm-Magnet-Filme (MF 2) hergestellt, deren elektromagnetische Eigenschaften dem F-Band entsprechen. In den Tonfilmateliers werden seither sämtliche Tonaufnahmen zunächst auf Magnetfilm hergestellt, gemischt und geschnitten und dann erst auf das endgültige Negativ als Lichtton aufgesprochen. Hierdurch konnte die Qualität des Lichttones durch das Wegfallen mehrerer Kopiervorgänge wesentlich verbessert werden, ganz abgesehen von den Erleichterungen für Regisseur und Schauspieler durch die gebotene Kontrollmöglichkeit beim sofortigen Abhören der aufgenommenen Szene — sogar während der Aufnahme —, sowie der Einsparung an Zeit und Geld durch das Wegfallen der Entwicklung, die eine Beurteilung erst nachträglich ermöglichte. Mißlungene Aufnahmen können nun sofort als solche erkannt und wiederholt werden, solange das Orchester und die Schauspieler noch zugegen sind, während früher die Aufnahmen erst nach Tagen wiederholt werden konnten. Wegen der größeren Aussteuerbarkeit und den hierdurch erzielbaren Dynamikgewinn geht man in jüngster Zeit auch beim Magnetfilm auf sogenannte „hartmagnetische“ Werkstoffe (MF 3) über.

Neuerdings wurde der anzustrebende letzte Schritt gemacht und der Magnetton auch auf die Theaterkopie ausgedehnt, indem man an Stelle der Lichttonspur eine Magnetspur aufbringt und dadurch die Qualität durch Erweiterung des Frequenzumfanges, Erhöhung der Dynamik und vor allem durch die im Vergleich zum Lichtton weitaus geringeren Verzerrungen ganz wesentlich verbessert. Den größten

Gewinn hieraus hat der Farbfilm zu verzeichnen, bei dem der Lichtton wegen des fehlenden Silbers in der Lichttonspur und der ungünstigen spektralen Empfindlichkeit der Photozellen im Vergleich zum Schwarzweißfilm immer sehr benachteiligt war, weil nunmehr durch Anwendung des Magnettons alle diese Schwierigkeiten schlagartig beseitigt sind. Bei der Herstellung der Bildkopie müssen keine Kompromisse mehr zwischen Bild- und Tonkopie geschlossen werden, sondern beide können voneinander völlig unabhängig und daher optimal gestaltet werden.

Der stereophonische Film, der 4 Tonspuren für 4 getrennte Tonkanäle benötigt, die praktisch nur als Magnetspuren untergebracht werden können, bringt die bedeutende Qualitätsteigerung durch die Magnettoneinführung im Lichtspieltheater voll zur Geltung. Schließlich sei noch erwähnt, daß 16-bzw. 8-mm-Filme auch nachträglich mit einer Magnetspur versehen werden können und damit dem Amateur die Gelegenheit geboten wird, seine vorhandenen Filme zu vertonen. Die „Agfa-Magneton-Gießlösung" hierfür wird durch die Agfa in Leverkusen hergestellt. Die nachträgliche Beschichtung nimmt das Agfa Camera Werk in München vor.

Wir wollen im folgenden die Herstellung der magnetischen Substanz und der Magnet-Bänder und -Filme, wie sie von der Agfa geliefert werden, kurz schildern, um dann ausführlicher auf ihre mechanischen, magnetischen und vor allem elektroakustischen Werte unter Berücksichtigung der vorhandenen Normenentwürfe einzugehen. Die Meß- und Prüfmethoden werden erläutert und schließlich die für den Betrieb wichtigsten Eigenschaften in übersichtlicher und in einer für die Praxis besonders geeigneten Form von Diagrammen dargestellt. Der Verbraucher kann sich an Hand dieser Diagramme über die günstigsten Bedingungen, unter denen die Materialien verwendet werden sollen, eingehend informieren und die für sein Gerät richtige Auswahl aus der Anzahl der verschiedenen Typen treffen.

Auf die Probleme bei der Aufzeichnung kürzester Wellenlängen, wie sie bei extrem kleinen Bandgeschwindigkeiten auftreten, soll in einem weiteren Aufsatz ausführlicher eingegangen werden.

Die hergestellten „Magneton-Bänder" und „Magneton-Filme" (auch „Perfobänder" genannt) wollen wir weiterhin zusammenfassend als Bänder bezeichnen, weil sie sich voneinander nur durch die mechanischen Abmessungen, nicht aber in ihrem magnetischen Verhalten unterscheiden. Es sind sog. Schichtbänder zum Unterschied von homogenen oder Massebändern, weil die magnetisierbare Substanz, das Pigment, in einem Lack als Bindemittel fein verteilt, in Form einer dünnen Schicht von rd. 15 μm Stärke, auf den Tonträger aufgebracht ist. Der Tonträger besteht entweder aus nicht entflammbarer Acetylcellulose (Sicherheitsfilm) oder aus Polyvinylchlorid (PVC). Seine Dicke beträgt bei normalen Bändern etwa 35 μm bzw. 25 μm für extra dünne Bänder, und bei Filmen etwa 135 μm. Massebänder hingegen werden aus einer die magnetisierbare Substanz enthaltenden Masse durch Kalandrieren zwischen Walzen auf die erforderliche Dicke ausgewalzt und daraus schließlich die Bänder geschnitten. Die Überlegenheit des Schichtbandes über das Masseband äußert sich im besseren Frequenzgang, besonders bei niedriger Bandgeschwindigkeit, als Folge der geringeren Schichtdicke. Dies wurde von der Agfa frühzeitig als Vorteil zur Verbesserung des Frequenzganges erkannt. Sie hat daher das Schichtband von Anfang an ihrer Produktion zugrunde gelegt.

Ihrem magnetischen Verhalten nach unterscheidet man 2 Gruppen von magnetischen Werkstoffen, die zur Bandherstellung verwendet werden, und demnach auch 2 Gruppen von Bändern:

1. die weichmagnetischen oder niederkoerzitiven und
2. die hartmagnetischen oder hochkoerzitiven Bänder.

Auf die unterschiedlichen magnetischen Eigenschaften und ihre Definition soll im nächsten Abschnitt eingegangen werden.

Die erste Gruppe eignet sich sehr gut für die hohen, weniger aber für die niedrigen Geschwindigkeiten. Die zweite Gruppe gibt für alle Bandgeschwindigkeiten gleich gute Resultate. Diese Definition ist allerdings nur relativ und zeitbedingt und gibt nur Aufschluß über den augenblicklichen Stand der Magnettonmaterialien. So gehört z. B. heute das F-Band in die erste Gruppe, während es zum Zeitpunkt seines Erscheinens unter den damals am Markt befindlichen Bändern als hochkoerzitives Band anzusprechen war. Die gleichen Eigenschaften wie das F-Band hat auch der „Magneton-Film MF 2". Zur zweiten Gruppe gehören das FR-Band, ihm analog ist der „Magneton-Film MF 3", ferner die Bandtypen FS und FSP, wobei die Bänder in dieser Reihenfolge zunehmende Koerzitivkraft aufweisen.

Die rein physikalischen Kennwerte der Bänder, wie Remanenz, Koerzitivkraft und Permeabilität, sowie Sättigungsfeldstärke, sind für den Bandhersteller wichtige Größen zur Qualifizierung der Pigmente, geben aber den Benutzern von Bändern und den Geräteherstellern keine Auskunft über die für den Betrieb allein interessierenden elektroakustischen Eigenschaften, nach denen die Einstellung der Geräte vorgenommen bzw. die Auswahl der zu verwendenden Bandsorten getroffen werden soll. Im Ausland werden diese Größen jedoch noch häufig verwendet. Wir wollen deshalb auch auf diese physikalischen Kennwerte eingehen.

B. Remanenz und Koerzitivkraft

Das magnetische Verhalten eines ferromagnetischen Werkstoffes in einem magnetischen Kraftfeld von der Feldstärke $\mathfrak{H}$ wird durch die Magnetisierungskurve bestimmt (Abb. 1). Solch ein magnetisches Kraftfeld wird z. B. im Innern einer

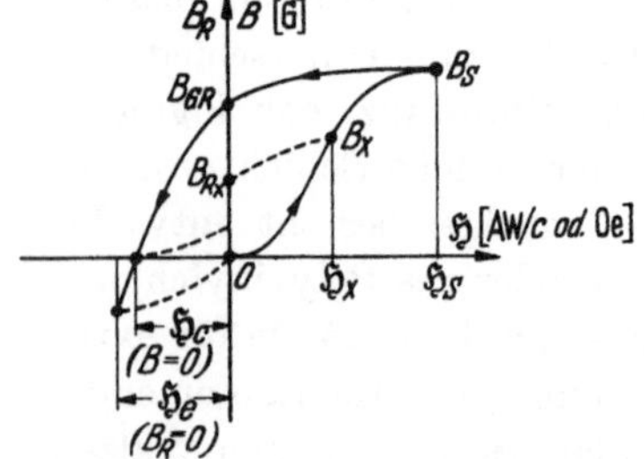

Abb. 1. Magnetisierungskurven $B = \varphi(\mathfrak{H}_=)$
$\mathfrak{H}_X$: Feldstärke; $\mathfrak{H}_S$: Sättigungsfeldstärke
B_X: Induktion; B_S: Sättigungsinduktion
B_{R_x}: Remanenz; B_{GR}: Sättigungsremanenz oder Grenzremanenz
$\mathfrak{H}_C$: Koerzitivkraft; (Ind. $B = 0$) $\mathfrak{H}_E$: Entmagnetisierungsfeldstärke $> \mathfrak{H}_C$ (Remanenz $B_{GR} = 0$)
Kurve: OB_S: Erstmagnetisierungs- oder Neukurve.

stromdurchflossenen Drahtspule erzeugt. Die Feldstärke $\mathfrak{H}$ ist dem Strom und der Windungszahl der Spule direkt proportional. Die Einheit der Feldstärke wird daher als Amperewindung pro cm Spulenlänge definiert (AW/cm). Eine andere Definition ist das Oerstedt. Es gilt:

$$1\ \text{AW/cm} = 0{,}4\,\pi\ \text{Oe} = 1{,}256\ \text{Oe} \quad \text{bzw.} \quad 1\ \text{Oe} = \frac{\text{AW/cm}}{0{,}4\,\pi} = 0{,}796\ \text{AW/cm}$$

Bringt man einen ferromagnetischen Werkstoff, z. B. einen Eisenstab, in die Spule ein, so wird er durch Induktion magnetisch, und zwar ist die magnetische Kraftwirkung nunmehr ganz wesentlich verstärkt worden. Der Zusammenhang zwischen der erzeugenden Feldstärke $\mathfrak{H}$ (AW/cm oder Oe) und der im Eisen wirksam werdenden Induktion B (Gauß)[1] ist durch den Faktor μ, die Permeabilität oder magnetische Leitfähigkeit, gegeben, $B = \mu \cdot \mathfrak{H}$. Der Faktor μ kann bei ferromagnetischen Stoffen den Wert 10^2 bis 10^5 annehmen. Bei Bändern beträgt er etwa 1,5—4. Das heißt, das Eisen leitet den Magnetismus um diesen Betrag besser als Vakuum oder Luft, für die praktisch $\mu = 1$ ist. Steigert man die Feldstärke in der Spule durch Erhöhung des Stromes, dann verläuft die Induktion längs der Neukurve (OBs), bis die Sättigung des Materials erreicht ist. Wird der Strom abgeschaltet, dann kehrt die Induktion nicht mehr auf den Nullpunkt zurück, sondern es bleibt eine remanente Induktion B_R, oder kurz Remanenz genannt, im Eisen zurück. Den größten Wert der Remanenz, die Grenzremanenz B_{GR}, erhält man, wenn man den Werkstoff bis zur Sättigung magnetisiert. Will man die Remanenz zum Verschwinden bringen, so muß man die Stromrichtung umkehren. Der Wert der umgepolten Feldstärke, bei der die Induktion, die B_{GR} entspricht, verschwindet, wird Koerzitivkraft $\mathfrak{H}_C$ genannt. (Um die Grenzremanenz B_{GR} zum Verschwinden zu bringen, ist eine etwas größere Entmagnetisierungsfeldstärke $\mathfrak{H}_E$ notwendig.) Die Koerzitivkraft $\mathfrak{H}_C$ ist demnach ein Maß für den Widerstand, den ein magnetisierter Werkstoff einer entmagnetisierenden Wirkung entgegensetzt. Je höher $\mathfrak{H}_C$, um so schwerer ist der Werkstoff zu entmagnetisieren, d. h. zu löschen. Die magnetische Induktion B herrscht also im Material vor, solange die Feldstärke einwirkt, die Remanenz B_R hingegen ist die zurückbleibende Induktion, wenn die Feldstärke verschwindet. Grenzremanenz und Koerzitivkraft charakterisieren den magnetischen Werkstoff und bilden (Abb. 2) ein Dreieck. Schickt man durch die Stromspule einen Wechselstrom, so werden mit zunehmender Stromstärke immer größere Schleifen, sog. Hysteresisschleifen, durchlaufen. Die größtmögliche ist die Grenz-Hysteresisschleife. Sie bildet die Hypothenuse des charakteristischen Dreiecks und wird durchlaufen, wenn die Feldstärke bis in die Sättigung reicht. Hartmagnetische Werkstoffe haben breite (großes Dreieck), weichmagnetische haben schmale Schleifen (kleines Dreieck) (Abb. 3).

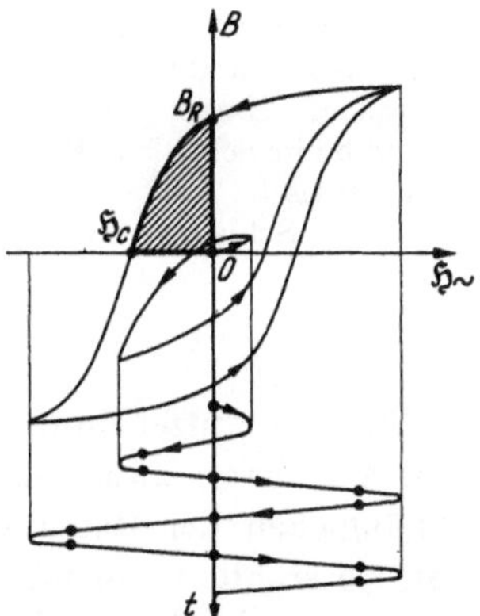

Abb. 2. Hysteresisschleifen $B = \varphi(\mathfrak{H}_\sim)$
Verlauf der Induktion bei Magnetisierung mit Wechselstrom $\triangle\, O\, \mathfrak{H}_C B_R$: Charakteristisches Dreieck eines magnetischen Werkstoffes

Die Gesetzmäßigkeiten permanenter Magnete gelten auch für die magnetische Schallaufzeichnung, und es zeigt sich, daß die *Remanenz* eines Pigmentes den Lautstärkepegel bzw. die Aussteuerbarkeit für die tiefen und mittleren Frequenzen bestimmt, die *Koerzitivkraft* aber den Lautstärkepegel für die höchsten Frequenzen beeinflußt. Zur Verbesserung der Aufzeichnung der höchsten Frequenzen wurde daher die Koerzitivkraft bei Bändern gesteigert. Hierbei soll die Remanenz aber

[1] 1 Gauß ist eine Kraftlinie pro cm^2 oder auch 10^{-8} Volt sek/cm^2.

möglichst unverändert bleiben, d. h. das Verhältnis $\mathfrak{H}_C$ zu B_R soll vergrößert werden. Dem ist aber bald eine Grenze gesetzt, weil sich Bänder mit sehr großer Koerzitivkraft $\mathfrak{H}_C$ mit den üblichen Einrichtungen nicht mehr löschen lassen.

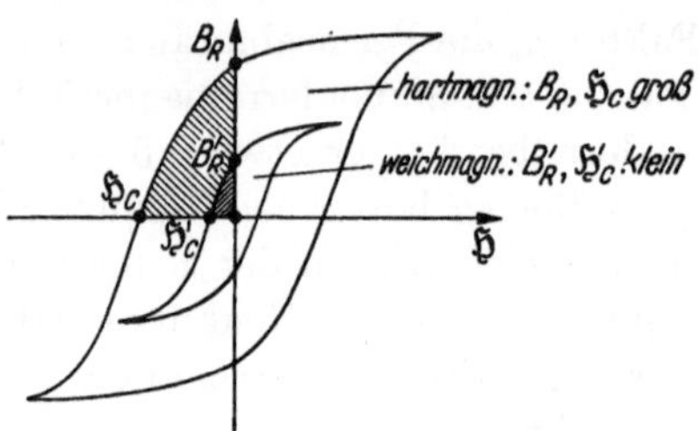

Abb. 3. Hysteresisschleifen von hartmagnetischen und weichmagnetischen Werkstoffen. Hartmagnetische Stoffe: große und breite Schleifen: $\mathfrak{H}_C B_R$ groß. Weichmagnetische Stoffe: kleine und schmale Schleifen: $\mathfrak{H}_C$ B_R klein.

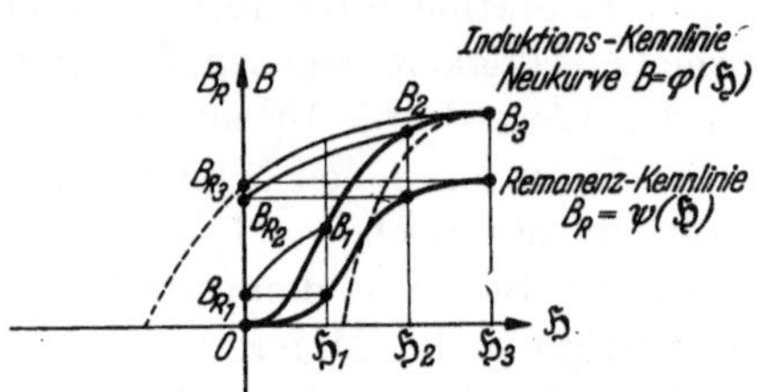

Abb. 4. Entstehung der Remanenzkennlinie $B_R = \psi\ (\mathfrak{H}_=)$ aus der Induktionskennlinie (Neukurve) $B = \varphi\ (\mathfrak{H}_=)$.

C. Remanenz-Kennlinien

Für den Aufzeichnungsvorgang ist aber nicht die Induktionskennlinie, also der Zusammenhang zwischen Induktion und Feldstärke von Interesse, sondern die Abhängigkeit der Remanenz von der Feldstärke, also die *Remanenzkennlinie*, wie man sie erhält, wenn man zu jedem Magnetisierungsstadium, das jeweils vom Ursprung ausgeht, bis zu einem bestimmten Wert $\mathfrak{H}_X$ nicht die magnetische Induktion B_X aufsucht, sondern die Remanenz B_{RX} (Abb. 4). Die erhaltene Remanenzkennlinie hat einen ähnlichen Verlauf wie die Neukurve, d. h. sie ist im Ursprung gekrümmt und zeigt, genau wie diese, Sättigungscharakter bei größeren Feldstärken.

Sie gibt die Verhältnisse bei der magnetischen Schallaufzeichnung ohne Vormagnetisierung wieder, wenn ein neutrales Tonträgerteilchen den Sprechkopf passiert und dabei durch einen dem momentan herrschenden Strom entsprechenden Feldstärkewert $\mathfrak{H}_X$ magnetisiert wird, hierbei den Induktionswert B_X annimmt und nach Verlassen des Sprechkopfspaltes auf den zurückbleibenden Remanenzwert B_{RX} absinkt[1] [*3,1*].

Als Folge dieser Kennlinienkrümmung entstehen beim Aufzeichnen eines sinusförmigen Tones, starke Verzerrungen, die durch ungeradzahlige, vornehmlich dritte Harmonische charakterisiert sind. Eine Gleichfeld-Vormagnetisierung beseitigt zwar bei einem Tonträger, der durch Sättigung gelöscht wurde, für tiefe und mittlere Frequenzen diese Verzerrungen, indem sie den Arbeitspunkt aus dem Ursprung in die Mitte des geradlinigen Teiles verlagert, erzeugt aber eine konstante remanente Gleichmagnetisierung auf dem Band, die ein starkes Rauschen verursacht, das besonders in den Sprechpausen äußerst störend in Erscheinung tritt [*3, 2*]. Hervorgerufen wird dieses Rauschen durch die unterschiedliche Remanenz der einzelnen Partikel, die in der Schicht statistisch verteilt angeordnet sind.

---

[1] Die mit 3 bezeichneten Stellen beziehen sich auf die Seiten des Buches „Die magnetische Schallaufzeichnung in Theorie und Praxis“ von F. KRONES 3,1) S. 62; 3,2) S. 64, 3,3) S. 77 usw.

Ein dem Gleichfeld $\mathfrak{H}=$ überlagertes Wechselfeld $\mathfrak{H}\sim$ (Hochfrequenz-Vormagnetisierungsfeld) idealisiert diese Remanenz-Kennlinie, wenn $H\sim/Hc \geq 1$ ist, so daß die Verzerrungen im Ursprung verschwinden (Abb. 5). Der Aussteuerungsbereich der Kennlinie wird dadurch verdoppelt, da nunmehr der symmetrisch liegende Teil der Kennlinie im dritten Quadranten auch zur Verfügung steht. Das störende Ruherauschen in den Besprechungspausen verschwindet,

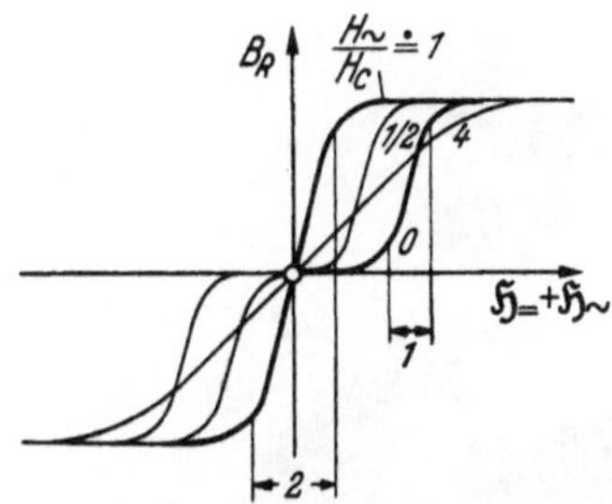

Abb. 5. Idealisierung der Remanenzkennlinie durch Überlagerung des Gleichfeldes mit einem Wechselfeld: $B_R = \varphi\,(\mathfrak{H}_= + \mathfrak{H}_\sim)_{H\sim=\text{const}}$ für $H_\sim/H_C = 0, 1/2, 1, 4$. Vergrößerung des linearen Aussteuerungsbereiches der Neukurve ($H_\sim/H_C = 0$) um den Faktor 2, wenn $H_\sim/H_C \geq 1$.

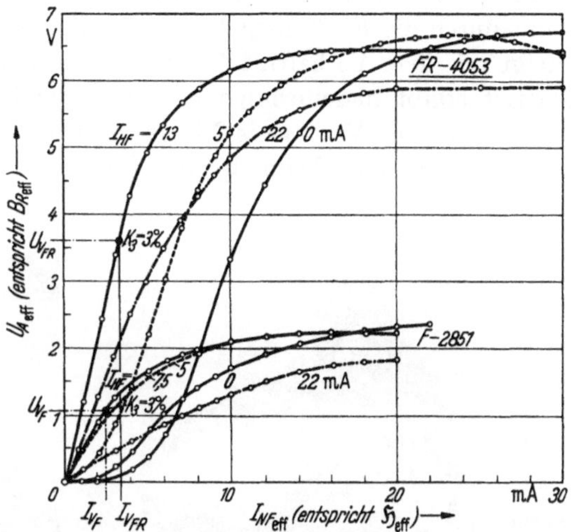

Abb. 6. Remanenzkennlinien zweier Bandtypen (Agfa-FR hochkoerzitiv, Agfa-F mittelkoerzitiv) aufgenommen mit einem Magnettongerät bei 1 kHz und 38 cm/s Bandgeschwindigkeit für verschiedene konstant gehaltene Werte des hochfrequenten Vormagnetisierungsstromes I_{HF}, dargestellt als Ausgangsspannung am Wiedergabeverstärker U_A (entspricht der Remanenz) über dem niederfrequenten Sprechstromes I_{NF} (entspricht der magnetischen Feldstärke $\mathfrak{H}_=$).

weil im Band nach Verlassen des Sprechkopfes infolge der glockenförmigen Abnahme der Feldverteilung des Sprechkopfspaltes die einzelnen Teilchen unter häufigem Ummagnetisieren völlig entmagnetisiert, d. h. magnetisch neutral, den Spalt verlassen und daher keine Störspannung induzieren können [*3,3*]. Abb. 6 zeigt die für zwei Bandtypen mit unterschiedlicher Koerzitivkraft erhaltenen Neukurven ($I_{HF} = 0$) und die durch Hochfrequenzvormagnetisierung erzielten idealisierten Kennlinien, wie sie an fertigen Bändern ohne und mit Vormagnetisierung auf einem Magnettongerät erhalten werden.

Sie stimmen weitgehend überein mit den aus statischen Messungen an Bandbündeln gewonnenen Kennlinien, wie sie mit Hilfe einer in diesem Band beschriebenen Meßapparatur zur Aufnahme der Remanenzkennlinien von Pigmenten ermittelt werden[1] (vgl. auch Abb. 8).

[1] Vgl. R. CH. H. MÜLLER, Magnetische Meßverfahren an ferromagnetischen, pulverförmigen Substanzen für die Herstellung von Magneton-Bändern, in diesem Band, S. 320.

D. Pigmentherstellung

Das magnetisierbare Pigment ist ein γ-Eisenoxydpulver vom Spinellgitter-Typ und wird in einem chemischen Prozeß hergestellt. Die für die Aufzeichnung der hohen Frequenzen günstige hohe Koerzitivkraft wird bei einem reinen Eisenoxyd bestimmt durch die Kristallstruktur bzw. die Größe und Gestalt der Primärteilchen und steigt mit dem Verhältnis Länge zu Durchmesser des Teilchens an. Eine Herstellungsart ergibt nadelförmige Kristalle, die bei einer durchschnittlichen Länge von etwa 1 μm ein Verhältnis Länge zu Durchmesser von etwa 10 : 1 aufweisen Abb. 7a). Sorgt man beim Beguß für eine Ausrichtung der Teilchen in der

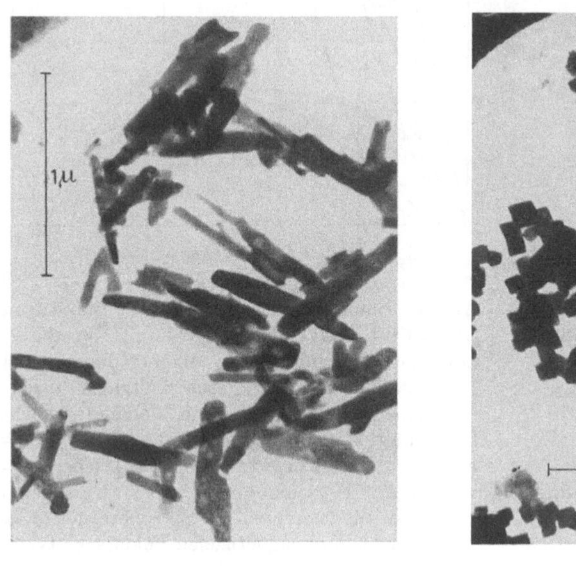

a

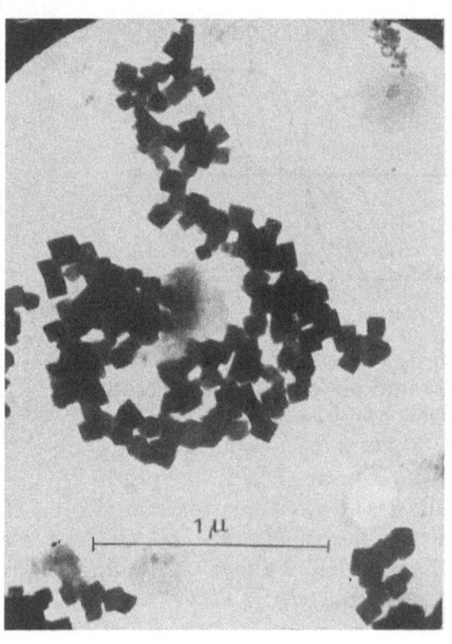

b

Abb. 7. Elektronenmikroskopische Aufnahmen von pulverförmigen Eisenoxyden zur Tonbandherstellung.

a) Nadelförmige Kristallstruktur, Länge etwa 1 μm, Dicke etwa 0,1 μm;

b) kubische Kristallstruktur, Teilchengröße etwa 0,1 μm.

Magnetisierungsrichtung, die beim Band in Längsrichtung erfolgt, so kann man durch diese Vorzugsrichtung die magnetischen Eigenschaften am fertigen Band im Vergleich zu denen am ungerichteten Pigment noch wesentlich steigern.

Ein anderer Weg zur Steigerung der Koerzitivkraft ist der Einbau von Fremdkationen in das Kristallgitter des Eisenoxyds. Auf diese Weise hergestellte Eisenoxyde zeigen eine kubische Kristallform in der Größe von etwa 0,1 μm (Abb. 7b). Die im Kristallgitter eingebauten Fremdkationen wirken als heterogene Teilchen nach der Fremdkörpertheorie als Lücken des ferromagnetischen Kristallgitters und verursachen eine Erhöhung des Energiebetrages des magnetischen Feldes, das erforderlich ist, um die Blochsche Wand, die sich zwischen zwei benachbarten antiparallelen magnetisierten Weißschen Bezirken befindet, zu verschieben, indem sie das Verschieben dieser Wand hemmen. Der Mittelwert der erforderlichen Grenzfeldstärke für diese Wandverschiebung ist aber die im gewünschten Sinn gesteigerte Koerzitivkraft. Als sehr geeignet haben sich entsprechende Metallsalze, vornehmlich die des Kobalts erwiesen, die vor Beginn der nachfolgend beschriebenen chemischen Reaktion der Ferrosulfatlösung zugegeben werden.

Als Ausgangsmaterial wird z. B. Eisensulfat $FeSO_4 \cdot 7\,H_2O$, ein hellgrün gefärbtes Salz des Eisens verwendet, das durch Auflösen von Eisen in Schwefelsäure ($Fe + H_2SO_4 \rightarrow FeSO_4 + H_2O$) gewonnen wird. Es wird in Wasser gelöst und diese Eisen (II) Salzlösung mit Alkalilauge (Natronlauge oder Ammoniak) versetzt. Dabei fällt in feiner Form und weißgrauer Farbe Eisen (II) Hydroxyd ($Fe(OH)_2$) aus. Diese Suspension wird weiterhin mit einem geeigneten Oxydationsmittel, z. B. Natronsalpeter $NaNO_3$ bei etwa 70—90° C zum schwarzen Magnetit (Fe_3O_4) oxydiert. Dieser wird elektrolytfrei gewaschen, abgesaugt und getrocknet. Der trockene Magnetit wird dann bei einer Temperatur von etwa 300° C einer Luftoxydation unterworfen, und geht dabei in braunes Eisenoxyd γ-Fe_2O_4, dem gewünschten Endprodukt, über. Steigert man die Temperatur über 500° C hinaus, dann geht das γ-Eisenoxyd in die unmagnetische Modifikation α-Fe_2O_3 über, die als magnetisches Pigment unbrauchbar ist. Der schwarze Magnetit besitzt bereits brauchbare magnetische Eigenschaften und wird gelegentlich zur Bandherstellung verwendet. Die magnetischen Werte des braunen γ-Eisenoxyds sind aber überlegen und als Ausgangsprodukt für die anschließend beschriebene Bandherstellung geeigneter.

Die chemischen Reaktionen verlaufen bei diesem geschilderten Prozeß folgendermaßen:

$$FeSO_4 + 2\,NaOH \rightarrow Fe(OH)_2 + Na_2SO_4$$

$$3\,Fe\,(OH)_2 \xrightarrow{1/_2 O_2} Fe_3O_4 + 3\,H_2O$$

$$2\,Fe_3O_4 \xrightarrow[250^\circ]{1/_2 O_2} 3\gamma Fe_2O_3;\ \gamma - Fe_2O_3 \xrightarrow[500^\circ]{} \alpha - Fe_2O_3$$

Aus den gewonnenen Pigmenten werden Proben sehr sorgfältig auf ihre magnetischen Eigenschaften hin untersucht, indem sie unter ähnlichen Bedingungen, wie sie beim Betrieb des Bandes auftreten, gemessen werden. Die Proben werden hierbei in Glasröhrchen durch eine Magnetisierungsspule gezogen, die vom Gleichstrom, der das gewünschte Gleichfeld erzeugt, und einem überlagerten Wechselstrom durchflossen ist. Der Gleichstrom entspricht dem Signalstrom des Sprechkopfes bei tiefen Frequenzen, der überlagerte Wechselstrom dem Hochfrequenzvormagnetisierungsstrom bei der magnetischen Schallaufzeichnung. Das Abklingen des Feldes an der ablaufenden Sprechkopfspaltkante wird durch das Herausziehen der Probe aus der Spule nachgebildet. Die so magnetisierte Probe wird im gleichen Meßvorgang durch eine zweite Spule gezogen, die mit einem ballistischen Galvanometer verbunden ist und dabei aus dem Galvanometerausschlag der vorher geeichten Anordnung die Remanenz bestimmt. Die Koerzitivkraft ist gleich der Entmagnetisierungsfeldstärke, die notwendig ist, um die Induktion der so magnetisierten Probe auf Null zu bringen. Auf diese Art aufgenommene Remanenz-Kennlinien, gemessen an Bandbündeln, die an Stelle der Pigmente in das gleiche Röhrchen eingebracht werden, zeigen eine weitgehende Übereinstimmung mit den Remanenzkennlinien, wie sie beim Aufsprechvorgang mit einem Magnettongerät bei großen Wellenlängen gewonnen werden (vgl. Abb. 8 mit Abb. 6). Pigmentchargen mit nach oben oder unten abweichenden magnetischen Eigenschaften werden in einem bestimmten Verhältnis zusammengemischt und so die endgültigen Werte festgelegt. Das angestrebte Ziel völliger Gleichmäßigkeit der elektroakustischen Eigenschaften von Bändern aus verschiedenen Produktionen innerhalb der zulässigen Toleranz wird dadurch sichergestellt. Die große Gleichmäßigkeit der elektroakustischen Eigenschaften über die Bandlänge und zwischen den einzelnen Bandchargen der Agfa-Bänder ist das Ergebnis der äußerst sorgfältigen Ermittlung und Festlegung der magnetischen Größen des Pigments vor dem Vergießen auf Grund langjähriger Erfahrung.

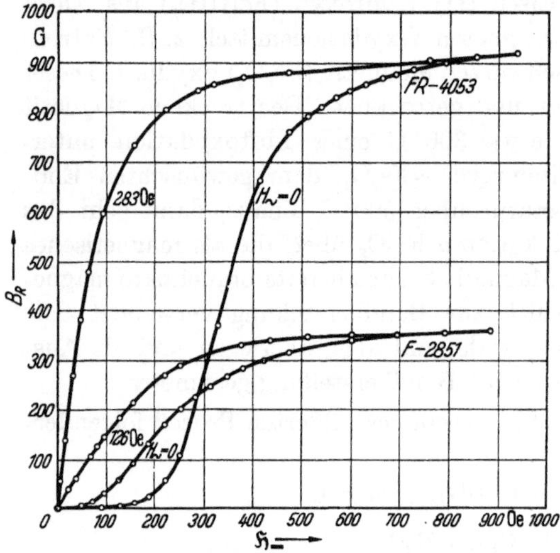

Abb. 8. Remanenzkennlinien zweier Bandtypen (Agfa-FR hochkoerzitiv, Agfa-F mittelkoerzitiv) aufgenommen mit einer Magnetisierungsspule, die von Gleich- und überlagertem Wechselstrom durchflossen wird ($H_\sim = 0$ ergibt die Remanenz-Neukurve, $H_\sim \doteq H_C$ ergibt optimale Wechselfeldmagnetisierung).

E. Bandherstellung

Die Pigmente werden zusammen mit einer Lacklösung über mehrere Stunden gemahlen, um eine Aufteilung in die etwa 0,1 μm großen Primär-Teilchen des Pigmentes und eine innige Durchmischung, d. h. eine völlige Dispersion zwischen Lack und Pigment, zu erreichen. In einem Begußvorgang wird diese Suspension aus Lack und Pigment auf das rund 1 m breite Tonträgermaterial, das aus Acetylcellulose oder Polyvinylchlorid (PVC) besteht und in einem gesonderten Arbeitsgang in der Filmfabrik hergestellt wurde, aufgetragen, anschließend in einem Trockenkanal getrocknet und zu Rollen von 1000 m Länge aufgerollt.

Für die Tonbänder aus Acetylcellulose (F, FR, FS) wird eine Rohfolie verwendet, deren eine Seite mattiert ist. Durch diese Maßnahme werden beim fertigen Band bessere Wickeleigenschaften erzielt, da die rauhe Rückseite der Bänder verhindert, daß beim raschen Umspulen auf den Maschinen die einzelnen Bandlagen sich gegeneinander verschieben und der Wickel herausschießt. Bei Bändern mit glatter Rückseite ist dies häufig zu beobachten und kann nur durch Führung der Bänder zwischen Flanschspulen verhindert werden.

Es ist leicht einzusehen, daß die jahrelangen Erfahrungen in der Beschichtung von photographischen Filmen die Gewähr bieten, daß die Aufbringung der Magnetschicht völlig gleichmäßig über Länge und Breite ist und ihre Haftfestigkeit auf der Unterlage alle Anforderungen der Praxis übertrifft. Größere Begußdicke verbessert die Aussteuerbarkeit bzw. den Klirrfaktor, verschlechtert aber den Frequenzgang des fertigen Produkts. Die Gleichmäßigkeit und Glätte der Oberfläche verbessern das Modulationsrauschen und den Frequenzgang, insbesondere bei der Aufzeichnung kürzester Wellenlängen, d. h. bei niederen Geschwindigkeiten. Es muß daher eine große Gleichmäßigkeit der Schichtdicke innerhalb ± 1 μm erreicht werden und die Oberfläche so glatt wie möglich hergestellt werden. Sie darf keine Störstellen in Form von Zusammenballungen und Klümpchen aufweisen, die aus der Oberfläche herausragen, weil diese ein kurzzeitiges Abheben des Bandes und eine stotterhafte Wiedergabe durch rasche Pegelunterbrechungen verursachen können. Dies ist beim Magnetfilm besonders kritisch, da er infolge seiner etwa dreifachen Dicke viel steifer ist und geringe Erhabenheiten in der Schicht von wenigen μm ein völliges Abheben des Tonträgers über die gesamte Spaltbreite des Sprech- und Hörkopfes bewirken können und daher viel störender in Erscheinung treten als beim schmiegsamen Dünnband. Die PVC-Folie z. B. ist wieder viel schmiegsamer als gleich starke Acetylcellulose-Folie, und vorhandene Störungen im gleichen Ausmaß in der Oberfläche werden deshalb praktisch nicht wahrgenommen, weil sie infolge des betrieblich festgelegten Bandzuges, der den Andruck des Bandes an den Kopf bewirkt, gewissermaßen elastisch unter die Bandoberfläche gedrückt werden. Daher eignet sich dieses Material, insbesondere in der extra dünnen Ausführung, hervorragend für die Aufzeichnung kürzester Wellenlängen, wie sie bei extrem niedrigen Bandgeschwindigkeiten auftreten. Im Zusammenwirken mit einer spiegelglatten Oberfläche, wie sie bei der Type FSP hergestellt wird, konnte der Frequenzgang für dieses Band ganz besonders günstig gestaltet werden.

Hinzu kommt eine im Vergleich zur Acetylcellulose-Folie viel größere Kanteneinreißfestigkeit der PVC-Folie, die das Band praktisch unempfindlich gegen Verletzungen der Bandkante macht. Acetylcellulose-Bänder reagieren selbst bei gering-

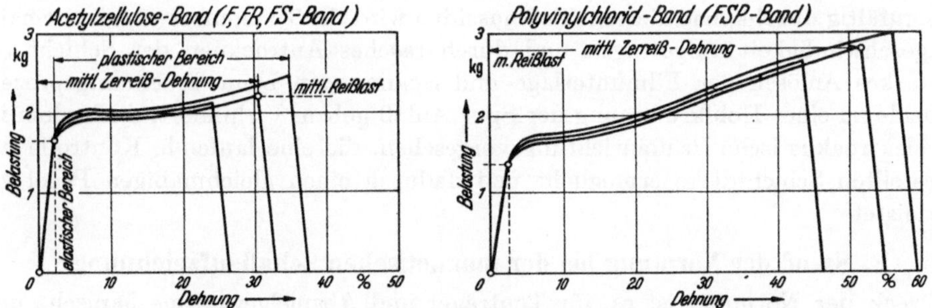

Abb. 9. Dehnungs- bzw. Zerreißdiagramme von jeweils 3 Proben gleich dicker Magnetbänder aus Acetylzellulose bzw. Polyvinylchlorid.

fügigen Kantenverletzungen, wie sie beim Einlegen des Bandes in Amateurgeräten entstehen können, sehr empfindlich durch Bandrisse, obwohl die mechanische Zerreißfestigkeit bei Zugbeanspruchung der beiden Tonträger praktisch gleich ist, wie die Tabelle 1 (S. 318) der mechanischen Werte und die Dehnungs- bzw. Zerreißdiagramme an fertigen Bändern in der Abb. 9 zeigen. (Der Unterschied in der Kanteneinreißfestigkeit kommt jedoch deutlich durch die Schlagbruchfestigkeit zum Ausdruck.) Diese beiden Eigenschaften, nämlich extrem guter Frequenzgang bei kleinsten Geschwindigkeiten und größte Betriebssicherheit bei robuster Behandlung begründen die bevorzugte Eignung des FSP-Bandes im Amateurgebrauch bei 19 und 9,5 cm/s. Hinzu kommt, daß bei der Type „FSP extra dünn“ mit einer Gesamtdicke von etwa 40 μm bei gleichem Spulendurchmesser eine 50% längere Spielzeit gegenüber dem FSP-Band mit normaler Dicke von etwa 55 μm erzielt wird.

Die etwa 1 m breite begossene Bahn wird schließlich durch rotierende Messerwellen auf die endgültige Breite von 6,25 $\pm$ 0,05 mm in Längen zu 1000 m bei Magnetbändern bzw. 35 mm oder 16 mm breite perforierte Magnetfilme in Längen zu 300 m geschnitten, aus denen man durch weiteres Halbieren der Breite den 17,5 bzw. 8 mm einseitig perforierten Splitfilm gewinnt. Die fertig geschnittenen Bänder und Filme werden auf der Rückseite fortlaufend mit den Chargen-Nummern und Firmenaufdruck versehen und anschließend auf Abweichungen von den festgelegten Toleranzen der elektroakustischen Eigenschaften geprüft. Die Konfektionierung in verschiedenen Längen entweder auf Metallkerne oder auf verschieden große Kunststoff-Flanschspulen für den Amateursektor, vervollständigen den Arbeitsgang bis zum versandfertigen Produkt in entsprechenden Verpackungskartons oder auf Wunsch in stabilen Archivkartons.

Die Gießlösung, wie sie zur Herstellung der Bänder und Filme dient, wird auch zur Herstellung der Tonspuren auf Schmalfilm und Kinefilm verwendet. Sie wird in luftdicht verschlossenen Alu-Flaschen an die Verbraucher, wie z. B. Kopieranstalten, geliefert, welche die nachträgliche Magnetspur-Beschichtung von entwickeltem Film vornehmen. Die Beschichtung von unbelichtetem Film erfolgt bei der Agfa in Leverkusen (ISS-Umkehrfilm für Fernsehen 16 mm einseitig perforiert). Durch geeignete Maßnahmen wird sichergestellt, daß die aufgetragene Tonspur vollständig plan ist, da eine geringfügige Hohlkrümmung der Tonspur einen schlechten Frequenzgang bzw. einen Pegelverlust zur Folge hat, weil die Spur dann nicht einwandfrei an den Köpfen anliegt bzw. diese ungleichmäßig abschleift. Bei der sorgfältig durchkonstruierten Gießmaschine wird die Tonspur etwa bei normaler Filmgeschwindigkeit aufgetragen und durch rasches Antrocknen der Schicht ein zu starkes Anlösen der Filmunterlage und Spannungen beim Trocknungsprozeß, die beide zu einer Hohlkrümmung der Spur Anlaß geben, verhindert. Außerdem ist eine elektroakustische Prüfeinrichtung vorgesehen, die eine laufende Kontrolle der eingestellten Schichtdicke ermöglicht und dadurch einen gleichmäßigen Pegel gewährleistet[1].

F. Stand der Normung bei der magnetischen Schallaufzeichnung

Zweck der Normung ist es, für Tonträger und Abspielgeräte mechanische und elektroakustische Eigenschaften international verbindlich so festzulegen, daß sie gleiche Wiedergabequalität auf beliebigen Geräten in allen Ländern sicherstellen. Die hierzu notwendigen Festlegungen erstrecken sich auf

1. die Tonträgergeschwindigkeit,
2. Tonträgerabmessungen,
3. den Frequenzgang des Wiedergabekanals,
4. das Bezugsband (Normal- und Testband),
5. die Größe des aufgezeichneten Pegels (Bezugspegel).

[1] Vergleiche den Artikel: Biedermann „Schmalfilm mit Magnetspur und die Agfa-Magneton-Auftragmaschine“ in diesem Band, S. 326.

1. Die Tonträgergeschwindigkeit

Um Tonhöheschwankungen zu vermeiden, muß die Tonträgergeschwindigkeit bei der Wiedergabe mit der bei der Aufnahme übereinstimmen und darf auch kurzzeitig je nach Güteklasse des Gerätes ein Ausmaß von $\pm 0{,}2$ bis $\pm 0{,}5\%$ nicht überschreiten.

Beim Tonband wurden 5 Geschwindigkeitsklassen 76, 38, 19, 9 und 5 festgelegt (vergl. DIN 45 511), deren Geschwindigkeit (ausgehend von der höchsten mit 76,2 cm/s [30″/s]), sich jeweils durch Halbieren ergibt.

Beim Tonfilm wird die Geschwindigkeit durch den Ablauf von 24 Bildern pro sec (beim Fernsehen 25 Bilder/sec) festgelegt. Daraus ergeben sich für die verschiedenen Filmformate 35, 16 bzw. 8 mm Tonträgergeschwindigkeiten von 45,6, 18,3 bzw. 9,15 cm/s (beim Fernsehen 47,5, 19,05 bzw. 9,53 cm/s).

2. Die Tonträgerabmessungen

Die Breite des Tonbandes beträgt $6{,}25 \pm 0{,}05$ mm (¼″), seine Dicke darf 0,06 mm nicht überschreiten. Die Bänder werden in Längen von 1000, 700, 350, 260, 180 m konfektioniert, je nach Gerätetype entweder auf Metallkernen freitragend gewickelt, oder auf Kunststoff-Flanschspulen.

Die Spurlage bei der Doppelspuraufzeichnung wurde erst neuerdings, nachdem bereits eine große Anzahl von Geräten mit entgegengesetzter Spurlage existiert, international so festgelegt, daß beim Lauf des Bandes von links nach rechts und Blick auf den Spalt des Kopfes die obere Hälfte der Bandbreite besprochen wird. Demnach weisen nahezu alle bis zum Jahre 1954 in Deutschland gefertigten Doppelspurgeräte nach der neuen Festlegung die falsche Spurlage auf.

3. Frequenzgang des Wiedergabekanals

Die Festlegung des Frequenzganges des Wiedergabekanals ist erforderlich, um den bei der Aufzeichnung niedergelegten Frequenzumfang beim Abspielen auf beliebigen anderen Geräten in gleicher Güte wiedergeben zu können. Die Wiedergabe der hohen Frequenzen von etwa 3—10 kHz und darüber hinaus bis 15 kHz wird von 3 Dämpfungsfaktoren beeinträchtigt. Ein Teil dieser Faktoren, nämlich die Bandflußdämpfung D_B und die SpaltdämpfungD_S sind wellenlängenabhängig, d. h. bei gleicher Frequenz f hängen sie von der Geschwindigkeit v nach

$$\lambda = \frac{v}{f}$$

ab, wenn λ die auf dem Band aufgezeichnete Wellenlänge darstellt. Der andere Teil von Dämpfungsfaktoren, von denen praktisch nur die Wirbelstromdämpfung D_W des Hörkopfes Bedeutung hat, sind nur frequenzabhängig, werden also nicht durch die Geschwindigkeit beeinflußt.

Bevor wir auf die Festlegung des Wiedergabe-Normalkanals eingehen, wollen wir die den Frequenzgang beeinflussenden Dämpfungsfaktoren näher beschreiben.

a) Bandflußdämpfung D_B. Der überwiegende Einflußder Bandflußdämpfung D_B bewirkt einen rasch ansteigenden Pegelverlust bei der Aufzeichnung abnehmender Wellenlängen, d. h. steigender Frequenzen. Hervorgerufen wird dies durch entmagnetisierende Einflüsse während des Aufsprechvorganges und, nach erfolgter Aufsprache, durch den Selbstentmagnetisierungseffekt. Diesem zufolge bewirkt die

Annäherung der Pole der $\lambda/2$ Magnete (als solche kann man sich eine sinusförmige Tonspur vorstellen) mit abnehmender Wellenlänge eine Schwächung des äußeren magnetischen Bandflusses, weil z. B. der Kraftfluß des einen Poles durch den nähergerückten, entgegengesetzt polarisierten Kraftfluß des Nachbarpoles nach außen hin mit kürzer werdender Wellenlänge im zunehmenden Maße kompensiert wird. Höhere Koerzitivkraft der Magnetschicht und kleinere Schichtdicke bzw. niedriger Vormagnetisierungsstrom (geringere Durchmagnetisierung der Schichtdicke) verringern die Bandflußdämpfung und verbessern dadurch den Frequenzgang, d. h. begünstigen die Aufzeichnung der höchsten Frequenzen. Dies ist der Grund für den Einsatz hochkoerzitiver Pigmente bei Bandsorten für die niedrigen Geschwindigkeiten 19 bzw. 9 cm/c (FS- und FSP-Band). Erst diese Maßnahme ermöglichte eine Aufzeichnung von 15 bzw. 10 kHz bei diesen Geschwindigkeiten, gute Kontaktgabe zwischen Band und Kopf vorausgesetzt. Eine gute Kontaktgabe zwischen Band und Hörkopf hebt durch den magnetischen Kurzschluß des Hörkopfes die Selbstentmagnetisierung teilweise wieder auf. Welche Forderungen hinsichtlich Kontakt bzw. Fehlerfreiheit und Glätte der Bandoberfläche gestellt werden müssen, erhellt die Tatsache, daß bei 9 cm Geschwindigkeit und 10 kHz, die Wellenlänge 9 μm (1 μm $= {}^1/_{1000}$ mm) beträgt und ein völliges Abheben des Bandes vom Hörkopf um 1 μm schon eine Dämpfung von 12 db (Faktor 4) bewirkt. Verunreinigungen und Staub sind daher vom Band unbedingt fernzuhalten, da sie ein teilweises Abheben des Bandes von den Köpfen und damit störende Pegelschwankungen verursachen können. Schmiegsame Bänder (FSP aus PVC) sind hinsichtlich Störungen der Bandoberfläche bei niedrigen Bandgeschwindigkeiten daher geeigneter, weil kein Abheben des Bandes eintritt, sondern die Störstelle (Staubkorn) elastisch eingedrückt wird. Am ungünstigsten liegen die Verhältnisse in dieser Hinsicht beim dickeren und daher steiferen 8-mm-Film für eine Geschwindigkeit von rund 9 cm.

Bei konstanter Bandmagnetisierung, d. h. Aufsprache mit frequenzunabhängigem Sprechstrom, nimmt der äußere Bandfluß mit abnehmender Wellenlänge mit $e^{-\lambda_1/\lambda}$ ab. Hierbei ist λ_1 eine für das Band charakteristische Konstante, nämlich diejenige Wellenlänge, für die der Bandfluß auf $\frac{1}{e} = 0{,}37$ abgefallen ist (Bandflußdämpfung $= 1$ Neper). Die Bandflußdämpfung D_B in Dezibel ergibt sich dann zu:

$$D_B = 20 \log e^{-\frac{\lambda_1}{\lambda}} = -20 \cdot e^{-\frac{\lambda_1}{\lambda}} \,.\, \log e = -8{,}69 \cdot \frac{\lambda_1}{\lambda}$$

Für verschiedene Bandtypen und Geschwindigkeiten beträgt die Bandflußdämpfung bei 10 kHz:

		Masseband	F-Band	FR-Band	FSP-E. D.
	H_C Oe	127	157	254	314
	λ_1 µm	100	76	58	42
v cm/s	λ μm	D_B db	D_B db	D_B db	D_B db
76,2	76	11	9	6,5	4,5
38,1	38	22	18	13	9
19,05	19	44	36	26	18
9,53	9,5	88	72	52	36

Man sieht daraus, daß die Bandflußdämpfung etwa umgekehrt proportional mit dem Verhältnis der Koerzitivkraft geht. So ergibt das FSP-Band mit doppelter Koerzitivkraft bei der halben Geschwindigkeit und bei gleicher Frequenz von 10 kHz etwa die gleiche Bandflußdämpfung wie das F-Band und macht die Verbesserung in der Bandherstellung anschaulich.

b) Spaltdämpfung D_s. Wird die aufgezeichnete Wellenlänge vergleichbar mit der Spaltbreite des Hörkopfes, so treten Pegelverluste bei der Abtastung auf. Der Grenzfall unendlich hoher Dämpfung tritt ein, wenn die Wellenlänge gleich der Spaltbreite wird. Um die Spaltdämpfung genügend klein zu halten, soll der Spalt nicht größer sein als die Hälfte der kleinsten abzutastenden Wellenlänge. Die Spaltdämpfung liegt dann unter 5 db. Bei einer Wellenlänge von 9,5 μm (v = 9,5 cm/s, 10 kHz) ergibt dies Spaltbreiten von etwa 5 μm, deren serienmäßige Herstellung schon beträchtliche Schwierigkeiten verursacht. Eine Spaltschiefstellung wirkt sich ähnlich aus wie eine Spaltverbreiterung. Um auf 2 Geräten mit gleichen Köpfen gleiche Wiedergabequalität zu erhalten, müssen daher die Spalte der Sprech- und Hörköpfe absolut parallel und senkrecht zur Laufrichtung des Bandes einreguliert werden. Eine zulässige Spaltschiefstellung von $\frac{1}{4}$ der Spaltbreite erfordert für obiges Beispiel eine Genauigkeit der Winkeleinstellung von kleiner als 1 Winkelminute und gibt einen Begriff von der erforderlichen hohen Präzision der Spalteinstellung bei niedrigen Geschwindigkeiten.

c) Wirbelstromdämpfung D_w. Infolge Wirbelstrombildung in den Blechlamellen des Hörkopfes entstehen mit steigender Frequenz anwachsende Verluste, die sich in einer Abnahme der induzierten Spannung in der Wicklung des Hörkopfes äußern. Durch Verringerung der Dicke der Blechlamellen des Hörkopfes können die Wirbelstromverluste verringert werden. Sie liegen bei 10 kHz unter 1 db und sind in erster Annäherung zu vernachlässigen.

Wiedergabenormalkanal. Bei der Festlegung des Frequenzganges des Wiedergabekanals wird von einem definierten Frequenzgang der aufgezeichneten remanenten Bandmagnetisierung ausgegangen. In guter Annäherung an den exponentiellen Abfall des äußeren Bandflusses infolge der Bandflußdämpfung wird der Frequenzgang des remanenten Bandflusses entsprechend dem Impedanzverlauf einer Parallelschaltung aus Widerstand R und Kondensator C definiert, deren Zeitkonstante $\tau = R \cdot C$ für die Geschwindigkeitsklassen 76 und 38 gemeinsam mit 35 μsec, für die Klasse 19 mit 100 μsec und für die Klasse 9 und niedrigeren Geschwindigkeiten mit 200 μsec international festgelegt wurde. Die Dämpfung des so festgelegten äußeren Bandflusses D_τ beträgt für die verschiedenen Klassen gegenüber 100 Hz für die nachfolgenden Frequenzen:

Klasse	v cm/s	$\tau = R \cdot C$ μsec	D_τ db	1 kHz	2 kHz	5 kHz	10 kHz	15 kHz
76 und 38	76,2 38,1	35	D_{35}	0,2	0,8	3,4	7,8	11
19	19,05	100	D_{100}	1,3	4	10,5	16	19,6
9 und 5	9,53 und kleiner	200	D_{200}	4,2	8,7	16	22	25,5

In einem idealen, d. h. verlustfreien Hörkopf induziert der äußere Bandfluß, abgesehen vom frequenzproportionalen Anstieg infolge des Induktionsgesetzes, eine Spannung mit gleichem Frequenzverlauf. Der Wiedergabekanal muß nun einen Frequenzgang aufweisen, der ein Spiegelbild des Frequenzganges der induzierten Spannung dieses idealen Hörkopfes ist. Bei Abtastung mit einem praktischen Hörkopf müssen dessen Spalt- und Wirbelstromverluste gesondert ermittelt und im Wiedergabeverstärker zusätzlich ausgeglichen werden.

4. Das Bezugsband (Normal- und Testband)

Zur Erleichterung im praktischen Betrieb dienen genormte, von der Agfa hergestellte Bezugsbänder für die Klassen 76, 38 und 19[1], die aus folgenden Teilen bestehen:

1. aus einem Pegeltonteil,
2. einer Aufzeichnung von 10 kHz zur Spaltjustage des Hörkopfes,
3. einem Frequenzgangteil mit Einzelfrequenzen von 30 Hz bis 15 kHz,
4. einem Gleittonteil von 30—15 kHz,
5. Durch eine Markierung getrennt ist schließlich der letzte unbetönte Teil eines Bezugsbandes, das hinsichtlich Pegel und Frequenzgang das betriebliche Normal darstellt und zur Einmessung des Aufsprechkanales dient. (Agfa-F 1374 für die Klasse 76 bzw. Agfa-FR 4004 für die Klasse 38.) Mit Hilfe des Frequenzgangteiles dessen Bandmagnetisierung den festgelegten Dämpfungsverlauf aufweist, kann der Wiedergabekanal auf geraden Frequenzgang eingestellt werden, wobei die Hörkopfverluste miterfaßt werden.

5. Größe des aufgezeichneten Bezugspegels

Die Festlegung der Größe des Bezugspegels gibt Aufschluß über den zu erwartenden Wiedergabepegel. Eine Übersteuerung des in seiner Verstärkung auf Bezugspegel eingestellten Wiedergabeverstärkers in Unkenntnis des zu erwartenden Pegels einer angelieferten Aufnahme wird mit Sicherheit vermieden, wenn während der Aufnahme von Fortissimostellen das Band gerade bis zum Bezugspegel ausgesteuert wurde. Dies ist für den Programmaustausch zwischen Rundfunkgesellschaften von Wichtigkeit, weil man im Betrieb voraussetzen muß, daß die für die Sendung bereitliegenden Aufnahmen immer gleich ausgesteuert wurden und ein Nachregeln während der Sendung unterbleiben kann. Für andere Anwendungen, z. B. innerhalb eines Tonstudios, wo ein Austausch mit anderen Stellen nicht vorgesehen ist, oder z. B. bei Amateurgeräten, kann es allerdings vorteilhafter sein, von der gebotenen größeren Aussteuerungsmöglichkeit spezieller Bandsorten Gebrauch zu machen und das Band bis zum zulässigen Klirrfaktor von 3% bei den Klassen 76 und 38 bzw. 5% bei den Klassen 19 und 9 auszusteuern (Vollaussteuerung), um so eine Dynamiksteigerung bei der Wiedergabe zu erzielen. Der höhere Wiedergabepegel ergibt dann einen größeren Abstand von dem durch das Gerät festliegenden Störpegel (Brummeinstreuung und Röhrenrauschen) und somit eine bessere Bandausnutzung. Für den Programmaustausch wird aus dem geschilderten Grund ein Bezugspegel der rema-

[1] Bezugsband 19 in Vorbereitung.

nenten Bandmagnetisierung festgelegt, der bei Verwendung gebräuchlicher Bandsorten etwa 6 db unter Vollaussteuerung liegt und einen genügend kleinen Bandklirrfaktor gewährleistet. Als Maß für die remanente Bandmagnetisierung wird der magnetische Bandfluß Φ (Einheit: Maxwell) verwendet; der definitionsgemäß gleich ist der Anzahl der Kraftlinien durch eine gegebene Fläche F.

$$\Phi = \mathfrak{B} \cdot F = \mu \cdot \mathfrak{H} \cdot F \text{ [Maxwell]}$$

wenn $\mathfrak{B}$ die Induktion und $\mathfrak{H}$ die durch das Band erzeugte Feldstärke sind.

Nach den magnetischen Gesetzen müssen die Kraftlinien in sich geschlossen sein, das heißt, die aus dem magnetisierten Band austretenden Kraftlinien bilden den äußeren Kraftfluß Φa, und schließen sich im Innern des Bandes. (Innerer Bandfluß Φi.) Es muß daher gelten

$$\Phi a = \Phi i\,.$$

Durch die im Vergleich zu Luft außergewöhnlich hohe magnetische Leitfähigkeit des Hörkopfkernes aus Mu-Metall, tritt praktisch der gesamte äußere Bandfluß in den Hörkopfkern ein und induziert in dessen Wicklung eine Spannung

$$U_{HK} = - n \cdot \frac{d\Phi a}{dt} \cdot 10^{-8} \text{ [Volt]}$$

die der Windungszahl n der Wicklung und der zeitlichen Änderung des äußeren Bandflusses proportional ist.

Für die Klasse 76 beträgt der Bezugspegel 100 m Maxwell, 200 m Maxwell für die Klasse 38 und 160 m Maxwell für die Klassen 19 und 9 (vgl. Entwurf DIN 45513, Bl. 1, 2, 3, „Das DIN-Bezugsband"). Die maßgebenden Gesichtspunkte für die Festlegung dieser unterschiedlichen Bezugspegel sind einerseits in der geringeren Aussteuerbarkeit der für die Klasse 76 vorgesehenen weichmagnetischen Bandsorten im Vergleich zu den für die niedrigen Geschwindigkeiten zur Verfügung stehenden magnetisch harten Bänder zu suchen, andererseits aber in der auch für hartmagnetische Bänder bei niedrigen Geschwindigkeiten erforderlichen stärkeren Anhebung der mittleren und hohen Frequenzen und der damit verbundenen Übersteuerungsgefahr bei der Aufnahme. So würden die für die Klasse 76 vorgesehenen weichmagnetischen Bandsorten (z. B. F-Band) bei einer Aussteuerung auf 200 m Maxwell, wie sie der Klasse 38 entspricht, bereits übersteuert sein, d. h. einen zu hohen Klirrfaktor aufweisen und sind daher für 38 cm ungeeignet. Umgekehrt aber sind die für die niedrigen Geschwindigkeiten bestimmten Bandsorten vorteilhaft auch für höhere Geschwindigkeiten geeignet. Bei einer Geschwindigkeit von 38 cm/s ist die erforderliche Höhenanhebung beim Aufsprechen gering, und man konnte daher für diese Klasse den Bezugspegel ohne Übersteuerungsgefahr am höchsten wählen.

Im praktischen Betrieb erfolgt die Eichung des Wiedergabekanals auf richtige Verstärkung durch Abspielen des Pegeltonteiles des für die entsprechende Geschwindigkeitsklasse vorgesehenen Bezugsbandes.

Durch diese normenmäßigen Festlegungen wird dem heutigen Stand der Magnettontechnik weitestgehend Rechnung getragen. Im folgenden Abschnitt wollen wir die Meßeinrichtungen und Meßmethoden zur Ermittlung der elektroakustischen Werte unter Berücksichtigung dieser Festlegungen beschreiben.

G. Beschreibung des Bandmeßplatzes und Meßvorganges

Zur Messung der elektroakustischen Werte der Bänder wurde das Magnetophon T 9 U der AEG verwendet, das für die beiden Geschwindigkeiten 76,2 bzw. 38,1 cm/s umschaltbar ist. Gleichzeitig mit der Umschaltung des Laufwerkes durch Betätigung je eines Druckknopfes werden durch Relaissätze in dem Aufsprechverstärker V 66u und dem Wiedergabeverstärker V 67u die erforderlichen Frequenz- und Pegelkorrekturen mit umgeschaltet. Sie sind für beide Geschwindigkeiten unabhängig voneinander regelbar und werden vor der Messung mit dem Bezugsband 76 bzw. 38 eingestellt. Durch Abspielen des Pegel- und Frequenzgangteiles des Bezugsbandes wird der Ausgangspegel am Wiedergabeverstärker jeweils auf 1,55 V für 1 kHz als Bezugspegel eingestellt und der Hörkopfspalt bei der Abtastung der 10 kHz-Aufzeichnung senkrecht zur Laufrichtung des Bandes einreguliert und mit Hilfe der Höhenkorrektur auf gleichen Pegel zwischen 1 und 10 kHz eingestellt.

Anschließend wird durch Aufsprechen und gleichzeitiges Abhören mittels Leerbandteil des Bezugsbandes (Agfa F 1374 bzw. F 2851 für 76 cm und Agfa FR 4004) der Aufsprechverstärker so eingepegelt, daß bei einer Eingangsspannung von 1,55 V und 1 kHz am Ausgang des Wiedergabeverstärkers wieder Bezugspegel erhalten wird. Bei 10 kHz und — 20 db unter Bezugspegel wird zunächst der Sprechkopfspalt eingetaumelt und anschließend die Frequenzkorrektur des Aufsprechverstärkers so eingeregelt, daß zwischen 1 und 10 kHz wieder gleicher Ausgangspegel erhalten wird. Diese Einpegelung und alle übrigen Messungen können bei dem verwendeten Gerät direkt während der Aufnahme gemacht werden, weil das Fremdspannungsverhältnis der am Ausgang des Wiedergabeverstärkers gemessenen Spannung ohne Modulation durch sorgfältige Abschirmung des Hörkopfes gegen Brumm- und HF-Einstreuung während der Aufnahme größer als 60 db ist. Dies bedeutet eine wesentliche Erleichterung des Meßvorganges, weil das lästige Rückspulen nach erfolgter Aufnahme zur Messung der aufgezeichneten Größen in der Wiedergabestellung entfällt und ihre Änderungen sofort ersichtlich sind.

Der verwendete Hörkopf hatte eine geometrische Spaltbreite von 14 μm, der Sprechkopf von 28 μm. Der HF-Vormagnetisierungsstrom mit einer Frequenz von 80 kHz ist von 0—25 mA regelbar, der Löschstrom von 40 kHz ist unveränderbar und beträgt 160 mA.

An Hand des Blockschaltbildes der Abb. 10 wollen wir nun den Meßvorgang zur Ermittlung der elektroakustischen Eigenschaften, wie sie in den Diagrammen als Funktion des Vormagnetisierungsstromes dargestellt sind, erläutern. Die notwendigen Meßmittel sind ein Tongenerator von 0—20 kHz mit einem kubischen Klirrfaktor von kleiner als 0,2% bis zu einer Ausgangsspannung von rund 5 V, die zeitlich konstant und frequenzunabhängig sein soll. Mindestens ein, besser aber zwei Röhrenvoltmeter für HF- und NF-Spannung mit einem Meßbereich von 1 mV bis 10 V. Je ein Bandpaß für 1 kHz und für 3 kHz mit einer Durchlaßbreite von $\pm 5\%$ und einer Sperrbereichdämpfung von rund 60 db. Je ein Bezugsband für 76 bzw. 38 cm Geschwindigkeit. Sehr zweckmäßig, aber nicht unbedingt erforderlich ein Dämpfungsschreiber zur fortlaufenden Registrierung der Bandeigenschaften über die Länge des Bandes, sowie ein 30 Phon-Ohrkurvenfilter zur gehörwertrichtigen Beurteilung der Geräuschspannung oder besser ein Geräuschspannungsmesser. Der Normentwurf Din 45512 über die elektroakustischen Eigenschaften von Magnetbändern geht von definierten und unabhängig vom Magnetbandgerät reproduzierbaren Bandeigenschaften aus, sofern dieses nur den Bedingungen nach DIN 45511 entspricht und vergleicht sie mit den oben angegebenen, für beide Bandgeschwindigkeiten unterschiedlichen Bezugsbändern. Als Bezugspunkt wird hierbei der optimale Vormagnetisierungsstrom i_{vo} festgelegt, bei dem das Maximum der Ausgangsspannung auftritt. Die

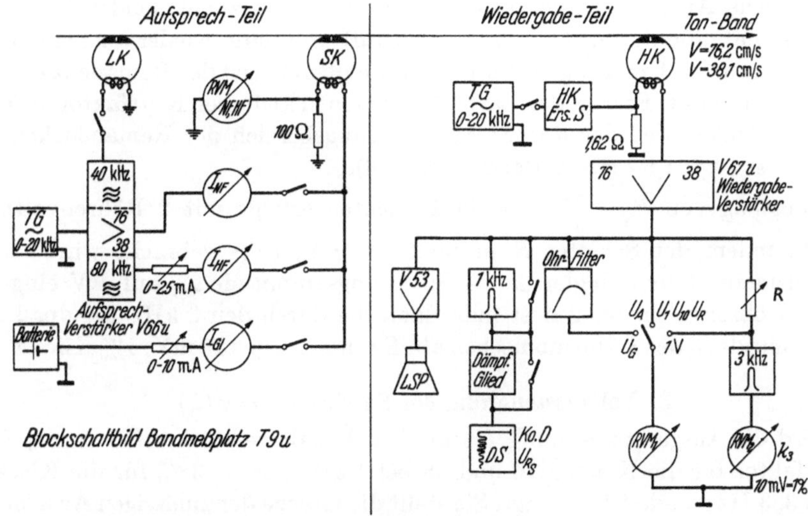

Abb. 10. Blockschaltschema des Bandmeßplatzes für 76,2 und 38,1 cm Geschwindigkeit.

hier dargestellten Meßergebnisse geben darüber hinaus Aufschluß über das Verhalten der Bandeigenschaften für beliebige durch den Vormagnetisierungsstrom festlegbare Arbeitspunkte, so daß aus den möglichen Einstellungen die für den Benutzer und dessen Gerät am günstigsten erscheinende Einstellung, die im allgemeinen immer ein Kompromiß aus mehreren Eigenschaften sein wird, ausgewählt werden kann.

Im einzelnen wurden folgende Messungen als Funktion des Vormagnetisierungsstromes durchgeführt (Abb. 12—15).

1. Tonfrequenter Sprechstrombedarf für Aussteuerung auf Bezugspegel $I_B = \varphi(i_v)$

Bei einer Frequenz von 1 kHz wird der Sprechstrom I_B so verändert, daß am Ausgang des Wiedergabeverstärkers Bezugspegel $U_B = 1{,}55$ V entsteht. Die Messung von I_B (I_{NF}) erfolgt als Spannungsabfall an einem Meßwiderstand von 100 Ohm im Sprechkopfstromkreis, wobei der Vormagnetisierungsstrom abgeschaltet ist. Der eingestellte Vormagnetisierungsstrom i_v (I_{HF}) wird am gleichen Widerstand mit einem HF-Röhrenvoltmeter bei abgeschaltetem NF-Strom gemessen (Abb. 10). Der Verlauf des Sprechstromes I_B zeigt ein ausgeprägtes Minimum, das etwa mit dem Punkt maximaler Empfindlichkeit, der normenmäßig zur Charakterisierung eines Bandes festgelegt wurde, zusammenfällt und durch die unterschiedliche Steilheit der Remanenzkennlinien bedingt ist (vgl. Abb. 5 und 6).

2. Klirrfaktormessung für Bezugspegel $k_{3_B} = \varphi(i_v)$

Im gleichen Meßvorgang wie unter 1. wird von der 1 kHz-Aufzeichnung der Amplituden Anteil A_3 der dritten Harmonischen von 3 kHz gemessen, die bei kleinem Vormagnetisierungsstrom von der Krümmung der Remanenzkennlinie im Ursprung verursacht werden (vgl. Abb. 5 und 6). Wegen der Symmetrie der Kennlinien zum Ursprung haben die Verzerrungen vornehmlich kubischen Charakter. Aus ihrem Verlauf als Funktion des Vormagnetisierungsstromes ist zu erwarten, daß für gleiche Ausgangsspannung der Klirrfaktor mit zunehmender Vormagnetisierung rasch abnimmt, ein Minimum durchläuft und dann wieder ansteigt, weil die Krümmung zwar im Ursprung verschwindet, im oberen Teil der Remanenzkennlinien aber wieder zunimmt. Ferner, daß harte Bänder einen kleineren Klirrfaktor aufweisen, als weiche Bänder, weil der lineare Aussteuerungsbereich der Remanenzkennlinien viel größer ist (vgl. FR- mit F-Band in Abb. 6).

Die Messung von $K_3 = \frac{A_3}{A_1} \cdot 100$ in Prozenten erfolgt mit 2 Röhrenvoltmetern (Abb. 10), indem der Schalter S in Stellung (1 V) (K_3) gebracht wird und mit Röhrenvoltmeter 1 und Regler R die Spannungsamplitude A_1 auf 1 V eingeregelt wird. Am Röhrenvoltmeter 2 liest man dann die durch den 3 kHz Bandpaß ausgesiebte Amplitude A_3 der 3. Harmonischen ab. Es entsprechen 10 mV : 1 % Klirrfaktor k_3.

3. Vollaussteuerung des Bandes $U_V = \varphi(i_v)$

Es wird die Ausgangsspannung U_V am Wiedergabeverstärker bestimmt, für die der Klirrfaktor für die Klassen 76 und 38 bei 1 kHz gerade 3%, für die Klassen 19 und 9 bei 333 Hz gerade 5% beträgt. Sie stellt die Grenze der zulässigen Aussteuerung des Bandes dar. Die Messung erfolgt wie unter 2. durch abwechselndes Einregeln von R und der Eingangsspannung am Aufsprechverstärker, bis der angegebene Klirrfaktor erreicht ist. In Schalterstellung U_A wird dann mit Röhrenvoltmeter 1 die Spannung U_V bei Vollaussteuerung gemessen. Der hierfür erforderliche Sprechstrom I_V wird ebenfalls dargestellt und gibt Aufschluß über die Aussteuerungsreserve des Bandes gegenüber der Aussteuerung auf Bezugspegel.

4. Tonfrequenz-Empfindlichkeit

Die relative Tonfrequenz-Empfindlichkeit ergibt sich als Quotient aus dem Aufsprechstrom I_{BB}, der erforderlich ist, um auf dem Leerteil des Bezugsbandes 76 bzw. 38 bei der Frequenz von 1 kHz (bzw. der Frequenz des Pegeltonteiles des Bezugsbandes einer anderen Klasse) und optimaler Vormagnetisierung Bezugspegel zu erhalten, zu dem unter 3. ermittelten Aufsprechstrom für Vollaussteuerung I_{VP} bei optimaler Vormagnetisierung des Prüfbandes:

$$20. \log \cdot \frac{I_{BB}(i_{voB})}{I_{VP}(i_{voP})} \text{ in db} .$$

Aus den Remanenzkennlinien ist zu erwarten, daß harte Bänder bei Vollaussteuerung eine wesentlich höhere Hörkopfspannung liefern als weiche Bänder.

5. Maximale Empfindlichkeit $U_1 = \varphi(i_v)\, I_{NF = \text{konst.}}$

Bei einer Frequenz von 1 kHz wird die Ausgangsspannung U_1 in Abhängigkeit vom Vormagnetisierungsstrom gemessen und der Wert des Vormagnetisierungsstromes i_{vo} festgestellt, bei dem das Maximum der Ausgangsspannung auftritt. Der Sprechstrom beträgt hierbei 10% (—20 db) des Sprechstromes um Bezugspegel bei $i_v = 17{,}5$ mA zu erhalten und wird bei den Messungen konstant gehalten. Der erhaltene Empfindlichkeitsverlauf, im physikalischen Sinne nicht ganz richtig als „Differentialkurve" bezeichnet, wird zur Ermittlung des Frequenzganges auch für die obere Grenzfrequenz von 10 kHz dargestellt. (U_{10}) Massebänder weisen für 1 kHz kein ausgeprägtes Maximum auf. Wird aber auf die gleiche Weise der Verlauf für eine höhere Frequenz gemessen, so zeigt es sich, daß das Maximum für diese Frequenz im allgemeinen bei kleineren Vormagnetisierungsströmen liegt und nun auch bei Massebändern deutlich ausgeprägt ist. Da die maximale Empfindlichkeit für 1 kHz in den Normenentwürfen als wichtiger Bezugspunkt für die Definition der Bandeigenschaften herangezogen wird, um von der Angabe der Sprechkopfdaten unabhängig zu sein, wird bei solchen Bändern die Messung bei 5 kHz wiederholt und der Wert für 1 kHz als das 1,25-fache des bei 5 kHz ermittelten Wertes definiert. Bei Schichtbändern ist die Frequenzabhängigkeit des Maximums bei 76 und 38 cm/s und 10 kHz im Vergleich zu 1 kHz nur sehr gering, wie die dargestellten Meßergebnisse zeigen und wird erst bei kleineren Wellenlängen, d. h. bei kleineren Geschwindigkeiten, deutlich. Eine höhere Koerzitivkraft verschiebt das Maximum nach höheren Vormagnetisierungsströmen. Als relative Vormagnetisierungsstrom-Empfindlichkeit eines Prüflings wird definiert:

$$20 \cdot \log \frac{i_{voB}}{i_{voP}} \text{ in db}$$

wenn i_{voB} der optimale Vormagnetisierungsstrom des Leerteils des DIN-Bezugsbandes und i_{voP} der des Prüflings ist.

6. Absoluter Frequenzgang $Fa = \varphi(i_v)$

Als absoluter Frequenzgang wird die Pegeldifferenz der Ausgangsspannung für 10 kHz U_{10} und 1 kHz U_1 definiert, wenn für beide Frequenzen gleiche Eingangsspannung am Aufsprechverstärker angelegt wird. Die Ausgangsspannung soll dabei 20 db unter Bezugspegel, also 155 mV betragen.

$$Fa = 20 \cdot \log \frac{U_{10}}{U_1} \text{ in db.}$$

In den Diagrammen 12 und fortfahrend stellt F_a die Ordinatendifferenz der unter 4 ermittelten Empfindlichkeitskurven U_{10} bzw. U_1 im Dezibelmaßstab dar.

Unter *relativem Frequenzgang* eines Prüfbandes versteht man die Abweichung des absoluten Frequenzganges des Prüfbandes F_{aP} in db vom Bezugsband F_{aB} (Leerbandteil des Bezugsbandes). Der Frequenzgang nimmt mit der Koerzitivkraft bzw. abnehmender Schichtdicke und Permeabilität, d. h. kleineren λ_1-Werten eines Bandes, zu. Die Messung erfolgt mit Röhrenvoltmeter 1 in Schalterstellung (U_1, U_{10}).

7. Gleichfeldrauschspannungsabstand $U_{R_B} = \varphi(i_v)$

Die statistische Verteilung der magnetisierten Partikel in den 3 Dimensionen der Schicht ergibt infolge geringfügiger Remanenzunterschiede der einzelnen Partikel über der Kopfspaltfläche eine mittlere Spannung, der kleine Spannungsstöße überlagert sind. Es handelt sich also um geringe Remanenzschwankungen, die nur auftreten können, wenn ein Nutzton aufgesprochen wird und diesem proportional sind. Sie verursachen ein Rauschen, mit dem der Nutzton moduliert ist. Hierdurch entstehen 2 Seitenbänder spiegelbildlich zu diesem Nutzton, deren Frequenzspektrum gleich dem ist, das bei Magnetisierung mit einem Gleichfeld erhalten wird. Es wird daher bei der Frequenz Null gemessen, d. h., das Band mit einem definierten Gleichstrom magnetisiert, der an Stelle des tonfrequenten Sprechstromes dem Vormagnetisierungsstrom überlagert wird und in der Größe gleich dem Effektivwert des Sprechstromes ist. Die Bewertung dieses Gleichfeldrauschens über ein Ohrfilter erscheint wegen der spektralen Verteilung des Seitenbandrauschens für einen Nutzton demnach unzweckmäßig.

Nadelförmige Pigmente ergeben geringere statistische Schwankungen und damit ein geringeres Rauschen als kubische Pigmente, besonders dann, wenn die Teilchen während des Begußvorganges eine Vorzugsrichtung erhalten. Remanenzschwankungen werden aber auch durch unregelmäßige Kontaktgabe zwischen Tonträger und Sprech- bzw. Hörkopf hervorgerufen und können durch Oberflächenunebenheiten am Tonträger, wie Staubteilchen oder Verschmutzung, zu geringem und unregelmäßigem Bandzug bzw. Verschmutzung des Kopfspiegels verursacht sein. Solche Störstellen verursachen kurzzeitige, stärkere Remanenzschwankungen bei der Magnetisierung über dem Sprechkopfspalt bzw. Spannungsschwankungen im Hörkopf, die sich gehörmäßig dem gleichmäßigen Bandrauschen als stärkere Polterstellen überlagern. Für den Bandhersteller ist die Bewertung des Gleichfeldrauschens über ein Ohrfilter von Interesse, weil damit diese tieffrequentigen Polterstellen unterdrückt werden und man das im wesentlichen von Störstellen freie Rauschen des Pigmentes erhält und auf die Fehlerquellen schließen kann. Eine Verschmutzung oder mechanische Verletzung der Bandoberfläche durch unsachgemäße Behandlung im Betrieb (z. B. Staub, der sich in die Schicht eindrückt), kann den Gleichfeldrauschspannungsabstand wesentlich verschlechtern.

Um von einem Magnettongerät mit definierten Eigenschaften unabhängig zu sein, sieht der Normentwurf DIN 45519 die Bewertung des Gleichfeldrauschspannungsabstandes für Vollaussteuerung vor. Demnach wird dem optimalen Vormagnetisierungsstrom i_{vo} ein Gleichstrom überlagert, dessen Größe gleich dem Effektivwert des für Vollaussteuerung bei der Bezugsfrequenz erforderlichen tonfrequenten Stromes I_V sein soll. Bei den durchgeführten Messungen mit einem den Normalbedingungen entsprechenden Magnettongerät wird die Gleichfeldrauschspannung auf den Bezugspegel von 1,55 V bezogen, d. h., mit einem Gleichstrom aufgesprochen, der dem Effektivwert von I_B entspricht. Bei Bändern der Klasse 76 und 38 ist der Gleichfeldrauschspannungsabstand unabhängig von der Aussteuerung, weil die Rauschspannung praktisch proportional mit dem Sprechstrom zunimmt. Die Abhängigkeit vom Vormagnetisierungsstrom geht jedoch nicht konform mit der des Sprechstromes. Das Minimum der Rauschspannung fällt dadurch im allgemeinen nicht mit dem Punkt maximaler Empfindlichkeit zusammen, sondern liegt etwa bei 25% größeren Vormagnetisierungsstromwerten. Dies ist bei der Auswahl des günstigsten Arbeitspunktes zu beachten.

Bei der Messung wird nach der Ermittlung des Sprechstromes für Bezugspegel I_B aus einer Batterie ein Gleichstrom vom gleichen Effektivwert zusammen mit dem Vormagnetisierungsstrom durch den Sprechkopf geleitet. Die Rauschspannung

U_R wird dann mit drei verschiedenen Anzeigegeräten am Anfang, in der Mitte und am Ende eines 1000-m-Bandes während eines Zeitraumes von 2 Minuten gemessen und der abgelesene Schwankungsbereich dargestellt. Der festgestellte schlechteste Wert, abgesehen von gelegentlichen, kurzzeitigen Überschreitungen, stellt den Gleichfeld-Rauschspannungsabstand dar. Als erstes Anzeigegerät wurde bei den Messungen ein Röhrenvoltmeter verwendet. Je nach Einschwingzeit des Zeigerausschlages des verwendeten Meßgerätes werden dessen Anzeigewerte U_{RV} verschieden sein. Als

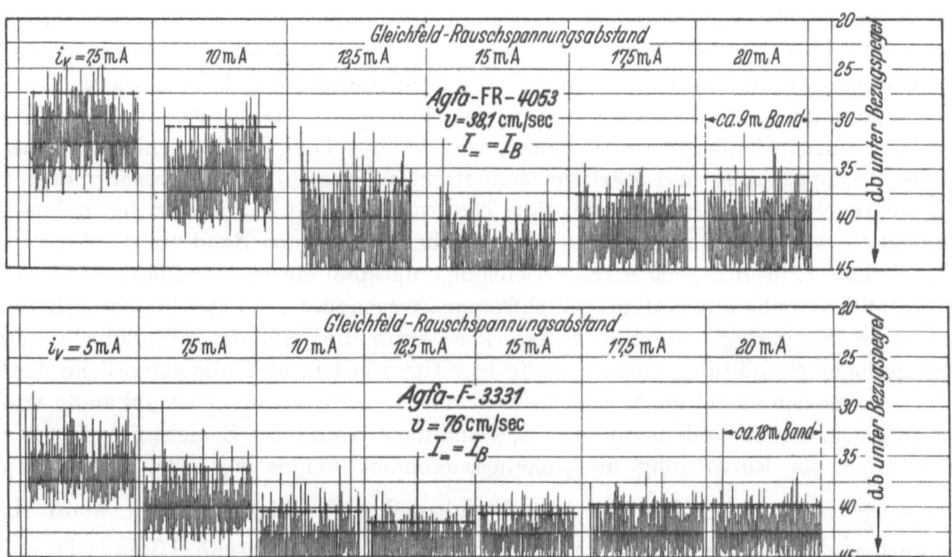

Abb. 11a. Registrierstreifen der Gleichfeldrauschspannung U_{RS} als Funktion des Vormagnetisierungsstromes i_v eines FR-Bandes bei 38,1 cm/s bzw. F-Bandes bei 76,2 cm/s Geschwindigkeit und Aussteuerung auf Bezugspegel.

zweites Anzeigegerät wird ein Dämpfungsschreiber nach NEUMANN mit einer weitgehend dämpfungsfreien Anzeige (Einschwingzeit 150 ms) bei überbrücktem 1 kHz-Bandpaß und Dämpfungsglied (Abb. 10) verwendet. Der Schwankungsbereich dieser Ausschläge U_{RS} ist größer als der des Röhrenvoltmeters (vgl. Abb. 11a). Schließlich wird als drittes Anzeigegerät der im Normentwurf erwähnte Siemens-Fremdspannungs- und Geräuschspannungsmesser Rel 3 U 311 + Rel 3 U 313, jedoch ohne Ohrfilter, zur Anzeige verwendet. Die Integrationszeit dieses Gerätes beträgt 200 ms und ergibt die größten, d. h. ungünstigsten Rauschspannungswerte U_R. Der Zweck dieser dreifachen Messung und Darstellung der Meßergebnisse ist es, dem Benutzer eine Abschätzung der Meßergebnisse nach den ersten zwei Meßverfahren mit den Anzeigewerten des festgelegten Spitzenspannungsmessers zu ermöglichen, weil ein Röhrenvoltmeter immer vorhanden sein wird, ein Dämpfungsschreiber gelegentlich und nur in seltenen Fällen ein Fremdspannungsmesser. Schließlich werden noch die über ein 30 Phon-Ohrkurvenfilter in der Schalterstellung U_G mit Röhrenvoltmeter 1 gemessenen Geräuschspannungswerte U_G festgestellt. Sie weisen einen sehr geringen

Schwankungsbereich auf, weil die durch Oberflächenunregelmäßigkeiten verursachten tieffrequentigen Polterstellen unterdrückt werden. Der Gleichfeldrauschspannungsabstand (U_R) bzw. Gleichfeldgeräuschspannungsabstand (U_G) kann an dem vom Bezugspegel U_B aus gezählten Dezibelmaßstab in den dargestellten Diagrammen abgelesen werden.

8. Kopierdämpfung $KD = \varphi\,(i_v)$

Beim Lagern einer aufgesprochenen Bandspule kann ein stark aufgesprochenes Signal die Nachbarwindungen magnetisieren und äußert sich in zwar sehr leisen, aber doch störenden Vor- und Nachechos oft über mehrere Windungen, besonders dann, wenn vor und nach Fortissimostellen Pianissimostellen folgen, wie z. B. bei Sprachaufnahmen. Dieser Kopiervorgang ist eine logarithmische Funktion der Zeit und wird durch idealisierende Einflüsse, wie erhöhte Temperatur, erhöhte mechanische Beanspruchung und stärkere Magnetfelder (Streufluß von Transformatoren und elektrischen Maschinen) begünstigt. Die Aufzeichnung ist nicht stabil und verschwindet, zwar nicht vollständig, aber weitgehend, wenn das Band vor der Wiedergabe einige Zeit in entgegengesetzter Richtung umgespult lagert. Durchläuft das Band vor der Wiedergabe ein geringes Hochfrequenzvormagnetisierungsfeld (zusätzlicher Löschkopf mit geringer Energie gespeist), so kann die kopierte Aufnahme wegen ihrer geringen Stabilität praktisch völlig beseitigt werden, ohne die eigentliche Aufnahme wesentlich zu schwächen (etwa 1—2 db). Der Kopiereffekt ist abhängig von der aufgezeichneten Wellenlänge λ, der Banddicke d und der Schichtdicke $\triangle$ und wird durch die Einwirkung des magnetisierenden Feldes von der Feldstärke $H = \pi \cdot \frac{\triangle}{\lambda} \cdot H_0 \cdot e^{-2\pi \cdot \frac{d}{\lambda}}$ am Ort der Nachbarschichten hervorgerufen, wenn H_0 die mittlere Feldstärke in der magnetisierenden Schicht darstellt. Hieraus ist ersichtlich, daß das Feld ein Maximum bei $\lambda = 2\pi$ d besitzt.

Für eine Geschwindigkeit von 38 cm/s und einer Banddicke von rund 55 μm ergibt sich eine Frequenz von 1 100 Hz, die im Bereich größter Ohrempfindlichkeit liegt. Bei geringerer Geschwindigkeit wird diese Frequenz erniedrigt und ist dem Gehör nach weniger störend. Ein Kopiereffekt bei kleinen Geschwindigkeiten ist praktisch nicht zu beobachten. Bei Massebändern ist die magnetisierbare Schichtdicke gleich der Banddicke. Sie weisen daher wegen der Abhängigkeit von Δ/λ einen stärkeren Kopiereffekt auf als Schichtbänder. Aus dem Verlauf der Remanenzkennlinien für $I_{HF} = 0$ (Abb. 6 und 8) in der Nähe des Ursprunges, erkennt man, daß hochkoerzitive Bänder eine größere Kopierdämpfung erwarten lassen, weil die Krümmung viel flacher verläuft als bei magnetisch weichen Bändern und gleiche Magnetisierungsfeldstärken daher unterschiedliche Remanenzwerte ergeben. Dies erklärt z. B. die höhere Kopierdämpfung des FR-Bandes gegenüber dem F-Band bei gleichen mechanischen Abmessungen der Schicht- und Banddicke.

Zur Messung der Kopierdämpfung wird bei 38 cm/s Bandgeschwindigkeit ein Impuls von 1 kHz und Vollaussteuerung im Optimum der Vormagnetisierung aufgesprochen und das Verhältnis der Ausgangsspannung dieses Impulses am Ausgang des Wiedergabeverstärkers zu der beim Abspielen der ersten Kopie dieses Impulses auf einer Nachbarwindung entstehenden gebildet. Vollaussteuerung wird im Normentwurf DIN 45519 vorgesehen, um von einem Magnettongerät mit definierten Eigenschaften unabhängig zu sein. Bei den durchgeführten Messungen ist die Größe des Impulses gleich dem Bezugspegel. Der Wickeldurchmesser soll nach erfolgter Aufsprache 20 cm betragen, um einen genügend langen Impuls zu erhalten. Die Dauer des Impulses wurde bei den Messungen so gewählt, daß der Umfang des aufgespulten Wickels nicht überschritten wird. Überschreitet der Impuls den Wickelumfang, so ergeben sich etwas höhere Spannungswerte durch doppelseitiges Kopieren der überlappten Bandlagen (Abb. 11b). Nach erfolgter Aufsprache wird

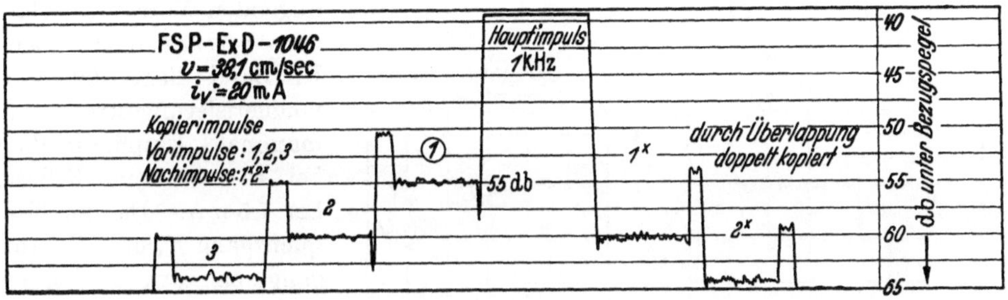

Abb. 11b. Registrierstreifen der Kopierdämpfung für Aussteuerung auf Bezugspegel eines FSP-Bandes bei 38,1 cm/s Geschwindigkeit.

das Band unter normalen Temperaturbedingungen (20° C) 24 Stunden gelagert. Bei der Wiedergabe dient der gelagerte Wickel als Vorratsspule, so daß der auf der Bandspule nachfolgende Impuls vor dem Hauptimpuls erscheint. Die Messung erfolgt mit dem Dämpfungsschreiber über den 1 kHz-Bandpaß zur Verbesserung des Störspannungsverhältnisses und ein Dämpfungsglied, das den Hauptimpuls auf ein für die Anzeige des Dämpfungsschreibers erforderliches Ausmaß schwächt (Abb. 10). Die Dämpfungswerte der Kopierimpulse gegenüber dem Hauptimpuls werden direkt in db geschrieben. Die Meßergebnisse zeigen eine geringe Abnahme der Kopierdämpfung mit steigendem Vormagnetisierungsstrom infolge stärkerer Durchmagnetisierung der tieferliegenden Schichtpartien des Bandes.

9. Bandflußschwankungen

Mit dem Pegelschreiber wird die Abweichung einer 5 kHz-Aufzeichnung gegenüber dem geometrischen Mittelwert auf eine Dauer von 10 Minuten registriert und in db angegeben. Die Messung erfolgt im Optimum des Vormagnetisierungsstromes i_{vo} und einem Pegel $U_A = U_V - 10$ db, also etwa $^1/_3$ der Vollaussteuerung.

Die bei einer Geschwindigkeit von 38,1 cm/s registrierten Schwankungen liegen bei allen Agfa-Bändern über eine Länge von 1000 m innerhalb eines Bereiches von $\pm ^1/_4$ db. Von Charge zu Charge betragen sie maximal ± 1 db.

10. Löschdämpfung

In den Normenentwürfen werden keine Angaben über die absolute Messung der Löschbarkeit eines Magnetbandes gemacht, weil noch keine befriedigenden Meßverfahren bekannt sind.

Die mit einem Magnetbandgerät nach DIN 45511 ermittelte Löschdämpfung liegt bei allen Agfa-Bändern über 70 db, wenn der Bezugslöschkopf von einem Löschstrom von 150 mA, 40 kHz durchflossen wird.

H. Diskussion der Meßergebnisse

Im Diagramm (12) sind die an den Bezugsbändern der Klassen 38 bzw. 76 ermittelten Meßergebnisse dargestellt. Es sind jeweils 2 Bandchargen als Bezugsbänder vorgesehen, um einen genügenden Vorrat an Bändern bereitzustellen. Beim FR-Band liegt der Vormagnetisierungsstrom für maximale Empfindlichkeit bei 15 mA, beim F-Band bei 7,5 mA. Da der Frequenzgang F_a und die Ausgangsspannung für Vollaussteuerung U_V vom Arbeitspunkt weitgehend unabhängig sind, so wird der Arbeitspunkt zweckmäßig in das Minimum der Gleichfeldrauschspannung verlegt. Dieses liegt beim FR-Band um rund 17%, beim F-Band um 33% höher als das Maximum der Empfindlichkeit. Beim Vergleich der beiden Meßergebnisse ist zu berücksichtigen, daß das FR-Band auf 200 Millimaxwell, das F-Band auf 100 Millimaxwell ausgesteuert wurde. Beim Umschalten auf 38 cm wird bei der Wiedergabe der Pegel des Wiedergabeverstärkers automatisch um 6 db (Faktor 2) gesenkt. Die Störspannung des Verstärkers wird daher im gleichen Ausmaß verringert. Beide Bänder ergeben etwa gleiche elektroakustische Eigenschaften, obwohl sich die Geschwindigkeiten wie 1 : 2 verhalten, mit Ausnahme der Kopierdämpfung, die beim FR-Band wesentlich verbessert werden konnte und rund 60 db beträgt.

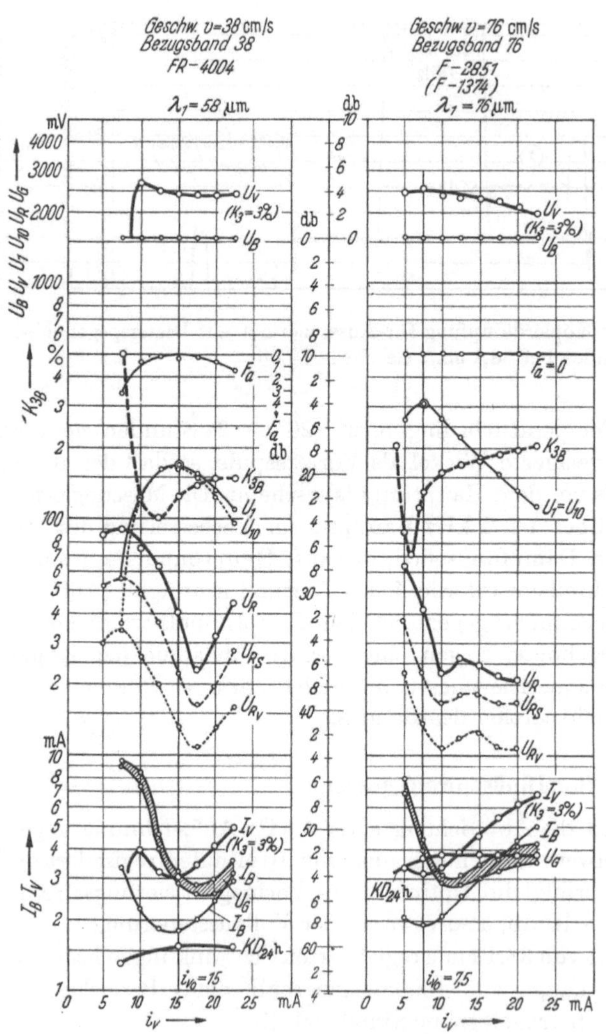

Abb. 12. Elektroakustische Eigenschaften der Agfa-Bezugsbänder FR 4004 bei 38,1 cm/s Geschwindigkeit bzw. F 2851 bei 76,2 cm/s Geschwindigkeit.

Im Diagramm 13 sind die Meßergebnisse der gleichen Bandtypen, gegenüber den Bezugsbändern aber verbesserten Bändern der laufenden Fabrikation dargestellt. Beim FR-Band wurde in der Serie der Aussteuerungsbereich durch Verringerung des Klirrfaktors um rund 4 db vergrößert und der Frequenzgang geringfügig um 1 db verbessert. Allerdings ist die Kopierdämpfung dadurch um etwa 4 db verringert worden. Das F-Band der Serie hat praktisch die gleichen Eigenschaften wie das Bezugsband 76. Zur besseren Unterscheidung von den Bändern der Klasse 76 werden die FR-Bänder der laufenden Fabrikation leuchtendrot eingefärbt, um eine Verwechslungsmöglichkeit zu verringern, wenn während der Übergangszeit mit beiden Geschwindigkeiten gearbeitet wird.

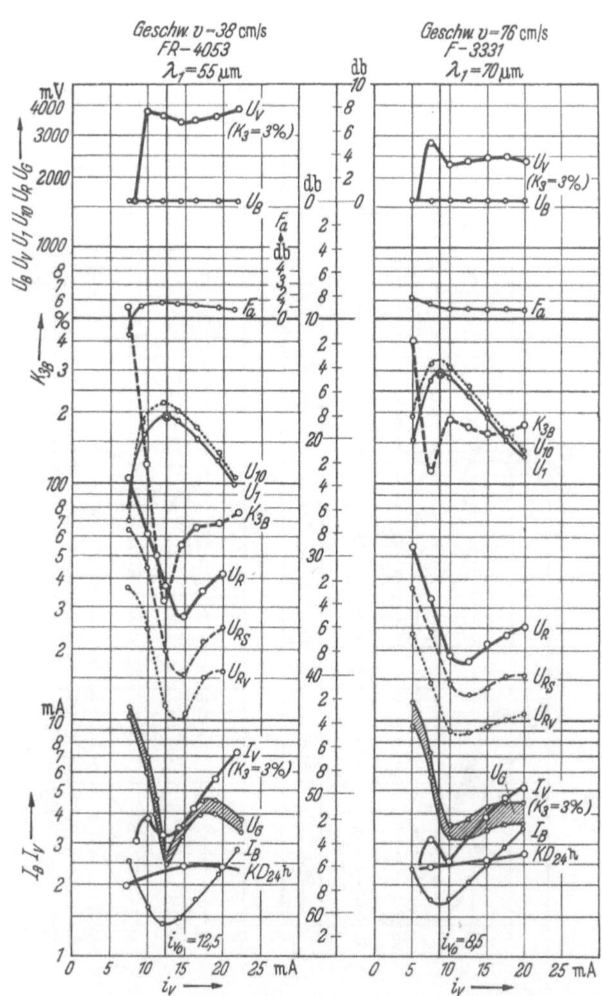

Abb. 13. Elektroakustische Eigenschaften zweier Bänder aus der laufenden Fabrikation FR-4053 bei 38,1 cm/s Geschwindigkeit, F-3331 bei 76,2 cm/s Geschwindigkeit.

Im Diagramm 14 sind die Meßergebnisse von FSP-Bändern aus der laufenden Fabrikation dargestellt. Beim FSP-Band normaler Stärke wurde der Vollaussteuerungsbereich beträchtlich vergrößert und liegt um 5 db über dem des Bezugsbandes 38. Die Aufsprechempfindlichkeit (I_B) ist etwa um den gleichen Betrag gegenüber dem Bezugsband gesteigert. Der Frequenzgang ist um 1 bis 2 db besser. Beim FSP-Band-Extra-Dünn konnte der Frequenzgang um rund 4 db gesteigert werden und es stellt damit das höhenempfindlichste Band dar. Dabei ist der Aussteuerungsbereich beachtlich hoch. Es soll nicht unerwähnt bleiben, daß durch geeignete Maßnahmen bei diesen Bandtypen elektrostatische Aufladungen des Bandes, wie sie im Betrieb durch die Reibung an Umlenkrollen oder Andruckfilzen vor den Köpfen entstehen, verhindert werden konnten. Solche elektrostatischen Aufladungen können bei trockener Witterung durch Funkenentladungen über dem Hörkopf Prasselerscheinungen hervorrufen, die zwar nicht auf dem Band aufgezeichnet werden, aber die Wiedergabe stören.

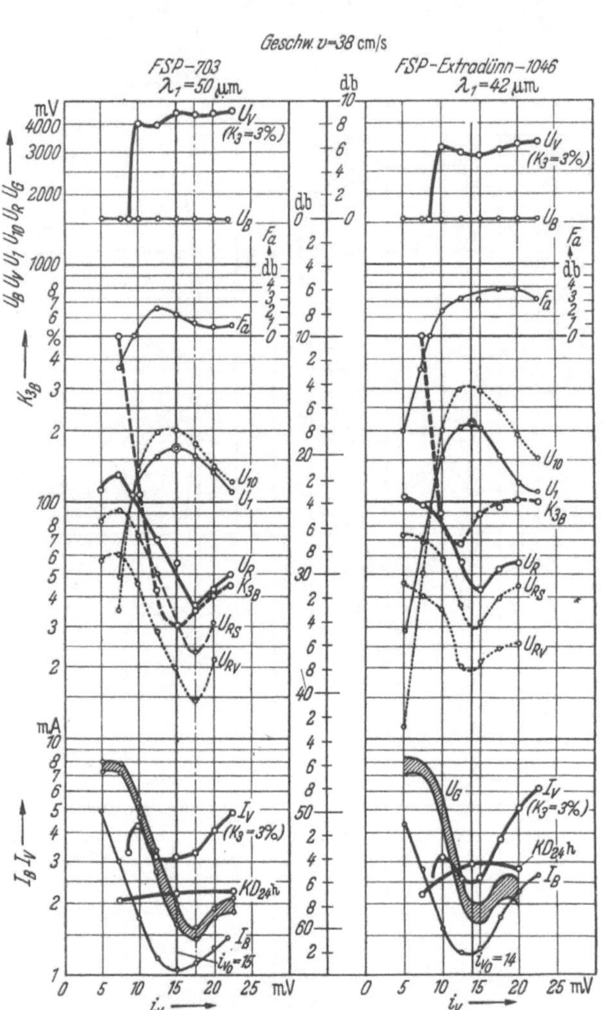

Abb. 14. Elektroakustische Eigenschaften zweier FSP-Bänder aus der laufenden Fabrikation bei 38,1 cm/s Geschwindigkeit FSP normal -703, FSP Extra-Dünn-1046.

In Abb. 15 sind schließlich die Agfa-Magneton-Bänder bei 38 cm Geschwindigkeit zusammenfassend dargestellt, um den Vergleich der einzelnen Eigenschaften zu erleichtern. Das F-Band ist des Interesses halber hier mit aufgenommen worden, obwohl es wegen des schlechteren Frequenzganges und der geringeren Aussteuerbarkeit für diese Geschwindigkeit nicht geeignet ist, um den Fortschritt in der Bandentwicklung anschaulich zu machen. Er äußert sich durch Verwendung hochkoerzitiver Pigmente in einer Verringerung der Bandflußdämpfung bzw. von λ_1 und demzufolge in einer Zunahme des Frequenzganges F_a bis zu 8 db, in einer Abnahme des Klirrfaktors K_3 bzw. Zunahme des Aussteuerungsbereiches U_V, um rund 12 db, Verbesserung des subjektiv empfundenen Geräuschspannungsabstandes U_G um 6 db und Vergrößerung der Kopierdämpfung KD bis zu 6 db. Ganz allgemein sollen die hochkoerzitiven Bänder bei Vormagnetisierungsstromwerten betrieben werden, die rund 10—15% über dem Empfindlichkeitsmaximum liegen. Die für professionelle Zwecke bestimmten Acetylzellulosebänder ergeben durch die mattierte Rückseite ausgezeichnete Wickeleigenschaften bei der üblichen Verwendung auf freitragenden Metallkernen.

Bei den für den Amateur-Sektor bestimmten FSP-Bändern ist evtl. die gesteigerte

Aufsprechempfindlichkeit (geringerer NF-Strombedarf I_B) von Interesse. Die größere Kanteneinreißfestigkeit der PVC-Folie ermöglicht die Herstellung von dünneren Bändern mit längerer Spielzeit, die infolge ihres gesteigerten Frequenz-

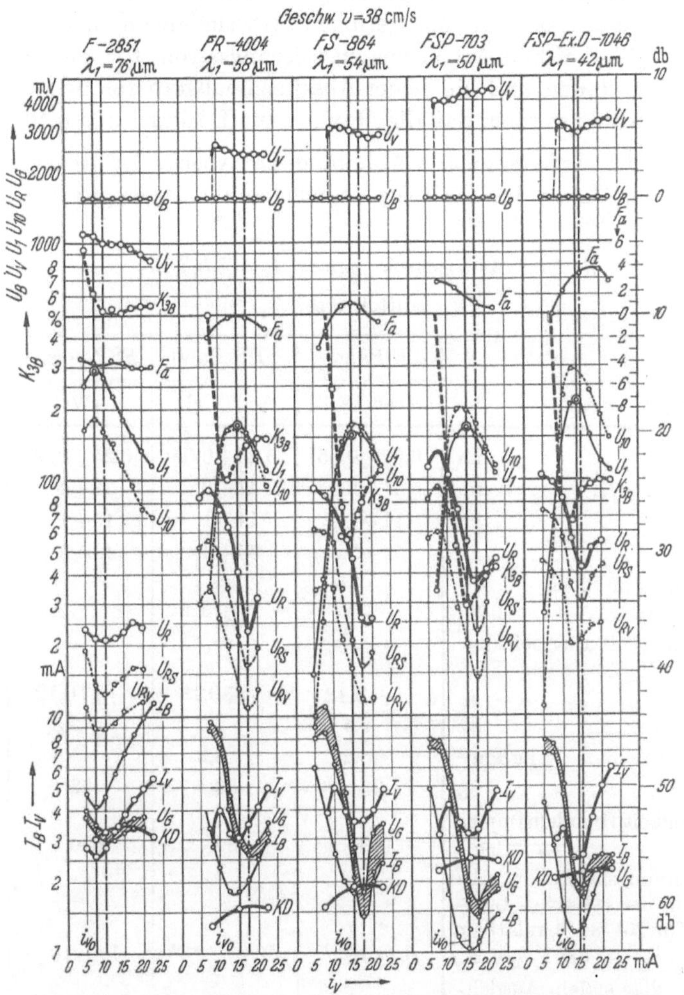

Abb. 15. Zusammenfassende Darstellung der elektroakustischen Eigenschaften der verschiedenen Agfa-Magneton-Bänder bei 38,1 cm/s Geschwindigkeit.

ganges hervorragend für extrem kleine Geschwindigkeiten geeignet sind. Die spiegelglatte Schichtoberfläche im Verein mit einer großen Schmiegsamkeit schont die Köpfe vor frühzeitiger Abnutzung und verbessert den Frequenzgang. Die Verhinderung von elektrostatischen Aufladungen ergibt störungsfreie Wiedergabe bei extrem trockenen Witterungsverhältnissen. Die mechanische Stabilität gegenüber klimatisch bedingten Wärme- und Feuchtigkeitsunterschieden machen diese Bandtype für den Gebrauch in den Tropen besonders geeignet.

Die in der Zusammenstellung gezeigte Bandtype FS wird in Zukunft nicht mehr gefertigt werden und durch das FR-Band abgelöst, dessen Eigenschaften gegenüber dem FS-Band in der laufenden Fabrikation (Abb. 13) verbessert werden konnten.

Die dargestellten Meßergebnisse gelten ganz allgemein für beliebige Köpfe mit abweichenden Windungszahlen und geringen Abweichungen in den Spaltbreiten. Es muß nur für diese Köpfe der Vormagnetisierungsstrom für maximale Empfindlichkeit ermittelt werden und ein neuer Abszissenmaßstab für den Vormagnetisierungsstrom so gewählt werden, daß die Maxima zur Deckung kommen.

Den Herren der Agfa-Magneton-Abteilung Dr. Abeck, Dr. Brück, insbesondere aber Dr. Hörmann, danke ich für viele Vorschläge und angeregte Diskussionen über das Thema.

Mechanische Eigenschaften von Agfa-Bändern

(Mittelwerte)

	F-Band	FR-Band	FSP-normal	FSP-E. d.
Trägermaterial	Acet. Cell.	Acet. Cell.	PVC	PVC
Breite . . . . mm	6,25±0,05	6,25±0,05	6,25±0,05	6,25±0,05
Foliendicke . . . . μm	41±2	41±2	33±4	22±3
Schichtdicke . . . . μm	11±1	14±1	15±1	13±1
Gesamtdicke . . . . μm	52±3	55±3	48±5	35±4
Elastische Dehnung mit 1 kg 1 Minute belastet . . . . . . %	≦ 1	≦ 1,2	≦ 1,7	≦ 1,7
Plastische Dehnung mit 1 kg belastet. Gemessen 1 Minute nach Entlastung . . . . %	≦ 0,12	≦ 0,13	≦ 0,12	≦ 0,12
Zerreißlast . . . . kg	2,4	2,3	2,8	2,4
Elastizitätsgrenze . . . . . kg/mm²	6,2	6,2	5,6	5,6
Bruchdehnung. . . . . %	33	33	52	52
Schlagbruchfestigkeit (Pendelhammer 1,2 kg) . . . . cmkg/cm³	180	180	620	620
Linearer Ausdehnungskoeffz. in Abhängigkeit von der relativen Luftfeuchtigkeit für 20—80% relativer Feuchte . . . . . . pro 1 % r. F.	$6,2 \cdot 10^{-5}$	$6,2 \cdot 10^{-5}$	$1,5 \cdot 10^{-5}$	$1,5 \cdot 10^{-5}$
Koeffizient der diagonalen Ausdehnung in Abhängigkeit von der rel. Luftfeuchtigkeit für 20—80% rel. Feuchte . . . . . . pro 1 % r. F.	$6,6 \cdot 10^{-5}$	$6,6 \cdot 10^{-5}$	$2,0 \cdot 10^{-5}$	$2,0 \cdot 10^{-5}$
Bleibende Dehnung nach 3 Std. Belastung mit 1 kg. Gemessen 3 Std. nach Entlastung . . . . . . %	0,5	0,5	1,0	1,0
Magnetische Werte				
Koerzitivkraft $\mathfrak{H}_c$ . . . . . . Oe	157	254	314	314
Sättigungsremanenz $\mathfrak{B}_R$ . . . Gauß	355	914	801	801
Permeabilität . . . . μ	4,3	1,4	1,4	1,4

Füllfaktor: Die Schicht enthält etwa 35 Vol.% Eisenoxyd.

Zusammenfassung

Nach einer allgemeinen Betrachtung über den derzeitigen Stand der Magnettontechnik wird auf die Herstellung von Magnetbändern eingegangen. Der Fortschritt durch Verwendung hochkoerzitiver Pigmente wird aufgezeigt. Er äußert sich in einer Herabsetzung der Bandgeschwindigkeit durch Verbesserung des Frequenzganges der Bänder und Verringerung der nichtlinearen Verzerrungen. Die dadurch erzielte größere Aussteuerbarkeit ergibt einen Dynamikgewinn bei der Wiedergabe. Der professionelle Sektor erfordert eine Normung der elektroakustischen Eigenschaften der Tonbänder. Die vorliegenden Normentwürfe hierzu berücksichtigen weitgehend den augenblicklichen Stand der Magnettontechnik und legen Bezugsbänder mit definierten Eigenschaften fest, die von der Agfa hergestellt werden. Die elektroakustischen Eigenschaften der Agfa-Magneton-Bänder, ermittelt auf einem Bandmeßplatz mit genormtem Aufsprech- und Wiedergabekanal, werden in Diagrammen übersichtlich dargestellt. Sie ermöglichen eine leichte Orientierung über die optimale Verwendung und machen den Fortschritt in der Verbesserung der Eigenschaften anschaulich. Sie haben allgemeine Gültigkeit, wenn die angeführten Richtlinien bei ihrer Benutzung beachtet werden und geben sowohl dem Gerätekonstrukteur als auch dem Benutzer Aufschluß über die günstigsten Betriebsbedingungen der Bänder.

Literatur

[1] Guckenburg, W.: Die Wechselbeziehungen zwischen Magnettonband und Ringkopf bei der Wiedergabe, Funk und Ton, **4**, 24—33 (1950) Heft 5.

[2] Gondesen, Daragan, Schiesser: Grundsätzliche Anforderungen an Magnettonanlagen und Richtlinien zu deren Einstellung, (1951), Arbeitskommission Schallaufzeichnung der Rundfunkgesellschaften der Bundesrepublik.

[3] Krones, F.: Die magnetische Schallaufzeichnung in Theorie und Praxis, Wien, Technischer Verlag B. Erb, (1952).

[4] Schiesser, H. und O. Schmidtbauer: Beitrag zur Normung der Magnettontechnik, Frequenz **6**, 222—229 (1952) Nr. 8.

[5] Grammelsdorf, F. und W. Guckenburg: Klassifizierung der Magnettonträger, Funk und Ton, **6** 247—257, 311—323 (1952) H. 5, H. 6.

[6] Westmijze, W. K.: Der Aufnahme- und Wiedergabevorgang beim Magnettongerät, Philips' Techn. Rundschau Nr. 10, 290—302 (1953).

[7] Westmijze, W. K.: Studies on Magnetic recording, Philips Research Reports **8**, 148—157, 161—183, 245—269, 343 —366 (1953).

[8] Friedrich, H.: Bessere Tonqualität im Filmtheater durch Magnetton, Kinotechnik Nr. 12, 388—392 (1954).

[9] Behrendt, W.: Schwierigkeiten bei der Tonaufzeichnung im Farbfilm, Kinotechnik Nr. 12, 387 (1954).

[10] Jeschke, J.: Verfahren zur Herstellung hartmagnetischer Ferrite für Magnettonbänder, Bild und Ton H. 11, 7. Jahrg., S. 318—321; H. 12, 7. Jahrg., S. 350—355.

[11] DIN 45512 Bl. 1 (März 1955) Magnetbänder — Mechanische Eigenschaften.
DIN 45512 Bl. 2 (Januar 1955) Entwurf und Erläuterungen von H. Schiesser. Magnetbänder — Elektroakustische Eigenschaften.
DIN 45513 Bl. 3 s. Elektronorm, Jg. 8, 141 und 142 (1954) Heft 3. DIN-Bezugsbänder.

Magnetisches Meßverfahren an ferromagnetischen, pulverförmigen Substanzen für die Herstellung von Magneton-Bändern

Von R. Ch. H. Müller

Einleitung

Die magnetische Schallaufzeichnung hat in den letzten Jahren einen hohen Entwicklungsstand erreicht, so daß sie in großem Umfang, besonders im Rundfunk und der Filmindustrie angewendet wird. Dies ist sowohl auf apparative Verbesserungen wie auch auf eine erhebliche Steigerung der Bandqualität zurückzuführen. Die Eigenschaften der Bänder sind durch eine mechanisch hochwertige Unterlage, eine gleichmäßige Aufbringung einer festhaftenden, anschmiegsamen, magnetischen Schicht und günstige Eigenschaften der zum Aufbau dieser Schicht verwendeten ferromagnetischen Pulver bedingt. Da die Herstellung von Versuchsbändern sehr zeitraubend ist, wurde versucht, durch magnetische Messungen an dem pulverförmigen Ausgangsmaterial eine Vorauswahl zu treffen und nur die am besten erscheinenden ferromagnetischen Pulver zu Bändern zu verarbeiten. Dabei wurde die übliche Meßmethode, die Bestimmung der Grenzhysteresekurve verlassen, da sie umständlich ist und nur beschränkten Wert hat. Es wurde die im folgenden geschilderte Methode ausgearbeitet, die die magnetischen Vorgänge im Band möglichst getreu am pulverförmigen Material nachbildet und die Voraussagen über die Eigenschaften der mit diesem Pulver hergestellten Bänder gestattet.

1. Meßaufgabe

In der Wirkungskette der magnetischen Schallaufzeichnung steht das Schallereignis, bei dem sich der Schalldruck als Funktion der Zeit ändert, am Anfang. Nach zwei Energieumwandlungen resultiert als Aufzeichnung eine remanente Magnetisierung des Bandes, die eine Funktion des Ortes darstellt. Dies ist in den Abb. 1a und 1b angedeutet. Auch für die Zwischenglieder und für die nachfolgenden Glieder bis zum wiedergegebenen Schallereignis können derartige Kurven angegeben werden. Für eine gute Schallwiedergabe muß gefordert werden, daß Original und Wiedergabe der Schallereigniskurven einander ähnlich sind. Um Entzerrungen zu vermeiden, ist man bestrebt, dies auch für jedes Glied der Wirkungskette zu erreichen. Das bedeutet für die eigentliche Schallaufzeichnung die Forderung, daß die Kurven nach Abb. 1a und b einander ähnlich sind. Die Voraussetzung dafür ist, daß die Koordinatentransformation Zeit $\rightarrow$ Ort und Schalldruck $\rightarrow$ Remanenz eine lineare ist. Die erste Bedingung muß der Gerätehersteller durch konstante Bandgeschwindigkeit erfüllen. Die zweite fordert vom Bandhersteller eine lineare Abhängigkeit der remanenten Induktion B_R des Bandes von der Feldstärke H des Sprechkopfes, die linear proportional dem Schalldruck sei. Bei der Aufnahme wird dem tonfrequenten, magnetischen Wechselfeld noch ein hochfrequentes Wechselfeld überlagert, dessen Frequenz mindestens das Vierfache der oberen Tongrenzfrequenz

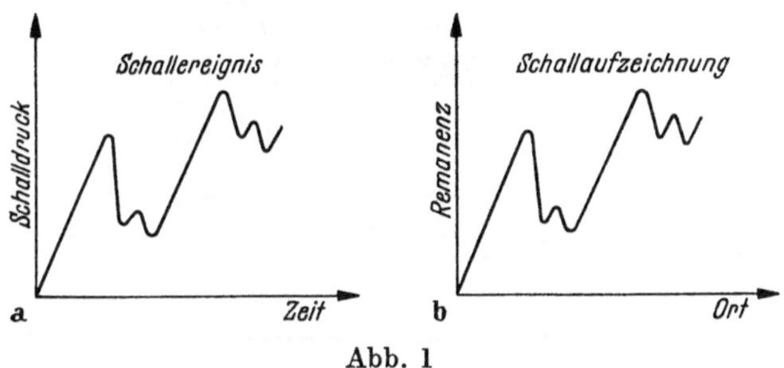

Abb. 1

beträgt. Um diesen Vorgang möglichst gut nachzubilden, sind also an den ferromagnetischen Pulvern (kurz Pigmente genannt), die für die Herstellung von Magnettonbändern verwendet werden sollen, $B_R = f(H)$-Kurven mit Wechselfeldüberlagerung aufzunehmen.

Die endgültige Beurteilung dieser Pigmente muß insbesondere wegen der wellenlängenabhängigen Entmagnetisierung an einem mit diesem Pigment hergestellten Band erfolgen. Da die Zahl der zu untersuchenden Pigmente sehr groß war, mußten die Messungen schnell und an geringen Substanzmengen durchführbar sein.

2. Meßapparatur

Die Meßapparatur (s. Abb. 2) besteht aus einem eisenfreien Solenoid mit 2 Wicklungen von 360 mm Länge. Durch einen Paketschalter (s. Abb. 3) können 3 verschiedene Kombinationen vorgenommen werden. In der ersten Stellung sind beide Spulen parallel an 330 Volt Gleichspannung angeschlossen. Bei einer Stromstärke von 25 Amp. wird in der Mitte eine Feldstärke von 4000 Oe erreicht. Zur Kühlung wird durch die Hohlräume der Spule Preßluft geblasen. In der Stellung II ist die äußere Spule stromlos. An der inneren liegt 110 Volt Gleichspannung aber in entgegengesetzter Richtung wie in Stellung I. Bei Stellung III durchfließt die innere Spule Gleichstrom, die äußere dagegen Wechselstrom. Die Stromstärken werden durch Potentiometer oder Vorwiderstände bzw. durch einen Spartransformator mit Anpassungstransformator eingestellt. Durch eine Sicherungsklappe über dem Paketschalter und einem durch die Klappe gesteuertem Schütz wird erreicht, daß der Schalter nur stromlos geschaltet werden kann.

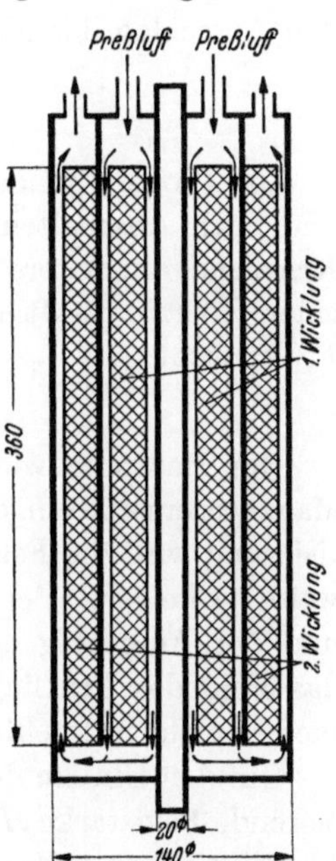

Abb. 2. Magnetisierspule mit 2 Wicklungen und Preßluftkühlung. (Die Stützen der Wickelkörper sind nicht gezeichnet).

Oberhalb der Magnetisierspule befindet sich die Meßspule von 8 cm Länge, die an ein Kriechgalvanometer angeschlossen ist. Die zu untersuchenden Pulverproben werden in mindestens 16 cm lange Glasröhren von etwa 5 mm Innendurchmesser eingefüllt. Mittels eines daran befestigten Fadens können die Proben in vertikaler Richtung durch Magnetisier- und Meßspule

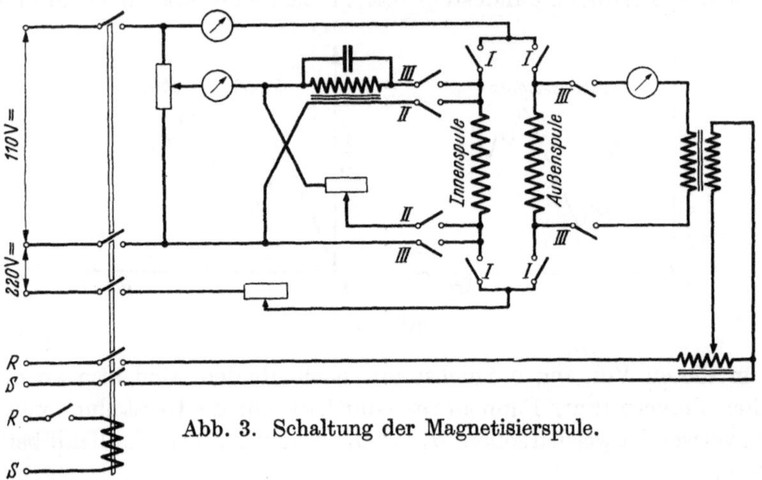

Abb. 3. Schaltung der Magnetisierspule.

bewegt werden. In der ersten werden die Proben in definierter Weise magnetisiert und anschließend in der zweiten, der Meßspule, ihre remanente Magnetisierung durch den Ausschlag des Kriechgalvanometers gemessen.

3. Bestimmung der Sättigungsremanenz

Die Probe wird bei einer Feldstärke von 4000 Oe (Stellung I) voll magnetisiert und nach Abschalten des Feldes durch die Meßspule gezogen. Der Ausschlag des Kriechgalvanometers ergibt die Sättigungsremanenz. Selbst bei Pigmenten mit einer Koerzitivkraft von 600 Oe wird bei 2000 Oe die Sättigungsremanenz bis auf 1% erreicht.

4. Bestimmung der Koerzitivkraft

Die Meßspule wird für die Bestimmung der Koerzitivkraft in die Mitte der Magnetisierspule eingebaut und der Prüfling in letztere gesteckt. Nach voller Magnetisierung wird die Feldrichtung umgekehrt (Stellung II) und die Feldstärke schrittweise gesteigert. Bei jeder Feldstärkeneinstellung wird die Probe herausgezogen und der Ausschlag des Kriechgalvanometers abgelesen. Diejenige Feldstärke, die das Feld des Prüflings gerade kompensiert, so daß kein Ausschlag des Galvanometers mehr feststellbar ist, ist die Koerzitivkraft.

Um den Umbau der Meßspule zu vermeiden, wurde in der Regel die entmagnetisierende Feldstärke H_E bestimmt, die *nach* ihrer Einwirkung die Sättigungsremanenz beseitigt. Nach voller Magnetisierung (Stellung I) wird das entmagnetisierende Feld (Stellung II) ein und wieder ausgeschaltet und die restliche Remanenz in der oberhalb der Magnetisierspule befindlichen Meßspule bestimmt. Durch Wiederholung des Meßvorganges unter Variation des entmagnetisierenden Feldes und Interpolation läßt sich erfahrungsgemäß in wenigen, meist 3 Messungen die entmagnetisierende Feldstärke H_E bestimmen. Sie ist stets größer als die Koerzitivkraft.

5. Aufnahme von Remanenzkurven in Abhängigkeit von der Gleich- und Wechselfeldstärke

Der Prüfling wird in der Magnetisierspule einem Gleich- und Wechselfeld ausgesetzt. Beim Herausziehen durchläuft er ein abklingendes Feld, ähnlich wie das Band beim Verlassen des Sprechkopffeldes. Die Remanenz wird wiederum in der Meßspule gemessen. Durch Konstanthalten des Wechselfeldes $H_{\sim}$ und Variation des Gleichfeldes $H_{=}$ gewinnt man Kurvenscharen nach Abb. 5.[1] Läßt man dagegen $H_{=}$ konstant und verändert $H_{\sim}$, so erhält man eine Kurve nach Abb. 4, die einen ähnlichen Verlauf aufweist wie diejenige, die man erhält, wenn man die Hörkopf-EMK in Abhängigkeit von dem Vormagnetisierungsstrom bei konstantem Tonfrequenzstrom mißt. Aus den Kurven 4 und 5 können Empfindlichkeit, Klirrfaktor, Vormagnetisierungsmaximum und Empfindlichkeitsänderung infolge falscher Vormagnetisierungseinstellung mindestens qualitativ bestimmt werden.

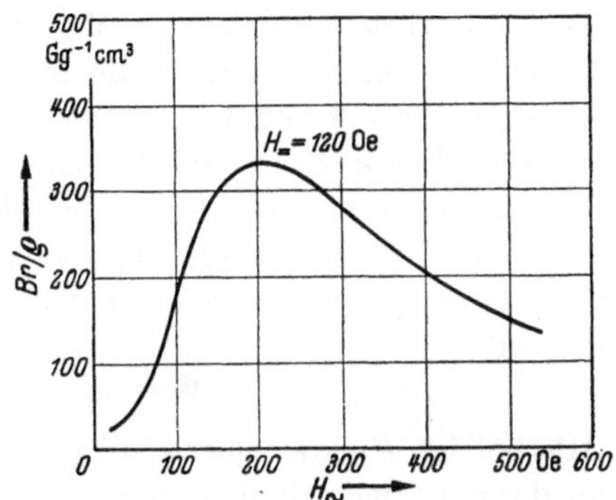

Abb. 4. Remanenz/Dichte in Abhängigkeit vom Wechselfeld bei konstantem Gleichfeld.

Magnetisiert man die Prüflinge bei kleinen Feldstärken ohne Wechselfeldüberlagerung bei verschiedenen Temperaturen und Zeiten, so erhält man ferner Aufschluß über die Neigung zum Kopiereffekt.

Die Gleichfeldstärke für die Bestimmung des Vormagnetisierungsmaximums (s. Bild 5) wurde aus folgendem Grunde zu 120 Oe gewählt. Mittels eines T8-Gerätes der Fa. AEG wurde der Leerteil des Bezugsbandes 76 mit Gleichstrom magnetisiert,

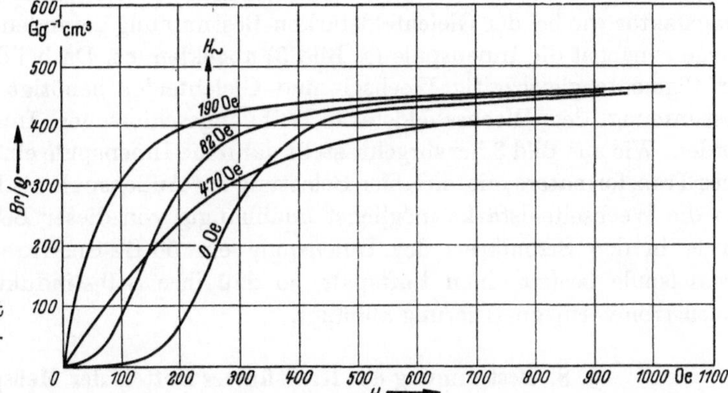

Abb. 5. Remanenz/-Dichte in Abhängigkeit vom Gleich- und Wechselfeld.

dessen Stärke dem Effektivwert des Tonfrequenzstromes gleich ist, der das Band zum vollen Pegel aussteuert. Durch Zerschneiden in 16 cm lange Stücke und Bündeln erhält man einen Prüfling, dessen Remanenz in der Meßspule bestimmt werden kann. Nach Entmagnetisierung und Magnetisierung in der Magnetisierspule läßt sich leicht

[1] Die Maßeinheit für die Remanenz wird im 9. Abschnitt erläutert.

die Feldstärke bestimmen, die die gleiche Remanenz hervorruft. Diese betrug 120 Oe. Da die Feldstärkenverteilung vor dem Kopf während des Vorbeilaufens des Bandes nicht exakt bekannt ist, gibt diese Messung nur einen ungefähren Wert für die maximale Feldstärke, der das Band vor dem Sprechkopf ausgesetzt ist.

6. Bestimmung der Feldstärke in der Magnetisierspule

Die Feldstärke H_M in der Magnetisierspule wurde durch eine Substitutionsmethode ermittelt. Hierzu wurde in die Mitte der Magnetisierspule eine einlagige 11,9 cm lange Spule von 1,4 cm Durchmesser eingebracht. Auf dieser wiederum war direkt eine kurze Prüfspule (Länge = 1,3 cm) unmittelbar aufgewickelt und mit dem Kriechgalvanometer verbunden. Erhält man beim Ein- oder Ausschalten mit der großen Magnetisierspule die gleichen Ausschläge des Kriechgalvanometers wie mit der einlagigen Spule, so sind die Kraftflüsse Φ, die die Prüfspule durchsetzen, gleichgroß.

$$\Phi = \mu_0 \cdot F_P \cdot H_M = \mu_0 \cdot F_S \cdot H_S$$

Hierbei ist F_P die Querschnittsfläche der Prüfspule; F_S ist die Querschnittsfläche der einlagigen Spule und H_S ihre Feldstärke, die aus den geometrischen Daten und der Stromstärke zu errechnen ist. Damit ist auch H_M bekannt, so daß der Umrechnungsfaktor, mit der die Stromstärke multipliziert werden muß, um die Feldstärke zu erhalten, bestimmt werden kann.

7. Bestimmung der Wechselfeldstärke

Zur Bestimmung der Wechselfeldstärke wurde in die von Wechselstrom durchflossene Magnetisierspule eine kleine einlagige Prüfspule eingebracht und mit einem Röhrenvoltmeter mit hochohmigem Eingang verbunden. Aus den Spulendaten und der EMK ist die Feldstärke in bekannter Weise zu ermitteln. Damit ist der Zusammenhang zwischen Stromstärke und Feldstärke gegeben. Es wurde der gleiche Umrechnungsfaktor wie bei der Gleichfeldstärken-Bestimmung gefunden. Bei dieser Messung wurde zunächst die Innenspule (s. Bild 3) abgeklemmt. Da bei den Untersuchungen der Pigmente gleichzeitig Wechsel- und Gleichfelder benötigt werden, mußte die Bestimmung der Wechselfeldstärke mit angeschlossener Innenspule wiederholt werden. Wie aus Bild 3 hervorgeht, stellt dann die Innenspule eine Sekundärwicklung eines Transformators mit variabler Belastung zur Außenspule als Primärwicklung dar. Um die Wechselfeldstärke möglichst unabhängig von dieser Belastung zu machen, wurde in den Stromkreis der Innenspule ein 50 Hz-Sperrkreis eingebaut. Seine Drosselspule besitzt einen Luftspalt, so daß ihre Selbstinduktion wenig von der Gleichstromvormagnetisierung abhängt.

8. Bestimmung des Kraftflusses mittels der Meßspule

In die mit dem Kriechgalvanometer verbundene Meßspule wird eine 20 cm lange einlagige Spule (von etwa gleichem Durchmesser wie die Proben) konzentrisch eingebracht, und zwar so, daß sich die Meßspule in der Mitte der einlagigen Spule befindet. Durch Herausziehen der stromdurchflossenen einlagigen Spule erhält man Ausschläge des Kriechgalvanometers, die proportional dem Kraftfluß der Spule sind, der aus der Stromstärke und den Wickeldaten zu errechnen ist.

9. Bestimmung der remanenten Magnetisierung von pulverförmigen magnetischen Materialien

Wie bereits oben beschrieben, werden die Pigmentproben in Glasrohre von mindestens 16 cm Länge eingefüllt und festgepreßt. Die Mindestlänge von 16 cm wurde in folgender Weise ermittelt. Ein Magneton-Bandbündel von 30 cm Länge wurde definiert magnetisiert und der remanente Fluß gemessen. Dann wurde das Bündel schrittweise verkleinert und jedesmal der Fluß gemessen. Bei einer Länge von 14 cm verkleinerte sich der remanente Fluß (durch rückläufige Kraftlinien) scheinbar um 2,5%. Bei 16 cm war keine Verringerung feststellbar, so daß diese Länge als Mindestlänge für die Prüflinge festgesetzt wurde, bei der nur der Kraftfluß des Bündels ohne rückläufige Kraftlinien ermittelt wird.

Um von der Fülldichte ϱ dem Quotient aus Gewicht G und scheinbarem Volumen V des Pulvers möglichst unabhängig zu werden, wurde die remanente Kraftflußdichte $B_R = \frac{\Phi_R}{F}$ durch die Fülldichte dividiert und dieser Wert

$$\frac{B_R}{\varrho} = \frac{\Phi_R}{F \cdot \varrho} [G g^{-1} \mathrm{cm}^3]$$

stets ermittelt.

Die Reproduzierbarkeit des Meßwertes $\frac{B_R}{\varrho}$ bei einer einmal eingefüllten Probe nach mehrmaliger Entmagnetisierung und voller Magnetisierung betrug $\pm 0{,}5\%$. Füllt man mit der gleichen Substanz mehrere Proberöhrchen, so ergeben sich Abweichungen um $\pm 2\%$.

Da das Volumen V

$$V = F \cdot l \text{ und } \varrho = \frac{G}{V}$$

ist, wobei F die Querschnittsfläche, V das Volumen, G das Gewicht und l die Länge der Probe ist, ergibt sich für

$$\frac{B_R}{\varrho} = \frac{\Phi_R \cdot l}{G}$$

G und l können leicht ermittelt werden, die umständlichere Bestimmung der inneren Querschnittsfläche des Glasrohres entfällt.

Zusammenfassung

Eine im Jahre 1950 entwickelte Meßapparatur wird beschrieben, mit der magnetische Messungen an pulverförmigen ferromagnetischen Pulvern durchgeführt werden können. Mit ihrer Hilfe gelingt es, über die meisten interessierenden elektroakustischen Daten der Magneton-Bänder, die mit diesen Materialien hergestellt werden, qualitativ richtige Voraussagen zu machen.

Schmalfilm mit Magnetspur und die Agfa-Magneton-Auftragmaschine

Von F. Biedermann

Mit dem Magnettonverfahren war vor etwa 20 Jahren eine Technik der Tonaufzeichnung geschaffen worden, die sich dank ihrer hohen Güte sehr rasch an die Stelle der bisherigen Aufzeichnungsverfahren setzte. Der Rundfunk übernahm es für seine Sendungen, und seit einigen Jahren wird es auch in den Tonfilmateliers bei der Aufnahme und den anschließenden Arbeitsgängen angewendet, die bis zur Herstellung der Theaterkopie erforderlich sind. Bei dieser dagegen und bei den 16-mm-Schmalfilmen hat sich bis vor kurzem noch das Lichttonverfahren behaupten können. Der Grund dafür lag neben der Tatsache, daß für den Lichtton jahrzehntelange Erfahrungen und alle notwendigen Geräte vorhanden waren, in erster Linie darin, daß durch die Verwendung derselben photographischen Schicht für Bild und Ton die Synchronisierung keine Schwierigkeiten machte.

Beim Übergang auf den Magnetton mußte man zunächst das Einbandverfahren aufgeben und suchte bei den Geräten der Tonfilmateliers und bei Schmalfilm-Projektionen die kombinierte Bild-Ton-Wiedergabe durch ein zur Bildfilm-Projektion synchron ablaufendes Magnetbandgerät zu erreichen. Es sind sehr viele Vorschläge zur Synchronisierung gemacht worden, und es sind auch eine Anzahl Zweibandgeräte auf dem Markt erschienen [*1—3*]. Ihr Vorzug besteht darin, daß sie die höchste Qualität der Tonwiedergabe erreichen können, die das normale Magnetband von 6,25 mm Breite gibt, da ja auch die Bandgeschwindigkeit frei wählbar ist und nicht mit der des Bildfilms übereinzustimmen braucht. Ein absolut synchroner Ablauf des Films mit einem unperforierten Band ist jedoch praktisch nicht zu erzielen, wenn man nicht den Ablauf des Magnetbandes durch irgendwie aufgebrachte Marken oder Frequenzen — die in der Wirkung einer Perforation gleichkommen — steuert.[1] Diese Methode wird unter dem Namen „Pilotton-Verfahren“ teilweise in Fernseh-Studios angewendet. In den Tonfilmateliers wurde das Problem durch die Verwendung von perforierten Magnetfilmen (35-mm-Film bzw. 17,5-mm-Spitfilm) gelöst.

[1] Die Anforderungen, die bei einem absoluten Synchronismus („Lippensynchronismus“) eingehalten werden müssen, lassen sich leicht abschätzen: Läßt man bei einer Sprachwiedergabe als größten Synchronismusfehler 0,1 s zu, so entsprechen dieser Abweichung bei 18 cm/s Bandgeschwindigkeit etwa 2 cm Bandlänge. Bei einer Gesamtlänge des Films von z. B. 200 m müßte also die Vorführgeschwindigkeit eine Konstanz von 2 : 20000 = 0,1‰ haben. Es leuchtet ein, daß sich dieser hohe Grad von Konstanz und Übereinstimmung der Geschwindigkeiten, selbst wenn er einmal zufällig erreicht war, bereits infolge von Dehnungen oder Schrumpfungen des Bandmaterials oder infolge von Unterschieden des Schlupfes an der glatten Antriebsrolle des Bandgerätes u. dgl. nicht aufrechterhalten läßt.

In dem Bereich des Schmalfilms, der einfachere Lösungen verlangt und nicht so hohe Qualitätsansprüche stellt, ging das Streben dahin, nach Möglichkeit zum Einbandverfahren zurückzukehren und Tonfilme zu schaffen, die an Stelle der Lichttonspur eine Magnettonspur tragen. Dabei war zunächst noch fraglich, ob nicht beim Übergang auf eine zwangsweise so schmale Spur von der hohen Wiedergabequalität des Magnetbandes zu viel eingebüßt würde.

Die ersten Versuche, Filme mit Magnettonstreifen zu versehen, wurden in den Vereinigten Staaten unternommen und im Jahre 1947 bekanntgemacht [*4*, *5*]. Die dabei erzielten guten Ergebnisse versprachen eine erfolgreiche Entwicklung dieser neuen Technik, denn sie bewiesen die Möglichkeit, schmale Magnettonstreifen auf Filmen aufzutragen und auf diesen eine Tonaufzeichnung vorzunehmen, die selbst bei der geringen Geschwindigkeit des 8-mm-Films und einer Breite von nur 0,8 mm für Amateurzwecke durchaus ausreichende Qualität hatte. In den folgenden Jahren wurde der Schmalfilm mit Magnetton schrittweise aus dem Versuchsstadium in die kommerzielle Technik übergeführt.

Voraussetzung für eine breite Anwendung dieser Technik und für die Schaffung von Aufnahme- und Wiedergabegeräten war die Herstellung der dazugehörigen Filme mit Magnettonspuren durch besondere Maschinen, welche eine aus dem Eisenoxyd ($\gamma\, Fe_2O_3$), einem Bindemittel und einem Lösungsmittel bestehende Gießlösung in Form der schmalen Streifen auf den Film auftragen. Hierfür sind verschiedene Verfahren vorgeschlagen und praktisch ausgeführt worden. Nach dem Verfahren der Firma Eastman Kodak Co. [*6*] wird das Eisenoxyd durch eine in die Dispersion eintauchende Walze an den Film angetragen. Nach dem Verfahren der Firma Minnesota Mining and Mfg. Co. [*7*] wird der Magnettonstreifen zunächst auf Zellophan gegossen und mit einer weiteren Schicht eines thermoplastischen Klebers bedeckt; mittels dieser klebenden Deckschicht wird er auf den Film aufgeklebt und der Zellophanträger abgezogen, so daß die Magnettonstreifen nach oben zu liegen kommen. Nach der am meisten angewandten Technik wird die Gießlösung mittels einer besonderen Gießvorrichtung auf die Filme in Form der schmalen Streifen aufgegossen. Maschinen, die nach Gießverfahren arbeiten, sind von den Firmen Bell & Howell Co. [*8*], Reeves Soundcraft Corp. (Magna Stripe-Verfahren) [*9*, *10*], Pyral [*11*] und von der Fa. Agfa Camera-Werk A.G. gebaut worden. Das Verfahren der Agfa und die hierfür konstruierten Maschinen werden im folgenden näher besprochen.

Die Agfa-Magneton-Auftragmaschine

Für eine hohe und gleichmäßige Tonqualität der Magnettonspur sind in gleicher Weise die physikalischen und chemischen Eigenschaften der Gießlösung und die betrieblichen Eigenschaften der Auftragmaschine maßgebend. Die nachstehende Aufstellung zeigt die wichtigsten Forderungen, die dabei gestellt werden müssen und die für die Einhaltung maßgebenden Faktoren.

Die Magneton-Gießlösung der Agfa A.G. für Photofabrikation in Leverkusen wurde unter Verwendung der langjährigen Erfahrungen aus der Magnetbandfertigung entwickelt; die Agfa-Magneton-Auftragmaschine wurde auf Grund gemeinsamer Vorversuche im Agfa Camera-Werk in München konstruiert.

Tabelle 1

Forderung	Einhaltung der Forderung notwendig für	Einhaltung der Forderung abhängig von
1. Gute elektroakustische Eigenschaften (hohe Empfindlichkeit, geringes Rauschen, guter Frequenzgang usw.)	hohe Tonqualität	Gießlösung
2. Enge maßliche Toleranzen der Magnettonspur (Breite und Dicke sowie Lage auf dem Film)	Konstanz der elektroakustischen Eigenschaften	Auftragmaschine
3. Glatte, geradlinige Kanten der Spur	Konstanz der elektroakustischen Eigenschaften	Auftragmaschine
4. Glatte, körnchen- u. riefenfreie Oberfläche der Spur	gleichmäßige und rauscharme Wiedergabe, geringe Abnutzung der Magnetköpfe	Gießlösung und Auftragmaschine
5. Haftfähigkeit der Magnetschicht auf Unterlage und Emulsion bei möglichst allen Filmarten u. Filmfabrikaten	(Grundforderung für Anwendbarkeit des Verfahrens)	Gießlösung und Filmmaterial
6. Keine Deformation (Krümmung) der Filmunterlage, auch nicht bei nachträglicher Einwirkung der photographischen Bäder	Empfindlichkeit und Gleichmäßigkeit d. Tonwiedergabe, gleichmäßige Abnutzung der Magnetköpfe	Gießlösung und Filmmaterial
7. Keine schädliche Beeinflussung der photographischen Bäder bei nachträglicher Entwicklung, Nichtbeeinflussung der Haftfähigkeit	Beschichtbarkeit von Rohfilmen	Gießlösung
8. Beständigk. gegenüb. Filmreinigungsmitteln und Ölen (im Projektor)	gute Betriebseigenschaften u. lange Lebensdauer der Filme	Gießlösung
9. Geringe Abnutzung der Magnetköpfe	konstante Betriebsbedingungen für Tonwiedergabe, Vermeiden von schnellem Verschleiß d. Wiedergabegerätes	Gießlösung und Auftragmaschine

Abb. 1 zeigt die normale Ausführung der Maschine, wie sie zum Auftragen von Magnettonspuren auf 8-mm-, 16-mm- und 35-mm-Filmen dient. Beim Übergang von einem Filmformat auf ein anderes müssen lediglich die Transporttrommeln und die Gießeinrichtungen ausgewechselt werden, während alle Laufrollen für alle 3 Filmformate entsprechend ausgespart sind. Der Film läuft von der Vorratstrommel (a) zunächst über einen Podest (b), der eine Steuer-, Heft- und Festhaltevorrichtung enthält. Diese Baugruppe dient zum Verbinden zweier Filmrollen im kontinuierlichen Betrieb. Sobald eine Filmrolle ausläuft, wird das Filmende durch eine elektromagnetische Festhaltevorrichtung — welche durch einen vom Filmzug gesteuerten Filmhebel ausgelöst wird — festgehalten und kann dann in der Heftvorrichtung durch Klammern mit dem Anfang der nächsten Filmspule verbunden werden. Der sog. Vorlaufschrank (c), in den nunmehr der Film eintritt, dient dazu, die Maschine auch in dieser Heftpause mit Film zu speisen und ihren kontinuierlichen Betrieb zu ermöglichen, wobei der bewegliche, in Abbildung 1 in der unteren Stellung befindliche Rollenträger in bekannter Weise durch den Film nach oben gezogen wird. Von diesem Schrank aus gelangt der Film zu den Gießeinrichtungen (d, e), die in Abb. 2 noch im einzelnen wiedergegeben sind. Das Aufgießen der Gießlösung geschieht unter genauer Führung des Films an 2 Stellen, und zwar, zur Vermeidung von Beschädigungen der Filmrückseite, auf sich mitdrehenden Rollen als Unterlage. Mit 2 Gießern können in einem Arbeitsgang gleichzeitig 2 Spuren — bei Verwendung von Doppeldüsen sogar 4 Spuren (z. B. für Cinemascope-Film) — aufgetragen werden. Zwischen den beiden Gießaggregaten erkennt man auf der Abbildung den Vorratsbehälter für die Gießlösung, die durch Schlauchleitungen den Gießern zugeführt wird. Durch Verstellungen an Spindeln läßt sich sowohl die Lage der Spur auf dem Film als auch die Dicke der aufgetragenen Schicht präzis einstellen;

Abb. 1. Vorderansicht der Agfa-Magneton-Auftragmaschine für 8-mm-, 16-mm- und 35-mm-Filme.

Abb. 2. Die Gießaggregate der Agfa-Magneton-Auftragmaschine.

durch Wahl entsprechender Gießdüsen wird die gewünschte Breite der Spur erzielt. Beim Übergang auf ein anderes Filmformat wird das Gießaggregat in seiner Schwalbenschwanzführung nach vorn herausgezogen und das andere dafür eingesetzt; die genaue Lage des ganzen Aggregates wird an veränderlichen Anschlägen eingestellt. Der Film mit den noch feuchten Tonspuren läuft dann in den unter den Gießaggregaten angeordneten Trockenschrank (f), der bei der derzeitig verwendeten Agfa-Magneton-Gießlösung ohne eine zusätzliche Heizung auskommt. Die Möglichkeit einer solchen Heizung durch Wärmestrahler ist jedoch vorgesehen. Eine Entlüftung im Trockenschrank sorgt für die Abführung der verdampfenden Lösungsmittel. Über ein Zählwerk, das die beschichteten Filmmeter zählt, läuft der Film auf die Aufwickelspule (g); eine von dem Wickeldurchmesser gesteuerte, veränderliche Friktion sorgt dafür, daß beim Aufwickeln stets derselbe Zug vorhanden ist und die Filmspule gleichmäßig aufgewickelt wird. Die Filmlaufgeschwindigkeit ist einstellbar auf 18 cm/s oder 24 cm/s. Rechts vom Trockenschrank sind die Druckknöpfe für das Einschalten des Entlüfters und der gesamten Maschine sichtbar, desgleichen ein Umschalter, mittels dessen der Film im Bedarfsfalle auf Rücklauf geschaltet werden kann.

Abb. 3. Erweiterte Ausführung der Agfa-Magneton-Auftragmaschine für Beschichtung von unbelichteten Filmen in der Dunkelkammer.

Abb. 3 zeigt eine erweiterte Ausführung der Agfa-Magneton-Auftragmaschine. Sie wurde insbesondere im Hinblick auf die Möglichkeit gebaut, Beschichtungen auf unbelichteten Filmen in der Dunkelkammer durchzuführen, und besteht in einer noch weitergehenden automatischen Durchbildung des Arbeitsvorganges. Die Maschine hat zusätzlich an der Aufwickelseite einen dem Vorlaufschrank entsprechenden Nachlaufschrank (a) erhalten, der beim Wechseln der Aufwickelspule vorübergehend den Film aufnimmt, wobei sich der bewegliche Rollenträger (in Abb. 3 in der obersten Stellung) abwärts bewegt. Das Ende einer Filmspule und damit die Notwendigkeit, die Filme auseinanderzutrennen, wird dem Bedienenden akustisch angezeigt, und zugleich wird der Film an dieser Heftstelle durch eine elektromagnetische Bremse — auf Podest (b) links sichtbar — festgehalten, so daß mittels der rechts davon befindlichen Schneidevorrichtung die Filme von dem Laboranten getrennt werden können. Beide Speicherschränke sind außerdem mit Signaleinrichtungen versehen, die ansprechen, sobald ihre Kapazität zu etwa $^2/_3$ in Anspruch genommen worden ist; würde sie schließlich überschritten — wenn für das Heften bzw. Trennen der

Filme einschl. Spulenwechsels mehr als etwa 100 Sekunden benötigt werden — so schaltet sich die Maschine von selbst ab.

Die Maschine ist, damit sie im Dunkeln leichter bedient und beobachtet werden kann, weiß lackiert, und ihre Bedienungshebel und beweglichen Teile sind durch Leuchtfarbe sichtbar gemacht.

Die Magnettonspuren können sowohl auf Schwarzweiß- als auch auf Farbfilmen der genannten 3 Formate aufgebracht werden. Von den beiden Filmseiten kommt mit Rücksicht auf die Anordnung der Magnetköpfe in den Projektoren im allgemeinen die Rückseite für die Beschichtung in Frage; in Einzelfällen kann je nach Art des Films und des vorangegangenen Kopierverfahrens die Beschichtung auf der Emulsionsseite erforderlich werden. Für die Lage und die Breite der Spuren werden im allgemeinen die Abmessungen angewendet, die in den deutschen und den damit weitgehend übereinstimmenden ausländischen Normenvorschlägen niedergegelegt sind.[1]

Abb. 4 zeigt die diesen Vorschlägen entsprechenden Beschichtungsarten, wie sie im Agfa-Camera-Werk auf den Schmalfilmformaten 16 mm und 8 mm ausgeführt werden. Danach erhalten einseitig perforierte 16-mm-Filme eine 2,5 mm breite Spur an der nichtperforierten Seite und als Dickenausgleich eine 0,8 mm breite Spur außerhalb der Porforationsreihe; doppelseitig perforierte 16-mm-Filme bekommen außerhalb der beiden Perforationsreihen je eine 0,8 mm breite Spur. Außerdem kann auf einseitig perforierten 16-mm-Filmen, die eine Lichttonspur besitzen, eine Hälfte dieser Spur mit Magnettonspur von 1,3 mm Breite (sog. Halbspur) abgedeckt werden, so daß von demselben Film Lichtton und Magnetton — beispielsweise verschiedene sprachliche Versionen — wiedergegeben werden hönnen. Die 8-mm-Filme erhalten üblicherweise eine 0,8 mm breite Spur außerhalb der Perforationsreihe. (Für die Beschichtung an der gegenüberliegenden Filmkante existiert kein Normvorschlag, jedoch kann auch hier die Schmalspur von 0,8 mm aufgetragen werden.) 2×8-mm-Filme erhalten auf jeder Seite außerhalb der Perforationsreihe je eine Spur von 0,8 mm Breite.

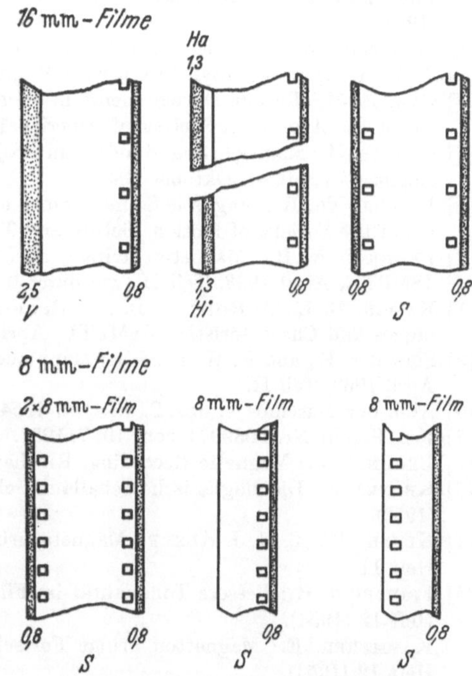

Abb. 4. Magnetspuren auf Schmalfilmen.
V = Vollspur; Ha = Halbspur außen;
S = Schmalspur; Hi = Halbspur innen.

Mit dem Auftragen von Magnettonstreifen auf Filmen ist eine wesentliche Verbesserung der Wiedergabe-Qualität gegenüber dem Lichtton erreicht worden. Sie ist in den günstigeren physikalischen Voraussetzungen des Magnettonverfahrens

[1] z. B. Entwurf DIN 15881 für 8-mm-Film, Entwurf DIN 15681 für 16-mm-Film.

begründet [*12*, *13*] und liegt auch bei diesen schmalen Spuren außer in einem geringeren Klirrfaktor und größeren Frequenzbereich vor allem in einer höheren Dynamik [*14*—*17*].

Abgesehen von der Qualitätssteigerung liegt der Wert der Magnettonspur darin, daß dem Amateur die Möglichkeit zur Selbstvertonung seiner Filme gegeben worden ist und daß der 8-mm-Film dank der Magnetspur überhaupt erst mit Ton versehen werden kann. Es wird beim 8-mm-Film trotz der geringen Spurbreite und geringen Geschwindigkeit eine durchaus befriedigende Wiedergabe erreicht [*18*]. In den letzten Jahren sind eine Anzahl von Wiedergabe-Projektoren für Schmalfilm in- und ausländischer Herkunft auf dem Markt erschienen, mit denen zugleich auch an Hand des projizierten Bildes die Magnetton-Aufnahme vorgenommen werden kann [*19* bis *21*].

Ein neues weiteres Anwendungsgebiet wird sich dem 16-mm-Film mit Magnettonrandspur nach den bisherigen erfolgreichen Versuchen [*22*] voraussichtlich im Fernsehen erschließen.

Literatur

[*1*] Frese, F.: Die Möglichkeiten zur Vertonung von Amateurfilmen, Kinotechnik **7**, Heft 7 (1953).

[*2*] Sluijters jr., J.: Synchronisatie, Het Veerwerk, Heft v. 10. 3. 53.

[*3*] J. W. M.: Improved Synchrony with Magnetic Tape, Movie Makers, August 1952.

[*4*] Camras, M.: Recent Developments in Magnetic Recording for Motion Picture Film, Journal of the Acoustical Society of America **19** (1947).

[*5*] Camras, M.: Magnetic Sound for 8 mm Projection, Journal of the Society of Motion Picture Engineers (Heft 4), Oktober 1947.

[*6*] Dedell, Th. R.: Magnetic Sound Tracks for Processed 16 mm Motion Picture Film, Journal of the Society of Motion Picture and Television Engineers, April 1953, Teil II.

[*7*] Persoon, A. H.: Magnetic Striping of Photographic Film by the Laminating Process, JSMPTE, April 1953, Teil II (wie unter 6).

[*8*] Kaspin, B. L., A. Roberts jr., H. Robbins and R. L. Powers: Magnetic Striping Techniques and Characteristics, JSMPTE, April 1953, Teil II.

[*9*] Schmidt, E., and E. W. Franck: Manufacture of Magnetic Recording Materials, JSMPTE, April 1953, Teil II.

[*10*] Abb. der Maschine s. JSMPTE, Okt. 1954, S. 157.

[*11*] Frz. Patent Nr. 1039974 vom 19. 7. 1951.

[*12*] Begun, S. J.: Magnetic Recording, Rinehart Books Inc., 1949.

[*13*] Krones, F.: Die magnetische Schallaufzeichnung, Techn. Zeitschriftenverlag, Wien: B. Erb (1952).

[*14*] Kluth, B., u. H. J. Klemp: Magnetspurbreite und Wiedergabequalität, Bild u. Ton **7**, Heft 11.

[*15*] Friedrich, H.: Bessere Tonqualität im Filmtheater durch den Magnetton, Kinotechnik **8**, Heft 12 (1954).

[*16*] Kammerer, E.: Magnetton bringt Fortschritte in der Tonaufzeichnung, Kinotechnik **8**, Heft 12 (1954).

[*17*] Guckenburg, W.: Die praktischen Grenzen der magnetischen Aufzeichnung, Kinotechnik **8**, Heft 12 (1954).

[*18*] Friedrich, H.: Die Tonqualität beim 8-mm-Schmalfilm mit Magnetspur, Phototechnik und Wirtschaft **6**, Heft 1 (1955).

[*19*] Thompson, L.: Now, Magnetic on 8! Movie Makers, August 1952.

[*20*] Masterson, Putzkrath and Roys: Magnetic Sound on 16 mm edgecoated Film, JSMPE, Dezember 1951.

[*21*] Magnetic marches on!, Movie Makers, Febr. 1952.

[*22*] Lauer, H., u. O. Schulze: Schmalfilm mit Magnetton im Südwestfunk-Fernsehbetrieb, Kinotechnik **8**, Heft 7 (1954).

Die Registrierung von Sendungen auf Film im deutschen Fernsehbetrieb

Von W. BEHRENDT

Häufig besteht der Wunsch, eine Fernsehsendung auf Film festzuhalten, um sie später noch einmal senden zu können. Dies ist bei Sendungen mit einer Fernseh-Kamera (Life-Sendung) ohne weiteres klar. In vielen Fällen besteht der Wunsch aber auch bei Sendungen vom Film, wenn nämlich ein weitentfernter zweiter Sender registrieren und später wieder senden will. Auf dem amerikanischen Kontinent spielt dieses Problem wegen der großen Unterschiede in der Ortszeit eine große Rolle. Gibt z. B. ein Sender im Staate New York um 20 Uhr ein Abend-Programm, so kann ein Sender in San Franzisko seinem Publikum dieses Programm nicht gleichzeitig, d. h. am frühen Nachmittag, vorsetzen. Das Programm wird also empfangen, auf Film registriert und 4 oder 5 Stunden später gesendet. Schließlich ist noch das High-Definition-Verfahren [*1*] zu erwähnen, bei dem die Fernsehkamera überhaupt nur ein Mittel zur Filmaufnahme darstellt. Hier wird also das Video-Signal der Fernsehkamera im Kurzschluß auf das Registriergerät gegeben, wobei der Vorteil weniger in der erreichten Bildqualität als in der Beschleunigung der Dreharbeiten liegt. Man kann mehrere Kameras gleichzeitig laufen lassen und während der Aufnahme im harten Schnitt überblenden, kontinuierlich überblenden, Schiebe-, Wisch- und sonstige Trickblenden einschalten, ferner mittels weiterer Film- oder Diapositivsender vorhandene Bilder einblenden usw.

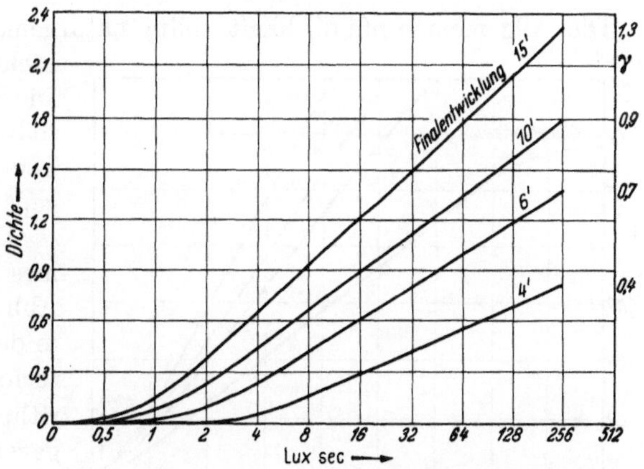

Abb. 1. Gradationskurven des Fernsehfilms in photographischen (logarithmischen) Einheiten bei verschiedenen Entwicklungszeiten.

In Deutschland wird z. Z. nur bei Life-Sendungen am Sendeort registriert, da die anderen Gründe für eine Registrierung hier nicht gegeben sind, und zwar vorzugsweise bei solchen Sendungen, die anders nicht wiederholt werden können, also vor allem bei Aktualitäten, z. B. Eröffnungsansprachen und sportlichen Ereignissen. Wegen der Aufführungsgebühren, die bei einer Wiederholung auf jeden Fall gezahlt werden müssen, ist nämlich bei künstlerischen oder artistischen Sendungen die Wiederholung vom Film nicht viel billiger als eine neue Life-Sendung. Wir wollen uns vor allem mit den besonderen Problemen befassen, die bei dem deutschen Fernsehen vorhanden sind.

Im Gegensatz zu dem amerikanischen System, das für ein Halbbild nur $^1/_{60}$ sec. Zeit benötigt und dementsprechend bei 25 Ganzbildern pro sec. bei jedem Bildwechsel $^1/_{150}$ sec. erübrigt ($^1/_{25} - ^2/_{60} = ^1/_{150}$), wird beim deutschen Fernsehen mit 50 Perioden gefahren, und die Übertragung darf nur während der Abtastung des Bildstriches aussetzen. Diese Zeit ist für einen Filmtransport mittels Greifer oder Malteserkreuz zu kurz, so daß nur kontinuierlicher Filmtransport in Frage kommt. Das einzige in Deutschland befindliche Gerät für diesen Zweck wurde von der Fernseh-G.m.b.H. gebaut und arbeitet beim NWDR in Hamburg.[1] Der 35 mm breite Film läuft kontinuierlich mit der gleichen Geschwindigkeit wie die vertikale Ablenkung auf dem Bildschirm; nach $^1/_{50}$ sec. wird das Bild durch ein Prisma dem inzwischen um $^1/_2$ Bildhöhe = 9,5 mm weitergelaufenen Film nachgeführt [*2*]. Im folgenden wird beschrieben, welche Forderungen an den Film gestellt werden mußten und wie sie erfüllt wurden.

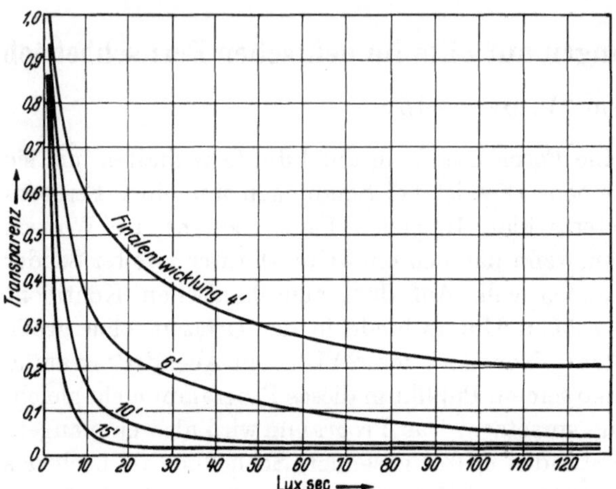

Abb. 2. Gradationskurven des Fernsehnegativfilms arithmetisch.

Die Allgemeinempfindlichkeit sollte naturgemäß möglichst hoch sein, da die Lichtstärke des Gerätes begrenzt war. Die Spektralempfindlichkeit des Films sollte der spektralen Verteilung beim Leuchtstoff des Empfängerrohres angepaßt sein.

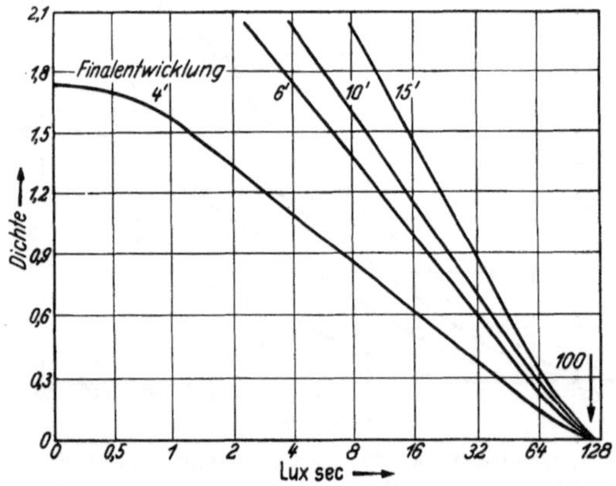

Abb. 3. Kopierkurven vom Fernsehnegativ logarithmisch.

Die Schwärzungskurven des Filmes sind in den Abb. 1—4 dargestellt. Abb. 1 zeigt die Schwärzungskurven in der Darstellung, die in der Phototechnik üblich ist, also Dichte (Logarithmus der negativen Transparenz) gegen log Belichtung. Die Kurven sind für 4 Entwicklungszeiten eingezeichnet und auf Schleier Null bezogen. Diese Kurven sagen für die Fernsehpraxis wenig aus, da man dort die Transparenz und die Belichtung in arithmetischen Einheiten braucht. Insbesondere ist der Begriff „Gamma“, der in der Phototechnik zur Kennzeichnung der Filmeigenschaften unerläßlich ist, zur Charakterisierung der Eigenschaften von Fernsehfilmen wenig geeignet.

[1] Nach Abschluß dieses Berichtes wurden weitere Geräte für 16-mm-Film in Betrieb genommen.

Abb. 2 zeigt Kurven, die denen aus Abb. 1 entsprechen, wobei arithmetische Koordinaten gewählt wurden. Außerdem ist als Ordinate nicht die Dichte log (1/T), sondern direkt die Transparenz T aufgetragen. Man erkennt aus der stark gebogenen Kurvenform ohne weiteres, daß eine Filmsendung vom Negativ ohne starke Entzerrung nicht möglich ist. Das Negativ wird daher auf normalen Positivfilm (Gamma 1,8) kopiert, und man erhält die Kopierkurven Abb. 3 (logarithmisch) bzw. Abb. 4 (arithmetisch), wobei wiederum in einem Falle die Dichte log (1/T), im anderen Falle die Transparenz T aufgetragen ist. In Abb. 4 ist außerdem gestrichelt die Idealkurve eingezeichnet, bei der die Transparenz der Kopie proportional der Belichtung bei der Aufnahme ist. Man sieht, daß die günstigste Negativ-Gradation bei Gamma 0,7 liegt. Dies entspricht nach Abb. 2 einer Entwicklungszeit von 6 Minuten in einem üblichen Negativentwickler. Hierbei ist allerdings zu berücksichtigen, daß die Kurven der Abb. 1—4 mit einem normalen Sensitometer bei Belichtungszeiten von 0,05 sec. gewonnen werden, während die Belichtungszeit bei dem Fernseh-Registriergerät bei etwa 10^{-6} sec. liegt. Durch den Ultrakurzzeiteffekt werden die Kurven flacher, und man entwickelt praktisch 9 Minuten.

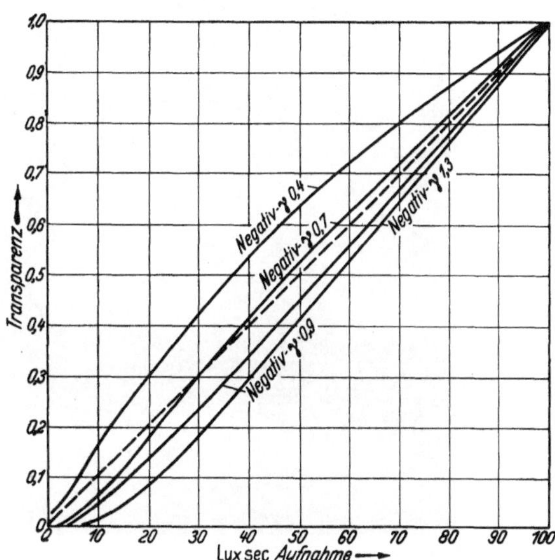

Abb. 4. Kopierkurven vom Fernsehnegativ arithmetisch.

Die Auflösung des Films muß eine Trennung der einzelnen Zeilen gestatten. Bei der normalen Konservierung von Fernsehsendungen werden die Zeilen im Aufzeichnungsgerät gewobbelt, da sonst beim Abtasten des Speicherfilms Moirée-Störungen auftreten. Unter „Wobbeln" versteht man senkrecht sinusförmig verlaufende Ablenkungen während einer waagerechten Abtastung. Aus dem waagerechten Strich wird dabei eine Sinuslinie, deren Amplitude auf knapp eine Zeilenbreite eingestellt wird. Die Zeilen 1 und 3, 3 und 5 usw. berühren sich also beinahe. Kommen nun beim zweiten Halbbild die geraden Zahlen 2, 4, 6 usw. infolge Filmschrumpfung oder sonstiger Fehler nicht genau in die Mitte zwischen den Zeilen 1, 3, 5, 7, ..., so wird trotzdem ein Moirée vermieden. Die Bildschärfe und Auflösung wird allerdings etwas verschlechtert.

Zur Prüfung der Auflösung wurde versuchsweise ein Bild (Grautafel) vom Diapositivabtaster im Kurzschluß auf das Speichergerät gegeben und ohne Wobbelung registriert. Dabei zeigte sich, daß bei sehr guter Einstellung des Schrumpfausgleichs, also genauer Passung der beiden Halbbilder ineinander, die Zeilenstruktur nicht mehr erkennbar war, obwohl der Film an sich ein Auflösungsvermögen von 65 Linien pro mm, also über 1000 Linien pro Bildhöhe, hat (gemessen wie üblich bei einem sehr hohen Kontrast). Wie weit die einzelnen Elemente Bildschirm — Optik — Film an der Verschlechterung der Auflösung beteiligt sind, wurde bisher nicht untersucht.

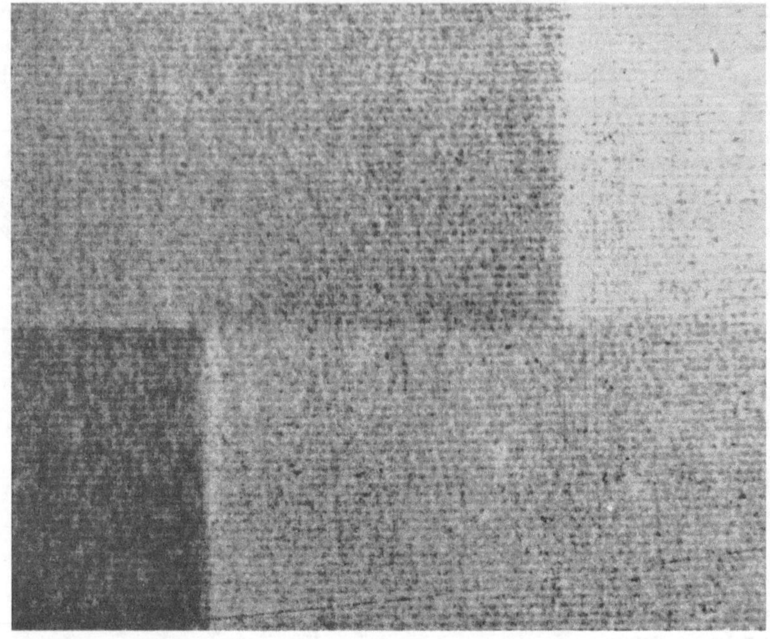

Abb. 5

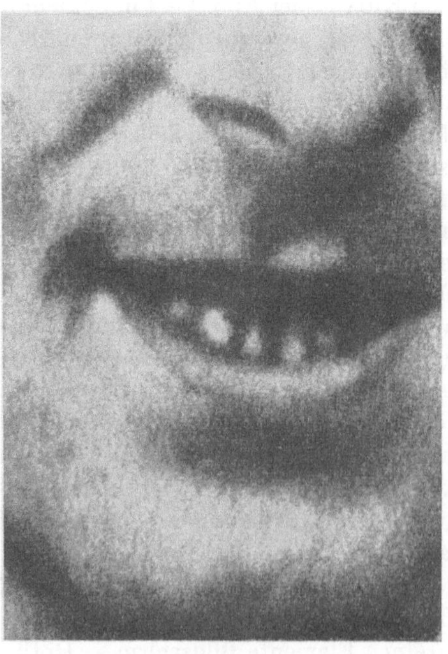

Abb. 6

Abb. 5. Ausschnitt aus einem registrierten Bild, ungewobbelt, Teilraster in Deckung. Strichabstand entsprechend 312 Zeilen pro Bild.

Abb. 6. Ausschnitt aus einem registrierten Bild mit gewobbelten Zeilen und sauber eingestellten Teilrastern.

Verstellt man den Schrumpfausgleich um etwa 0,3%, also eine Zeile pro Halbbild, so liegen gerade und ungerade Zeilen übereinander; Abb. 5 zeigt einen Ausschnitt aus einer Aufnahme, die unter diesen Umständen gewonnen wurde, wobei die jetzt nur noch vorhandenen 312 Zeilen gut aufgelöst werden. Abb. 6 zeigt zum Vergleich einen Ausschnitt aus einer normal, also mit Wobbelung, registrierten Sendung.

Beide Bilder sind im gleichen Maßstab vergrößert. Aus den beiden Abbildungen kann man folgern, daß die Auflösung des Films unter Berücksichtigung der erforderlichen Wobbelung gerade noch ausreicht. Für ein Registriergerät mit 16 mm Film müssen Emulsionen mit besserer Auflösung und feinerem Korn genommen werden.

Wesentlich für eine befriedigende Registrierung ist gute Maßhaltigkeit des Films. Zwar würde eine geringe Vergrößerung oder Verkleinerung des Bildes nicht stören. Aber das erste und zweite Halbbild müssen genau ineinander passen, die Zwischenzeilen dürfen also nicht „paarig" stehen. Die Bildablenkung des zweiten Halbbildes kann zum Ausgleich von Filmschrumpfungen je nach dem Perforationsschritt des Films verstellt werden, bleibt aber dann während einer Registrierung konstant.

Läßt man bei einem Zeilenabstand von knapp 30 μ eine Verschiebung der beiden Halbbilder gegeneinander von $\pm$ 10 μ zu, so darf die Filmperforation auf 9,5 mm (2 Perforationslöcher) höchstens den gleichen Fehler haben, pro Loch also höchstens $\pm$ 5 μ, eine Genauigkeit, die bei dem beschriebenen Film eingehalten wird.

Literatur

[1] MACNAMARA, T. C., W. D. KEMP, A. M. SPOONER, B. R. GREENHEAD and N. Q. LAWRENCE Brit. Kinematography **25**, 169—180 (1954).

[2] ULNER, M.: Film und Fernsehen.
LEITHÄUSER, G., u. F. WINCKEL: Fernsehen, Springer-Verlag 1953, S. 313—322.

Zusammenstellung der in diesem Bande verwendeten Warenzeichen

Warenzeichen der Agfa A. G. für Photofabrikation Leverkusen und der Agfa Camera Werk A. G. München

„Agfa“ „Agfacolor“ „Agfastat“ „Autorapid“ „Copex“ „Copyrapid“ „Directoflex“ „Final“ „Isonal“ „Isopan“ „ISS“ „Magneton“ „Phototechnisch B“ „Phototechnisch C“ „Printon“ „Seriometer“ „Solagon“ „Tepa“ „Variomat“

Warenzeichen der Farbenfabriken Bayer A. G.

„Astraphloxin“

Warenzeichen fremder Firmen

„Amidol“ (Hauff GmbH, Vaihingen, Mitbenutzung Agfa A.G. für Photofabrikation, Leverkusen) „Celliton“ (BASF, Ludwigshafen) „Diaversal“ (N. V. Gevaert Photo Producten, Mortsel) „Dufaycolor“ (Dufaycolor Ltd., London) „Gevacopy“ (N. V. Gevaert Photo Producten, Mortsel) „Iris“ (Gebr. Heitmann, Warburg) „Kodalith“ (Kodak A. G., Stuttgart) „Metol“ (Hauff G m b H, Vaihingen, Mitbenutzung Agfa A. G. für Photofabrikation, Leverkusen) „Opton“ (Zeiss-Opton G m b H, Oberkochen) „Ozalid“ (Kalle & Co. A. G., Wiesbaden) „Pina“ „Pinakryptol“ (Farbwerke Hoechst, Frankfurt/M.) „Transargo“ (N. V. Gevaert Photo Producten, Mortsel)